U0182272

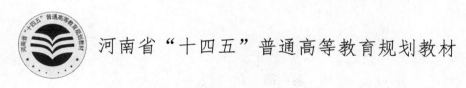

河南省"十四五"普通高等教育规划教材

操作系统原理教程

王迤冉　主　编

王洪峰　张少辉　副主编

科学出版社

北京

内 容 简 介

本书全面系统地介绍了计算机操作系统的基本概念、基本原理、设计方法和实现技术。在经典内容的基础上，介绍计算机操作系统的一些最新进展。全书共分为 9 章，第 1 章讲述操作系统的定义、发展、特征和功能；第 2 章～第 4 章分别讲述进程的描述与控制、进程的互斥同步、处理机调度与死锁；第 5 章和第 6 章分别讲述存储器管理和虚拟存储器管理；第 7 章讲述文件管理；第 8 章讲述设备管理；第 9 章讲述操作系统接口。

本书在选材和组织上进行认真的研究和推敲，力求做到概念准确、知识完整、层次清楚、系统性强、理论联系实际、富有启发性。

本书既可作为计算机、通信、电子、自动化及相关专业的本科教材，又可作为从事相关工作的工程技术人员的参考书，也可作为研究生考试的复习用书。

图书在版编目（CIP）数据

操作系统原理教程/王迤冉主编. —北京：科学出版社，2021.6
河南省"十四五"普通高等教育规划教材
ISBN 978-7-03-068788-3

Ⅰ．①操⋯　Ⅱ．①王⋯　Ⅲ．①操作系统-高等学校-教材
Ⅳ．①TP316

中国版本图书馆 CIP 数据核字（2021）第 090745 号

责任编辑：张振华 / 责任校对：赵丽杰
责任印制：吕春珉 / 封面设计：东方人华平面设计部

科 学 出 版 社 出版
北京东黄城根北街 16 号
邮政编码：100717
http://www.sciencep.com

三河市骏杰印刷有限公司印刷
科学出版社发行　　各地新华书店经销
*
2021 年 6 月第 一 版　　开本：787×1092　1/16
2022 年 3 月第二次印刷　　印张：29 3/4
字数：750 000

定价：69.00 元
（如有印装质量问题，我社负责调换〈骏杰〉）

销售部电话 010-62136230　编辑部电话 010-62135120-2005

前　　言

随着大数据和人工智能技术成为中国国家发展战略，计算机系统软件也迎来新的发展机遇。操作系统作为计算机系统最核心的软件，越来越受到重视，同时操作系统理论和技术有了一些新发展。为了将这些新技术和操作系统的新发展融入计算机教学中，编者特意编写了本书。

编者结合多年教学的实践经验，密切联系操作系统的发展现状，专为计算机等相关专业的学生学习计算机操作系统基本原理设计编写了本书。有些开设操作系统课程的高校没有开设一些先修课程，这使有些学生学习操作系统时感到困难，为此本书在部分章节中增加了相关内容。另外，本书结合国内研究生招生考试大纲要求，对相关教学内容进行了调整，使之基本覆盖了考试大纲的所有知识点。本书既致力于传统操作系统基本概念、基本技术、基本方法的阐述，又着眼于学科知识体系的系统性、先进性和实用性。

本书总共包括 9 章内容，第 1 章介绍操作系统的定义、形成、类型、特征和功能；第 2 章介绍进程的描述与控制、进程通信，以及线程的概念；第 3 章介绍进程同步与信号量机制；第 4 章介绍处理机调度与死锁的概念、算法和实现；第 5 章介绍存储器管理的功能和实现方法；第 6 章介绍虚拟存储器技术；第 7 章介绍文件系统的组成、原理和实现方法；第 8 章介绍设备管理的功能、目标和实现方法；第 9 章介绍操作系统的接口技术。

本书由王迤冉担任主编，王洪峰、张少辉担任副主编。具体编写分工如下：第 1 章、第 2 章由王迤冉编写，第 3 章由李纲编写，第 4 章由王洪峰编写，第 5 章由任国恒编写，第 6 章由姚尚进编写，第 7 章由张少辉编写，第 8 章由陈立勇编写，第 9 章由陈闯闯编写，马涛、熊华军负责文字的录入和校对，最后由王迤冉进行统稿。在编写本书的过程中，编者得到了科学出版社的大力支持与合作，本书中有些章节还引用了参考文献中列出的著作的一些内容，谨此向各位作者致以衷心的感谢和深深的敬意！

本书由"河南省高等学校青年骨干教师培养计划（2018GGJS137）"项目资助出版。

由于编者水平有限，疏漏与不妥之处在所难免，恳求广大读者批评指正。编者的电子邮箱为 zkwangyiran@163.com。

编　　者

2021 年 4 月

目　　录

第 1 章　绪论·· 1

  1.1　操作系统概述·· 2

    1.1.1　计算机系统的组成 ·· 2

    1.1.2　操作系统的目标和作用 ··· 16

    1.1.3　操作系统的定义 ·· 18

  1.2　操作系统的形成与发展 ··· 18

    1.2.1　计算机的发展简史 ·· 18

    1.2.2　操作系统的形成 ·· 20

  1.3　操作系统的分类 ·· 23

    1.3.1　多道批处理系统 ·· 23

    1.3.2　分时系统 ··· 27

    1.3.3　实时系统 ··· 29

    1.3.4　单用户操作系统 ·· 30

    1.3.5　网络操作系统 ··· 31

    1.3.6　分布式操作系统 ·· 31

    1.3.7　嵌入式操作系统 ·· 32

  1.4　操作系统的特征 ·· 33

    1.4.1　并发性 ·· 33

    1.4.2　共享性 ·· 34

    1.4.3　虚拟性 ·· 34

    1.4.4　异步性 ·· 36

  1.5　操作系统的功能 ·· 36

    1.5.1　处理机管理功能 ·· 37

    1.5.2　存储器管理功能 ·· 38

    1.5.3　设备管理功能 ··· 39

    1.5.4　文件管理功能 ··· 39

    1.5.5　接口服务 ··· 40

  1.6　操作系统的运行环境 ·· 41

    1.6.1　操作系统的运行机制 ·· 41

    1.6.2　中断与异常 ·· 43

    1.6.3　系统调用 ··· 43

  1.7　操作系统的性能指标和体系结构 ·· 44

    1.7.1　操作系统的性能指标 ·· 44

    1.7.2　操作系统的体系结构 ·· 45

  1.8　常用的操作系统和相关名人 ·· 46

    1.8.1　常用的操作系统 ·· 46

　　　1.8.2　相关名人 ··· 49

　1.9　典型例题讲解 ·· 53

　本章小结 ·· 57

　习题 ··· 57

第2章　进程的描述与控制 ·· 60

　2.1　指令系统 ·· 61

　　　2.1.1　指令格式 ··· 61

　　　2.1.2　指令寻址和指令流水线 ·· 63

　2.2　中断 ··· 64

　　　2.2.1　中断的基本概念 ·· 64

　　　2.2.2　中断优先级、中断屏蔽和多重中断 ·························· 66

　2.3　进程的基本概念 ·· 67

　　　2.3.1　进程概念的引入 ·· 67

　　　2.3.2　进程的定义和结构 ··· 70

　　　2.3.3　进程的特征 ·· 71

　　　2.3.4　进程和程序的关系 ··· 71

　2.4　进程描述 ·· 72

　　　2.4.1　进程控制块 ·· 72

　　　2.4.2　进程上下文 ·· 73

　　　2.4.3　进程切换与模式切换 ··· 74

　　　2.4.4　进程的空间与大小 ··· 75

　　　2.4.5　进程的状态及转换 ··· 75

　2.5　进程控制 ·· 78

　　　2.5.1　进程的创建 ·· 78

　　　2.5.2　进程的撤销 ·· 79

　　　2.5.3　进程的阻塞与唤醒 ··· 79

　　　2.5.4　进程的挂起与激活 ··· 80

　2.6　进程通信 ·· 81

　　　2.6.1　进程通信的类型 ·· 81

　　　2.6.2　进程通信中的问题 ··· 82

　　　2.6.3　消息传递系统的实现 ··· 82

　2.7　线程 ··· 83

　　　2.7.1　线程的概念 ·· 84

　　　2.7.2　线程控制 ··· 85

　　　2.7.3　进程与线程的关系 ··· 86

　　　2.7.4　线程的种类及其实现 ··· 87

　2.8　典型例题讲解 ·· 90

　本章小结 ·· 93

　习题 ··· 94

第3章　进程的互斥同步 ·· 97

　3.1　进程之间的相互关系 ··· 98
　3.2　临界区管理 ·· 102
　　　3.2.1　临界资源 ··· 102
　　　3.2.2　临界区 ··· 102
　　　3.2.3　实现互斥的软件方法 ·· 104
　　　3.2.4　实现互斥的硬件方法 ·· 109
　3.3　信号量和 PV 操作 ··· 111
　　　3.3.1　信号量的概念 ·· 111
　　　3.3.2　信号量的物理意义 ·· 113
　3.4　互斥信号量 ·· 113
　3.5　同步信号量 ·· 117
　　　3.5.1　进程同步关系 ·· 117
　　　3.5.2　使用同步信号量实现进程同步 ··································· 117
　　　3.5.3　简单的生产者—消费者问题 ····································· 120
　3.6　资源信号量 ·· 121
　　　3.6.1　使用资源信号量实现进程间的资源分配 ······················ 121
　　　3.6.2　复杂的生产者—消费者问题 ····································· 122
　3.7　典型例题讲解 ··· 125
　本章小结 ··· 133
　习题 ·· 134

第4章　处理机调度与死锁 ·· 137

　4.1　多处理机和多核计算机 ·· 138
　　　4.1.1　对称多处理机 ·· 138
　　　4.1.2　多核计算机 ··· 139
　　　4.1.3　集群 ··· 141
　4.2　处理机调度的概念 ·· 142
　　　4.2.1　处理机调度的层次 ·· 142
　　　4.2.2　调度队列模型 ·· 148
　　　4.2.3　选择调度方式和调度算法的若干准则 ························· 150
　4.3　调度算法 ··· 152
　　　4.3.1　先来先服务调度算法 ·· 152
　　　4.3.2　最短作业优先调度算法 ··· 153
　　　4.3.3　高响应比优先调度算法 ··· 154
　　　4.3.4　高优先权优先调度算法 ··· 155
　　　4.3.5　时间片轮转调度算法 ·· 157
　　　4.3.6　多级反馈队列调度算法 ··· 159
　　　4.3.7　多种调度算法比较 ·· 162

4.4　实时调度 ··· 162
　4.4.1　实现实时调度的基本条件 ··· 162
　4.4.2　实时调度算法的分类 ·· 164
　4.4.3　常用的几种实时调度算法 ··· 165
4.5　死锁 ··· 171
　4.5.1　死锁的基本概念 ·· 171
　4.5.2　死锁的预防 ·· 176
　4.5.3　死锁的避免 ·· 178
　4.5.4　死锁的检测 ·· 183
　4.5.5　死锁的解除 ·· 187
　4.5.6　饥饿与活锁 ·· 187
　4.5.7　死锁的综合处理 ·· 188
4.6　典型例题讲解 ··· 189
本章小结 ·· 198
习题 ·· 199

第 5 章　存储器管理 ·· 204
5.1　计算机系统数据的寻址 ·· 205
　5.1.1　操作数的寻址方式 ··· 205
　5.1.2　寻址方式举例 ··· 208
5.2　存储器管理概述 ··· 209
　5.2.1　存储器概述 ·· 209
　5.2.2　Cache ··· 210
　5.2.3　存储器管理的主要功能 ··· 211
　5.2.4　逻辑地址与物理地址 ·· 212
　5.2.5　内存保护 ··· 215
　5.2.6　程序的链接 ·· 217
　5.2.7　程序的装入 ·· 219
5.3　连续分配管理方式 ·· 220
　5.3.1　单一连续分配管理方式 ··· 220
　5.3.2　固定分区分配管理方式 ··· 221
　5.3.3　可变分区分配管理方式 ··· 222
　5.3.4　动态重定位分区分配管理方式 ·· 224
5.4　覆盖与对换 ··· 226
　5.4.1　覆盖 ··· 226
　5.4.2　对换 ··· 227
5.5　基本分页存储管理方式 ·· 230
　5.5.1　分页存储管理的基本概念 ·· 230
　5.5.2　页面尺寸 ··· 231
　5.5.3　地址变换机构 ··· 232
　5.5.4　分页存储管理中主存空间的分配与回收 ·· 234

5.5.5 两级和多级页表 ··· 235
5.5.6 分页共享和保护 ··· 239
5.5.7 分页存储管理的优缺点 ··· 241
5.6 基本分段存储管理方式 ··· 241
5.6.1 分段存储管理的引入 ··· 241
5.6.2 分段存储管理的基本概念 ··· 242
5.6.3 地址变换机构 ··· 244
5.6.4 分段存储管理中主存空间的分配与回收 ··· 244
5.6.5 分段共享与保护 ··· 245
5.6.6 分段存储管理的优缺点 ··· 248
5.6.7 分页和分段的区别 ··· 248
5.7 段页式存储管理方式 ··· 248
5.7.1 基本原理 ··· 249
5.7.2 段页式存储管理中的数据结构 ··· 249
5.7.3 地址变换 ··· 250
5.7.4 段页式存储的共享与保护 ··· 251
5.8 典型例题讲解 ··· 252
本章小结 ··· 259
习题 ··· 260

第6章 虚拟存储器管理 ··· 265

6.1 虚拟存储器的概念 ··· 266
6.1.1 传统存储管理方式的特征 ··· 266
6.1.2 局部性原理 ··· 267
6.1.3 虚拟存储器的定义与特征 ··· 267
6.1.4 虚拟存储器的实现方法 ··· 269
6.2 请求分页存储管理方式 ··· 270
6.2.1 实现原理 ··· 270
6.2.2 请求分页中的硬件支持 ··· 270
6.2.3 内存分配策略 ··· 273
6.2.4 调页策略 ··· 274
6.2.5 请求分页中内存有效访问时间的计算 ··· 276
6.2.6 请求分页存储管理的优缺点 ··· 277
6.3 页面置换算法 ··· 278
6.3.1 最佳置换算法和先进先出置换算法 ··· 278
6.3.2 最近最久未使用置换算法 ··· 279
6.3.3 Clock 置换算法 ··· 280
6.3.4 其他置换算法 ··· 282
6.4 抖动与工作集 ··· 282
6.4.1 内存抖动 ··· 283
6.4.2 比莱迪异常 ··· 283

　　　6.4.3　工作集 ……………………………………………………………… 284

　6.5　请求分段存储管理方式 …………………………………………………… 285

　　　6.5.1　实现原理 …………………………………………………………… 285

　　　6.5.2　请求分段中的硬件支持 …………………………………………… 285

　6.6　典型例题讲解 ……………………………………………………………… 287

　本章小结 ………………………………………………………………………… 295

　习题 ……………………………………………………………………………… 295

第 7 章　文件管理 ……………………………………………………………… 299

　7.1　文件概述 …………………………………………………………………… 300

　　　7.1.1　文件的基本概念 …………………………………………………… 300

　　　7.1.2　文件的类型 ………………………………………………………… 301

　　　7.1.3　文件的属性 ………………………………………………………… 302

　　　7.1.4　文件的操作 ………………………………………………………… 303

　　　7.1.5　文件的访问方式 …………………………………………………… 304

　7.2　文件的逻辑结构 …………………………………………………………… 305

　　　7.2.1　文件逻辑结构的类型 ……………………………………………… 305

　　　7.2.2　有结构文件的组织 ………………………………………………… 306

　　　7.2.3　直接文件和哈希文件 ……………………………………………… 309

　7.3　文件目录 …………………………………………………………………… 310

　　　7.3.1　文件目录的功能 …………………………………………………… 310

　　　7.3.2　文件控制块和索引节点 …………………………………………… 310

　　　7.3.3　简单目录结构 ……………………………………………………… 312

　　　7.3.4　树形目录结构 ……………………………………………………… 313

　　　7.3.5　无环图目录结构 …………………………………………………… 315

　　　7.3.6　目录操作 …………………………………………………………… 315

　7.4　文件的共享与保护 ………………………………………………………… 316

　　　7.4.1　文件共享 …………………………………………………………… 316

　　　7.4.2　文件保护 …………………………………………………………… 318

　7.5　文件系统的结构和功能 …………………………………………………… 323

　　　7.5.1　文件系统的定义及层次结构 ……………………………………… 324

　　　7.5.2　文件系统的功能 …………………………………………………… 325

　　　7.5.3　常见的文件系统 …………………………………………………… 325

　7.6　文件系统的实现 …………………………………………………………… 326

　　　7.6.1　文件存储介质 ……………………………………………………… 326

　　　7.6.2　磁盘分区 …………………………………………………………… 330

　　　7.6.3　目录的实现 ………………………………………………………… 330

　　　7.6.4　文件的实现 ………………………………………………………… 331

　7.7　磁盘数据处理 ……………………………………………………………… 342

　　　7.7.1　磁盘数据的读取 …………………………………………………… 342

　　　7.7.2　磁盘数据的存放 …………………………………………………… 344

　　　7.7.3　磁盘调度算法 ·· 346

　7.8　典型例题讲解 ··· 350

　本章小结 ·· 366

　习题 ·· 367

第 8 章　设备管理 ·· 372

　8.1　设备管理概述 ·· 373

　　　8.1.1　I/O 系统的发展概况 ·· 373

　　　8.1.2　设备管理的目标 ··· 375

　　　8.1.3　设备管理的功能 ··· 375

　　　8.1.4　I/O 系统的组成 ··· 376

　　　8.1.5　I/O 设备与主机的联系方式 ··· 377

　　　8.1.6　I/O 设备与主机信息传送的控制方式 ····································· 379

　8.2　I/O 硬件 ·· 380

　　　8.2.1　I/O 设备 ·· 380

　　　8.2.2　设备控制器 ·· 382

　　　8.2.3　通道 ··· 384

　　　8.2.4　I/O 接口 ·· 387

　　　8.2.5　系统总线 ·· 388

　8.3　I/O 控制方式 ··· 388

　　　8.3.1　程序查询方式 ··· 388

　　　8.3.2　程序中断方式 ··· 389

　　　8.3.3　直接存储器存取方式 ··· 390

　　　8.3.4　I/O 通道方式 ·· 393

　　　8.3.5　I/O 处理机方式 ··· 397

　8.4　I/O 软件 ·· 397

　　　8.4.1　I/O 软件的设计目标和原则 ··· 397

　　　8.4.2　中断处理程序 ··· 399

　　　8.4.3　设备驱动程序 ··· 402

　　　8.4.4　设备独立性软件 ··· 404

　　　8.4.5　用户层 I/O 软件 ·· 405

　8.5　设备分配 ·· 406

　　　8.5.1　设备分配时应考虑的因素 ··· 406

　　　8.5.2　设备分配中的数据结构 ··· 407

　　　8.5.3　设备的分配与去配 ··· 409

　　　8.5.4　SPOOLing 技术 ·· 412

　8.6　缓冲技术 ·· 415

　　　8.6.1　缓冲技术的引入 ··· 415

　　　8.6.2　缓冲的类型 ·· 416

　　　8.6.3　单缓冲和双缓冲 ··· 417

　　　8.6.4　循环缓冲 ·· 418

8.6.5 缓冲池 ··· 419

8.7 典型例题讲解 ··· 421

本章小结 ··· 427

习题 ·· 428

第9章 操作系统接口 ··· 431

9.1 操作系统接口概述 ·· 432

　9.1.1 操作系统的服务 ·· 432

　9.1.2 用户接口 ·· 433

9.2 系统调用 ··· 434

　9.2.1 系统调用概述 ·· 434

　9.2.2 系统调用的类型 ·· 436

　9.2.3 系统调用的实现 ·· 437

　9.2.4 POSIX 标准 ·· 438

9.3 脱机用户接口 ··· 439

　9.3.1 作业的相关概念 ·· 439

　9.3.2 作业的控制方式 ·· 440

　9.3.3 作业的组织 ·· 440

　9.3.4 作业管理的任务 ·· 442

　9.3.5 作业的输入与输出 ·· 445

9.4 联机用户接口 ··· 447

　9.4.1 联机用户接口的组成 ·· 447

　9.4.2 联机作业的管理 ·· 449

9.5 图形化用户界面 ·· 449

　9.5.1 历史变迁 ·· 450

　9.5.2 图形化用户界面的组成 ·· 451

9.6 典型例题讲解 ··· 453

本章小结 ··· 459

习题 ·· 459

参考文献 ··· 462

第1章 绪　　论

内容提要：

本章主要讲述以下内容：①计算机系统的组成；②操作系统的定义、目标和作用；③操作系统的形成与发展过程；④7 种基本操作系统；⑤操作系统的特征；⑥操作系统的功能；⑦操作系统的运行环境；⑧操作系统的体系结构；⑨常用的操作系统和相关名人。

学习目标：

了解计算机系统的组成、操作系统的目标和作用，理解操作系统的定义；了解操作系统的形成和发展过程，掌握操作系统的 3 种基本类型及特点；理解多道程序设计技术、操作系统管理资源的 3 种技术，掌握操作系统的基本特征和主要功能；了解常用的操作系统和相关名人，理解操作系统的运行环境和体系结构。

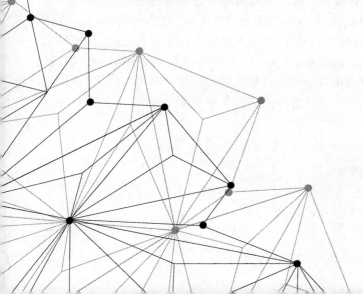

一个完整的计算机系统是由硬件系统和软件系统两大部分组成的。操作系统是所有软件中最基础、最核心的部分，它为用户执行程序提供更加方便和有效的环境。从资源管理的角度来看，操作系统对整个计算机系统内的所有资源进行管理和调度，优化资源利用，协调系统各种活动，处理可能出现的各种问题。

1.1 操作系统概述

1.1.1 计算机系统的组成

计算机系统包括硬件系统和软件系统。硬件系统是组成计算机系统的各种物理设备的总称，是看得见、摸得着的实体部分。软件系统是为了运行、管理和维护计算机而编制的各种程序、数据和文档的总称。它们的区分与把一个人分成躯体和思想一样，躯体是硬件，思想则是软件。硬件系统和软件系统密不可分，它们有机结合才能构成一个完整的计算机系统。

1. 计算机硬件系统

虽然现在的计算机系统从性能指标、运算速度、工作方式、应用领域和价格等方面与以前的计算机相比发生了很大的变化，但是体系结构基本上仍然沿用冯·诺依曼体系结构。这种体系结构的要点如下：计算机的数制采用二进制；采用存储程序方式，指令和数据不加区别地混合存储在同一个存储器中；计算机按照人们事前制定的计算顺序来执行。按照冯·诺依曼体系结构组成的计算机，必须具有如下功能。

1）把需要的程序和数据送至计算机中。

2）必须具有长期记忆程序、数据、中间结果和最终运算结果的能力。

3）能够完成各种算术、逻辑运算和数据传送等数据加工处理。

4）能够按照要求将处理结果输出给用户。

为了完成上述功能，计算机硬件系统必须具备五大基本组成部件：①输入数据和程序的输入设备；②记忆程序和数据的存储器；③完成数据加工处理的运算器；④控制程序执行的控制器；⑤输出处理结果的输出设备。这五大功能部件相互配合，在控制器的协调指挥下协同工作。其中，运算器和控制器集成在一片大规模或超大规模集成电路上，称为中央处理器（central processing unit，CPU）。输入设备与输出设备简称 I/O（input/output，输入/输出）设备，也称外部设备（以下简称外设）。CPU 与主存储器合起来称为主机。对 CPU 进行细分，它由算术逻辑单元（arithmetic logic unit，ALU）和控制单元（control unit，CU）两个核心部件构成，如图 1-1 所示。算术逻辑单元简称算术逻辑部件，用来完成算术逻辑运算。控制单元用来解释存储器中的指令，并发出各种操作命令来执行指令。

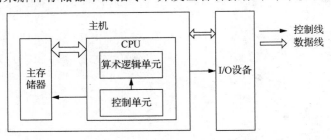

图 1-1　计算机硬件系统的内部结构

主存储器（以下简称主存）只是存储器系统中的一类，可用于存放程序和数据，并直接与 CPU 交换信息。实际上还存在其他类型的存储器，如辅助存储器、高速缓冲存储器（Cache）等。下面从 CPU、存储器、I/O 设备及连接它们的系统总线入手，介绍计算机硬件系统的内部结构。

（1）CPU

CPU 是一台计算机的运算核心和控制核心，它对整个计算机系统的运行极其重要，在很大程度上决定了一台计算机的性能。CPU 在每个工作的基本周期内从主存中提取指令，对其进行解码，然后执行指令。CPU 重复取指、解码并执行下一条指令，直至程序中的所有指令执行完毕。

1）CPU 的基本功能。

CPU 具有指令控制、操作控制、时间控制和数据加工等基本功能。

2）CPU 的基本组成。

早期的 CPU 由运算器和控制器两大部分组成。但随着超大规模集成电路技术的发展，早期放在 CPU 芯片外部的一些逻辑功能部件，如浮点运算器、Cache、总线仲裁器等纷纷移入 CPU 内部，因而使 CPU 内部组成越来越复杂。这样 CPU 的基本组成变成了运算器、Cache 和控制器三大部分。

① 运算器。运算器由算术逻辑单元、通用寄存器、数据寄存器和程序状态字寄存器组成。它是数据加工处理部件，通过接收控制器的命令来进行动作。运算器执行所有的算术运算和逻辑运算。

② 控制器。控制器由程序计数器、指令寄存器、指令译码器、时序产生器和操作控制器组成，主要功能有：从指令 Cache 中取出一条指令，并指出下一条指令在指令 Cache 中的位置；对指令进行译码或测试，并产生相应的操作控制信号，以便启动规定的动作，如一次数据 Cache 的读写操作或一个 I/O 操作；指挥并控制 CPU、数据 Cache 和 I/O 操作。

3）CPU 中的寄存器。

各种计算机的 CPU 可能并不相同，但是在 CPU 中至少要有 6 类寄存器，它们分别是存储器数据寄存器（memory data register，MDR）、指令寄存器（instruction register，IR）、程序计数器（program counter，PC）、存储器地址寄存器（memory address register，MAR）、程序状态字寄存器（program status word，PSW）和通用寄存器（$R_0 \sim R_3$）。这些寄存器用来暂存一个计算机字，根据需要可以扩充其数目。计算机字也称计算机字长（或处理机字长、机器字长），它是指计算机进行数据处理时，一次存取、加工和传送的数据长度。一个字通常由一个或多个（一般是字节的整数倍）字节构成。不同计算机系统的字长是不同的，常见的有 8 位、16 位、32 位、64 位等。字长越长，计算机一次处理的信息位就越多，精度就越高，其性能就越优越。字长是计算机性能的一个重要指标。目前，主流微型计算机的字长是 32 位和 64 位并存。

① 存储器数据寄存器。存储器数据寄存器用来暂时存放算术逻辑单元的运算结果，或从存储器中读取的一个数据字，或从 I/O 设备接收的一个数据字。它的作用有两个：一是作为算术逻辑单元的运算结果和通用寄存器之间信息传送中时间上的缓冲，二是补偿 CPU 和主存、外设之间在操作速度上的差别。

② 指令寄存器。指令寄存器用于存放当前从主存读出的正在执行的一条指令。当执行一条指令时，先把它从主存读取到存储器数据寄存器中，然后传送至指令寄存器。指令划分为操作码和地址码字段，由二进制数字组成。为了执行任何给定的指令，必须对操作码

进行测试，以便识别所要求的操作。指令译码器就是做这项工作的。指令寄存器中操作码字段的输出就是指令译码器的输入。操作码一经译码后，即可向操作控制器发出具体操作的特定信号。

③ 程序计数器。程序计数器是用于存放下一条指令所在单元的地址，也称为指令计数器。当执行一条指令时，首先需要根据程序计数器中存放的指令地址，将指令由主存读取到指令寄存器中，此过程称为"取指令"。与此同时，程序计数器中的地址或自动加 1 或由转移指针给出下一条指令的地址。此后经过分析指令，执行指令，完成第一条指令的执行，而后根据程序计数器取出第二条指令的地址，如此循环，执行每一条指令。

④ 存储器地址寄存器。存储器地址寄存器用来保存当前 CPU 所访问的存储器数据单元的地址。由于要对存储器单元地址进行译码，因此必须使用存储器地址寄存器来保存地址信息。存储器地址寄存器和存储器数据寄存器是 CPU 经常访问的两个内部寄存器。

⑤ 程序状态字寄存器。程序状态字寄存器用来存放 3 类信息：第一类是体现当前指令执行结果的各种状态信息，称为状态标志，如有无进位（CF 位）、有无溢出（OF 位）、结果正负（SF 位）、结果是否为零（ZF 位）、奇偶标志位（PF 位）等，这些标志位通常用 1 位二进制位来表示。第二类是存放控制信息，称为控制标志，如允许中断（IF 位）、跟踪标志（TF 位）、方向标志（DF）等，以便使 CPU 和系统能够及时了解机器运行状态和程序运行状态。第三类是系统标志，与进程管理有关，如 IOPL（I/O 特权级标志）、NT（嵌套任务标志）和 RF（恢复标志），被用于保护模式。有些机器中将程序状态字寄存器称为标志寄存器（flag register，FR）。

⑥ 通用寄存器。CPU 中一般有 4 个通用寄存器，当执行算术或逻辑运算时，为算术逻辑单元提供一个工作场所，存放一些中间数据。目前，CPU 中的通用寄存器可多达 64 个，需要在使用时为其加以编号进行区分。通用寄存器还可以用作地址指示器、堆栈指示器等。

4）操作控制器、指令周期和时序产生器。

① 操作控制器。通常把许多寄存器之间传送信息的通路，称为数据通路。信息从什么地方开始，中间经过哪个寄存器，最后传送到哪个寄存器，都要加以控制。在各寄存器之间建立数据通路的任务，是由操作控制器完成的。操作控制器的功能，就是根据指令操作码和时序信号，产生各种操作控制信号，以便正确地选择数据通路，把有关数据输入一个寄存器，从而完成取指令和执行指令的控制。操作控制器产生的控制信号必须定时，为此必须有时序产生器。因为计算机高速地进行工作，每一个动作的时间是非常严格的，不能太早也不能太迟。时序产生器的作用，就是对各种操作信号实施时间上的控制。

② 指令周期。指令和数据从形式上看，都是二进制代码，所以对人们来说，很难区分出这些代码是指令还是数据。然而 CPU 却能识别这些二进制代码，它能准确地判别出哪些是指令字，哪些是数据字，并将它们送到相应的地方。

计算机之所以能自动地工作，是因为 CPU 能从存放程序的主存中取出一条指令并执行这条指令；然后又是取指令、执行指令，如此周而复始，构成一个封闭的循环。除非遇到停机指令，否则这个循环将一直继续下去。指令周期是指取出一条指令并执行这条指令的时间。一般由若干个机器周期（也称 CPU 周期）组成，是从取指令、分析指令到执行完指令所需的全部时间。由于各种指令的操作功能不同，因此各种指令的指令周期是不尽相同的。CPU 访问一次主存所需的时间较长，因此通常用主存中读取一个指令字的最短时间来规定 CPU 周期。一个 CPU 周期又包含若干个 T 周期（通常称为节拍脉冲，它是处理操作的最基本单位，又称为时钟周期），这些 T_i 周期的总和规定了一个 CPU 周期的时间宽度。图 1-2 给出了采用定长 CPU 周期的指令周期，从图中可知，取出和执行任何一条指令所需的最短时间为两个 CPU 周期。

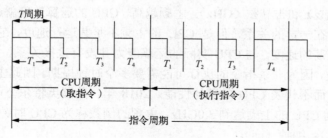

图 1-2 指令周期

用二进制码表示的指令和数据都放在内存中，那么 CPU 是如何识别出它们是数据还是指令的呢？从时间上来说，取指令事件发生在指令周期的第一个 CPU 周期中，即发生在"取指令"阶段，而取数据事件发生在"执行指令"阶段。从空间上来说，如果取出的代码是指令，那么一定送往指令寄存器；如果取出的代码是数据，那么一定送往运算器。由此可见，时间控制对计算机来说是非常重要的。不仅如此，在一个 CPU 周期中，又把时间分为若干个小段，以便规定在这一小段时间内 CPU 干什么，在另一小段时间内 CPU 又干什么，这种时间约束对 CPU 来说是非常必要的，否则可能造成丢失信息或导致错误的结果。因为时间的约束是非常严格的，以至于时间进度既不能来得太早，也不能来得太晚。总之，计算机的协调动作需要时间标志，而时间标志则是用时序信号来体现的。一般来说，操作控制器发出的各种控制信号都是时间因素（时序信号）和空间因素（部件位置）的函数。

③ 时序产生器。在教学管理中，学校都有一个作息时间表。每个教师和学生都必须严格遵守这一规定，否则就难以保证正常的教学秩序。CPU 中也有一个类似"作息时间"的东西，它称为时序信号。计算机之所以能够准确、迅速、有条不紊地工作，是因为在 CPU 中有一个时序信号产生器。计算机一旦被启动，即 CPU 开始取指令并执行指令时，操作控制器就利用定时脉冲的顺序和不同的脉冲间隔，有条理、有节奏地指挥机器动作，规定在这个脉冲到来时做什么，在那个脉冲到来时又做什么，给计算机各部分提供工作所需的时间标志。为此，需要采用多级时序体系。

计算机硬件的器件特性决定了时序信号最基本的体制是电位-脉冲制。这种体制最明显的一个例子就是，当实现寄存器之间的数据传送时，数据加在触发器的电位输入端，而输入数据的控制信号加在触发器的时钟输入端。电位的高低，表示数据是"1"还是"0"，而且要求输入数据的控制信号到来之前，电位信号必须已稳定。这是因为，只有电位信号先建立，输入寄存器中的数据才是可靠的。

产生时序信号的部件称为时序产生器，它由一个振荡器和一组计数分频器组成。振荡器是一个脉冲源，输出频率稳定的主振脉冲，也称为时钟脉冲，为 CPU 提供时钟基准。时钟脉冲经过一系列计数分频，产生所需的节拍（时钟周期）信号或持续时间更长的工作周期（CPU 周期）信号。时钟脉冲与周期、节拍信号和有关控制条件相结合，可以产生所需的各种脉冲。

5）CPU 的性能指标。

CPU 是计算机硬件系统的重要组成部分，它的性能直接影响计算机系统的整体功能。CPU 的性能指标除前面所述的计算机字长外，还有主频、CPU 执行时间、平均指令周期数

（cycles per instruction，CPI）、百万条指令每秒（million instructions per second，MIPS）和每秒浮点操作数（floating point operations per second，FLOPS）等技术指标。

① 主频和时钟周期。CPU 的主频是 CPU 使用时钟脉冲的频率，一般用 f 表示，度量单位是兆赫兹（MHz）和吉赫兹（GHz）。主频越高，CPU 的运算速度就越快。主频和 CPU 实际的运算速度存在一定的关系，但是 CPU 的主频不是其运行速度，它表示的是在 CPU 内数字脉冲信号振荡的速度，与 CPU 实际的运算能力并没有直接关系。主频不等于处理器 1s 执行的指令条数，因为一条指令的执行可能需要多个时钟周期。因此主频仅是 CPU 性能表现的一个方面，而不代表 CPU 的整体性能。2018 年，美国英特尔公司设计生产的 Intel 酷睿 i9 9980X 系列 CPU 的主频达到 3.0GHz。主频的倒数称为 CPU 时钟周期 T，$T=1/f$，度量单位是微秒（μs）、纳秒（ns）。

在电子技术中，脉冲信号是一个按一定电压幅度、一定时间间隔连续发出的模拟信号。脉冲信号之间的时间间隔称为周期；而将在单位时间（如 1s）内所产生的脉冲个数称为频率。频率是描述周期性循环信号（包括脉冲信号）在单位时间内所出现的脉冲数量多少的计量名称；频率的标准计量单位是赫兹（Hz）。计算机系统中时序产生器就是一个典型的频率相当精确和稳定的脉冲信号发生器。频率的单位有赫兹（Hz）、千赫兹（kHz）、兆赫兹（MHz）、吉赫兹（GHz）。其中，1GHz=1000MHz、1MHz=1000kHz、1kHz=1000Hz。脉冲信号周期的时间单位有秒（s）、毫秒（ms）、微秒（μs）、纳秒（ns），相应的换算关系是 1s=1000ms、1ms=1000μs、1μs=1000ns。

② CPU 执行时间。表示 CPU 执行一般程序所占用的 CPU 时间，可以用下面的公式进行计算：

$$CPU 执行时间 = CPU 时钟周期数 \times CPU 时钟周期 \tag{1.1}$$

例如，一个 C 语言程序，需要 20 个 CPU 时钟周期完成，每个时钟周期是 5ns，则 CPU 的执行时间为 20×5ns = 100ns。

CPU 执行时间可以评判两台计算机性能的好坏。同一个程序在计算机 M1 和 M2 上分别单独执行，M1 和 M2 哪一个 CPU 执行时间短，哪一个就性能比较好。计算机的性能可以看成是 CPU 执行时间的倒数。两台计算机性能之比就是 CPU 执行时间之比的倒数。

③ CPI 表示执行一条指令所需的时钟周期数。由于计算机系统指令各不相同，所需的时钟周期也不相同。因此，对于一条特定的指令而言，CPI 是一个确定的值；对于一个程序或一台计算机来说，其 CPI 是指该程序或该计算机系统指令集中所有指令执行所需的平均时钟周期数，此时 CPI 是一个平均值。CPI 可以用下面的公式进行计算：

$$CPI = 执行某程序所需的全部 CPU 时钟周期数 \div 程序包含的指令条数$$

如果已知某程序中共有 n 种不同类型的指令，第 i 种指令的条数和 CPI 分别为 C_i 和 CPI_i，则

$$程序总时钟周期数 = \sum_{i=1}^{n}(CPI_i \cdot C_i) \tag{1.2}$$

该程序的综合 CPI 也可以用下面的公式求得，其中 F_i 表示第 i 种指令在程序中所占的比例，CPI_i 表示第 i 种指令的 CPI，则

$$CPI = \sum_{i=1}^{n}(CPI_i \cdot F_i) \tag{1.3}$$

如果已知某程序的综合 CPI 和指令条数，则可以用下面的公式计算 CPU 执行时间：

$$CPU 执行时间 = CPI \times 程序总指令条数 \times 时钟周期 \tag{1.4}$$

④ MIPS 是指单字长定点指令平均执行的速度，表示每秒处理的百万级的机器语言指令数。这是衡量 CPU 速度的一个指标，MIPS 值越大，表示执行速度越快。MIPS 可以用下面的公式进行计算：

$$\text{MIPS} = \text{指令数} \div (\text{程序执行时间} \times 10^6) \tag{1.5}$$

将公式（1.4）代入，则

$$\text{MIPS} = 1 \div (\text{CPI} \times \text{时钟周期} \times 10^6) = \text{主频} / (\text{CPI} \times 10^6) \tag{1.6}$$

⑤ FLOPS 常被用来估算计算机系统的执行效能，尤其是在使用到大量浮点运算的科学计算领域中。在这里所谓的"浮点运算"，实际上包括了所有涉及小数的运算。这类运算在某类应用软件中常常出现，而它们也比整数运算更花时间。现今大部分的处理器中，都有一个专门用来处理浮点运算的浮点运算器。也因此 FLOPS 所量测的，实际上就是浮点运算器的执行速度，用下面的公式进行计算：

$$\text{FLOPS} = \text{程序中的浮点操作次数} \div \text{程序执行时间(s)} \tag{1.7}$$

FLOPS 的单位有 MFLOPS（每秒一百万次的浮点运算，10^6）、GFLOPS（每秒十亿次的浮点运算，10^9）、TFLOPS（每秒一万亿次的浮点运算，10^{12}）、PFLOPS（每秒一千万亿次的浮点运算，10^{15}）、EFLOPS（每秒一百京次的浮点运算，10^{18}）。在 2019 年全球超级计算机排行榜中，中国的神威·太湖之光排在世界第三位（2017 年世界第一位），它有处理器 10649600 个，峰值速度达到 125436TFLOPS。

例如，对于某计算机系统一个给定的程序，I_n 表示执行程序中的指令总数，t_{CPU} 表示执行该程序所需的 CPU 时间，T 为时钟周期，f 为时钟频率（T 的倒数），N_c 为 CPU 时钟周期数。设 CPI 表示每条指令的平均时钟周期数，CPI_i 为第 i 条指令所需的平均时钟周期数，n 为指令种类，I_i 表示第 i 条指令在程序中执行的次数，MIPS 表示每秒执行的百万条指令数，请写出 t_{CPU}、CPI、MIPS 和 N_c 这 4 个参数的表达式。

根据前面的定义，可以写出：

a.　$t_{\text{CPU}} = N_c \cdot T = N_c \div f = I_n \cdot \text{CPI} \cdot T = \left[\sum_{i=1}^{n} (\text{CPI}_i \cdot I_i) \right] \cdot T$。

b.　$\text{CPI} = \dfrac{N_c}{I_n} = \sum_{i=1}^{n} \left(\text{CPI}_i \cdot \dfrac{I_i}{I_n} \right)$，$I_i / I_n$ 表示第 i 条指令在程序中所占的比例。

c.　$\text{MIPS} = \dfrac{I_n}{t_{\text{CPU}} \times 10^6} = \dfrac{f}{\text{CPI} \times 10^6}$。

d.　$N_c = \sum_{i=1}^{n} (\text{CPI}_i \cdot I_i)$。

（2）存储器

存储器是计算机系统中的记忆设备，用来存放程序和数据。构成存储器的存储介质，目前主要采用半导体器件和磁性材料。一个双稳态半导体电路或一个 CMOS（complementary metal oxide semiconductor，互补金属氧化物半导体，制造大规模集成电路芯片用的一种技术或用这种技术制造出来的芯片）晶体管或磁性材料的存储元，均可以存储 1 位二进制代码。这个二进制代码位是存储器中最小的存储单位，称为位或比特（bit）。每个位可以包含一个 0 或一个 1。所有其他计算机存储都是由位组合而成的。只要位数足够，计算机就能够表示各种信息，如数字、字母、图像、视频等。每个字节（byte）为 8 位，这是大多数计算机常用的最小存储单位。另一个较少使用的单位是字（word），这是一个给定计算机架构的常用存储单位，每个字由一个或多个字节组成。例如，一个具有 64 位寄存器和 64 位内存寻址的计算机通常采用 64 位（8B）的字。计算机的许多操作通常是以字为单位的，而不是以字节为单位的。

1）存储容量。

计算机存储器通常按照字节或字节组合来计算或操作。每千字节（kilobyte，KB）为 1024B，每兆字节（megabyte，MB）为 1024^2B，每十亿字节（gigabyte，GB）为 1024^3B，每兆兆字节（terabyte，TB）为 1024^4B，每千兆兆字节（petabyte，PB）为 1024^5B。计算机制造商通常进行圆整，认为 1MB=10^6B、1GB=10^9B。

2）存储层次结构。

存储器有 3 个主要性能指标：速度、容量和每位价格（简称位价）。一般来说，速度越快，位价就越高；容量越大，位价就越低，而且容量越大，速度必然越低。人们追求大容量、高速度、低位价的存储器，往往很难达到。为了体现这 3 个性能指标，存储器系统采用了分层结构，基于不同的处理方式来进行存储。如图 1-3 所示，形象地反映了这种分层结构，以及各层之间的相互关系。图中从顶层到底层位价越来越低，速度越来越慢，容量越来越大，CPU 访问频度越来越少。

图 1-3　典型的存储器层次结构

存储器的第一层是 CPU 内部的寄存器，通常制作在 CPU 芯片内，并与 CPU 具有同材质、同速度的特点，因而存取无延迟。一个 CPU 内部可以有多个寄存器，寄存器中的数据直接在 CPU 内部参与运算，它们的速度最快、位价最高，但容量小，通常小于 1KB。

第二层是 Cache，它是 CPU 与主存之间的临时存储器。Cache 的容量比主存小，但存取速度却比主存快得多。Cache 的出现主要是为了解决 CPU 计算速度与内存读写速度不匹配的矛盾。Cache 制作在 CPU 内部或非常靠近 CPU 的地方。计算机系统将经常访问的指令或数据放到 Cache 中，当程序需要读取一些具体信息时，Cache 硬件首先查看所需要的信息是否在 Cache 中，如果在其中，就直接使用；如果不在，就从主存中查找并获取该信息，同时把信息放入 Cache 中，以备以后再次使用。现代 CPU 中设计了两级 Cache，第一级缓存称为 L1 Cache，是 CPU 的第一层 Cache。L1 Cache 又分为数据缓存和指令缓存，二者分别存放频繁使用的数据及指令。第二级缓存称为 L2 Cache，是 CPU 的第二层 Cache，只存放数据。一些高端领域的 CPU 还设有第三级缓存 L3 Cache，它是为读取 L2 Cache 未命中的数据而设计的一种 Cache。L3 缓存的应用，可以进一步降低主存延迟，提升 CPU 的性能。2018 年，英特尔公司生产的 Intel 酷睿 i9 9980X 系列的 CPU，在其 L1 Cache 中，数据缓存容量大小为 576KB，指令缓存容量为 576KB；L2 Cache 的容量为 18MB，L3 Cache 的容量为 24.75MB。2020 年 2 月，美国 AMD 半导体公司生产的 Threadripper 3990X 处理器，在其 L1 Cache 中，数据缓存容量为 2MB，指令缓存容量为 2MB；L2 Cache 的容量为 32MB，L3 Cache 的容量为 256MB。

第三层是主存，也就是通常所说的内存，它是存储系统的主要部件，用来存放即将参与运行的程序和数据。CPU 可以直接存取寄存器、Cache 和主存中的信息，但是不能直接存取硬盘等外部存储器上的数据。因此，机器执行的指令及所用的数据必须预先存放在主存中。主存一般采用半导体存储单元，可以是随机访问存储器（random access memory，RAM）和只读存储器（read only memory，ROM）。RAM 既可以从中读取数据，也可以写入数据。但是，当机器电源被关闭后，RAM 中的信息就全部丢失了。主存通常采用动态随机访问存储器（dynamic random access memory，DRAM）和静态随机访问存储器（static random access memory，SRAM）的方式，通过半导体技术来实现数据的存储。SRAM 的优点是存取速度快，但是存储容量不如 DRAM 大，现在市场上主存一般是 DRAM。主存通常以插槽用模块条形式供应市场，这种模块条称为内存条。它们是在一个条状的小印制电路板上，用一定数量的存储器芯片组成一个存储容量固定的存储模块，然后通过它下部的插脚插到系统主板的专用插槽中，从而使存储器的总容量得到扩充。现在主流市场上都是 DDR SDRAM（双倍速率同步动态随机访问存储器）类型内存条，包括 DDR2、DDR3 和 DDR4 类型。ROM 中的信息一经写入便永久保存，即使断电，数据也不会丢失，可以将一些重要的程序和数据（如启动引导程序、硬件参数）保存在 ROM 中。

第四层是主存下面的固态硬盘、硬盘、光盘和磁带，统称为辅助存储器或外部存储器（简称辅存或外存）。外存记录的数据可以持久保存，而且根据需要可以随时更换。外存容量很大，现在常用的硬盘容量一般为 500GB～6TB，价格低廉。固态硬盘具有读写速度快、低功耗、无噪声、抗振动、低热量、体积小、工作温度范围大等优点，逐渐成为计算机系统的一种标配。

存储器的层次结构主要体现在 Cache-主存和主存-辅存这两个存储层次上。如图 1-4 所示，CPU 与 Cache、主存都能够直接交换信息；Cache 能直接和 CPU、主存交换信息；主存可以和 CPU、Cache、外存交换信息。

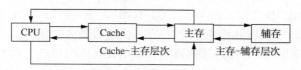

图 1-4 存储器的两个存储层次

Cache-主存层次主要解决 CPU 与主存速度不匹配的问题。由于 Cache 的速度比主存的速度快，只要将 CPU 近期要访问的信息调入 Cache，CPU 便可以直接从 Cache 中获取信息，从而提高了访问速度。由于 Cache 容量比较小，需要和主存之间不断地相互调度数据，这些操作是由计算机硬件自动完成的，对程序员是透明的。

主存-辅存层次主要解决存储系统的容量问题。外存的速度比主存速度低，而且不能和 CPU 直接交换信息，但是它的容量比主存大得多，可以存放大量暂时未用的信息。当 CPU 需要这些信息时，再将辅存中的内容调入主存，供 CPU 直接访问。主存和辅存之间的数据调动是由硬件和操作系统共同完成的。

从 CPU 角度看，Cache-主存这一层次的速度接近于 Cache，高于主存；其容量和位价却接近于主存，这就从速度和成本的矛盾中获得理想的解决办法。主存-辅存这一层次，从整体上分析，其速度接近于主存，容量接近于辅存，平均位价也接近于低速、廉价的辅存位价，这又解决了速度、容量、成本三者的矛盾。现代的计算机系统大多具有这两个存储层次，构成了 Cache、主存、辅存三级存储系统。

表 1-1 是各种级别存储器性能的比较，可以发现它们在一些性能指标上的差别较大。

表 1-1 各级别存储器的性能

级别	1	2	3	4	5
名称	寄存器	Cache	主存	固态硬盘	硬盘
典型存储容量	<1KB	<16MB	<64GB	<1TB	<10TB
实现技术	具有多个端口 CMOS 的定制内存	片上或片外 CMOS SRAM	CMOS SRAM	闪存	硬盘
访问时间/ns	0.25～0.5	0.5～25	80～250	25000～50000	5000000

续表

级别	1	2	3	4	5
带宽/（MB/s）	20000～100000	5000～10000	1000～5000	500	20～150
由谁管理	编译器	硬件	操作系统	操作系统	操作系统
由谁备份	Cache	主存	硬盘	硬盘	硬盘或磁带

3）主存的技术指标。

存放一个机器字的存储单元，通常称为字存储单元，相应的单元地址称为字地址。而存放一个字节的单元，则称为字节存储单元，相应的地址称为字节地址。如果计算机中可编址的最小单位是字存储单元，则该计算机称为按字寻址的计算机。如果计算机中可编址的最小单位是 B，则该计算机称为按字节寻址的计算机。一个机器字可以包含数个字节，所以一个存储单元也可包含数个能够单独编址的字节地址。例如，一个 16 位二进制的字存储单元可存放 2B，可以按字地址寻址，也可以按字节地址寻址。主存的性能指标主要有存储容量、存取时间、存储周期和存储器带宽。

① 存储容量。存储容量指一个存储器中可以容纳的存储单元总数。存储容量越大，能存储的信息就越多。存储容量常用字数或字节数（B）来表示，表示单位有 KB、MB、GB 和 TB。其中，1KB=1024B=2^{10}B、1MB=2^{20}B、1GB=2^{30}B、1TB=2^{40}B，B 表示字节。1 字节定义为 8 个二进制位，所以计算机中一个字的字长通常是 8 的倍数。

② 存取时间。存取时间又称为存储器的访问时间，是指启动一次存储器操作（读或写）到完成该操作所需的全部时间。存取时间分为读出时间和写入时间两种。读出时间是从存储器接收到有效地址开始，到产生有效输出所需的全部时间。写入时间是从存储器接收到有效地址开始，到数据写入被选中单元为止所需的全部时间。通常存储器的读出时间等于写入时间，都是对存储器的一次操作。存取时间的单位为 ns。

③ 存取周期。存取周期是指存储器进行连续两次独立的存储操作所需的最小间隔时间。它由本次读取时间加上一段附加时间组成，这段附加时间是存储器复原的时间。一些存储器的读取操作具有破坏性，当读取信息后原存信息被破坏，所以在读出信息的同时要立刻将相关的信息重新写回原来的存储单元中，然后才能进行下一次访问。对于一些非破坏性读取的存储器，读出后也不能立即进行下一次读写操作，因为存储介质与有关线路都需要一段稳定恢复的时间。存取周期是反映存储器性能的一个重要参数，这个值越小越好，表示内存芯片的存取速度越高。存储器的存取周期一般比存取时间长。

④ 存储器带宽。存储器带宽表示单位时间内存储器存取的信息量，单位通常用位/秒（b/s）、字节/秒（B/s）表示，它与存取周期密切相关。存储器带宽可以用下面的公式进行定义：

$$R = \frac{W}{T_m} \tag{1.8}$$

式中，R 表示存储器带宽，单位为 b/s；W 表示存储器一次读写数据的位数（bit）；T_m 表示存取周期（单位为 s）。存储器带宽是衡量数据传输速率的重要技术指标。

（3）I/O 设备

计算机硬件系统除 CPU 和存储器外，另外一个重要组成部分就是 I/O 设备。I/O 设备通常由设备控制器和设备本身两部分组成。设备控制器是插在电路板上的一块或一组芯片，是 I/O 设备的电子部分，它协调和控制一台或多台 I/O 设备的操作，实现设备操作与整个系统操作的同步。在小型机和微型机上，往往以印制电路卡的形式插入计算机中。很多控制器可以管理 2 台、4 台甚至 8 台同样的设备。设备控制器本身有一些缓冲区和一组专用的寄存器，负责在外设和本地缓冲区之间移动数据。

设备本身的对外接口较简单，实际上它们隐藏在控制器的后面。因而，操作系统常常是与设备控制器打交道，而不是与设备直接交互。设备的种类很多，因此设备控制器的类别也很多，需要不同的软件来控制它们。这些向设备控制器发送命令并接收其回答信息的软件称为设备驱动程序。不同操作系统上的不同控制器对应不同的设备驱动程序。计算机系统常常把设备驱动程序装入操作系统中，以核心态的方式来运行。

现代计算机系统中配置了大量的 I/O 设备。依据它们的工作方式的不同，通常分为以下 3 类。

1）字符设备，又称为人机交互设备。用户通过这些设备实现与计算机系统的通信。它们大多是以字符为单位发送和接收数据的，数据通信的速度比较慢。例如，键盘和显示器为一体的字符终端、打印机、扫描仪、鼠标等，还有早期的卡片和纸带输入和输出机。含有显卡的图形显示器的速度相对较快，可以用来进行图像处理中复杂图形的显示。

2）块设备，又称为外部存储设备，用户通过这些设备实现程序和数据的长期保存。与字符设备相比，它们是以块为单位进行传输的，如磁盘、磁带和光盘等。块的常见尺寸为 512～32768B。

3）网络通信设备。这类设备主要有网卡、调制解调器等，主要用于与远程设备的通信。这类设备的传输速度比字符设备高，但比块设备低。

这种分类的方法并不完备，有些设备并没有包括。例如，时钟既不是按块访问，也不是按字符访问，它所做的是按照预先规定好的时间间隔产生中断。但是这种分类足以使操作系统构造出处理 I/O 设备的软件，使它们独立于具体的设备。

（4）总线

计算机系统的五大部件通过一组公共信息传输线进行连接，形成一个完整的系统，实现其功能。总线是连接多个部件的信息传输线，是各个部件共享的传输介质。借助于总线连接，各个功能部件之间实现地址、数据和控制信息的交换，并在争用资源的基础上进行工作。总线大致可以分成 3 类：第一类是内部总线，主要连接 CPU 内部各个寄存器和运算部件；第二类是系统总线，指 CPU、主存、I/O 设备各大部件之间的信息传输线，由于这些部件通常都安放在主板或各个插件板中，故又称为板级总线；第三类是通信总线，用于计算机系统之间或计算机系统与其他系统之间的通信。通信总线类别很多，按照传输方式可以分为串行通信总线和并行通信总线。

1）总线特性。从物理角度来看，总线是由许多导线直接印制在电路板上，延伸到各个部件。CPU、主存、I/O 设备等器件的插板通过插头与水平方向总线插槽（按总线标准用印制电路板或一束电缆连接而成的多头插座）连接。为了保证机械上的可靠连接，必须规定其机械特性；为了确保电气上的正确连接，必须规定其电气特性；为了保证正确地连接不同的部件，还需规定其功能特性和时间特性。

2）总线结构。总线结构通常可分为单总线结构和多总线结构两种。

① 单总线结构。单总线结构将 CPU、主存、I/O 设备都挂在一组总线上，允许 I/O 设备之间、I/O 设备与 CPU 之间或 I/O 设备与主存之间直接交换信息，如图 1-5 所示。这种结构简单、便于扩充，但所有的传送都通过这组共享总线，因此极易形成计算机系统的瓶颈。

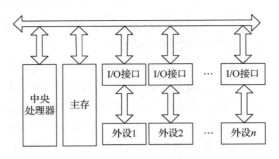

图 1-5　单总线结构

② 多总线结构。在多总线结构中，CPU 与 Cache 之间采用高速的 CPU 总线，主存连在系统总线上，如图 1-6 所示。通过桥、CPU 总线、系统总线和高速总线彼此相连。桥实质上是一种具有缓冲、转换、控制功能的逻辑电路。多总线结构将高速、中速、低速设备连接到不同的总线上同时进行工作，提高总线的效率和吞吐量（单位时间内能够处理的信息量），而且处理器结构的变化不影响高速总线。

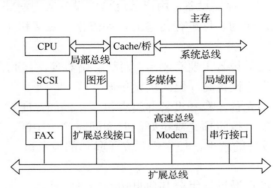

图 1-6　多总线结构

3）总线标准。所谓总线标准，可视为系统与各模块、模块与模块之间的互连的标准界面。这个界面对它两端的模块都是透明的，即界面的任何一方只需根据总线标准的要求完成自身一方接口的功能要求，而无须了解对方接口与总线的连接要求。总线标准的发展历程有以下几个阶段。

① ISA（industry standard architecture，工业标准体系结构）总线，是为采用 16 位 CPU 的 PC/AT 计算机而制定的总线标准，为 16 位体系结构，只能支持 16 位的 I/O 设备，数据传输速率大约为 16MB/s。ISA 总线的缺点是 CPU 资源占用太高，数据传输带宽太小，是已经被淘汰的插槽接口。

② EISA（extended industry standard architecture，扩充的工业标准体系结构）总线，是 EISA 集团为配合 32 位 CPU 而设计的总线扩展标准。EISA 总线的时钟频率为 8MHz，32 位数据线，32 位地址总线，最大数据传输速率为 33MB/s。但 EISA 总线现今已被淘汰。

③ VESA（video electronics standard association，视频电子标准协会）总线，是 1992 年由 60 家附件卡制造商联合推出的一种局部总线，简称为 VL（VESA local）总线，也被称为局部总线。它定义了 32 位数据线，且可通过扩展槽扩展到 64 位，使用 33MHz 时钟频率，最大数据传输速率达 132MB/s，可与 CPU 同步工作，是一种高速、高效的局部总线。

④ PCI（peripheral component interconnect，外部设备互连）总线，是一种高性能局部总线，已成为计算机的一种标准总线，是一种不依附于某个具体处理器的局部总线。PCI

总线时钟频率为 33MHz/66MHz，总线宽度为 32 位/64 位，采用时钟同步方式，最大数据传输速率为 133MB/s，能自动识别外设，支持 10 台外设。

⑤ AGP（accelerate graphical port，加速图形接口）总线，是美国英特尔公司于 1996 年 7 月推出的一种 3D 图形标准接口。它是一种显示卡专用的局部总线，能够提供 4 倍于 PCI 的效率，数据传输速率最高达到 533MB/s。AGP 接口使用 32 位总线时，有 66MHz 和 133MHz 两种工作频率。

⑥ USB（universal serial bus，通用串行总线），是一种外部总线标准，用于规范计算机与外设的连接和通信。USB 自 1996 年推出后，已经成功替代了串口和并口，成为当今个人计算机（personal computer，PC）和大量智能设备的必备接口之一。USB 3.0 的最大传输带宽高达 640MB/s，具有真正的即插即用特征，实现了更好的电源管理，能够使主机更快地识别器件。

2. 计算机软件系统

计算机软件是指计算机系统中的程序及其文档，是一系列按照特定顺序组织的计算机数据和指令的集合。程序是计算任务的处理对象和处理规则的描述，是完成计算机某种功能的指令的集合。通过指令的执行，计算机能完成程序相应的功能。文档是指使人们了解程序的相关文字资料。程序必须装入计算机主存才能工作，文档一般是给人看的，不一定装入机器。计算机的软件系统是指在计算机中运行的各种程序、数据及相关的文档资料。计算机软件系统和硬件系统合在一起构成一个完整的计算机系统。

（1）软件系统的分类

计算机软件系统通常被分为系统软件和应用软件两大类。系统软件是指控制计算机的运行、管理计算机的各种资源、并为应用软件提供支持和服务的一类软件。系统软件通常包括操作系统、数据库管理系统、语言处理程序和各种服务性程序。应用软件是指利用计算机的软、硬件资源为某一专门的应用目的而开发的软件，常见的应用软件有办公软件、图形图像处理软件、网络通信软件、手机 App 软件等。

（2）软件的发展演变

如同硬件一样，计算机软件也在不断地发展。在早期的计算机中，人们是直接用机器语言（即机器指令代码，二进制代码）来编写程序的。由于各个机器的机器语言都不一样，人们编程需要熟悉不同机器的机器指令，不仅编程耗时耗力、容易出错，而且编出的程序晦涩难懂，没有可移植性。为了编程方便和提高机器使用效率，人们用一些约定俗成的文字、符号和数字按规定的格式表示各种不同的指令，再用这些指令编写程序，形成了汇编语言。为了摆脱对具体机器的依赖，在汇编语言之后，出现了高级语言。

高级语言的语句通常是一个或一组英语词汇，词义本身反映出命令的功能，比较接近人们习惯的自然语言和数学语言，使程序具有很强的可读性。使用高级语言编写程序时不必了解具体机器的内部结构，编出的程序具有可移植性，在各种机器中都可以运行使用。高级语言的发展经历了几个阶段。第一阶段的代表语言是 1954 年问世的 FORTRAN 语言，它主要面向科学计算和工程计算。第二阶段是结构化程序设计阶段，其代表是 1968 年问世的 PASCAL 语言，它定义了一个真正的标准语言，按严谨的结构化程序编程，具有丰富的数据类型，写出的程序易读懂、易查错。第三阶段是面向对象程序设计阶段，其代表语言是 C++。随着网络技术的发展，出现了适应网络环境的 Java 语言。目前，随着 Web 应用的发展，Python 语言越来越受到人们的欢迎。它是一个高层次的结合了解释性、编译性、互动性和面向对象的脚本语言。它适合于 Web 和 Internet 开发、科学计算和统计、桌面界面开发、软件开发和后端开发。

为了使高级语言描述的算法能在机器上执行，需要一个翻译系统，于是产生了编译程序和解释程序，它们把高级语言翻译成机器语言。随着计算机应用领域的不断扩大，出现了操作系统。操作系统使计算机的使用效率成倍地提高。此外，一些服务型程序也逐渐形成，如装配程序、调试程序等。为了处理大量的数据，出现了数据库，数据库和数据管理软件一起组成了数据库管理系统。以上所述的各种软件均属于系统软件，而软件发展的另一个主要内容是应用软件。应用软件种类繁多，它是用户在各自行业中开发和使用的各种程序。软件发展具有开发周期长、制作成本高等特点。

（3）软件中的数据结构

各种软件在编写过程中要对数据进行组织、访问和处理，需要一定的数据结构进行支撑。下面介绍一些常见的数据结构。

1）数组、线性表、堆栈和队列。

① 数组。数组是一个简单的数据结构，它的元素可以直接访问。例如，主存就是一个大的数组。如果所存的数据项大于 1B，则可以用多个字节保存数据项，并可按"数组首地址+元素个数×元素长度"进行寻址。数组在进行插入和删除时比较麻烦，不如其他的数据结构。

② 线性表。除了数组，线性表是最重要的数据结构。线性表将一组数据表示成一个序列，实现这种结构的最常用的方法是链表，每个节点通过链接指针进行链接。链表包括多个类型。

a. 单链表。单链表中每个节点包括数据域和一个指针域，通过指针进行节点的链接，如图 1-7 所示。

图 1-7　单链表

b. 双向链表。双向链表中的每个节点除数据域外，还包含两个指针域。一个指针指向该节点的后继节点，一个指针指向其前趋节点，如图 1-8 所示。

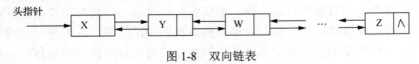

图 1-8　双向链表

c. 循环链表。在单链表中，最后一个指针域指向第一个节点，使链表形成一个环形，称为循环链表，如图 1-9 所示。

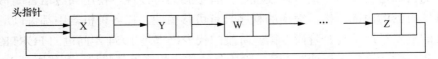

图 1-9　循环链表

链表的插入和删除很方便，但是对数据域的访问，有时需要遍历所有的元素。

③ 堆栈。堆栈作为有序的数据结构，在增加和删除数据项时采用后进先出（last in first out，LIFO）的原则，即最后增加到堆栈的数据项是第一个被删除的。堆栈只在栈顶进行操

作。操作系统在执行函数调用时，经常采用堆栈。当调用函数时，参数和局部变量及返回地址首先压入堆栈，当从函数调用返回时，会从堆栈上弹出这些项。

④ 队列。队列作为有序的数据结构，采用先进先出（first in first out，FIFO）的原则，删除队列的数据项与插入的顺序一致。日常生活中队列的例子很多。在软件设计时，很多数据操作采用队列的方式。

2）树。树是一种具有层次的数据结构。树结构的各个节点可按父子关系连接起来。对于一般树，父节点可以有多个子节点。对于二叉树，父节点可有两个子节点，即左子节点和右子节点。二叉排序树要求对两个子节点进行排序。

3）图。图是一种更为复杂的数据结构。在图结构中，节点之间的关系可以是任意的。图可以用邻接表进行存储，可以通过深度优先和广度优先进行遍历。通过图的遍历可以求出最小生成树，进行拓扑排序，生成关键路径。

4）哈希函数与哈希表。哈希函数将一个数据作为输入，对此进行数值运算，然后返回一个数值，利用该值作为一个表的索引，以快速获得数据。哈希函数有一个问题，两个输入可能产生同样的输出值，它们会链接到列表的同一位置。哈希碰撞可以采用拉链法、开放定址法和双重散列法进行处理。哈希表是哈希函数最主要的应用，它是实现关联数组的一种数据结构，广泛应用于实现数据的快速查找。

5）位图。位图为 n 个二进制位的串，用于表示 n 项的状态。例如，假设有若干资源，每个资源的可用性用二进制数来表示，0 表示资源可用，1 表示资源不可用（或者相反）。位图的第 i 个位置与第 i 个资源相关联。1B 的 8 个位为 10100010，则表示第 0、2、3、4、6 个资源可用（从右边以 0 开始往左边数），第 1、5、7 个资源不可用。当需要表示大量资源的可用性时，采用位图方式，空间效率优势明显。

3. 计算机硬件与软件的逻辑等价性

计算机系统以硬件为基础，通过配置软件扩充其功能，采用执行程序的方式体现其功能。一般来说，硬件只完成最基本的功能，复杂的功能往往通过软件来实现。但是软件与硬件之间的功能分配常常随着技术的发展而变化，没有固定模式。在计算机中，有许多功能既可以直接由硬件实现，也可以在硬件的支持下依靠软件来实现，但对用户而言，它们在功能上是等价的，这种情况称为软件、硬件在功能上的逻辑等价性。

在计算机发展早期曾采用过"硬件软化"的技术策略。为了降低硬件造价，只让硬件完成较简单的指令操作，如加法、减法、移位等操作，而乘法、除法、浮点运算等较复杂的功能则交给软件来实现，这导致了在当时条件下小型计算机的出现。随着大规模集成电路技术的发展，人们可以将功能很强的模块集成在一块芯片上，于是出现了"软件硬化"的情况，将原来依靠软件才能实现的一些功能改由大规模或超大规模集成电路实现，如存储管理、浮点运算等，使系统具有更高的处理速度，在软件的支持下有更强的功能。微程序控制技术的出现使计算机结构和软硬件功能发生了变化，出现了"软件固化"的技术策略。利用程序设计技术和扩大微程序的容量，使原来属于软件级的一些功能纳入微程序一级。微程序类似软件，但被固化在 ROM 中，属于硬件的范畴，称为固件。人们常常将系统软件的核心部分固化在存储芯片上。例如，IBM-PC 微型机将操作系统中的基本输入/输出系统（basic input output system，BIOS）固化在主板上，Pentium 处理器将存储管理功能集成于 CPU 芯片内等。

4. 计算机的启动

在讲述计算机启动之前，首先介绍两个常见的名词，即 BIOS 和 CMOS。BIOS 是一个程序，实现一系列功能，该程序存储在 ROM 芯片中，这个芯片叫作 BIOS 芯片；而 CMOS 也是一个芯片，是一个 RAM，里面存储的是一些数据。计算机启动后 CMOS 芯片就由计算机电源为其供电，计算机关闭后则由一个后备锂电池供电，保证数据不丢失。

BIOS 主要保存着有关计算机系统中最重要的基本 I/O 程序、系统信息设置、开机上电自检程序和系统启动自举程序等信息。CMOS 中则保存着当前计算机系统的硬件配置和系统参数的设定。如果 CMOS 中关于计算机的配置信息不正确，会导致系统性能降低、硬件部件不能识别，并由此引发一系列的软硬件故障。在 BIOS 芯片中装有一个程序，称为系统信息设置，是用来设置 CMOS 芯片中的参数的。这个程序一般在开机时按下一个或一组键即可进入，它提供了良好的界面供用户使用。这个设置 CMOS 参数的过程，习惯上也称为 BIOS 设置或 CMOS 设置。

计算机接通电源后，BIOS 被调用开始运行。系统将有一个对内部各个硬件设备进行检查的过程，检测一下能否满足运行的基本条件，这是由一个通常称为 POST（power on self test，上电自检）的程序来完成的。如果硬件出现问题，主板会发出不同含义的蜂鸣，启动中止。如果没有问题，屏幕就会显示出 CPU、内存、硬盘等硬件信息。硬件自检完成后，BIOS 按照 CMOS 设置好的外部存储设备的排序，把控制权转交给排在第一位的存储设备（默认是硬盘）。计算机读取该存储设备的第一个扇区，也就是读取最前面的 512B，也叫作主引导记录。它的主要作用是告诉计算机到硬盘的哪一个位置去找操作系统。这时计算机的控制权转交给安装操作系统的硬盘的某个分区，启动操作系统，把控制权转交给操作系统。操作系统内核首先被载入内存，然后初始化线程加载系统的各个模块，跳出登录界面，等待用户输入用户名和密码，至此全部启动过程完成。

1.1.2　操作系统的目标和作用

1. 操作系统的目标

操作系统（operating system，OS）是一种系统软件，它是配置在计算机硬件之上的第一层软件。它在计算机系统中占据特别重要的地位，是整个计算机系统的控制管理中心。其他系统软件如编译程序、数据库管理系统等，以及各种应用软件都将依赖于操作系统的支持，取得它的服务。在计算机系统上配置操作系统，具有方便性、有效性、可扩充性和开放性等特点。

（1）方便性

配置操作系统后可使计算机系统更容易使用，操作系统替用户管理、控制各种软件、硬件资源。没有配置操作系统的计算机系统，用户要直接在计算机硬件上运行自己所编写的程序，就必须使用机器语言书写程序；用户要想输入数据或打印数据，也都必须自己使用机器语言书写相应的输入程序或打印程序。如果在计算机硬件上配置了操作系统，用户便可以通过操作系统所提供的各种命令来使用计算机系统，大大地方便了用户，从而使计算机变得易学易用。

（2）有效性

对于计算机系统而言，有效性指资源利用率和系统吞吐量。资源利用率是指在一次任务执行过程中，CPU、主存等硬件资源和变量、堆栈、数组等各种软件资源的使用效率。

配置了操作系统，可以使计算机中各种资源得到最大化的发挥。系统吞吐量是指在单位时间内计算机能够处理的信息量。操作系统可以通过合理地组织计算机的工作流程，进一步改善资源的利用率，加快程序的运行，缩短程序的运行周期，从而提高系统吞吐量。

（3）可扩充性

可扩充性有两方面的含义。一是操作系统扩充了硬件功能。没有任何软件支持的计算机称为裸机，裸机功能有限，配置了操作系统后计算机功能大幅增强，如现在的计算机都有播放音视频等多媒体软件，这都是在操作系统支持下完成相应功能的。二是随着计算机技术的迅速发展，计算机硬件和体系结构也不断变化，操作系统必须具有很好的可扩充性，才能适应这种发展变化的要求。

（4）开放性

随着计算机应用的日益普及，计算机操作系统的应用环境已由单机封闭环境转向开放的网络环境。为了实现应用的可移植性和互操作性，要求操作系统必须提供统一的开放环境，进而要求操作系统具有开放性。开放性是衡量一个新推出的系统或软件能否被广泛应用的至关重要的因素。

2. 操作系统的作用

操作系统在计算机系统中所起的作用，可以从用户、资源管理等不同角度进行分析和讨论。

（1）操作系统作为用户与计算机硬件系统之间的接口

操作系统作为用户与计算机硬件系统之间的接口是指操作系统处于用户与计算机硬件系统之间，用户通过操作系统来使用计算机系统。从内部看，操作系统对计算机硬件进行了改造和扩充，为应用程序提供强有力的支持；从外部看，操作系统提供友好的人机接口，使用户能够方便、可靠、安全和高效地使用硬件和运行应用程序。用户可以通过两种方式使用计算机，即命令方式、系统调用方式实现与操作系统的通信，取得它的服务。

（2）操作系统作为计算机系统资源的管理者

一台计算机就是一组资源，这些资源用于移动、存储和处理数据，并对这些功能进行控制。操作系统就是负责管理这些资源的。为了提高系统效率，操作系统必须支持多种资源管理技术，合理调度和分配各种资源，充分发挥设备的并行性，使它们最大限度地重叠操作和保持忙碌。

通过管理计算机资源，操作系统控制计算机的基本功能，但是这一控制是通过一种不寻常的方式实施的。操作系统实际上也是一组计算机程序，它与其他计算机程序类似，也给处理器提供指令，主要区别在于程序的意图。操作系统控制处理器使用其他系统资源，并控制其他程序的执行时机。但是处理器要做任何一件这类事情时，都必须停止执行操作系统程序，而去执行其他程序。因此，这时操作系统会释放对处理器的控制，让处理器去做其他一些有用的工作，然后用足够长的时间恢复控制权，让处理器准备做下一件工作。

操作系统控制管理计算机资源的技术主要有 3 种，分别是资源复用、资源虚拟和资源抽象。

1）资源复用。多道程序设计技术是现代操作系统所采用的基本技术，它允许相应地有多个程序进入内存竞争使用各种资源。由于计算机系统的物理资源是宝贵和稀有的，操作系统让众多程序共享这些物理资源，这种共享称为资源复用。通过适当的复用可以创建虚拟资源和虚拟机，以解决物理资源数量不足的问题。

2）资源虚拟。虚拟技术是操作系统中一类有效的资源管理技术，能进一步地提高操作系统为用户服务的能力和水平。虚拟的本质是对资源进行转化、模拟和整合，把一个物理资源转变成逻辑上的多个对应物，创建无须共享的多个独占资源的假象，以达到多个用户共享一套计算机物理资源的目的。

3）资源抽象。资源复用和资源虚拟的主要目的是解决物理资源数量不足的问题，资源抽象则是用于处理系统的复杂性，重点解决资源的易用性。资源抽象是指通过创建软件来屏蔽硬件资源的物理特性和接口细节，简化对硬件资源的操作、控制和使用，即不考虑物理细节而对资源执行操作。资源抽象软件对内封装实现细节，对外提供应用接口，这意味着用户不必了解更多的硬件知识，只需通过软件接口即可使用和操作物理资源。例如，为了方便用户使用 I/O 设备，在裸机上覆盖一层 I/O 设备管理软件，由该软件实现对设备操作的细节，并向上提供一组操作命令。用户可以利用操作命令进行数据的输入和输出，而无须关心 I/O 设备是如何实现的。这里，I/O 管理软件实现了对设备的抽象。

在操作系统的设计、实现和使用中自始至终贯穿 3 种基本的资源管理技术的应用。采用这些资源管理技术的目的之一是解决资源数量不足和易于使用的问题。

1.1.3 操作系统的定义

根据操作系统的目标和作用，可以这样理解它的定义。

1）操作系统是系统软件，由一整套程序组成。

2）它的基本职能是控制和管理计算机系统内的各种资源，合理地组织工作流程。

3）它提供众多服务，方便用户使用，扩充硬件功能。

通常可以这样定义操作系统：操作系统是控制和管理计算机系统中的各种硬件和软件资源，合理地组织计算机工作流程，以及方便用户使用的一种系统软件。

1.2　操作系统的形成与发展

操作系统是建立在计算机硬件之上的第一层软件，它的形成和发展与计算机系统结构的演变有着密切的联系。操作系统的发展与硬件系统的发展相互促进、相互影响。一方面，为了方便而有效地使用硬件，导致操作系统的产生；另一方面，为了有利于构造操作系统，硬件也经历了不断改进的过程。此外，由于操作系统可以为上层软件及用户提供友好的界面，它的演变必然反映出上层软件及用户对操作系统的使用要求。

1.2.1 计算机的发展简史

1. 计算机的 5 代变化

世界上第一台电子计算机是 1946 年在美国宾夕法尼亚大学制成的，命名为埃尼阿克（electronic numerical integrator and computer，ENIAC，电子数字积分计算机）。这台计算机使用了 1500 个继电器、18800 个电子管，占地 170m²，质量重达 30 多吨，耗电 150kW·h，造价 48 万美元。ENIAC 每秒能完成 5000 次加法运算、400 次乘法运算，是算盘的 20000 倍。它奠定了电子计算机的基础。自从它问世以来，从使用器件的角度来说，计算机的发展大致经历了 5 代变化。

第一代是从 1946 年到 1957 年，电子管计算机。它们体积较大，运算速度较慢，每秒几千次至几万次，存储容量不大，而且价格昂贵，使用也不方便，为了解决一个问题，所编制程序的复杂程度难以表述。这一代计算机主要用于科学计算，只在重要部门或科学研究部门使用。在此期间，形成了计算机的基本体系，确定了程序设计的基本方法。

第二代是从 1958 年到 1964 年，晶体管计算机。运算速度比第一代计算机的速度提高了近 10 倍，每秒几万次至几十万次，体积为原来的几十分之一。在软件方面开始使用计算机算法语言。这一代计算机不仅用于科学计算，还用于数据处理和事务处理及工业控制。

第三代是从 1965 年到 1971 年。这一时期计算机的主要特征是以中小规模集成电路为电子器件，可靠性进一步提高，体积进一步缩小，成本进一步降低，小型机开始出现，并且出现操作系统，使计算机的功能越来越强，应用范围越来越广。它们不仅用于科学计算，还用于文字处理、企业管理、自动控制等领域，出现了计算机技术与通信技术相结合的信息管理系统，可用于生产管理、交通管理、情报检索等领域。1969 年 7 月 20 日，美国的阿波罗 11 号飞船释放"鹰"号登月舱安全着陆月球静海地区，达成人类首次登月的壮举。那时候的飞船所配置的计算机正是中小规模集成电路计算机。

第四代是从 1972 年到 1990 年，采用大规模集成电路和超大规模集成电路为主要电子器件制成的计算机。例如，80386 微处理器，在面积约为 10mm×10mm 的单个芯片上，可以集成大约 32 万个晶体管，运算速度达到每秒 1000 万次至 1 亿次。微型计算机开始出现。

第五代从 1991 年开始，为巨大规模集成电路计算机。它把信息采集、存储、处理、通信和人工智能结合在一起，具有形式推理、联想、学习和解释能力。运算速度提高到每秒 10 亿次。

总之，从 1946 年计算机诞生以来，大约每隔 5 年运算速度提高 10 倍，可靠性提高 10 倍，成本降低 10 倍，体积缩小 10 倍。计算机从第三代起，性能与集成电路技术的发展密切相关。大规模集成电路的采用，使一块集成电路芯片上可以放置 1000 个元件，超大规模集成电路达到每个芯片 1 万个元器件，现在的甚超大规模集成电路芯片超过 100 万个元器件。1965 年，美国英特尔公司创始人之一戈登·摩尔提出，当价格不变时，集成电路上可容纳的元器件的数目，每隔 18～24 个月便会增加 1 倍，性能也将提升 1 倍，这就是人们常说的摩尔定律。

2. 半导体存储器的发展

20 世纪 50～60 年代，所有计算机存储器都是由微小的铁磁体环（磁芯）做成的，每个磁芯直径约为 1mm。这些小磁芯处在计算机内用 3 条细导线穿过网格板上。磁芯存储器速度相当快，读取存储器中的一位只需 1μs，但是磁芯存储器价格昂贵、体积大，而且读出是破坏性的，因此必须有读出后立即重写数据的电路。

1970 年，仙童半导体公司生产出第一个较大容量半导体存储器。一个相当于单个磁芯大小的芯片，包含了 256 位的存储器。这种芯片读写速度比磁芯快，读出一位需要 70ns，但价格比磁芯要贵。1974 年，每位半导体存储器的价格低于磁芯，而且从这以后，存储器的价格持续快速下跌，但是存储密度却不断增加。这导致新的机器比它之前的机器更小、更快、存储容量更大、价格更便宜。

从 1970 年起，半导体存储器经历了 14 代：单个芯片的容量从 1KB、4KB、16KB、…、256MB、1GB、4GB 到现在的 16GB。每一代比前一代内存储密度提高 4 倍，而每位的价格和存取时间都在下降。

3. 微处理器的发展

与存储器芯片一样，处理器芯片的单元密度也在不断增加。随着技术的进步，每块芯片上的单元个数越来越多，因此构建一个计算机处理器所需的芯片越来越少。表 1-2 列出了英特尔公司微处理器的演化。

表 1-2　英特尔公司微处理器的演化

芯片名称	年份	集成度（晶体管数量）	主频范围/MHz	数据总线宽度/位	地址总线宽度/位
4004	1971	2300	0.74	4	12
8008	1972	3500	0.74	8	16
8080	1974	8000	4	8	16
8086	1978	2.9 万	4.77	16	20
80286	1982	13.5 万	6～25	16	24
80386TM DX	1985	27.5 万	16～33	32	32
80486TM DX	1989	120 万	25～50	32	32
Pentium	1993	300 万	60～166	32	32
Pentium Pro	1995	550 万	150～233	64	32
Pentium II	1997	750 万	233～400	64	32
Pentium III	1999	950 万	450～1000	64	32
Pentium 4	2000	4200 万	1500～1800	64	32
Core solo	2006	15100 万	1.06～2.33G	64	32
Core i3	2010	38200 万	2.93～3.07G	64	64
i7-3770	2012	4 核 8 线程，22nm	3.4～3.9G	64	64
i7-5960X	2014	8 核 16 线程，22nm	3.5G	64	64
Core i9 7940X	2017	14 核 28 线程，14nm	3.2～4.3G	64	64
Core i9 10980XE	2019	18 核 36 线程，14nm	3.0～4.6G	64	64

1971 年，英特尔公司开发出 Intel 4004，这是第一个将 CPU 的所有元器件都放入同一芯片内的产品，于是，微处理器产生了。Intel 4004 能完成 4 位数相加，通过重复相加完成乘法运算。虽然过于简单，但 Intel 4004 成为微处理器的奠基者。微处理器的另一个主要进步是 1972 年出现的 Intel 8008，这是第一个 8 位微处理器。1974 年，出现了 Intel 8080，这是第一个通用微处理器，专门为通用微型计算机而设计的 CPU。它也是 8 位微处理器，但是比 8008 速度更快，有更丰富的指令集和更强的寻址能力。20 世纪 70 年代末期出现强大的通用 16 位微处理器 Intel 8086。英特尔公司于 1985 年推出 32 位微处理器 Intel 80386。随着技术的不断进步，后续推出了 Pentium 和 Core 系列的 CPU 芯片。

1.2.2　操作系统的形成

操作系统经历了从无到有、从功能简单到功能完备的演变过程，并且尚处于进一步的发展之中。

1. 操作系统的产生

计算机操作系统在从无到有的过程中经历了以下几个阶段。

（1）人工操作阶段

从计算机诞生到 20 世纪 50 年代中期的计算机属于第一代计算机，它由主机运控部件、主存、输入设备（如读卡机）、输出设备（如穿孔机和控制台）组成，机器速度慢、规模小、外设少，操作系统尚未出现。用户既是程序员又是操作员，由程序员采用手工方式直接控制和使用计算机硬件。程序员使用机器语言编程，并将事先准备好的程序和数据穿孔在纸带或卡片上，从纸带或卡片输入机将程序和数据输入计算机。然后，启动计算机运行，程序员可以通过控制台上的按钮、开关操纵和控制程序。运行完毕后，取走计算输出的结果，才轮到下一个用户使用计算机。

这种人工操作方式有以下两方面的缺点。

1）用户独占全机。此时，计算机及其全部资源只能由上机用户独占。

2）CPU 等待人工操作。当用户进行装带、卸带等人工操作时，CPU 及内存等资源是空闲的。这种人工操作方式严重降低了计算机资源的利用率。

这种人工操作方式在慢速的计算机上还是能够容忍的，但是随着计算机速度的提高，其缺点就更加暴露出来了。例如，一个作业在每秒 1 万次的计算机上需要运行 1h，作业建立和人工干预需要 3min，则手工操作时间占总运行时间的 5%；当计算机速度提高到每秒 10 万次时，作业运行时间仅需 6min，而手工操作不会有多大的变化，仍为 3min，这时手工操作占总运行时间的 33%。可见为了提高效率，必须去掉或减少手工操作和人工干预，实现作业的自动过渡。

（2）批处理阶段

为了减少人工操作所花费的时间，提高资源利用率，人们首先为机器配备专门的操作员，程序员不再直接操作机器，减少操作失误。然后利用计算机系统中的软件来代替操作员的部分工作，产生了最早的批处理系统，它是操作系统的萌芽。

批处理的基本思想是，设计一个常驻主存的程序，称为监督程序。操作员有选择地把若干用户作业合成一批，安装在输入设备上，并启动监督程序。然后由监督程序自动控制这批作业运行。监督程序首先把第一道作业调入主存，并启动该作业，并将控制权交给作业，使之运行。第一道作业运行结束后再把控制器交给监督程序，监督程序再将下一道作业调入主存启动运行。如此下去，待一批作业全部处理结束后，操作员则把作业运行结果一起交给用户。按照这种方式处理作业，各作业之间的转换及运行完全由监督程序自动控制，从而减少部分人工干预，有效地缩短了作业运行前的准备。

早期的批处理分为联机批处理和脱机批处理两种方式。

1）联机批处理。在联机批处理系统中，慢速的 I/O 设备和主机相连，作业的输入、调入内存及结果输出都是在 CPU 的直接控制下进行的。

用户上机前，需向机房的操作员提交程序、数据和一个作业说明书，它们提供用户标识、用户想使用的编译程序及所需的系统资源等基本信息。这些资料必须变成穿孔信息（如穿成卡片的形式），由操作员有选择地把各用户提交的一批作业装到输入设备上（若输入设备是读卡机，则该批作业是一叠卡片），然后由监督程序控制送到磁带上。之后，监督程序自动输入第一个作业的说明记录，若系统资源能满足其要求，则将该作业的程序、数据调入主存，并从磁带上调入所需要的编译程序。编译程序将用户源程序翻译成目标代码，然后由连接装配程序把编译后的目标代码及所需的子程序装配成一个可执行的程序，接着启动执行。计算完成后输出该作业的计算结果。一个作业处理完毕后，监督程序又可以自动地调下一个作业处理。重复上述过程，直到该批作业全部处理完毕。

这种联机处理方式解决了作业自动转换问题，从而减少了作业建立和人工操作的时间。但是在作业的输入和执行结果的输出过程中，CPU 仍处于停止等待状态，CPU 的时间仍有很大的浪费，于是慢速的 I/O 设备与快速的 CPU 之间形成了一对矛盾。如果把输入和输出工作直接交给一个价格便宜的专用机去做，就能充分发挥主机的效率，为此出现了脱机批处理。

2）脱机批处理。脱机批处理是增加一台不与主机直接相连而专门用于与 I/O 设备打交道的卫星机。卫星机又称为外围计算机，它不与主机直接连接，只与外设打交道。其工作过程是，卫星机负责把读卡机上的作业逐个传输到输入磁带机上，当主机需要输入作业时，就把输入磁带机与主机连上。主机从输入磁带机上调入作业并运行，计算完成后，输出结果转到输出磁带机上，再由卫星机负责把输出磁带机上的信息在打印机上进行输出。由于程序和数据的输入、输出是在外围计算机的控制下完成的，或者说是在脱离主机的情况下进行的，故称为脱机 I/O。在这样的系统中，主机和卫星机可以并行操作，二者分工明确，可以充分发挥主机的高速计算能力，因此脱机批处理与联机批处理相比大大提高了系统的处理能力。

（3）执行系统阶段

批处理较手动前进了一大步，使整个计算机系统的处理能力得以提高。但也存在一些缺点，如磁带机需要人工拆卸，这样既麻烦又容易出错，另一个重要的问题是系统的保护问题。在进行批处理的过程中，所涉及的监督程序、系统程序和用户程序之间是一种互相调用的关系。对于用户程序没有进行任何检查，若目标程序执行了一条非法停机指令，机器就会错误地停止运行。此时，只有操作员能进行干预，在控制台上按启动按钮后程序才会重新启动运行。另一种情况是，如果一个程序进入死循环，系统就会踏步不前，更严重的是无法防止用户程序破坏监督程序和系统程序的事件发生。

20 世纪 60 年代初期，硬件获得了两方面的进展，一是通道的引入，二是中断技术的出现，这两项重大成果导致操作系统进入执行系统阶段。

通道又称为 I/O 处理机，它有自己的指令系统和运控部件，与处理机共享内存资源，是一种专用处理机。它能控制一台或多台外设工作，负责外设和主存之间的信息传输。它一旦被启动就能独立于 CPU 运行，这样可使 CPU 和通道并行操作，而且 CPU 和各种外设也能并行操作。当 I/O 操作完成时，向处理机发出中断请求。这样，作业由读卡机到磁带机的传输及由磁带机到打印机的传输均可由通道完成，这种既非联机方式，也非脱机方式的情况，称为假脱机。通道取代了卫星机，也免去了手动装卸磁带机的麻烦。

中断是指当主机接收到外部信号（如 I/O 设备完成信号）时，马上停止原来的工作，转去处理这一事件，处理完毕之后，主机又回到原来的工作点继续工作。

借助于通道和中断技术，I/O 的工作可在主机控制下完成。这时，原有监督程序的功能扩大了，它不仅要负责调度作业自动地运行，还要提供 I/O 控制功能。这个发展了的监督程序常驻主存，称为执行系统。执行系统阶段是操作系统的初级阶段，它为操作系统的最终形成奠定了基础。

2. 操作系统的完善

操作系统从形成到完善经历了以下几个主要发展过程。

（1）多道批处理系统

执行系统出现不久，人们发现在内存中同时放多道作业是有利的。当一道作业因为等待 I/O 传输完成而暂时不能运行时，系统可以将处理机资源分配给另一个可以运行的程序，如此便产生了多道批处理系统。多道批处理的出现是操作系统发展史上一个革命性的变革，它将多道程序设计的概念引入操作系统中。多道程序设计与传统的单道程序设计相比具有本质的差别，它的引入在理论及实践方面给操作系统带来了许多新的研究课题。

（2）分时系统

多道批处理操作系统虽然提高了系统效率，但是在作业执行过程中，用户是不能控制使用计算机的。对于作业在处理过程中出现的错误，程序员不能对其及时进行修改，必须等待批处理结果输出后才能从输出报告中得知错误所在，并对其进行修改，然后再次提交批处理作业，如此可能需要反复多次，使作业的处理周期比较长。

为了达到控制操作计算机的目的，出现了分时系统。分时系统由一台主机和若干与其相连的终端所构成，用户可以在终端上输入和运行其程序，系统采用对话的方式为各终端上的用户服务，便于程序的动态修改和调试，缩短了程序的处理周期。由于多个终端用户可以同时使用同一系统，因而分时系统也是以多道程序设计为基础的。

（3）实时系统

虽然多道批处理系统和分时系统能够获得较佳的资源利用率和快速响应时间，使计算机的应用范围日益扩大，但是它们难以满足实时控制和实时信息处理的需要，于是便产生了实时系统。实时系统在工业自动化控制、实时信息查询等方面的应用广泛。

多道批处理系统、分时系统和实时系统是传统操作系统的三大类别，它们为通用操作系统的最终形成做好了必要的准备。

（4）通用操作系统

为了进一步提高计算机系统的应用能力和使用效率，人们将多道批处理、分时和实时功能结合在一起，形成了通用操作系统。例如，将批处理和分时相结合，构成分时批处理系统。在保障分时用户的前提下，没有分时的用户可进行批量作业的处理。通常把分时任务称为前台作业，批处理作业称为后台作业。

从 20 世纪 60 年代后期开始，国际上开始研制大型通用操作系统，试图达到功能齐全、可适应性强和操作方式变化多样的目标。但是这些系统庞大，不仅付出巨大的代价，而且过于复杂，在解决其可靠性、可维护性等方面都遇到了很大的困难。

至此，操作系统已形成并日渐完善。

3. 操作系统的发展

大规模集成电路技术的飞速发展，掀起了计算机大发展的浪潮。计算机逐步向着微型化、网络化和智能化的方向发展。计算机操作系统也跟着有了快速的发展，出现了单用户操作系统、网络操作系统、分布式操作系统、嵌入式操作系统等。

1.3　操作系统的分类

在操作系统发展的过程中，为了满足不同应用的需求而产生了不同类型的操作系统，根据应用环境和用户使用计算机的方式不同，可将操作系统分成以下几种类型：多道批处理系统、分时系统、实时系统、单用户操作系统、网络操作系统、分布式操作系统、嵌入式操作系统等。下面分别对这些系统进行简单的介绍。

1.3.1　多道批处理系统

批处理系统是一种基本的操作系统类型。在该系统中，用户的作业（包括程序、数据及作业说明书）被成批地输入计算机中，然后在操作系统的控制下，用户作业能够自动执行。

早期的批处理系统中只有一道作业在主存，系统资源的利用率仍然不高。为了提高资源利用率和系统吞吐量，在 20 世纪 60 年代中期引入了多道程序设计技术，形成多道批处理系统。

1. 多道程序设计技术

早期的批处理系统对作业成批处理，但每次只调用一个用户作业进入主存并运行，故称为单道批处理系统，其主要特征如下。

1）自动性。在顺利的情况下，磁带上的一批作业能自动地逐个作业依次运行而无须人工干预。

2）顺序性。磁带上的各道作业是顺序地进入主存的，各道作业完成的顺序与它们进入主存的顺序之间在正常情况下应当完全相同，即先调入主存的作业先完成。

3）单道性。主存中每次仅有一道作业并使之运行，即监督程序每次从磁带上只调入一道作业进入主存运行，仅当该作业完成或发生异常情况时才调入其后继作业进入主存运行。

如图 1-10 所示，说明了在单道批处理系统中作业运行时的情况。作业中的程序，根据功能不同，可分为计算模块和 I/O 处理模块。图 1-10 中说明用户程序首先在 CPU 上执行计算模块，当它需要进行 I/O 传输时，向监督程序提出请求，由监督程序提供服务并帮助启动相应的外设进行传输工作，执行相应的 I/O 处理模块，这时 CPU 空闲等待。当外设传输结束时发出中断信号，由监督程序中负责中断处理的程序做处理，然后把控制权交给用户程序让其继续计算。

图 1-10   单道批处理系统中程序运行的情况

从图 1-10 中可以看出，当外设进行传输工作时，CPU 处于空闲等待状态；反之当 CPU 工作时，设备又无事可做。这说明计算机系统各部件的效能没有得到充分的发挥，其原因在于主存中只有一道作业。在计算机价格十分昂贵的 20 世纪 60 年代，提高设备的利用率是操作系统的首要目标。为此，人们设想能否在系统中同时存放几道程序，这就引入了多道程序设计的概念。

多道程序设计技术是指允许多个作业（或程序）同时进入计算机系统的主存并启动交替执行的方法。这些作业同时进入主存，交替使用 CPU 执行程序，共享系统中的各种软硬件资源。当一道程序因 I/O 请求而暂停运行时，CPU 便立即转去运行另一道程序。该技术让系统的各个组成部分都尽量去忙，而让任务之间切换花费的时间很少，达到系统各部件之间的并行工作，使其整体性能在单位时间内能够翻倍。

多道程序设计技术的特点是多道、宏观上并行和微观上串行。

1）多道。计算机主存中同时存放多道相互独立的程序。

2）宏观上并行。同时进入系统的多道程序都处于运行过程中，即它们先后开始了各自的运行，都处于开始和结束之间，但都未执行完毕。

3）微观上串行。主存中的多道程序轮流占用 CPU，交替执行。

多道程序运行的情况如图 1-11 所示。图中用户程序 A 首先在处理器上运行，当它需要从输入设备输入新的数据而转入等待时，系统帮助它启动输入设备进行输入工作，并让用户程序 B 开始运行。程序 B 经过一段运行后，需要从输出设备输出一批数据，系统接收请求，并帮助启动输出设备工作。如果此时程序 A 的输入尚未结束，也无其他用户程序需要执行，处理器就处于空闲状态直到程序 A 在输入结束后重新运行。若程序 B 的输出工作结束时程序 A 仍在运行，则程序 B 继续等待直到程序 A 计算结束后再次请求 I/O 操作，程序 B 才能占有处理器。

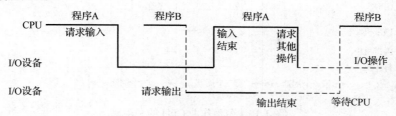

图 1-11　多道程序运行的情况

　　下面通过实例来分析多道程序设计技术提高资源利用率和系统吞吐率的原理。从第二代计算机开始，计算机系统具有处理器和外设并行工作的能力，这使计算机的效率有所提高。例如，某个计算机系统要周期性地执行数据处理作业甲，它的一个数据处理周期过程如下：首先要求从输入机（速度为 6400 个字符/s）输入 640 个字符，经 CPU 处理（费时 50ms）后，再将结果（假定为 2000 个字符）存到磁带机 A 上（磁带机 A 的速度为 10 万字符/s）。然后，进入第二个数据处理周期，再读入 640 个字符进行相同的处理。循环往复，直至所有的输入数据全部处理完毕。如果处理器不具有和外设并行工作的能力，那么上述计算过程如图 1-12 所示，不难看出在这个计算过程中，输入机输入的时间为 640/(6400/s)=100ms，CPU 的处理时间为 50ms，数据存到磁带机 A 的时间为 2000/(10×10^4/s)=20ms，则处理器的利用率为 50/(100+50+20)≈29.4%。

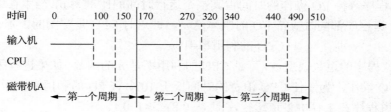

图 1-12　单道作业 CPU 的利用率

　　分析上面的实例，可以看出效率不高的原因是，当输入机输入 640 个字符后，处理器只需 50ms 就处理完了，而这时第二批输入数据还要再等 120ms 时间才能输入完毕，在此期间 CPU 一直空闲着。这个实例说明单道程序工作时，计算机系统各部件的利用率没有得到充分的发挥。为了提高效率，考虑让计算机同时接收两道数据处理作业。例如，当计算机系统在接收上述周期性作业甲的同时还接收另一道周期性作业乙。作业乙处理周期的过程如下：从另一台磁带机 B 上输入 2000 个字符（磁带机 B 的速度也为 10 万字符/s），经 CPU 50ms 处理后，从行式打印机（速度为 1200 行/min）上输出两行。假设作业甲先执行一个周期，然后作业甲和作业乙共同执行。当两道程序同时进入主存时，执行过程如图 1-13 所示。其中，$P_甲$ 表示作业甲占用 CPU 的时间，$P_乙$ 表示作业乙占用 CPU 的时间。在作业乙中，磁带机 B 输入字符的时间为 2000/(10×10^4/s)=20ms，CPU 的处理时间 $P_乙$ 是 50ms，打印机输出的时间为 2/(1200/60s)=100ms。

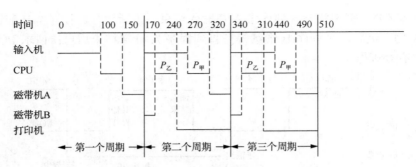

图 1-13 两道作业 CPU 的利用率

在第二个周期中，170～240ms 这段时间，作业甲的输入机、作业乙的磁带机 B 和 CPU 并行工作；270～340ms 这段时间，CPU 和作业甲的磁带机 A、作业乙的打印机并行工作，这样就提高了 CPU 的利用率。此时 CPU 的利用率为(50+50)/170≈58.8%。

由此可以看出，让几道程序同时进入主存计算比一道道串行地进行计算时的 CPU 效率要高。同时可以提高处理器和 I/O 设备的并行性，从而提高整个系统的效率，即增加单位时间内算题的数量。但是，对于每一道程序来说，延长了计算时间。

在多道程序设计中，还有一个值得注意的问题是道数的多少。从表面上看，似乎道数越多越能提高效率，但是道数的多少绝不是任意的，它往往由系统的资源及用户的要求来确定。例如，如果上述甲、乙两道程序都要用行式打印机，而系统只有一台行式打印机，就算它们被同时接收进入计算机主存运行，但却未必能提高效率。此外，主存的容量和用户的响应时间等因素也影响多道程序道数的多寡。可以采用概率方法来算出 CPU 的利用率，假如一道程序等待 I/O 操作的时间占其整个运行时间的比例为 p，当主存中有 n 道程序时，则所有 n 道程序都同时等待 I/O 的概率是 p^n，即这时 CPU 是空闲的。那么

$$\text{CPU 的利用率} = 1 - p^n \qquad (1.9)$$

式中，n 为多道程序的道数或度数，可见 CPU 的利用率是 n 的函数。如果进程平均花费 80% 的时间等待 I/O 操作，为了使 CPU 浪费的时间低于 10%（CPU 的利用率大于等于 90%），至少要有 10 道程序在主存中多道运行，即 $1-(0.8)^{10} \geqslant 1-0.1$。

上述 CPU 利用率的计算模型很粗略，但是有效的。假设计算机有 1MB 主存，操作系统占用 200KB，其余空间允许 4 道用户程序共享，每个占用 200KB。若它们 80% 的时间用于 I/O 等待，则 CPU 的利用率（忽略操作系统的开销）$=1-(0.8)^4=59\%$。当增加 1MB 主存后，多道程序可从 4 道增加到 9 道，因而，CPU 的利用率 $=1-(0.8)^9=87\%$，也就是说第二个 1MB 主存空间增加了 5 道程序，提高了 28% 的 CPU 利用率。增加第三个 1MB 主存只将 CPU 的利用率从 87% 提高到 96%，CPU 的利用率仅提高了 9%。

引入多道程序设计技术，可以提高 CPU、主存和 I/O 设备的利用率，充分发挥计算机硬件部件的并行性，增加系统的吞吐量，降低作业的运行成本。现代计算机操作系统都采用多道程序设计技术。

2. 多道批处理系统的工作过程和特征

在批处理系统中，采用多道程序设计技术就形成了多道批处理系统。在多道批处理方式下，交到机房的许多作业由操作员负责将其从输入设备转存到外存设备（如磁盘）上，形成一个作业队列而等待运行。当需要调入作业时，管理程序中有一个名为作业调度的程序负责对磁盘上的一批作业进行选择，将其中满足资源条件且符合调度原则的几个作业调入

主存，让它们交替运行。当某个作业完成计算任务时，输出其结果，收回该作业占用的全部资源。然后根据主存和其他资源的情况，再调入一个或几个作业。这种处理方式的特点是在主存中总是同时存有几道程序，系统资源的利用率比较高。20 世纪 60 年代中期，IBM 公司（International Business Machines Corporation，国际商业机器公司）生产了第一台小规模集成电路计算机 IBM 360，获得了极大的成功。IBM 公司为该机开发的 OS/360 操作系统是第一个能运行多道程序的批处理系统。

多道批处理操作系统的主要特征如下。

1）多道性。主存中同时驻留多道作业，使它们并发执行，提高了资源利用率。

2）无序性。作业进入主存的顺序与各道作业的完成顺序无严格的对应关系，先调入主存的作业可能靠后或最后完成。

3）调度性。从作业提交给操作系统，到最后完成，需要经过两次调度，即作业调度和进程调度才能最后使用 CPU，执行其指令。

用户要求计算机解决的问题是多种多样的，具有不同的特点。例如，科学计算问题需要使用较多的 CPU 时间，因为它的计算量较大；而数据处理问题的 I/O 量较大，则需较多地使用 I/O 设备。若在调入作业时能注意到不同作业的特点并能合理搭配，如将计算量大的作业和 I/O 量大的作业搭配，系统资源的利用率会进一步提高。

多道批处理系统是一种十分有效但又非常复杂的系统，为使系统的多道程序能够协调地运行，要解决好处理机分配、主存的分配与保护、I/O 设备的分配和文件的组织及管理等问题。

多道批处理系统的优缺点如下。

1）资源利用率高。由于在主存中驻留了多道程序，它们共享资源，可保持资源处于忙碌状态，从而使各种资源得到充分利用。

2）系统吞吐量大。系统吞吐量是指系统在单位时间内所完成的总工作量。能提高系统吞吐量的主要原因是 CPU 和其他资源保持忙碌状态，并且仅当作业完成时或运行不下去时才进行切换，系统开销小。

3）平均周转时间长。作业的周转时间是指从作业进入系统开始，直至其完成并退出系统为止所经历的时间。在批处理系统中，由于作业要排队，依次进行处理，因而作业的周转时间较长，通常是几个小时，甚至几天。

4）无交互能力。用户一旦把作业提交给系统后，直至作业完成，用户都不能与其作业进行交互，这对修改和调试程序是极不方便的。

1.3.2 分时系统

批处理系统能够提高资源利用率和系统吞吐量，但是用户不能与自己的作业（或程序）及时进行交互，十分不方便用户使用。根据用户的需求，在 20 世纪 60 年代，产生了分时系统。分时系统能很好地将一台计算机提供给多个用户同时使用，分别进行交互，完成各自用户的任务，提高计算机的利用率。它被经常应用于信息查询系统中，满足许多查询用户的需求。

1. 分时技术和分时系统

所谓分时技术就是把处理器的运行时间分成很短的时间片（如几百毫秒），这些时间片轮流地分配给各联机作业使用。如果某个作业在分配给它的时间片用完之后，计算还未完成，该作业就暂停执行，等待下一轮分配时间片后继续执行，此时系统把处理器让给另一个作业使用。这样每个用户的作业要求都能得到快速响应，给每个用户的感觉就像他独占一台计算机一样。

采用这种分时技术的系统称为分时系统。在该系统中一台计算机和许多终端设备连接，每个用户可以通过终端向系统发出各种控制命令，请求完成某项工作。而系统则分析从终端设备发来的命令，满足用户提出的要求，输出一些必要的信息，如给出提示信息、报告运行情况、输出计算结果等。用户根据系统提供的运行结果，向系统提出下一步请求，重复上述交互会话过程，直到用户完成预计的全部工作为止。

2. 分时系统要解决的关键问题

为了实现分时系统，必须解决一系列问题来提供保障，其中最关键的问题是如何使用户和自己的作业进行交互，即当用户在自己的终端上输入命令时系统能及时接收、处理该命令，并将结果返回给用户，接着用户可输入下一条命令，此即所谓的"人机交互"。应当强调的是，即使有多个用户同时通过自己的键盘输入命令，系统也应当能全部及时接收并处理。

3. 分时系统的分类

根据分时系统的发展历程，可将其分为以下 3 类。

（1）单道分时系统

在该系统中主存只驻留一个作业（程序），其他作业都放在外存上。每当主存中的作业运行一个时间片后，便被调至外存，再从外存上选一个作业调入主存并运行一个时间片，依此方法使所有作业都能在规定的时间内轮流运行一个时间片，这样便能使所有的用户都能与自己的作业交互。单道分时系统的功能低，系统开销大，性能较差。

（2）具有"前台"和"后台"的分时系统

在该系统中，主存被划分为"前台区"和"后台区"两部分，"前台区"存放按时间片调进调出主存的作业流，"后台区"存放批处理作业。当"前台"调进、调出，或"前台"无作业可运行时，才运行"后台区"中的作业。该系统主要是提高系统资源的利用率。

（3）多道分时系统

将多道程序设计技术引入分时系统中，可在主存中存放多道作业，由系统将具备运行条件的所有作业排成一个队列，使它们依次获得一个时间片来运行。由于切换是在主存中进行的，不需要调入调出，因此程序的运行速度得到提高，多道分时系统具有较高的系统性能。

第一个分时系统是 1962 年由 MIT（美国麻省理工学院）开发出的 CTSS（compatible time sharing system，兼容分时系统），成功地运行在 IBM 7094 机上，能支持 32 个交互式用户同时工作。1965 年，在美国国防部的支持下，MIT、BELL（贝尔实验室）和 GE（General Electric Company，美国通用电气公司）决定开发一个"公用计算服务系统"，以支持整个波士顿地区的所有分时用户，这个系统就是 MULTICS（multiplexed information and computing service，多路信息和计算服务系统）。MULTICS 运行在 GE635、GE645 计算机上使用高级语言 PL/1 编程，约 30 万行代码。现在，分时操作系统已成为最流行的一种操作系统，大多数的现代通用操作系统具备分时系统的功能。

4. 分时系统的特征

分时系统与多道批处理系统相比，具有如下 4 个基本特征。

（1）多路性

多路性允许在一台主机上同时连接多台联机终端，系统按分时原则为每个用户提供服务。宏观上是多个用户同时工作而共享系统资源，而微观上则是每个用户作业轮流运行一个时间片。它提高了资源利用率，从而促进了计算机更广泛地应用。

（2）独立性

独立性是指每个用户各占一个终端，彼此独立操作互不干扰。因此用户会感觉到就像他一人独占主机一样。

（3）及时性

及时性是指用户的请求能在很短时间内获得响应，此时时间间隔是以人们所能接受的等待时间来确定的，通常为毫秒级。

（4）交互性

用户可通过终端与系统进行广泛的人机对话。其广泛性表现在，用户可以请求系统提供多方面的服务，如数据处理和资源共享等。

1.3.3 实时系统

1. 实时系统的引入

随着第三代计算机性能的不断提升，其应用范围扩展到钢铁、纺织、制药等生产过程控制，航空航天系统的实时控制等。更重要的是计算机广泛应用到信息管理、图书检索、飞机订票、银行存储等领域。实时系统是操作系统的另一种类型。

所谓"实时"就是表示及时的意思。实时系统是指系统能及时响应外部事件的请求，在规定的时间内完成对该事件的处理，并控制所有实时任务协调一致地运行。实时系统的一个重要特征就是对时间的严格限制和要求，处理时间一般为毫秒级或微秒级。实时系统的首要任务是调度一切可以利用的资源，完成实时控制任务，其次才注重提高计算机系统的使用效率。

实时系统有两种典型的应用形式，即实时控制系统和实时信息处理系统。

（1）实时控制系统

计算机用于工业生产的自动控制，它从被控过程中按时获得输入，如工业控制过程中的温度、压力、流量等数据，然后计算出能够保持该过程正常进行的响应，并控制相应的执行机构去实施这种响应。例如，测得温度高于正常值，可降低供热的电压，使温度降低。这种操作不断循环反复，使被控过程始终按预期要求工作。在飞机飞行、导弹发射过程中的自动控制也是这样的。

（2）实时信息处理系统

该系统的主要特点就是配有大型文件系统或数据库，并具有向用户提供简单、方便、快速查询的能力，如仓库管理系统和医护信息系统。当用户提出某种信息要求后，系统通过查找数据库获得有关信息，并立即回送给用户，整个响应过程在相当短的时间内完成。典型的实时信息处理系统还有飞机订票系统、情报检索系统等。

2. 实时系统与分时系统的比较

实时系统和分时系统相似但是并不完全一样，下面从几个方面对这两种系统加以比较。

（1）多路性

实时信息处理系统按分时原则为多个终端用户服务，实时控制系统的多路性则表现在系统周期性地对多路现场信息进行采集，对多个对象或多个执行机构进行控制。而分时系统中的多路性则与用户情况有关，时多时少。

（2）独立性

实时信息处理系统中的每个终端用户在向实时系统提出服务请求时，是彼此独立地操作，互不干扰；而实时控制系统中，对信息的采集和对对象的控制也都是彼此互不干扰的。

（3）实时性

分时系统对响应时间的要求是以人们能够接受的等待时间为依据，其数量级通常规定为秒；而实时系统对响应时间一般有严格限制，它是以控制过程或信息处理过程所能接受的延迟时间来确定的，其数量级可达毫秒，甚至微秒。事件处理必须在给定时限内完成，否则系统就失败。

（4）交互性

实时系统虽然也具有交互性，但这里人与系统的交互仅限于访问系统中某些特定的专用服务程序。它不像分时系统那样能向终端用户提供数据处理和资源共享等服务。

（5）可靠性

虽然分时系统也要求系统可靠，但实时系统对可靠性的要求更高。因为实时系统控制管理的目标往往是重要的经济、军事、商业目标，而且立即进行现场处理，任何差错都可能带来巨大的经济损失，甚至引发灾难性后果。因此，在实时系统中必须采取相应的硬件和软件措施，提高系统的可靠性。

3. 实现方式

实时系统的实现方式可分为硬式和软式两种。

（1）硬式实时系统

硬式实时系统保证关键任务按时完成。这样，从恢复保存的数据所用的时间到操作系统完成任何请求所花费的时间都规定好了。这样对时间的严格约束，支配着系统中各个设备的动作。因而，各种外存通常很少使用或不用，数据存放在短期存储器或只读存储器中。

（2）软式实时系统

软式实时系统对时间的限制稍弱一些。在这种系统中，关键的实时任务比其他任务具有更高的优先权，且在相应任务完成之前，它们一直保留着给定的优先权。在软式实时系统中，操作系统核心的延时要规定好，防止实时任务无限期地等待核心运行它。软式实时系统可与其他类型的系统合在一起，如 UNIX 操作系统是分时系统，但可以具有实时功能。

1.3.4 单用户操作系统

单用户操作系统是为个人计算机所配置的操作系统。这类操作系统最主要的特点是单用户，即系统在同一段时间内仅为一个用户提供服务。早期的单用户操作系统以单任务为主要特征，由于一个用户独占整个计算机系统，操作系统资源管理的任务变得不重要，为用户提供友好的工作环境成了这类操作系统更主要的目标。早期的单用户操作系统，如Windows，已经广泛支持多道程序设计和资源共享。由于单用户操作系统应用广泛，使用者大多不是计算机专业人员，因此一般更加注重用户的友好性和操作的方便性。

常见的单用户操作系统有 MS-DOS（disk operation system，DOS，磁盘操作系统）、CP/M（control program/monitor，控制程序或监控程序）、Windows 等。单用户操作系统的设计方法及实现可以采用多道批处理操作系统所使用的技术，如多进程、虚拟存储管理方式、层次结构文件系统等。

1.3.5 网络操作系统

用于实现网络通信和网络资源管理的操作系统称为网络操作系统（network operating system，NOS）。网络操作系统一般建立在各个主机的本地操作系统基础之上，其功能是实现网络通信、资源共享和保护，以及提供网络服务和网络接口等。在网络操作系统的作用下，对用户屏蔽了各个主机对同样资源所具有的不同存取方法。网络操作系统是用户与本地操作系统之间的接口，网络用户只有通过它才能获得网络所提供的各种服务。

1. 网络操作系统的模式

网络操作系统有两种模式，分别是客户端/服务器（client/server）模式和对等（peer to peer）模式。

（1）客户端/服务器模式

该模式是在 20 世纪 80 年代发展起来的。在客户端/服务器模式中，服务器是网络的控制中心，其任务是向客户端提供服务。服务器有多种类型，如文件服务器、打印服务器、数据库服务器等。客户端是用户本地处理和访问服务器的计算机。每一个客户端软件的实例都可以向一个服务器或应用程序服务器发出请求。客户端/服务器模式通过不同的途径应用于很多不同类型的应用程序，最常见就是目前在因特网上用的网页。例如，当你在维基百科阅读文章时，你的计算机和网页浏览器就被当作一个客户端，同时，组成维基百科的计算机、数据库和应用程序就被当作服务器。当你的网页浏览器向维基百科请求一个指定的文章时，维基百科服务器从维基百科的数据库中找出所有该文章需要的信息，结合成一个网页，再发送回你的浏览器。

（2）对等模式

这种网络中的节点都是对等的，每一个节点既可以作为服务器，又可以作为客户机。每一个节点既可以作为客户端去访问其他节点，又可以作为服务器向其他节点提供服务。在网络中，既无服务处理中心，也无控制中心，即网络服务和控制功能分布于各个节点上。

2. 网络操作系统的功能

网络操作系统具有网络通信、资源管理、网络服务、网络管理和互操作能力等 5 个方面的功能。

1.3.6 分布式操作系统

在以往的计算机操作系统中，其处理和控制功能都高度集中在一台主机上，所有的任务都由主机处理，这样的系统称为集中式处理系统。而大量的实际应用要求具有分布处理能力的、完整的一体化系统。例如，在分布事务处理、分布数据处理、办公自动化系统等实际应用中，用户希望以统一的界面、标准的接口去使用系统的各种资源去实现所需要的各种操作，这就导致了分布式操作系统的出现。

一个分布式操作系统就是若干计算机的集合，这些计算机都有自己的局部存储器和外设。它们既可以相互独立工作，也可合作工作。在这个操作系统中，各个计算机可以并行操作且有多个控制中心，即具有并行处理和分布控制的功能。分布式操作系统是一个一体化的操作系统，在整个操作系统中有一个全局的操作系统称为分布式操作系统，它负责全系统的资源分配和调度任务，以及划分信息、传输控制协调等工作，并为用户提供一个统一的界面、标准的接口。用户通过这一界面实现所需的操作和使用系统资源。至于操作定在哪一台计算机上执行或使用哪台计算机的资源则是系统的事，用户是不需要知道的，也就是说系统对用户是透明的。

分布式操作系统的基础是计算机网络，因为计算机之间的通信是由网络来完成的，它和常规网络一样具有并行性、自主性等特点。但是它比常规网络又有进一步的发展，如常规网络中的并行性仅仅意味着独立性，而分布式系统中的并行性还意味着合作，因为分布式操作系统已不再仅仅是一个物理上的松散耦合系统，它同时又是一个逻辑上紧密耦合的系统。

分布式操作系统和计算机网络的区别在于前者具有多机合作和健壮性。多机合作是自动的任务分配和协调。而健壮性表现在，当系统中有一台甚至几台计算机或通路发生故障时，其余部分可自动重构成一个新的系统，该系统可以工作，甚至可以继续其失效部分的部分或全部工作，这叫作优美降级。当故障排除后，系统自动恢复到重构前的状态。这种优美降级和自动恢复就是系统的健壮性。人们研制分布式操作系统的根本出发点和原因就是它具有多机合作和健壮性，正是由于多机合作，系统才取得短的响应时间、高的吞吐量；正是由于健壮性，系统才获得了高可用性和高可靠性。

Plan 9 是由 AT&T 公司（American Telephone & Telegraph，美国电话电报公司）的贝尔实验室于 1987 年由 Ken Thompson（UNIX 设计者之一）参与开发的一个具有全新概念的分布式操作系统。另一个比较著名的分布式操作系统 Amoeba 是由荷兰自由大学和数学信息科学中心联合研制的。

1.3.7　嵌入式操作系统

嵌入式操作系统（embedded operating system，EOS）是指用于嵌入式系统的操作系统。嵌入式操作系统是一种用途广泛的系统软件，通常包括与硬件相关的底层驱动软件、系统内核、设备驱动接口、通信协议、图形界面、标准化浏览器等。嵌入式操作系统负责嵌入式系统的全部软、硬件资源的分配、任务调度，控制、协调并发活动。它必须体现其所在系统的特征，能够通过装卸某些模块来达到系统所要求的功能。目前，在嵌入式领域广泛使用的操作系统有嵌入式 Linux、Windows Embedded、VxWorks 等，以及应用在智能手机和平板计算机中的 Android、iOS 等。

嵌入式操作系统大多用于控制，因而具有实时特性。由于嵌入式计算机主存容量一般较小，大多为 512KB～8MB，这要求嵌入式操作系统必须有效地管理主存空间，分配出去的主存使用完毕后要全部收回。由于嵌入式操作系统一般不使用虚拟存储技术，这使开发人员不得不在有限的物理存储空间上做文章。嵌入式操作系统与一般操作系统相比有比较明显的差别。

我国中科院北京软件工程研究中心最早研制出具有自主版权的嵌入式操作系统 Hopen（女娲操作系统）。Hopen 是一个微内核结构的多任务可抢占实时操作系统，核心程序约占 10KB，用 C 语言编写。它的主要特点有单用户多任务、支持多进程多线程、提供多种设备驱动程序、图形用户界面、Win32API、支持 GB 2312—1980《信息交换用汉字编码字符集　基本集》（汉字）。Hopen 支持面向信息电器产品的 Personal Java 应用环境，可以开发在机顶盒、媒体电话、汽车导航器、嵌入式工控设备、联网服务等许多方面的应用。

1.4 操作系统的特征

前面所讲的 3 种传统操作系统，多道批处理系统、分时系统和实时系统都各自有着自己的特征，如多道批处理系统具有能对多个作业成批处理的功能，以获得比较高的资源利用率和系统吞吐量；分时系统则允许用户和计算机之间进行人机交互；实时系统具有实时特征。但是它们也都具有并发性、共享性、虚拟性和异步性这 4 个基本特征。其中，并发性和共享性是操作系统最基本的两个特征。

1.4.1 并发性

1. 并行性与并发性

并行性和并发性是既相似又有区别的两个概念，并行性是指两个或多个事件在同一时刻发生；而并发性是指两个或多个事件在同一时间间隔内发生。在多道程序环境下，并发性是指在一段时间内宏观上有多个程序在同时运行，但在单处理机系统中，每一时刻却仅能有一道程序执行，故微观上这些程序只能是分时地交替执行。倘若在计算机系统中有多个处理机，则这些可以并发执行的程序便可被分配到多个处理机上，实现并行执行，即利用每个处理机来处理一个可并发执行的程序。这样，多个程序便可同时执行。在实际运行中，操作系统如何使多个程序并发执行呢？这需要引入进程和线程的概念。

2. 引入进程

通常程序是静态实体，可以被复制和删除。在多道程序系统中，它们是不能独立运行的，更不能和其他程序并发执行。在操作系统中引入进程的目的是，使多个程序能并发执行。例如，在一个未引入进程的操作系统中，在属于同一个应用程序的计算程序和 I/O 程序之间，两者只能是顺序执行，即只有在计算程序执行告一段落后，才允许 I/O 程序执行；反之，在程序执行 I/O 操作时，计算程序也不能执行，这意味着处理机处于空闲状态。但在引入进程后，若分别为计算程序和 I/O 程序各建立一个进程，则这两个进程便可并发执行。由于在操作系统中具备使计算程序和 I/O 程序同时运行的硬件条件，因而可将操作系统中的 CPU 和 I/O 设备同时开动起来，实现并行工作，从而有效地提高了系统资源的利用率和系统吞吐量，并改善了系统的性能。引入进程的优点远不止于此，事实上可以在内存中存放多个用户程序，分别为它们建立进程后，这些进程可以并发执行，即实现前面所说的多道程序运行。这样便能极大地提高系统资源的利用率，增加系统的吞吐量。

为使多个程序能并发执行，系统必须分别为每个程序建立进程。简单来说，进程是指在系统中能独立运行并作为资源分配的基本单位，它是由一组机器指令、数据和堆栈等组成的，是一个能独立运行的活动实体。多个进程之间可以并发执行和交换信息。一个进程在运行时需要一定的资源，如 CPU、存储空间及 I/O 设备等。

操作系统中程序并发执行使系统复杂化，导致在系统中必须增设新的功能模块，分别用于对处理机、内存、I/O 设备及文件系统等资源进行管理，并控制系统中作业的运行。事实上，进程和并发是现代操作系统中最重要的基本概念，也是操作系统运行的基础。

3. 引入线程

长期以来，进程都是操作系统中可以拥有资源并作为独立运行的基本单位。当一个进程因故不能继续运行时，操作系统便调度另一个进程运行。由于进程拥有自己的资源，故使用调度付出的开销比较大。直到 20 世纪 80 年代中期，人们才又提出比进程更小的单位——线程。

通常在一个进程中可以包含若干个线程，它们可以利用进程所拥有的资源。在引入线程的操作系统中，通常都是把进程作为分配资源的基本单位，而把线程作为独立运行和独立调度的基本单位。由于线程比进程更小，基本上不拥有系统资源，故对它的调度所付出的开销就会小得多，能更高效地提高系统内多个程序间并发执行的能力。因而近年来推出的通用操作系统都引入了线程，以便进一步提高系统的并发性，并把它视作现代操作系统的一个重要标志。

1.4.2　共享性

多道程序设计是现代操作系统所采用的基本技术，系统中相应地有多个进程竞争使用资源。这些资源是宝贵和稀有的，操作系统让众多进程共同使用资源，称为共享或资源复用。由于各种资源的属性不同，进程对资源的复用方式也不相同。目前，主要实现资源共享的方式有互斥共享和同时访问两种方式。

1.　互斥共享方式

系统中的某些资源，如打印机，虽然它们可以提供给多个进程或线程使用，但为使所打印或记录的结果不致造成混淆，应规定在一段时间内只允许一个进程或线程访问。为此，系统中应建立一种机制，以保证对这类资源的互斥访问。当一个进程 A 要访问某资源时，必须先提出请求。如果此时该资源空闲，系统便可将其分配给进程 A 使用。此后若再有其他进程也要访问该资源，只要进程 A 未用完则必须等待。仅当进程 A 访问完并释放该资源后，才允许另一进程对该资源进行访问，这种资源共享方式被称为互斥共享。

2.　同时访问方式

系统中还有另一类资源，允许在一段时间内由多个进程"同时"对它们进行访问。这里所谓的"同时"，在单处理机环境下往往是宏观上的，而在微观上，这些进程可能是交替地对该资源进行访问。典型的可供多个进程"同时"访问的资源是磁带设备，一些用重入码编写的文件也可以被"同时"共享，即若干个用户同时访问该文件。

并发和共享是操作系统的两个最基本的特征，它们又互为存在条件。一方面，资源共享是以程序的并发执行为条件的，若系统不允许程序并发执行，自然不存在资源共享问题；另一方面，若系统不能对资源共享实施有效管理，协调好诸进程对共享资源的访问，也必然影响程序并发执行的程度，甚至根本无法并发执行。

1.4.3　虚拟性

1.　虚拟技术

虚拟技术是操作系统的一种管理技术，它是指把物理上的一个实体变成逻辑上的多个对应物，或把物理上的多个实体变成逻辑上的一个对应物的技术。它的主要目标是解决物理资源数量不足的问题，为用户提供易于使用、方便高效的操作环境。在操作系统中可利用两种方法实现虚拟技术，即时分复用（time division multiplexing，TDM）技术和空分复用（space division multiplexing，SDM）技术。

（1）时分复用技术

时分复用技术适用于数字信号的传输。由于信道的位传输速率超过每一路信号的数据传输速率，因此可将信道按时间分成若干片段轮换地给多个信号使用。每一时间片由复用的一个信号单独占用，在规定的时间内多个数字信号都可按要求传输到达，从而也实现了一条物理信道上传输多个数字信号。时分复用技术最早用于电信业中。为了提高信道的利用率，人们利用时分复用方式，将一条物理信道虚拟为多条逻辑信道，将每条信道供一对用户通话。

（2）空分复用技术

空分复用技术是指利用空间的分割实现复用的一种方式，将多根光纤组合成束实现空分复用，或者在同一根光纤中实现空分复用。早在 20 世纪初，电信业中就使用频分复用技术来提高信道的利用率。它是将一个频率范围非常宽的信道，划分成多个频率范围较窄的信道，其中的任何一个频带都只供一对用户通话。

2. 可以被虚拟的物理资源

计算机操作系统中可以被虚拟的物理资源包括虚拟处理机、虚拟 I/O 设备、虚拟磁盘和虚拟主存等。

（1）虚拟处理机

在虚拟处理机技术中，利用多道程序设计技术，为每道程序建立一个进程，让多道程序并发地执行，以此来分时使用一台处理机。此时，虽然系统中只有一台处理机，但它却能同时为多个用户服务，使每个终端用户都认为是有一个处理机在专门为他服务。利用多道程序设计技术，把一台物理上的处理机虚拟为多台逻辑上的处理机，在每台逻辑处理机上运行一道程序。我们把用户所感觉到的处理机称为虚拟处理机。

（2）虚拟 I/O 设备

用在 I/O 设备的虚拟技术称为 SPOOLing 技术。通过虚拟设备技术，可将一台物理 I/O 设备虚拟为多台逻辑上的 I/O 设备，并允许每个用户占用一台逻辑上的 I/O 设备，这样便可使原来仅允许在一段时间内由一个用户访问的设备（临界资源），变为在一段时间内允许多个用户同时访问的共享设备。例如，原来的打印机属于临界资源，而通过虚拟设备技术，可以把它变为多台逻辑上的打印机，供多个用户"同时"打印。

（3）虚拟磁盘

通常在一台机器上只配置一台硬盘。我们可以通过虚拟磁盘技术将一台硬盘虚拟为多台虚拟磁盘，这样使用起来既方便又安全。虚拟磁盘技术也是采用了空分复用方式，即它将硬盘划分为若干个卷，如 1、2、3、4 这 4 个卷，再通过安装程序将它们分别安装在 C、D、E、F 这 4 个逻辑驱动器上。这样，机器上便有了 4 个虚拟磁盘。当用户要访问 D 盘中的内容时，系统便会访问卷 2 中的内容。另外，可以使用虚拟技术把磁盘虚拟为主存，分配给进程使用，作为主存的扩充。

（4）虚拟主存

在单道程序环境下，处理机会有很多空闲时间，主存也会有很多空闲空间，显然，这会使处理机和主存的效率低下。如果说时分复用技术是利用处理机的空闲时间来运行其他的程序，使处理机的利用率得以提高，那么空分复用则是利用存储器的空闲空间来存放其他的程序，以提高主存的利用率。但是，单纯的空分复用存储器只能提高主存的利用率，并不能实现在逻辑上扩大存储器容量的功能，必须引入虚拟存储技术才能达到此目地。而虚拟存储技术在本质上就是使主存时分复用。它可以使一道程序通过时分复用方式，在远小于它的主存空间中运行。例如，一个100MB的应用程序可以运行在20 MB的主存空间。每次只把用户程序的一部分调入主存运行，这样便实现了用户程序的各个部分分时进入主存运行的功能。

1.4.4 异步性

在多道程序环境下允许多个进程并发执行，但只有进程在获得所需的资源后方能执行。在单处理机环境下，由于系统中只有一台处理机，因而每次只允许一个进程执行，其余进程只能等待。当正在执行的进程提出某种资源要求时，如打印请求，而此时打印机正在为其他某进程打印，由于打印机属于互斥共享资源，因此正在执行的进程必须等待，且放弃处理机，直到打印机空闲，并再次把处理机分配给该进程时，该进程方能继续执行。可见，由于资源等因素的限制，使进程的执行通常都不是"一气呵成"的，而是以"停停走走"的方式运行。

主存中的每个进程在何时能获得处理机运行，何时又因提出某种资源请求而暂停，以及进程以怎样的速度向前推进，每道程序总共需多少时间才能完成等，这些都是不可预知的。由于各用户程序的性能不同，很可能是先进入主存的作业后完成，而后进入主存的作业先完成。或者说，进程以人们不可预知的速度向前推进，此即进程的异步性。尽管如此，但只要在操作系统中配置完善的进程同步机制，且运行环境相同，作业经多次运行都会获得完全相同的结果。因此，异步运行方式是允许的，而且还是操作系统的一个重要特征。

1.5　操作系统的功能

操作系统的主要任务是为多道程序的运行提供良好的运行环境，以保证程序能有条不紊地、高效地运行，并能最大限度地提高系统中各种资源的利用率和方便用户使用。为了完成此任务，操作系统必须使用3种基本的资源管理技术才能达到目标，它们分别是资源复用或资源共享技术、虚拟技术和资源抽象技术。这里介绍一下资源抽象技术。

资源抽象技术用于处理系统的复杂性，解决资源的易用性。资源抽象软件对内封装实现细节，对外提供应用接口，使用户不必了解硬件知识，只通过软件接口即可使用和操作物理资源。操作系统中最基础和最重要的3种抽象分别是进程抽象、虚拟存储器抽象和文件抽象。

（1）进程抽象

进程是对进入主存的当前运行程序在处理机上操作的状态集的一个抽象，它是并发和并行操作的基础。从概念上讲，每个进程都是一个自治执行单元，执行时需要使用计算机资源，至少需要使用处理机和主存。实际上，若干进程透明地时分复用一个处理机，操作系统内核的主要任务之一是将处理机虚拟化，制造一种每个运行进程都独自拥有一个处理机的假象。所以本书有关对处理机的管理都可以归结为对进程的管理。

（2）虚拟存储器抽象

操作系统对计算机类资源的管理方式与对其他资源的管理方式不一样。在创建进程时，隐含着对处理机和主存资源的双重需求，所以需要管理一个特殊的抽象资源——虚拟存储器。物理主存被抽象成虚拟主存，给每个进程造成一种假象，认为它正在独占和使用整个主存。进程可以获得一个硕大的连续地址空间，其中存放着可执行程序和数据，可以使用虚拟地址来引用物理主存单元。而且进程的虚拟主存空间彼此隔离，具有很好的安全性。虚拟存储器是通过结合对主存和磁盘的管理来实现的，把一个进程在虚拟主存中的内容存储在磁盘上，然后用主存作为磁盘的高速缓存，以此为用户提供比物理主存大得多的虚拟主存空间。

（3）文件抽象

磁盘、磁带、光盘和打印机等外设都有极其复杂的物理接口，为了便于操作和使用，除处理器和主存外，操作系统将磁盘和其他外设资源都抽象为文件，如磁盘文件、光盘文件、打印机文件等，这些设备均在文件的概念下统一管理，不但减少了系统管理的开销，而且使应用程序对数据和设备的操作有一致的接口，可以执行同一套系统调用。

3 种抽象之间存在一种包含关系，如图 1-14 所示。文件是对设备的抽象；虚拟存储器是对主存和设备的抽象；进程则是对处理机、主存和设备的抽象。进程是相对独立的自治单元，进程之间仅能通过内核所提供的有限数目的原语或系统调用进行交互，操作系统在 3 种抽象的基础上能够很方便地控制程序的执行，调度并分配处理机资源。与进程抽象有关的所有工作称为进程管理。

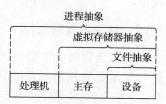

图 1-14　操作系统的基础抽象

操作系统应该具有处理机管理、存储器管理、设备管理和文件管理的功能。为了方便用户使用操作系统，还须向用户提供方便的用户接口。

1.5.1　处理机管理功能

操作系统有两个重要的概念，即作业和进程。简言之，用户的计算任务称为作业；程序的执行过程称为进程。从传统意义上讲，进程是分配资源和在处理机上运行的基本单位。众所周知，计算机系统中最重要的资源是处理机，对它管理的优劣直接影响着整个系统的性能。所以对处理机的管理可归结为对进程的管理。在引入线程的操作系统中，也包含对线程的管理。处理机管理的主要任务是创建和撤销进程，对诸进程的运行进行协调，实现进程之间的信息交换，以及按照一定的算法把处理机分配给进程或作业。

1. 进程控制

在多道程序环境下，要使作业运行，必须先为它创建一个或几个进程并为之分配必要的资源。当进程运行结束时，要立即撤销该进程，以便及时回收该进程所占用的各类资源。进程控制的主要功能是为作业创建进程、撤销已结束的进程，以及控制进程在运行过程中的状态转换。

2. 进程同步

为使多个进程能有条不紊地运行，系统中必须设置进程同步机制。进程同步的主要任务是为多个进程（含线程）的运行进行协调。有两种协调方式，一种是进程互斥，这是指诸进程在对临界资源进行访问时，应采用互斥方式；另一种是进程同步，指在相互合作去完成共同任务的诸进程间，由同步机构对它们的执行次序加以协调。

3. 进程通信

在多道程序环境下，可由系统为一个应用程序建立多个进程。这些进程相互合作完成一个共同任务，而在这些相互合作的进程之间往往需要交换信息。当相互合作的进程处于同一计算机系统中时，通常采用直接通信方式进行通信。当相互合作的进程处于不同的计算机系统中时，通常采用间接通信方式进行通信。

4．作业和进程调度

一个作业通常经过两级调度才能在 CPU 上执行。首先是作业调度，然后是进程调度。作业调度的基本任务是从后备队列中按照一定的算法，选择出若干个作业，为它们分配运行所需的资源。在将它们调入内存后，便分别为它们建立进程，使它们都成为可能获得处理机的就绪进程。并按照一定的算法将它们插入就绪队列。而进程调度的任务，则是从进程的就绪队列中选出一个新进程，把处理机分配给它，并为它设置运行现场，使进程投入执行。

1.5.2　存储器管理功能

存储器管理的主要任务是为多道程序的运行提供良好的环境，方便用户使用存储器，提高存储器的利用率及能从逻辑上来扩充主存。为此存储器管理应具有内存分配、地址映射、内存扩充和内存保护等功能。

1．内存分配

内存分配的主要任务是为每道程序分配内存空间，使它们各得其所，提高存储器的利用率，以减少不可用的内存空间。在程序运行完后，应立即收回它所占用的内存空间。

2．地址映射

一个应用程序经编译后，通常会形成若干个目标程序。这些目标程序再经过链接便形成了可装入程序。这些程序的地址都是从 0 开始的，程序中的其他地址都是相对于起始地址计算的；由这些地址所形成的地址范围称为地址空间，其中的地址称为逻辑地址或相对地址。此外，由内存中的一系列单元所限定的地址范围称为内存空间，其中的地址称为物理地址。在多道程序环境下，每道程序不可能都从 0 地址开始装入内存，这就致使地址空间内的逻辑地址和内存空间中的物理地址不一致。为了使程序能正确运行，存储管理必须提供地址映射功能，以将地址空间中的逻辑地址转换为内存空间中与之对应的物理地址，这一过程称为地址映射。该功能应在硬件的支持下完成。

3．内存扩充

由于物理内存的容量有限，它是非常宝贵的硬件资源，不可能做得太大，因而难以满足用户的需要，这样势必影响系统的性能。在存储管理中的内存扩充并非增加物理内存的容量而是借助于虚拟存储技术，从逻辑上扩充内存容量，使用户所感觉到的内存容量比实际内存容量大得多。换言之，它使内存容量比物理内存大得多，或者是让更多的用户程序能并发运行。这样既满足了用户的需要，改善了系统性能，又基本上不增加硬件投资。

4．内存保护

在多道程序环境下，内存除存放操作系统程序外，还有许多用户程序。内存保护的主要任务是，确保每道用户程序都只在自己的内存空间运行，彼此互不干扰；严禁用户程序访问操作系统的程序和数据，也不允许用户程序转移到非共享的其他用户程序中去执行。为了确保每道程序都只在自己的内存区中运行，必须设置内存保护机制。内存保护机制需要硬件的支持，当然更需要软件的配合和管理。

1.5.3 设备管理功能

设备管理的主要任务是，完成用户进程提出的 I/O 请求；为用户进程分配其所需的 I/O 设备；提高 CPU 和 I/O 设备的利用率；提高 I/O 速度；方便用户使用 I/O 设备。为实现上述任务，设备管理应具有缓冲管理、设备分配、设备处理、设备无关性等功能。

1. 缓冲管理

CPU 运行的高速性和 I/O 设备的低速性之间的矛盾自计算机诞生之日起便已存在。而随着 CPU 速度大幅度地提高，使此矛盾更为突出，严重降低了 CPU 的利用率。如果在 I/O 设备和 CPU 之间引入缓冲技术，则可有效地缓和 CPU 和 I/O 设备速度不匹配的矛盾，提高 CPU 的利用率，进而提高系统吞吐量。因此，在现代计算机系统中，都毫无例外地在内存中设置了缓冲区，而且还可以通过增加缓冲区容量的方法，来改善系统的性能。

2. 设备分配

设备分配的基本任务是，根据用户进程的 I/O 请求、系统的现有资源情况及按照某种设备分配策略，为之分配其所需的设备。如果在 I/O 设备和 CPU 之间，还存在着设备控制器和 I/O 通道，还须为分配出去的设备分配相应的控制器和通道。

3. 设备处理

设备处理程序又称为设备驱动程序。其基本任务是用于实现 CPU 和设备控制器之间的通信，即由 CPU 向设备控制器发出 I/O 命令，要求它完成指定的 I/O 操作；反之由 CPU 接收从控制器发来的中断请求，并给予迅速响应和相应处理。

4. 设备无关性

设备无关性也称设备独立性，是指应用程序独立于具体的物理设备。用户的程序不局限于某个具体的物理设备，这提高了用户程序的适应性，而且易于实现输入、输出的重定向。重定向是指用户程序在输入数据或输出结果时，如果换一种设备，用户程序无须修改，只需在输入或输出时重新指定一个物理设备即可。

1.5.4 文件管理功能

现代计算机系统中总是把程序和数据以文件的形式存储在外存上，供所有的或指定的用户使用。为此在操作系统中必须配置文件管理机构。文件管理的主要任务是对用户文件和系统文件进行管理以方便用户使用并保证文件的安全性。为此文件管理应具有文件存储空间管理、实现文件名到物理地址的映射、文件和目录管理、文件共享和保护及提供方便的接口等功能。

1. 文件存储空间管理

为了方便用户使用外存设备，由文件系统对诸多文件及文件的存储空间实施统一管理。其主要任务是为每个文件分配必要的外存空间，提高外存的利用率，提升文件系统的存取速度。

2. 实现文件名到物理地址的映射

这种映射对用户是透明的，用户不必了解文件存放的物理位置和查找方法，只需指出文件名就可以找到相应的文件。这一映射是通过在文件说明部分中文件的物理地址来实现的。

3. 文件和目录管理

文件的建立、读、写和目录管理等基本操作是文件系统管理的基本功能。文件系统管理负责根据各种文件操作要求,完成所规定的任务。目录管理是为每个文件建立其目录项,并对众多的目录项加以有效组织,形成目录文件,以便实现文件按名存取。

4. 文件共享和保护

文件共享是指多个用户可以使用同一个文件。为了防止用户对文件的非授权或越权访问,文件系统应该提供可靠的保护措施,如采用口令、加密、存取权限等手段。

5. 提供方便的接口

为用户提供统一、方便的接口,主要是有关文件操作的系统调用,供用户编程时使用。

1.5.5　接口服务

为了方便用户使用操作系统,操作系统向用户提供了"用户与操作系统的接口"。该接口通常可分为命令接口和程序接口两大类。

1. 命令接口

为了便于用户直接或间接地控制自己的作业,操作系统向用户提供了命令接口。用户可通过该接口向作业发出命令以控制作业的运行。该接口又进一步分为联机用户接口、脱机用户接口和图形用户接口。

1)联机用户接口是为联机用户提供的,它由一组键盘操作命令及命令解释程序组成。当用户在终端或控制台上每输入一条命令后,系统便立即转入命令解释程序,对该命令加以解释并执行该命令。在完成指定功能后,控制又返回到终端或控制台上,等待用户输入下一条命令。

2)脱机用户接口是为批处理作业的用户提供的,故也称为批处理用户接口。该接口由一组作业控制语言(job control language,JCL)组成。批处理作业的用户不能直接与自己的作业交互作用,只能委托系统代替用户对作业进行控制和干预。用户用 JCL 把需要对作业进行的控制和干预事先写在作业说明书上,然后将作业连同作业说明书一起提供给系统。当系统调度到该作业运行时,又调用命令解释程序,对作业说明书上的命令逐条地解释执行。如果作业在执行过程中出现异常现象,系统也将根据作业说明书上的指示进行干预。

3)图形用户接口采用了图形化的操作界面,用非常容易识别的各种图标来将系统的各项功能、各种应用程序和文件,直观、逼真地表示出来。用户可用鼠标或通过菜单和对话框来完成对应用程序和文件的操作。一般认为图形用户接口是联机命令接口的图形化。

2. 程序接口

程序接口是为用户程序在执行中访问系统资源而设置的,是用户程序取得操作系统服务的唯一途径。它由一组系统调用组成,每一个系统调用都是一个能完成特定功能的子程序,每当应用程序要求操作系统提供某种服务时,便调用具有相应功能的系统调用。

1.6　操作系统的运行环境

1.6.1　操作系统的运行机制

操作系统可以运行在多种环境下，如传统环境（PC 等常见环境）、网络环境（网络操作系统、分布式操作系统等）、嵌入式环境（手机操作系统、电器的操作系统）等，这些都是操作系统运行的硬件环境，还有一些人机接口和相关软件配置等软件环境。操作系统的主要工作包括程序的执行、完成与体系结构相关的工作、完成应用程序所需的共性任务等。

1. 处理机的状态

在计算机系统中，根据执行程序的性质不同，CPU 可以在两种不同的状态下工作，即核心态和用户态。核心态又称管态、系统态，是操作系统管理程序执行时机器所处的状态。它具有较高的特权，能执行包括特权指令在内的一切指令，能访问所有寄存器和存储区，且所占有的处理机是不允许被抢占的。用户态又称目态，是用户程序执行时机器所处的状态，是一种具有较低特权的执行状态，它只能执行规定的指令，访问指定的寄存器和存储区，其所占有的处理机是可被抢占的。

特权指令，是指计算机中不允许用户直接使用的指令，如启动 I/O、内存清零、修改程序状态字、设置时钟、允许/禁止中断、停机等；非特权指令，是指用户程序可以使用的指令，如控制转移、算数运算、取数指令、访管指令（使用户程序从用户态陷入内核态的指令）。

CPU 的这两种状态是通过其内部的程序状态字寄存器表现出来的。在程序状态字寄存器中专门设置一个二进制位（或两个二进制位）来表示 CPU 的状态，根据运行程序对资源和指令的使用权限不同而设置不同的 CPU 状态。这两种状态可以相互转换，从用户态到核心态，可以通过系统调用、中断、异常或访管指令来实现；从核心态到用户态，可以通过中断返回指令和设置程序状态字的值来实现。

（1）从用户态到核心态的转换

1）系统调用。这是用户态进程主动要求切换到核心态的一种方式，用户态进程通过系统调用申请使用操作系统提供的服务程序完成工作，而系统调用机制的核心还是使用了操作系统为用户特别开放的一个中断来实现，如 Linux 的 Int 80h 中断。系统调用实质上是一个中断，而汇编指令 Int 就可以实现用户态向核心态的切换，Iret 实现核心态向用户态的切换。

2）中断。当外设完成用户请求的操作后，会向 CPU 发出相应的中断信号，这时 CPU 会暂停执行下一条即将要执行的指令转而去执行与中断信号对应的处理程序，如果先前执行的指令是用户态下的程序，那么这个转换过程自然也就发生了由用户态到核心态的切换。例如，硬盘读写操作完成，系统会切换到硬盘读写的中断处理程序中执行后续操作等。

3）异常。当 CPU 在执行运行在用户态下的程序时，发生了某些事先不可预知的异常，这时会触发由当前运行进程切换到处理此异常的内核相关程序中，也就转到了核心态，如缺页异常。

4）访管指令。访管指令是可以在目态下执行的指令。当源程序中有需要操作系统服务的要求时，编译程序就会在由源程序转换成的目标程序中安排一条访管指令并设置一些参数。当目标程序执行时，CPU 若取到了"访管指令"就产生一个中断事件，称为访管中断。中断装置就会把 CPU 转换成管态，并让操作系统处理该中断事件。操作系统分析访管指令中的参数，然后让相应的"系统调用"子程序为用户服务。系统调用功能完成后，操作系统把 CPU 从管态转为目态，并返回到用户程序。注意，访管指令并不是特权指令。

这 4 种方式是系统在运行时由用户态转到内核态的主要方式，其中系统调用、执行访管指令可以认为是用户进程主动发起的，异常和外设中断则是被动的。从最终实际完成由用户态到内核态的切换操作上来说，涉及的关键步骤是完全一致的，没有任何区别，都相当于执行了一个中断响应过程，因为系统调用和执行访管指令实际上最终是由中断机制实现的，而异常和中断处理机制基本上也是一致的。

（2）从核心态到用户态的转换

从核心态到用户态的转换有两种方法：一是 CPU 设置一条程序状态字寄存器指令来完成，该指令是特权指令；二是通过中断返回指令，返回到用户态，这条指令也是特权命令。

以下是一些常用指令的执行状态：①屏蔽所有中断指令，在核心态下执行；②读时钟日期指令，在用户态下执行；③设置时钟日期指令，在核心态下执行；④改变存储映像图指令，在核心态下执行；⑤存取某地址单元的内容指令，在用户态下执行；⑥停机指令，在核心态下执行。

2. 操作系统内核

操作系统中一些与硬件关联较紧密的模块（诸如时钟管理程序、中断处理程序、设备驱动程序等处于操作系统最底层的程序）与运行频率较高的程序（诸如进程管理、存储管理和设备管理等）构成了操作系统的内核。内核中的指令工作在核心态。内核是计算机上配置的最底层软件，是计算机功能的延伸。不同系统对内核的定义稍有区别，大多数操作系统内核包括 4 个方面的内容。

（1）时钟管理

在计算机外设中，时钟是最关键的设备。时钟的第一功能是计时，操作系统需要通过时钟管理，向用户提供标准的系统时间。另外，通过时钟中断的管理，可以实现进程的切换。例如，在分时操作系统中，采用时钟中断能够实现时间片轮转调度算法；在实时系统中，按截止时间控制系统的运行需要由时钟管理来实现；在批处理系统中，通过时钟管理来衡量一个作业的运行程度等。因此，系统管理的方方面面无不依赖于时钟。

（2）中断机制

引入中断技术的初衷是提高多道程序运行环境中 CPU 的利用率，而且主要是针对外设的。后来逐步得到发展，形成了多种类型，成为操作系统各项操作的基础。例如，键盘或鼠标信息的输入、进程的管理和调度、系统功能的调用、设备驱动、文件访问等，无不依赖于中断机制。可以说，现代计算机操作系统是靠中断驱动的软件。在中断机制中，只有一小部分功能属于内核。这部分主要是负责保护和恢复中断现场的信息，转移控制权到相关的处理程序。这样，可以减少中断的处理时间，提高系统的并行处理能力。

（3）原语

原语通常由若干条指令组成，用来实现某个特定的操作。通过一段不可分割的或不可中断的程序实现其功能。原语是操作系统的核心，它不是由进程而是由一组程序模块组成的，是操作系统的一个组成部分，它必须在管态下执行，并且常驻内存。

按层次结构设计的操作系统，底层必然是一些可被调用的公用小程序，它们各自完成一个规定的操作。它的特点如下。

1）它们处于操作系统的最底层，是最接近硬件的部分。

2）这些程序的运行具有原子性——其操作只能一气呵成。

3）这些程序的运行时间都较短，而且调用频繁。

通常把具有这些特点的小程序称为原语。执行原语的直接方法是关闭中断，让它的所有动作不可分割地执行完毕后再打开中断。系统中的设备驱动、CPU 切换、进程通信等功能中的部分操作都可以定义为原语，使它们成为内核的组成部分。

（4）系统控制的数据结构及处理

系统中用来登记计算机状态信息的数据结构很多，如作业控制块、进程控制块、设备控制块、各类链表、消息队列、缓冲区、空闲区登记表、内存分配表等。为了实现有效地管理，系统需要一些基本的操作，常见的操作有以下 3 种。

1）进程管理：进程状态管理、进程调度和分配、创建与撤掉进程控制块等。

2）存储器管理：存储器的空间分配和回收管理、内存信息保护程序、代码对换程序等。

3）设备管理：缓冲区管理、设备分配和回收等。

从上述内容可以了解，核心态指令实际上包括系统调用类指令和一些针对时钟、中断和原语的操作指令。

1.6.2　中断与异常

中断也称为外中断，指来自 CPU 执行指令以外的事件发生，如设备发出的 I/O 结束中断，表示设备输入或输出处理已经完成，希望处理器能够向设备发出下一个输入或输出请求，同时让完成输入或输出后的程序继续进行。这一类中断通常是与当前运行的程序无关。中断可细分为硬中断和软中断。硬中断是硬件产生的，软中断是软件产生的。

异常也称为内中断、例外或陷入，指源自 CPU 执行指令内部的事件，如程序的非法操作码、地址越界、算数溢出、虚存系统的缺页及专门的陷入指令等引起的事件。对异常的处理一般要依赖于当前程序的运行现场，而且异常不能被屏蔽，一旦出现异常需要立即处理。

中断与异常是 CPU 对系统发生的某个事件做出的一种反应。事件的发生改变了 CPU 的控制流程，CPU 暂停正在执行的程序，保留现场后自动去执行相应事件的处理程序，处理完成后返回断点，继续执行被打断的程序。中断与异常机制的特点是随机发生、自动处理、可恢复。

中断/异常机制是现代计算机系统的核心机制之一，主要是硬件和软件互相配合完成的。在这个机制工作过程中，硬件用来捕获中断源发出的中断/异常请求，以一定方式响应，将处理器控制权交给特定的处理程序，这个过程叫作中断/异常响应。软件用于识别中断/异常类型并完成相应的处理，这个软件叫作中断/异常处理程序。通常异常会引起中断，而中断未必是由异常引起的。

1.6.3　系统调用

所谓系统调用就是用户在程序中调用操作系统所提供的一些子功能，系统调用可以被看作特殊的公共子程序。系统中的各种共享资源都由操作系统统一管理，因此在用户程序中，凡是与资源有关的操作（如存储分配、进行 I/O 传输及管理文件等），都必须通过系统调用向操作系统提出服务请求，并由操作系统代为完成。通常，一个操作系统提供的系统调用命令有几十乃至上百条之多。这些系统调用按功能大致可分为设备管理、文件管理、进程控制、进程通信、内存管理、信息维护和安全管理等几类。

显然，系统调用运行在核心态。通过系统调用的方式来使用系统功能，可以保证系统的稳定性和安全性，防止用户随意更改或访问系统的数据或命令。系统调用命令是由操作系统提供的一个或多个子程序模块实现的。

这样，操作系统的运行环境可以理解为，用户通过操作系统运行上层程序（如系统提供的命令解释程序或用户自编程序），而这个上层程序的运行依赖于操作系统的底层管理程序提供服务支持。当需要管理程序服务时，系统则通过硬件中断机制进入核心态，运行管理程序；也可能是程序运行出现异常情况，被动地需要管理程序的服务，这时就通过异常处理来进入核心态。当管理程序运行结束时，用户程序需要继续运行，则通过相应保存的程序现场退出中断处理程序或异常处理程序，返回断点处继续执行。系统调用执行的过程如图 1-15 所示。

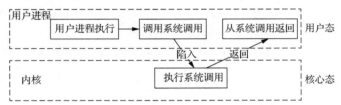

图 1-15　系统调用执行的过程

在操作系统这一层面上，我们关心的是系统核心态和用户态的软件实现和切换。下面列举一些从用户态到核心态转换的例子。

1）用户程序要求操作系统提供服务，即系统调用。

2）发生一次中断。

3）用户程序中产生了一个错误状态。

4）用户程序企图执行一条特权指令。

从核心态转向用户态由一条指令实现，这条指令也是特权命令，一般是中断返回指令。

注意：由用户态进入核心态，不仅仅是状态需要切换，所使用的堆栈也可能需要由用户堆栈切换为系统堆栈，但这个系统堆栈也是属于该进程的。如果程序的运行由用户态转到核心态，会用到访管指令，访管指令是在用户态使用的，所以它不可能是特权指令。

1.7　操作系统的性能指标和体系结构

操作系统的体系结构是操作系统设计中首先需要考虑的因素。操作系统的体系结构对操作系统的性能指标有很大的影响，而操作系统的性能指标又反映出计算机系统性能的优劣。良好的操作系统结构会提升系统性能指标，能够充分利用 CPU 的处理速度和存储器的存储能力。

1.7.1　操作系统的性能指标

操作系统的性能指标是对系统性能和特征的描述，它与计算机系统的性能有着密切联系。这些性能指标有的可以进行定量描述，有些则不能。下面给出一些主要的性能指标。

（1）系统的 RSA

RSA 是指系统的可靠性（reliability）、可维修性（serviceability）和可用性（availability）三者的总称。

1）可靠性（R）：通常用平均无故障工作时间（mean time between failures，MTBF）来

度量。它指系统能正常工作的时间的平均值，这个值越大，系统的可靠性就越高。

2）可维修性（S）：通常用平均故障修复时间（mean time repair a fault，MTRF）来度量。该时间越短，可维修性就越好。

3）可用性（A）：指系统在执行任务的任意时刻能正常工作的概率。它可以表示为

$$A=MTBF/(MTBF+MTRF) \tag{1.10}$$

MTBF 越大，MTRF 越小，则 A 的值就越大，即系统能正常工作的概率就越大。

（2）系统吞吐量

吞吐量是指系统在单位时间内完成的作业数。在实际测量时应把各种类型的作业按一定的方式进行组合。

（3）系统响应时间

响应时间是指从给定系统输入到系统响应的时间间隔。对于批处理系统，输入从用户提交作业时算起；对于分时系统，输入应从用户发出终端命令时算起。

（4）系统资源利用率

利用率是指在给定的时间内，系统内的某一资源，如 CPU、内存和 I/O 设备等的实际使用时间所占的比例。

（5）可维护性

可维护性主要有两层含义，一是指在系统运行过程中，不断排除系统设计中遗留下来的错误；二是对系统的功能做某些修改或扩充，以适应新的环境或新的要求。

（6）可移植性

可移植性的优劣可通过将操作系统移植到另一机型所需的工作量来衡量。工作量越少，系统性能越好。

（7）方便用户

方便用户是指操作系统用户界面友好，使用灵活方便。

1.7.2　操作系统的体系结构

操作系统的体系结构就是操作系统的组成结构。操作系统的体系结构包括模块组合结构、层次结构和微内核结构。

1．模块组合结构

模块组合结构是早期操作系统及目前一些小型操作系统最常用的组织方式，它是基于结构化程序设计的一种软件结构设计方法。整个操作系统是一些过程模块的集合。系统中的每一个过程模块根据它们要完成的功能进行划分，然后按照一定的结构方式组合起来，协同完成整个系统的功能。在模块组合结构中，没有一致的系统调用界面，模块之间通过对外提供的接口传递信息，模块内部实现隐藏的程序单元，使其对其他过程模块来说是透明的。但是，随着功能的增加，模块组合结构变得越来越复杂而且难以控制，模块间不加控制地相互调用和转移，以及信息传递方式的随意性，使系统存在一定的隐患。

2．层次结构

为了能让操作系统的结构更加清晰，使其具有较高的可靠性，较强的适应性，易于扩充和移植，在模块组合结构的基础上产生了层次结构的操作系统。所谓层次结构，即把操作系统划分为内核和若干模块（或进程），这些模块（或进程）按功能的调用次序排列成若干层次，各层之间只能是单向依赖或单向调用关系，即低层为高层服务，高层可以调用低

层的功能，反之则不能，这样不但系统结构清晰，而且不构成循环调用。

采用层次结构的方法可以将操作系统的各种功能分成不同的层次。最内层部分是计算机硬件本身提供的各种功能。同硬件紧挨着的是操作系统的内核，它是操作系统的最内层。内核包括中断处理、设备驱动、CPU 调度及进程控制与通信等功能，其目的是提供一种进程可以存在和活动的环境。内核以外依次是存储管理层、I/O 管理层、文件管理层、作业管理层和命令管理层。它们提供各种资源管理功能并为用户提供各种服务。命令管理层是操作系统提供给用户的接口层，因而在操作系统的最外层。

艾兹格·迪科斯彻（荷兰计算机专家）于 1968 年发表的 THE 多道程序设计系统中第一次提出了操作系统层次结构设计方法。THE 系统是运行在荷兰的 Electrologica X 8 计算机上的一个简单批处理系统，共分为 6 个层次。

在采用层次结构的操作系统中，各个模块都有相对固定的位置、相对固定的层次。处在同一层次的各模块，其相对位置的概念可以不非常明确。处于不同层次的各模块，一般而言，不可以互相交换位置，只存在单向调用和单向依赖。依赖关系是指处于上层（或外层）的软件成分依赖下层软件的存在，依赖下层软件的运行而运行。处在同层之内的软件成分可以是相对独立的，相互之间一般不存在相互依赖关系。UNIX/Linux 操作系统采用的就是这种体系结构。

3．微内核结构

微内核是在 20 世纪 90 年代发展起来的，是以客户机/服务器体系结构为基础、采用面向对象技术的结构，能有效地支持多处理器，非常适用于分布式操作系统。微内核体系结构的基本思想是把操作系统中与硬件直接相关的部分抽取出来作为一个公共层，称为硬件抽象层。这个硬件抽象层的实质就是一种虚拟机，它向所有基于该层的其他层通过 API（application program interface，应用程序接口）提供一系列标准服务。在微内核中只保留了处理机调度、存储管理和消息通信等少数几个组成部分，将传统操作系统内核中的一些组成部分放到内核之外来实现。例如，传统操作系统中的文件管理、进程管理、设备管理、虚拟内存和网络等内核功能都放在内核外作为一个独立的子系统来实现。因此，操作系统的大部分代码只要在一种统一的硬件体系结构上进行设计就可以了。

由于微内核结构的操作系统是建立在模块化、层次化结构基础上的，并采用客户机/服务器模式和面向对象的程序设计技术，因此微内核结构的操作系统集各种技术优点于一体。微内核思想虽然是一种非常理想的、在理论上具有明显先进性的操作系统设计思想，但是现代微内核结构的操作系统还存在着许多问题，特别是效率不高的问题。因为所有的用户进程都通过微内核相互通信，每次应用程序对服务器的调用都要经过两次核心态和用户态的切换，效率较低，所以微内核本身成为系统的瓶颈。

1.8　常用的操作系统和相关名人

1.8.1　常用的操作系统

1．Windows 操作系统

美国微软公司成立于 1975 年，到现在已经成为世界上最大的软件公司，其产品覆盖操作系统、编译系统、数据库管理系统、办公自动化软件和因特网支撑软件等各个领域。从

1983 年 11 月微软公司宣布 Windows 诞生到今天的 Windows 10 已经走过了 37 个年头，并且成为风靡全球的微机操作系统。目前，个人计算机上采用 Windows 操作系统的用户占90%，微软公司几乎垄断了个人计算机行业的操作系统。

Windows 10 是由美国微软公司开发的应用于计算机和平板计算机的操作系统，于2015 年 7 月 29 日发布正式版。Windows 10 操作系统在易用性和安全性方面有了极大的提升，除了针对云服务、智能移动设备、自然人机交互等新技术进行融合，还对固态硬盘、生物识别、高分辨率屏幕等硬件进行了优化完善与支持。Windows 10 共有家庭版、专业版、企业版、教育版、移动版、移动企业版和物联网核心版 7 个版本，为不同类型的用户提供服务。

2. UNIX 操作系统

UNIX 操作系统是一个通用、交互型分时操作系统。它最早由 AT&T 公司 BELL 实验室的 Kenneth Thompson 和 Dennis Ritchie 于 1969 年在 DEC（Digital Equipment Corporation，美国数字设备公司，创立于 1957 年）公司的小型系列机 PDP-7 上开发成功，1971 年被移植到 PDP-11 上。1973 年，Ritchie 在 BCPL（basic combined programming language，Richard 于 1969 年设计开发的）语言基础上开发出 C 语言，这对 UNIX 操作系统的发展产生了重要作用，用 C 语言改写后的第 3 版 UNIX 操作系统具有高度易读性、可移植性，为迅速推广和普及走出了决定性的一步。

UNIX 取得成功的最重要原因是操作系统的开放性，公开源代码，用户可以方便地向UNIX 操作系统中逐步添加新功能和工具，这样可使 UINX 越来越完善，能提供更多的服务，成为有效的程序开发支撑平台。它是目前唯一可以安装和运行在从微型机、工作站到大型机和巨型机上的操作系统。实际上，UNIX 已成为操作系统标准，而不是指一个具体操作系统。在计算机的发展历史上，没有哪个程序设计语言像 C 语言一样得到如此广泛的流行，也没有哪个操作系统像 UNIX 一样获得普遍的青睐和应用，它们对整个软件技术和软件产业都产生了深远的影响，为此，Ritchie 和 Thompson 共同获得了 1983 年度的 ACM 图灵奖和软件系统奖。

3. 自由软件和 Linux

（1）自由软件

自由软件是指遵循通用公共许可证规则，保证有使用上的自由、获得源程序的自由，可以自己修改的自由，可以复制和推广的自由，也可以有收费的自由的一种软件。自由软件的定义就确定了它是为了人类科技的共同发展和交流而出现的。Free 指的是自由，而不是免费。自由软件之父 Richard Stallman 将自由软件划分为若干等级。其中，自由之 0 级是指对软件的自由使用；自由之 1 级是指对软件的自由修改；自由之 2 级是指对软件的自由获利。为了摆脱商业软件公司对软件特别是对操作系统软件的控制，自 1984 年起，MIT 开始支持 Stallman 启动的 GNU 计划（GNU 的含义是 GNU is not UNIX 的意思，由自由软件的积极倡导者 Richard Stallman 指导并启动的一个组织，同时拟定了通用公用许可证协议GPL），并成立了自由软件基金会。他通过 GNU 写出一套和 UNIX 兼容，但同时又是自由软件的 UNIX 操作系统，GNU 完成了大部分外围工作，包括外围命令 Gcc/Gcc++和 Shell 等，最终 Linux 内核为 GNU 工程画上了一个完美的句号，现在所有工作继续在向前发展。目前，人们熟悉的一些软件如 Gcc/Gcc++编译器、Objective C、Free BSD、Open BSD、

FORTRAN77、C 库、BSD email、BIND、Perl、Apache、TCP/IP、IP accounting、HTTPserver、Lynx Web 等都是自由软件的经典之作和著名软件。通用公共许可证协议可以看成一个伟大的协议，是征求和发扬人类智慧和科技成果的宣言书，是所有自由软件的支撑点，没有通用公共许可证就没有今天的自由软件。

（2）Linux

Linux 是由芬兰计算机专家 Linus Torvalds 于 1991 年编写完成的一个操作系统内核，当时他还是芬兰首都赫尔辛基大学计算机系的学生，在学习操作系统的课程中，自己动手编写了一个操作系统原型，从此，一个新的操作系统诞生了。Linus 把这个操作系统放在 Internet 上，允许自由下载，许多人对这个操作系统进行改进、扩充、完善，并作出了关键性贡献。

Linux 属于自由软件，而操作系统内核是所有其他软件最基础的支撑环境，再加上 Linux 的出现时间正好是 GNU 工程已完成了大部分操作系统外围软件，水到渠成，可以说 Linux 为 GNU 工程画上了一个圆满的句号。计算机的许多大公司如 IBM、英特尔、Oracle、Sun、Compaq 等都大力支持 Linux 操作系统，各种成名软件纷纷移植到 Linux 平台上，运行在 Linux 下的应用软件越来越多。Linux 早已开始在中国流行，为发展我国自主操作系统提供了良好的条件。

Linux 是一个开放源代码、UNIX 类的操作系统，是一个真正的多用户、多任务通用操作系统。从 Linux 的发展史可以看出，是 Internet 孕育了 Linux，没有 Internet 就不可能有 Linux 今天的成功。从某种意义上来说，Linux 是 UNIX 和 Internet 国际互联网结合的一个产物。自由软件 Linux 是一个充满生机、已拥有巨大用户群和广泛应用领域的操作系统，目前它是唯一能与 UNIX 和 Windows 较量和抗衡的一个操作系统了。

4. AIX 操作系统

AIX 操作系统是一种超强设计的重负载高端 UNIX 操作系统，运行在 IBM RS/6000 系列服务器和 IBM 高端多处理器 RS/6000 SP 服务器集群产品上。战胜世界象棋冠军 Kasparov 的超级计算机 Deep Blue、较快的巨型机之一 Blue Pacific 上运行的都是 AIX 操作系统。AIX 操作系统是一个具有可伸缩性、高安全性、高可靠性的实时操作系统，配合相关硬软件后，可以全年不停机工作。世界上许多 Internet 网站和研究中心都采用 RS/6000 及 AIX 操作系统，主要用在 FTP、Email、Web 服务器、数据库服务器等各种科学和工程应用中。

5. Mac OS 操作系统与 Netware 操作系统

Mac OS 操作系统是美国苹果公司推出的操作系统，运行在 Macintosh 计算机上。苹果公司的 Mac OS 是较早的图形化界面的操作系统，由于它拥有全新的窗口系统、强有力的多媒体开发工具和操作简便的网络结构而风光一时。苹果公司也就成为当时唯一能与 IBM 公司抗衡的个人计算机生产公司。

美国 Novell 公司是主要的个人计算机网络产品制造商之一，成立于 1983 年，它的网络产品可以和 IBM、Apple、UNIX 及 Dec 操作系统并存，组成开放的分布式集成计算环境，Netware 是其开发的网络操作系统。

6. 中国的计算机操作系统

（1）深度 Linux（Deepin）

Deepin 原名为 Linux Deepin、Deepin Os、深度系统、深度操作系统，在 2014 年 4 月改名为 Deepin。Deepin 团队基于 Qt/C++（用于前端）和 Go（用于后端）开发了的全新深度桌面环境（DDE），以及音乐播放器、视频播放器、软件中心等一系列特色软件。Deepin 操作系统是由武汉深之度科技有限公司开发的 Linux 发行版。Deepin 操作系统是一个基于 Linux 的操作系统，专注于使用者对日常办公、学习、生活和娱乐的操作体验的极致，适合笔记本式计算机、桌面计算机和一体机。Deepin 操作系统拥有自主设计的特色软件如深度软件中心、深度截图、深度音乐播放器和深度影音等，全部使用自主的 Deepin UI，其中有深度桌面环境、DeepinTalk 等。

（2）红旗 Linux（Redflag Linux）

红旗 Linux 是由北京中科红旗软件技术有限公司开发的一系列 Linux 发行版，包括桌面版、工作站版、数据中心服务器版、HA 集群版和红旗嵌入式 Linux 等产品。红旗 Linux 是中国较大、较成熟的 Linux 发行版之一。它具有完善的中文支持、通过 LSB 4.1 测试认证，具备了 Linux 标准基础的一切品质，提供 X 86 平台对 Intel EFI 的支持、对 Linux 下网页嵌入式多媒体插件的支持；实现了 Windows Media Player 和 RealPlayer 的标准 JavaScript 接口、前台窗口优化调度功能；支持 MMS/RTSP/HTTP/FTP 协议的多线程下载工具，提供界面友好的内核级实时检测防火墙等功能。

（3）中标麒麟

中标麒麟操作系统采用强化的 Linux 内核，分为桌面版、通用版、高级版和安全版等，满足不同客户的要求，已经广泛地使用在能源、金融、交通、政府、央企等行业领域。中标麒麟增强安全操作系统采用银河麒麟 KACF 强制访问控制框架和 RBA 角色权限管理机制，支持以模块化方式实现安全策略，提供多种访问控制策略的统一平台，是一款真正超越"多权分立"的 B2 级结构化保护操作系统产品。它与 UNIX、Windows 具有互操作性，支持最新的 AutoFS 和 NFSv4，可与 Sun Solaris、HP-UX、IBM AIX 等 UNIX 操作系统共享映射，Samba 提供了与微软 Windows 文件和打印（CIFS）系统互用的功能，并与微软活动目录有更好的集成。

（4）一铭操作系统

一铭软件公司是从事国产操作系统研发、云计算和东盟小语种智能翻译云服务的高新技术企业，产品包括一铭桌面操作系统、服务器操作系统和智能终端操作系统。一铭操作系统是基于 Linux 内核开发的一款国产化操作系统，提供了用户所需的桌面应用及配置管理等软件。一铭操作系统针对用户的使用习惯，在安装操作、系统界面、安全防御等多个方面进行了改进和升级，使产品可适应于政府部门、国防科研、企业应用等不同场景。一铭操作系统能支持部分 Windows 程序软件跨平台使用，最大限度确保用户向国产操作系统平台的平滑迁移，完全适用于正版化软件升级的政府部门、企事业单位和个人用户，是值得信赖的优秀国产操作系统软件。

1.8.2　相关名人

在计算机技术发展过程中，出现了许多优秀的科学家和历史名人，特别是与计算机操作系统相关的一些名人，下面简单介绍其中几位。

1．外国名人

（1）图灵

图灵（Alan Mathison Turing，1912—1954），英国著名的数学家和逻辑学家，被称为计算机科学之父、人工智能之父，是计算机逻辑的奠基者。人们为纪念其在计算机领域的卓越贡献而设立"图灵奖"。图灵奖是美国计算机协会于 1966 年设立的，专门奖励那些对计算机事业作出重要贡献的个人，一般每年只奖励一名计算机科学家，只有极少数年度有两名合作者或在同一方向作出贡献的科学家共享此奖。它是计算机界最负盛名的一个奖项，有"计算机界的诺贝尔奖"之称。

（2）冯·诺依曼

冯·诺依曼（John von Neumann，1903—1957），20 世纪重要的数学家之一，在现代计算机、博弈论、核武器和生化武器等诸多领域内有杰出建树的伟大的科学全才之一，被后人称为"计算机之父"和"博弈论之父"。

（3）格蕾丝·霍珀

格蕾丝·霍珀（Grace Hopper，1906—1992），杰出的计算机科学家，计算机软件工程第一夫人，作为 Cobol 语言的主要设计者，格蕾丝·霍珀被称为 Cobol 之母。格蕾丝·霍珀是著名的女数学家和计算机语言领域的领军人物，被称为"计算机软件之母"。

（4）丹尼斯·利奇和肯·汤普生

丹尼斯·利奇（Dennis Ritchie，1941—2011），C 语言的发明人，1969 年和肯·汤普生一同开发并实现 UNIX 操作系统。

肯·汤普森（Ken Thompson，1943 年出生），发明了 B 语言。B 语言是后来丹尼斯·利奇发明的 C 语言的前身。

1983 年丹尼斯·利奇和肯·汤普森一同被授予图灵奖，以表彰他们在通用操作系统理论领域的贡献，特别是 UNIX 操作系统的开发与实现。

（5）费尔南多·科尔巴托

费尔南多·科尔巴托（Fernando Corbato，1926—2019），早期的计算机先驱，他领导研发了世界上较早的操作系统之一 CTSS（兼容分时系统），还提出了使用密码进行安全保护的想法，1990 年获得计算机领域最负盛名的"图灵奖"。

（6）蒂姆·伯纳斯·李、温顿·瑟夫和罗伯特·卡恩

蒂姆·伯纳斯·李、温顿·瑟夫和罗伯特·卡恩 3 人被称为互联网之父。

蒂姆·伯纳斯·李（Tim Berners-Lee，1955 年出生），英国计算机科学家，万维网的发明者，互联网之父。他 2016 年获得 ACM 图灵奖，以表彰他发明了万维网（世界第一个网页浏览器），以及发明了允许网页扩展的基本协议和算法。

温顿·瑟夫（Vinton Cerf，1943 年出生），互联网基础协议——TCP/IP 协议和互联网架构的联合设计者之一，互联网奠基人之一，获得了"互联网之父"的美誉。

罗伯特·卡恩（Robert Elliot Kahn，1938 年出生），发明了 TCP 协议，并与温顿·瑟夫一起发明了 IP 协议，互联网雏形 Arpanet 网络系统设计者，"信息高速公路"概念创立人。1997 年，由于罗伯特·卡恩和温顿·瑟夫两人对互联网发展作出的巨大贡献，被克林顿总统授予国家最高科技奖项"美国国家技术奖"。2004 年，两人共同获得图灵奖，以表彰他们在互联网领域先驱性的贡献。

（7）艾兹格·迪科斯彻

艾兹格·迪科斯彻（Edsger Wybe Dijkstra，1930—2002），荷兰计算机科学家，他曾经提出"GOTO 有害论"、信号量和 PV 原语，解决了有趣的"哲学家就餐问题"，最短路径算法的创造者，第一个 Algol 60 编译器的设计者和实现者，THE 操作系统的设计者和开发者，被称为"结构程序设计之父"。他一生致力于把程序设计发展成一门科学，1972 年获得图灵奖。

（8）高德纳

高德纳（Donald E Knuth，1938 年出生），计算机算法的鼻祖，计算机科学泰斗，排版软件 TeX 和字型设计系统 Metafont 发明人，所著描述基本算法与数据结构的巨作《计算机程序设计的艺术》被《美国科学家》杂志列为 20 世纪重要的 12 本物理科学类专著之一（与爱因斯坦的《相对论》、狄拉克的《量子力学》、理查·费曼的《量子电动力学》等经典比肩而立）。他 1974 年获图灵奖，以表彰其在算法分析、程序设计语言的设计和程序设计领域的杰出贡献。

（9）约翰·麦卡锡

约翰·麦卡锡（John McCarthy，1927—2011），著名的计算机科学家、认知科学家，在 1955 年的达特矛斯会议上首次提出了"人工智能"一词，并被誉为"人工智能之父"，并将数学逻辑应用到了人工智能的早期形成中。他在 1958 年发明了 LISP 语言，该语言至今仍在人工智能领域被广泛使用。他因在人工智能领域的贡献而在 1971 年获得图灵奖。

（10）艾德·卡特姆和帕特里克·汉拉汗

艾德·卡特姆（Edwin E Catmull，1945 年出生），著名计算机科学家，皮克斯动画工作室联合创始人、前总裁。卡特姆在皮克斯开发了 RenderMan 渲染系统被用在《玩具总动员》和《海底总动员》等电影中。RenderMan 成为 CG 领域重要的 3D 渲染软件，曾两度获得奥斯卡科学技术奖。卡特姆本人也在 2009 年获得奥斯卡金像奖的戈登·索耶奖，以表彰他对电影技术作出的贡献。

帕特里克·汉拉汗（Patrick M Hanrahan，1955 年出生），皮克斯动画工作室创始员工之一，斯坦福大学计算机图形学实验室教授，开发了 GPU 语言 Brook。2003 年，汉拉汗开发了 Tableau 软件，它能将数据运算与美观的图表完美地嫁接在一起。该软件影响力遍及各个行业中的各类企业。

2019 年图灵奖颁给艾德·卡特姆和帕特里克·汉拉汗，以表彰他们对 3D 计算机图形学的贡献，以及对电影制作和计算机生成图像等应用的革命性影响。这也是 ACM 第一次以图形学贡献颁发图灵奖。

2. 中国名人

（1）姚期智

姚期智（1946 年出生），祖籍湖北省孝感市孝昌县，毕业于哈佛大学，现任清华大学交叉信息研究院院长，世界著名计算机科学家，2000 年获得图灵奖。他提出了通信复杂性和伪随机数生成计算理论。在基于复杂性的密码学和安全形式化方法方面有根本性贡献，奠定了现代密码学的基础；解决线路复杂性、计算几何、数据结构及量子计算等领域的开放性问题并建立全新典范。

（2）华罗庚

华罗庚（1910—1985），江苏丹阳人，国际数学大师，中国科学院院士，是中国解析数论、矩阵几何学、典型群、自安函数论等多方面研究的创始人和开拓者，"中国解析数论学派"创始人。他还是中国计算机事业的奠基人。1953 年初，在华罗庚的领导下，数学研究所成立了新中国第一个计算机科研小组。这个小组只有闵乃大、夏培肃、王传英 3 个人，他们在极其艰难的情况下开始了计算机的研究。在此基础上，1956 筹备组建了中国科学院计算技术研究所，为我国计算机事业奠定了快速发展的基础。

（3）吴文俊

吴文俊（1919—2017），浙江嘉兴人，数学家，中国科学院院士，中国科学院数学与系统科学研究院研究员，其主要成就表现在拓扑学和数学机械化两个领域。吴文俊是我国人工智能领域的先驱之一，他从中国古代数学的思想中获得启发，提出了用计算机证明几何定理的方法，该方法在科技文献中被称为"吴方法"。这一项工作被认为是自动推理领域的一个里程碑，获得了国际自动推理学会最高奖。吴文俊被誉为中国人工智能之父，并获得首届国家最高科学技术奖。

（4）张效祥

张效祥（1918—2015），浙江海宁人，中国计算机专家，中国科学院院士，是中国第一台仿苏电子计算机制造的主持人，中国自行设计的电子管、晶体管和大规模集成电路各代大型计算机研制的组织者和直接参与者，在中国计算机事业的开拓和发展中起了重要作用。在中国开展多处理器并行计算机系统国家项目的探索与研制工作中发挥重要作用，于1985年完成中国第一台亿次巨型并行计算机系统，获得1987年国家科技进步奖特等奖，1991年当选为中国科学院院士。

（5）夏培肃

夏培肃（1923—2014），女，四川江津人，电子计算机专家，中国计算机事业的奠基人之一，被誉为"中国计算机之母"。在1960年，夏培肃设计试制成功中国第一台自行设计的电子计算机——107计算机。从20世纪60年代开始在高速计算机的研究和设计方面做出了系统的创造性的成果，解决了数字信号在大型高速计算机中传输的关键问题。她负责设计研制成功多台不同类型的并行计算机，于1991年当选为中国科学院院士。

（6）徐家福

徐家福（1924—2018），江苏南京人，中国计算机软件学科奠基人之一，南京大学计算机系教授，他研制出我国第一个ALGOL系统、系统程序设计语言XCY、多种规约语言；参加制定ALGOL、COBOL国家标准；率先在我国研制出数据驱动计算机模型FPMND；研制出兼顾函数式和逻辑式风格的核心语言KLND及相应的并行推理系统。同时他是我国最早的两位计算机软件博士生导师之一，并培养出我国第一位软件学博士。2011年，他与杨芙清院士同时荣获中国计算机学会（CCF）终身成就奖。

（7）杨芙清

杨芙清（1932年出生），女，江苏无锡人，计算机软件专家，中国科学院院士，北京大学教授。杨芙清是中国软件领域奠基人之一，主持研制了中国第一台百万次集成电路计算机150机操作系统和第一个全部用高级语言书写的操作系统。她主持了国家重点科技攻关项目——青鸟工程，并承担了多项863高技术课题，在软件复用和软件构件技术、软件工业化生产技术、软件工程化开发方法、软件工程支撑环境与工具及标准规范体系等方面取得了重要成果。

（8）金怡濂

金怡濂（1929年出生），江苏常州人，中国高性能计算机领域著名专家，中国巨型计算机事业开拓者，"神威"超级计算机总设计师，有"中国巨型计算机之父"的美誉。1994年，金怡濂当选为首届工程院院士；2003年，获得第三届国家最高科学技术奖；2013年，中国计算机学会（CCF）将2012年"CCF终身成就奖"授予金怡濂。

（9）王选

王选（1937—2006），江苏无锡人，计算机文字信息处理专家，计算机汉字激光照排技术创始人，当代中国印刷业革命的先行者，被称为"汉字激光照排系统之父"，被誉为"有市场眼光的科学家"。王选 1958 年毕业于北京大学数学力学系，1991 年当选为中国科学院院士，1994 年当选为中国工程院院士，获得 2001 年度国家最高科学技术奖。王选主要从事计算机逻辑设计、体系结构和高级语言编译系统等方面的研究，主持华光和方正型计算机激光汉字编排系统的研制，用于书刊、报纸等正式出版物的编排。

（10）倪光南

倪光南（1939 年出生），浙江宁波人，联想集团首任总工程师，主持开发了联想式汉字系统、联想系列微型机，首创在汉字输入中应用联想功能，分别于 1988 年和 1992 年获得国家科技进步一等奖，一直致力于发展自主可控的信息核心技术和产业，1994 年当选为中国工程院院士，2011 年和 2015 年分别获得中国中文信息学会和中国计算机学会终身成就奖。

1.9 典型例题讲解

一、单选题

【例 1.1】下列选项中，（ ）不是操作系统关心的主要问题。

A．管理计算机裸机

B．设计、提供用户程序与计算机硬件系统的界面

C．管理计算机系统资源

D．高级程序设计语言的编译器

解析：操作系统管理计算机系统中的软硬件资源，提供方便用户使用操作系统的接口。故本题答案是 D。

【例 1.2】配置了操作系统的计算机是一台比原来的物理计算机功能更强的计算机，这样一台计算机只是一台逻辑上的计算机，称为（ ）计算机。

A．并行　　　　B．真实　　　　C．虚拟　　　　D．共享

解析：通常将覆盖了软件的机器称为扩充机器或虚拟机。故本题答案是 C。

【例 1.3】操作系统给程序员提供的接口是（ ）。

A．进程　　　　B．系统调用　　　C．库函数　　　D．B 和 C

解析：操作系统提供给程序员的接口是系统调用。故本题答案是 B。

【例 1.4】所谓（ ）是指将一个以上的作业放入内存，并且同时处于运行状态，这些作业共享处理机的时间和外设等其他资源。

A．多重处理　　B．多道程序设计　C．实时处理　　D．共同执行

解析：多道程序设计技术是指将多个作业存放在内存中，并共享处理机和其他资源。故本题答案是 B。

【例 1.5】单处理机系统中，可并行的是（ ）。

①进程与进程　②处理机与设备　③处理机与通道　④设备与设备

A．①、②、③　B．①、②、④　C．①、③、④　D．②、③、④

解析：在单处理机系统中，同一时刻只能有一个进程占用处理机，因此进程之间不能并行。通道是独立于 CPU 的控制 I/O 的设备，两者可以并行。故本题答案是 D。

【例 1.6】计算机开机后，操作系统最终被加载到（ ）。

A．BIOS　　　　B．ROM　　　　C．EPROM　　　D．RAM

解析：系统开机后，操作系统程序被自动加载到内存中的系统区，这段区域是 RAM。故本题答案是 D。

【例 1.7】下列关于批处理系统的叙述中，正确的是（　　）。

① 批处理系统允许多个用户与计算机直接交互

② 批处理系统分为单道批处理系统和多道批处理系统

③ 中断技术使多道批处理系统中 I/O 设备可与 CPU 并行工作

A．仅②、③　　　B．仅②　　　C．仅①、②　　　D．仅①、③

解析：批处理系统中，作业执行时用户无法干预其运行，缺少交互能力，因此①错。批处理系统按发展历程分成单道批处理系统和多道批处理系统。在多道批处理系统中，CPU 可以与 I/O 设备并行工作，借助于中断技术来实现的。所以②、③正确。故本题答案是 A。

【例 1.8】实时系统必须在（　　）内处理来自外部的事件。

A．一个机器周期　　　　　　　B．被控制对象规定的时间

C．周转时间　　　　　　　　　D．时间片

解析：实时系统要求能实时处理外部事件，即在规定的时间内完成对外部事件的处理。故本题答案是 B。

【例 1.9】用户程序在用户态下要使用特权指令引起的中断属于（　　）。

A．硬件故障中断　B．程序中断　　　C．外部中断　　　D．访管中断

解析：在用户态下，系统不允许用户直接执行特权指令，只能通过访管指令引起中断才能进入核心态。故本题答案是 D。

【例 1.10】操作系统提供了多种界面供用户使用，其中（　　）是专门供应用程序使用的一种界面。

A．终端命令　　　B．图形用户窗口　C．系统调用　　　D．作业控制语言

解析：系统调用是应用程序同系统之间的接口，其余各项都是专门供用户使用的。故本题答案是 C。

二、填空题

【例 1.11】现代操作系统的两个最基本特征是_____和_____。

解析：并发和共享是操作系统的两个最基本的特征。故本题答案是并发、共享。

【例 1.12】多道程序设计的特点是多道、_____和_____。

解析：多道程序设计是指，主存中多个相互独立的程序均处于开始和结束之间，从宏观上看是并行的，多道程序都处于运行过程中，但尚未结束；从微观上看是串行的，各道程序轮流占用 CPU，交替执行。故本题答案是宏观上并行、微观上串行。

【例 1.13】操作系统向用户提供两类接口，一类是_____，另一类是_____。

解析：操作系统向用户提供两类接口，分别是命令接口和程序接口。故本题答案是命令接口、程序接口。

【例 1.14】为了实现多道程序设计，计算机系统在硬件方面必须提供两种支持，它们是_____和_____。

解析：20 世纪 60 年代初期，硬件获得了两方面的进展，一是通道的引入，二是中断技术的出现，这两项重大成果导致操作系统进入多道批处理系统阶段。故本题答案是通道、中断。

三、综合题

【例 1.15】 批处理、分时系统和实时系统各有什么特点？

解析： 1）批处理系统，操作人员将作业成批装入计算机并由计算机管理运行，在程序的运行期间，用户不能干预。批处理系统的特点是，资源利用率高、系统吞吐量大、平均周转时间长、无交互能力。

2）分时系统，不同的用户通过各自的终端以集合方式共同使用一台计算机，计算机以"分时"的方法轮流为每个用户服务。分时系统的特点是多路性、交互性、及时性和独立性。

3）实时系统，是指系统能及时响应外部事件的请求，在规定的时间内完成对该事件的处理，并控制所有实时任务协调一致地运行。实时系统的特点是多路性、实时性、及时性、独立性和高可靠性。

【例 1.16】 用一台 50MHz 处理器执行标准测试程序，它包含的混合指令数和相应所需的平均时钟周期数如表 1-3 所示。

表 1-3　处理器的指令信息

指令类型	指令数目	平均时钟周期
整数运算	45000	1
数据传送	32000	2
浮点运算	15000	2
控制传送	8000	2

求有效的 CPI、MIPS 速率、处理器执行时间 t_{CPU}。

解析： $\text{CPI} = \dfrac{N_c}{I_n} = \sum_{i=1}^{n}\left(\text{CPI}\cdot\dfrac{I_i}{I_n}\right)$ （I_i/I_n 表示 i 指令在程序中的比例）

$$= \frac{45000\times1+32000\times2+15000\times2+8000\times2}{45000+32000+15000+8000} = 1.55 \text{（周期/指令）}$$

$$\text{MIPS} = \frac{f}{\text{CPI}\times10^6} = \frac{50\times10^6}{1.55\times10^6} = 32.26$$

$$t_{CPU} = \frac{N_c}{f} = \frac{45000\times1+32000\times2+15000\times2+8000\times2}{50\times10^6} = 31\times10^{-4} \text{（s）}$$

【例 1.17】 试说明库函数与系统调用的区别和联系。

解析： 它们的区别是，库函数是语言或应用程序的一部分，可以运行在用户空间。而系统调用是操作系统的一部分，是内核提供给用户的程序接口，运行在内核空间中。

它们之间的联系是，许多库函数都会使用系统调用来实现功能。没有使用系统调用的库函数，执行效率会更高一些，因为使用系统调用时，需要上下文切换和状态转换。

【例 1.18】 设内存中有 3 道程序 A、B、C，它们按 A、B、C 的优先次序执行。它们的计算和 I/O 操作的时间如表 1-4 所示。假设 3 道程序使用相同设备进行 I/O 操作，程序以串行方式使用设备，试画出单道运行和多道运行的时间关系图（调度程序的执行时间忽略不计）。在两种情况下，完成这 3 道程序各要花多少时间？CPU 和 I/O 设备的利用率分别是多少？

表 1-4　3 道程序的操作时间　　　　　　　　　　　　　　单位：ms

操作	程序		
	A	B	C
计算	30	60	20
I/O	40	30	40
计算	10	10	20

　　解析：若采用单道方式运行这 3 道程序，则运行次序是 A、B、C。即程序 A 先进行 30ms 的计算，再完成 40ms 的 I/O 操作，最后进行 10ms 的计算。接下来程序 B 先进行 60ms 的计算，再完成 30ms 的 I/O 操作，最后进行 10ms 的计算。然后程序 C 先进行 20ms 的计算，再完成 40ms 的 I/O 操作，最后进行 20ms 的计算。至此，3 道程序全部运行完毕。

　　若采用多道方式运行这 3 道程序，因系统按 A、B、C 的优先次序执行，则在运行过程中，无论使用 CPU 还是 I/O 设备，A 的优先级最高，B 的优先级次之，C 的优先级最低。即程序 A 先进行 30ms 的计算，再完成 40ms 的 I/O 操作（与此同时，程序 B 进行 40ms 的计算），最后进行 10ms 的计算（此时程序 B 等待，程序 B 的第一次计算已完成 40ms，还剩下 20ms）；接下来程序 B 先进行剩余 20ms 的计算，再完成 30ms 的 I/O 操作（与此同时，程序 C 进行 20ms 的计算，然后等待 I/O 设备），最后进行 10ms 的计算（此时程序 C 执行 I/O 操作 10ms，其 I/O 操作还需 30ms）；然后程序 C 先进行 30ms 的 I/O 操作，最后进行 20ms 的计算。至此，3 道程序全部运行完毕。

　　1）单道方式运行时，其程序运行时间关系图如图 1-16 所示，系统总运行时间为 30+40+10+60+30+10+20+40+20=260（ms）。

　　CPU 运行时间为 30+10+60+10+20+20=150（ms）。

　　I/O 设备的运行时间为 40+30+40=110（ms）。

　　CPU 的利用率是 150/260≈57.7%。

　　I/O 的利用率是 110/260≈42.3%。

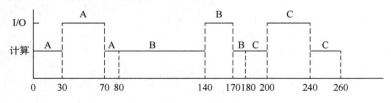

图 1-16　单道运行的时间关系

　　2）多道方式运行时，其程序运行时间关系图如图 1-17 所示，总运行时间为 30+40+10+20+30+10+30+20=190（ms）。

　　CPU 运行时间为 30+40+10+20+20+10+20=150（ms）。

　　I/O 设备的运行时间为 40+30+40=110（ms）。

　　CPU 的利用率是 150/190≈78.9%。

　　I/O 的利用率是 110/190≈57.9%。

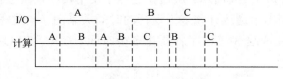

图 1-17　多道运行的时间关系

本 章 小 结

在本章中，首先介绍了计算机系统的组成、操作系统的目标和作用。操作系统是一种系统软件，它是配置在计算机硬件之上的第一层软件。它在计算机系统中占据特别重要的地位，是整个计算机系统的控制管理中心。其他系统软件和各种应用软件都将依赖于操作系统的支持，取得它的服务。操作系统在计算机系统中起两个方面的作用：一是作为用户与计算机硬件系统之间的接口；二是作为资源的管理者。根据操作系统的目的和作用，给出了操作系统的定义。

其次，本章介绍了操作系统的形成和发展，简要说明各个阶段操作系统的特点。其中，介绍了联机批处理、脱机批处理、通道和中断等技术。按照操作系统的功能，将操作系统分成多道批处理系统、分时系统、实时系统、单用户操作系统、网络操作系统、分布式操作系统和嵌入式操作系统等几种类型，重点讲述了多道批处理系统、分时系统和实时系统3 种基本类型。

本章着重介绍了多道程序设计。多道程序设计是指允许多个作业（或程序）同时进入计算机系统的主存并启动交替计算的方法。也就是说，主存中多个相互独立的程序均处于开始和结束之间，从宏观上看是并行的，多道程序都处于运行过程中，但尚未结束；从微观上看是串行的，各道程序轮流占用 CPU，交替执行。采用多道程序设计能改善 CPU 的利用率，提高主存和设备的利用率，充分发挥系统的并行性。

操作系统是一个大型复杂的并发系统，并发性、共享性、虚拟性和异步性是它的重要特征。其中，并发性和共享性又是两个最基本的特征，它们又是互为存在条件。并发和共享虽能改善资源利用率和提高系统效率，但使操作系统的实现复杂化。

本章介绍了操作系统的功能。操作系统应该具有处理机管理、存储器管理、设备管理和文件管理的功能。为了方便用户使用操作系统，还须向用户提供方便的用户接口。为了达到此功能，操作系统必须使用 3 种基本的资源管理技术才能达到目标，它们分别是资源复用或资源共享技术、虚拟技术和资源抽象技术。这 3 种技术在后面的章节中都会有体现。

最后，介绍了操作系统的运行环境和体系结构，给出一些常见的操作系统软件和相关历史名人，帮助学生更好地理解操作系统知识。

习 题

一、单选题

1. 多道程序设计是指（　　）。
   A．在实时系统中并发运行多个程序
   B．在分布式系统中同一时刻运行多个程序
   C．在一台处理机上同一时刻运行多个程序
   D．在一台处理机上并发运行多个程序
2. 实时操作系统对可靠性和安全性的要求极高，它（　　）。
   A．十分注意系统资源的利用率　　　　B．不强调响应速度
   C．不强求系统资源的利用率　　　　　D．不必向用户反馈信息

3. 在操作系统中，为实现多道程序设计需要有（   ）。

    A. 更大的内存　　　　　　　　　　B. 更快的 CPU

    C. 更快的外设　　　　　　　　　　D. 更先进的终端

4. 计算机中"通道"是一种（   ）。

    A. 内含存储器，但不含 CPU 的外设

    B. 不含存储器，只含 CPU 的外设

    C. 内含 CPU 和存储器的外设

    D. 不含存储器，也不含 CPU 的外设

5. 推动批处理系统形成和发展的主要动力是（   ）。

    A. 提高计算机系统的功能　　　　　B. 提高系统资源利用率

    C. 方便用户　　　　　　　　　　　D. 提高系统的运行速度

6. 操作系统的基本类型主要有（   ）。

    A. 批处理系统、分时系统和多任务系统

    B. 实时系统、批处理系统和分时系统

    C. 单用户系统、多用户系统和批处理系统

    D. 实时系统、分时系统和多用户系统

7. 与早期的操作系统相比，采用微内核结构的操作系统具有很多优点，但是这些优点不包括（   ）。

    A. 提高了系统的可扩展性　　　　　B. 提高了操作系统的运行效率

    C. 增强了系统的可靠性　　　　　　D. 使操作系统的可移植性更好

8. 若程序正在试图读取某个磁盘的第 100 个逻辑块，使用操作系统提供的（   ）接口。

    A. 系统调用　　　B. 图形用户接口　　　C. 原语　　　D. 键盘命令

9. 一个多道批处理操作系统中仅有 P1 和 P2 两个作业，P2 比 P1 晚 5ms 到达。它们的计算和 I/O 操作顺序如下：

P1：计算 60ms，I/O 80ms，计算 20ms

P2：计算 120ms，I/O 40ms，计算 40ms

若不考虑调度和切换时间，则完成两个作业需要的时间最少是（   ）。

    A. 240ms　　　　B. 260ms　　　　C. 340ms　　　　D. 360ms

10. 下列选项中，在用户态下执行的是（   ）。

    A. 命令解释程序　　　　　　　　　B. 缺页处理程序

    C. 进程调度程序　　　　　　　　　D. 时钟中断处理程序

二、填空题

1. 多道批处理系统具有 3 个特征，分别是多道性、无序性和_____。

2. 分时系统要解决的关键问题是_____。

3. 当前比较流行的微内核操作系统结构，是建立在层次化结构基础上的，而且采用了_____模式和_____技术。

4. 实时系统有两种典型的应用形式，即_____和实时信息处理系统。

三、综合题

1. 操作系统的目标和作用是什么？

2. 什么是操作系统？操作系统的基本特征是什么？

3. 什么是多道程序设计技术？多道程序设计的特点是什么？

4. 简要说明实时系统与分时系统的区别。

5. 操作系统的功能包括哪几部分？

6. 根据执行程序的性质不同，CPU 可以在两种不同的状态下工作。它们分别是什么状态？相互之间如何进行转换？

7. 什么是操作系统的内核？它由几部分构成？

8. 一个分层结构操作系统由裸机、用户、CPU 调度、文件管理、作业管理、内存管理、设备管理、命令管理等部分组成，试按层次结构的原则从内到外将各部分重新排列。

9. 在单 CPU 和两台 I/O 设备（I1、I2）的多道程序设计环境下，同时投入 3 个作业运行。其执行轨迹如下：

工作 1：I2（30ms），CPU（10ms），I1（30ms），CPU（10ms），I2（20ms）。

工作 2：I1（20ms），CPU（20ms），I2（40ms）。

工作 3：CPU（30ms），I1（20ms），CPU（10ms），I1（10ms）。

如果 CPU、I1 和 I2 都能并行工作，优先级从高到低依次为工作 1、工作 2 和工作 3，优先级高的作业可以抢占优先级低的作业的 CPU，但不可抢占 I1 和 I2。试求：

① 每个作业从投入到完成分别所需要的时间。

② 从作业的投入到完成，CPU 的利用率。

③ I/O 设备的利用率。

10. 假设一台计算机有 32MB 内存，操作系统占 2MB，每个用户进程占 10MB。用户进程等待 I/O 的时间占总时间的 80%，CPU 的利用率是多少？若再增加 32MB 内存，则 CPU 的利用率又为多少？

第 2 章 进程的描述与控制

内容提要：

本章主要讲述以下内容：①指令格式与指令控制；②中断相关理论；③进程基本概念；④进程描述；⑤进程控制；⑥进程通信；⑦线程基本概念。

学习目标：

了解计算机系统中的指令格式、指令控制及指令流水线；理解并掌握中断的相关理论；了解程序顺序执行和并发执行的特点，理解引入进程概念的原因，掌握进程的定义和结构；理解进程的特征，了解进程控制块的作用和内容，掌握进程的状态及其之间的转换；理解并掌握进程控制的相关理论；理解进程高级通信的方式和特点；理解线程的基本概念，了解线程的种类与实现。

进程是操作系统中最基本、最重要的概念。它是多道程序系统出现后，为了刻画系统内部出现的动态情况，描述系统内部各道程序的活动规律而引进的一个新概念，所有多道程序设计的操作系统是建立在进程的基础上的。在传统的操作系统中，程序并不能独立运行，作为资源分配和独立运行的基本单位都是进程。操作系统所具有的四大特征也都是基于进程而形成的，并可从进程的观点来研究操作系统。因此，本章重点来描述进程。

2.1　指　令　系　统

计算机程序经过编译系统翻译之后变成一系列机器指令，每一条机器指令可完成一个独立的算术运算或逻辑运算操作。一台计算机中所有机器指令的集合称为这台计算机的指令系统。指令系统是表征一台计算机性能的重要因素，因为指令是设计一台计算机的硬件与底层软件的接口。随着集成电路的发展和计算机应用领域的不断扩大，根据指令的不同，产生了两类计算机，分别称为复杂指令集计算机（complex instruction set computer，CISC）和精简指令集计算机（reduced instruction set computer，RISC）。

2.1.1　指令格式

机器指令是用机器字来表示的。表示一条指令的机器字称为指令字，简称指令。指令格式是指令字用二进制代码表示的结构形式，通常由操作码字段和地址码字段组成。操作码字段指明指令的操作性质及功能，而地址码字段则给出操作数的地址。因此一条指令的结构可以用如图 2-1 所示的形式来表示。

操作码字段OP	地址码字段A

图 2-1　指令的格式

1. 操作码

操作码 OP 表示该指令应进行什么性质的操作，不同的指令用操作码字段的不同编码来表示，每一种编码代表一种指令。例如，操作码 001 可以规定为加法，操作码 010 可以规定为减法，CPU 中的专门电路用来解释每个操作码。一般来说，一个包含 n 位的操作码最多能够表示 2^n 条指令。

2. 地址码

根据一条指令中有几个操作数地址，可将该指令称为几操作数指令或几地址指令，有零地址指令、一地址指令、二地址指令和三地址指令，如图 2-2 所示。

OP码	A1	A2	A3
OP码	A1		A2
OP码	A		
OP码			

图 2-2　指令地址码

1）零地址指令的指令字中只有操作码，无地址码。例如，空操作（NOP）、停机（HLT）、子程序返回（RET）和中断返回（IRET）等。

2）一地址指令中只有一个地址码，它指定一个操作数，另一操作数地址是隐含的。例如，以运算器中累加寄存器 ACC 中的数据为隐含的被操作数，地址码 A 所指明的数为操作数，相加之后操作结果又放回到累加寄存器 ACC 中，而累加寄存器中原来的数随机被冲掉。其数学含义为

$$（ACC）OP（A）\rightarrow ACC，（PC）+1 \rightarrow PC（隐含）$$

其中，OP 表示操作性质；（ACC）表示为累加寄存器 ACC 中的数；（A）表示内存中地址为 A 的存储单元中的数；→表示把操作结果传送到指定的地方；PC 为程序计数器，用于存放下一条指令的地址。

执行 1 条一地址的双操作数运算指令，共需访问两次主存：第 1 次取指令本身；第 2 次取地址 A 中的操作数。若指令字长为 32 位，则操作码占 8 位，一个地址码字段则占 24 位，指令操作数的直接寻址范围为 2^{24}=16MB 的空间。

3）二地址指令也称为双操作数指令，它有两个地址码 A1 和 A2，分别指明参与操作的两个数在内存中或运算器中通用寄存器的地址，A1 为目的操作数地址，A2 为源操作数地址。其中，A1 兼作存放操作结果的地址，数学含义为

$$（A1）OP（A2）\rightarrow A1，（PC）+1 \rightarrow PC（隐含）$$

执行 1 条二地址的双操作数运算指令，共需访问 4 次主存：第 1 次取指令本身；第 2 次取目的操作数；第 3 次取源操作数；第 4 次保存运算结果，并且源操作数地址中原存的内容被破坏了。若指令字长为 32 位，操作码占 8 位，两个地址码字段各占 12 位，则指令操作数的直接寻址范围为 2^{12}=4KB 的空间。

二地址指令有两个操作数，这些操作数并不一定都在主存中，往往有一个或两个在通用寄存器中，这样就构成了不同的类型。

① 访问主存的指令格式，称为存储器-存储器（SS）型指令，这种操作都会涉及主存单元，即参与操作的数都放在主存中。

② 访问寄存器的指令格式，称为寄存器-寄存器（RR）型指令。机器执行这类指令时，从通用寄存器中读取数据，然后把结果放到另一寄存器，不需要访问主存。

③ 寄存器-存储器（RS）型指令，执行这类指令时，既要访问主存单元，也要访问寄存器。

4）三地址指令中有 3 个操作数地址，A1 和 A2 称为源操作数地址，A3 称为存放结果的地址。其指令格式如下：

$$（A1）OP（A2）\rightarrow A3，（PC）+1 \rightarrow PC（隐含）$$

执行 1 条三地址的双操作数运算指令，也需要访问 4 次主存：第 1 次取指令本身；第 2 次取第 1 操作数；第 3 次取第 2 操作数；第 4 次保存运算结果。为了加快执行速度，A1、A2、A3 通常指定为运算器中的通用寄存器的地址。

若指令字长为 32 位，操作码占 8 位，3 个地址码字段各占 8 位，则指令操作数的直接寻址范围为 2^{8}=256B 大小的空间。

3. 指令字长

指令字长是指一条指令中所包含的二进制代码的位数，它取决于操作码字段的长度、操作数地址的个数及长度。指令字长与机器字长没有固定的关系，可以等于机器字长，也可以大于或小于机器字长。机器字长是指计算机能够直接处理的二进制数据的位数，它决

定了计算机的运算精度。把指令字长度等于机器字长的指令称为单字长指令，指令字长度等于半个机器字长的指令称为半字长指令，指令长度等于两个机器字长的指令称为双字长指令。

4. 指令的分类

一个比较完善的指令系统应当有数据处理、数据存储、数据传送、程序控制 4 类指令。指令系统的发展有两种截然不同的方向：一种是增强原有指令的功能，设置更为复杂的新指令实现软件功能的硬化；另一种是减少指令种类和简化指令功能，提高指令的执行速度。前者称为复杂指令集计算机，后者称为精简指令集计算机。

2.1.2　指令寻址和指令流水线

1. 指令寻址

所谓指令寻址，就是寻找指令有效地址的方式，也就是确定下一条将要执行的指令地址的方法。指令寻址分为顺序寻址和跳跃寻址两种方式。

（1）顺序寻址

由于指令地址在内存中按顺序安排，当执行一段程序时，通常是一条指令接一条指令地顺序进行。也就是说，从存储器中取出第 1 条指令，然后执行这条指令；接着从存储器中取出第 2 条指令，再执行第 2 条指令；接着再取出第 3 条指令。这种程序顺序执行的过程，称为指令的顺序寻址方式。为此，必须使用程序计数器 PC 来计数指令的顺序号，该顺序号就是指令在内存中的地址。通过程序计数器 PC 加 1，自动形成下一条指令的地址。

（2）跳跃寻址

当程序转移执行的顺序时，指令的寻址就采取跳跃寻址方式。所谓跳跃，是指下条指令的地址码不是由程序计数器给出，而是由本条指令给出。注意，程序跳跃后，按新的指令地址开始顺序执行。因此，程序计数器的内容也必须相应改变，以便及时跟踪新的指令地址。采用指令跳跃寻址方式，可以实现程序转移或构成循环程序，从而能缩短程序长度，或将某些程序作为公共程序引用。指令系统中的各种条件转移或无条件转移指令，就是为了实现指令的跳跃寻址而设置的。

2. 指令流水线

为了提高处理器执行指令的速度，在计算机指令系统和体系结构的设计中，经常采用流水线技术，将多条指令的执行相互重叠起来，以提高 CPU 执行效率。计算机中的流水线是把一个重复的过程分解为若干个子过程，每个子过程与其他子过程可以并行执行。由于这种工作方式与工厂中的生产流水线十分相似，以此称为流水线技术。把一条指令的操作分成多个细小的步骤，每个步骤由专门的电路完成。例如，一条指令执行要经过 3 个阶段：取指令、译码、执行指令；每个阶段都要花费一个时钟周期，如果没有采用流水线技术，那么这条指令执行需要 3 个时钟周期；如果采用了指令流水线技术，那么当这条指令完成"取指"后进入"译码"的同时，下一条指令就可以进行"取指"了，这样就提高了指令的执行效率。流水线设计的原则如下。

1）指令流水线中，指令操作步骤的个数以最复杂指令的步骤个数为准。

2）指令流水线中，每个指令步骤的执行时间以最复杂的操作所花的时间为准。

假定有某条指令，可分成 n 个步骤（或称为子任务），每个步骤都需要相同的时间 t，则完成该指令需要的时间为 $n \times t$。若以传统的方式，执行 k 条这样的指令，需要的时间为

knt。而使用流水线技术执行，则花费的时间为(*n*+*k*-1)×*t*。也就是说，除第一条指令需要完整的时间外，其余的都可以并行，这样节省了大量时间。如果这条指令的每个步骤，需要的时间都不一样，则其速度取决于执行顺序中最慢的那个。例如，指令流水线把一条指令分为取指、分析和执行 3 部分，且 3 部分的时间分别是取指 2ns、分析 2ns、执行 1ns。那么，3 部分最长的时间是 2ns，因此 100 条这样的指令全部执行完需要的时间就是(2+2+1)+(100-1)×2=203（ns）。

2.2 中　　断

2.2.1 中断的基本概念

现代计算机中都配置了硬件中断装置，中断机制是计算机系统的重要组成部分之一。每当用户程序执行系统调用以求得系统的服务和帮助，或操作系统管理 I/O 设备和处理形形色色的内部与外部事件时，都需要通过中断机制进行处理。最初，中断技术作为用来向 CPU 报告某设备已完成操作的一种手段，现在中断技术的应用越来越广泛。

1. 中断的定义

中断是指程序执行过程中，当发生某个事件时，终止 CPU 上现行程序的运行，引出处理该事件的服务程序执行的过程。引起中断的事件称为中断源。中断源向 CPU 提出处理的请求称为中断请求。发现中断源并产生中断的硬件称为中断装置。CPU 收到中断请求后转去执行相应的事件处理程序称为中断响应。发生中断时被打断的程序的暂停点称为断点。处理中断源的程序称为中断处理程序。

中断由硬件和软件协作完成。中断是现代操作系统实现并发性的基础之一。现代计算机中都配置了中断装置，用户程序执行过程中不但可以通过系统调用方式，还可以用中断方式来请求和获得操作系统的服务和帮助。采用中断技术后还能实现 CPU 和 I/O 设备交换信息，使 CPU 与 I/O 设备并行工作，并能处理突发事件，满足实时要求。

2. 中断的分类

（1）按照中断事件的性质和激活方式分类

从中断事件的性质来说，有些中断是正在执行的程序所希望发生的，有些并不是。从这一角度来区分，中断可以分为强迫性中断和自愿性中断两大类。

1）强迫性中断。强迫性中断不是正在运行的程序所期待的，而是由某种事故或外部请求信息所引起的。这类中断事件主要有机器故障中断事件、程序性中断事件、外部中断事件和 I/O 中断事件。

2）自愿性中断。自愿性中断是正在运行的程序所期待的事件。这种事件是由于执行了一条访管指令而引起的，它表示正在运行的程序对操作系统有某种需求，一旦机器执行到一条访管指令，便自愿停止现行程序而转入访管中断处理程序进行处理。

（2）按照中断事件的来源和实现手段分类

按照中断事件的来源和实现手段，中断可分为硬中断和软中断两类。硬中断又可以分为外中断和内中断。

1）硬中断。

① 外中断一般又称中断或异步中断，是指来自处理器之外的中断，包括时钟中断、控

制台中断和 I/O 设备中断等。外中断又可分为可屏蔽中断和不可屏蔽中断，各个中断具有不同的中断优先级，表示事件的紧急程度，在处理高一级中断时，往往会部分或全部屏蔽低一级中断。

② 内中断又称异常或同步中断，是指来自处理器内部的中断，通常是由于在程序执行过程中，发现与当前指令关联的、不正常的或错误的事件。内中断分为 3 种：访管中断，是由于执行系统调用而引起的；硬件故障中断，如电源故障、协处理器错误、通路校验错误、奇偶校验错误、总线超时等；程序性异常，如非法操作、地址越界、页面故障、调试指令、除数为 0 和浮点溢出等。所有这些事件均由异常处理程序来处理，响应处理器中状态的变化，且通常依赖于执行程序的当前现场。内中断不能被屏蔽，一旦出现应立即予以响应并处理。

③ 中断和异常之间的区别。中断是由与当前程序无关的中断信号触发的，系统不能确定中断事件的发生时间，所以，中断与 CPU 是异步的，CPU 对中断的响应完全是被动的。中断的发生与 CPU 模式无关，既可以发生在用户态，又可以发生在核心态，通常在两条机器指令之间才能响应中断。一般来说，中断处理程序所提供的服务不是当前进程所需要的，如时钟中断、硬盘中断等，中断处理程序在系统中断的上下文中执行。

异常是由 CPU 控制单元产生的，源于现行程序执行指令过程中检测到的例外。异常与 CPU 是同步的，允许指令在执行期间响应异常，而且允许多次响应异常，大部分异常发生在用户态。异常处理程序所提供的服务通常是当前进程所需要的，如处理程序出错或页面故障，异常处理程序在当前进程的上下文中执行。

2）软中断。外中断与内中断（中断和异常）要通过硬件设施来产生中断请求，它们都是硬中断。与其相对应，不必由硬件产生中断源而引发的中断称为软中断。软中断利用硬中断的概念，采用软件方法对中断机制进行模拟，实现宏观上的异步执行。

3. 中断装置

发现中断源并产生中断的硬件称为中断装置。一般来说，中断装置主要做以下 4 件事。

（1）发现中断源，提出中断请求

当发现多个中断源时，它将根据规定的优先级，先后发出中断请求。中断来源于正在执行的程序及计算机系统的各个部件。当一个具体的中断事件发生时，计算机系统必须把它记录下来。中断寄存器是用来记录中断事件的寄存器，中断寄存器的内容称为中断字，中断字的每一位对应一个中断事件。当中断发生后，中断字的相应位会被置位。由于同一时刻可能有多个中断事件发生，中断装置将根据中断屏蔽要求和中断优先级选取一个，然后，把中断寄存器的内容送入程序状态字寄存器的中断码字段，且把中断寄存器的相应位清"0"。当处理中断事件的程序执行时就可以读出中断信息进行分析，从而知道发生了什么中断事件。

（2）保护现场

中断装置要进行必要的保护现场工作。此时并不一定要将处理器中的所有寄存器中的信息全部存于（写回）主存中，而是将某些寄存器内的信息（又称为运行程序的执行上下文）存放于主存，特别是对程序状态字寄存器中的那些信息一定要保护起来，使中断处理程序运行时，不会破坏被中断程序的有用信息，以便在中断处理结束后能够返回被中断程序继续运行。最后，将中断处理程序的程序状态字送入现行程序状态字寄存器，这就引出了中断事件处理程序。

（3）启动处理中断事件的中断处理程序

这时，CPU 状态已从用户态切换到核心态，中断处理程序开始工作。

（4）恢复现场

当中断处理结束后，恢复程序状态字和运行程序的上下文，CPU 从核心态切换到用户态，重新返回中断点以便执行后续指令。

4. 中断处理程序

处理中断事件的程序称为中断处理程序。它的主要任务是处理中断事件和恢复正常操作。由于不同中断源对应不同的中断处理程序，故快速找到中断处理程序入口地址是一个关键问题。在 IBM PC 上，为了方便地找到中断处理程序，通常在计算机主存的低地址处设置一张向量地址表，表中每一项称为一个中断向量，其中存放了一个中断处理程序的入口地址及相关信息。不同中断源需要用不同的中断处理程序处理，也就对应了不同的中断向量。

2.2.2　中断优先级、中断屏蔽和多重中断

1. 中断优先级

在计算机运行的每一瞬间，可能有几个中断事件同时发生。这时，中断装置如何来响应这些同时发生的中断呢？一般来说，中断装置按照预定的顺序来响应，这个按中断请求轻重缓急的程度预定的顺序称为中断的优先级，中断装置首先响应优先级高的中断事件。

在一个计算机系统中，各中断源的优先顺序是根据某个中断源若得不到及时响应，造成计算机出错的严重性程度来定的。例如，机器校验中断表明产生了一个硬件故障，对计算机及当前执行任务的影响最大，因而，优先级排在最高。当某一时刻有多个中断源或中断级提出中断请求时，中断系统如何按预先规定的优先顺序响应呢？可以使用硬件和软件两种办法。前者根据排定的优先次序做一个硬件链式排队器，当有高一级的中断事件产生时，应该封住比它优先级低的所有中断源；后者编写一个查询程序，依据优先级次序，自高到低进行查询，一旦发现有一个中断请求，便转入该中断事件处理程序入口。

2. 中断屏蔽

主机可以允许或禁止某类中断的响应，如主机可以允许或禁止所有的 I/O 中断、外部中断、机器校验中断及某些程序性中断。对于被禁止的中断，有些以后可继续响应，有些将被丢弃。主机是否允许某类中断，由当前程序状态字中的某些中断屏蔽位来决定。一般，当屏蔽位为 1 时，主机允许相应的中断；当屏蔽位为 0 时，相应中断被禁止。按照屏蔽位的标志，可能禁止某一类内的全部中断，也可能有选择地禁止某一类内的部分中断。有了中断屏蔽功能，就增加了中断排队的灵活性，采用程序的方法在某段时间中屏蔽一些中断请求，以改变中断响应的顺序。

3. 多重中断

在一个计算机系统的运行过程中，由于中断可能同时出现，或者虽不同时出现但却被硬件同时发现，或者出现在其他中断处理期间，这时 CPU 又响应了这个新的中断事件，于是暂时停止正在运行的中断处理程序，转去执行新的中断处理程序，这就叫作多重中断（又称中断嵌套）。一般来说，优先级别高的中断允许打断优先级别低的中断处理程序，但反之则不允许。中断嵌套的级数视系统规模而定，一般以不超过三重为宜，因为过多重的"嵌套"将会增加不必要的系统开销。

2.3　进程的基本概念

2.3.1　进程概念的引入

进程是现代操作系统的核心概念之一。计算机系统在早期的单道程序阶段，以程序为单位来组织任务的执行，而到了多道程序阶段，任务的执行则是以进程为单位进行组织和管理的。之所以在程序之外，又引入进程的概念，是因为在单道程序阶段，内存一次只允许一个程序运行，因此程序是顺序运行的。而多道程序阶段，内存中允许同时多个程序运行，程序是并发运行的。程序的顺序执行和并发执行的不同特点，决定了必须引入一个新的概念来解决并发所带来的一些关键问题。为了让大家对进程概念产生的原因和存在的必要性及能解决的问题有所了解，我们先对程序的顺序执行和并发执行进行简单的介绍。

1.　前趋图

前趋图是一个有向无循环图（directed acyclic graph，DAG），图中每个节点表示一个语句、一段程序或一个进程。节点之间的有向边表示两个节点之间存在偏序或前趋关系"→"。

前趋关系"→"的形式化描述：→ ={<Pi, Pj> | Pi 必须在 Pj 开始执行之前完成}。

<Pi, Pj>∈→，可写为 Pi→Pj，表示在 Pj 开始执行之前 Pi 必须完成。此时称 Pi 是 Pj 的直接前趋，而称 Pj 是 Pi 的直接后继。在前趋图中把没有前趋的节点称为初始节点，把没有后继的节点称为终止节点。此外，每个节点还可以具有一个重量，用于表示该节点所含有的程序量或程序的执行时间。在图 2-3 中，存在如下的前趋关系：P1→P2，P1→P3，P2→P4，P3→P4，P4→P5，P4→P6，P5→P7，P6→P7。

应当注意，前趋图中是不允许有循环的，否则产生不可能实现的前趋关系，如图 2-4 所示。

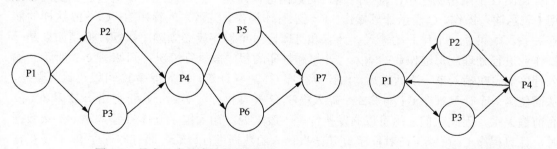

图 2-3　具有 7 个节点的前趋图　　　　　图 2-4　具有循环的前趋图

2.　程序的顺序执行

使用单道程序设计技术的计算机系统，在内存中一次只能装入一个程序，并只允许这一个程序来运行。通常，一个程序由若干个程序段组成，每一个程序段完成特定的功能。它们在执行时，都需要按某种先后顺序来执行。在一个程序运行结束之前，其他程序不允许使用内存。多个程序只能采用依次顺序执行的方式来完成。

例如，一个 C 语言程序，功能是对输入的数据进行处理，然后通过打印机输出。我们可以用 3 段程序表示，I 表示输入操作，C 表示计算操作，P 表示打印操作。用前趋图表示该程序循环执行，如图 2-5 所示。

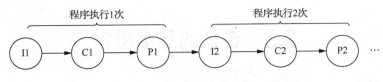

图 2-5 程序顺序执行的前趋图

程序顺序执行具有以下特征。

（1）顺序性

内存中一次只有一个程序，多个程序需要执行时，只能按照顺序一个接一个地执行，等上一个程序执行完毕，再开始执行下一个程序。处理器严格按照程序所规定的顺序执行。

（2）封闭性

程序在执行时独占系统中所有的资源，因而系统内部资源的状态只有该程序才能改变它，与外界环境无关。

（3）可再现性

程序的顺序执行及运行时独占资源的特点，使程序在运行过程中不受其他程序的影响，所以运行结果具备可再现性，也就是说只要初始条件和执行环境确定，结果就是确定的，可重复再现。

3. 程序的并发执行

现在的计算机系统多采用的是多道程序设计技术，多道程序技术允许内存中同时存在多道程序，在一段时间内多道程序并发执行。如图 2-6 所示，A、B、C、D 这 4 个任务在 0～T 时刻都完成了。但 A、B 两个任务虽然都在 0～T 之间完成，但任意时刻 $T0$ 只有一个任务在执行，A、B 在（0，T）时间段是交替执行的。而 C、D 两任务在任意时刻 $T0$ 都在同时执行。所以 A 和 B 之间为并发，C 和 D 之间为并行。

在图 2-5 所举例子中，程序对输入的数据进行处理，然后通过打印机输出。我们可以用 I 表示输入操作，C 表示计算操作，P 表示打印操作，三者之间存在 $I_i \rightarrow C_i \rightarrow P_i$ 这样的前趋关系。如果是一个作业的输入、计算和打印，3 个程序段必须顺序执行。但是如果是一批作业进行处理，每道作业的输入、计算和打印的程序段执行情况，则如图 2-7 所示。输入程序 I1，在输入第一次数据后，由计算程序 C1 进行计算，输入程序 I2 可以再输入数据，从而使第一个计算程序 C1 与第二个输入程序 I2 并发执行。实际上，正是由于 I2 和 C1 没有前趋关系，因此它们之间可以并发执行。一般来说，输入程序 I_{i+1} 在输入第 $i+1$ 次数据时，计算程序 C_i 可能正在对程序 I_i 第 i 次输入的数据进行计算，而打印程序 P_{i-1} 正在打印程序 C_{i-1} 的计算结果。所以 I_{i+1} 和 C_i 及 P_{i-1} 是重叠的，它们之间不存在前趋关系，可以并发执行。指令的流水线执行也是一种并发执行的状态。

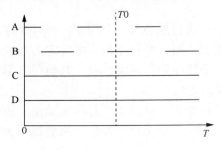

图 2-6 并发和并行的区别

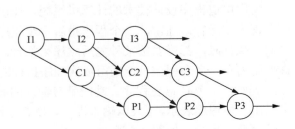

图 2-7 程序的并发执行

图 2-8 所示是程序的顺序执行和并发执行的对比。程序的顺序执行和并发执行相比，具有以下几个特征。

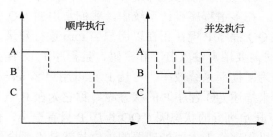

图 2-8　程序的顺序执行和并发执行的对比

（1）间断性

程序在并发执行时，由于它们共享资源或为了完成同一项任务而相互合作，导致并发程序之间形成了相互制约的关系。例如，有两个程序都需要使用打印机这个资源，如果其中的一个程序已经占用，而另一个必须等待。这样后者表现出来的就是程序运行时的间断性。这种相互制约关系将导致并发程序具有"执行—暂停—执行"这种间断性的活动规律。

（2）失去封闭性

由于程序并发执行时，多个程序共享系统中的各种资源，因而这些资源的状态将由多个程序来改变，致使程序的执行失去了封闭性。这样某程序在执行时必然会受到其他程序的影响。

（3）不可再现性

多个程序在并发执行时，由于失去了封闭性，程序的运行结果就失去了可再现性。例如，在两个程序 A 和 B 中都有对公共变量 I 的操作，A 中执行 I=I+1、I=0 操作，B 中执行 I=I-1 操作，令每次 I 的初始值都为 2，两个程序并发执行，则多次运行结果可能不同。这两个程序间断交替运行时，如果是按 I=I+1、I=0、I=I-1 序列执行，执行结果是 I 的值为-1；如果是按 I=I+1、I=I-1、I=0 序列执行，执行结果是 I 的值为 0。可以看出，虽然初始条件相同，但是执行结果不确定。

操作系统专门引入进程的概念，从理论角度来看，是对正在运行的程序活动规律的抽象；从实现角度来看，则是一种数据结构，目的在于清晰地刻画动态系统的内在规律，有效管理和调度进入计算机系统主存运行的程序。下面来讨论操作系统中引入进程的原因，包括以下两个。

1）刻画系统的动态性，发挥系统的并发性，提高资源利用率。在多道程序环境下，程序可以并发执行，一个程序的任意两条指令之间都可能发生随机事件而引发程序切换。因而，每个程序的执行都可能不是连续的而是走走停停的。此外，程序的并发执行又引起了资源共享和竞争的问题，造成了各并发执行的程序间可能存在制约关系。并发执行的程序不再处在一个封闭的环境中，出现了许多新的特征，系统需要一个能描述程序动态执行过程的单位，这个基本单位就是进程。同静态的程序相比较，进程依赖于处理器和主存资源，具有动态性和暂时性。进程随着一个程序模块进入主存并获得一个数据块和一个进程控制块而创建，因等待某个事件发生或资源得不到满足而暂停执行，随着运行的结束退出主存而消亡，从创建到消亡期间，进程处于不断的动态变化之中。此外，由于程序的并发执行，处理器和 I/O 设备、I/O 设备和 I/O 设备能有效地并行工作，提高了资源的利用率和系统的效率。由此可见，进程是并发程序设计的一种有力工具，操作系统中引入进程的概念能较好地刻画系统内部的"动态性",发挥系统的"并发性"和提高资源的利用率。

2)解决共享性,正确描述程序的执行状态。也可以从解决"共享性"来看操作系统中引入进程概念的必要性。在多道程序设计系统中,我们常用的 QQ 程序可以同时在一台计算机上登录多次。假定 QQ 程序 P 现在正在以用户名 tom 进行登录,P 从起始点 A 点开始工作,当执行到 B 点时需要用户输入名字和密码,且程序 P 在 B 点等待用户输入数据完成。这时处理器空闲,为了提高系统效率,可让 P 再以用户名 jerry 进行登录,仍从 A 点开始工作。现在应怎样来描述 QQ 程序 P 的状态呢?称它为在 B 点等待用户输入的状态,还是称它为正在从 A 点开始执行的状态呢? QQ 程序 P 只有一个,但运行了两次,以两个用户名登录。所以,再以程序作为占用处理器的单位显然是不适合的。为此,可把 QQ 程序 P,与服务对象联系起来,P 为用户 tom 服务则构成进程 tom,P 为用户 jerry 服务则构成进程 jerry。这两个进程虽共享 QQ 程序 P,但它们可同时执行且彼此按各自的速度独立进行。现在可以说进程 tom 在 B 点处于等待用户输入的状态,而进程 jerry 正处在从 A 点开始执行的状态。

可见程序与计算(程序的执行)不再一一对应,延用程序概念不能描述这种共享性,因而,引入了新的概念——进程,它是既能描述程序并发执行过程又能用来共享资源的一个基本单位。但操作系统也要为引入进程而付出(进程占用的)空间和(调度进程的)时间代价。

2.3.2 进程的定义和结构

进程的概念最先是 20 世纪 60 年代初在麻省理工学院的 MULTICS 系统和 IBM 公司的 CTSS/360 系统中引入的。进程概念的提出就是为了解决在程序并发过程中所出现的问题。进程和并发成了现代操作系统中最重要的两个概念。

1. 进程的定义

进程的概念虽然很早就提出了,但关于进程的定义,却始终没有统一。人们从不同的角度对进程进行了概括,从而得到了不同的一些定义。其中,有一些比较典型的定义,可以让我们很好地理解进程的含义。

人们比较认可的进程的定义有以下几个。

1)进程是程序在处理机上的一次执行过程。

2)进程是可以和别的计算机程序并发执行的计算。

3)进程是一个数据结构及能在其上操作的一个程序。

4)进程是一个程序及其数据在处理机上顺序执行时所发生的活动。

5)进程是程序在一个数据集合上的运行过程,是系统进行资源分配和调度的一个独立单位。

6)一个进程就是一个正在执行的程序,包括指令计数器、寄存器和变量的当前值。

本书把进程定义描述为,进程是进程实体的运行过程,是系统进行资源分配和调度的一个独立单位。

2. 进程的结构

由程序段、相关数据段、堆栈和进程控制块 4 个部分构成了进程映像,也称为进程实体。进程映像是静态的,进程是动态的,进程是进程实体的运行过程。

1)程序段存放进程要执行的代码,表示进程本身要完成的功能。

2）数据段是程序操作的一组存储单元，是程序操作的对象，它由程序相关联的全局变量、局部变量和定义的常量等数据结构组成。

3）系统/用户堆栈，每一个进程都将捆绑一个系统/用户堆栈，用来解决过程调用或系统调用时的信息存储和参数传递。

4）进程控制块（process control block，PCB）是系统为了控制和管理进程所设置的一个专门的数据结构，记录了描述进程情况及控制进程运行所需的全部信息。系统依靠 PCB 来控制和管理进程。PCB 是系统感知进程存在的唯一实体，进程与 PCB 是一一对应的。所谓创建进程，实质上是创建进程映像中的 PCB；而撤销进程，实质上是撤销进程的 PCB。

2.3.3 进程的特征

进程是由多程序的并发执行而引出的，它和程序是两个截然不同的概念，有着自身的特征。进程具备以下特征。

1）动态性：进程的实质是程序的一次执行过程。进程是有生命周期的，有着创建、活动、暂停、终止等过程，它是动态产生、动态消亡的。动态性是进程最基本的特征。

2）并发性：指多个进程实体同存于内存中，能在一段时间内同时运行，并发性是进程的重要特征，同时也是操作系统的重要特征。引入进程的目的是使程序能与其他进程的程序并发执行，以提高资源利用率。

3）独立性：指进程实体是一个能独立运行、独立获得资源和独立接受调度的基本单位。凡未建立 PCB 的程序都不能作为一个独立的单位参与运行。

4）异步性：由于资源共享导致进程间的相互制约，因此进程的执行具有间断性。而每个进程在何时执行，何时暂停，以怎样的速度向前推进，每道程序总共需要多少时间才能完成，都是不可预知的。并且进程完成的顺序与开始的顺序并不完全一致，因而我们说进程具有异步性。异步性会导致执行结果的不可再现性，为此，在操作系统中必须配置相应的进程同步机制。

5）结构性：每个进程都配置一个进程控制块对其进行描述。从结构上看，进程实体是由程序段、数据段、堆栈和进程控制块 4 个部分组成的。

2.3.4 进程和程序的关系

进程和程序是一对密切联系但又有很大不同的两个概念，它们之间的关系如下。

1）进程的动态性和程序的静态性。程序是一组指令的有序集合，它定义了要执行的操作及顺序。进程是程序在某个数据集上的一次执行过程。

2）进程的暂时性和程序的永久性。进程是在程序进入内存开始被创建，在运行期间一直存在，当运行结束时由系统撤销，所以它的生命周期是有限的。程序作为一个静态文件，却可以一直存储在存储介质上。

3）进程的并发性和程序的顺序性。进程可以并发执行，是一个独立调度的单位，而程序不能作为独立调度的单位，它只代表一组语句的集合，通常程序中的语句是顺序执行的。

4）结构特征。进程是由程序段、数据段、堆栈和进程控制块 4 部分组成的，而程序不是。

5）进程与程序是密切相关的。同一个程序运行在若干个数据集合上，它将属于不同的进程。也就是说同一程序可以对应多个进程，一个进程可以涉及一个或多个程序的执行。

2.4 进 程 描 述

由于 PCB 是系统感知进程存在的唯一实体，因此经常被操作系统中的多个模块读或修改，如被调度程序、资源分配程序、中断处理程序及监督和分析程序等读或修改。因为 PCB 经常被系统访问，尤其是被运行频率很高的进程调度程序访问，故 PCB 结构都是全部或部分常驻内存的。进程是一个动态实体，在计算机系统中具有不同的状态形式，各个状态根据资源的实际状况和进程的功能要求不断进行状态转换。本节主要讲述进程控制块和进程的状态及其转换等内容。

2.4.1 进程控制块

PCB 包含了一个进程的描述信息、控制信息及资源信息。PCB 的作用是使一个在多道程序环境下不能独立运行的程序变为一个能独立运行的基本单位，变成一个能与其他进程并发执行的进程。操作系统根据 PCB 对并发执行的进程进行控制和管理。

1. PCB 中的内容

PCB 中的内容主要包括以下几方面。

（1）进程描述信息

进程描述信息包括进程名、进程标识符和用户名 3 个部分。

（2）处理机状态信息

处理机状态信息主要由处理机各种寄存器的内容组成。进程运行时，它的运行信息被放在寄存器中。当进程被中断执行时，该进程执行时的所有信息都必须被保存起来，以便当该进程继续执行时能从断点处继续。

（3）进程调度信息

PCB 中存放一些与进程调度和进程切换有关的信息，包括进程的状态、进程优先级、运行统计信息和进程阻塞原因等。

（4）进程控制和资源占用信息

PCB 中存放进程控制和资源占用的相关信息，包括程序入口地址、程序外存地址、资源占用信息、进程同步与通信机制和链接指针等内容。

2. PCB 的组织方式

现代计算机系统中存在多个进程，对应的也就有多个 PCB，为了有效地管理这些 PCB，就需要用一定的方法把它们组织起来，比较常用的方法有 3 种。

第一种是线性方式，就是把所有进程的 PCB 组织成为一个线性表。这种组织形式适用于进程数目不多的系统，如图 2-9 所示。

第二种是索引方式，即系统按照进程的状态分别建立就绪索引表、阻塞索引表等，并把各索引表的首地址记录在主存的一些专用单元中。在每个索引表的表目中，记录具有相应状态的某个 PCB 在 PCB 表中的地址，如图 2-10 所示。

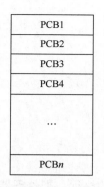

图 2-9　PCB 的线性表组织方式

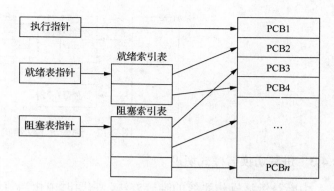

图 2-10　PCB 的索引表组织方式

第三种是链接方式，系统按照进程的状态将进程的 PCB 通过链接指针链接成一个队列，从而形成就绪队列、阻塞队列等，如图 2-11 所示。

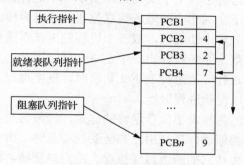

图 2-11　PCB 的链接表组织方式

2.4.2　进程上下文

进程上下文实际上是进程执行过程中顺序关联的静态描述。进程上下文是一个与进程切换和处理机状态发生转换有关的概念。操作系统中把进程物理实体和支持进程运行的环境合称为进程上下文。在进程执行过程中，由于中断、等待或程序出错等原因造成进程调度，这时操作系统需要知道和记忆进程已经执行到什么地方或新的进程将从何处开始执行。另外，进程执行过程中还经常出现调用子程序的情况。在调用子程序执行后，进程将返回何处继续执行，执行结果将返回或存放到什么地方等都需要进行记忆。

因此，进程上下文是一个抽象的概念，它包含了每个进程执行过的、执行时的及待执行的指令和数据，存放在指令寄存器、堆栈（存放各调用子程序的返回点和参数等）和状态寄存器等中的内容。已执行过的进程指令和数据在相关寄存器与堆栈中的内容称为上文，正在执行的指令和数据在寄存器与堆栈中的内容称为正文，待执行的指令和数据在寄存器与堆栈中的内容称为下文。在不发生进程调度时，进程上下文的改变都是在同一进程内进行的，此时，每条指令的执行对进程上下文的改变较小，一般反映为指令寄存器、程序计数器及保存调用子程序调用返回接口用的堆栈值等的变化。

同一进程的上下文结构由与执行该进程有关的各种寄存器中的值、程序段经过编译后形成的机器指令代码集（或称正文集）、数据集及各种堆栈值与 PCB 结构构成，如图 2-12 所示。这里，有关寄存器和栈区的内容是重要的。例如，没有程序计数器 PC 和程序状态字寄存器，CPU 将无法知道下一条待执行指令的地址和控制有关的操作。

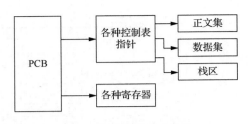

图 2-12   进程上下文结构

2.4.3   进程切换与模式切换

中断是激活操作系统的唯一方法，它暂时中止当前运行进程的执行，把处理器切换到操作系统的控制之下。而当操作系统获得了处理器的控制权之后，它就可以实现进程切换，所以，进程切换必定在核心态而不是在用户态下发生。当发生中断事件，或进程执行系统调用后，有可能引发内核进行进程上下文切换，由于一个进程让出处理器时，其寄存器上下文将被保存到系统级上下文的相应的现场信息位置，这时内核就把这些信息压入系统栈的一个上下文层。当内核处理中断返回，或一个进程完成其系统调用返回用户态，或内核进行上下文切换时，内核就从系统栈弹出一个上下文层。因此，上下文的切换总会引起上下文的压入和弹出堆栈。进行一次进程上下文切换时，既要保存老进程的状态还要装入被保护了的新进程的状态，以便新进程运行。

当进行上下文切换时，内核需要保存足够的信息，以便将来适当时机能够切换回原进程，并恢复它继续执行。类似地，当从用户态转到核心态时，内核保留足够信息以便后来能返回到用户态，并让进程从它的断点继续执行。用户态到核心态或核心态到用户态的转变是 CPU 模式的改变，而不是进程上下文的切换。

为了进一步说明进程的上下文切换，下面来讨论模式切换。当中断发生时，暂时中断正在执行的用户进程，把进程从用户态切换到内核态，去执行操作系统例行程序以获得服务，这就是一次模式切换。注意，此时仍在该进程的上下文中执行，仅是模式变了。内核在被中断了的进程的上下文中对这个中断事件进行处理，即使该中断事件可能不是此进程引起的。另一点要注意的是被中断的进程可以是正在用户态下执行的，也可以是正在核心态下执行的，内核都要保留足够信息以便在后来能恢复被中断了的进程执行。内核在核心态下对中断事件进行处理时，决不会再产生或调度一个特殊进程来处理中断事件。注意模式切换不同于进程切换，它并不引起进程状态的变化，在大多数操作系统中，它也不一定引起进程的切换，在完成了中断调用之后，完全可以再通过一次逆向的模式切换来继续执行用户进程。

显然，有效合理地使用模式切换和进程切换有利于操作系统效率和安全性的提高。为此，大多数现代操作系统存在两种进程：系统进程和用户进程。它们并不是指两个具体的进程实体，而是指一个进程的两个侧面，系统进程是在核心态下执行操作系统代码的进程，用户进程在用户态下执行用户程序的进程。用户进程因中断或系统调用进入核心态，系统进程就开始执行，这两个进程（用户进程和系统进程）使用同一个 PCB，所以，实质上是一个进程实体。但是这两个进程所执行的程序不同，映射到不同物理地址空间、使用不同堆栈。一个系统进程的地址空间中包含所有的系统核心程序和各进程的进程数据区，所以，各进程的系统进程除数据区不同外，其余部分全相同，但各进程的用户进程部分则各不相同。

2.4.4　进程的空间与大小

操作系统在管理内存时，每个进程都有一个独立的进程地址空间，进程地址空间的地址称为虚拟地址。对于 32 位操作系统，该虚拟地址空间为 2^{32}=4GB。进程在执行的时候，看到和使用的内存地址都是虚拟地址，而操作系统通过内存管理单元（memory management unit，MMU，它是 CPU 中用来管理虚拟存储器、物理存储器的控制线路，同时也负责将虚拟地址映射为物理地址，以及提供硬件机制的内存访问授权）部件将进程使用的虚拟地址转换为物理地址。

在 Linux 操作系统中，进程空间被划分为用户空间和系统空间。用户程序在用户空间内执行，而操作系统内核程序则在系统空间内执行。进程的大小就是进程空间的大小。

2.4.5　进程的状态及转换

进程的动态性是由它的状态及状态转换来体现的。进程的状态随着其自身的推进和外界的变化，由一种状态变迁到另一种状态。

1.　进程的基本状态

进程作为一个动态的概念，从创建到撤销经历了一个生命周期，在这个生命周期中，进程并不是一直占用处理机处于运行状态，而是处于执行—等待的交替状态。因为等待的原因不同，又可以把等待分为一切准备就绪的等待和因为某件事情尚未完成无法继续的等待。前一种等待我们称为就绪，后一种等待我们称为阻塞。运行、就绪、阻塞是进程在整个生命周期中所要经历的 3 种基本状态。

1）运行状态。当一个进程占有处理机运行时，则称该进程处于运行状态。对于单处理机系统，处于运行状态的进程只有一个。对于多处理机，处于此状态的进程的数目小于等于处理器的数目。

2）就绪状态。当一个进程获得了除处理机外的一切所需资源时，一旦得到处理机即可运行，则称此进程处于就绪状态。系统中可能存在多个处于就绪状态的进程，这些进程可以排成一个队列，这个队列我们称为就绪队列。就绪进程可以按多个优先级排列成不同的就绪队列。

3）阻塞状态。阻塞状态也称为等待或睡眠状态，一个进程正在等待某一事件发生（如请求 I/O 或等待 I/O 完成等）而暂时停止运行，这时即使把处理机分配给进程也无法运行，故称该进程处于阻塞状态。系统中可能存在多个处于阻塞状态的进程。这些进程可以排成一个队列，称为阻塞队列。阻塞进程也可以根据不同的阻塞原因排列成不同的阻塞队列。

2.　进程基本状态的转换

进程在某一时刻会处于一种状态，但状态不是一成不变的，在一定条件下，进程状态会发生变化，由一种状态转换为另一种状态。进程状态的转换是有条件和方向性的。3 种基本状态的转换如图 2-13 所示。

1）就绪状态→运行状态。处于就绪状态的进程，在获得处理机后，将由就绪状态转换为运行状态。

2）运行状态→就绪状态。正在运行的进程，因为分得的时间片用完而放弃处理机，转换为就绪状态。

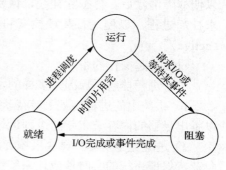

图 2-13　进程的基本状态转换

3）运行状态→阻塞状态。正在运行的进程，因为发生某件事情无法继续执行，必须释放处理机。此时进程就由运行状态转换为阻塞状态，如请求 I/O 操作。一个进场从运行状态到阻塞状态后，系统会重新调入一个就绪进程投入运行。

4）阻塞状态→就绪状态。阻塞的进程，当所等待的事件完成时，就由阻塞状态转换为就绪状态，等待 CPU 的分配。

在有些操作系统中，增加了两种基本状态：创建状态和退出状态。创建状态是指一个进程刚刚建立，但还未将它送入就绪队列时的状态。而退出状态是指一个进程已正常结束或异常结束，但尚未将它撤销时的状态。其状态转换如图 2-14 所示。

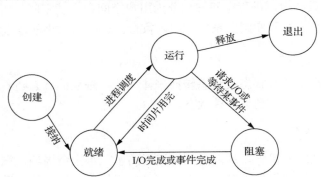

图 2-14　进程的 5 种基本状态及转换

在进程管理中，创建状态和退出状态是非常有用的。引入创建状态的原因是，操作系统在建立一个新进程时通常分为两步：第一步是为新登录的用户程序（分时系统）创建进程，并为它分配资源，此时进程即处于创建状态；第二步是把新创建的进程送入就绪队列，一旦进程进入就绪队列，它便由创建状态转换为就绪状态。

类似地，一个已经结束了的进程，让它处于退出状态，系统并不立即撤销它，而是将它暂时留在系统中，以便其他进程去收集该进程的有关信息。例如，由记账进程去了解该进程用了多少 CPU 时间，使用了哪些类型的资源，以便记账。

3．进程的挂起状态

到目前为止，总是假设所有的进程都在内存中。事实上，可能出现这样一些情况，由于进程的不断创建，系统的资源（如内存资源）已经不能满足进程运行的要求，这个时候就必须把某些进程挂起，将其换到外存磁盘镜像区中，释放它所占有的某些资源，暂时不参与调度，起到平滑系统操作负荷的目的。也可能系统出现故障，需要暂时挂起一些进程，以便故障消除后，再解除挂起、恢复这些进程运行。用户在调试程序的过程中，也可能请求挂起进程，以便进行某种检查和修改。与挂起操作相反的操作称为解挂［或称为激活（active）］。

（1）挂起操作的引入

引起进程挂起的原因是多样的，主要有以下几种。

1）系统中的进程均处于等待状态，处理器空闲，此时需要把一些等待进程对换出去，以腾出足够的内存装入就绪进程运行。

2）进程竞争资源，导致系统资源不足，负荷过重，此时需要挂起部分进程以调整系统负荷，保证系统的实时性或让系统正常运行。

3）把一些定期执行的进程（如审计程序、监控程序、记账程序）对换出去，以减轻系统负荷。

4）用户要求挂起自己的进程，以便根据中间执行情况和中间结果进行某些调试、检查和改正。

5）父进程要求挂起自己的后代进程，以进行某些检查和改正。

6）操作系统需要挂起某些进程，以检查运行中资源的使用情况，以改善系统性能；或当系统出现故障或某些功能受到破坏时，需要挂起某些进程以排除故障。

（2）引入挂起操作后进程的状态

在引入挂起原语 Suspend 和激活原语 Active 后，进程的就绪状态和阻塞状态将发生分化。根据进程是否在内存，将就绪状态分成活动就绪（在内存）和静止就绪（在外存），阻塞状态分成活动阻塞（在内存）和静止阻塞（在外存）。进程可能发生以下几种状态的转换。

1）活动就绪→静止就绪。将内存中处于活动就绪状态的进程，用挂起原语 Suspend 挂起后，调出内存进入外存磁盘上。处于静止就绪状态的进程不再被调度执行。

2）活动阻塞→静止阻塞。将内存中处于活动阻塞状态的进程，用挂起原语 Suspend 挂起后，调出内存进入外存磁盘上。处于该状态的进程在其所期待的事件出现后，将从静止阻塞变为静止就绪。

3）静止就绪→活动就绪。将外存磁盘上处于静止就绪状态的进程，用激活原语 Active 激活后，该进程将转变为活动就绪状态，进入内存参与进程调度。

4）静止阻塞→活动阻塞。处于静止阻塞状态的进程，用激活原语 Active 激活后，该进程将转变为活动阻塞状态，调入内存。如图 2-15 所示，显示出了具有挂起状态的进程状态。

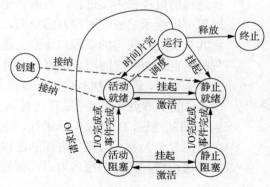

图 2-15　具有挂起状态的进程状态及转换

（3）挂起进程的特征

挂起的进程将不参与低级调度，直到它们被对换进内存，一个挂起进程具有如下特征。

1）该进程不能立即被执行。

2）挂起进程可能会等待一个事件，但所等待的事件是独立于挂起条件的，事件结束并不能导致进程具备执行条件。

3）进程进入挂起状态是由于操作系统、父进程或进程本身阻止它的运行。

4）结束进程挂起状态的命令只能通过操作系统或父进程发出。

2.5 进 程 控 制

处理机管理的一个主要工作是对进程进行控制，对进程的控制包括创建进程、阻塞进程、唤醒进程、挂起进程、激活进程、终止进程和撤销进程等操作。这些控制和管理功能是由操作系统中的原语来实现的。原语是在管态下执行、完成系统特定功能的过程。原语的执行是顺序的而不可能是并发的。系统对进程的控制如不使用原语，就会造成其状态的不确定性，从而达不到进程控制的目的。原语和系统调用都使用访管指令实现，具有相同的调用形式；但原语由内核来实现，而系统调用由系统进程或系统服务器实现；原语不可中断，而系统调用执行时允许被中断，甚至有些操作系统中系统进程或系统服务器干脆在用户态运行；通常情况下，原语提供给系统进程或系统服务器使用，系统进程或系统服务器提供系统调用给系统程序使用，而系统程序提供高层功能给用户使用，如语言编译程序提供语句供用户解决应用问题。

2.5.1 进程的创建

每一个进程都有生命期，即从创建到消亡的时间周期。当操作系统为一个程序构造一个进程控制块并分配地址空间之后，就创建了一个进程。系统可以通过创建进程原语Create( )来创建新的进程。

1. 进程树

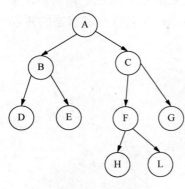

图 2-16 进程树

在操作系统中，允许一个进程创建另一个新进程，把创建进程的进程称为父进程，把被创建的进程称为子进程。子进程可以继承父进程所拥有的资源，当子进程被撤销时，应将其从父进程获得的资源归还给父进程。此外，当撤销父进程时，也必须同时撤销其所有的子进程。为了标识进程之间的家族关系，通过一棵有向树来描述，称为进程树。如图 2-16所示，图中节点代表进程。在进程 A 创建进程 B 之后，称 A为 B 的父进程，B 是 A 的子进程，用一条有向边表示 A 和 B之间的父子关系。创建父进程的进程称为祖先进程，形成了一棵进程树，把树的根作为进程家族的祖先。

2. 引起进程创建的事件

一般有 4 种情况会引起新进程的创建。

1）用户登录，在分时系统中，用户在终端输入登录命令后，如果是合法用户，系统将为该终端建立一个进程，并把它插入就绪队列中。

2）作业调度，在批处理系统中，当作业调度程序按算法调度到某作业时，便装入内存，分配资源，并立即为它创建进程，再插入就绪队列中。

3）提供服务，当运行中的用户程序提出某种请求后，系统将专门创建一个进程来提供用户所需要的服务。例如，用户程序要求进行文件打印，操作系统将为它创建一个打印进程，可使打印进程与该用户进程并发执行，而且还便于计算出为完成打印任务所花费的时间。

4）应用请求，基于应用进程的需求，由它自己创建一个新进程，以便使新进程以并发运行方式完成特定任务。

3．进程的创建过程

系统一旦发现有创建新进程的请求后，通过调用进程创建原语 Create( )创建新的进程。Create( )创建新进程的步骤如下。

1）扫描 PCB 总表，申请空白的 PCB，给新进程一个唯一的进程标识符。

2）为新进程分配所需的资源，包括内存、文件、I/O 设备和 CPU 时间等。

3）初始化 PCB 信息，包括进程的描述信息、处理机状态信息、进程调度信息、控制信息和资源信息等。

4）将新进程插入就绪队列。

2.5.2　进程的撤销

如果说进程创建是进程生命周期的开始，那么进程撤销就是进程生命周期的终结。

1．引起进程撤销的事件

进程撤销通常由下列事件引起。

1）进程正常退出，多数进程是由于完成了它们的工作而终止。

2）进程异常结束，进程运行期间发生了某种异常事件而被迫终止。这些异常事件包括越界错误、保护错误、非法指令、运行超时、算术错误等。

3）外界干预，是指进程应外界的请求而终止运行。这些干预有操作员或系统干预、父进程请求、父进程终止等事件。

2．进程撤销的过程

撤销要使用撤销原语 Destroy( )，撤销原语的执行流程如下。

1）首先检查 PCB 进程链或进程家族，寻找所要撤销的进程是否存在。从 PCB 集合中检索出该进程的 PCB，从中读出该进程的状态。

2）若被终止进程正处于执行状态，应立即终止该进程的执行，并置调度标志为真，用于指示该进程被终止后应重新进行调度。

3）若有子孙进程，应将所有子孙进程予以终止，防止子进程与其进程家族隔离开来而无法控制。

4）将被终止进程所拥有的全部资源，或者归还给其父进程，或者归还给系统。

5）将被终止进程的 PCB 从所在队列（或链表）中移出，等待其他程序来搜集信息。

2.5.3　进程的阻塞与唤醒

进程的阻塞是指使一个进程让出处理机，去等待一个事件，如等待资源、等待 I/O 完成、等待一个事件发生等，通常进程自己调用阻塞原语阻塞自己，所以，阻塞是进程的自主行为。当一个等待事件结束时会产生一个中断，从而激活操作系统，在系统的控制之下将被阻塞的进程唤醒，如 I/O 操作结束、某个资源可用或期待的事件出现。进程的阻塞和唤醒显然是由进程切换来完成的。

1．引起进程阻塞和唤醒的事件

引起进程阻塞或被唤醒的事件有以下几种。

1）请求系统服务，当进程请求系统服务而暂时不能得到响应时，该进程就会阻塞。例如，一进程请求使用某类 I/O 设备，但系统中该类 I/O 设备已分配完毕，此时申请进程只能阻塞以等待其他进程在使用完毕后释放出该设备并将唤醒申请者。

2）启动某种操作，当进程启动某种操作后，如果只能等待操作完成后进程才能继续，那么在等待过程中，进程就需要阻塞。例如，进程启动输入设备进行数据的输入，如果只有在数据输入完成后进程才能继续执行，则进程启动了 I/O 设备后自动进入阻塞状态去等待，在 I/O 操作完成后由中断处理程序将该进程唤醒。

3）新数据尚未到达，如果两个进程存在相互合作关系，一个进程所处理的数据是另一个进程的输入数据，则在新数据未到达之前该进程只有阻塞。

4）无新工作可做，系统中有一些进程，具有某特定功能，在新任务没有到达之前都处于阻塞状态，只有当新任务到来时才将该进程唤醒。

2. 进程阻塞的过程

实现进程阻塞的是 Block( )原语，当一个进程无法继续执行时，就可以调用 Block( )原语把自己阻塞，因此说进程的阻塞是一种主动行为。Block( )原语的处理流程如下。

1）使进程立即停止执行。

2）将 PCB 中的现行状态由执行改为阻塞并将 PCB 插入相应阻塞队列。

3）转到调度程序进行重新调度，将处理机分配给另一个就绪进程并进行切换。将被阻塞进程的处理机状态保留在 PCB 中，再按新进程 PCB 中的处理机状态设置 CPU 的环境。

3. 进程唤醒的过程

当被阻塞进程所期待的事件出现时，有关的进程唤醒被阻塞的进程。唤醒原语为 Wakeup( )。唤醒原语执行的过程如下。

1）把被阻塞的进程移出阻塞队列。

2）将 PCB 中的现行状态由阻塞改为就绪。

3）将该 PCB 插入就绪队列中。

需要特别指出的是，Block( )原语和 Wakeup( )原语作为一对作用刚好相反的原语，是应该成对出现的。如果在某进程中调用了阻塞原语，那么在与之相合作的另一进程中或其他相关的进程中必须安排唤醒原语，以便唤醒阻塞进程，不能使其长久地处于阻塞状态。

2.5.4　进程的挂起与激活

当出现了引起挂起的事件时，系统或进程利用挂起原语把指定进程或处于阻塞状态的进程挂起。进程的挂起主要是将进程从内存移出到外存磁盘上。相反地当内存空间足够时，将处于挂起状态的进程从外存调回到内存，称为激活进程。挂起原语是 Suspend( )，激活原语是 Active( )。

1. 进程挂起的过程

1）检查被挂起进程的状态。

2）若进程处于活动就绪状态，则将进程从活动就绪转换为静止就绪状态。

3）若进程处于活动阻塞状态，则将进程从活动阻塞转换为静止阻塞状态。

4）若进程正在运行，则将进程从运行状态转换为静止就绪状态，移出到外存，并调用进程调度程序重新进行调度。

2. 进程激活的过程

1）检查被激活进程的状态。

2）若进程处于静止就绪状态，则将进程从静止就绪转换为活动就绪状态。

3）若进程处于静止阻塞状态，则将进程从静止阻塞转换为活动阻塞状态。

4）若系统采用抢占式进程调度，则有新的进程进入就绪队列，要检查是否重新调度。如果激活进程的优先级比正在运行进程的优先级高，则会立即剥夺正在运行进程的 CPU，把处理机分配给被激活的进程。

2.6　进 程 通 信

进程之间互相交换信息的工作称为进程间通信（interprocess communication，IPC）。这种信息交换的量可大可小。操作系统提供了多种进程通信机制，可分别适用于不同的场合。按交换信息量的大小，进程之间的通信可分为低级通信和高级通信。在低级通信中，进程之间只能传递状态和整数值，第 3 章要学习的信号量机制属于低级通信方式，低级通信方式的优点是传递信息的速度快，缺点是传送的信息量少、通信效率低。如果要传递较多的信息，就需要多次通信完成，用户直接实现通信的细节编程复杂，容易出错。在高级通信中，进程之间可以传送任意数量的数据，传递的信息量大，操作系统隐藏了进程通信的实现细节，大大简化了进程通信程序编制上的复杂性。

2.6.1　进程通信的类型

本节将介绍进程的高级通信方式。常用的进程高级通信方式有共享存储器系统、管道通信系统和消息传递系统 3 种类型。

1. 共享存储器系统

在共享存储器系统中，相互通信的进程共享某些数据结构或共享存储区，进程之间能够通过它们进行通信。由此，又可把它们进一步分成如下两种类型。

（1）基于共享数据结构的通信方式

在这种通信方式中，要求诸进程公用某些数据结构，进程通过它们交换信息。例如，在生产者—消费者问题中，就是把有界缓冲区这种数据结构用来实现通信。这里，公用数据结构的设置及对进程间同步的处理都是程序员的职责。这无疑增加了程序员的负担，而操作系统却只需提供共享存储器。因此，这种通信方式是低效的，只适于传递少量的数据。

（2）基于共享存储区的通信方式

为了传输大量数据，在存储器中划出了一块共享存储区，诸进程可通过对共享存储区中数据的读或写来实现通信。这种通信方式属于高级通信。进程在通信前，先向系统申请获得共享存储区中的一个分区，并指定该分区的关键字；若系统已经给其他进程分配了这样的分区，则将该分区的描述符返回给申请者。然后由申请者把获得的共享存储分区连接到本进程上；此后，便可像读、写普通存储器一样地读、写该公用存储分区。

2. 管道通信系统

所谓管道，是指用于连接一个读进程和一个写进程，以实现它们之间通信的共享文件，又称为 pipe 文件。向管道提供输入的发送进程（即写进程），以字符流形式将大量的数据送入管道；而接收管道输出的接收进程（即读进程）可从管道中接收数据。由于发送进程和接收进程是利用管道进行通信的，故又称为管道通信。这种方式首创于 UNIX 操作系统，因为它能传送大量的数据，且有很高的效率，所以又被引入到许多其他操作系统中。

3. 消息传递系统

在消息传递系统中，进程间的数据交换以消息为单位，程序员直接利用系统提供的一组通信原语来实现通信。操作系统隐藏了通信的实现细节，这大大简化了通信程序编制的复杂性，因而获得广泛的应用，已成为目前单机系统、多机系统及计算机网络的主要进程通信方式。消息传递系统的通信方式属于高级通信方式。

消息传递系统因其实现方式的不同，又可分为以下两种。

1）直接通信方式，发送进程直接将消息发送给接收进程，并将它挂在接收进程的消息缓冲队列上，接收进程从消息缓冲队列中取得消息。

2）间接通信方式，发送进程将消息发送到某种中间实体中，接收进程从中取得消息。这种中间实体一般称为信箱，故这种通信方式也称为信箱通信方式，被广泛应用于计算机网络中，相应地，系统被称为电子邮件系统。

2.6.2　进程通信中的问题

进程通信中需要考虑的问题有通信链路、数据格式和进程同步等。

1. 通信链路

为使在发送进程和接收进程之间能进行通信，必须在两者之间建立一条通信链路，有两种方式建立通信链路。第一种方式是由发送进程在通信之前用显式的"建立连接"命令原语请求系统为之建立一条通信链路；在链路使用完后，也用显式方式拆除链路，这种方式主要用于计算机网络中。第二种方式是发送进程无须明确提出建立链路的请求，只需利用系统提供的发送命令原语，系统会自动地为之建立一条链路，无须用户操心，这种方式主要用于本机系统中。

2. 数据格式

在消息传递系统中所传递的消息，必须具有一定的数据格式。在单机系统环境中，由于发送进程和接收进程处于同一台机器中，有着相同的环境，故其数据格式比较简单；但在计算机网络环境下，不仅源和目标进程所处的环境不同，而且信息的传输距离很远，可能要跨越若干个完全不同的网络，致使所用的消息格式比较复杂。通常，可把一个消息分成消息头和消息正文两部分。消息头包括消息在传输时所需的控制信息，如源进程名、目标进程名、消息长度、消息类型、消息编号及发送的日期和时间；而消息正文则是发送进程实际上所发送的数据。

3. 进程同步

在进程之间进行通信时，同样需要有进程同步机制，以使诸进程间能协调通信。不论是发送进程，还是接收进程，在完成消息的发送或接收后，都存在两种可能性，即进程或者继续发送（接收），或者阻塞。

2.6.3　消息传递系统的实现

在使用消息传递系统进行进程通信时，源进程可以直接或间接地将消息传送给目标进程，因此可将进程通信分为直接通信和间接通信方式。常见的直接消息传递系统和信箱通信就是分别采用了这两种方式。

1. 直接消息传递系统

在直接消息传递系统中采用直接通信方式，即发送进程利用操作系统所提供的发送命令原语，直接把消息发送给目标进程。发送原语是 Send( )，接收原语是 Receive( )。
原语格式如下：

```
Send(P2,message)        // 将消息 message 发送到接收进程 P2 中
Receive(P1,message)     // 接收由 P1 进程发送的消息 message
```

在调用这两个通信原语时，发送进程和接收进程的标示符要显式给出。

当消息传递系统面临位于网络中不同机器上的进程通信时，情况会稍微有点复杂，需要解决更多的问题，如消息可能被网络丢失，针对此，一般使用确认消息。如果发送方在一定时间段内没有收到确认消息，则重发消息。如果消息本身被正确接收，但是返回的确认消息丢失，发送方则重发消息，这样接收方就会收到两份同样的消息。一般在每条原始消息的头部嵌入一个连续的序号来解决这个问题。

2. 信箱通信

在使用间接通信方式时，发送进程把消息发送到某个中间实体中，接收进程从中间实体中取得消息。这种中间实体一般称为信箱，这种通信方式又称为信箱通信方式。

信箱是存放信件的存储区域，每个信箱可以分成信箱头和信箱体两部分。信箱头指出信箱容量、信件格式、存放信件位置的指针等；信箱体用来存放信件，信箱体分成若干个区，每个区可容纳一封信。

系统中提供的相关原语用于信箱的创建和撤销，信息的发送和接收。其中，发送原语为 Send(mailbox,message)，它的功能为发送信件，如果指定的信箱未满，则将信件送入信箱中并释放等待该信箱中信件的等待者；否则发送信件者被置成等待信箱状态。接收原语为 Receive(mailbox,message)，它的功能为接收信件，如果指定信箱中有信，则取出一封信件并释放等待信箱的发送者，否则接收信件者被置成等待信箱中信件的状态。

在利用信箱通信时，在发送进程和接收进程之间，存在着 4 种关系：一对一关系，即可以为发送进程和接收进程建立一条专用的通信链路；多对一关系，允许提供服务的进程与多个用户进程进行交互，也称客户/服务器交互；一对多关系，允许一个发送进程与多个接收进程交互，使发送进程用广播的形式发送消息；多对多关系，允许建立一个公用信箱，让多个进程都能向信箱投递消息，也可取走属于自己的消息。

信箱可由操作系统创建，也可由用户进程创建，创建者是信箱的拥有者。

2.7　线　　程

在 20 世纪 60 年代初期，人们引入了进程的概念，从而解决了在单处理机环境下程序并发执行的问题。在操作系统中能拥有资源和独立运行的基本单位是进程，然而随着计算机技术的发展，进程出现了很多弊端：一是由于进程是资源拥有者，创建、撤销与切换进程存在较大的时空开销，因此限制了系统中所设置进程的数目和进程的并发程度，系统需要引入线程；二是由于对称多处理机（symmetrical multi-processing，SMP）的出现可以满

足多个运行单位,而多个进程并行开销太大。因此在 20 世纪 80 年代中期,出现了能独立运行的基本单位——线程。

2.7.1 线程的概念

1. 线程的引入

在线程概念引入之前,进程是程序运行的基本单位。进程有两个基本属性:资源分配的基本单位和系统调度运行的基本单位。作为资源分配的基本单位,进程运行时所需要的主存和其他所需的各种资源(如 I/O 设备、文件等)都会以进程为单位进行分配。作为调度的基本单位,进程具有各种状态和调度优先级,它是操作系统进行调度的一个实体。

因为进程是调度的基本单位,所以进程在创建、撤销和状态转换时,进程之间都会进行切换。又因为进程是资源拥有的基本单位,所以在进程切换过程中,要分配和回收存储空间,保护运行现场,执行程序的调入和调出,空间和时间的花销会比较巨大。因此,为了保证系统性能,进程的数目不能过多,进程切换也不能过于频繁。这限制了系统并发程度的提高。

为了使系统具有更好的并发能力的同时又尽可能不增加系统的开销,人们就将进程的两个属性分离开来,引入线程的概念,将进程作为系统资源分配的基本单位,将独立调度执行的基本单位赋予新的实体——线程。引入线程的系统中,通常是在一个进程中包括多个线程,每个线程都是系统分配 CPU 的基本单位,是花费最小开销的实体。

2. 线程的定义

线程是进程中能够并发执行的实体,是被独立调度和分派的基本单位。一个进程包含多个可并发执行的线程,这些线程共享进程所获得的主存空间和资源,可以为完成某一项任务而协同工作。线程表示进程中的一个控制点,执行一系列指令。线程自己不拥有系统资源,只拥有一点在运行中必不可少的资源,但它可与同属一个进程的其他线程共享进程所拥有的全部资源。线程有时被称为轻量级进程(light weight process,LWP),是程序执行流中的最小单元。由于同一进程内的多个线程都可以访问进程的所有资源,因此线程之间的通信要比进程之间的通信方便得多。同一进程内的线程切换也因线程的轻装而方便得多。图 2-17 显示了操作系统支持进程和线程的能力。现在更多的操作系统如 Windows 10、Linux和 OS/2 都支持多进程多线程机制。

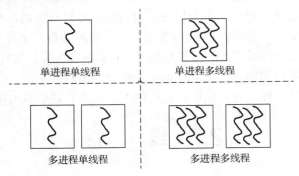

图 2-17 进程与线程的关系

3. 线程的组成和状态

(1)线程的组成

每个线程都有一个线程控制块(thread control block,TCB),用于保存自己的私有信息。

线程主要由以下几个部分组成。

1）线程标识符，它是唯一的。

2）描述处理机状态信息的一组寄存器，包括通用寄存器、指令计数器、程序状态字寄存器等。

3）栈指针，每个线程有用户栈和核心栈两个栈。

4）一个私有存储区，存放现场保护信息和其他与该线程相关的统计信息。

线程由 TCB 和属于该线程的用户栈和核心栈组成。线程必须在某个进程内执行，使用进程的其他资源，如程序、数据、打开的文件等。

（2）线程的状态

与进程相似，线程也有运行、就绪和阻塞 3 种基本状态。线程是一个动态过程，它的状态转换可以在一定条件下实现。通常创建一个新进程时，该进程的一个线程（主线程）也被创建。以后这个主线程还可以在它所属的进程内部创建其他新的线程。线程可以在 3 种基本状态之间进行转换。由于线程不是资源的拥有单位，挂起状态对线程是没有意义的，如果一个进程挂起后被对换出主存，则它的所有线程因共享了进程的地址空间，也必须全部对换出去。可见，由挂起操作引起的状态是进程级状态，不作为线程级状态。类似地，进程的终止会导致进程中所有线程的终止。进程中可能有多个线程，当处于运行状态的线程执行中要求系统服务，如执行一个 I/O 请求而成为阻塞状态时，那么多线程进程中，是不是要阻塞整个进程，即使这时还有其他就绪的线程？对于某些线程实现机制，所在进程也转换为阻塞状态；对于另一些线程实现机制，如果存在另外一个处于就绪状态的线程，则调度该线程处于运行状态，否则进程才转换为阻塞状态。

4. 线程的属性

线程作为与进程密切相关又相互区别的一个概念，具有以下属性。

（1）轻型实体

说线程是个轻型实体是和进程相比较而言的。因为进程才是系统资源的拥有者，所以线程实体基本上不拥有系统资源，它所拥有的只是能保证独立运行的少量资源。

（2）独立调度和分派的基本单位

在引入线程的操作系统中，进程只作为资源的拥有者存在，不再是调度和运行的基本单位。由于线程很“轻”，线程的切换非常迅速且开销小，因此线程被作为能独立运行的基本单位接受调度和分派。

（3）可并发执行

引入线程后，系统内部并发执行的程度提高了，不仅不同进程中的线程能并发执行，而且在同一个进程中的多个线程也可以并发执行。

（4）共享进程资源

线程自身不拥有系统资源，线程使用的是进程所拥有的资源，在同一个进程中的各个线程，都可以共享该进程所拥有的资源，如所有线程都具有相同的地址空间（进程的地址空间）；还可以访问进程所拥有的已打开文件、定时器、信号量机构等。

2.7.2 线程控制

多线程技术是利用线程库来提供一整套有关线程的原语集支持多线程运行的，有的操作系统直接支持多线程，而有的操作系统不支持多线程。因而，线程库可以分成两种：用户空间中运行的线程库和内核中运行的线程库。线程控制主要利用线程库对线程进行管理，包括线程的创建、终止、等待和让权等功能。

（1）线程的创建

在多线程操作系统环境下，应用程序在启动时，通常仅有一个线程在执行，该线程被人们称为初始化线程。它可根据需要再去创建若干个线程。在创建新线程时，需要利用一个线程库中的线程创建函数（或系统调用），并提供相应的参数，如指向线程主程序的入口指针、堆栈大小，以及用于调度的优先级等。在线程创建函数执行完后，将返回一个线程标识符供以后使用。

（2）线程的终止

线程完成任务后，通过调用线程库中的系统调用终止线程。线程被终止后并不立即释放它所占有的资源，只有当进程中的其他线程执行了分离函数后，被终止的线程才与资源分离，此时的资源才能被其他线程利用。虽然已经被终止但尚未释放资源的线程，仍可以被需要它的线程所调用，以使被终止线程重新恢复运行。

（3）线程的等待

线程可以通过调用线程库中的系统调用等待某个线程，而使自己变为阻塞状态。

（4）线程的让权

线程可以自愿放弃 CPU，让其他线程运行，同样也可以通过调用线程库中的系统调用来实现。

2.7.3　进程与线程的关系

进程与线程是两个密切相关的概念，一个进程至少拥有一个线程（该线程为主线程），进程根据需要可以创建若干个线程。在单线程的进程模型中，进程由进程控制块、用户地址空间及在进程执行中管理调用/返回行为的用户栈和内核栈组成。当进程运行时，该进程控制处理机寄存器，当进程不运行时要保留这些寄存器的内容。在多线程环境中，进程仍有一个进程控制块和用户地址空间。但每个线程都有自己独立的堆栈和线程控制块，在线程控制块中包含该线程执行时寄存器的值、线程的优先级及其他与线程相关的状态信息。所以说，线程自己基本上不拥有资源，只拥有少量必不可少的资源（线程控制块和栈）。如图 2-18 所示，从管理的角度说明了进程与线程的关系。

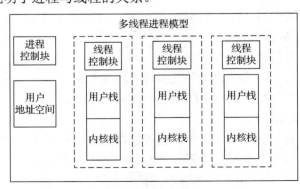

图 2-18　单线程和多线程的进程模型

进程中的所有的线程共享该进程的资源，它们驻留在同一块地址空间中，并且可以访问相同的数据。当一个线程改变了内存中某个单元的数据时，其他线程在访问该数据单元时会看到变化后的结果，线程之间的通信变得更为简单、容易。

在引入了线程的操作系统中，通常一个进程都有若干个线程，至少需要一个线程。下面从调度、并发性、拥有资源和系统开销等方面来比较线程与进程。

（1）调度

在传统的操作系统中，拥有资源的基本单位和独立调度、分派的基本单位都是进程。而在引入线程的操作系统中，则把线程作为调度和分派的基本单位。而把进程作为资源拥有的基本单位，使传统进程的两个属性分开，线程便能轻装运行，从而可显著地提高系统的并发程度。在同一进程中，线程的切换不会引起进程的切换，在由一个进程中的线程切换到另一个进程中的线程时，将会引起进程的切换。

（2）并发性

在引入线程的操作系统中，不仅进程之间可以并发执行，而且在一个进程中的多个线程之间，也可以并发执行，因而使操作系统具有更好的并发性，从而能更有效地使用系统资源和提高系统吞吐量。

（3）拥有资源

不论是传统的操作系统，还是设有线程的操作系统，进程都是拥有资源的一个独立单位，它可以拥有自己的资源。一般来说，线程自己不拥有系统资源（也有一点必不可少的资源），但它可以访问其隶属进程的资源。一个进程的代码段、数据段及系统资源（如已打开的文件、I/O 设备等）可供该进程的所有线程来共享。

（4）系统开销

由于创建或撤销进程时，系统都要为之分配或回收资源，如内存空间、I/O 设备等。因此，操作系统所付出的开销将显著地大于在创建或撤销线程时的开销。类似地，在进行进程切换时，涉及整个当前进程 CPU 环境的保存及新被调度运行的进程的 CPU 环境的设置。而线程切换只需保存和设置少量寄存器的内容，并不涉及存储器管理方面的操作。可见，进程切换的开销也远大于线程切换的开销。此外，由于同一进程中的多个线程具有相同的地址空间，它们之间的同步和通信的实现也变得比较容易。在有的系统中，线程的切换、同步和通信都无须操作系统内核的干预。

2.7.4　线程的种类及其实现

基于两种不同的线程库可把线程的实现分成 3 类：内核级线程（kernel level thread，KLT）（如 Windows 2000/XP、OS/2 和 Mach C-thread）的实现、用户级线程（user level thread，ULT）（如 Java 的线程库）的实现，以及混合式（同时支持 ULT 和 KLT，如 Solaris）线程的实现。对于进程来讲，无论它是系统进程还是用户进程，在进行切换时都要依赖内核中的进程调度程序。所以内核是感知进程存在的，而对于线程则不然，如图 2-19 所示。

1．内核级线程

线程由操作系统内核创建和撤销。线程及线程上下文信息的维护及线程切换都由内核完成。应用程序若要使用线程，只有通过由内核提供的应用程序接口来实现。内核级线程在一定程度上类似于进程，只是创建、调度的开销要比进程小。系统的调度是基于线程的，处理机的切换是以线程为单位进行的。

（1）内核级线程的特点

内核级线程的特点主要表现在以下几个方面。

1）线程的创建、撤销和切换等，都需要内核直接实现，即内核了解每一个作为可调度实体的线程。

2）这些线程可以在全系统内进行资源的竞争。

3）内核空间内为每一个内核支持线程设置了一个线程控制块，内核根据该控制块，感知线程的存在，并进行控制。

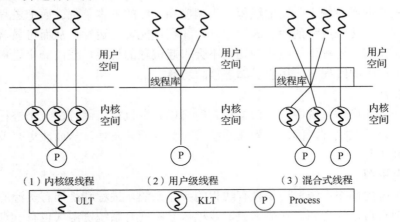

图 2-19　3 类线程的实现

（2）内核级线程的优点

这种线程实现方式主要有如下 4 个优点。

1）在多处理器系统中，内核能够同时调度同一进程中的多个线程并行执行。

2）如果进程中的一个线程被阻塞了，内核可以调度该进程中的其他线程占有处理器运行，也可以运行其他进程中的线程。

3）内核支持线程具有很小的数据结构和堆栈，线程的切换比较快，切换开销小。

4）内核本身也可以采用多线程技术，可以提高系统的执行速度和效率。

（3）内核级线程的缺点

内核级线程的主要缺点是应用程序线程在用户态运行，而线程调度和管理在内核实现，在同一进程中，控制权从一个线程传送到另一个线程时需要用户态—内核态—用户态的模式切换，系统开销较大。

2. 用户级线程

用户级线程指不需要内核支持而在用户程序中实现的线程，其不依赖于操作系统核心，应用进程利用线程库提供的创建、同步、调度和管理线程的函数来控制用户级线程。由于用户级线程切换的规则远比进程调度和切换的规则简单，因此线程的切换速度特别快。特别说明的是，对于设置了用户级线程的系统，其调度仍是以进程为单位进行的。

（1）用户级线程的特点

用户级线程的特点主要表现在以下几点。

1）用户级线程仅存在于用户空间。

2）内核并不知道用户线程的存在。

3）内核资源的分配仍然是按照进程进行分配的，各个用户线程只能在进程内进行资源竞争。

（2）用户级线程的优点

用户级线程的实现有许多优点，主要表现在以下 3 个方面。

1）线程切换不需要转换到内核空间。对于一个进程而言，其所有线程的管理数据结构均在该进程的用户空间中，管理线程切换的线程库也在用户地址空间运行。因此，进程不必切换到内核方式来进行线程管理，从而节省了模式切换的开销，也节省了内核的宝贵资源。

2）调度算法可以是进程专用的。在不干扰操作系统调度的情况下，不同的进程可以根据自身需要，选择不同的调度算法对自己的线程进行管理和调度，而与操作系统的低级调度算法无关。

3）用户级线程的实现与操作系统平台无关。因为线程管理的代码是在用户程序内的，属于用户程序的一部分，所有的应用程序都可以对之进行共享。因此，用户级线程甚至可以在不支持线程机制的操作系统平台上实现。

用户级线程是在用户空间实现的。用户线程运行在中间系统上。目前中间系统实现的方式有两种，即运行时系统和内核控制线程。

① 运行时系统。所谓运行时系统实质上是用于管理和控制线程的函数集，包括创建和撤销线程的函数、线程同步和通信的函数及实现线程调度的函数。这些函数都驻留在用户空间，作为用户线程和内核之间的接口。用户线程不能使用系统调用，而是当线程需要系统资源时，将请求传送给运行时系统，由后者通过相应的系统调用来获取系统资源。

② 内核控制线程。采用内核控制线程时，系统分给进程几个 LWP，LWP 可以通过系统调用来获得内核提供的服务，而进程中的用户线程可通过复用关联到 LWP，从而得到内核的服务。这样，当一个用户级线程运行时，只要将它连接到一个 LWP 上，此时它便具有了内核支持线程的所有属性。通过 LWP 可把用户级线程与内核线程连接起来，用户级线程可通过 LWP 来访问内核，但内核所看到的总是多个 LWP 而看不到用户级线程。也就是说，由 LWP 实现了内核与用户级线程之间的隔离，从而使用户级线程与内核无关。

（3）用户级线程的缺点

用户级线程实现方式的主要缺点有以下两个方面。

1）系统调用阻塞问题。在基于进程机制的操作系统中，大多数系统调用将阻塞进程，因此当线程执行一个系统调用时，不仅该线程被阻塞，而且进程内的所有线程都会被阻塞。而在内核支持线程方式中，则进程中的其他线程仍然可以运行。

2）多处理机应用问题。在单纯的用户级线程实现方式中，多线程应用不能利用多处理机进行多重处理的优点。内核每次分配给一个进程的仅有一个 CPU，因此进程中仅有一个线程能执行，在该线程使用完 CPU 之前，其他线程只能等待。

3. 混合式线程

有些操作系统提供了混合式（ULT 和 KLT）线程，在混合式线程系统中，内核支持 KLT 多线程的建立、调度和管理，同时也提供线程库，允许用户应用程序建立、调度和管理 ULT。将用户级线程对部分或全部内核支持的线程进行多路复用，一个应用程序的多个 ULT 映射成一些 KLT，程序员可按应用需要和机器配置调整 KLT 的数目，以达到较好的效果。在混合方式中，同一个进程内的多个线程可以同时在多处理机上并行执行，而且在阻塞一个线程时并不需要将整个进程阻塞。混合式多线程机制结合了 ULT 和 KLT 两者的优点，并克服了各自的不足。由于用户级线程和内核级线程连接方式不同，从而形成了 3 种不同的模型：多对一模型、一对一模型和多对多模型。

（1）多对一模型

将多个用户线程映射到一个内核控制线程。为了管理方便，这些用户线程一般属于同一个进程，运行在该进程的用户空间，对这些线程的调度和管理也是在该进程的用户空间中完成的。当用户线程需要访问内核时，才将其映射到一个内核控制线程上，但每次只允许一个线程进行映射。该模型的主要优点是线程管理的开销小、效率高，但当一个线程在访问内核时发生阻塞，则整个进程都会被阻塞，而且在多处理机系统中，一个进程的多个线程无法实现并行。

（2）一对一模型

该模型是为每一个用户线程都设置一个内核控制线程与之连接，当一个线程阻塞时，允许调度另一个线程运行。在多处理机系统中，则有多个线程并行执行。该模型并行能力较强，但每创建一个用户线程相应地就需要创建一个内核线程，开销较大，因此需要限制整个系统的线程数。

（3）多对多模型

该模型结合上述两种模型的优点，将多个用户线程映射到多个内核控制线程，内核控制线程的数目可以根据应用进程和系统的不同而变化，可以比用户线程少，也可以与之相同。

2.8　典型例题讲解

一、单选题

【例2.1】单地址指令中为了完成两个数的算术运算，除地址码指明的一个操作数外，另一个数常需采用（　　）。

A．堆栈寻址方式　　　　　　　　B．立即寻址方式
C．隐含寻址方式　　　　　　　　D．间接寻址方式

解析：单地址指令只有一个地址码，它指定一个操作数，另一操作数地址是隐含的，一般放在累加寄存器中，采用的是隐含寻址方式。故本题答案是C。

【例2.2】若每一条指令都可以分解为取指、分析和执行3步。已知取指时间为$t_{取指}=4\Delta t$，分析时间$t_{分析}=3\Delta t$，执行时间$t_{执行}=5\Delta t$。如果按串行方式执行完100条指令需要（　　）Δt。如果按流水方式执行，执行完100条指令需要（　　）Δt。

（1）A．1190　　　B．1195　　　C．1200　　　D．1205
（2）A．504　　　B．507　　　C．508　　　D．510

解析：1）在串行方式中，每一条指令的执行时间为$(t_{取指}+t_{分析}+t_{执行})=(4+3+5)\Delta t=12\Delta t$，100条指令需要$100\times12\Delta t=1200\Delta t$。故本题答案是C。

2）在流水方式中，3个时间取最长的时间$5\Delta t$为公共的执行时间，所以执行100条指令的时间为$12\Delta t+(100-1)\times5\Delta t=507\Delta t$。故本题答案是B。

【例2.3】进程和程序的本质区别是（　　）。

A．存储在内存和外存
B．顺序和非顺序执行机器指令
C．分时使用和独占使用计算机资源
D．动态和静态特征

解析：进程和程序作为联系紧密的两个概念，两者之间有不少区别和联系。但最本质的区别在于一个是动态的概念，一个是静态的概念。故本题答案是D。

【例2.4】进程的3种基本状态之间，下列（　　）转换是不能进行的。

　　A．就绪状态到运行状态　　　　　　B．运行状态到阻塞状态

　　C．阻塞状态到运行状态　　　　　　D．阻塞状态到就绪状态

　　解析：对进程状态转换的考查，就绪状态的进程获得调度能转换为运行状态，运行状态的进程因为 I/O 事件能转换为阻塞状态，阻塞状态的进程等待事情完成便可转换为就绪状态，因此 ABD 的转换都是有可能的。但是阻塞状态不能直接转换为运行状态。故本题答案是 C。

　　【例 2.5】某进程申请一次打印事件结束，则该进程的状态可能发生的改变是（　　　）。

　　A．运行状态转换到就绪状态　　　　B．阻塞状态转换到运行状态

　　C．就绪状态转换到运行状态　　　　D．阻塞状态转换到就绪状态

　　解析：依然是对进程状态转换的考查，但考查点转换为引起状态转换的原因与状态的变化。如果进程申请了打印，那么在打印完毕之前，进程处于等待打印事件完成的阻塞状态，等打印完成后，就会转换为就绪状态。故本题答案是 D。

　　【例 2.6】一个进程的基本状态可以从其他两种基本状态转换过去，这个基本状态一定是（　　　）。

　　A．运行状态　　　B．阻塞状态　　　C．就绪状态　　　D．完成状态

　　解析：只有就绪状态既可以由运行状态转换过去，也可以由阻塞状态转换过去。故本题答案是 C。

　　【例 2.7】分配到必要的资源并获得处理机时的状态是（　　　）。

　　A．就绪状态　　　B．运行状态　　　C．阻塞状态　　　D．撤销状态

　　解析：对进程基本状态定义的考查。故本题答案是 B。

　　【例 2.8】并发是指两个或多个事件（　　　）。

　　A．在同一时刻发生　　　　　　　　B．在同一时间区段内发生

　　C．两个进程相互交互　　　　　　　D．在时间上相互无关

　　解析：对并发概念的考查。故本题答案是 B。

　　【例 2.9】引入进程概念的关键原因在于（　　　）。

　　A．独享资源　　　B．共享资源　　　C．顺序执行　　　D．便于执行

　　解析：对引入进程的关键原因进行考查，引入进程最主要的不是因为程序执行独享资源、程序的顺序执行，也不是为了便于执行，而是因为多道环境下，程序需要共享资源，由此引发了一些问题，必须引入进程的概念才能解决。故本题答案是 B。

　　【例 2.10】一个作业被调度进入内存后其进程被调度占用 CPU 运行，在执行一段指令后，进程请求打印输出，此间该进程的状态变化是（　　　）。

　　A．运行状态—就绪状态—阻塞状态

　　B．阻塞状态—就绪状态—运行状态

　　C．就绪状态—运行状态—阻塞状态

　　D．就绪状态—阻塞状态—运行状态

　　解析：对进程状态的考查。作业进入内存后，创建进程，进程处于就绪状态，当进程被调度执行时则由就绪状态转换为运行状态，然后请求打印输出，则由运行状态转换为阻塞状态。故本题答案是 C。

　　【例 2.11】进程之间交换数据不能通过（　　　）途径进行。

　　A．共享文件　　　　　　　　　　　B．消息传递

　　C．访问进程地址空间　　　　　　　D．访问共享存储区

解析：每个进程包含独立的地址空间，进程各自的地址空间是私有的。进程之间不能直接交换数据，但是可以通过操作系统提供的共享文件、消息传递和访问共享存储区等进行通信。故本题答案是 C。

【例 2.12】下面的叙述中正确的是（　　）。

A．线程是比进程更小的能独立运行的基本单位，可以脱离进程独立运行

B．引入线程可以提高程序并发执行的程度，可进一步提高系统效率

C．线程的引入增加了程序执行时的时空开销

D．一个进程一定包含多个线程

解析：引入线程是为了减少程序执行时的时空开销，虽然它是一个独立运行的基本单位，但是不能脱离进程单独运行。一个进程可包含一个或多个线程。故本题答案是 B。

二、填空题

【例 2.13】进程存在的标志是_____。

解析：为了对进程进行管理和控制，系统为进程配备了 PCB，PCB 和进程是一一对应关系，PCB 是进程存在的唯一标志。故本题答案是 PCB（或进程控制块）。

【例 2.14】进程实体由_____、_____、_____和堆栈 4 部分组成。

解析：考查进程的结构，进程实体由程序段、数据段、PCB 和堆栈 4 部分组成。故答案是程序段、数据段和 PCB。

【例 2.15】引入了线程的操作系统中，资源分配的基本单位是_____，CPU 分配的基本单位是_____。

解析：考查进程和线程的关系。引入线程后，进程作为资源分配的基本单位，但是处理机调度的单位变成了线程。故本题答案是进程、线程。

【例 2.16】在一个单处理机系统中，若有 5 个用户进程，假设当前时刻为用户态，则处于就绪状态的用户进程最多有_____个，最少有_____个。

解析：考查单处理机中就绪进程的个数。当前时刻为用户态，则每一时刻只允许一个用户进程执行，多个进程就绪或阻塞。假设 5 个进程没有阻塞，则系统中允许 1 个进程运行，4 个进程就绪。如果系统中有 5 个进程阻塞，或者 1 个进程运行，4 个进程阻塞，则系统中无就绪进程。故本题答案是 4、0。

【例 2.17】按照中断来源分类，中断可以分为外中断和_____。

解析：按照中断来源分类，中断可以分为外中断和内中断。内中断是指来自处理器和主存内部的中断，一般又称陷入或异常，包括通路校验错、主存奇偶错、非法操作码等类型。故本题答案是内中断。

【例 2.18】引入进程的目的是_____，而引进线程的目的是_____。

解析：引入进程的原因有两个。一是刻画系统的动态性，发挥系统的并发性，提高资源利用率；二是解决资源的共享性。引入线程主要是为了使系统有更好的并发能力同时又尽可能不增加系统的开销。故本题答案是，引入进程的目的是使程序能够正确地并发执行，提高资源利用率和系统吞吐量。引入线程的目的是减少并发执行的开销，提高并发执行的程度。

三、综合题

【例 2.19】进程和程序有什么关系？

解析：考查进程和程序的区别和联系。进程和程序具有如下关系：①进程是动态的，程序是静态的；②进程是暂时性的，程序却是永久性的；③进程是并发执行，程序是顺序执行；④进程具有结构特征，而程序没有；⑤同一个程序可以对应多个进程，一个进程可以涉及一个或多个程序的执行。

【例 2.20】 某系统的进程状态转换如图 2-20 所示，请说明：

1）引起各种状态转换的典型事件有哪些？

2）当我们观察系统中某些进程时，能够看到某一进程产生的一次状态转换能引起另一个进程进行一次状态转换。在什么情况下，当一个进程发生转换 3 时能立即引起另一个进程发生转换 1？

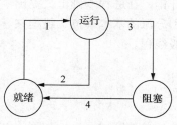

图 2-20　状态转换

解析：1）在本题所给的进程状态转换图中，存在 4 种状态转换。当进程调度程序从就绪队列中选取一个进程投入运行时引起转换 1；正在执行的进程如因时间片用完而被暂停执行则会引起转换 2；正在执行的进程因等待的事件尚未发生而无法执行（如进程请求完成 I/O）则会引起转换 3；当进程等待的事件发生时（如 I/O 完成）则会引起转换 4。

2）如果就绪队列非空，则一个进程的转换 3 会立即引起另一个进程的转换 1。这是因为一个进程发生转换 3 意味着正在执行的进程由运行状态变为阻塞状态，这时处理机空闲，进程调度程序必然会从就绪队列中选取一个进程并将它投入运行，因此只要就绪队列非空，一个进程的转换 3 能立即引起一个进程的转换 1。

【例 2.21】 引起进程创建的事件有哪些？

解析：一般有 4 种情况会引起新进程的创建，分别是①用户登录；②作业调度；③提供服务；④应用请求。

本 章 小 结

本章首先介绍了指令的格式和指令的寻址；然后讲解了中断的基本概念；最后介绍了程序的顺序执行和并发执行，阐述了进程引入的必要性。着重介绍了进程的定义和结构，还介绍了进程和程序之间的区别和联系。进程是进程实体的运行过程，是系统进行资源分配和调度的一个独立单位。进程和程序是相互联系又相互区别的一对概念。进程是一个动态的概念，程序是个静态的概念。进程的存在期是在其运行期间，而程序却可以长久保存。进程可以并发执行，而程序却不可以。进程具有结构特征，而程序不具备。一个程序也可以对应多个进程。

本章着重介绍了进程的 5 个特征、进程控制块的作用和内容，以及进程的 3 个基本状态及其转换。进程具备并发性、动态性、独立性、异步性和结构性 5 个特征。进程在生命周期中会经历 3 种基本状态：就绪状态、运行状态和阻塞状态。当一个进程占有处理机运行时，则称该进程处于运行状态。当一个进程获得了除处理机外的一切所需资源，一旦得到处理机即可运行，则称此进程处于就绪状态。一个进程正在等待某一事件发生而暂时停止运行，这时即使把处理机分配给进程也无法运行，故称该进程处于阻塞状态。进程在一定条件下会在 3 个基本状态之间转换。除此之外，根据进程是否在内存，还有挂起和激活两个状态。

本章还介绍了进程控制、进行通信和线程。进程控制负责进程的创建和撤销、进程的阻塞与唤醒等任务。创建进程、撤销进程、阻塞和唤醒进程都是由一定的事件引发的，并需要调用特定的原语操作。进程之间有 3 种高级通信方式，分别是共享存储器系统、管道通信系统和消息传递系统。为了使系统具有更好的并发能力同时又尽可能地不增加系统的开销，在进程基础上又提出了线程的概念。线程是进程中的一个实体，是被系统独立调度和分派的基本单位。线程共享进程资源。从实现上来看，线程可以分为用户级线程和核心级线程。

习　题

一、单选题

1. 下面对进程的描述中，错误的是（　　）。
   A. 进程是动态的概念　　　　　　　B. 进程执行需要处理机
   C. 进程是有生命期的　　　　　　　D. 进程是指令的集合

2. 下列步骤中，（　　）不是创建进程所必需的。
   A. 建立一个进程控制块　　　　　　B. 为进程分配内存
   C. 为进程分配 CPU　　　　　　　　D. 将其控制块放入就绪队列

3. 进程从运行状态变为阻塞状态的原因是（　　）。
   A. 输入或输出事件发生　　　　　　B. 时间片到
   C. 输入或输出事件完成　　　　　　D. 某个进程被唤醒

4. 在单处理机系统中，处于运行状态的进程（　　）。
   A. 只有一个　　　　　　　　　　　B. 可以有多个
   C. 不能被阻塞　　　　　　　　　　D. 必须在执行完后才能被撤下

5. 一个进程被唤醒意味着（　　）。
   A. 该进程的优先数变大　　　　　　B. 该进程获得了 CPU
   C. 该进程从阻塞状态变为就绪状态　D. 该进程排在了就绪队列的队首

6. 进程控制块是描述进程状态和特性的数据结构，一个进程（　　）。
   A. 可以有多个进程控制块　　　　　B. 可以和其他进程共用一个进程控制块
   C. 可以没有进程控制块　　　　　　D. 只能有唯一的进程控制块

7. 在多对一的线程模型中，当一个多线程进程中的某个线程被阻塞后，（　　）。
   A. 该进程的其他线程仍可继续运行　B. 整个进程都将阻塞
   C. 该阻塞线程将被撤销　　　　　　D. 该阻塞线程将永远不可能再被执行

8. 用信箱实现进程间通信的机制中有两个通信原语，它们分别是（　　）。
   A. 发送原语和执行原语　　　　　　B. 就绪原语和执行原语
   C. 发送原语和接收原语　　　　　　D. 就绪原语和接收原语

9. 若一个进程实体由 PCB、共享正文段、数据堆段和数据栈段组成，请指出下列 C语言程序中的内容及相关数据结构各位于哪一段。
   ①全局赋值变量（　　） ②未赋值的局部变量（　　） ③函数调用实参传递值（　　）
   ④用 malloc( )要求动态分配的存储区（　　） ⑤常量值（如 1995、"string"） ⑥进程的优先级（　　）
   A. PCB　　　　　B. 正文段　　　　　C. 堆段　　　　　D. 栈段

10. 在支持多线程的系统中，进程 P 创建的若干线程不能共享的是（　　）。

  A．进程 P 的代码段　　　　　　　　B．进程 P 中打开的文件

  C．进程 P 的全局变量　　　　　　　　D．进程 P 中某线程的栈指针

二、填空题

1. 操作系统通过_____对进程进行管理。

2. 多道程序环境下，操作系统分配资源以_____为基本单位。

3. 当前正在执行的进程由于时间片用完而暂停执行时，该进程应转变为_____状态，若因某种事件而不能继续执行时，应转为_____状态；若因终端用户的请求而暂停执行时，移到外存，它应转为_____状态。

4. 在采用用户级线程的系统中，操作系统进行 CPU 调度的对象是_____；在采用内核支持的线程的系统中，CPU 调度的对象是_____。

5. 利用共享的文件进行进程通信的方式，称为_____，除此之外，进程通信的类型有_____和_____两种类型。

6. 用户为阻止进程继续运行，将其调出内存，应利用_____原语，若进程正在执行，移出外存后应转变为静止就绪状态；以后若用户要恢复其运行，应利用_____原语，此时进程应转变为_____状态。

7. 系统中有 5 个用户进程，在单处理机下运行。当前 CPU 在用户态下执行，则最多可有_____个用户进程处于就绪状态，最多可有_____个用户处于阻塞状态；若当前 CPU 在核心态下执行，则最多可有_____用户进程处于就绪状态，最多可有_____个用户处于阻塞状态。

三、综合题

1. 什么是中断？产生中断后，中断处理程序如何进行工作？

2. 程序的顺序执行和并发执行的特征是什么？

3. 操作系统中为什么要引入进程的概念？

4. 什么是进程？进程具有哪些特征？

5. 进程和程序的联系与区别是什么？

6. 什么是进程控制块？它包含哪些基本信息？

7. 为了支持进程状态的变迁，操作系统至少要提供哪些进程控制原语？

8. 高级进程通信有哪几种类型？

9. 什么是线程？线程具有什么属性？

10. 请从调度、系统开销、拥有资源等方面来比较线程与进程。

11. 假设系统就绪队列中有 10 个进程，这 10 个进程轮换执行，每隔 300ms 轮换一次，CPU 在进程切换时所花费的时间是 10ms，系统花费在进程切换上的开销占系统整个时间的比例是多少？

12. 根据图 2-21，回答以下问题。

1）进程发生状态变迁 1、3、4、6、7 的原因。

2）系统中常常由于某一进程的状态变迁引起另一进程也产生状态变迁，这种变迁称为因果变迁。下述变迁是否为因果变迁：2→1，4→5，7→1，2→3，试说明原因。

3）根据此进程状态转换图，说明该系统 CPU 调度的策略和效果。

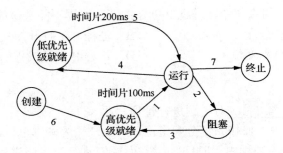

图 2-21　进程状态转换

第 3 章　进程的互斥同步

内容提要：

本章主要讲述以下内容：①进程之间的两种制约关系；②临界资源和临界区，实现互斥的软件方法和硬件方法；③信号量的概念，PV 操作；④使用互斥信号量实现进程互斥，哲学家进餐问题，读者—写者问题；⑤进程同步关系，使用同步信号量实现进程同步，简单的生产者—消费者问题；⑥使用资源信号量实现进程间资源分配问题，复杂的生产者—消费者问题。

学习目标：

理解进程互斥同步的概念及进程间的两种制约关系；理解临界资源和临界区的概念，了解实现互斥的软件方法和硬件方法；掌握信号量的概念和 PV 操作；掌握使用互斥信号量来实现进程互斥的方法，理解哲学家进餐问题和读者—写者问题；理解进程同步关系，掌握使用同步信号量实现进程同步的方法，理解简单的生产者—消费者问题；掌握使用资源信号量实现进程间资源分配的方法，理解复杂的生产者—消费者问题。

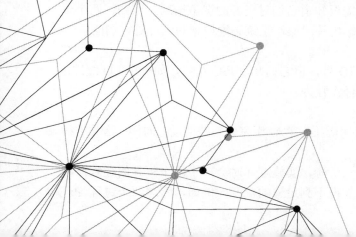

在引入进程后,多个进程可以并发执行,共享系统中的各种资源,极大地提高了资源的利用率。但是资源的有限性决定了进程在资源的共享过程中,也存在竞争。资源的共享和竞争使系统中并发执行的进程间形成一种制约关系,称为同步关系。为了保证多个进程能够有条不紊地运行,在多道程序系统中,必须引入同步机制。在本章中,将详细介绍在单处理机环境下的进程同步机制——软件机制、硬件机制、信号量机制等,利用它们来保证程序执行的可再现性。

3.1 进程之间的相互关系

进程的并发执行和对资源的竞争导致进程运行是以异步方式进行的,进程的运行结果具有不可再现性。而这种不可再现性往往是用户所不能容忍的。因此,系统必须采取必要的措施,协调进程之间的关系,使进程的运行结果具备可再现性。在多道程序环境下,操作系统往往采用进程同步的手段来协调进程之间的各种制约关系。进程同步的任务即其作用是,使并发执行的诸进程之间能有效共享资源和相互合作,从而使程序的执行具有可再现性。

1. 进程的交互

在多道程序环境中,系统有成百上千个进程。按照进程之间是否知道对方的存在及进程的交互方式划分,进程之间的交互分为以下 3 种方式,如表 3-1 所示。

表 3-1 进程之间的 3 种交互方式

感知程度	关系	一个进程对其他进程的影响	潜在的控制问题
进程之间互不知道对方的存在	竞争	1)一个进程的结果与另一进程的活动无关; 2)进程的执行时间可能会受到影响	①互斥;②死锁(可复用性资源);③饥饿
进程间接知道对方的存在(如共享对象)	通过共享合作	1)一个进程的结果可能取决于从另一进程获得的信息; 2)进程的执行时间可能会受到影响	①互斥;②死锁(可复用资源);③饥饿;④数据一致性
进程直接知道对方的存在(它们有可用的通信原语)	通过通信合作	1)一个进程的结果可能取决于从另一进程获得的信息; 2)进程的执行时间可能会受到影响	①互斥;②死锁(可消耗性资源);③饥饿

(1)进程之间互不知道对方的存在

这是一些独立的进程,它们不会一起工作,只是在多道环境下同时无意识存在。尽管这些进程不会一起工作,但是操作系统需要知道它们对资源的竞争情况。例如,两个无关的进程都想访问同一个磁盘、文件或打印机等,操作系统必须控制和管理对它们的访问。

(2)进程间接知道对方的存在

这些进程并不需要知道对方的进程 ID 号,但它们共享某些对象,如一个 I/O 缓冲区。这类进程在共享同一个对象时会表现出合作行为。

(3)进程直接知道对方的存在

这些进程可通过各自进程的 ID 号互相通信,以合作完成某些活动。同样,这类进程表现出合作行为。

互斥是指多个进程不能同时使用同一资源,实施互斥时会产生两个额外的控制问题。一个是死锁,是指多个进程互不相让,都得不到足够的资源。例如,考虑两个进程 P1 和

P2，以及两个资源 R1 和 R2，假设每个进程为执行部分功能都需要访问这两个资源，那么就有可能出现下列情况：操作系统把 R1 分配给 P2，把 R2 分配给 P1，每个进程都在等待另一个资源，且在获得其他资源并完成功能之前，谁都不会释放自己已拥有的资源，此时这两个进程就会发生死锁。另一个是饥饿，是指一个进程一直得不到资源（其他进程轮流占用资源）。饥饿的最后结果是进程被饿死。假如有 3 个进程 P1、P2 和 P3，每个进程都周期性地访问资源 R。考虑这种情况，即 P1 拥有资源 R，P2 和 P3 都被延迟，等待这个资源。当 P1 释放资源后，P2 和 P3 都允许访问 R，假设操作系统把访问授权给 P3，P3 使用完后 P1 又要求访问 R，操作系统把访问授权给 P1，且接下来把访问权轮流授予 P1 和 P3，那么即使没有死锁，P2 也可能被无限地拒绝访问资源。

通过共享进行合作的情况，包括进程在互相并不确切知道对方的情况下进行交互。例如，多个进程可能访问一个共享变量、共享文件或数据库。进程可能使用并修改共享变量而不涉及其他进程，但却知道其他进程也可能访问同一个数据。因此，这些进程必须合作，以确保它们共享的数据得到正确管理。控制机制必须确保共享数据的完整性和一致性。

当进程通过通信进行合作时，各个进程都与其他进程进行连接，进程之间传递一定的信息。通信提供同步和协调各种活动的方法，典型情况下，通信可由各种类型的消息组成，发送消息和接收消息的原语由操作系统内核或程序设计语言提供。在消息传递过程中，仍然存在互斥、死锁和饥饿问题。在这种情况下，进程之间知道对方的程度最高，需要传递的信息量也最大。

2. 进程并发执行的两种制约关系

进程之间具有 3 种交互关系，但是在并发执行时，往往具有两种明显的制约关系，即间接制约关系和直接制约关系。

（1）间接制约关系

间接制约关系，也称为互斥关系。拥有间接制约关系的进程之间并不存在直接的交互。它们之间的关系是由共享某一公有资源而引起的。由于共享资源所要求的排他性，进程之间需要相互竞争，某个进程使用这种资源时，其他进程必须等待。进程互斥是指若干进程因相互争夺共享资源而产生的竞争制约关系。例如，进程 A 和进程 B 都需要使用打印机，那么进程 A 和进程 B 因为共享打印机而存在间接制约关系。再如，假如进程 A 和进程 B 中都要用到变量 i，那么进程 A 和进程 B 因为这个公共变量也存在了间接制约关系。进程之间的间接制约关系，如果不加以协调控制，就会使进程的运行以我们期待之外的方式进行。

假定有两个进程 A 和 B，需要把处理结果通过同一台打印机输出。一般处理结果需要连续地打印在纸张上。如表 3-2 所示，描述了进程 A 和进程 B 的打印操作。

表 3-2　两个进程的打印操作

进程 A	进程 B
⋮	⋮
打印第 1 行 A1	打印第 1 行 B1
打印第 2 行 A2	打印第 2 行 B2
⋮	⋮
打印第 n 行 An	打印第 m 行 Bm
⋮	⋮

如果进程 A 和进程 B 顺序执行，它们都可以正常地运行完成并得到正确的结果。然而并发执行，进程 A 和进程 B 表面上能够运行完成，但是打印纸上的数据可能无法独立地分成两大部分，造成数据混杂在一起，如图 3-1 所示。这是因为进程 A 和进程 B 并发执行，进程运行的间断性导致打印数据交织在一起。这显然不是我们想要的结果。

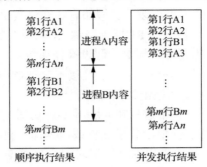

图 3-1　进程执行结果的对比

假定两个进程 A 和进程 B，都需要对公共变量 i 进行操作。进程 A 和进程 B 中对 i 操作的代码段如下。

A 中的代码段：

```
Register1=i;Register1=Register1+1;i= Register1;
```

在进程 A 代码段中，需要对公共变量 i 进行加 1 操作。系统中有一个寄存器 Register1，用于暂存公共变量 i 的值。Register1 加 1 后，赋值给公共变量 i。

B 中的代码段：

```
Register2=i;Register2=Register2-1;i=Register2;
```

在进程 B 代码段中，需要对公共变量 i 进行减 1 操作。系统中有一个寄存器 Register2，用于暂存公共变量 i 的值。Register2 减 1 后，赋值给公共变量 i。

假设 i 的初值为 0，下面分析一下进程 A 和进程 B 顺序执行和并发执行的结果有何不同。

1）进程顺序执行。进程 A 和进程 B 顺序执行，无论进程 A 先执行进程 B 再执行，还是进程 B 先执行进程 A 再执行，最后 i 的值都为 0。

2）进程并发执行。假设有这种情况，进程 A 先执行语句"Register1=i;"，然后进程 B 执行语句"Register2=i;"，然后进程 A 执行语句"Register1=Register1+1;i=Register1;"，最后进程 B 执行语句"Register2=Register2-1;i=Register2;"，分析一下结果。进程 A 执行完第一条指令后，Register1=0，i=0；进程 B 执行完第一条指令后，Register2=0，i=0；然后进程 A 执行后两条指令，则 Register1=1，i=1；进程 B 执行后两条指令后，Register2=-1，i=-1。最后 i 的值为-1，结果出现错误。

假设有第二种情况，进程 A 先执行语句"Register1=i;"，然后进程 B 执行语句"Register2=i;Register2=Register2-1;i=Register2;"，最后进程 A 执行语句"Register1=Register1+1;i=Register1;"，分析一下结果。进程 A 执行完第一条指令后，Register1=0，i=0；进程 B 执行完 3 条指令后，Register2=-1，i=-1；进程 A 再执行后面两条指令，则 Register1=1，i=1。最后 i 的值为 1，结果也出现错误。

可见，进程 A 和进程 B 并发的结果，往往有多种可能性。这种并发得出的结果显然是不正确的。

在这两个例子中，并发引起错误的原因就在于，两个进程共享的资源，其实不能同时使用。这种资源叫作临界资源，一次只能给一个进程使用，等这个进程使用完毕，其他进程才能使用。因此对使用这类资源的进程要进行调控，保证诸进程互斥访问临界资源，即进程互斥。

（2）直接制约关系

直接制约关系，也称为同步关系。这种关系一般存在于合作进程之间。进程同步是指多个进程中发生的事件存在着某种时序关系，必须协同动作，相互配合，以共同完成一个任务。进程同步的主要任务是使并发执行的诸进程有效地共享资源和相互合作，从而使程序的执行具有可再现性。假如有两个相互合作的进程 A 和进程 B，进程 A 能够输入数据，进程 B 对输入的数据进行计算。进程 A 和进程 B 之间，不断地进行输入和计算。我们就称进程 A 和进程 B 之间是直接相互制约关系。

例如，有一项任务，将同一台计算机上的一个磁盘文件备份到另一个磁盘上，如何实现呢？

第一种实现方法是，设计一个进程，它每次从源磁盘上读一个文件，然后将所读文件写入目标磁盘，如此反复，直到所有文件备份完成。这种方法比较简单、容易实现，且可以满足完成任务的要求。但是，这种方法缺乏并行性，因为进程在执行源磁盘的一个读 I/O 操作时，进程进入阻塞状态，直到数据读入内存后，进程被唤醒转换为就绪状态；然后继续运行，执行目标磁盘的写 I/O 操作时，进程再次进入阻塞状态，直到写操作完成，如此反复，实现文件的备份。可见，在这种方式中，两个磁盘的读操作和写操作不能同时进行，也就是缺乏并行性。

第二种实现方法是，在内存中开辟两个缓冲区，分别命名为 Buff1 和 Buff2，大小正好容纳从磁盘上读取的一个文件大小的数据。设计 3 个进程 Read、Move 和 Write。进程 Read 每次从源磁盘中读一个文件送入缓冲区 Buff1 中，进程 Move 每次把 Buff1 中的数据全部转移到 Buff2，进程 Write 将 Buff2 中的数据写入目标磁盘。通过这 3 个进程的反复执行实现文件备份的任务，如图 3-2 所示。这时，3 个进程可以并发执行，提高效率。一般地，第 i 个文件的 $Move_i$ 完成后，$Write_i$ 可以开始执行，同时第 $i+1$ 个文件的 $Read_i$ 也可以开始运行，实现了源磁盘的读取操作和目标磁盘的写入操作同时进行，实现了设备与设备的并行。

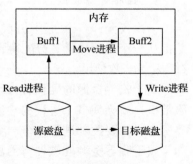

图 3-2　3 个进程协同工作

在并发执行时，3 个进程 Read、Move 和 Write 的执行顺序是随机的，不一定按照任务期望的顺序依次执行。对于缓冲区 Buff1 而言，如果 Read 进程没有结束，Move 进程就开始读取，则取出的数据是不完整的。如果 Move 进程没有取走数据，Read 进程就开始放下一次的数据，则会造成上一次数据的丢失。对于缓冲区 Buff2 来讲，Move 进程和 Write 进程也要保持一定的顺序来执行，否则会出现错误。例如，Move 进程过快，在 Write 进程没有读取完时，Move 进程就往 Buff2 中移动数据，则造成上一次数据的丢失。所以在直接相互制约关系的进程之间，也需要协调执行次序，保证进程的顺利运行。

在多道程序环境下，由于存在着上述两种相互制约关系，进程在运行过程中是否能获得处理机运行，以怎样的速度运行，并不是由进程自身所能控制的，此即进程的异步性。

不难看出，进程互斥关系是一种特殊的进程同步关系，即逐次使用互斥共享资源，也是对进程使用资源次序上的一种协调。也就是说，广义上的进程同步包括间接制约关系的进程互斥和直接制约关系的进程同步。

3．进程同步机制

对于具有互斥或同步关系的进程，操作系统要采用措施对它们的轮流交替方式进行控制，以保证各进程执行结果的正确性。把用于控制并发进程的互斥、同步关系，保证它们能够正确执行的方法称为进程同步机制。常用的进程同步机制有软件机制、硬件机制、信号量机制和管程机制。

3.2　临界区管理

3.2.1　临界资源

1．资源的使用步骤

在操作系统管理下，用户程序使用资源的步骤是申请、使用和归还。用户程序使用资源时，首先向操作系统提出申请，操作系统根据当前系统的状况进行资源分配，在得到资源后，用户才能使用资源。在一次申请得到资源后，用户可以根据需要分多次使用。最后，当用户不再使用资源时，用户程序必须归还已申请得到的资源。这里需要说明的是，上述提到的申请、使用和归还操作都是通过操作系统提供的系统调用实现的。对于不同资源，这些操作所对应的系统调用有所差别。

2．临界资源的概念

一次仅允许一个进程访问的资源称为临界资源（critical resource，CR）。这里"一次"是指从一个进程申请、分配得到资源起，到归还资源为止的时间段内，进程对该资源的使用过程称为一次使用。

属于临界资源的硬件有打印机、磁带机等。如果有多个进程同时使用同一个打印机或磁带机，就会使多个进程的输出数据混合在一起。因此，并发进程需要使用同一个硬件临界资源时，要控制进程一个一个地使用。

属于临界资源的软件有消息缓冲队列、变量、数组、缓冲区等。多个进程如果要同时修改这些数据结构，会导致数据结果错误。因此，并发进程在共享同一数据结构时，也要避免某一时刻同时修改其中的数据。

也就是说不管是哪种类型的临界资源被多进程共享时，诸进程间都应采取互斥方式实现对这种资源的使用。要实现互斥地访问临界资源，就需要每个进程在使用共享资源前，首先检查该资源是否正被其他进程占用，如果有其他进程正在使用该资源，则该进程需要等待。如果该资源未被其他进程使用，则该进程可以申请使用此资源。

3.2.2　临界区

1．临界区的概念

为了实现诸进程对临界资源的互斥访问，需要能够把进程中访问临界资源的那段代码识别出来，只要每个进程不同时执行访问临界资源的那段代码，就可以实现对资源的互斥使用。每个进程中访问临界资源的那段代码称为临界区（critical section，CS）。临界区与临界资源是两个不同的概念，临界区不是临界资源所在的地址。临界资源是一种系统资源，需要不同进程互斥访问。临界区是每个进程中访问临界资源的一段代码，是属于对应进程的。每个进程的临界区代码可以不相同，因为每个进程对临界资源进行怎样的操作，与临界资源及互斥同步管理毫不相干。

临界区的概念是由荷兰计算机专家 Dijkstra 在 1965 年首先提出的。可以用与一个共享变量相关的临界区的语句结构来书写交互的并发进程，这里用 shared 说明共享变量。

```
shared variable                    // 定义的共享变量
region variable do statement       // 共享变量所在的区域
```

对于一个临界区，称一个进程要进入临界区执行，是指该进程即将要运行临界区的第一条指令或语句；称一个进程离开或退出临界区，是指该进程已经执行了临界区的最后一条指令或语句；称一个进程在临界区内执行，是指该进程已经开始执行临界区的第一条指令但还没有离开这个临界区。

对于一组并发进程的临界区，进程之间对临界区的执行需要互斥执行，即至多只能有一个进程在临界区内执行。当有一个进程在临界区内执行时，其他要进入临界区执行的进程必须等待。也就是说，不允许处理器在临界区之间轮流交替地执行。

在下面的例子中，进程 P0 和进程 P1 中都需要用到一个公共变量 i，那么进程代码中对 i 进行访问和修改的代码区域就是临界区。

```
P0()                               P1()
{                                  {
    …                                  …
    i=i+1;// 临界区                     i=i-1;   //临界区
    …                                  …
                                       i=0;      //临界区
}                                  }
```

显然，若能保证诸进程互斥地进入自己的临界区，便可实现诸进程对临界资源的互斥访问。要想互斥地进入临界区，每个进程在进入临界区之前，应先对欲访问的临界资源进行检查，看它是否正被访问。如果此刻该临界资源未被访问，进程便可进入临界区对该资源进行访问，并设置它正被访问的标志，等使用完毕后，再将标志设回未使用；如果此刻该临界资源正被某进程访问，则本进程不能进入临界区。因此，必须在临界区前面增加一段用于进行上述检查的代码，把这段代码称为进入区。相应地，在临界区后面也要加上一段称为退出区的代码，用于将临界区正被访问的标志恢复为未被访问的标志。进程中除进入区、临界区及退出区外其他部分的代码，在这里都称为剩余区。这样，可把一个访问临界资源的循环进程描述如下：

```
P()
{
    …
    进入区
    临界区
    退出区
```

```
    剩余区
    ...
}
```

2. 同步机制应遵循的准则

为了实现进程互斥地进入临界区，可以使用软件方法或硬件方法，更多的是在系统中采用专门的同步机制来控制协调各个进程的运行。但不管使用什么方法，临界区的使用都应该遵循以下原则。

（1）空闲让进

当没有进程处于临界区时，也就是说资源未被使用，处于空闲状态时，允许一个请求进程进入自己的临界区。

（2）忙则等待

当进程申请进入临界区时有其他进程正在执行临界区代码，这就意味着，资源正被其他进程使用，处于忙碌状态，这时申请进程必须等待。

（3）有限等待

对要求访问临界资源的进程，应保证在有限时间内能进入自己的临界区，以免陷入"死等"状态。

（4）让权等待

当进程不能进入自己的临界区时应立即释放处理机，以免进程陷入"忙等"状态。

3.2.3 实现互斥的软件方法

一些学者试图使用软件方法来实现对临界区的互斥访问。通过平等协商方式实现进程互斥的最初方法是软件方法，其基本思路是在进入区检查和设置一些标志，如果已有进程在临界区，则在进入区通过循环检查进行等待，在退出区修改标志。利用软件解决互斥问题的算法有很多，我们对其中典型的一些算法进行讨论。

1. 算法1：单标志算法

假如两个进程 P0、P1 都要用到某临界资源，为了互斥地进入临界区，要设立一个公用整型变量 turn，turn 的取值为 0 或 1，用于指示哪个进程可以进入临界区。在每个进程的进入区设立循环语句，检查是否允许本进程进入。如果 turn 为 0，则进程 P0 可以进入，否则 P0 通过循环检查变量 turn 的值，直到 turn 变为 0 为止；如果 turn 为 1，则进程 P1 可以进入，否则 P1 进程等待。在每个进程的退出区，修改 turn 的值，允许另一个进程进入临界区，从而使 P0、P1 轮流访问临界资源。

```
int turn=0;
void P0()                          void P1()
{                                  {
    while(turn!=0);                    while(turn!=1);
    /*空循环*/;                        /*空循环*/;
        临界区;                            临界区;
        turn=1;                            turn=0;
        退出区;                            退出区;
}                                  }
```

使用一个标志来控制两个进程的互斥执行是我们能想到的最简单的也是最容易理解的方法，但是这个算法本身存在一定的限制。首先分析两个进程有没有实现互斥进入临界区。假设 turn 的初始值为 0，那么进程 P0 的进入区代码 "while(turn!=0);" 执行完毕，进程 P0 可以进入临界区去执行，这期间如果 P1 想要进入临界区，要先执行进入区代码。此时 turn 的值为 0，代码 "while(turn!=1);" 是一个无限循环，P1 暂时无法进入临界区。只有当 P0 退出临界区，执行了退出区代码 "turn=1;" 后，P1 进入区的代码 "while(turn!=1);" 才能结束循环，进入临界区去执行。所以 P0 在执行临界区代码期间可以保证 P1 不能进入临界区去执行。反过来也一样。

但是这个算法也存在一点问题，那就是进程强制轮流进入临界区，不能保证 "空闲让进"。因为 turn 的值是在每个进程执行退出区的时候才做修改，那么在 P0 让出临界资源之后，P1 使用临界资源之前，turn 的值都为 1，P0 不可能再次使用临界区；而 P1 让出资源之后，P0 使用临界资源之前，turn 的值都为 0，P1 不可能再次进入临界区。这种被迫地轮流使用临界资源的做法，容易造成资源利用不充分。

2. 算法 2：双标志、先检查后修改算法

为了克服算法 1 强制性轮流进入临界区的缺点，可以考虑修改临界区标志的设置。双标志算法是对单标志算法的一个改进。为进程 P0、P1 设立各自的标志 flag[0]、flag[1]。标志的值为 1 或 0，1 表示进程在临界区，0 表示不在临界区。每个进程在进入区检查另一个进程是否在临界区，如果在就空循环等待；如果不在就将自己的标志位设为 1，开始进入临界区执行。执行完毕后，在退出区中把自己的标志位设为 0。

```
int flag[2]={0,0};
void P0()                          void P1()
{                                  {
    while(flag[1]); /*空循环*/;         while(flag[0]); /*空循环*/;
    flag[0]=1;                         flag[1]=1;
    临界区;                             临界区;
    flag[0]=0;                         flag[1]=0;
    退出区;                             退出区;
}                                  }
```

这个算法可以解决算法 1 中存在的必须轮流执行的问题。当两个进程都没有进入临界区时，flag[0]、flag[1] 的值都为 0。当 P0 先开始要使用临界资源时，通过代码 "while(flag[1]);" 语句判断出 P1 进程没有进入临界区，则 P0 设置标志开始执行临界区代码。这期间 P1 如果想进入临界区，在执行 "while(flag[0]);" 语句时就会一直空循环，暂时不能进入临界区，除非 P0 执行完毕把 flag[0] 设为 0。如果 P0 执行完毕，P1 没有执行，则 P0 可以继续进入临界区。

但是这个算法也会出现问题。例如，当进程 P0 和进程 P1 都没有进入临界区时，即各自的访问标志 flag 都为 0 时，P0 和 P1 如果要同时进入临界区，while 语句都可以通过，进程进入下一个语句时将自己的访问标志设置为 1，然后 P0 和 P1 都进入临界区访问，也就是说 P0 和 P1 并没有互斥进入临界区，不能保证 "忙则等待"。

3. 算法 3：双标志、先修改后检查算法

算法 2 中的问题是由于先判断后修改标志引起的。因此可以考虑将算法改为各进程先

修改自己的标志然后判断对方进程是否在使用临界资源。算法变为

```
int flag[2]={0,0};
void P0()                              void P1()
{                                      {
    flag[0]=1;                             flag[1]=1;
    while(flag[1]); /*空循环*/;             while(flag[0]); /*空循环*/;
    临界区;                                 临界区;
    flag[0]=0;                             flag[1]=0;
    退出区;                                 退出区;
}                                      }
```

但是在这个算法中存在的问题是，如果双方进程都先将自己的访问标志设置为 1，表示自己要访问临界资源，然后判断对方是否访问临界资源，发现对方设置了访问标志为 1，就只能在 while 语句上等待，但其实两个进程都没有进入临界区。

4. 算法 4：三标志、先设置后检查再设置 Dekker 算法

Dekker 算法是由荷兰数学家 Dekker 提出的一种解决并发进程互斥与同步的软件实现方法。该算法设置 turn、flag[0]和 flag[1]这 3 个全局共享的状态变量（3 个标志）。Dekker 算法用一个指示器 turn 来指示哪一个进程应该进入临界区。若 turn=1，则表示系统轮到进程 P1 进入临界区；若 turn=0，则轮到进程 P0 进入临界区。flag[0]和 flag[1]是两个标志，表示两个进程 P0 和 P1 是否愿意进入临界区。如果 flag 的值为 1，则表示相应进程有强烈进入临界区的意愿。

每个进程在进入临界区之前，先将自己的标志 flag 赋值为 1，表示愿意进入临界区。然后检查对方是否也想进入临界区。如果对方不想进入，则自己直接进入临界区。如果对方也想进入临界区，则检查判断系统是否轮到自己进入临界。如果是轮到自己进入，则直接进入临界区；否则一直等待，直到对方从临界区中退出。每个进程在退出临界区时，设置对方进程可以进入临界区的标志，同时取消自己进入临界区的意愿。

Dekker 算法的代码如下：

```
int flag[2]={0,0};/*设置 flag 标志表示进程是否愿意进入临界区,flag 是全局变量*/
int turn=0;
/*turn 标志表示由系统决定轮流到哪个进程可以进入临界区,turn 是全局变量*/
void P0()
{
    flag[0]=1; /*表示进程 P0 愿意进入临界区,可以用 P0 举手示意要访问临界区*/
    while(flag[1])  /*判定进程 P1 是否愿意进入临界区,即看看进程 P1 是否也举手了*/
    {/*如果进程 P1 也愿意进入临界区,即如果 P1 也举手了,那么就看看到底该轮到谁进入临界区*/
    if(turn=1)
      {flag[0]=0;  /*如果确实轮到 P1,那么 P0 先把手放下（让 P1 先）,将自己的 flag
                      设为 0*/
    while(turn==1);
    /*进程 P0 不断测试 P1 是否在临界区内执行完毕;如果还是 P1 一直在执行,则 P0 就等待,
      即 P0 就不举手,一直等*/
    flag[0]=1;
    /*等到 P1 结束了（轮到 P0 了）,P0 将自己的 flag 设为 1,即 P0 再举手,要求进入临界区*/
```

```
        }
    flag[1]=0;
    /*进程 P1 退出临界区,将其 flag 设为 0,跳出最外层的 while 循环,让进程 P0 进入临界区;
或者进程 P1 愿意进入临界区,但是系统决定还轮不到 P1,则 P1 把手放下,让 P0 先进入临界区*/
        }
    临界区;
    turn=1;   /*进程 P0 访问完临界区,把轮次交给进程 P1,让 P1 可以访问临界区*/
    flag[0]=0; /*进程 P0 将自己的 flag 标志设为 0,表示已经退出临界区了,即 P0 放下手*/
    退出区;
        }

    void P1()
{
    flag[1]=1;         /*首先进程 P1 举手示意要访问临界区*/
    while(flag[0])     /*看看 P0 是否也举手要进入临界区*/
    {
    if(turn=0)         /*如果 P0 也举手了,那么就看看到底轮到谁进入临界区*/
    {
    flag[1]=0;         /*如果确实轮到进程 P0,那么 P1 先把手放下(让 P0 先)*/
    while(turn==0);    /*只要还是 P0 的时间,P1 就不举手,一直等*/
    flag[1]=1;         /*等到 P0 结束了(轮到 P1 了),P1 再举手*/
    }
    flag[0]=0;
    /*进程 P0 退出临界区,将其 flag 设为 0,跳出最外层的 while 循环,让进程 P1 进入临
界区;或者进程 P0 愿意进入临界区,但是系统决定还轮不到 P0,则 P0 把手放下,让 P1 先进
入临界区*/
    };
    临界区;
    turn=0;            /*P1 访问完了,把轮次交给 P0,让 P0 可以访问*/
    flag[1]=0;         /*P1 放下手*/
    退出区;
}
```

Dekker 方法是完美无缺的吗?很遗憾,Dekker 算法也无法避免软件互斥方法的一个通病——忙等现象。大家注意到,在 Dekker 算法中会不可避免地使用 while 循环,而循环体中,执行的都是毫无意义的代码,也就是说软件方法利用无意义的循环使进程无法向前推进来达到阻塞进程的目的,然而让 CPU 去执行无意义的代码本身就是一种严重资源浪费,进程既占用了 CPU,也没有生产任何有效数据,可以说,这样做严重降低了 CPU 的效率。这是整个软件方法都无法回避的问题。Dekker 算法仅能正确进行两个进程的互斥,对于两个以上的互斥问题,实现起来相当复杂。

5. 算法 5:三标志、先设置后检查再设置 Peterson 算法

在前面各种算法的基础上,1981 年计算机科学家 G. L. Peterson 提出了 Peterson 算法。这个算法设计得很巧妙,他把前人提出的各种算法的思路综合起来,引入 3 个标志控制两个进程正确对临界区进行互斥访问。在这个算法中设置了两个标志 flag[0]和 flag[1],分别

用于表示进程 P0 和 P1 是否想申请进入临界区,如果有这个意愿,则设置 flag 值为 1;如果没有想进入临界区的意愿,则设置 flag 值为 0。还设了一个整型全局变量 turn,取值为 0 或 1,表示当前系统规定应该是进程 P0 还是进程 P1 能进入临界区。

每个进程进入临界区前,首先表达自己想进入的意愿,设置 flag=1,然后体现"谦虚"的态度,礼让对方先进,把 turn 设为对方的进程号。下面进行检查测试,如果对方进程也想进入,并且接受这种礼让,则当前进程阻塞,让对方进程进入临界区;如果对方进程不想进入,或者也进行谦让,让自己先进入临界区,则当前进程"当仁不让",就直接进入临界区,占用资源。每个进程在退出临界区时,取消自己想进入临界区的意愿,设置 flag=0,让对方进程可以进入临界区。

Peterson 算法的代码如下:

```
int   flag[2]={0,0};
int turn;
void P0()                          void P1()
{                                  {
flag[0]=1; /*P0 举手想进入临界区*/    flag[1]=1; /*P1 举手想进入临界区*/
turn=1; /*表示谦虚,让对方 P1 先进入*/   turn=0; /*表示谦虚,让对方 P0 先进入*/
while(flag[1]&&turn==1);/*进行       while(flag[0]&&turn==0); /*进行
检查,如果对方 P1 也想进入,同时系统也轮到 P1 进   检查,如果对方 P0 也想进入,同时系统也轮到 P0 进
入,则 P0 阻塞,等待对方退出临界区;否则 P0 直接   入,则 P1 阻塞,等待对方退出临界区;否则 P1 直接
进入临界区*/                          进入临界区*/
    临界区;                             临界区;
flag[0]=0; /*P0 退出临界区*/          flag[1]=0; /*P1 退出临界区*/
    退出区;                             退出区;
}                                  }
```

每个进程 Pi 在进入临界区前把 flag[i] 的值设为 1,在退出临界区时,把 flag[i] 的值设为 0。

下面来考虑两个进程进入临界区的情况。先看进程 P0,如果进程 P0 申请进入临界区,它设置 flag[0]=1、turn=1,如果这时 P1 在临界区内,则 flag[1]=1,那么 flag[1]&&turn==1 的值为真(这时进程 P1 申请进入临界区且临界区对 P1 开放,即 P1 具备条件进入了临界区),此时进程 P0 只能空循环来等待,不能进入临界区。如果 P1 不在临界区内,则 flag[1]=0,flag[1]&&turn==1 的值为假,循环结束,进程 P0 进入临界区。在临界区代码执行完毕之后,进程再将 flag[0] 的值设为 0。进程 P1 的情况也是类似。借助 flag[0],flag[1] 和 turn 3 个标志位可以实现 P0 和 P1 互斥地进入临界区。

该算法满足解决临界区问题的几个准则:空闲让进、忙则等待和有限等待。

1)满足空闲让进。如果进程 P1 不在临界区,则 flag[1]=0,或者 turn=0,则 P0 满足条件能进入。

2)满足忙则等待。如果两个进程都进入,则 flag[0]=flag[1]=1,turn==0==1,相互矛盾,所以只能互斥进入。

3)满足有限等待。如果有一个进程序列:P1、P1、P1、P0,每个进程都想进入临界区,当第一个 P1 进入后,P0 要求进入,这时 flag[0]=true;P1 在临界区时,有 turn=0,P1 不再改变 turn 值,所以后面的 P1 会循环等待,P0 则会成为第二个进入临界区的进程。

采用软件方法可以实现进程互斥使用临界资源,但它们通常能实现两个进程的互斥,很难控制多个进程的互斥,并且软件方法始终不能解决忙等现象,降低了系统的效率。

3.2.4　实现互斥的硬件方法

采用硬件方法也可以实现并发进程互斥地进入临界区。目前许多计算机已经提供了一些特殊的硬件指令，允许对一个字中的内容进行检测和修正，或者是对两个字的内容进行交换等。可以利用这些特殊的指令来解决临界区问题。实际上，在对临界区进行管理时，可以将标志看作一把锁，"锁开"则进入，"锁关"则阻塞等待，初始时锁是打开的。每个要进入临界区的进程必须先对锁进行测试，当锁未开时，则必须等待，直至锁被打开。反之，当锁是打开的时候则应立即把其锁上，以阻止其他进程进入临界区。显然，为防止多个进程同时测试到锁为打开的情况，测试和关锁操作必须是连续的，不允许分开进行。利用硬件实现互斥的常见方法有关中断、专用机器指令等。

1. 关中断

通过硬件实现互斥进入临界区最简单的办法就是关闭 CPU 中断。在单处理机环境下，并发执行的进程不能在 CPU 上同时执行，只能交替执行。对于一个进程而言，它可以一直占用 CPU，直至被中断。因此，为了实现互斥，只要保证一个进程不被中断就可以了，通过系统内核开启中断、关闭中断来实现。

CPU 进行进程或线程的切换是需要通过中断来实现的。如果屏蔽了中断就可以保证当前进程顺利地将临界区代码执行完，从而实现了互斥。这个办法如图 3-3 所示。

关中断的方法有许多缺点：①滥用关中断权力可能导致严重后果；②关中断时间过长会影响系统效率，限制了处理器交叉执行程序的能力；③关中断方法也不适用于多 CPU 系统，因为在一个处理器上关中断，并不能防止进程在其他处理器上执行相同临界段代码。

图 3-3　关中断实现访问临界区

2. TS 指令

利用一些专用机器指令也能实现互斥，机器指令在一个指令周期内执行，不会受到其他指令的干扰，也不会被中断。Test and Set 指令（测试并建立指令，简称 TS 指令）就是较常用的一种机器指令，其定义如下：

```
bool TS(bool &lock)
{
    bool temp;
    temp=lock;
    lock=true;
    return temp;
}
```

可把这条指令看作函数过程，其执行过程是不可分割的。它有一个布尔参数 lock 和一个返回值 TS(lock)。设置布尔变量 lock 代表了临界资源的状态，当 lock=true 时，表示临界区被占用，锁处于关闭状态，进程不可以进入，这时 TS(lock)=true，表示上锁关闭；当 lock=false 时，表示临界区空闲，锁处于打开状态，进程可以进入，指令返回值 TS(lock)=false，表示开锁。

用 TS 指令实现临界区管理（互斥）的算法如下：

```
bool s=false;
process Pi()       // i=0,1,2,…,n
{
    while(TS(s));
    临界区;
    s=false;
}
```

用 TS 指令实现互斥时，可以为每个临界资源设置一个布尔变量 s 并赋予初值 false，表示该临界资源目前可用。当进程需要进入临界区时，先调用 TS 指令进行测试，如果无进程位于临界区，资源可用，则 TS 指令返回值为假，进程可以进入临界区。如果有进程位于临界区，则 s 值为 true，TS 的返回值为真，进程将一直执行空循环等待，处于上锁状态，从而实现了进程互斥。

3. Swap 指令

另一个常见的机器指令为 Swap（对换）指令，它的功能是交换两个字的内容。在 Intel 80×86 中，Swap 指令称为 XCHG 指令。定义如下：

```
void Swap (bool &a, bool &b)
{
    bool temp=a;
    a=b;
    b=temp;
}
```

一般情况下，并发进程很不容易知道临界区当前是否空闲，只能通过 CPU 中相关寄存器的状态位来了解情况。Swap 指令通过不断将寄存器中的内容交换出来，了解当前临界区的状态是否可以进入。使用 Swap 指令实现进程互斥时，需要为每个临界区设置布尔变量 lock，当值为 false 时，表示临界区空闲，无进程在临界区内；当值为 true 时，表示临界区已经被占用。同时每个进程设置一个私有布尔变量 key，表示是一把锁，key=true 表示是上锁；key=false 表示是开锁。每个进程不断测试临界区状态，通过交换指令来发现 lock 是否为 false。唯一能进入临界区的进程就是发现 lock=false 的那个进程。当一个进程发现 lock=false 时，则把自己的 key=true，通过交换指令把 lock 设置为 true 来避免其他进程进入临界区，相当于给临界区加把锁。这样一条 Swap 交换指令，完成了不可分割的两个动作：一是发现空闲临界区；二是为临界区加把锁，防止其他进程进入。一个进程离开临界区时，它把 lock 重置为 false，允许另一个进程进入临界区。

使用 Swap 指令实现进程互斥的程序如下：

```
bool  lock=false;                 //无进程在临界区
process Pi()                      //i=1,2,…,n
{
    bool key=true;
    do{
     Swap(key,lock);
     } while(key!=false);         //上锁
```

```
        临界区;
        lock=false;              //开锁
    }
```

4. 硬件方法的优缺点

（1）优点

硬件方法由于采用硬件处理机指令能很好地把修改和检查操作结合在一起而具有明显的优点,具有适用范围广（适用于任意数目的进程,在单处理器或多处理器上都可以）、方法简单、容易验证其正确性等优点,并且可以支持进程在内存中的多个临界区。

（2）缺点

硬件方法的缺点有 3 个:一是等待要耗费 CPU 时间,不能实现"有限等待";二是可能出现饥饿（不公平）现象;三是可能出现死锁现象。

由于软件方法和硬件方法都存在缺陷,因此需要寻找其他合适的机制来实现进程同步。

3.3 信号量和 PV 操作

使用软件方法和硬件方法虽然能够解决进程互斥访问临界区的问题,但都存在一些明显的缺陷。现在系统中多采用信号量机制来解决进程同步问题。信号量的概念是 1965 年由著名的荷兰计算机科学家 Dijkstra 提出的。信号量的概念是模拟交通管制中使用的信号灯,信号灯是铁路交通管理中的一种常用设备,交通管理人员利用信号灯的状态（颜色）来实现交通管理。Dijkstra 将使用信号来协调铁路这个公共资源的方法引用到进程同步中来,形成了信号量机制。这是一种卓有成效的进程同步工具。在长期且广泛的应用中,信号量机制得到了很大的发展,它从整型信号量到记录型信号量,进而发展为"信号量集"机制。它被广泛应用到单处理机系统、多处理机系统和计算机网络中。

3.3.1 信号量的概念

在多道程序系统中,让两个或多个进程通过特殊变量展开交互。一个进程在某一特殊点上被迫停止执行直到接收到一个对应的特殊变量值,通过特殊变量,任何复杂的进程交互要求都可以得到满足,这种特殊变量就是信号量。为了通过信号量传送信号,进程可以通过 P、V 两个特殊的操作来发送和接收信号。如果进程相应的信号仍然没有送到,则进程被挂起直到信号到达为止。

1. 信号量的定义和分类

（1）定义

在操作系统中,信号量用来表示物理资源的实体,它是一个与队列有关的整型变量。实现时,信号量是一种变量类型,常常用一个记录型数据结构表示,它有两个分量:一个是信号量的值,另一个是信号量队列的队列指针。除赋初值外,信号量仅能由同步原语对其进行操作,没有任何其他方法可以检查和操作信号量。所谓原语是由若干个机器指令构成的完成某种特定功能的一段程序,具有不可分割性,即原语的执行必须是连续的,在执行过程中不允许被中断。原语是一种原子操作。Dijkstra 发明了两个信号量操作原语:P 操作和 V 操作［荷兰语中测试（proberen）和增量（verhogen）的首字母］,此外,常用到的符号还有 wait 和 signal、up 和 down、sleep 和 wakeup 等。本书中采用 Dijkstra 最早论文中使用的符号 P 和 V（wait 和 signal）。利用信号量和 PV 操作既可以解决并发进程的竞争问题，又可以解决并发进程的协作问题。

（2）分类

1）信号量按其用途可分为以下两种。

① 公用信号量：联系一组并发进程，相关的进程均可在此信号量上执行 PV 操作。初值常常为 1，用于实现进程互斥。

② 私有信号量：联系一组并发进程，仅允许此信号量拥有的进程执行 P 操作，而其他相关进程可在其上执行 V 操作。初值常常为 0 或正整数，多用于并发进程同步。

2）信号量按其取值可分为以下两种。

① 二元信号量：仅允许取值为 0 和 1，主要用于解决进程互斥问题。

② 一般信号量：允许取值为非负整数，主要用于解决进程同步问题。

2．几种常见的信号量

（1）整型信号量

设 s 为一个整型值，代表资源数目。除初始化外，仅能通过 P、V 操作来访问它，这时 P 操作原语和 V 操作原语定义如下。

1）P(s)：当信号量 s 大于 0 时，将信号量 s 减 1，否则调用 P(s)的进程等待直到信号量 s 大于 0。

```
while(s<=0)  do null operation;     /* 空循环 */
s=s-1;                              /* s 减 1 */
```

2）V(s)：将信号量 s 加 1。

```
s=s+1;                              /* s 加 1 */
```

整型信号量机制中的 P 操作，只要信号量 $s \leq 0$，就会不断测试，进程处于"忙则等待"。后来对整型信号量进行了扩充，增加了一个等待 s 信号量所代表资源的等待进程的队列，以实现"让权等待"，这就是下面要介绍的记录型信号量机制。

（2）记录型信号量

设 s 为一个记录型数据结构，其中一个分量为整型值 value，另一个分量为信号量队列 queue，value 通常是一个具有非负初值的整型变量，queue 是一个初始状态为空的进程队列。这时 P 操作原语和 V 操作原语的定义修改如下。

1）P(s)：将信号量 s 减 1，若结果小于 0，则调用 P(s)的进程被置成等待信号量 s 的状态。

2）V(s)：将信号量 s 加 1，若结果不大于 0，则释放一个等待信号量 s 的进程。

记录型信号量是由于它采用了记录型的数据结构而得名的。它所包含的上述两个数据项可描述为

```
typedef struct{
    int value;
    struct PCB * queue;
}semaphore;
```

P 原语所执行的操作可用如下函数 wait(S)来表示。

```
void wait(semaphore S)
{
    S.value--;
    if S.value<0
        {
    Block(S.queue);/* 将调用wait(S)函数的进程阻塞,并将其投入到等待队列S.queue*/
        }
}
```

V 原语所执行的操作可用如下函数 signal(S) 来表示。

```
void signal(semaphore S)
{
    S.value=S.value+1;
    if(S.value<=0) wakeup(S.queue);
    /*唤醒阻塞进程,将其从等待队列S.queue中取出,投入到就绪队列*/
}
```

3.3.2 信号量的物理意义

1）信号量其实就是一个记录型数据结构，这个记录型数据结构包含一个具有非负初值的整型变量和一个初始状态为空的等待队列。一般每一类资源对应一个信号量，其中的整型变量代表了可用资源的数目，等待队列中所存放的 PCB 是等待使用这种资源的进程。整型变量的值如果大于零，代表有多个资源可用；整型变量的值如果等于零，代表无可用资源；整型变量的值如果小于零，代表有进程在等待资源，整型变量的绝对值等于等待队列中进程的数目。

2）wait 操作的物理意义其实就是分配资源的过程。执行 wait 操作时，一般是进程要申请资源，资源量首先减 1，代表分配或预分配（无可用资源时预分配）。之后判断分配或预分配后资源数量是否小于零，如果小于零代表目前系统中无资源，之前为预分配，进程需要进入等待队列等候资源，进程被阻塞。

3）signal 操作的物理意义其实就是释放资源的过程。执行 signal 操作时，一般是进程要归还资源，资源量首先加 1。如果加 1 后，资源数目依然小于等于零，这就意味着仍有进程在等待资源，这时候调用进程离开临界区之前，需要从等待队列中唤醒一个进程，让该进程进入就绪队列，等待调度获得资源去执行；如果资源数目大于零，表示目前信号量队列中没有等待该资源的进程，则调用进程直接离开临界区即可。

4）信号量只能通过初始化和两个标准的原语 PV 来访问。作为操作系统核心代码执行，PV 操作不受进程调度的打断。

3.4 互斥信号量

1. 使用互斥信号量实现进程互斥

要用信号量实现进程互斥，首先要为临界资源设置一互斥信号量 mutex，令其初始值为 1，然后在临界区之前的进入区加 wait(mutex)，临界区之后的退出区加 signal(mutex)。假设有两个进程 P1、P2 要共享一临界资源，可用信号量实现如下：

```
semaphore mutex;
mutex.value=1;
P1()                                        P2()
{                                           {
    wait(mutex);                                wait(mutex);
    临界区;                                      临界区;
    signal(mutex);                              signal(mutex);
}                                           }
```

每个进程在进入临界区之前都要执行 wait(mutex)操作，在退出临界区后要执行 signal(mutex)操作。如果 P1 要进入临界区，此时 P2 尚未进入临界区，则 mutex.value 的值为 1，P1 执行完 wait(mutex)后 mutex.value 变为 0，P1 进入临界区执行。在 P1 执行临界区代码期间，如果 P2 也要进入临界区，必须也要执行 wait(mutex)，这时，mutex.value 变为 -1，进程 P2 阻塞进入等待队列等待。等到 P1 临界区代码执行完毕，P1 执行 signal(mutex)，mutex.value 由-1 变为 0，排在等待队列的进程 P2 被唤醒去执行。反过来，如果 P2 进入临界区，P1 去申请，情况类似。可以看出使用互斥信号量可以很好地实现进程互斥。但需要注意的是，互斥信号量的 PV 操作要成对出现。

2. 哲学家进餐问题

（1）问题描述

哲学家进餐问题是一个经典的进程同步问题，该问题最早由 Dijkstra 提出，用以演示他提出的信号量机制。一个圆桌上围坐着 5 个哲学家，他们每天的生活方式就是交替进行吃饭和思考。圆桌上放了 5 个碗和 5 根筷子，平时哲学家进行思考，饥饿时拿起他左手边和右手边的 2 根筷子，试图进餐。进餐完毕后，放下 2 根筷子，继续思考。这里的问题是哲学家只有同时拿到他左手边和右手边的 2 根筷子才能进餐，而拿到 2 根筷子的条件是他的左右邻居此时没有进餐。

（2）利用记录型信号量解决哲学家进餐问题

筷子是临界资源，一次只允许一个哲学家使用。因此可以使用互斥信号量来实现。这是一个典型的进程互斥问题。将每个哲学家看作一个进程 Pi，则进程活动可描述如下：

```
Pi(int i)
{
    eat;
    think;
}
```

其中每根筷子 i 都是一个临界资源，可供筷子 i 左右两边的 2 个哲学家共享。要想保证一根筷子一次只能有一个哲学家使用，就要为每根筷子创建一个互斥信号量 chopsticks[i]，哲学家要想吃饭，必须通过执行 wait()操作试图获取相应的筷子，他会通过执行 signal()操作以释放相应的筷子。算法描述如下：

```
semaphore chopstick[5]={1,1,1,1,1};
void Pi(int i)
{
    while(true)
```

```
        {
        wait(chopstick[i]);
        wait(chopstick[(i+1)%5]);
        eat;
        signal(chopstick[i]);
        signal(chopstick[(i+1)%5]);
        think;
        }
    }
```

（3）要注意的问题

在以上算法中，虽然解决了 2 个相邻哲学家不会同时进餐的问题，但是如果所有哲学家都同时先拿左手边的筷子，再拿右手边的筷子，那么就会出现 5 个哲学家都拿到了左手边的筷子而等待右手边筷子的情况，称为死锁现象，有下面几种方法可以解决。

1）至多允许 4 个哲学家同时进餐。

2）奇数号哲学家先取左手边的筷子，然后取右手边的筷子；偶数号哲学家先取右手边的筷子，然后取左手边的筷子。

3）每个哲学家只有当他左右两根筷子都可用时才允许他拿起筷子。

3．读者—写者问题

（1）问题描述

读者—写者问题是进程同步中的另一个经典问题，这是 Courtois 于 1971 年提出并解决的问题。一组数据可以被多个进程共享，这些进程中的一部分对这些数据只执行读操作，称为读者；另一部分可以对数据进行修改，称为写者。多个读者可以同时读取数据，但是读者和写者之间、写者和写者之间不能同时使用数据，以免造成数据不一致的错误。因此要求：

1）允许多个读者可以同时对数据执行读操作。

2）一次只允许一个写者对数据进行修改。

3）任一写者在完成写操作之前不允许其他读者或写者工作。

（2）用记录型信号量解决读者—写者问题

我们先将读者、写者的主要活动抽象如下。

```
Reader()                          Writer()
{                                 {
    读数据;                            改数据;
}                                 }
```

下面先来讨论一个读者和一个写者的情况。因为写者和读者之间必须互斥地使用数据，所以需要使用互斥信号量。写者修改数据前，需要先申请数据的使用权，修改数据后，要释放数据的使用权。读者读数据时，为了防止读的过程中有写者使用数据，也需要先申请数据使用权。为了互斥使用数据，设互斥信号量 mutex，代表进程要访问的数据。

```
semaphore mutex;
mutex.value=1;
Reader()                          Writer()
{                                 {
```

```
        wait(mutex);                          wait(mutex);
        读数据;                                改数据;
        signal(mutex);                        signal(mutex);
    }                                     }
```

再来讨论多个读者的情况，多个读者同时使用数据时，只有第一个读数据的进程才需要申请数据使用权，最后一个读数据的进程才需要释放数据的使用权。为统计读者数目，设变量 readernum，因为可能有多个读者同时使用 readernum，所以需要为共享变量 readernum 设一个互斥信号量 readermutex，对临界资源 readernum 进行保护。

```
semaphore mutex,readermutex;
int readernum=0;
mutex.value=1;
readermutex.value=1;
Reader()                              Writer()
{                                     {
    wait(readermutex);                    wait(mutex);
    if(readernum==0) wait(mutex);         改数据;
    readernum++;                          signal(mutex);
    signal(readermutex);
    读数据;                            }
    wait(readermutex);
    readernum--;
    if(readernum==0)signal(mutex);
    signal(readermutex);
}
```

（3）要思考的问题

对于读者—写者问题，有下面 3 种优先策略。

1）读者优先。当读者进行读操作时，后续的写者必须等待，直到所有的读者均离开后，写者才可以进入。上述描述的算法就是这种情况。

2）写者优先。当有读者正在读共享数据时，有写者请求访问，这时应禁止后续读者的请求；等待当前已在共享数据的读者执行完毕后则立即让写者执行；只有在无写者执行的情况下才允许读者再次运行。如果有一个不可中断的写者序列，读者进程会被无限期地推迟。

3）公平策略。在一个写者到达时如果有正在工作的读者，那么该写者只要等待正在工作的读者完成，而不必等候其后面到来的读者就可以进行写操作，即当一个写者到来时，只有那些已经获得授权允许读的进程才被允许完成它们的读操作，写者之后到来的新读者将被推迟，直到写者完成。也可以说读者写者无差别地进行操作，它们排着队执行。

公平策略可定义如下规则。

① 规则 1：在一个读序列中，如果有写者等待，则不允许新来的读者开始执行。

② 规则 2：在一个写操作结束时，所有等待的读者应该比下一个写者有更高的优先权。

3.5　同步信号量

3.5.1　进程同步关系

前面讨论过进程间的两种制约关系，其中直接制约关系主要存在于合作进程间。我们把异步环境下的一组并发进程因直接制约而互相发送消息、进行互相合作、互相等待，使各进程按一定的速度执行的过程称为进程间的同步。具有同步关系的一组并发进程称为合作进程，合作进程间互相发送的信号称为消息或事件。如果我们对一个消息或事件赋以唯一的消息名，则可用过程 wait(消息名)表示进程等待合作进程发来的消息，而用过程 signal(消息名)表示向合作进程发送消息。这种同步关系可以通过信号量来实现，能够实现同步关系的信号量称为同步信号量。

3.5.2　使用同步信号量实现进程同步

1．单向同步关系

假设进程 P0 中的操作 A 和进程 P1 中的操作 B 存在前趋关系 A→B，即 A 要先执行，B 再执行。要想实现这种前趋关系，可以通过信号量来完成。

设一个同步信号量 $s1$，设其初值为 0。当进程 P0 中的操作 A 执行之后，进程 P0 要执行的语句是信号量 $s1$ 的 signal 操作。在进程 P1 中，操作 B 执行之前，要执行信号量 $s1$ 的 wait 操作。这样可以实现操作 A 与操作 B 之间的前趋关系。代码如下所示：

```
semaphore s1;
s1.value=0;
P0()                          P1()
{                             {
    A;                            wait(s1);
    signal(s1);                   B;
}                             }
```

我们分析一下进程 P0 和进程 P1 之间的同步关系通过信号量 $s1$ 是否得到了保障。$s1$ 的初值为 0，如果进程 P0 先执行，则操作 A 执行后，执行 signal($s1$)操作，$s1$ 的值由 0 变为 1。进程 P1 的操作 B 在执行前需要先执行 wait($s1$)操作。进程 P1 执行 wait($s1$)后，$s1$ 的值由 1 变为 0，可以进入操作 B 的执行。如果进程 P0 的操作 A 还没有执行，则 $s1$ 的值为 0，进程 P1 先执行 wait($s1$)，$s1$ 的值由 0 变为-1，进程 P1 被阻塞到信号量 $s1$ 的等待队列中，暂时无法执行操作 B。这时进程 P0 执行操作 A，执行 signal($s1$)语句，$s1$ 的值由-1 变成 0，释放了信号量 $s1$ 等待队列上的进程 P1，进程 P1 进入就绪队列，被调度后执行操作 B，这样就实现了 A→B 的前趋关系。

为了便于记忆，可以通过 wait 和 signal 两个英文单词的含义进行理解。signal 的英文意思是信号，动词是"发信号"。wait 的英文意思是等待、等候，此时可以理解为"等信号"。前趋关系 A→B，表示 A 先执行，然后给 B 发信号；B 在执行之前，等候 A 发信号，只有接到信号后，B 才执行。所以，在 A 之后，有一个 signal(*s*)的操作，在 B 之前，有一个 wait(*s*)的操作，这样才能形成同步关系。

注意一下，这里 A 和 B 分别属于两个不同进程的操作，通过信号量可以实现两个进程中不同操作执行的先后顺序。信号量的 PV 操作分割在两个进程中。如果 A 和 B 同属于一个进程，则很简单，直接把操作 A 放到操作 B 前面即可，就不需要同步信号量了。

如果进程 P0 中的操作 A1、A2 和进程 P1 中的操作 B1、B2 存在前趋关系 A1→B1 和 A2→B2，那如何利用信号量实现这两个前趋关系呢？

```
P0()                                      P1()
{                                         {
    …                                         …
    A1;  ──────────────────────────→          B1;
    …                                         …
    A2;  ──────────────────────────→          B2;
    …                                         …
}                                         }
```

这里有两个前趋关系，需要两个信号量来实现。分别设立同步信号量 *s*1 和 *s*2 代表这两种前趋关系，初值都为 0。在进程 P0 和 P1 中，在操作 A 的后面执行 signal 操作，在操作 B 的前面执行 wait 操作。具体实现如下所示：

```
semaphore s1, s2;
s1.value=0; s2.value=0;
P0()                                      P1()
{                                         {
    A1;                                       wait(s1);
    signal(s1);                               B1;
    A2;                                       wait(s2);
    signal(s2);                               B2;
}                                         }
```

2. 双向同步关系

如果进程 P0 中的操作 A1、A2 和进程 P1 中的操作 B1、B2 存在前趋关系 A1→B2 和 B1→A2，两个前趋关系方向不一致了，如何利用信号量实现这两个前趋关系呢？

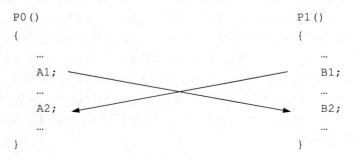

```
P0()                                      P1()
{                                         {
    …                                         …
    A1;                                       B1;
    …                                         …
    A2;                                       B2;
    …                                         …
}                                         }
```

这里也需要两个信号量来实现。分别设立同步信号量 $s1$ 和 $s2$ 代表 A1→B2、B1→A2 这两种前趋关系，初值都为 0。在进程 P0 中，在操作 A1 的后面执行 signal($s1$)操作，在操作 A2 的前面执行 wait($s2$)操作。在进程 P1 中，在操作 B1 的后面执行 signal($s2$)操作，在操作 B2 的前面执行 wait($s1$)操作。具体实现如下所示：

```
semaphore s1,s2;
s1.value=0;  s2.value=0;
P0()                            P1()
{                               {
    A1;                             B1;
    signal(s1);                     signal(s2);
    wait(s2);                       wait(s1);
    A2;                             B2;
}                               }
```

在这种双向同步关系中，进程 P0 依赖于进程 P1，同时进程 P1 依赖于进程 P0，它们之间相互依赖。相互依赖关系主要是由任务的反复执行产生的。在这个例子中，初始状态下进程 P0 的第一次执行不受限制，但是进程 P0 的第二次执行就要依赖于进程 P1 的执行，而进程 P1 的执行就要依赖于进程 P0 的执行。

这里讲述一个特殊的双向同步关系。上例中如果进程 P0 中的操作 A1 和 A2 合成一个操作 A，进程 P1 中的操作 B1 和 B2 合成一个操作 B，则存在的前趋关系变成 A→B 和 B→A，如何使用信号量来实现呢？初值如何变化？

这是双向同步关系的特例，也需要两个信号量来实现。代码如下：

```
semaphore s1,s2;
s1.value=0;
s2.value=0;
P0()                            P1()
{                               {
    wait(s2);                       wait(s1);
    A;                              B;
    signal(s1);                     signal(s2);
}                               }
```

如果两个信号量的初值都是 0，则进程 P0 和 P1 很快就被阻塞，而且无法被释放。所以为了能够让两个进程顺利反复执行，需要使 $s1$ 和 $s2$ 中一个信号量的初值为 1，以便让一个进程先开始执行。

3. 利用信号量实现前趋关系

利用同步信号量可以描述程序或语句之间的前趋关系。程序中的前趋关系可以用前趋图来描述，如图 3-4 所示。

为使各程序段能正确执行，应设置若干个初始值为 "0" 的信号量。例如，为保证 S1→S2、S1→S3 的前趋关系，应分别设置信号量 a 和 b，同样，为了保证 S2→S4、S3→S4、S4→S5，应设置信号量 c、d、e。使用同步信号量实现前趋关系的代码如下所示：

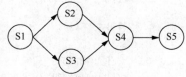

图 3-4　前趋图

```
semaphore  a,b,c,d,e;
a=b=c=d=e=0; /*信号量的值简化为用信号量表示,如 a.value 可简化为 a*/
begin
cobegin
    begin  S1;signal(a);signal(b); end;
    begin  wait(a);S2; signal(c); end;
    begin  wait(b);S3; signal(d); end;
    begin  wait(c);wait(d);S4;signal(e) end;
    begin  wait(e);S5; end;
    coend
end
```

这里的 begin 和 end 表示开始和结束，cobegin 和 coend 表示并发开始和并发结束。

3.5.3　简单的生产者—消费者问题

1．问题描述

生产者—消费者问题（简称 PC 问题）也称为有限缓冲问题。它也是一个经典的进程同步问题，由 Dijkstra 提出，用以演示他所提出的信号量机制。它是这样描述的：有两类进程，生产者进程生产物品，然后将物品放置在一个空缓冲区（指在内存中开辟一块存储空间，用来暂存输入或输出的数据，这种内存空间就叫作缓冲区，目的是缓和高速设备与低速设备之间速度不匹配的问题）中供消费者进程消费；消费者进程从缓冲区中获得物品，然后使用物品进行消费；当生产者进程生产物品时，如果没有空缓冲区可用，那么生产者进程必须等待消费者进程释放出一个空缓冲区。当消费者进程取物品进行消费时，如果缓冲区没有物品，即没有满的缓冲区，那么消费者进程将被阻塞，直到新的物品被生产出来，放入缓冲区中。

假定生产者进程个数为 n，消费者个数为 m，缓冲区个数为 k，可以把 PC 问题分为以下 4 类。

（1）简单 PC 问题

把 $n=1$、$m=1$ 且 $k=1$ 时的 PC 问题称为简单 PC 问题。

（2）一般 PC 问题

把 $n=1$、$m=1$ 且 $k>1$ 时的 PC 问题称为一般 PC 问题。

（3）复杂 PC 问题

把 $n>1$、$m>1$ 且 $k>1$ 时的 PC 问题称为复杂 PC 问题。

（4）特殊 PC 问题

特别地，把 $k=1$、$n+m=3$ 或 $n+m=4$ 时的 PC 问题称为特殊 PC 问题。

2．利用记录型信号量解决简单 PC 问题

首先这两个进程的活动用代码简单描述如下：

```
Producer()                              Consumer()
{                                       {
    生产物品;                               从缓冲区中取物品;
    将物品放到空缓冲区;                       消费物品;
}                                       }
```

先来考虑简单的情况，假设一个生产者和一个消费者之间只有一个缓冲区用来存放物品，这两个进程因为共享公共缓冲区而存在一个同步问题，即生产者放完物品消费者才能取物品，消费者取完物品生产者才能放物品。这种情况可以用图 3-5 来表示。

图 3-5　简单的生产者—消费者问题

在 Producer 中，假设将物品放到空缓冲区，形成一个满缓冲区的动作定义为操作 A；在 Consumer 中，从满缓冲区取物品，形成一个空缓冲区的动作定义为操作 B。根据同步关系，形成 A→B 和 B→A 两个前趋关系。对于 A→B，设置信号量 empty，对于 B→A，设置信号量 full。按照 3.5.2 节使用同步信号量实现进程同步的方法，形成如下的算法。

```
semaphore empty,full;
full.value=0;
empty.value=1;
Producer()                          Consumer()
{                                   {
    生产物品;                            wait(full);
    wait(empty);                        从缓冲区中取物品;
    将物品放到空缓冲区;                    signal(empty);
    signal(full);                       使用物品;
}                                   }
```

也可以这样理解算法,将 wait(empty)和 wait(full)表示成申请一个空缓冲区和满缓冲区，将 signal(full)和 signal(empty)表示成释放一个满缓冲区和空缓冲区。生产者在放物品前先要通过 wait(empty)申请一个空缓冲区，放完物品后要通过 singal(full)释放一个满缓冲区。消费者在取物品前先要通过 wait(full)申请一个满缓冲区，在取物品之后通过 signal(empty)释放一个空缓冲区。

3. 需要注意的问题

（1）并发进程不需要过分关注实现细节

例如，生产的物品是什么类型的，缓冲区能否放下物品等，这些实现细节在并发进程设计中不予考虑。

（2）注意 empty 和 full 的初值

因为初始状态缓冲区是空的，所以 empty=1，它不是满的，故 full=0。在这里 empty+full=1。

3.6　资源信号量

3.6.1　使用资源信号量实现进程间的资源分配

资源信号量对应着某一类共享资源，可以用它来控制使用这类资源的进程数目。首先要为该类资源设置一资源信号量 S，其初始值为可用资源的数目，然后每个进程在使用资源之前加 wait(S)申请资源，令资源数目减 1，表示系统中该类可用资源的数目少了一个。使用完毕之后加 signal(S)释放资源，令可用资源数目加 1，表示系统中该类可用资源的数目多了一个。其实现如下：

```
semaphore S;
S.value=n;
Pi()
{
    wait(S);
    资源使用;
    signal(S);
}
```

S 的初始值为 n，意味着最多有 n 个进程可以同时使用该类资源，当 n 个进程申请该资源时，都执行 wait(S)操作，S.value 的值每次减 1，直到减为 0。当第 $n+1$ 个进程申请资源时，执行 wait(S)操作，S.value 的值变为-1，该进程申请不到资源，只能排队阻塞。

3.6.2 复杂的生产者—消费者问题

在前面的内容中我们讨论了简单的生产者—消费者问题，下面我们来讨论一些复杂的情况。

1. 一般 PC 问题

（1）问题描述

如果一个生产者和一个消费者之间设置的是包含 k 个缓冲区的存储区域，那么我们可用资源信号量来控制缓冲区的使用。因为生产者进程和消费者进程不断地往缓冲区放产品和取产品，所以缓冲区可以被认为是一个循环队列，用一个数组表示它。对于队列而言，有出队和入队两个操作，可以用 in 和 out 两个整型指针分别指向一个空缓冲区和满缓冲区，如图 3-6 所示。

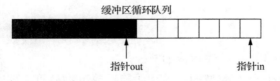

缓冲区循环队列

指针out   指针in

图 3-6　PC 问题中的缓冲区

（2）利用记录型信号量解决一般 PC 问题

因为生产者和消费者都对一个缓冲区进行操作，理应对缓冲区互斥访问。所以第一种算法中，生产者和消费者之间不仅具有一般的同步关系，还具有互斥关系。

算法 1：

设置互斥信号量 mutex，实现互斥。设置同步信号量 empty 和 full，empty 和 full 的大小分别表示可用的空缓冲区的数目和可用的满缓冲区的数目。当生产者放一个产品前申请使用空缓冲区，空的缓冲区数目减 1，放产品后，满缓冲区数目加 1。消费者取一个产品前申请使用满缓冲区，满缓冲区数目减 1，取产品后，空缓冲区数目加 1。这里 empty+full=k。同时我们还需对缓冲区编号（缓冲区 1，缓冲区 2，…，缓冲区 k），设两个整型指针 in 和

out 分别指向生产者和消费者可以使用的缓冲区，每次生产者放产品后 in 指针后移加 1，消费者取产品后 out 指针后移加 1。多个缓冲区可循环使用，通过取余运算（%运算）来实现。

算法 1 的代码如下：

```
semaphore empty,full,mutex;
int in=0,out=0;full.value=0; empty.value=k; mutex.value=1;
Producer()                          Consumer()
{                                   {
    生产物品;                           wait(full);
    wait(empty);                        wait(mutex);
    wait(mutex);                        从 out 指向的缓冲区中取物品;
    将物品放到 in 指向的缓冲区;           out=(out+1)%k;
    in=(in+1) % k;                      signal(mutex);
    signal(mutex);                      signal(empty);
    signal(full);                       使用物品;
}                                   }
```

算法 1 需要注意的问题如下。

1）缓冲区是临界资源，所以在进程使用时，首先要检查是否有其他进程在临界区。在进程中，wait(mutex)和 signal(mutex)必须成对出现。

2）对资源信号量的 PV 操作同样需要成对出现，与互斥信号量不同的是，wait 操作和 signal 操作分别处于不同的程序中。例如，wait(empty)在生产者进程中，而 signal(empty)在消费者进程中。当生产者进程因执行了 wait(empty)而阻塞时，由消费者进程使用 signal(empty)将其唤醒。

3）wait(full)/wait(empty)与 wait(mutex)的顺序不能颠倒，即进程必须先对资源信号量进行 P 操作，再对互斥信号量进行 P 操作，否则会引起死锁。这个问题可以延伸到所有关于 PV 操作的顺序中。在有多个信号量同时存在的情况下，P 操作往往是顺序不能颠倒的，必须先对资源信号量进行 P 操作，再对互斥信号量进行 P 操作，这样可以在占有信号量的访问权时保证有资源可以使用，否则会产生占用使用权而无资源可用的"死等"现象。

4）缺乏并行性。在算法 1 中，把缓冲区视为临界资源，导致生产者和消费者之间存在互斥关系。虽然缓冲区是临界资源，但是在实际工作中，生产者进程和消费者进程不会对缓冲区中的同一个单元格同时进行操作。生产者和消费者两个进程操作的对象不同：一个是空缓冲区，一个是满缓冲区。所以不可能出现两个进程同时访问同一个缓冲区的现象（因为一个缓冲区不可能出现它既是空的状态又是满的状态）。需要进行互斥的情况是有多个同类进程出现，如有多个生产者进程都在使用 empty 信号量，在这种情况下就一定需要互斥信号量。若同类进程只有一个，则记录型信号量即可完成同步工作。换句话说，互斥信号量就是给同类进程准备的。所以，在一般 PC 问题中，不需要使用互斥信号量，因而得到算法 2。

算法 2：

```
semaphore empty,full;
int in=0,out=0;full.value=0;empty.value=k;
Producer()                          Consumer()
{                                   {
    生产物品;                           wait(full);
```

```
    wait(empty);                          从 out 指向的缓冲区中取物品;
    将物品放到 in 指向的缓冲区;              out=(out+1)%k;
    in=(in+1)%k;                          signal(empty);
    signal(full);                         使用物品;
}                                     }
```

算法 2 需要注意的问题如下。

1）因为有 k 个缓冲区，初始时都为空，允许生产者进程一开始连续执行 k 次，所以初值 empty=k。

2）具有并行性，实现了生产者和消费者同时操作。生产者进程在向一个缓冲区存放产品的同时，消费者进程可以从另一个缓冲区取出已经放好的产品，从而提高并行程度。

2. 复杂 PC 问题

复杂 PC 问题是指有 m 个生产者、n 个消费者和 k 个缓冲区的生产者—消费者问题。与一般 PC 问题相比，这里增加了生产者和消费者进程的个数。可以看出，生产者与消费者之间的同步关系没有变化，但是在独立的生产者之间，可能存在两个或两个以上的进程同时向一个缓冲区存入物品的现象，所以生产者进程之间存放物品的操作必须互斥执行。同理，消费者进程之间取走物品的操作也必须互斥执行。因此，得到复杂 PC 问题的并发程序设计代码，描述如下。

多个生产者之间会存在互斥问题，而多个消费者之间也存在互斥问题，所以需要增加两个互斥信号量，定义信号量如下。

1）empty——表示缓冲区是否为空，初值为 k；full——表示缓冲区中是否为满，初值为 0。

2）mutex1——生产者之间的互斥信号量，初值为 1；mutex2——消费者之间的互斥信号量，初值为 1。

设缓冲区的编号为 $0 \sim k-1$，定义两个指针 in 和 out，分别是生产者进程和消费者进程使用的指针，指向下一个可用的缓冲区。

```
semaphore empty,full,mutex1,mutex2;
int in=0,out=0;full.value=0; empty.value=k; mutex1.value=1;mutex2.value=1;
Producer()                            Consumer()
{                                     {
    生产物品;                             wait(full);
    wait(empty);                          wait(mutex2);
    wait(mutex1);                         从 out 指向的缓冲区中取物品;
    将物品放到 in 指向的缓冲区;              out=(out+1)%k;
    in=(in+1)%k;                          signal(mutex2);
    signal(mutex1);                       signal(empty);
    signal(full);                         使用物品;
}                                     }
```

在有的书中，认为 k 个缓冲区是一个整体资源，任意进程之间对缓冲区的访问都必须互斥进行。所以把 mutex1 和 mutex2 合并成一个 mutex，这样做的优点是保护了缓冲区，防止出现操作错误，但是削弱了生产者进程和消费者进程之间的并发程度，降低了效率。

3. 特殊 PC 问题

特别地，把 $k=1$，$n+m=3$ 或 $n+m=4$ 时的 PC 问题称为特殊 PC 问题。下面举例来说明。

假定有 3 个进程 R、W1 和 W2 共享一个变量 B，进程 R 每次从输入设备读一个整数并存入变量 B 中；若变量 B 是奇数，则允许进程 W1 将其取出打印；若变量 B 是偶数，则允许进程 W2 将其取出打印。进程 R 必须在进程 W1 或 W2 取出变量 B 中的数后才能存入下一个数，请用信号量机制实现进程 R、W1 和 W2 的并发执行。

这里，把变量 B 看作 1 个缓冲区，进程 R 是 1 个生产者进程，进程 W1 和 W2 是 2 个消费者进程，这是一个特殊的 PC 问题。按照所讲的复杂 PC 问题，可以设 3 个信号量，第一个是 empty，表示变量 B 是否为空；第二个是 full_W1，表示变量 B 中存放的是否为奇数；第三个是 full_W2，表示变量 B 中存放的是否为偶数。

算法的代码如下：

```
semaphore empty,full_W1,full_W2;
full_W1.value=0; full_W2.value=0; empty.value=1;
R()                                W1()
{                                  {
    读入一个整数;                       wait(full_W1);
    wait(empty);                       将数据B取出打印;
    将整数放入变量B中;                   signal(empty);
    if(B%2==1)signal(full_W1);      }
    else                           W2()
    signal(full_W2);               {
}                                      wait(full_W2);
                                       将数据B取出打印;
                                       signal(empty);
                                   }
```

3.7　典型例题讲解

一、单选题

【例 3.1】下面关于临界区的叙述中，正确的是（　　）。

A. 临界区可以允许规定数目的多个进程同时执行

B. 临界区只包含一个程序段

C. 临界区是必须互斥地执行的程序段

D. 临界区的执行不能被中断

解析：对临界区概念的考查。临界区是访问临界资源的、必须互斥地执行的程序段。也就是说，当一个进程在某个临界段中执行时，其他进程不能进入相同临界资源的任何临界段。故本题答案是 C。

【例 3.2】对于两个并发进程，设互斥信号量为 mutex，若 mutex.value=0，则（　　）。

A. 表示没有进程进入临界区

B. 表示有一个进程进入临界区

C. 表示有一个进程进入临界区，另一个进程等待进入

D. 表示有两个进程进入临界区

解析：对互斥信号量的考查。互斥信号量的初值一般为 1，当有进程访问资源后，互斥信号量值为 0，此时如果又有进程申请使用资源，则互斥信号量值变为-1，申请进程等待。所以当互斥信号量值为 0 时，表明有进程进入临界区，但是无进程在等待进入。故本题答案是 B。

【例 3.3】两个进程合作完成一个任务。在并发执行中，一个进程要等待其合作伙伴发来消息，或者建立某个条件后再向前执行，这种制约性合作关系被称为进程的（ ）。

A. 同步   B. 互斥   C. 调度   D. 执行

解析：对进程同步概念的考查。故本题答案是 A。

【例 3.4】设与某资源关联的信号量（K）初值为 3，当前值为 1。若 M 表示该资源的可用个数，N 表示等待该资源的进程数，则当前 M、N 分别是（ ）。

A. 0、1   B. 1、0   C. 1、2   D. 2、0

解析：资源信号量表示相关资源的当前可用量。当 $K>0$ 时，表示还有 K 个相关资源可用，而当 $K<0$ 时，表示有 $|K|$ 个进程在等待该资源。故本题答案是 B。

【例 3.5】若系统中有 5 个并发进程涉及某个相同的变量 A，则变量 A 的相关临界区最少是由（ ）临界区构成。

A. 2 个   B. 3 个   C. 4 个   D. 5 个

解析：对临界区概念的考查。故本题答案是 D。

【例 3.6】P、V 操作是（ ）。

A. 两条低级进程通信原语   B. 两组不同的机器指令

C. 两条系统调用命令   D. 两条高级进程通信原语

解析：对 PV 操作的考查。PV 操作是一种低级进程通信原语。故本题答案是 A。

【例 3.7】一个正在访问临界资源的进程由于申请等待 I/O 操作而被中断，它是（ ）。

A. 可以允许其他进程进入与该进程相关的临界区

B. 不允许其他进程进入临界区

C. 可以允许其他进程抢占处理机，但不得进入该进程的临界区

D. 不允许任何进程抢占处理机

解析：进程进入临界区必须满足互斥条件。当进程进入临界区但是尚未离开时就被迫进入阻塞是可以的，系统中经常有这样的情形。在此状态下，只要其他进程在运行过程中不寻求进入该进程的临界区，就应该允许其运行，分配 CPU。故本题答案是 C。

【例 3.8】以下不是同步机制应遵循的准则是（ ）。

A. 让权等待   B. 空闲让进   C. 忙则等待   D. 无限等待

解析：同步机制的 4 个准则是空闲让进、忙则等待、让权等待和有限等待。故本题答案是 D。

【例 3.9】以下（ ）不属于临界资源。

A. 打印机   B. 非共享资源   C. 共享变量   D. 共享缓冲区

解析：临界资源是互斥共享资源，非共享资源不属于临界资源。打印机、共享变量和共享缓冲区都是只允许一次一个进程使用。故本题答案是 B。

【例 3.10】原语是（　　　）。

A．运行在用户态的过程 　　　　　　B．操作系统的内核

C．可中断的指令序列 　　　　　　　D．不可分割的指令序列

解析：原语具有原子性，其执行必须是连续的，在执行过程中不允许被中断。故本题答案为 D。

【例 3.11】有 3 个进程共享同一个程序段，而每次只允许两个进程进入该程序段，如用 PV 操作同步机制，则信号量 S 的取值范围是（　　　）。

A．2，1，0，−1 　　　　　　　　　　B．3，2，1，0

C．2，1，0，−1，−2 　　　　　　　　D．1，0，−1，−2

解析：因为每次允许两个进程进入该程序段，信号量最大值取 2。至多有 3 个进程申请，则信号量最小为−1，所以信号量可取 2，1，0，−1。故本题答案是 A。

二、填空题

【例 3.12】在具有 N 个进程的系统中，允许 M 个进程（$N \geq M \geq 1$）同时进入它们的共享区，其信号量 S 值的变化范围是_____，处于等待状态的进程数最多是_____个。

解析：信号量 S 用于控制进入共享区的进程数，初值为 M。极端情况是 N 个进程都需要进入共享区。故本题答案是（$M−N,M$），$N−M$。

【例 3.13】信号量的物理意义是当信号量值大于零时表示_____；当信号量值小于零时，其绝对值为_____。

解析：对信号量物理意义的考查。本题答案是可用资源的数目，因请求该资源而被阻塞的进程数目。

【例 3.14】用 V 操作唤醒一个等待进程时，被唤醒进程的状态变为_____。

解析：对 PV 操作和进程状态的综合考查。故本题答案是就绪。

【例 3.15】有两个用户进程 A 和 B，在运行过程中都要使用系统中的一台打印机输出计算结果，则 A、B 两进程之间为_____制约关系。

解析：对两种制约关系的考查。故本题答案是间接（或互斥）。

【例 3.16】Dekker 算法是第一个用软件方法能够正确对两个进程进行互斥的方法。该方法中用了_____个标志进行互斥。

解析：Dekker 算法设置 turn、flag[0]和 flag[1] 3 个全局共享的状态变量实现互斥。故本题答案是 3 个。

三、综合题

【例 3.17】有 3 个进程 PA、PB 和 PC 合作解决文件打印问题：PA 将文件记录从磁盘读入主存的缓冲区 1，每执行一次读一个记录；PB 将缓冲区 1 的内容复制到缓冲区 2，每执行一次复制一个记录；PC 将缓冲区 2 的内容打印出来，每执行一次打印一个记录。缓冲区的大小等于一个记录的大小，如图 3-7 所示。请用 PV 操作来保证文件的正确打印。

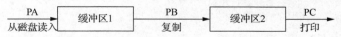

图 3-7　进程合作打印

解析：在本题中，进程 PA、PB、PC 之间的关系为，进程 PA 与进程 PB 共用一个单缓冲区，而进程 PB 又与进程 PC 共用一个单缓冲区。当缓冲区 1 为空时，进程 PA 可将一个

记录读入其中；若缓冲区 1 中有数据且缓冲区 2 为空，则进程 PB 可将记录从缓冲区 1 复制到缓冲区 2 中；若缓冲区 2 中有数据，则进程 PC 可以打印记录。在其他条件下，相应进程必须等待。事实上，这是一个生产者—消费者问题。

为了遵循这一同步规则。应设置 4 个信号量 empty1、empty2、full1、full2。信号量 empty1及 empty2 分别表示缓冲区 1 及缓冲区 2 是否为空，其初值为 1；信号量 full1 及 full2 分别表示缓冲区 1 及缓冲区 2 是否有记录可供处理，其初值为 0。其同步描述如下：

```
semaphore  empty1,empty2,full1,full2;
empty1=1;empty2=1; full1=0;full2=0;/*简化操作,让信号量名代表其值*/
main()
{
    cobegin
        PA();
        PB();
        PC();
    coend
}
PA()
{
    while(1)
      {
        从磁盘读一个记录;
        P(empty1);
        将记录存入缓冲区1;
        V(full1);
      }
}
PB()
{
    While(1)
      {
        P(full1);
        从缓冲区1中取出记录;
        V(empty1);
        P(empty2);
        将记录存入缓冲区2;
        V(full2);
      }
}
PC()
{
    While(1)
      {
        P(full2);
        从缓冲区2中取出记录;
        V(empty2);
```

```
        打印记录；
    }
}
```

【例 3.18】哲学家进餐问题中死锁问题的解决。

解析：哲学家进餐问题中容易出现死锁现象。如果所有的哲学家都同时先拿左手边的筷子，再拿右手边的筷子，那么就会出现 5 个哲学家都拿到了左手边的一根筷子，而等待右手边筷子的情况，每个哲学家都因无法获得 2 根筷子而无法进餐。书中给出了 3 种解决方案，下面以第 3 种方案为例，即每个哲学家只有当他左右 2 根筷子都可用时才允许他拿起筷子，给出相应的算法，说明如何处理死锁问题。

利用信号量的保护机制来实现。设立一个记录型信号量 mutex，让其初值为 1。通过信号量 mutex 对 eat 之前的取左手边和右手边筷子的操作进行保护，使之成为一个原子操作，这样可以防止死锁的出现。算法描述如下：

```
semaphore chopstick[5]={1,1,1,1,1},mutex=1;
void Pi(int i)
{
    While (true)
    {
        wait(mutex);
        wait(chopstick[i]);
        wait(chopstick[(i+1)%5]);
        signal(mutex);
        eat;
        signal(chopstick[i]);
        signal(chopstick[(i+1)%5]);
        think;
    }
}
```

通过 mutex 信号量，算法让哲学家一个一个地去拿左手边和右手边的筷子，最多只有 2 个哲学家可以获得 2 根筷子而进餐，其他哲学家只能等待。进餐完毕的哲学家释放相应的筷子，等待的哲学家才能获得相应的筷子而进餐。

【例 3.19】写者优先的读者—写者问题。

解析：写者优先的含义是，当有读者正在读共享数据时，有写者请求访问，这时应禁止后续读者的请求；等到已在共享数据的读者执行完毕则立即让写者执行；只有在无写者执行的情况下才允许读者再次运行。

为了达到写者优先的目的，需要做到下面几步。

1）为写者设立一个计数器 writernum，统计写者的数目。因为只要有一个写者在临界区使用数据，其他写者可以依次互斥地进入临界区。

2）为写者计数器 writernum 设立一个互斥信号量 writermutex，对临界资源进行保护。

3）设立一个控制信号量 readable，用于控制写者到达时可以优于读者进入临界区。当有写者到达时，只需要等待前面的写者写完后就可以直接进入临界区，而不论读者是在该写者之前还是之后到达。

算法如下:

```
semaphore mutex,readermutex,writermutex,readable;
int readernum=0,writernum=0;
mutex=1;readermutex=1; writermutex=1; readable=1;
Reader()                              Writer()
{                                     {
    wait(readable);                       wait(writermutex);
    wait(readermutex);                    if(writernum==0)wait(readable);
    if(readernum==0)wait(mutex);          writernum++;
    readernum++;                          signal(writermutex);
    signal(readermutex);                  wait(mutex);
    signal(readable);                     改数据;
    读数据;                                signal(mutex);
    wait(readermutex);                    wait(writermutex);
    readernum--;                          writernum--;
    if(readernum==0)signal(mutex);        if(writernum==0)signal(readable);
    signal(readermutex);                  signal(writermutex);
}                                     }
```

本算法增设了 readable 信号量，用于实现写者插队的目的。当第一个写者到达时，申请占用 readable 信号量，占用成功之后就一直占用，后续到达的读者进程会因申请不到 readable 信号量而阻塞，而后续写者到达时，因不需要申请 readable 信号量，就会排在这个写者后面，从而达到插队的目的。直到所有的写者都已经写完,最后一个写者释放了 readable 信号量之后，读者才能继续执行读操作。此算法真正实现了写者优先策略。

【例 3.20】理发师问题。理发店里有一位理发师、一把理发椅和 n 把供等候理发的顾客坐的椅子。如果没有顾客，理发师便在理发椅上睡觉；当一个顾客到来时，他必须叫醒理发师；如果理发师正在理发又有顾客来到，那么，如果有空椅子可坐，顾客就坐下来等待，否则就离开理发店。请用信号量和 PV 操作为理发师和顾客的同步活动进行管理。

解析：理发师和顾客之间是同步关系，没有顾客，理发师睡觉；有顾客来，理发师开始工作。这种同步关系可以设置 2 个信号量进行描述。椅子是一种资源信号量，需要对它进行互斥操作。每个顾客过来时，都要看看是否有空椅子，如果有则等待，否则走开。它需要一个互斥信号量；另外还需要一个计数器，用来统计当前椅子的个数。所以在给出的算法中引入 3 个信号量和 1 个控制变量（计数器），即控制变量 waiting 用来记录等候理发的顾客数，初值为 0；信号量 customers 用来记录等候理发的顾客数，并用作阻塞理发师进程，初值为 0；信号量 barbers 用来记录正在等候顾客的理发师数，并用作阻塞顾客进程，初值为 0；信号量 mutex 用于互斥，初值为 1。用信号量解决理发师问题的算法如下:

```
int waiting;               /*等候理发的顾客数*/
int CHAIRS=n;              /*为顾客准备的椅子数*/
semaphore  customers=0;    /*等待理发的顾客数,初值为 0*/
semaphore  barbers=0;      /*正在给顾客理发的理发师数,初值为 0*/
semaphore  mutex=1;        /*互斥信号量*/

Barber(){
    while(1){
```

```
        P(customers);          /*理完一人,看看是否还有顾客*/
        P(mutex);              /*进程互斥*/
        waiting--;             /*等候顾客数减 1*/
        V(barbers);            /*理发师要去为一个顾客理发*/
        V(mutex);              /*开放临界区*/
        开始理发;
        }
    }

Customer(){
    P(mutex);                  /*进程互斥*/
    if (waiting<CHAIRS )
    {
    waiting++;                 /*等候顾客数加 1*/
    V(customers);              /*必要的话唤醒理发师*/
    V(mutex);                  /*开放临界区*/
    P(barbers);                /*无理发师,顾客等待*/
    }
    else
    V(mutex);                  /*人满了,顾客离开*/

    }
```

【例 3.21】 桌子上有一个盘子,每次只能放入或取出一个水果。现有许多苹果和橘子。一家四口人各司其职。爸爸专向盘子中放苹果,妈妈专向盘子中放橘子,儿子专等吃盘子中的橘子,女儿专等吃盘子中的苹果。请用 PV 操作来实现 4 人之间的同步算法。

解析: 这个问题中存在互斥使用盘子的问题,以及放完苹果才能吃苹果,放完橘子才能吃橘子的同步关系,所以要用到 1 个互斥信号量、2 个资源信号量。算法如下:

```
semaphore empty,apple,orange;
empty=1;apple=0;orange=0;

father 进程           mother 进程           daughter 进程          son 进程
while(true){          while(true){          while(true){           while(true){
    wait(empty);          wait(empty);          wait(apple);           wait(orange);
    放入苹果;             放入橘子;             取出苹果;              取出橘子;
    signal(apple);        signal(orange);       Signal(empty);         signal(empty);
}                    }                     }                      }
```

【例 3.22】 如图 3-8 所示是高级进程通信原语 send 和 receive 不完整图。请填充适当的 PV 操作,并说明所用信号量的意义和初值。

解析: 高级通信原语 send 和 receive 之间有同步关系:只有这边发送,那边才能接收,接收完毕后,这边才能继续发送。在消息区中,消息链是一个临界资源,必须互斥访问。所以消息挂到消息链时,要互斥操作。图中各个答案如下:①P($S1$);②V($S1$);③P($S2$);④P($S1$);⑤V($S1$)。

其中,$S1$ 是用于控制互斥访问消息链的互斥信号量,

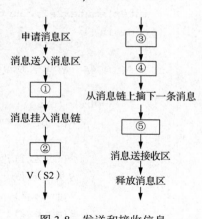

图 3-8　发送和接收信息

其初值为 1；*S2* 是用于记录消息个数的同步信号量，其初值为 0。

【例 3.23】 假定一个阅览室最多可容纳 100 人，读者进入和离开阅览室时都必须在阅览室门口的一个登记表上进行登记，而且每次只允许一人进行登记操作。请用信号量实现该过程。

解析： 这个问题中存在互斥使用登记表的问题，以及资源控制的问题。所以需要使用一个互斥信号量、一个资源信号量。算法如下：

设置信号量 *S*，控制进入阅览室的人数，初值=100。设置信号量 mutex，控制登记表的互斥使用，初值=1。

```
readeri()  (i=1,2,…,k)
{
    P(S);
    P(mutex);
    写登记表;
    V(mutex);
    阅读;
    P(mutex);
    写登记表;
    V(mutex);
    V(S);
    离开;
}
```

【例 3.24】 某寺庙有小和尚和老和尚各若干人，水缸一个，由小和尚提水入缸给老和尚饮用。水缸可容水 10 桶，水取自同一口水井中。水井颈口窄，每次仅能容一只水桶取水，水桶总数为 3 个。每次从缸中倒水、取水仅为 1 桶，而且不可同时进行。试用一种同步工具写出小和尚和老和尚倒水、取水的活动过程。

解析： 本题中，水井和水缸是分别互斥使用的。小和尚从水井取水倒入缸中，老和尚从缸中取水饮用，是一个生产者—消费者问题，缸是一个缓冲区。互斥资源有水井和水缸，分别用 mutex1 和 mutex2 来互斥。水桶总数仅 3 只，由资源信号量 count 控制，同步信号量 empty 和 full 控制入水和出水量。算法如下：

```
semaphore  mutex1,mutex2,empty,full;
int  count;
mutex1=mutex2=1;count=3; empty=10;full=0;
cobegin
{
    process young_monk()
    {                           /*小和尚打水*/
        while(true){
            P(empty);           /*水缸满否*/
            P(count);           /*取得水桶*/
            P(mutexl);          /*互斥从井中取水*/
            从井中取水;
            V(mutex1);
            P(mutex2);          /*互斥使用水缸*/
```

```
            倒水入缸；
            V(mutex2);
            V(count);              /*归还水桶*/
            V(full);              /*水缸多了一桶水*/
        }
    }
    process  old_monkey()
    {                              /*老和尚取水*/
        while(true){
            P(full);              /*水缸有水吗？*/
            P(count);             /*申请水桶*/
            P(inutex2 );          /*互斥取水*/
            从缸中取水；
            V(mutex2);
            V(count);             /*归还水桶*/
            V(empty);             /*水缸中少了一桶水*/
        }
    }
    coend;
```

本 章 小 结

　　本章首先介绍了进程同步的概念及进程间的直接制约关系和间接制约关系。进程同步是操作系统用来协调进程之间的各种制约关系，促使并发执行的诸进程之间能有效共享资源和相互合作，从而使程序的执行有可再现性的技术手段。进程之间存在两种关系。一种是由于共享临界资源而形成的关系，称为间接制约关系，也称互斥关系；另外一种是因为进程合作而产生的关系，称为直接制约关系，也称同步关系。

　　本章还详细介绍了临界资源、临界区的概念，以及可以实现临界区互斥进入的软件方法和硬件方法。一段时间之内只允许一个进程访问的资源是临界资源，访问临界资源的代码称为临界区。要互斥使用临界资源，只需要使进程互斥地进入临界区就可以实现。要保证进程互斥进入临界区，既可以使用软件方法，也可以使用硬件方法，但使用最多的还是信号量机制。不管使用的是什么方法，临界区的使用都要遵循空闲让进、忙则等待、有限等待、让权等待的原则。

　　本章最后着重介绍了信号量机制，信号量是一种特殊的结构型变量，对信号量只能进行 PV 操作；用互斥信号量可以实现进程互斥，典型的例子是哲学家进餐问题和读者—写者问题；具有合作关系和前趋后继关系的进程之间存在进程同步关系，使用同步信号量可以实现进程同步，典型的例子有简单的生产者—消费者问题；使用资源信号量可以控制进程间的资源分配，典型的例子有复杂的生产者—消费者问题。

习　题

一、单选题

1. 两个旅行社甲和乙为旅客到某航空公司订飞机票，形成互斥资源的是（　　）。
   - A. 旅行社
   - B. 航空公司
   - C. 飞机票
   - D. 旅行社和航空公司

2. （　　）是一种只能进行 P 操作和 V 操作的特殊变量。
   - A. 调度
   - B. 进程
   - C. 同步
   - D. 信号量

3. 有 m 个进程共享同一临界资源，若使用信号量机制实现对临界资源的互斥访问，则信号量值的变化范围是（　　）。
   - A. $-(m-1)\sim1$
   - B. $0\sim m-1$
   - C. $1\sim m$
   - D. $-m\sim1$

4. 可以被多个进程在任意时刻共享的代码必须是（　　）。
   - A. 顺序代码
   - B. 机器语言代码
   - C. 不允许任何修改的代码
   - D. 无转移指令代码

5. 在操作系统中，对信号量 S 的 P 原语操作定义中，使进程进入相应阻塞队列等待的条件是（　　）。
   - A. $S>0$
   - B. $S=0$
   - C. $S<0$
   - D. $S<=0$

6. 某一时刻某一资源的信号量 $S=0$，它表示（　　）。
   - A. 该时刻该类资源的可用数目为 1
   - B. 该时刻该类资源的可用数目为 -1
   - C. 该时刻等待该类资源的进程数目为 1
   - D. 该时刻等待该类资源的进程数目为 0

7. 在操作系统中，要对并发进程进行同步的原因是（　　）。
   - A. 进程必须在有限的时间内完成
   - B. 进程具有动态性
   - C. 并发进程是异步的
   - D. 进程具有结构性

8. 有一个资源信号量 S：①假如若干个进程对 S 进行了 28 次 P 操作和 18 次 V 操作之后，信号量 S 的值为 0；②假如若干个进程对信号量 S 进行了 15 次 P 操作和 2 次 V 操作，请问此时有（　　）个进程等待在信号量 S 的队列中。
   - A. 2
   - B. 3
   - C. 5
   - D. 7

9. 有两个并发进程 P1 和 P2，x 是它们的共享变量。其程序代码如下：

```
P1(){                    P2(){
x=1;                     x=-3;
y=2;                     c=x*x;
z=x+y;                   print c;
print z;                 }
}
```

可能打印 z 的值有（　　），可能打印 c 的值有（　　）。
   - A. $z=1$，-3；$c=-1$，9
   - B. $z=-1$，3；$c=1$，9

　　C．$z=-1$，3，1；$c=9$　　　　　　　　D．$z=3$；$c=1$，9

　　10．在 9 个生产者、6 个消费者共享容量为 8 的缓冲器的生产者—消费者问题中，互斥使用缓冲器的信号量初值是（　　）。

　　A．1　　　　　　B．6　　　　　　C．8　　　　　　D．9

二、填空题

　　1．使用 P 操作和 V 操作管理临界区时，任何一个进程在进入临界区之前应调用_____操作，退出临界区时应调用_____操作。

　　2．临界资源的概念是_____，而临界区是指_____。

　　3．每执行一次 P 操作，信号量 S 的数值减 1。若 $S>0$，则该进程_____；若 $S<0$，则该进程_____。

　　4．如果有 4 个进程共享同一程序段，每次允许 3 个进程进入该程序段，若用 P 操作和 V 操作作为同步机制，则信号量的取值范围是_____。

　　5．用来实现互斥的同步机制应该遵循_____、_____、_____和_____4 条准则。

三、综合题

　　1．进程之间存在哪几种制约关系？各是什么原因引起的？以下活动属于哪种制约关系？

　　①若干同学去图书馆借书；②两队进行篮球比赛；③流水线生产的各道工序；④商品生产和消费。

　　2．有两个并发进程 P1 和 P2，x 是它们的共享变量。其程序代码如下：

```
P1(){                 P2(){
x=1;                  x=-1;
y=2;                  a=x+3;
if(x>0)z=x+y;         x=a+x;
else  z=x*y;          b=a+x;
print z;              c=b*b;
}                     print c;
                      }
```

　　1）可能打印出的 z 值是什么？（假设每条赋值语句是一个原子操作）

　　2）可能打印出的 c 值是什么？

　　3．请用信号量和 PV 操作描绘如图 3-9 所示的前趋图。

　　4．有座东西方向架设、可双向通行的单车道简易桥，最大载重负荷为 4 辆汽车。请定义合适的信号量，正确使用 PV 操作，给出任一车辆通过该简易桥的管理算法。

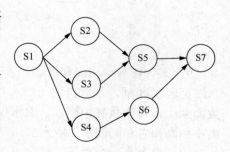

图 3-9　前趋图

　　5．设在公共汽车上，司机和售票员的活动分别是，司机为启动车辆，正常行车，到站停车；售票员为上乘客，关车门，售票，开车门，下乘客。请用 PV 操作对其进行控制。

　　6．某博物馆最多容纳 500 人同时参观，有一个出入口，该出入口一次仅允许一个人通过。参观者的活动描述如下：

```
cobegin
    参观者进程 i：
    {
        …
        进门；
        …
        参观；
        …
        出门；
        …
    }
coend
```

请添加必要的信号量和 PV 操作，实现上述过程中的互斥与同步。要求写出完整的过程，说明信号量的含义并赋初值。

7．现有 4 个进程 R1、R2、W1、W2，它们共享可以存放一个数的缓冲器 B。进程 R1 每次把来自键盘的一个数存入缓冲器 B 中，供进程 W1 打印输出；进程 R2 每次从磁盘上读一个数存放到缓冲器 B 中，供进程 W2 打印输出。为防止数据的丢失和重复打印，问怎样用信号量操作来协调这 4 个进程的并发执行。

8．在南开大学和天津大学之间有一条弯曲的小路，其中从 S 到 T 有一段路每次只允许一辆自行车通过，但中间有一个小的安全岛，（同时允许两辆自行车停留），可供两辆自行车从两端进入小路情况下错车使用，如图 3-10 所示，试设计一个算法使来往的自行车可顺利通过。

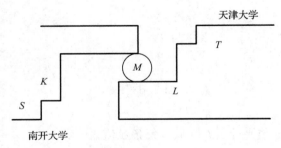

图 3-10　交通道路图

9．某寺庙有小和尚和老和尚各若干人，水缸一个，由小和尚提水入缸给老和尚饮用。水缸可容水 8 桶，水取自同一口水井中。水井颈口窄，每次仅能容一只水桶取水，水桶总数为 4 个。每次从缸中倒水、取水仅为 1 个桶，而且不可同时进行。试用一种同步工具写出小和尚和老和尚倒水、取水的活动过程。

10．桌上有一个盘子，最多可以存放两个水果。父亲总是放苹果到盘中，而母亲总是放橘子到盘中。两个儿子专吃盘中的橘子，两个女儿专吃盘中的苹果。请用 PV 操作来实现爸爸、妈妈、儿子和女儿之间的互斥和同步。

第4章 处理机调度与死锁

内容提要:

本章主要讲述以下内容: ①对称多处理机、多核计算机和集群的概念; ②处理机调度的层次、调度队列模型、调度方式和调度算法的若干准则; ③6种主要的处理机调度算法; ④实时调度的基本理论和常用算法; ⑤死锁产生的原因和必要条件、死锁的预防与避免, 以及检测和解除等内容。

学习目标:

了解对称多处理机、多核计算机和集群的基本概念; 掌握处理机调度的一些基本概念, 理解调度队列模型和调度准则; 熟练掌握各种处理机调度算法; 了解实时调度的一些基本理论和常见的调度算法; 掌握死锁产生的原因和形成条件; 理解死锁预防的方法; 掌握银行家算法; 理解死锁的检测与解除、死锁综合处理的方法; 了解饥饿和活锁的概念。

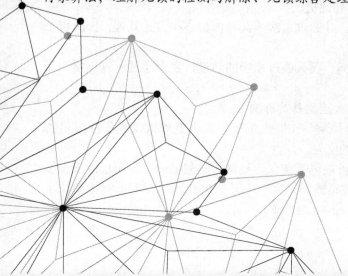

处理机是计算机系统中最重要的资源。在多道程序设计环境下，如何把处理机分配给某个作业或进程，使处理机的利用率最大化，提高整个计算机系统的性能，是一个非常重要的问题。分配处理机的任务是由处理机调度程序完成的，处理机调度程序性能的好坏直接影响计算机系统的性能。死锁是系统中多个进程因为争夺资源而造成的一种僵局，若无外力作用，则进程一直处于阻塞状态。死锁严重影响计算机系统的效率，对操作系统的管理造成很大危害，操作系统必须严格控制死锁的发生。

4.1 多处理机和多核计算机

传统上，计算机被视为顺序机，大多数计算机编程语言要求程序员把算法定义为指令序列。处理机通过按顺序逐条执行机器指令来执行程序，每条指令是以操作序列（取指、取操作数、执行操作和存储结果）的方式来执行的。但是在这种方式下计算机速度慢，效率比较低。为此，计算机系统体系结构中引入了并行性的概念。从执行程序的角度看，并行性等级从低到高可分为指令内部并行、指令级并行、任务级或过程级并行、作业级或程序级并行。

指令内部并行是指一条指令执行时各个微操作之间的并行，如指令流水线。指令级并行指并行执行两条或多条指令。任务级或过程级并行是指并行执行两个以上的过程或任务。作业级或程序级并行是指并行执行两个以上的作业或程序。在计算机系统中，可以采用多种并行性措施。当并行性提高到一定级别时，则进入并行处理领域。并行处理着重挖掘计算过程中的并行事件，使并行性达到较高的级别。因此，并行处理是体系结构、硬件、软件、算法和编程语言等多方面综合的领域。

随着计算机技术的发展和计算机硬件价格的下降，计算机的设计者找到了越来越多的并行处理机会。本节分析 3 种最流行的通过复制处理机来提供并行性的手段：对称多处理机（symmetric multiprocessor，SMP）、多核计算机和集群。

4.1.1 对称多处理机

1．定义

对称多处理机是具有如下特点的独立计算机系统。

1）具有两个或两个以上可比性强的处理机。

2）这些处理机共享内存和 I/O 设备，并通过总线或其他内部连接方式互连，因此每个处理机的访存时间大体相同。

3）所有处理机共享对 I/O 设备的访问，要么通过相同的通道，要么通过可以连接到相同设备的不同通道。

4）所有处理机可以执行相同的功能（因此是对称的）。

5）整个系统由一个统一的操作系统控制，该操作系统为多个处理机及其程序提供作业、进程、文件和数据元素等各个级别的交互。

第 5）点表示了 SMP 与松散耦合多处理机系统（如集群）不同的一点。在松散耦合多处理机系统中，交互的物理单位通常是消息或一个文件；而在 SMP 中，交互的基本单位可以是单个数据元素，且进程之间可以进行高度的协作。

2．SMP 的优点

与单处理机组织结构相比，SMP 的优点更为明显。

（1）性能

如果计算机要做的工作包含可以并行完成的部分，那么拥有多个处理机的系统与只有一个相同类型处理机的系统相比，能提供更好的性能。

（2）可用性

在 SMP 中，因为所有的处理机都可以执行相同的功能，因此单个处理机的失效并不会导致停机。系统可以继续工作，只是性能有所下降而已。

（3）渐增式成长

用户可以通过增加处理机的数量来提高系统的性能。

（4）可伸缩性

厂商可以提供一系列不同价格和性能指标的产品，其中产品性能可通过系统中处理机的数量来配置。

SMP 的一个突出优点是，多处理机的存在对用户是透明的。操作系统管理每个处理机上的进程（线程）调度和处理机之间的同步。

3．SMP 组织结构

图 4-1 所示为 SMP 的一般组织结构。SMP 中有多个处理机，每个都含有自身的控制单元、算术逻辑单元和寄存器。每个处理机都可以通过某种形式的互连机制访问一个共享内存和 I/O 设备；共享总线就是一种通用方法。处理机可通过存储器互相通信，还可以直接交换信号。

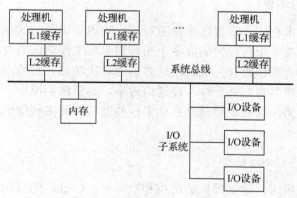

图 4-1　SMP 的一般组织结构

在现代计算机中，处理机通常至少有专用的一级 Cache。由于每个本地 Cache 包含一部分内存映像，如果修改了 Cache 中的一个字，就会使该字在其他 Cache 中变得无效。为了避免这种情况，在发生更新时，必须告知其他处理机发生了更新。这个问题称为 Cache 一致性问题，通常用硬件而非操作系统来解决。

4.1.2　多核计算机

1．定义

多核计算机是指将两个或多个处理机（称为"核"）组装在同一块硅（称为"片"）上

的计算机，故又名芯片多处理机。每个核上通常会包含组成一个独立处理机的所有零部件，如寄存器、ALU、流水线硬件、控制单元，以及 L1 指令 Cache（L1-I）和 L1 数据 Cache（L1-D）。除拥有多个核外，现代多核芯片还包含 L2 Cache，甚至在某些芯片中包含 L3 Cache。

2. 多核出现的原因

1965 年，Intel 公司首席执行官戈登·摩尔（Gordon Moore）就已经预见到处理机的发展趋势，提出了著名的摩尔定律——芯片的晶体管数量每一年半左右增长 1 倍。该定律从 20 世纪 70 年代，一直引导着计算机行业的发展。到了 21 世纪，摩尔定律在受到广泛关注的同时，也由于它固有的局限性遭受越来越多的争议。处理机性能不断提高主要是基于半导体工艺的进步及处理机体系结构的发展。由于半导体工艺的物理极限及处理机体系结构没有发生根本性的变化，处理机的频率难以提高。目前 Intel 酷睿 9 代 X 系列处理器采用的是 14nm 的制造工艺，基本主频是 3.0GHz，加速之后最高可达 4.5GHz。CPU 的功耗随着主频的提高而大幅度增加。如果单处理机主频一直增加，芯片的温度就很快会达到太阳表面的温度，对处理机很不安全。另外，影响计算机系统性能的不仅仅是 CPU 主频，还有其他很多因素成为系统的瓶颈，如单 CPU 访问内存的速度也影响着系统的性能。因此多核的出现及发展也就是处理机发展的必然了。

3. 多核和多处理机的区别

多核是指一个处理机芯片上有多个处理机核心，它们通过 CPU 内部总线进行通信。多处理机是指一个计算机上汇集多个处理机，也就是多个处理机芯片在同一个系统上进行工作，它们之间通过主板上的总线进行并行工作。

4. 多核处理机的优势

与传统的单核技术相比，多核技术是应对芯片物理规律限制的相对简单的办法。与提高处理机主频相比，在一个芯片内集成多个相对简单而主频稍低的处理机核既可以充分利用摩尔定律带来的芯片面积提升，又可以更容易地解决功耗、芯片内部互连延迟和设计复杂等问题。多核处理机具有高并行性、高通信效率、高资源利用率、低功耗、低设计复杂度和较低的成本等优势，这些优势最终推动多核的发展并使多核逐渐取代单核处理机成为主流技术。

5. 多核处理机的 Cache 组织

在设计多核处理机时，除处理机的结构和数量外，Cache 的级别和大小也是需要考虑的重要问题。根据多核处理机内的 Cache 配置，可以把多核处理机的组织结构分成以下 4 种。

（1）片内私有 L1 Cache 结构

系统 Cache 由 L1 和 L2 两级组成。处理机片内的多个核各自有自己私有的 L1 Cache，一般被划分为 L1 指令 Cache（L1-I）和 L1 数据 Cache（L1-D）。

（2）片内私有 L2 Cache 结构

处理机内的多个核仍然保留自己私有的指令 L1 Cache（L1-I）和数据 L1 Cache（L1-D），但 L2 Cache 被移至处理机片内，且 L2 Cache 为各个核私有。多核共享处理机芯片之外的主存。

（3）片内共享 L2 Cache 结构

该 L2 Cache 被所有的核共享，多核仍然共享处理机芯片之外的主存。

（4）片内共享 L3 Cache 结构

随着处理机芯片上可用存储器资源的增长，高性能的处理机甚至把 L3 Cache 也从处理机片外移至片内。由于处理机片内核心数和片内存储空间容量都在增长，在共享 L2 Cache 结构或私有 L2 Cache 结构上增加共享的 L3 Cache 显然有助于提高处理机的整体性能。

多核系统的一个例子是 Intel 酷睿 i9-9980XE。它采用 14nm 工艺技术，含有 18 个核，每个核都有其专用的 L2 Cache，所有的核共享一个 L3 Cache（图 4-2）。Intel 酷睿 i9-9980XE 提供 44 个 PCI express 3.0 通道（peripheral component interconnect express，一种高速串行计算机扩展总线标准，是由 Intel 在 2001 年提出的，旨在替代旧的 PCI、PCI-X 和 AGP 总线标准）。Intel 使用预取机制使 Cache 更为有效，即硬件将根据内存的访问模式来推测即将被访问的数据，并将其预先放到 Cache 中。酷睿 i9-9980XE 芯片支持两种与其他芯片进行外部通信的方式。DDR（double data rate，双倍数据速率）是一种高速 CMOS 动态随机访问的内存。DDR4 是 DDR 的第二代内存，它的内存频率与带宽均得到明显提升。DDR4 能将外置内存控制器带到芯片上。该接口支持 4 个 8B 宽的通道，总线带宽 256 位。快速通道互连（quick path interconnect，QPI）是一种由 Intel 开发并使用的点对点处理器互连总线。QPI 可以在相连的多个处理机芯片间实现高速通信，它的连接每秒可实现 6.4GB 次传输。在每次传输为 16 位的情况下，传输速率可达 12.8GB/s。由于每个 QPI 连接包含一对专用的双向线路，因此总带宽可达 25.6GB/s。

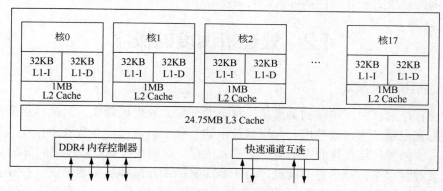

图 4-2　Intel 酷睿 i9-9980XE 的框图

4.1.3　集群

集群定义为一组互连的完整计算机，这些完整计算机作为一种统一的计算资源协同工作，就像一台计算机那样。集群中的每台计算机一般作为一个节点。集群技术可以替代对称多处理机技术，它提供了高性能和高可用性，对服务器应用尤其具有吸引力。

1. 集群的优点

（1）绝对可伸缩性

能创建大型集群，这种集群的性能远远超过最大计算机的性能。一个集群可拥有数十台甚至数百台机器，每台机器都可以是多处理机。

（2）增加可伸缩性

集群能这样配置：向集群中添加系统时只需少量的额外工作，即用户可以在一个大小适度的系统上开始工作，在需求增加时可以扩展系统，而不用升级主体来用较大的系统代替较小的系统。

（3）高可用性

因为集群中的每个节点都是一台独立的计算机，因此某个节点故障并不意味着服务失败。在很多产品中，软件能够自动地进行容错处理。

（4）高性价比

使用普通的计算机来构建集群系统，能够以非常低的价格获得与一台大型计算机相同或更强的计算能力。

2. 集群的分类

集群有多种分类方法，最简单的分类方法是基于集群中的计算机是否共享对同一磁盘的访问。一种是无共享磁盘的集群，另一种是有共享磁盘的集群。

3. 集群与对称多处理机

集群系统和对称多处理机系统都为支持高性能应用提供了使用多个处理机来实现的方法。这两种方法在商业上都可行。

SMP 方法的主要优点是：①要比集群易于管理和配置；②它通常占用更少的物理空间，且比集群消耗更少的能量；③易于建立并且稳定。

集群方法的优点有：①集群在增长性和绝对规模上要比 SMP 优越很多；②集群的可用性很好，因为系统的所有组件都可以做到高度冗余。

4.2　处理机调度的概念

4.2.1　处理机调度的层次

在多道程序设计中，调度的实质是一种资源分配，处理机调度是对处理机资源进行分配。在大型通用系统中，众多用户共用系统中的一台主机，可能有数百个作业放在磁盘的作业队列中。如何从这些作业中选出一些放入主存，如何在作业或进程之间分配 CPU，是操作系统资源管理中的一个重要问题。对于高端网络工作站和服务器来说，往往有多个进程竞争 CPU，调度工作非常重要，除要挑选合适的进程投入运行外，调度程序还要关注 CPU 的利用率。所以，在不同的操作系统中采用的调度方式并不完全相同，有的系统中仅采用一级调度，而有的系统采用两级或三级调度，并且所用的调度算法也可能完全不同。

一般来讲，作业从进入系统到最后完成，可能要经历三级调度：高级调度、低级调度和中级调度，这是按调度层次进行分类的。

1. 高级调度

（1）高级调度的基本概念

高级调度又称为作业调度或长程调度，其主要功能是根据一定的算法，从输入的一批作业中选出若干作业，分配必要的资源，为它们建立相应的用户作业进程和为其服务的系统进程，最后把它们的程序和数据调入内存，等待进程调度程序对其执行调度，并在作业完成后做善后处理工作。由于高级调度的对象是作业，故先对作业的基本概念进行简单介绍。

1）作业和作业步。作业是用户一次请求计算机系统为其完成任务所做工作的总和。它通常包括程序、数据和作业说明书，系统根据说明书对程序进行控制。在批处理系统中是以作业为基本单位从外存调入内存的。

作业步是指每个作业在运行期间，都必须经过若干个相对独立，又相互关联的顺序加工步骤，其中的每一个加工步骤称为作业步。在各个作业步之间，往往是把上一个作业步的输出作为下一个作业步的输入。例如，一个典型的作业可分为 3 个作业步：①"编译"作业步，通过执行编译程序对源程序进行编译，产生若干个目标程序段；②"连结装配"作业步，将"编译"作业步所产生的若干个目标程序段装配成可执行的目标程序；③"运行"作业步，将可执行的目标程序读入内存并控制其运行。

作业流是指若干个作业进入系统后，依次存放在外存上形成的输入作业流；在操作系统的控制下，逐个作业进行处理，于是形成了处理作业流。

2）作业运行的 3 个阶段和作业的 4 种状态。作业从提交给系统，直到它完成任务后退出系统前，在整个活动过程中通常需要经历收容、运行和完成 3 个阶段，同时在每个阶段它会处于不同的状态。通常，作业状态分为提交、后备、执行和完成 4 种状态。提交状态是指用户向系统提交一个作业时，该作业所处的状态。后备状态是指用户作业经过输入设备送入磁盘中存放，等待进入内存时所处的状态。执行状态是指作业分配到所需的资源，被调入内存且在处理机上执行相应程序时所处的状态。完成状态是指作业完成任务后，由系统回收分配给它的全部资源，准备退出系统时的作业状态。

① 收容阶段。操作员把用户提交的作业通过某种输入方式或 SPOOLing 系统输入硬盘上，再为该作业建立作业控制块，并把它放入作业后备队列中，此时作业处于后备状态。

② 运行阶段。当作业被作业调度程序选中后，便为它分配必要的各种资源和建立进程，并将它放入就绪队列中。一个作业从第一次进入就绪状态开始，直到它运行结束前，在此期间都处于执行状态。

③ 完成阶段。当作业运行完成，或发生异常情况而提前结束时，作业便进入完成阶段，相应的作业状态为完成状态。此时系统中的"终止作业"程序将会回收已分配给该作业的作业控制块和所有资源，并将作业运行结果信息形成输出文件后输出。

（2）作业控制块

为了管理和调度作业，在多道批处理系统中为每个作业设置了一个作业控制块。如同进程控制块是进程在系统中存在的唯一标志一样，它是作业在系统中存在的唯一标志，其中保存了系统对作业进行管理和调度所需的全部信息。在作业控制块中所包含的内容因系统而异，通常应包含的内容有作业标识、用户名称、用户账户、作业类型（CPU 繁忙型、I/O 繁忙型、批量型、终端型）、作业状态、调度信息（优先级、作业运行时间）、资源需求、进入系统时间、开始处理时间、作业完成时间、作业退出时间、资源使用情况等。

每当作业进入系统时，系统便为每个作业建立一个作业控制块，根据作业类型将它插入相应的后备队列中。作业调度程序依据一定的调度算法来调度它们，被调度到的作业将会装入内存。在作业运行期间，系统就按照作业控制块中的信息对作业进行控制。当一个作业执行结束进入完成状态时，系统负责回收分配给它的资源，撤销它的作业控制块。

（3）作业调度的功能

作业调度的主要功能是根据作业控制块中的信息，审查系统能否满足用户作业的资源需求，以及按照一定的算法，从外存的后备队列中选取某些作业调入内存，并为它们创建进程、分配必要的资源。然后将新创建的进程插入就绪队列中等待调度。作业结束后进行善后处理，收回该作业占用的全部资源并撤销其作业控制块。作业调度其实就是内存与外存之间的调度，对于每个作业只调入一次，调出一次。作业调度的执行频率比较低，通常为几分钟一次。

　　在选择作业调度算法时，既应考虑用户的要求，又能确保系统具有较高的效率。在每次执行作业调度时，都须决定系统接纳多少个作业和接纳哪些作业。作业调度每次要接纳多少个作业进入内存，取决于系统所允许作业同时在内存中运行的个数。当内存中同时运行的作业数目太多时，可能会影响系统的服务质量。但如果作业的数量太少，又会导致系统的资源利用率和系统吞吐量太低。因此，接纳多少个作业应根据系统的规模和运行速度等情况进行适当的折中。应将哪些作业从外存调入内存，这将取决于所采用的调度算法。在批处理系统中，最简单的是先来先服务调度算法，这是指将最早进入外存的作业最先调入内存。较常用的一种算法是最短作业优先调度算法，是将外存上最短的作业最先调入内存。另一种较常用的是基于作业优先级的调度算法，该算法是将外存上作业优先级最高的作业优先调入内存。比较好的一种算法是高响应比优先调度算法，该算法既考虑了作业的等待时间，也考虑了作业的执行时间。

　　在 3 种基本操作系统中，对作业调度的需求方式不同。在批处理系统中，作业进入系统后，总是先驻留在外存的后备队列上。因此需要有作业调度的过程，以便将它们分批地装入内存。然而在分时系统中，为了做到及时响应，用户通过键盘输入的命令或数据等都是被直接送入内存的，因而无须再配置作业调度机制。类似地，在实时系统中通常也不需要作业调度。

2. 低级调度

（1）低级调度的基本概念

　　低级调度又称为进程调度或短程调度，它所调度的对象是进程（或是线程）。低级调度的主要任务是按照某种方法和策略从就绪队列中选取一个进程（或线程）将处理机分配给它。进程调度是操作系统中最基本的一种调度，在多道批处理、分时和实时系统中，都配有这级调度。进程调度的频率很高，一般几十毫秒一次。

（2）进程调度的功能

　　进程调度时，首先需要保存当前进程的处理机的现场信息，如程序计数器、多个通用寄存器中的内容等，将它们送入该进程的进程控制块中的相应单元。然后按照某种算法如轮转法等，从就绪队列中选取一个进程，把它的状态改为运行状态，准备把处理机分配给它。最后由分派程序把处理机分配给进程。把选中进程的 PCB 内有关处理机现场的信息装入处理机相应的各个寄存器中，把 CPU 的控制权交给该进程，让它从取出的断点处继续运行。

（3）进程调度的基本机制

　　进程调度机制由 3 个逻辑功能模块组成，分别是就绪队列管理程序、上下文切换程序和分派程序，如图 4-3 所示。

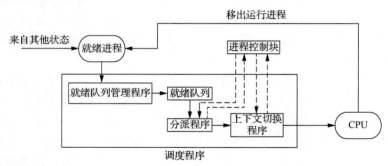

图 4-3　进程调度机制

1）就绪队列管理程序。当一个进程转换为就绪状态时，其 PCB 会被更新以反映这种变化，就绪队列管理程序将 PCB 指针放入等待 CPU 资源的进程列表中，每当把进程移入就绪队列时，可计算为此进程分配 CPU 的优先级进行备用。

2）分派程序。分派程序把由就绪队列管理程序所选定的进程，从就绪队列中取出，然后进行上下文切换，将处理机分配给它。

3）上下文切换程序。当对处理机进行切换时，会发生两对上下文切换操作。在第一对上下文切换时，操作系统将保存当前进程的上下文，而装入分派程序的上下文，以便分派程序运行；在第二对上下文切换时，将移出分派程序，而把新选进程的 CPU 现场信息装入处理机的各个相应寄存器中。当调度程序把 CPU 从正在运行的进程切换至另一个进程时，上下文切换程序将当前运行进程的上下文信息保存到其 PCB 中，恢复选中进程的上下文信息，从而使其占用处理机运行。当一个进程让出 CPU 资源后，分派程序被激活。为了运行分派程序，需要将其上下文装入 CPU，分派程序从就绪队列中选择一个进程，而后完成从自身到所选择的进程间又一次上下文切换，把 CPU 让给被选中的进程。应当指出，上下文切换将花费不少的处理机时间，即使是现代计算机，每一次上下文切换大约需要花费几毫秒的时间，该时间大约可执行上千条指令。如图 4-4 所示，给出了 3 个进程在内存中的布局，此外还有一个分派程序使处理机进行切换。如图 4-5 所示，给出了 3 个进程在执行过程早期的轨迹（列出为进程执行的指令序列，可描述单个进程的行为，这样的序列称为轨迹）。它给出进程 A 和进程 C 中最初执行的 12 条指令及进程 B 中执行的 4 条指令，假设第 4 条指令调用了进程须等待的 I/O 操作。

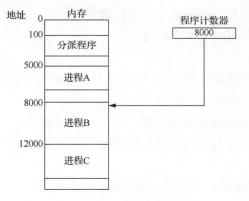

图 4-4　内存中的进程分布

对进程A的跟踪	对进程B的跟踪	对进程C的跟踪
5000	8000	12000
5001	8001	12001
5002	8002	12002
5003	8003	12003
5004		12004
5005		12005
5006		12006
5007		12007
5008		12008
5009		12009
5010		12010
5011		12011

图 4-5　进程的轨迹

注：5000 是进程 A 的程序起始地址，8000 是进程 B 的程序起始地址，12000 是进程 C 的程序起始地址。

现在从处理机的角度看这些轨迹。如图 4-6 所示，给出了最初 52 个指令周期中交替出现的轨迹（为了方便，指令周期都给出了编号）。图中阴影部分代表由分派程序执行的代码。在每个实例中由分配程序执行的指令顺序是相同的，因为执行的是分派程序的同一功能行。假设操作系统为避免任何一个进程独占处理机时间，仅允许一个进程最多连续执行 6 个指令周期，此后被中断。在图 4-6 中，进程 A 的前 6 条指令执行后，出现一个超时，然后执行分派程序的某些代码，在将控制权转给进程 B 前，分派程序执行 6 条指令。在进程 B 的 4 条指令执行后，进程 B 请求一个它必须等待的 I/O 动作，因此处理机停止执行进程 B，并通过分派程序转移到进程 C，在超时后，处理机返回到进程 A。这次超时后，进程 B 仍然等待那个 I/O 操作的完成，因此分派程序再次转移到进程 C。

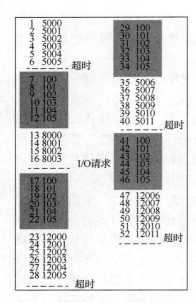

图 4-6　进程的组合轨迹

注：100 是分派程序的起始地址。

（4）进程调度的时机、切换与过程

进程调度和切换程序是操作系统内核程序。当请求调度的事件发生后，才可能会运行进程调度程序。当调度了新的进程后，才会去进行进程间的切换。理论上这 3 件事情应该顺序执行，但在实际设计中，在操作系统内核程序运行时，如果某时刻发生了引起进程调度的因素，并不一定能够马上进行调度和切换。

1）现代操作系统中，不能进行进程调度与切换的情况有以下几种。

① 在处理中断过程中。中断处理过程复杂，在实现上很难做到进程切换，而且中断处理是系统工作的一部分，逻辑上不属于某一进程，不应被剥夺处理机资源。

② 进程在操作系统内核程序临界区中。进入临界区后，需要独占式访问共享资源，理论上必须加锁，以防止其他并行进程进入，在解锁前不应切换到其他进程运行，以加快该共享资源的释放。

③ 其他需要完全屏蔽中断的原子操作过程中，如加锁、解锁、中断现场保护、恢复等原子操作。在原子操作过程中，连中断都要屏蔽，更不应该进行进程调度与切换。

如果在上述过程中发生了引起进程调度的条件，并不能立即进行调度与切换，应置系统的请求调度标志，直到上述过程结束后才进行相应的调度与切换。

2）应该引起进程调度与切换的情况。

① 当发生引起调度条件，且当前进程无法继续运行下去时，可以马上进行调度与切换。如果操作系统只在这种情况下进行调度，就是非剥夺式调度。

② 当中断处理结束或自陷入处理结束后，返回被中断进程的用户程序执行现场前，若有其他进程置上请求调度标志，即可马上进行进程调度与切换。如果操作系统支持这种情况下运行调度程序，则实现了剥夺式调度。

③ 当前运行进程结束。因任务完成而正常结束，或者因出错而异常结束。

④ 在分时系统中，分配给该进程的时间片已用完。

进程切换往往在进程调度完成后立刻发生，它要求保存原进程当前切换点的现场信息，恢复被调度进程的现场信息。现场切换时，操作系统内核将原进程的上下文信息推入当前进程的内核堆栈中保存它们，并更新堆栈指针。内核完成从新进程的内核栈中装入新进程的现场信息，更新当前运行进程空间指针、重设 PC 寄存器等相关工作后，开始运行新的进程。

（5）进程调度的方式

所谓进程调度方式是指当某一个进程正在处理机上执行时，若有某个更为重要或紧迫的进程需要处理，即有优先权更高的进程进入就绪队列，此时应如何分配处理机。

进程调度可采用两种调度方式，一种是非抢占方式（非剥夺方式），另一种是抢占方式（剥夺方式）。

1）采用非抢占方式时，一旦把处理机分配给某进程后，不管它要运行多长时间，都一直让它运行下去。决不会因为时钟中断等原因而抢占正在运行进程的处理机,也不允许其他进程抢占已经分配给它的处理机。直至该进程完成,自愿释放处理机,或发生某事件而被阻塞时,才再把处理机分配给其他进程。这种调度方式的优点是实现简单,系统开销小,适用于大多数的批处理系统环境,但它不能用于分时系统和大多数的实时系统。

2)采用抢占方式时,允许调度程序根据某种原则去暂停某个正在执行的进程,将已分配给该进程的处理机重新分配给另外一个进程。抢占方式的优点是,可以防止一个长进程长时间占用处理机,能为大多数进程提供更公平的服务,特别是能满足对响应时间有着较严格要求的实时任务的需求。但抢占方式比非抢占方式调度所需付出的开销较大。抢占调度方式是基于一定原则的,如优先权原则、短进程优先原则和时间片原则等。

① 优先权原则。通常是对一些重要的和紧急的进程赋予较高的优先权。当这种进程到达时,如果其优先权比正在执行进程的优先权高,便停止正在执行(当前)的进程,将处理机分配给优先权高的新到的进程,使之执行;或者说,允许优先权高的新到进程抢占当前进程的处理机。

② 短进程优先原则。当新到达的进程比正在执行的进程明显短时,将暂停当前长进程的执行,将处理机分配给新到的短进程,使之优先执行;或者说短进程可以抢占当前较长进程的处理机。

③ 时间片原则。各进程按时间片轮流运行,当一个时间片用完后,便停止该进程的执行而重新进行调度。这种原则适用于分时系统和大多数的实时系统,以及要求较高的批处理系统。

作业调度和进程调度是 CPU 最主要的两级调度。作业调度是宏观调度,它所选择的作业只具有获得处理机的资格,但尚未占有处理机,不能立即投入运行。作业调度为进程被调度做准备,作业调度的结果是为作业创建进程。而进程调度是微观调度,它根据一定的算法,动态地把处理机实际分配给所选择的进程。作业调度和进程调度执行的频率也不同。进程调度必须相当频繁地为 CPU 选择进程,而作业调度执行的次数很少。另外,在一些系统中没有作业调度,即使有也很少。

3. 中级调度

中级调度又称中程调度。为使内存中同时存放的进程数目不致太多,有时需要把某些进程从内存中移到外存上,以减少多道程序的数目,为此设立中级调度。引入中级调度的主要目的是提高内存利用率和系统吞吐量。为此,应使那些暂时不能运行的进程不再占用宝贵的内存资源,而将它们调至外存上去等待,把此时的进程状态称为就绪驻外存状态,也称为静态就绪。当这些进程重新又具备运行条件且内存又有空闲时,由中级调度来决定把外存上哪些具备运行条件的就绪进程重新调入内存,并修改其状态为活动就绪状态,挂在就绪队列上等待进程调度。中级调度的运行频率基本上介于作业调度和进程调度之间,因此把它称为中程调度。中级调度实际上就是存储器管理中的对换功能,将在第 5 章中进行详细的阐述。

根据上面所述的三级调度,图 4-7 给出了调度的层次。

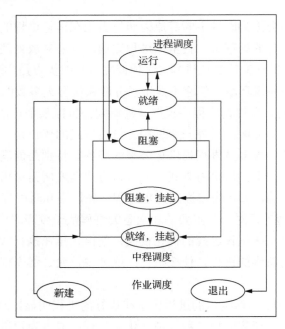

图 4-7　调度的层次

4.2.2　调度队列模型

前面介绍的高级调度、低级调度及中级调度，都涉及作业或进程的队列，由此可以形成如下 3 种类型的调度队列模型。

1. 仅有进程调度的调度队列模型

在分时系统中，通常仅设置进程调度，用户输入的命令和数据都直接送入内存。对于命令，由操作系统为其建立一个进程。系统可以把处于就绪状态的进程组织成栈、队列或一个无序链表，至于到底采用其中哪种形式，则与操作系统类型和所采用的调度算法有关。例如，在分时系统中，常把就绪进程组织成 FIFO 队列形式。每当操作系统创建一个新进程时，便将它挂在就绪队列的末尾，然后按时间片轮转方式运行。每个进程在执行时都可能出现以下 3 种情况。

1）任务在给定的时间片内完成，该进程便释放处理机后进入完成状态。

2）任务在本次分得的时间片内尚未完成，操作系统便将该任务再次放入就绪队列的末尾。

3）在执行期间，进程因为某事件而被阻塞后，被操作系统放入阻塞队列。

如图 4-8 所示，给出了仅具有进程调度的调度队列模型。

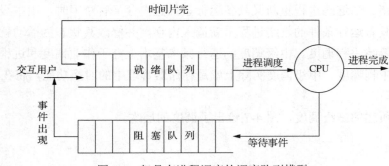

图 4-8　仅具有进程调度的调度队列模型

2. 具有高级和低级调度的调度队列模型

在批处理系统中，不仅需要进程调度，还需要作业调度，由后者按一定的作业调度算法，从外存的后备队列中选择一批作业调入内存，并为它们建立进程，送入就绪队列，然后由进程调度按照一定的进程调度算法选择一个进程，把处理机分配给该进程。如图 4-9 所示，给出了具有高级、低级两级调度的调度队列模型。该模型与上一模型的主要区别在于如下两个方面。

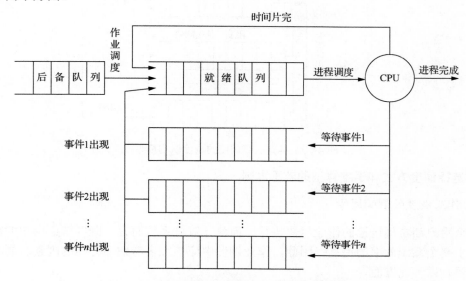

图 4-9　具有高级、低级两级调度的调度队列模型

（1）就绪队列的形式

在批处理系统中，最常用的是高优先权优先调度算法，相应地，最常用的就绪队列形式是优先权队列。进程在进入优先权队列时，根据其优先权的高低，被插入具有相应优先权的位置上。这样，调度程序总是把处理机分配给就绪队列中的队首进程。在高优先权优先调度算法中，也可采用无序链表方式，即每次把新到的进程挂在列尾，而调度程序每次调度时，是依次比较该链表中各进程的优先权，从中找出优先权最高的进程，将之从链表中摘下，并把处理机分配给它。显然，无序链表方式与优先权队列相比，这种方式的调度效率较低。

（2）设置多个阻塞队列

对于小型系统，可以只设置一个阻塞队列。但当系统较大时，若仍然只有一个阻塞队列，其长度必然会很长，队列中的进程可以达到数百个，这将严重影响对阻塞队列操作的效率。所以在大、中型系统中通常都设置若干个阻塞队列，每个队列对应于某一种进程阻塞事件。

3. 同时具有三级调度的调度队列模型

当在操作系统中引入中级调度后，人们可以把进程的就绪状态分为内存就绪和外存就绪（或称为活动就绪和静止就绪）。类似地，也可以把阻塞状态进一步分为内存阻塞和外存阻塞（或称为活动阻塞和静止阻塞）两种状态。在调出操作的作用下，可使进程状态由内存就绪转为外存就绪，由内存阻塞转为外存阻塞。在中级调度的作用下，又可以使外存就绪转为内存就绪。如图 4-10 所示,给出了具有三级调度的调度队列模型。

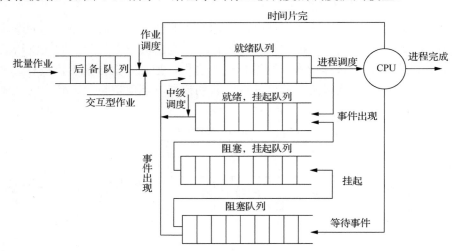

图 4-10 具有三级调度的调度队列模型

4.2.3 选择调度方式和调度算法的若干准则

1. 作业调度的影响因素

每个用户都希望自己的作业尽快执行,但就计算机系统而言,既要考虑用户的需求又要有利于整个系统效率的提高。因此,作业调度中应该综合考虑多方面的因素。要考虑的因素主要有以下几方面。

（1）公平性

公平对待每个用户,让用户满意,不能无故或无限制地拖延某一用户作业的执行。

（2）均衡使用资源

每个用户作业所需资源差异很大,因此需要注意系统中各资源的均衡使用,使同时装入内存的作业在执行时尽可能利用系统中的各种不同资源,从而极大地提高资源的利用率。例如,进行科学计算的作业要求较多的 CPU 时间,但 I/O 操作要求较少;而事务处理作业则要求较少的 CPU 时间,但要求较多的 I/O 操作。因此应将这两种作业合理搭配,使系统各种资源发挥最佳效益。

（3）提高系统吞吐量

吞吐量是指单位时间内 CPU 处理作业的个数。通过缩短每个作业的周转时间,实现单位时间内尽可能为更多的作业服务,从而提高计算机系统的吞吐能力。

（4）平衡系统和用户需求

用户满意程度的高低与系统效率的提高可能是一对相互矛盾的因素,每个用户都希望自己的作业立即投入运行并很快获得运行结果,但系统必须考虑系统整体性能的提高,有时却难以满足用户需求。

2. 调度的方式和算法

在一个操作系统的设计中,各种影响因素可能不能兼顾,应如何选择调度方式和算法,在很大程度上取决于操作系统的类型和目标。例如,在传统的三大基本操作系统中,通常采用不同的调度方式和算法。选择调度方式和算法的准则,有的是面向用户的,有的是面向系统的。

（1）面向用户的准则

1）周转时间短。通常把周转时间的长短作为评价批处理系统的性能、选择作业调度方式与算法的重要准则之一。所谓周转时间，是指从作业被提交给系统开始，到作业完成为止的这段时间间隔。它包括 4 部分时间：作业在外存后备队列上等待调度的时间、进程在就绪队列上等待进程调度的时间、进程在 CPU 上执行的时间和进程等待 I/O 操作完成的时间。其中后 3 项在一个作业的整个处理过程中可能会发生多次。

对每个用户而言，都希望自己作业的周转时间最短。但作为计算机系统的管理者，则总是希望能使平均周转时间最短，这不仅会有效地提高系统资源的利用率，而且还可使大多数用户都感到满意。

如果作业 i 提交时间为 T_{si}，完成时间为 T_{ei}，则作业的周转时间 T 为

$$T = T_{ei} - T_{si} \tag{4.1}$$

实际上，作业的周转时间是作业等待时间与处理时间之和。如果系统中有 n 个作业，则平均周转时间定义为所有作业周转时间之和与作业道数的比值，即

$$\overline{T} = \frac{1}{n}\left[\sum_{i=1}^{n} T_i\right] \tag{4.2}$$

利用平均周转时间可以衡量不同调度算法对相同作业流的调度性能。这个值越小越好。作业周转时间没有区分作业实际运行时间长短的特性。为了合理地反映长短作业的差别，定义了另一个衡量标准——带权周转时间 w，即

$$w = \frac{T}{R} \tag{4.3}$$

式中，T 为周转时间；R 为实际运行时间。由于 T 是等待时间与处理时间之和，故带权周转时间总是不小于 1 的。平均带权周转时间定义为所有作业的带权周转时间之和与作业道数的比值，即

$$\overline{w} = \frac{1}{n}\left[\sum_{i=1}^{n} w_i\right] = \frac{1}{n}\left[\sum_{i=1}^{n} \frac{T_i}{R_i}\right] \tag{4.4}$$

用户可以利用平均带权周转时间衡量对不同的作业流执行同一调度算法时所呈现的调度性能。显然，这个值越小越好。

2）响应时间快。常把响应时间的长短用来评价分时系统的性能，这是选择分时系统中进程调度算法的重要准则之一。所谓响应时间，是从用户通过键盘提交一个请求开始，直至系统首次产生响应为止的时间，或者说直到屏幕上显示出结果为止的一段时间间隔。它包括 3 部分时间：从键盘输入的请求信息传送到处理机的时间、处理机对请求信息进行处理的时间和将所形成的响应信息回送到终端显示器的时间。

3）截止时间的保证。这是评价实时系统性能的重要指标，因而是选择实时调度算法的重要准则。所谓截止时间，是指某任务必须开始执行的最迟时间，或必须完成的最迟时间。对于严格的实时系统，其调度方式和调度算法必须能保证这一点，否则将可能造成难以预料的后果。

4）优先权准则。在批处理、分时和实时系统中选择调度算法时，都可以遵循优先权准则，以便让某些紧急的作业能得到及时处理。在要求较严格的场合，往往还需要选择抢占式调度方式，才能保证紧急作业得到及时处理。

（2）面向系统的准则

这是为了满足系统要求而应遵循的一些准则。其中，较重要的有以下几点：

1）系统吞吐量高。这是用于评价批处理系统性能的另一个重要指标，因而是选择批处理作业调度的重要准则。由于吞吐量是指在单位时间内系统所完成的作业数，因而它与批处理作业的平均长度具有密切关系。对于大型作业，一般吞吐量约为每小时一道作业；对于中、小型作业，其吞吐量则可能达到数十道作业之多。作业调度的方式和算法对吞吐量的大小也将产生较大影响。事实上，对于同一批作业，若采用了较好的调度方式和算法，则可显著地提高系统的吞吐量。

2）处理机利用率好。对于大、中型多用户系统，由于 CPU 价格十分昂贵，因此处理机的利用率成为衡量系统性能十分重要的指标；而调度方式和算法对处理机的利用率起着十分重要的作用。在实际系统中，CPU 的利用率一般为 40%～90%。在大、中型系统中，在选择调度方式和算法时，应考虑到这一准则。但对于单用户微型计算机或某些实时系统，此准则就不那么重要了。

3）各类资源的平衡利用。在大、中型系统中，不仅要使处理机的利用率高，还应能有效地利用其他各类资源，如内存、外存和 I/O 设备等。选择适当的调度方式和算法可以保持系统中各类资源都处于忙碌状态。但对于微型计算机和某些实时系统而言，该准则并不重要。

4.3 调度算法

在操作系统中，调度的实质是一种资源分配。因而，调度算法是指根据系统的资源分配策略所规定的资源分配算法。对于不同的系统和系统目标，通常采用不同的调度算法。例如，在批处理系统中，为了照顾为数众多的短作业，应采用最短作业优先调度算法；又如，在分时系统中，为了保证系统具有合理的响应时间，应采用轮转法进行调度。目前存在的多种调度算法中，有的算法适用于作业调度；有的算法适用于进程调度；有些算法既可用于作业调度，也可用于进程调度。

4.3.1 先来先服务调度算法

先来先服务（first come first served，FCFS）调度算法是一种最简单的调度算法，它既能用于作业调度，也适用于进程调度。它的实现思想就是"排队买票"的办法。当在作业调度中采用该算法时，每次调度都是从后备作业队列中选择一个或多个最先进入该队列的作业，将它们调入内存，为它们分配资源、创建进程，然后放入就绪队列。在进程调度中采用 FCFS 算法时，每次调度是从就绪队列中选择一个最先进入该队列的进程，为之分配处理机，使之投入运行。该进程一直运行到完成或发生某事件而阻塞后才放弃处理机。这是一种非剥夺式算法，容易实现，但效率不高，只顾及作业等候时间，而没有考虑作业要求服务时间的长短。显然这不利于短作业而优待了长作业。但要注意，不是先进入后备作业队列的作业就一定被先选中，这要根据资源的分配情况来决定。该调度算法容易实现，每个作业都能被选中，体现了公平。但当运行时间长的作业先进入后备队列而被选中执行时，就可能使计算时间短的作业长期等待。这样不仅使这些用户不满意，而且使运行时间短的作业周转时间变长，从而使平均周转时间变长，系统的吞吐能力降低，系统效率也降低。

例如，现有 4 个作业，它们进入后备队列的时间、运行时间、开始执行时间和结束运行时间如表 4-1 所示，计算出它们各自的周转时间和带权周转时间。

表 4-1　FCFS 调度算法的调度性能

作业	进入时间	运行时间/min	开始时间	结束时间	周转时间/min	带权周转时间
JOB1	8:00	120	8:00	10:00	120	1
JOB2	8:50	50	10:00	10:50	120	2.4
JOB3	9:00	10	10:50	11:00	120	12
JOB4	9:50	20	11:00	11:20	90	4.5
作业平均周转时间 $\overline{T}=112.5\text{min}$ 作业平均带权周转时间 $\overline{w}=4.975$					450	19.9

从表 4-1 可以看出，其中短作业 JOB3 的带权周转时间竟然高达 12，而长作业 JOB1 的带权周转时间仅为 1。据此可知，FCFS 调度算法有利于 CPU 繁忙型的作业，而不利于 I/O 繁忙型的作业。CPU 繁忙型作业是指该类作业需要大量的 CPU 时间进行计算，而很少请求 I/O。通常的科学计算便属于 CPU 繁忙型作业。I/O 繁忙型作业是指 CPU 进行处理时需频繁地请求 I/O。目前的大多数事务处理都属于 I/O 繁忙型作业。

4.3.2　最短作业优先调度算法

最短作业优先（shortest job first，SJF）调度算法是指操作系统在进行作业调度时以作业运行时间长短作为优先级进行调度，总是从后备作业队列中选取运行时间最短的作业调入主存运行。它既能用于作业调度，也适用于进程调度。采用该算法时，要求用户对自己的作业需要运行的时间预先做出一个估计，并在作业控制说明书中加以说明。作业调度时以后备队列中作业提出的运行时间为标准，优先选择运行时间短且资源能得到满足的作业。该调度算法可以照顾到实际上占作业总数绝大部分的短作业，使它们能比长作业优先调度执行。这时后备作业队列按作业相应优先级由高到低的顺序排列，当作业进入后备队列时要按该作业优先级放置到后备队列相应的位置。这是一种非剥夺式调度算法，它克服了 FCFS 偏爱长作业的缺点，易于实现，但整体效率也不高。计算作业的周转时间和加权周转时间如表 4-2 所示。

表 4-2　SJF 调度算法的调度性能

作业	进入时间	运行时间/min	开始时间	结束时间	周转时间/min	带权周转时间
JOB1	8:00	120	8:00	10:00	120	1
JOB2	8:50	50	10:30	11:20	150	3
JOB3	9:00	10	10:00	10:10	70	7
JOB4	9:50	20	10:10	10:30	40	2
作业平均周转时间 $\overline{T}=95\text{min}$ 作业平均带权周转时间 $\overline{w}=3.25$					380	13

从表 4-2 可以看出，该调度算法的性能较好，它强调资源的充分利用，有效降低了作业的平均等待时间，使单位时间内处理作业的数量最多，保证了作业吞吐量最大。SJF 调度算法也存在不容忽视的缺点。

1）该算法对长作业不利。更严重的是，如果有一长作业进入系统的后备队列，由于调度程序总是优先调度那些（即使是后进来的）短作业，将导致长作业长期不被调度。

2）该算法完全未考虑作业的紧迫程度，因而不能保证紧迫性作业会被及时处理。

3）由于作业的长短只是根据用户所提供的估计执行时间而定的，而用户又可能会有意或无意地缩短其作业的估计运行时间，致使该算法不一定能真正做到短作业优先调度。

SJF 调度算法也能用于进程调度，即以作业估计运行时间作为相应进程的估计运行时间。进程调度时，从就绪进程队列中挑选一个估计运行时间最短的进程投入运行。如果两个进程有相同的估计运行时间，就根据 FCFS 调度算法处理。其实，这种方法更恰当的术语是"短 CPU 用时优先调度算法"，因为调度时要测量进程的"CPU 工作时间"的长短，而不是进程整体用时的长短。可以证明，在所有作业同时到达时，SJF 调度算法是最佳算法，其平均周转时间最短。

SJF 调度算法是非抢占式的，可以改进成抢占式的调度算法。当一个作业正在执行时，一个新作业进入就绪状态，如果新作业需要的 CPU 时间比当前正在执行的作业剩余下来还需的 CPU 时间短，抢占式 SJF 调度算法强行赶走当前正在执行的作业，这种方式叫作最短剩余时间优先（shortest remaining time first，SRTF）算法。此算法不但适用于作业调度，同样也适用于进程调度。

下面来看一个例子，假如现有 4 个就绪作业，其到达系统和所需 CPU 时间如表 4-3 所示。

表 4-3　SRTF 调度算法的调度性能

作业	进入时间	运行时间/ms	开始时间	结束时间	周转时间/ms	带权周转时间
JOB1	0	8	0	17	17	2.125
JOB2	1	4	1	5	4	1
JOB3	2	9	17	26	24	2.67
JOB4	3	5	5	10	7	1.4
作业平均周转时间　$\overline{T}=13\text{ms}$ 作业平均带权周转时间　$\overline{w}=1.799$					52	7.195

JOB1 从 0 开始执行，这时系统就绪队列中仅有一个作业。JOB2 在时间 1 到达，而 JOB1 的剩余时间 7ms 大于 JOB2 所需时间 4ms，所以，JOB1 被剥夺，JOB2 被调度执行。这个例子采用 SRTF 的平均等待时间是[(10-1)+(1-1)+(17-2)+(5-3)]/4=26/4=6.5（ms）。如果采用非抢占式 SJF 调度算法，那么平均等待时间是 7.75ms，如图 4-11 所示。

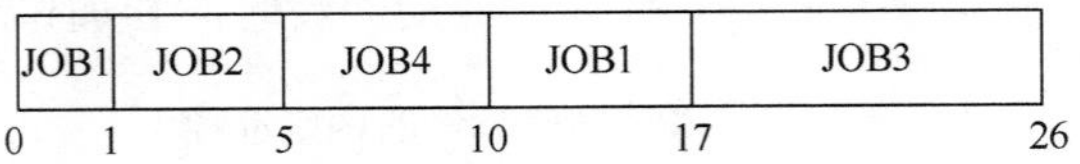

JOB1	JOB2	JOB4	JOB1	JOB3

0　　1　　　5　　　　10　　　　17　　　　　　　26

图 4-11　作业执行次序

4.3.3　高响应比优先调度算法

由于 FCFS 调度算法可能使后进入队列的诸多短作业处于等待状态，而 SJF 调度算法又可能使大作业等待时间过长。为了兼顾上述两种算法的优点，克服它们各自的缺点，引入高响应比优先（highest response ratio first，HRRF）调度算法。该算法是一种作业调度算法，主要采用非抢占式调度。采用高响应比优先调度算法进行调度时，必须对后备队列中的所有作业计算出各自的响应比，从资源能得到满足的作业中选择响应比最高的作业优先装入内存运行。响应比的定义为

$$\text{响应比} = \frac{\text{作业等待时间} + \text{作业运行时间}}{\text{作业运行时间}} = \frac{\text{作业响应时间}}{\text{作业运行时间}} = 1 + \frac{\text{作业等待时间}}{\text{作业运行时间}} \qquad (4.5)$$

由于作业从进入后备队列到执行完成就是该作业的响应过程，因此系统对该作业的响应时间就是作业的等待时间与运行时间之和。从公式（4.5）可以看出，若作业等待时间相同，则运行时间越短，其响应比越高，因而该算法有利于短作业。若作业运行时间相同，则作业等待时间越长，其响应比越高，因而该算法实现的是先来先服务原则。对于长作业，

作业的响应比随着等待时间的增加而提高，当其等待时间足够长时，其响应比便有很大的提升，也可以获得处理机。

例如，计算作业的周转时间和带权周转时间如表 4-4 所示，其中 10:00 时，3 个作业均等待作业调度，响应比分别为，JOB2 的响应比=(70+50)/50=2.4，JOB3 的响应比=(60+10)/10=7，JOB4 的响应比=1.5，显然系统先选择 JOB3 运行。到了 10:10 时，剩余两个作业均处于等待状态，响应比分别为，JOB2=(80+50)/50=2.6，JOB4=(20+20)/20=2，显然再选择 JOB2 运行。

表 4-4　高响应比优先调度算法的调度性能

作业	进入时间	运行时间/min	开始时间	结束时间	周转时间/min	带权周转时间
JOB1	8:00	120	8:00	10:00	120	1
JOB2	8:50	50	10:10	11:00	130	2.6
JOB3	9:00	10	10:00	10:10	70	7
JOB4	9:50	20	11:00	11:20	90	4.5
作业平均周转时间 $\overline{T}=102.5\text{min}$ 作业平均带权周转时间 $\overline{w}=3.775$					410	15.1

从表 4-4 可以看出，该调度算法结合了 FCFS 调度算法与 SJF 调度算法的特点，兼顾了运行时间短和等候时间长的作业，公平且吞吐量大。但该算法较复杂，调度前要先计算出各个作业的响应比，并选择响应比最大的作业投入运行，从而增加了系统开销。

4.3.4　高优先权优先调度算法

为了照顾紧迫型作业，使之在进入系统后便获得优先处理，引入了高优先权优先（highest priority first，HPF）调度算法。此算法常被用于批处理系统中，作为作业调度算法，也作为多种操作系统中的进程调度算法，还可用于实时系统中。

1. 优先权调度算法的类型

高优先权优先调度算法用作作业调度时，系统将从后备队列中选择若干个优先权最高的作业装入内存。当用于进程调度时，该算法是把处理机分配给就绪队列中优先权最高的进程，这时又可进一步把该算法分成如下两种。

（1）非抢占式优先权调度算法

在这种方式下，系统一旦把处理机分配给就绪队列中优先权最高的进程后，该进程便一直执行下去，直至完成；或因发生某事件使该进程放弃处理机时，系统方可再将处理机重新分配给另一个优先权最高的进程。这种调度算法主要用于批处理系统中，也可用于某些对实时性要求不高的实时系统中。

（2）抢占式优先权调度算法

在这种方式下，系统同样是把处理机分配给优先权最高的进程，使之执行。但在其执行期间，只要又出现了另一个优先权更高的进程，进程调度程序就立即停止当前进程（原优先权最高的进程）的执行，重新将处理机分配给新到的优先权最高的进程。因此，在采用这种调度算法时，每当系统中出现一个新的就绪进程 i 时，就将其优先权 P_i 与正在执行的进程 j 的优先权 P_j 进行比较。如果 $P_i \leq P_j$，则原进程 j 便继续执行；如果 $P_i > P_j$，则立即停止进程 j 的执行，进行进程切换，使进程 i 投入执行。显然，这种抢占式的优先权调度算法能更好地满足紧迫型作业的要求，故而常用于要求比较严格的实时系统中，以及对性能要求较高的批处理和分时系统中。

2. 优先权类型

进程的优先权如何确定呢？一般来说，进程的优先权可由系统内部定义或由外部指定。内部定义是指利用某些可度量的量定义一个进程的优先权，如进程类型、进程对资源的需求等，用它们来计算优先权。外部指定是指优先权是按操作系统以外的标准设置的，如使用计算机所付款的类型和总额，使用计算机的部门及其他外部因素等。确定优先权类型的方式有静态优先权和动态优先权两种。

（1）静态优先权

静态优先权是在创建进程时确定的，且在进程的整个运行期间一直保持不变。一般地，优先权是利用某一范围内的一个整数来表示的，例如，0~7 或 0~255 中的某一整数，又把该整数称为优先数，只是具体用法各异：有的系统用"0"表示最高优先权，当数值越大时，其优先权越低；而有的系统恰恰相反。

确定进程优先权的依据有如下 3 个方面：一是进程类型。通常，系统进程（如接收进程、对换进程、磁盘 I/O 进程）的优先权高于一般用户进程的优先权。在批处理与分时系统相结合的系统中，为了保证分时用户的响应时间，前台作业的进程优先级应高于后台作业的进程。二是进程对资源的需求，如进程的估计执行时间及内存需要量的多少，对这些要求少的进程应赋予较高的优先权。三是用户要求，这是由用户进程的紧迫程度及用户所付费用的多少来确定优先权的。

静态优先权法简单易行，系统开销小，但不够精确，很可能出现优先权低的作业（或进程）长期没有被调度的情况。因此，仅在要求不高的系统中才使用静态优先权。

（2）动态优先权

动态优先权是指在创建进程时所赋予的优先权，是可以随进程的推进或随其等待时间的增加而改变的，以便获得更好的调度性能。例如，可以规定，在就绪队列中的进程，随其等待时间的增长，其优先权以速率 a 提高。若所有的进程都具有相同的优先权初值，则显然是最先进入就绪队列的进程将因其动态优先权变得最高而优先获得处理机，此即 FCFS 调度算法。若所有的就绪进程具有各不相同的优先权初值，那么，对于优先权初值低的进程，在等待了足够的时间后，其优先权便可能升为最高，从而可以获得处理机。当采用抢占式优先权调度算法时，如果再规定当前进程的优先权以速率 b 下降，则可防止一个长作业长期地垄断处理机。

在优先级相同的情况下，通常按照 FCFS 或 SJF 的顺序执行。

例如，对于下列进程集合，给出了到达时间、运行时间和优先权（规定优先权数字越大，优先级越高），如表 4-5 所示。若采用静态优先权抢占式调度算法，计算出各个进程的运行顺序、它们的周转时间和带权周转时间。

表 4-5　进程运行表

进程	到达时间	运行时间	优先权
P1	0	8	0
P2	2	5	1
P3	4	7	3
P4	0	3	2
P5	5	2	7

在 0 时刻，只有进程 P1 和 P4 到达。由于进程 P4 的优先权是 2，大于进程 P1 的优先

权 0，所以进程 P4 先运行。当运行 2 个时间单位后，进程 P2 到达，由于进程 P2 的优先权是 1，小于进程 P4，所以进程 P4 继续运行。在 3 时刻，进程 P4 运行完毕，当前有 P1 和 P2 两个进程，进程 P2 的优先权大于进程 P1，先运行进程 P2。在 4 时刻，进程 P3 进入。由于进程 P3 的优先权大于进程 P2，进程 P3 抢占了进程 P2 的处理机，进程 P2 只执行了 1 个时间单位。进程 P3 执行了 1 个时间单位后，进程 P5 到达，由于优先权最高，它抢占了处理机，并且执行了 2 个时间单位后退出。进程 P3 继续执行，执行了 6 个时间单位后退出。接着进程 P2 运行 4 个时间单位后退出。最后进程 P1 运行 8 个时间单位，如图 4-12 所示。

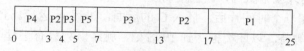

图 4-12 进程运行顺序

根据进程运行顺序，计算各个进程的周转时间和带权周转时间，如表 4-6 所示。

表 4-6 高优先权优先调度算法的调度性能

进程	到达时间	运行时间/ms	优先权	开始时间	结束时间	周转时间/ms	带权周转时间
P1	0	8	0	17	25	25	3.13
P2	2	5	1	3	17	15	3
P3	4	7	3	4	13	9	1.29
P4	0	3	2	0	3	3	1
P5	5	2	7	5	7	2	1
作业平均周转时间 $\bar{T}=10.8$ ms 作业平均带权周转时间 $\bar{w}=1.884$						410	15.1

4.3.5 时间片轮转调度算法

时间片轮转（round-robin，RR）调度算法主要用于分时系统中的进程调度。为了实现轮转调度，系统将所有就绪进程按 FCFS 的原则排成一个队列，新来的进程加到就绪队列末尾。每当执行进程调度时，进程调度程序把 CPU 分配给就绪队列的队首进程，让它在 CPU 上运行一个时间片的时间。时间片是一个小的时间单位，其大小从几毫秒到几百毫秒。当进程执行的时间片用完时，由一个计时器发出时钟中断请求，调度程序便据此信号强制停止该进程的执行，并将它送往就绪队列的末尾；然后，把处理机分配给就绪队列中新的队首进程，同时也让它执行一个时间片。这样就可以保证就绪队列中的所有进程，在给定的时间内，均能获得一个时间片的处理机执行时间。

时间片轮转调度算法在实现时又分两种情况，即基本轮转和改进轮转。基本轮转是指分给所有进程的时间片长度是相同的，而且是不变的。若不考虑数据传输等待，系统中的所有进程以基本上均等的速度向前推进。改进轮转是指分给不同进程的时间片长度是不同的，而且是可变的。系统可以根据不同进程的特性为其动态分配不同长度的时间片，以便达到更灵活的调度效果。

时间片轮转调度算法是一种剥夺式调度（抢占式调度）算法。系统耗费在进程切换上的开销比较大，这个开销与时间片的大小有很大的关系。如果选择很小的时间片，将有利于短进程，使进程能较快地完成，但系统会频繁地发生中断和进程上下文切换，从而增加系统的开销。反之，如果选择太长的时间片，使每个进程都能在一个时间片内完成，时间片轮转调度算法便退化为 FCFS 调度算法，无法满足交互式用户的需求。一个较为可取的时间片大小是，时间片略大于一次典型的交互所需要的时间，这样可使大多数进程在一个时间片内完成。

例如，有 A、B、C、D、E 共 5 个进程，其到达时间分别为 0、1、2、3、4，要求运行时间依次为 3、6、4、5、2，采用时间片轮转调度算法，当时间片大小 $q=1$ 和 $q=4$ 时，试计算其平均周转时间和平均带权周转时间。

当时间片为 1 时，在 0 时刻，就绪队列只有进程 A，所以进程 A 先运行 1 个时间片。在 1 时刻，进程 B 插入就绪队列，被直接调度，进程 A 等待。在 2 时刻，进程 C 插入就绪队列，进程 B 运行完一个时间片后，插入 C 的后面，进程 A 运行。到 3 时刻，进程 C 运行，进程 B、D、A 等待。以此类推，到 19 时刻，就绪队列只有进程 D，它运行一个时间片结束。如图 4-13 所示，是时间片 $q=1$ 和 $q=4$ 时它们的运行情况。

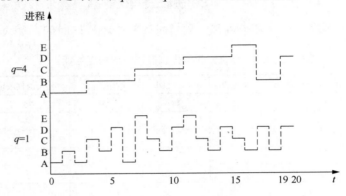

图 4-13　$q=1$ 和 $q=4$ 时进程的运行情况

表 4-7 给出了各进程的周转时间和带权周转时间等性能指标。

表 4-7　时间片轮转调度算法的性能指标

时间片	进程	到达时间	运行时间/ms	开始时间	结束时间	周转时间/ms	带权周转时间
	A	0	3	0	7	7	2.33
	B	1	6	1	19	18	3
	C	2	4	3	16	14	3.5
$q=1$	D	3	5	5	20	17	3.4
	E	4	2	7	12	8	4
	作业平均周转时间 $\overline{T}=12.8\text{ms}$ 作业平均带权周转时间 $\overline{w}=3.246$					64	16.23
	A	0	3	0	3	3	1
	B	1	6	3	19	18	3
	C	2	4	7	11	9	2.25
$q=4$	D	3	5	11	20	17	3.4
	E	4	2	15	17	13	6.5
	作业平均周转时间 $\overline{T}=12\text{ms}$ 作业平均带权周转时间 $\overline{w}=3.23$					60	16.15

时间片的长短通常由以下 4 个因素确定。

1）系统响应时间。在进程数目一定时，时间片的长短直接正比于系统对响应时间的要求。

　　系统响应时间与时间片的关系表示为

$$T=Nq \qquad (4.6)$$

式中，T 为系统响应时间；q 为时间片大小；N 为就绪队列中的进程数。

　　2）就绪队列进程数目。当系统要求的响应时间一定时，时间片的大小反比于就绪队列中的进程数。

　　3）进程转换时间。若执行进程调度时的转换时间为 t，时间片为 q，为保证系统开销不大于某个标准，应使比值 t/q 不大于某一数值，如 1/10。

　　4）CPU 运行指令速度。CPU 运行速度快，则时间片可以短些；反之，则应取长些。

4.3.6 多级反馈队列调度算法

　　前面介绍的各种用作进程调度的算法都有一定的局限性，如 SJF 调度算法，仅照顾了短进程而忽略了长进程。而且，如果未指明进程的长度，则 SJF 和基于进程长度的抢占式调度算法都将无法使用。而多级反馈队列（multilevel feedback queue，MLFQ）调度算法则不必事先知道各种进程所需的执行时间，而且还可以满足各种类型进程的需要，因而它目前被认为是一种较好的进程调度算法。在讲述多级反馈队列调度算法之前，首先介绍一下与其密切相关的另一类算法——多级队列调度算法。

　　1. 多级队列调度算法（进程调度）

　　多级队列调度算法是把多个进程分成不同级别的组，通常划分为前台进程（交互）和后台进程（批处理）。这两类进程对响应时间的要求是完全不同的，所以用不同的调度算法。此外，前台进程的优先级高于后台进程的优先级。

　　多级队列调度算法把就绪进程划分为几个单独的队列，一般根据进程的某些特性，永久性地把各个进程分别链入不同的队列中，每个队列都有自己的调度算法。例如，把前台进程和后台进程各设一个队列，前台进程可用时间片轮转法调度，而后台进程可用 FCFS 方式调度。此外，在各个队列之间也要进行调度，通常采用固定优先级的抢占式调度。下面是多级队列调度算法的一个例子。

　　设有 5 个队列，分别是系统进程、交互进程、交互编辑进程、批处理进程和学生批处理进程。各队列的优先级自上而下降级，如图 4-14 所示。仅当系统进程、交互进程和交互编辑进程 3 个队列都为空时，批处理队列中的进程才可以运行。当批处理进程正在运行时，若有一个交互编辑进程进入就绪队列，则批处理进程就被赶了下来。另外，在各队列间实施调度的另一种方式是规定时间比例，即每个队列都取得一定的 CPU 时间片段，然后调度本队列中的各个进程。例如，在前、后台队列例子中，前台队列可占 80% 的 CPU 时间，采用时间片轮转法调度其中各个进程；后台队列占 20% 的 CPU 时间，按 FCFS 方式调度该队列中的进程。

　　2. 多级反馈队列调度算法（进程调度）

　　通常，在多级队列调度算法中，进程被永久性地放到一个队列中，它们不能从一个队列移动到另一个队列。多级反馈队列调度算法是在多级队列调度算法的基础上加上"反馈"措施，如图 4-15 所示，其实现思想如下。

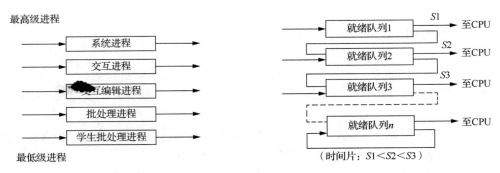

图 4-14   多级队列调度   图 4-15   多级反馈队列调度算法

1）系统中设置多个就绪队列，并为各个队列赋予不同的优先级。第一个队列的优先级最高，第二个队列次之，其余各队列的优先级逐个降低。

2）该算法赋予各个队列中进程执行时间片的大小也各不相同，在优先权越高的队列中，为每个进程所规定的执行时间片就越小。例如，第二个队列的时间片要比第一个队列的时间片长 1 倍，…，第 $i+1$ 个队列的时间片要比第 i 个队列的时间片长 1 倍。

3）当一个新进程进入内存后，首先将它放入第一队列的末尾，按 FCFS 原则排队等待调度。当轮到该进程执行时，如果它能在该时间片内完成，便可准备撤离系统；如果它在一个时间片结束时尚未完成，调度程序便将该进程转入第二队列的末尾，再同样地按 FCFS 原则等待调度执行；如果它在第二队列中运行一个时间片后仍未完成，再依次将它放入第三队列，……，如此下去，当一个长作业（进程）从第一队列依次降到第 n 队列后，在第 n 队列中便采取按时间片轮转的方式运行。

4）仅当第一队列空闲时，调度程序才调度第二队列中的进程运行；仅当第 1～（$i-1$）队列均空时，才会调度第 i 个队列中的进程运行。当处理机正在第 i 个队列中为某进程服务，又有新进程进入优先级较高的队列［第 1～（$i-1$）中的任何一个队列］，则此时新进程将抢占正在运行进程的处理机，即由调度程序把正在运行的进程放回到第 i 队列的末尾，把处理机分配给新到的高优先权进程。

例如，有 A、B、C、D、E 共 5 个进程，其到达时间分别为 0、1、3、4、5，要求运行时间依次为 3、8、4、5、7，采用多级反馈队列调度算法，系统中共有 3 个队列，其时间片依次为 1、2 和 4，计算其平均周转时间和平均带权周转时间。

在 0 时刻，就绪队列 1 中只有进程 A，所以进程 A 先执行。在 1 时刻，进程 B 进入内存，放到就绪队列 1 的末尾。进程 A 执行完 1 个时间片后，调度程序把它放入就绪队列 2 的末尾，进程 B 执行。进程 B 执行完毕后，也放到就绪队列 2 的末尾。此时，在 2 时刻，就绪队列 1 中没有进程，调度程序开始把就绪队列 2 中的队首进程 A 进行调度，分配 2 个时间片。但是在 3 时刻，进程 A 仅执行 1 个时间片，进程 C 进入。调度程序把它放入就绪队列 1 中，由于在多级反馈队列中，就绪队列 1 的优先级大于就绪队列 2，所以进程 C 抢占了进程 A 的处理机，进程 A 由调度程序放入就绪队列 2 的末尾。在 4 时刻，进程 D 到达，进程 C 被放入就绪队列 2 的末尾。在 5 时刻，进程 E 获得处理机，进程 D 被调度程序放入就绪队列 2 的末尾。各个时刻进程的调度情况如图 4-16 和图 4-17 所示。

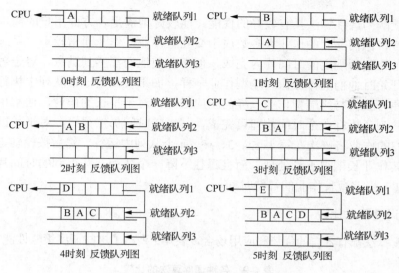

图 4-16 0～5 时刻的多级反馈队列进程

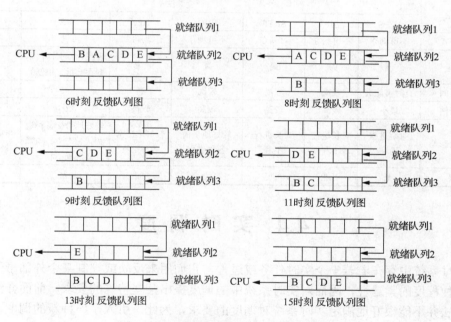

图 4-17 6～15 时刻的多级反馈队列进程

表 4-8 给出了各进程的周转时间和带权周转时间等性能指标。

表 4-8 多级反馈队列调度算法的调度性能

进程	到达时间	运行时间/ms	开始时间	结束时间	周转时间/ms	带权周转时间
A	0	3	0	9	9	3
B	1	8	1	27	26	3.25
C	3	4	3	20	17	4.25
D	4	5	4	22	18	3.6
E	5	7	5	26	21	3
作业平均周转时间 $\overline{T} = 18.2\text{ms}$ 作业平均带权周转时间 $\overline{w} = 3.42$					91	17.1

多级反馈队列调度算法具有较好的性能，能较好地满足各方面用户的需求。对终端型作业用户而言，他们提交的作业大多数属于交互型作业，作业通常较小，系统只要能使这些作业在一个队列所规定的时间片内完成，便可以使他们都感到满意。对于短批处理作业用户而言，开始时他们的作业像终端型作业一样，如果仅在第一个队列中执行一个时间片即可完成，便可获得与终端型作业一样的响应时间；对于稍长的作业，通常也只需在第二队列和第三队列各执行一个时间片即可完成，其周转时间仍然很短。对于长批处理作业用户而言，他们的作业将依次在第 1、2、3、…、n 个队列中运行，然后按轮转方式运行，用户不必担心其作业长期得不到处理；而且每往下降一个队列，其得到的时间片将随着增加 1 倍，故可进一步缩短长作业的等待时间。

4.3.7 多种调度算法比较

每种调度算法都有各自的优势和应用场合，表 4-9 列出了这些调度策略性能方面的比较。

表 4-9　各种调度算法的比较

对比项	调度算法						
	FCFS	SJF	SRTF	HRRN	HPF	RR	MLFQ
调度方式	不可剥夺	不可剥夺	可剥夺	不可剥夺	均可	可剥夺	可剥夺
吞吐量	一般	高	高	高	一般	较高（时间片太短，则吞吐量会很低）	一般
响应时间	有时可能高	较高	较高	较高	高	高	高
系统开销	最小	较高	较高	较高	较高	较小	较高
对进程的影响	对短进程不利	对长进程不利	对长进程不利	较好地平衡各种进程	较好地平衡各种进程	较好地平衡各种进程，但对 I/O 频繁进程不利	可能对 I/O 频繁进程有利
饥饿	无	可能	可能	无	可能	无	可能

4.4　实时调度

实时系统中存在着若干个实时任务或进程，它们用来反映或控制某个外部事件，往往带有某种程度的紧迫性，因而对实时系统中的调度提出某些特殊的要求。前面介绍的多种调度算法并不能很好地满足实时系统对调度的要求，为此，引入了一种新的调度，即实时调度。

4.4.1 实现实时调度的基本条件

实时系统可分为硬式实时系统和软式实时系统两种。实时系统的另一个特点是它所处理的外部任务可分为周期性的与非周期性的两大类。对于非周期性任务来说，必定存在有一个完成或开始进行处理的时限，而周期性任务只要求在周期 T 内完成或开始进行处理。为了保证系统能正常工作，实时调度必须满足实时任务对截止时间的要求。为此，实现实时调度应具备下述几个条件。

1. 提供必要的信息

为了实现实时调度，系统应向调度程序提供有关任务的下述一些信息。

（1）就绪时间

这是该任务成为就绪状态的起始时间，在周期任务的情况下，它就是事先预知的一串时间序列；而在非周期任务的情况下，它也可能是预知的。

（2）开始截止时间和完成截止时间

对于典型的实时应用，只需要知道开始截止时间，或者知道完成截止时间。

（3）处理时间

这是指一个任务从开始执行直至完成所需的时间。在某些情况下该时间也是系统提供的。

（4）资源要求

这是指任务执行时所需要的一组资源。

（5）优先级

如果某任务的开始截止时间已经错过，就会引起故障，则应为该任务赋予"绝对"优先级。如果开始截止时间的推迟对任务的继续运行无重大影响，则可为该任务赋予"相对"优先级，供调度程序参考。

2. 系统处理能力强

在实时系统中，通常都有着多个实时任务。若处理机的处理能力不够强，则有可能因处理机忙不过来而使某些实时任务不能得到及时处理，从而导致发生难以预料的后果。假设系统中有 m 个周期性的实时任务，它们的处理时间可表示为 C_i，周期时间表示为 P_i，则在单处理机情况下，必须满足下面的限制条件系统才是可调度的。

$$\sum_{i=1}^{m} \frac{C_i}{P_i} \leq 1 \qquad (4.7)$$

举例来说，一个实时系统处理 3 个事件流，其周期分别为 50ms、100ms 和 200ms，如果事件处理时间分别为 10ms、30ms 和 20ms，则这个系统是可调度的，因为

$$0.2 + 0.3 + 0.1 \leq 1$$

如果加入周期为 1s 的第四个事件，则只要其处理时间不超过 400ms，该系统仍将是可调度的。当然，这个运算的隐含条件是进程切换的时间足够小，可以忽略。假如系统中有 7 个硬实时任务，它们的周期时间都是 60ms，而每次的处理时间为 10ms，则不难算出，此时是不能满足上式的，因而系统是不可调度的。解决的方法是提高系统的处理能力，其途径有二：其一仍是采用单处理机系统，但须增强其处理能力，以显著地减少对每一个任务的处理时间；其二是采用多处理机系统，假设系统中的处理机数为 N，则应将上述的限制条件改为

$$\sum_{i=1}^{m} \frac{C_i}{P_i} \leq N \qquad (4.8)$$

注意：上述的限制条件并未考虑任务的切换时间，包括执行调度算法和进行任务切换，以及消息的传递时间等开销。

3. 采用抢占式调度机制

在含有硬实时任务的实时系统中，广泛采用抢占式调度机制。当一个优先权更高的任务到达时，允许将当前任务暂时挂起，而令高优先权任务立即投入运行，这样便可满足该硬实时任务对截止时间的要求，但这种调度机制比较复杂。对于一些小型实时系统，如果

能预知任务的开始截止时间，则对实时任务的调度可采用非抢占调度机制，以简化调度程序和进行任务调度时所花费的系统开销。但在设计这种调度机制时，应使所有的实时任务都比较小，并在执行完关键性程序和临界区后，能及时地将自己阻塞起来，以便释放出处理机，供调度程序去调度一些开始截止时间即将到达的任务。

4. 具有快速切换机制

为了保证要求较高的硬实时任务能及时运行，在实时系统中还应具有快速切换机制，以保证能进行任务的快速切换。该机制应具有如下两方面的能力。

（1）对外部中断的快速响应能力

为使在紧迫的外部事件请求中断时，系统能及时响应，要求系统具有快速硬件中断机构，还应使禁止中断的时间间隔尽量短，以免耽误时机。

（2）快速的任务分派能力

在完成任务调度后，便应进行任务切换。为了提高分派程序进行任务切换时的速度，应使系统中的每个运行功能单位适当地小，以减少任务切换的时间开销。

4.4.2 实时调度算法的分类

可以按照不同的方式对实时调度算法进行分类。根据实时任务的性质不同，实时调度算法可分为硬实时调度算法和软实时调度算法。根据调度方式的不同，实时调度算法可分为非抢占式调度算法和抢占式调度算法。根据调度程序调度时间的不同，实时调度算法可分为静态调度算法和动态调度算法等。这里，仅根据调度方式的不同对实时调度算法进行分类。

1. 非抢占式调度算法

（1）非抢占式轮转调度算法

该算法常用于工业生产的群控系统中，由一台计算机控制若干个相同的对象，为每一个被控对象建立一个实时任务，并将它们排成一个轮转队列。调度程序每次选择队列中的第一个任务投入运行。当该任务完成后，便把它挂在轮转队列的末尾，等待下次调度运行，而调度程序再选择下一个（队首）任务运行。这种调度算法可获得数秒至数十秒的响应时间，可用于要求不太严格的实时控制系统中。

（2）非抢占式优先调度算法

如果在实时系统中存在着要求较为严格的任务，则可采用非抢占式优先调度算法，为这些任务赋予较高的优先级。当这些实时任务到达时，把它们安排在就绪队列的队首，等待当前任务自我终止或运行完成后才能被调度执行。这种调度算法在做了精心的处理后有可能获得仅为数秒至数百毫秒级的响应时间，因而可用于有一定要求的实时控制系统中。

2. 抢占式调度算法

在要求较严格的（响应时间为数十毫秒以下）的实时系统中，应采用抢占式优先权调度算法。可根据抢占发生时间的不同而进一步将调度算法分为以下两种。

（1）基于时钟中断的抢占式优先权调度算法

在某实时任务到达后，如果该任务的优先权高于当前任务的优先权，这时并不立即抢占当前任务的处理机，而是等到时钟中断到来时，调度程序才剥夺当前任务的执行，将处理机分配给新到的高优先权任务。这种调度算法能获得较好的响应效果，其调度延迟可降为几十毫秒至几毫秒。因此，此算法可用于大多数的实时系统中。

（2）立即抢占的优先权调度算法

在这种调度策略中，要求操作系统具有快速响应外部事件中断的能力。一旦出现外部中断，只要当前任务未处于临界区，便立即剥夺当前任务的执行，把处理机分配给请求中断的紧迫任务。这种算法能获得非常快的响应，可把调度延迟降低到几毫秒至几百微秒，甚至更低。

4.4.3　常用的几种实时调度算法

1. 最早截止时间优先算法

该算法是根据任务的开始截止时间来确定任务的优先级的。截止时间越早，其优先级越高。该算法要求在系统中保持一个实时任务的就绪队列，该队列按各任务截止时间的早晚排序；当然具有最早截止时间的任务排在队列的最前面。调度程序在选择任务时，总是选择就绪队列中的第一个任务，为之分配处理机，使之投入运行。最早截止时间优先算法既可用于抢占式调度，也可用于非抢占式调度方式中。同时它也是一种动态优先级调度算法，根据任务的运行情况，优先级不断发生变化。

（1）非抢占式调度方式用于非周期实时任务

如图 4-18 所示为最早截止时间优先算法用于非抢占式调度的实例。该实例中有 4 个非周期任务，它们先后到达。系统首先调度任务 1 执行，在任务 1 执行期间，任务 2、3 又先后到达。由于任务 3 的开始截止时间早于任务 2，故系统在任务 1 执行完后将调度任务 3 执行。在此期间又到达任务 4，其开始截止时间仍早于任务 2，故在任务 3 执行完后，系统又调度任务 4 执行，最后才调度任务 2 执行。

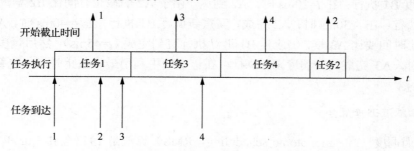

图 4-18　最早截止时间优先算法用于非抢占式调度

（2）抢占式调度方式用于周期实时任务

如图 4-19 所示为最早截止时间优先算法用于抢占式调度的实例。在该实例中有两个周期性任务，任务 A 的周期时间为 20ms，每个周期的处理时间为 10ms；任务 B 的周期时间为 50ms，每个周期的处理时间为 25ms。图 4-19 中的第一行给出了两个任务的到达时间、最后期限和执行时间。其中，任务 A 的到达时间为 0、20、40、…，任务 A 的最后期限为 20、40、60、…；任务 B 的到达时间为 0、50、100、…，任务 B 的最后期限为 50、100、150、…（单位皆为 ms）。

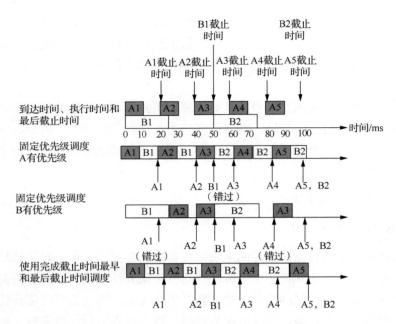

图 4-19   最早截止时间优先算法用于抢占式调度

为了说明通常的优先级调度不能适用于实时系统，图 4-19 中特别增加了第二行和第三行。在第二行中假设任务 A 具有较高的优先级，所以在 t=0ms 时，先调度 A1 执行，在 A1 完成后（t=10ms）才调度 B1 执行；在 t=20ms 时，调度 A2 执行；在 t=30ms 时，A2 完成，又调度 B1 执行；在 t=40ms 时，调度 A3 执行；在 t=50ms 时，虽然 A3 已经完成，但 B1 已错过了它的最后期限，这说明了利用通常的优先级调度已经失败。第三行与第二行类似，只是假设任务 B 具有较高的优先级。第四行是采用最早截止时间优先算法的时间图。在 t=0ms 时，A1 和 B1 同时到达，A1 截止时间比 B1 早，故调度 A1 执行；在 t=10ms 时，A1 完成，又调度 B1 执行；在 t=20ms 时，A2 到达，由于 A2 的截止时间比 B2 早，B1 被中断而调度 A2 执行；在 t=30ms 时，A2 完成，又重新调度 B1 执行；在 t=40ms 时，A3 又到达，但 B1 的截止时间要比 A3 早，仍应让 B1 继续执行直到完成（t=45ms），然后调度 A3 执行；在 t=55ms 时，A3 完成，又调度 B2 执行。在该实例中利用最早截止时间优先算法可以满足系统的要求。

2. 速率单调调度算法

速率单调调度（rate monotonic scheduling，RMS）算法是 1973 年由 Liu 和 Layland 发表文章提出的，它是一种适用于可抢占的硬实时周期性任务调度的调度算法。RMS 算法是一种静态调度算法，即分配给任务的优先级在整个运行期间是不变的，又称为固定优先级调度算法。静态调度算法根据应用的属性来分配优先级，其可控性较强，而动态调度算法在资源分配和调度时具有更大的灵活性。RMS 算法简单、有效，便于实现。

RMS 算法为每个周期进程指定一个固定不变的优先级，周期最短的进程优先级最高。RMS 算法也可用于多 CPU 环境，用于分配任务优先级，优先级基于任务执行的次数，执行最频繁的任务优先级最高。

（1）RMS 算法的初始条件

1）所有的任务都是周期性的，各个任务请求的截止期限呈周期性，同时具有恒定的时间间隔。

2）所有任务都必须在下一次任务请求的截止期限到来之前完成。

3）所有的任务都是独立的，每一次任务请求不依赖于其他任务的执行或初始化。

4）每个任务都存在一个恒定且非时变的执行时间，即 CPU 不间断地执行该任务的时间。

5）任何非周期的任务属于特殊任务，它们属于初始化或是恢复错误的事件，仅当它们自身执行的时候才能取代周期性任务，同时非周期性任务不存在截止期限。

6）调度和任务切换的时间忽略不计。

7）任务之间是可抢占的。

8）所有任务的分配都在单处理器上进行。

（2）RMS 算法的定理

这里用 $\tau_1, \tau_2, \cdots, \tau_m$ 来表示 m 个周期任务，且它们的请求周期是 $T_1, T_2, \cdots, T_m$，运行时间分别为 $C_1, C_2, \cdots, C_m$。任务的请求速率（优先级）是其请求时间的倒数。一个任务请求的截止期限定义为同一任务的下一次请求的时间间隔。根据一些调度算法，对于任务序列集的调度，若 t 是一个未完成请求的截止时刻，则我们说 t 时刻发生了溢出。

对于给定的任务序列集，一个调度算法是可行的是指当所有任务都能调度完毕且未发生溢出，我们定义任务请求的响应时间为请求发出时刻与响应该请求结束时刻之间的时间段。任务的关键时刻是指在该时刻的任务请求有最长的响应时间；任务的关键时间域是指关键时刻和响应任务请求结束时刻之间的时间间隔。我们提出如下定理。

定理 1　任务的关键时刻均发生在同时请求它和比其优先级高的任务时。

定理 1（证明略）的价值在于通过简单的计算就可以决定一个给定的任务优先级是否能产生一个可行的调度算法。特别地，如果所有发生在其关键时刻的任务请求都能在它们各自的截止期之前完成，则此调度算法是可行的。例如，任务 τ_1、τ_2 的请求周期分别为 $T_1 = 2$、$T_2 = 5$，运行时间为 $C_1 = 1$、$C_2 = 1$。τ_1 的优先级高于 τ_2，从图 4-20（a）中我们可以看出优先级分配是可行的。此外，从图 4-20（b）中可看出 C_2 的值最大可增至 2。另一方面，若使 τ_2 的优先级高于 τ_1，如图 4-20（c）所示，则 C_1、C_2 的值都不得超过 1。

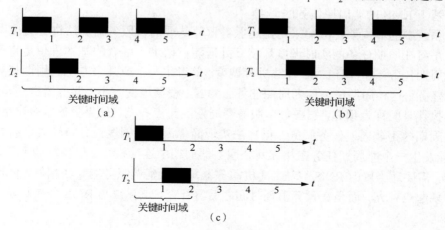

图 4-20　两个任务的调度

若 τ_1、τ_2 的请求周期分别为 T_1、T_2，且 $T_1 < T_2$。在 $T_1 < T_2$ 的情况下，无论何时，只要 τ_2 的优先级高于 τ_1，则任务可调度，而当 τ_1 的优先级高于 τ_2 时，任务也能被调度（证明略）。因此，更一般地来说，优先级分配的一个合理的规则似乎是根据任务的请求速率来分配优

先级而不去管它们的运行时间。特别地，任务的请求速率越高，优先级越大。这种优先级分配方法称为速率单调优先级分配。结果表明，不能被 RMS 算法调度的任务序列集同样也不能被其他静态优先级分配规则调度，即 RMS 算法是最优的静态调度算法。

RMS 算法在静态优先级调度算法中属于最优算法，所以该算法的 CPU 利用率必然大于等于其他的静态优先级调度算法。在 RMS 算法中，定义 U 为 CPU 的利用率。由于 C_i / T_i 为每一个任务 τ_i 的 CPU 利用率，对于 m 个任务，系统 CPU 利用率为

$$U = \sum_{i=1}^{m} (C_i / T_i) \tag{4.9}$$

由于优先级调度算法的最终结果是可以调度的，所以 U 必须存在着一个最小上界，那就是在这个最小上界之下的 CPU 利用率的任务一定是可以调度的。

定理 2 对于固定优先级顺序的任务序列集，处理器的利用率上确界为 $U = m(2^{1/m} - 1)$。

当 m 无限增大时，实时处理器的任务序列集利用率的上确界可达 $\ln 2 \approx 0.693$。

例如，3 个周期性任务 P1、P2 和 P3，其中 $U_i = C_i / T_i$。在任务 P1 中，$C_1 = 20$、$T_1 = 100$、$U_1 = 0.2$。在任务 P2 中，$C_2 = 40$、$T_2 = 150$、$U_2 = 0.267$。在任务 P3 中，$C_3 = 100$、$T_3 = 350$、$U_3 = 0.286$。这 3 个任务的总利用率 $U = 0.2 + 0.267 + 0.286 = 0.753$。使用 RMS，这 3 个任务的可调度性上界为 $\dfrac{C_1}{T_1} + \dfrac{C_2}{T_2} + \dfrac{C_3}{T_3} \leqslant 3 \times (2^{1/3} - 1) = 0.779$。

这 3 个任务的总利用率小于 RMS 的上界（0.753<0.779），则所有的任务都能通过 RMS 算法进行调度。任何周期大小的周期性任务，如果其 CPU 总运行率不超过最小上确界 0.693，使用 RMS 调度算法均能满足调度要求，即在截止期限之前完成。同时需要指出的是，它仅仅是充分条件而不是必要条件，事实上该最小上确界是比较保守的，是绝对最坏情况下的值。由 Lehoczky、Ding 和 Sha 分析表明，用 RMS 算法可调度 CPU 利用率高于 0.9 的周期进程集的情况并不罕见，且通过对均匀分布任务的测试，RMS 算法平均调度 CPU 利用率可达到 0.88。动态调度算法（如最早截止时间优先或最低松弛度优先）已经被证明是最优的，并且能够实现 100%的处理器利用率。

（3）基于 RMS 的非周期任务的调度

实时系统中的非周期任务可采用延迟服务器算法或随机服务器算法进行调度。它们的最大特点是可在周期任务的实时调度环境下处理随机请求。两者的基本思想是将非周期任务转化成周期任务，再利用 RMS 算法进行调度。前者用一个或几个专用的周期任务执行所有非周期任务，这种周期任务称为周期任务服务器。根据周期大小，服务器有固定优先级，服务器的执行时间称为预算，它在每个服务器周期的起点补充。只要服务器有充足的预算，就可在其周期内为非周期任务服务。该算法实现简单，但可调度性分析较难，有时会出现抖动，可能发生一个非周期任务在相邻两个服务器周期中连续执行 2 倍预算的现象，与 RMS 理论不符，需要适当修改 RMS 算法。随机服务器算法与延迟服务器算法相似，但预算不是在每个周期起点补充，而是在预算消耗时间之后再补充。该算法与 RMS 分析算法一致，但实现复杂。

（4）具有资源同步约束的 RMS 调度

当实时任务间共享资源时，可能出现低优先级任务不可预测地阻塞高优先级任务执行的情况，称为优先级倒置。这时 RMS 算法不能保证任务集的调度，必须使用有关协议控制优先级的倒置时间。常用的协议有优先级顶级协议和堆资源协议，使用这些协议可使优先级的倒置时间最多为一个资源临界段的执行时间，并且不会发生死锁。

（5）RMS 算法的优缺点分析

1）RMS 算法的优点。

① RMS 算法在静态调度中属于最优算法，任意的固定优先级算法能够实现的调度，在 RMS 算法中也能实现。尽管 RMS 算法的 CPU 利用率最小上确界为 0.693，实际上的平均 CPU 利用率可达 0.88。

② RMS 算法可在运行前"离线"确定周期进程的执行顺序，运行时不必保留很多信息，同时可调度性测试简单，易于实现，运行时的调度开销相对较小，这是静态优先级调度算法对动态优先级调度算法的普遍优势。

③ 另外，优先级的预先确定也使系统过载的现象比较好控制。即使系统出现了暂时的过载，也能够确保最重要的任务的调度需求。

④ 在满足周期性任务的同时，仍有余力（30%左右的 CPU 使用率）致力于对非周期性任务（如系统和参数的初始化、错误处理等）快速响应。同时支持扩展和固件升级，这对消费类产品而言意义重大。

2）RMS 算法的缺点。

① 它的潜在 CPU 利用率小于动态优先级策略，在动态优先级的最优算法 EDF 中最坏情况下可调度 CPU 利用率为 1.0。

② 执行频率最高的任务并非最重要的任务，且较长周期的任务相对于较短周期的任务，更加容易错过自己的截止期限。

③ 由于 RMS 算法的静态调度属性，它运行时的灵活性较差，自适应性弱。现今常用的实时性的操作任务，常常具有较灵活的利用率需求。但系统要求具有严格执行限制规定的 RMS 算法完全建立在硬实时的条件下，主张所有被调度的周期性任务具有固定的优先级，这就显得强调在截止期限之前的必须完成任务的思想超出了必要限度。具体而言，在特殊场合，一些任务的截止期限是可以被错过的，只要在截止期限前完成任务的要求能在一定百分率下得到满足。这种高灵活性使 RMS 的最小上确界理论没有提出的必要了。

3. 优先级倒置

优先级倒置是在任何基于优先级的可抢占式调度方案中都会出现的一种现象，它与实时调度的上下文关联很大。优先级倒置又称优先级反转、优先级逆转、优先级翻转，是一种不希望发生的任务调度状态。在该种状态下，一个高优先级进程被一个低优先级进程阻塞或延迟，使两个进程的相对优先级被倒置。

（1）优先级倒置的形成

优先级倒置往往出现在一个高优先级任务等待访问一个被低优先级任务正在使用的临界资源，从而阻塞了高优先级任务；同时该低优先级任务被一个次高优先级的任务所抢先，从而无法及时地释放该临界资源。这种情况下，该次高优先级任务获得执行权，而高优先级任务无法执行。我们通过一个例子说明问题。假如有 3 个完全独立的进程 P1、P2 和 P3，进程 P1 的优先级最高，进程 P2 次之，进程 P3 最低。进程 P1 和进程 P3 通过共享一个临界资源进行交互。下面是一段代码：

```
P1:  P(mutex);临界区 1;V(mutex);
P2:  执行相关指令;
P3:  P(mutex);临界区 3;V(mutex);
```

假如进程 P3 最先执行，在执行了 P(mutex)操作后，进入临界区 3。在此时刻 a，进程

P2 就绪，因为它比进程 P3 的优先级高，进程 P2 抢占了进程 P3 的处理机而运行，如图 4-21 所示。在时刻 b，进程 P1 就绪，它抢占了进程 P2 的处理机而运行。在时刻 c，进程 P1 执行了 P(mutex)，试图进入临界区 1，但因相应的临界资源已被进程 P3 占用，故进程 P1 被阻塞。由进程 P2 进行运行，直到时刻 d 运行结束。然后由进程 P3 继续运行，到时刻 e，进程 P3 退出临界区，并唤醒进程 P1。因为它比进程 P3 的优先级高，所以它抢占了进程 P3 的处理机而运行。

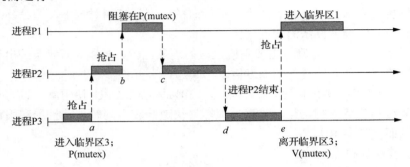

图 4-21　优先级倒置示意图

根据优先级原则，高优先级进程应能优先执行，但在此例子中，进程 P1 和进程 P3 共享临界资源而出现了不合常理的现象，高优先级进程 P1 因进程 P3 被阻塞了。又因进程 P2 的存在而延长了进程 P1 被阻塞的时间，而且被延长的时间是不可预知和无法限定的。由此所产生的"优先级倒置"的现象是非常有害的，它不应出现在实时系统中。

（2）优先级倒置的解决办法

一种简单的解决方法是规定：假如进程 P3 在进入临界区后进程 P3 所占用的处理机不允许被抢占。由图 4-21 可以看出，即使进程 P2 的优先级高于进程 P3 也不能执行。于是进程 P3 就有可能会较快地退出临界区，不会出现上述情况。如果系统中的临界区都较短且不多，该方法是可行的。反之，如果进程 P3 临界区非常长，则高优先级进程 P1 仍会等待很长的时间，其效果是无法令人满意的。在实际系统中，用到两种替代方法来避免优先级倒置问题，分别是优先级继承和优先级置顶。

1）优先级继承。优先级继承的基本思想是，当高优先级进程 P1 要进入临界区时，使用临界资源 R，如果已有一个低优先级进程 P3 正在使用该资源，此时一方面进程 P1 被阻塞，另一方面由进程 P3 继承进程 P1 的优先级，并一直保持到进程 P3 退出临界区。这样做的目的在于不让比进程 P3 的优先级稍高，但比进程 P1 的优先级低的进程如进程 P2 插进来，导致延缓进程 P3 退出临界区。如图 4-22 所示为采用动态优先级继承方法后，进程 P1、P2 和 P3 这 3 个进程的运行情况。从图 4-22 可以看出，在时刻 c，进程 P1 被阻塞，但由于进程 P3 继承了进程 P1 的优先级，它比进程 P2 的优先级高，这样就避免了进程 P2 的插入，使进程 P1 在时刻 d 进入临界区。

2）优先级置顶。在优先级置顶方案中，优先级与每个资源相关联。资源的优先级被设定为比使用该资源的具有最高优先级的用户的优先级要高一级。调度程序然后动态地将这个优先级分配给任何访问该资源的任务。一旦任务使用完资源，优先级就返回以前的值。上例中当进程 P3 使用资源 S 时，就把进程 P3 的优先级提升到能访问资源 S 的最高优先级，执行完释放资源后，把优先级再改回来；这样的方法简单、易行，解决了多个高优先级进程抢占资源 S 的问题。但是带来了一些缺点，就是不一定每次都有高优先级任务抢占资

源 S，每次都提升优先级是对 CPU 资源的一种浪费。

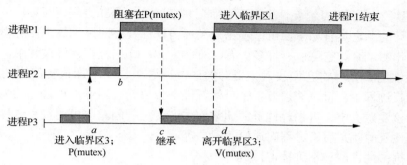

图 4-22　采用动态优先级继承方法的运行情况

4.5　死　　锁

在多道程序系统中，虽然可通过多个进程的并发执行来改善系统的资源利用率和提高系统的吞吐量，但可能会发生一种危险——死锁。在第 3 章提到的哲学家进餐问题中，如果每一个哲学家因饥饿都拿起他们左手边的筷子，又试图去拿右手边筷子，将会因为无筷子可拿而无限期地等待，从而产生死锁问题。同样，在生产者—消费者问题中，如果资源信号量 empty 和互斥信号量 mutex 的 P 操作顺序颠倒，也可能导致生产者进程和消费者进程同时陷于一种阻塞状态，若无外力作用，永远都不可能往下执行，处于一种死锁状态。本节就死锁的定义、产生的原因、必要条件和处理办法进行较为详细的介绍。

4.5.1　死锁的基本概念

1. 计算机系统资源

在计算机系统中有许多不同类型的资源，统一由操作系统负责管理使用。这些资源可以从不同的角度进行分类，其中可以引起死锁的资源主要是那些需要采用互斥访问方式的、不可以被抢占的资源。系统中这些资源很多，如打印机、数据文件、信号量等。

（1）可重用性资源和可消耗性资源

1）可重用性资源。可重用性资源是一种可供用户重复使用多次的资源，它具有如下性质。

① 每一个可重用性资源中的单元只能分配给一个进程使用，不允许多个进程共享。

② 进程在使用可重用性资源时，须按照如下顺序执行：a. 请求（申请）资源，如果请求资源失败，请求进程将会被阻塞或循环等待；b. 使用资源，进程对资源进行操作，如使用打印机打印文件；c. 释放（归还）资源。当进程使用完后自己释放资源。

③ 系统中的每一类可重用性资源中的单元数目是相对固定的，进程在运行期间既不能创建也不能删除它。

对资源的请求和释放通常都是利用系统调用来实现的，如对于设备，一般用系统调用函数 Request/Release 来完成；对于文件，可用系统调用函数 Open/Close 完成；对于需要互斥访问的资源，进程可以用信号的 Wait/Signal 操作来完成。进程在每次提出资源请求后，系统在执行时都需要做一系列工作。计算机系统中的大多数资源属于可重用性资源，如内存、外存、I/O 设备、CPU 等硬件设备资源和各种数据文件、表格、数据库、信号量等软件资源。

2）可消耗性资源。可消耗性资源又称临时性资源，它是在进程运行期间，由进程动态地创建和消耗的。它具有如下性质：①每一类可消耗性资源的单元数目在进程运行期间是可以不断变化的，有时它可以有许多，有时可能为 0；②进程在运行过程中，可以不断地创造可消耗性的单元，将它们放入该资源类的缓冲区中，以增加该资源类的单元数目；③进程在运行过程中，可以请求若干个可消耗性资源单元，用于进程自己的消耗，不再将它们返回给该资源类中。可消耗性资源通常由生产者进程创建，由消费者进程消耗。最典型的可消耗性资源就是用于进程间通信的消息等。

（2）可抢占性资源和不可抢占性资源

1）可抢占性资源。可把系统中的资源分成两类，一类是可抢占性资源，是指某进程在获得这类资源后，该资源可以再被其他进程或系统抢占。例如，优先级高的进程可以抢占优先级低的进程的处理机；又如，可把一个进程从一个存储区转移到另一个存储区，在内存紧张时，还可以将一个进程从内存调出到外存上，即抢占该进程在内存的空间。可见，CPU 和主存均属于可抢占性资源。对于这类资源是不会引起死锁的。

2）不可抢占性资源。另一类资源是不可抢占性资源，即一旦系统把某资源分配给该进程后，就不能将它强行收回，只能在进程用完后自行释放。例如，当一个进程已开始刻录光盘时，如果突然将刻录机分配给另一个进程，其结果必然会损坏正在刻录的光盘，因此只能等待刻好光盘后由进程自己释放刻录机。另外，磁带机、打印机等也都属于不可抢占性资源。

2. 计算机系统中产生死锁的原因

计算机系统中产生死锁的原因可归结为两点：一是竞争资源，二是进程间推进顺序非法。下面详细分析产生死锁的这些原因。

（1）竞争资源引起进程死锁

死锁产生的原因，通常是源于多个进程对资源的争夺，不仅对不可抢占性资源进行争夺时会引起死锁，而且对可消耗性资源进行争夺时，也会引起死锁。

1）竞争不可抢占性资源引起死锁。死锁和不可抢占性资源有关，而与可抢占性资源的潜在死锁问题可以通过在进程间重新分配资源来化解。在讨论死锁问题时，主要关注不可抢占性资源的使用情况。在系统中所配置的不可抢占性资源，由于它们的数量不能满足诸进程运行的需要，会使进程在运行过程中因争夺这些资源而陷入僵局。例如，系统中只有一台打印机 R1 和一台磁带机 R2，可供进程 P1 和 P2 共享。假定进程 P1 已占用了打印机 R1，进程 P2 已占用了磁带机 R2。此时，若进程 P2 继续要求打印机，进程 P2 将阻塞；进程 P1 若又要求磁带机，进程 P1 也将阻塞。于是，在进程 P1 与进程 P2 之间便形成了僵局，两个进程都在等待对方释放出自己所需的资源。但它们又都因不能继续获得自己所需的资源而不能继续推进，从而也不能释放出自己已占有的资源，以致进入死锁状态。为便于说明，我们用资源分配图进行描述。资源分配图用方块代表资源，用圆圈代表进程，如图 4-23 所示。当箭头从进程指向资源时，表示进程请求资源；当箭头从资源指向进程时，表示该资源已被分配给该进程。从中可以看出，这时在进程 P1、P2 及 R1 和 R2 之间已经形成了一个环路，

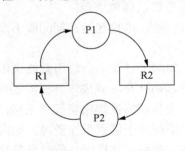

图 4-23　I/O 设备共享时的死锁情况

说明已进入死锁状态。

2）竞争可消耗性资源引起死锁。上述的打印机资源属于可顺序重复使用型资源，称为永久性资源（或可重用性资源）。还有一种是所谓的临时性资源，它是指可以被动态创建和销毁的资源，如由一个进程产生，被另一进程使用一段短暂时间后便无用的资源，故也称为消耗性资源，它也可能引起死锁。如图 4-24 所示，给出了在进程之间通信时形成死锁的情况。图中 S1、S2 和 S3 是可消耗性资源。进程 P1 产生消息，S1 又要求从进程 P3 接收消息 S3；进程 P3 产生消息 S3，又要求从进程 P2 接收其所产生的消息 S2；进程 P2 产生消息 S2，又需要接收进程 P1 所产生的消息 S1。如果消息通信按下述顺序进行：

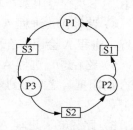

图 4-24　进程之间通信时的死锁

```
P1:…Release(S1);Request(S3);…
P2:…Release(S2);Request(S1);…
P3:…Release(S3);Request(S2);…
```

并不可能发生死锁，但若改成下述的运行顺序：

```
P1:…Request(S3);Release(S1);…
P2:…Request(S1);Release(S2);…
P3:…Request(S2);Release(S3);…
```

则可能发生死锁。

（2）进程间推进顺序非法引起死锁

在多道程序环境下，进程的运行具有异步性。如果它们推进顺序合理，则都能够执行完毕，不会引起死锁，否则就会引起死锁现象的发生。如图 4-25 所示，给出了进程推进顺序对引发死锁的影响。有两个进程 A 和进程 B，竞争两个资源 R 和 S，这两个资源都是不可抢占性资源，因此，必须在一段时间内独占使用。进程 A 和进程 B 的形式如下：

进程 A	进程 B
…	…
申请并占用 R	申请并占用 S
申请并占用 S	申请并占用 R
…	…
释放 R	释放 S
释放 S	释放 R
…	…

在图 4-25 中，X 轴和 Y 轴分别表示进程 A 和进程 B 的执行进度，从原点出发的不同折线分别表示两个进程以不同速度推进时所合成的路径。在单 CPU 系统中，在任何时候只能有一个进程处于执行状态。路径中的水平线段表示进程 A 在执行，进程 B 在等待；而垂直线段表示进程 B 在执行，进程 A 在等待。图 4-25 给出了①～⑥共 6 条不同的执行路径，分别叙述如下。

1）路径①。进程 B 获得资源 S，然后又获得资源 R，后来释放资源 S 和 R。当进程 A 恢复执行时，它能够获得这两个资源。进程 A 和进程 B 都可以进行下去。

2）路径②。进程 B 获得资源 S，然后又获得资源 R；接着进程 A 执行，因未申请到资源 R 而阻塞。进程 B 释放资源 S 和 R，当进程 A 恢复执行时，它能够获得这两个资源。

3）路径③。进程 B 获得资源 S，而进程 A 申请到资源 R。此时死锁不可避免，因为进程 B 向下执行会阻塞在资源 R 上，而进程 A 会阻塞在资源 S 上。

4）路径④。进程 A 获得资源 R，而进程 B 获得资源 S。此时死锁不可避免，因为向下执行，进程 A 会阻塞在资源 S 上，而进程 B 会阻塞在资源 R 上。

5）路径⑤。进程 A 获得资源 R，然后又获得资源 S。接着进程 B 执行，因未申请到资源 S 而阻塞。之后，进程 A 释放资源 R 和 S，当进程 B 恢复执行时，它能够获得这两个资源。

6）路径⑥。进程 A 获得资源 R 和 S，然后释放资源 R 和 S。当进程 B 恢复执行时，它能够获得这两个资源。

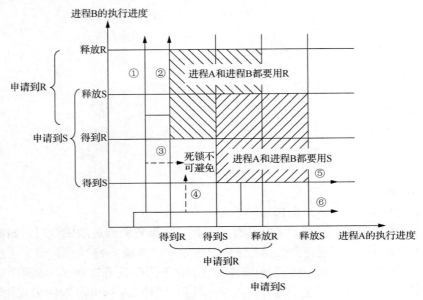

图 4-25　进程推进顺序对引发死锁的影响

可见，是否产生死锁既取决于动态执行过程，也取决于应用程序的设计。例如，进程 A 不必同时申请两个资源：先申请并占用资源 R，使用后释放资源 R；然后申请并占用资源 S，使用后释放资源 S。那么，不管这两个进程如何动态前进，都不会出现死锁。

3. 死锁的定义、必要条件和处理方法

（1）死锁的定义

死锁是指多个进程在运行过程中因争夺资源而造成的一种僵局，当进程处于这种僵局状态时，若无外力作用，它们都将无法再向前推进。关于死锁有以下几个有用的结论：①参与死锁的进程数目至少为 2；②参与死锁的所有进程均等待资源；③参与死锁的进程至少有 2 个已占有部分资源；④参与死锁的进程是系统中当前正在运行的进程集合的一个子集；⑤如果死锁发生，会浪费大量系统资源，甚至导致系统崩溃。

（2）产生死锁的必要条件

虽然进程在运行过程中可能发生死锁，但死锁的发生也必须具备一定的条件。综上所述，死锁的发生必须具备下列 4 个必要条件。

1）互斥条件：指进程对所分配到的资源进行排他性使用，即在一段时间内某资源只由一个进程占用，如果此时还有其他进程请求该资源，则请求者只能等待，直至占有该资源的进程用完释放。这是由资源本身的属性所决定的。

2）请求和保持条件：指进程已经保持了至少一个资源，但又提出了新的资源请求，而该资源又已被其他进程占有，此时请求进程阻塞，但又对自己已获得的其他资源保持不放。

3）不剥夺条件：指进程已获得的资源，在未使用完之前，不能被剥夺，只能在使用完时由自己释放。

4）环路等待条件：指在发生死锁时，必然存在一个进程——资源的环形链，即进程集合{P0，P1，P2，…，Pn}中的进程 P0 正在等待一个进程 P1 占用的资源；进程 P1 正在等待进程 P2 占用的资源；…，进程 Pn 正在等待进程 P0 占用的资源。

上面提到的这 4 个条件在死锁时会同时发生，即只要有一个必要条件不满足，则死锁就可以排除。另外，这 4 个条件也不是完全无关的，环路等待条件就隐含着前 3 个条件的结果。

（3）处理死锁的基本方法

1）预防死锁，这是一种较简单和直观的事先预防的方法。该方法是通过设置某些限制条件，去破坏产生死锁的 4 个必要条件中的一个或几个条件，来预防发生死锁。预防死锁是一种较易实现的方法，已被广泛使用。但由于所施加的限制条件往往太严格，可能会导致系统资源利用率和系统吞吐量降低。

2）避免死锁，该方法同样是属于事先预防的策略，但它并不须事先采取各种限制措施去破坏产生死锁的 4 个必要条件，而是在资源的动态分配过程中，用某种方法去防止系统进入不安全状态，从而避免发生死锁。这种方法只需事先施加较弱的限制条件，便可获得较高的资源利用率及系统吞吐量，但在实现上有一定的难度。目前，在较完善的系统中常用此方法来避免发生死锁。

3）检测死锁，这种方法并不须事先采取任何限制性措施，也不必检查系统是否已经进入不安全区，而是允许系统在运行过程中发生死锁。但可以通过系统所设置的检测机构，及时地检测出死锁的发生，并精确地确定与死锁有关的进程和资源；然后，采取适当的措施，从系统中将已发生的死锁清除掉。

4）解除死锁，这是与检测死锁相配套的一种措施。当检测到系统中已发生死锁时，须将进程从死锁状态中解脱出来。常用的实施方法是撤销或挂起一些进程，以便回收一些资源，再将这些资源分配给已处于阻塞状态的进程，使之转为就绪状态，以继续运行。死锁的检测和解除措施有可能使系统获得较好的资源利用率和吞吐量，但在实现上难度也最大。

上述几种方法，从 1）～3）对死锁的防范程度逐渐减弱，但对应的是资源利用率的提高及进程因资源因素而阻塞的频度的下降（即并发程度的提高）。死锁处理策略的比较如表 4-10 所示。

表 4-10   死锁处理策略的比较

处理死锁的方法	资源分配策略	各种可能模式	主要优点	主要缺点
死锁预防	保守，宁可资源闲置	一次请求所有资源，资源剥夺，资源按序分配	适用于做突发式处理的进程，不必剥夺资源	效率低，进程初始化时间延长；剥夺次数过多；不便灵活申请资源

处理死锁的方法	资源分配策略	各种可能模式	主要优点	主要缺点
死锁避免	是预防和检测的折中（在运行时判断是否可能死锁）	寻找可能的安全允许顺序	不必进行剥夺	必须知道将来的资源需求；进程不能被长时间阻塞
死锁检测	宽松，只要允许就分配资源	定期检查死锁是否已经发生	不延长进程初始化时间，允许对死锁进行现场处理	通过剥夺解除死锁，造成损失

4.5.2　死锁的预防

预防死锁的方法就是使 4 个必要条件至少有一个不具备，那么就破坏了产生死锁的条件，从而可以预防死锁的发生。由此可分别根据产生死锁的 4 个必要条件提出预防措施。

1. 破坏互斥条件

如果允许系统资源都能共享使用，则系统不会进入死锁状态。但有些资源，由于其特殊性质决定只能互斥地占有，而不能被同时访问。例如，打印机，如果采用非独占的共享方式，允许多个进程同时使用，则出现进程交叉输出的情形，可能导致输出信息不易读。所以，一般来说，用否定互斥条件的办法是不能预防死锁的。

2. 破坏请求和保持条件

为使系统从来不会出现请求和保持条件，需要保证一个进程无论什么时候都可以申请它没有占有的任何资源。一种办法是预分配资源策略，即在一个进程开始执行之前就申请并分到它所需的全部资源，从而在执行过程中就不需要申请另外的资源。由于预先就为它把所需的资源都准备好了，因此可以保证它能运行到底。另一种办法是空手申请资源策略，即每个进程仅在它不占有资源时才可以申请资源。一个进程可能需要申请并使用某些资源，在它们申请另外附加资源之前，必须先释放当前分到的全部资源。

上述两种方法是有差别的。现在考虑一个进程，它把数据从磁带机复制到盘文件，把盘文件排序，然后在行式打印机上打印结果。如果采用预分配资源策略，那么该进程最初就必须申请磁带机、盘文件和行式打印机。在该进程的整个执行期间，它将一直占有打印机，尽管它在最后才用到打印机。如果采用空手申请资源策略，则允许进程最初只申请磁带机和盘文件，它把数据从磁带机复制到磁盘，然后就释放磁带机和盘文件。以后，该进程必须再次申请盘文件和行式打印机。盘文件在行式打印机上打印之后，就释放这两个资源，该进程终止。

这种预防死锁的方法的优点是简单、易于实现而且安全，但是也存在以下 4 个主要缺点。

1）在很多情况下，一个进程在执行前，无法知道它所需要的全部资源。原因是进程是动态执行的，执行过程是不可预测的。

2）资源利用率低。无论所分资源何时才能用到，一个进程只有在占有所需要的全部资源后才能执行，即使有些资源最后才被该进程用到一次，从而出现资源长期占着不用的现象。这显然是极大的浪费。

3）降低了进程的并发性。因为资源有限，又加上存在浪费，能够分到所需全部资源的进程个数必然减少了。

4）可能出现有的进程总得不到运行机会的"饥饿"状况。如果一个进程需要很多资源，它们又都是众多进程争夺的对象，那么该进程必然无限期地等待下去，因为它所需要的资源中至少有一个总是被另外某个进程占有着。

3. 破坏不剥夺条件

产生死锁的第三个必要条件是对已分配资源的非抢占式分配。为了破坏这个条件，可以使用两种方法来进行处理：一是隐式抢占方式，二是抢占等待者的资源。

（1）隐式抢占

如果一个进程占有某些资源，它还要申请被别的进程占有的资源，该进程就一定处于等待状态。这时，该进程当前所占有的全部资源可被抢占。也就是这些资源隐式地释放了，在该进程的资源申请表中加上刚被剥夺的资源。仅当该进程获得它被剥夺的资源和新申请的资源时，它才能重新启动。

（2）抢占等待者的资源

若一个进程申请某些资源，首先应检查它们是否可供使用。如果可用，就分给该进程；如果它们不可用，就要查看它们是否已经分给了另外某个正等待其他资源的进程。如果是这样，就把所需资源从等待进程那抢过来，分给申请它们的进程。如果该资源不可用，即没有被等待进程占有，那么申请进程必须等待。当该进程等待时，它的某些资源可被抢占过去，但是这仅在另外的进程需要它们时才被抢占。仅当一个进程分到它所需的新资源并且恢复在它等待期间被抢占的所有资源的情况下，它才能重新启动。

剥夺资源时需要保存现场信息，因为正在使用资源的进程尚未主动释放资源，并不知晓所占资源已被系统剥夺。这种做法开销很大，常用于资源状态易于保留和恢复的环境中，如 CPU 和主存空间，但一般不能用于打印机或磁带机之类的资源。

4. 破坏循环等待条件

为了不出现循环等待条件，一种方法是实行资源有序分配策略，即把全部资源事先按类编号，然后依次分配，使进程申请、占用资源时不会形成环路。

设 $R=\{r_1, r_2, \cdots, r_m\}$，表示一组资源类型。定义一对一的函数 $F: R \rightarrow N$，式中 N 是一组自然数。例如，一组资源包括磁带机、磁盘机和打印机。函数 F 定义如下：

$$F（磁带机）= 1，\quad F（磁盘机）= 5，\quad F（打印机）= 12$$

为了预防死锁，做如下规定：所有进程对资源的申请严格按照序号递增的次序进行，即一个进程最初可以申请任何类型的资源，如 r_i，此后该进程可以申请一个新资源 r_j，当且仅当 $F(r_j) > F(r_i)$ 时条件成立。例如，按上述规定，一个期望同时使用磁带机和打印机的进程必须首先申请磁带机，然后申请打印机。

另一种申请办法也很简单：先弃大，再取小。也就是说，无论何时，一个进程申请资源 r_j，它应释放所有满足 $F(r_i) \geqslant F(r_j)$ 关系的资源 r_i。

这两种办法都是可行的，都可排除环路等待条件。以下采用反证法来证明：若存在循环等待，设在环路中的一组进程为 $\{p_0, p_1, p_2, \cdots, p_n\}$，这里 p_i 等待进程 p_{i+1} 占有的资源 r_i（下标取模运算，从而 p_n 等待 p_0 占有的资源）。由于 p_{i+1} 占有资源 r_i，又申请资源 r_{i+1}，从而一定存在 $F(r_i) < F(r_{i+1})$，该式对所有的 i 都成立。于是就有

$$F(r_0) < F(r_1) < \cdots < F(r_n) < F(r_0)$$

由传递性得到

$$F(r_0) < F(r_0)$$

显然，这是不可能的。因此，上述假设不成立，表明不会出现循环等待条件。应注意到，函数 $F()$ 的定义应当按照系统中资源的通常使用顺序。例如，通常磁带机是在打印机之前使用，因而有 $F(磁带机)< F(打印机)$。

这种预防死锁的策略与前两种策略比较，其资源利用率和系统吞吐量都有较明显的改善，但也存在严重问题。首先是为系统中各类资源所分配的序号必须相对稳定，这就限制了新类型设备的增加。其次，尽管在为资源的类型分配序号时，已经考虑到大多数作业在实际使用这些资源时的顺序，但也经常会发生这种情况，即作业（或进程）使用各类资源的顺序与系统规定的顺序不同，造成对资源的浪费。最后，为方便用户，系统对用户在编程时所施加的限制条件应尽量少。然而这种按规定次序申请的方法，必然会限制用户简单、自主地编程。

4.5.3　死锁的避免

死锁的预防是一种静态策略，它使产生死锁的 4 个必要条件不能同时具备，对进程申请资源的活动施加较强的限制条件，以保证死锁不会发生。但是这种方式降低了资源的利用率和系统的吞吐量。本节介绍死锁的避免，它是一种动态策略，不限制进程有关申请资源的请求，而是对进程发出的每个申请资源请求加以检查，根据检查结果决定是否进行资源分配。在这种方法中，把系统的状态分为安全状态和不安全状态，只要使系统能始终处于安全状态，便可避免发生死锁，可以进行资源分配。

1.　安全状态

首先引入安全序列的概念。针对当前分配状态，系统至少能够按照某种次序为每个进程分配其所需资源，直至满足每个进程对资源的最大需求，使每个进程都能顺利地完成，这种进程序列 $\{p_1,p_2,\cdots,p_n\}$ 就是安全序列。如果存在这样一个安全序列，则系统此时的分配状态是安全的；如果不存在这样一个安全序列，则系统是不安全的。

具体来讲，在当前分配状态下，进程的安全序列 $\{p_1,p_2,\cdots,p_n\}$ 是这样组成的：若对于每一个进程 $Pi(1\leq i\leq n)$，它需要的附加资源可被系统中当前可用资源与所有进程 Pj（$j\leq i$）当前占有资源之和所满足，则 $\{p_1,p_2,\cdots,p_n\}$ 为一个安全序列。这时系统处于安全状态，不会进入死锁状态。因为进程可以按安全序列的顺序一个接一个地完成，即便某个进程 Pi 因为所需的资源量超过系统当前所剩余的资源总量，从而不能马上运行，但它可以等待前面的所有进程 Pj 执行完毕，释放所占用的资源，最终使 Pi 可以获得所需要的全部资源，一直运行到结束。

虽然并非所有的不安全状态都必然会转为死锁状态，但当系统进入不安全状态后，便有可能进入死锁状态；反之，只要系统处于安全状态，系统便可避免进入死锁状态。因此，避免死锁的实质在于，系统在进行资源分配时，如何防止系统进入不安全状态。

下面通过一个实例，说明系统安全的概念。

设系统中共有 10 台磁带机，有 3 个进程 P1、P2 和 P3，分别拥有 3 台、2 台和 2 台磁带机。而它们各自的最大需求分别是 9 台、4 台和 7 台磁带机。此时，系统已分配了 7 台磁带机，还有 3 台空闲。表 4-11 给出了 3 个进程在不同时刻占有资源及向前推进的情况。

表 4-11 系统安全状态

时刻	已占有台数			最大需求台数			当前可用台数
	进程 P1	进程 P2	进程 P3	进程 P1	进程 P2	进程 P3	
T0	3	2	2	9	4	7	3
T1	3	4	2	9	4	7	1
T2	3	0	2	9	—	7	5
T3	3	0	7	9	—	7	0
T4	3	0	0	9	—	—	7
T5	9	0	0	—	—	—	1
T6	0	0	0	—	—	—	10

从表 4-11 中可以看出，在 $T0$ 时刻，系统处于安全状态，因为存在一个分配序列，所以所有进程都能完成。具体来说，假设在 $T1$ 时刻又分给进程 P2 2 台磁带机，满足它的最大需求，它在 $T2$ 时刻完成；在 $T3$ 时刻调度进程 P3 运行，为它又分配 5 台磁带机，它在 $T4$ 时刻完成；在 $T5$ 时刻又为进程 P1 分配 6 台磁带机，满足它的最大需求，在 $T6$ 时刻完成。至此，3 个进程全部完成。所以，在 $T0$ 时刻，系统中存在一个安全序列{P2，P3，P1}。此时，系统的状态是安全的。

若不按照安全序列分配资源，则系统可能会由安全状态转换为不安全状态。表 4-12 在与表 4-11 相同的初始条件下，采用另外的资源分配方式，则会进入不安全状态。

表 4-12 系统不安全状态示意图

时刻	已占有台数			最大需求台数			当前可用台数
	进程 P1	进程 P2	进程 P3	进程 P1	进程 P2	进程 P3	
T0'	3	2	2	9	4	7	3
T1'	4	2	2	9	4	7	2
T2'	4	4	2	9	4	7	0
T3'	4	0	2	9	—	7	4

从表 4-12 中可以看出，在 $T0'$ 时刻系统的状态与表 4-11 中的 $T0$ 时刻相同，因而此时是安全状态。然而，假设下一时刻 $T1'$，进程 P1 申请并得到一台磁带机；在 $T2'$ 时刻，进程 P2 又得到 2 台磁带机，满足其最大需求；在 $T3'$ 时刻，进程 P2 完成工作，释放其所占的全部 4 台磁带机，系统中当前可用的磁带机就只有这 4 台，而进程 P1 和进程 P3 都各自需要 5 台磁带机才能完成工作。在此情况下，没有任何分配方案能够保证工作的完成。也就是说，在 $T1'$ 时刻，系统处于不安全状态。从 $T0'$ 到 $T1'$ 的分配方案，使系统由安全状态转为不安全状态，因此，在 $T1'$ 时刻不应满足进程 P1 对磁带机的申请。

给出安全状态的概念，就可以定义避免死锁或防止进入不安全状态的算法。更准确地讲，当用一个进程申请一个可用资源时，系统必须决定，是把资源立即分配给它还是让进程等待，仅当系统处于安全状态时才能满足其申请。

2. 银行家算法

最有代表性的避免死锁算法就是 Dijkstra 提出的银行家算法，该算法因用于银行系统现金贷款的发放而得名。银行家可以把一定数量的资金供多个用户周转使用，为保证资金的安全，银行家规定，当一个用户对资金的最大需求量不超过银行家现有的资金时，就可接纳该用户。用户可以分期贷款，但贷款的总数不能超过最大需求量。当银行家现有的资金不能满足用户的需求贷款数时，对用户的贷款可推迟支付，但总能使用户在有限的时间里得到贷款。当用户得到所需的全部资金后，一定能在有限的时间里归还所有的资金。

（1）基本思想

可以把操作系统看作银行家，操作系统管理的资源相当于银行家管理的资金。进程向操作系统请求分配资源，相当于用户向银行家贷款。操作系统按照银行家制定的规则，为进程分配资源。当进程首次申请资源时，要测试该进程对资源的最大需求量，如果系统现存的资源可以满足它的最大需求量，则按当前的申请量分配资源，否则就推迟分配。当进程在执行中继续申请资源时，先测试该进程已占用的资源数与本次申请的资源数之和，是否超过了该进程对资源的最大需求量，若超过则拒绝分配资源；若没有超过，则再测试系统现存的资源能否满足该进程需求的最大资源量。若能满足，则按当前的申请量分配资源；否则也要推迟分配。这样做能保证在任何时刻，至少有一个进程可以得到所需要的全部资源而执行到结束。执行结束后，归还的资源加入系统的剩余资源中，这些资源又至少可以满足一个进程的最大需求。于是保证了所有进程都能在有限的时间内得到需要的全部资源。

（2）银行家算法的数据结构

为了实现银行家算法，系统中必须设置若干个数据结构，用它们表示资源分配系统的状态。

1）可利用资源向量 Available。这是一个含有 m 个元素的一维数组。其中的每个元素，代表一类可利用的资源数目，其初始值是系统中所配置的该类全部可用资源的数目，其数值随该类资源的分配和回收而动态地改变。如果 Available[j]=K，则表示系统中现有 Rj 类资源 K 个。

2）最大需求矩阵 Max。这是一个 $n \times m$ 的矩阵，它定义了系统中 n 个进程中的每个进程，对 m 类资源的最大需求。如果 Max[i, j]=K，则表示进程 i 需要 Rj 类资源的最大数目为 K。

3）分配矩阵 Allocation。这也是一个 $n \times m$ 的矩阵，它定义了系统中的每一类资源，当前已分配给每一进程的资源数。如果 Allocation[i, j]=K，则表示进程 i 当前已分得 Rj 类资源的数目为 K。

4）需求矩阵 Need。这也是一个 $n \times m$ 的矩阵，用以表示每一个进程尚需的各类资源数。如果 Need[i, j]=K，则表示进程 i 还需要 Rj 类资源 K 个，方能完成其任务。

上述 3 个矩阵间存在下述关系：

$$Need[i, j]=Max[i, j]-Allocation[i, j]$$

（3）银行家算法描述

银行家算法分为两个部分：第一部分是资源预分配，第二部分是安全性检查。在第一部分预分配中，针对进程提出的资源请求，银行家算法根据当前系统剩余的资源量和该进程的最大需求量，进行综合比较，决定是否分配。如果满足基本条件可以分配，则进行试分配，进入第二部分安全性检查。如果不满足条件则直接拒绝资源请求。在第二部分安全性检查中，如果找到一个序列，让所有的进程都能够顺利运行，而且把资源返还给系统，则当前进程处于安全状态，否则系统处于不安全状态，资源不能进行分配，刚才进行的预分配要取消。

1）资源预分配算法。设 Request$_i$ 是进程 Pi 的请求向量。如果 Request$_i$[j]=K，表示进程

Pi 需要 K 个 Rj 类型的资源。当 Pi 发出资源请求后，系统按下述步骤进行检查。

① 如果 Request$_i$[j]≤Need[i, j]，便转向步骤②；否则认为出错，因为它所需要的资源数已超过它所宣布的最大值。

② 如果 Request$_i$[j]≤Available[j]，便转向步骤③；否则，表示尚无足够资源，Pi 须等待。

③ 系统试探着把资源分配给进程 Pi，并修改下面数据结构中的数值：

```
Available[j]=Available[j]-Request_i[j];
Allocation[i,j]=Allocation[i,j]+Request_i[j];
Need[i,j]=Need[i,j]-Request_i[j];
```

④ 系统下面要执行安全性检查算法，检查此次资源分配后系统是否处于安全状态。若安全，才正式将资源分配给进程 Pi，以完成本次分配。否则将本次的试探分配作废，恢复原来的资源分配状态，让进程 Pi 等待。

2）安全性检查算法。系统所执行的安全性算法可描述如下。

① 设置两个向量。

a. 工作向量 Work，它表示系统可提供给进程继续运行所需的各类资源数目。它含有 m 个元素，在执行安全性检查算法开始时，Work=Available。

b. 完成向量 Finish，它表示系统是否有足够的资源分配给进程，使之运行并完成。Finish 的长度为 n，表示有 n 个进程。开始时先使 Finish[i]=false；当有足够资源分配给进程时，再令 Finish[i]=true。

② 从进程集合中找到一个能满足下述条件的进程。

a. Finish[i]=false。

b. Need[i, j]≤Work[j]；若找到，执行步骤③，否则，执行步骤④。

c. 当进程 Pi 获得资源后，可顺利执行，直至完成并释放出分配给它的资源，故应执行：

```
Work[j]=Work[j]+Allocation[i,j];
Finish[i]=true;
```

转到步骤②。

d. 如果所有进程的 Finish[i]==true 都满足，则表示系统处于安全状态，否则系统处于不安全状态。

安全性检查算法的时间复杂度达到了 $O(m \times n^2)$。如果通过安全性检查，系统处于安全状态，则表示系统可以满足进程的资源申请需求，把预分配变成实际分配。如果系统处于不安全性状态，则不能满足进程的资源请求，取消预分配。

（4）银行家算法举例

假设系统中有 5 个进程{P0，P1，P2，P3，P4}和 3 类资源{A，B，C}，各种资源的数量分别为 10、5、7，在 $T0$ 时刻的资源分配情况如表 4-13 所示。试问：①在 $T0$ 时刻，系统是否安全？②进程 P1 发出资源请求向量 Request$_1$(1,0,2)时，系统是否能够满足它？为什么？③进程 P1 结束后，进程 P4 发出资源请求向量 Request$_4$(3,3,0)时，系统是否能够满足它？④系统按银行家算法对进程 P1 和进程 P4 的资源请求执行操作后，进程 P0 发出请求 Request$_0$(0,2,0)，系统这时能否满足它？

表 4-13　T0 时刻的资源分配

进程	资源											
	Max			Allocation			Need			Available		
	A	B	C	A	B	C	A	B	C	A	B	C
P0	7	5	3	0	1	0	7	4	3	3 (2)	3 3	3 (0)
P1	3	2	2	2 (3)	0 0	0 (2)	1 (0)	2 2	2 (0)	—	—	—
P2	9	0	2	3	0	2	6	0	0	—	—	—
P3	2	2	2	2	1	1	0	1	1	—	—	—
P4	4	3	3	0	0	2	4	3	1	—	—	—

　　1）T0 时刻的安全性。利用安全性检查算法对 T0 时刻的资源分配情况进行分析，如表 4-14 所示可知，在 T0 时刻存在着一个安全序列{P1，P3，P4，P2，P0}，故系统是安全的。

表 4-14　T0 时刻的安全序列

进程	资源												Finish
	Work			Need			Allocation			Work+Allocation			
	A	B	C	A	B	C	A	B	C	A	B	C	
P1	3	3	2	1	2	2	2	0	0	5	3	2	True
P3	5	3	2	0	1	1	2	1	1	7	4	3	True
P4	7	4	3	4	3	1	0	0	2	7	4	5	True
P2	7	4	5	6	0	0	3	0	2	10	4	7	True
P0	10	4	7	7	4	3	0	1	0	10	5	7	True

　　2）进程 P1 请求资源。进程 P1 发出请求向量 $Request_1(1,0,2)$，系统按银行家算法进行检查：

　　① $Request_1(1,0,2) \leqslant Need(1,2,2)$。

　　② $Request_1(1,0,2) \leqslant Available(3,3,2)$。

　　③ 系统进行资源预分配，先假定可为进程 P1 分配资源，并修改 Available、Allocation1 和 Need 向量值，由此形成的资源变化情况如表 4-13 中的圆括号所示。

　　④ 再利用安全性算法检查此时系统是否安全，如表 4-15 所示。

　　由安全性检查可知，可以找到一个安全序列{P1，P3，P4，P0，P2}。因此，系统是安全的，可以立即将进程 P1 所申请的资源分配给它。

表 4-15　进程 P1 申请资源时的安全性检查

进程	资源												Finish
	Work			Need			Allocation			Work+Allocation			
	A	B	C	A	B	C	A	B	C	A	B	C	
P1	2	3	0	0	2	0	3	0	2	5	3	2	True
P3	5	3	2	0	1	1	2	1	1	7	4	3	True
P4	7	4	3	4	3	1	0	0	2	7	4	5	True
P0	7	4	5	7	4	3	0	1	0	7	5	5	True
P2	7	5	5	6	0	0	3	0	2	10	5	7	True

　　3）进程 P4 请求资源。进程 P4 发出请求向量 $Request_4(3,3,0)$，系统按银行家算法进行

检查。

① $Request_4(3,3,0) \leqslant Need(4,3,1)$。

② $Request_4(3,3,0) > Available(2,3,0)$，剩余资源不能满足请求，故让进程 P4 等待。

4）进程 P0 请求资源。系统给进程 P1 分配资源后，进程 P0 发出请求向量 $Requst_0(0,2,0)$，系统按银行家算法进行检查。

① $Request_0(0,2,0) \leqslant Need(7,4,3)$。

② $Request_0(0,2,0) \leqslant Available(2,3,0)$。

③ 系统进行资源预分配，先假定可为进程 P0 分配资源，并修改有关数据，如表 4-16 所示。

④ 系统进行安全性检查，这时可用资源 Available(2,1,0) 已不能满足任何进程的需要，故系统进入不安全状态，此时系统不能分配资源。

表 4-16　为进程 P0 分配资源后有关资源数据

进程	资源								
	Allocation			Need			Available		
	A	B	C	A	B	C	A	B	C
P0	0	3	0	7	2	3	2	1	0
P1	3	0	2	0	2	0			
P2	3	0	2	6	0	0			
P3	2	1	1	0	1	1			
P4	0	0	2	4	3	1			

避免死锁的优点是它不需要死锁预防中的剥夺资源和进程的重新运行，并且比预防死锁的限制要少，但是在使用中也有以下几个方面的限制。

1）必须事先声明每个进程的资源最大需求量。

2）进程之间必须是无关的，也就是说，进程之间的执行顺序没有任何同步要求。

3）系统中可供分配的资源数目必须是固定的。

4）进程在占有资源时，不能退出。

4.5.4　死锁的检测

避免死锁的方法在每次资源申请时，系统都需要做安全性检查，开销很大。另外，进程申请资源的总数是不可能预先知道的，算法实现起来困难较大。若系统中不制定死锁防范措施，允许死锁出现，让系统通过定时检测，来确认进程是否进入死锁状态。一旦发现死锁应立即排除，以确保系统继续正常运行。可以采用化简资源分配图的方法来检测系统中有无进程处于死锁状态。

1. 资源分配图

一个系统资源分配图是一个二元组 G=(V,E)，其中 V 是节点集，E 是边集。节点集定义为 V=P∪R，其中 P={P1,P2,…,Pn} 为系统中所有进程构成的集合，R={R1,R2,…,Rm} 为系统中所有资源类构成的集合。边集 E={(Pi, Rj)} ∪ {(Rj, Pi)}，其中 Pi∈P，Rj∈R。如果(Rj, Pi)∈E，则有一条由资源类 Rj 到进程 Pi 的有向弧，表示资源类 Rj 中的一个资源被进程 Pi 占有。如果(Pi, Rj)∈E，则有一条由进程 Pi 到资源类 Rj 的有向弧，表示进程 Pi 申请资源类 Rj 中的一个资源。将形如（Pi, Rj）的边称为申请边，将形如（Rj, Pi）的边称为分配边。

在图中，将每一个进程表示为一个圆圈，每一个资源类表示为一个方框。由于一个资源类中可能含有多个资源实例，在方框中用圆点表示同一资源类中的各个子资源实例。注意，申请边只指向方框，表明申请时不指定资源实例；而分配边则由方框中的某一圆点引出，表明那一个资源实例已被占用。

当进程 Pi 申请资源类 Rj 中的一个资源实例时，在资源分配图中增加一条申请边。当该申请可以被满足时，该申请边立即改为一条分配边。当进程释放该资源实例时，该分配边被去掉。

根据上述资源分配图的定义，容易证明：如果图中没有环路，则系统中没有死锁；如果图中存在环路，则系统中可能存在死锁。

如果每个资源类中均只有唯一的资源实例，则环路的存在意味着死锁的存在。如果存在一个由所有资源类构成集合的一个子集，该子集中的每一资源类均只有唯一的资源实例，则环路的存在即意味着死锁的存在。在上述情况下，环路是死锁的充分和必要条件。如果每个资源类包含若干个资源实例，则环路不一定意味着死锁的存在。此时，环路是死锁的必要条件，但不是充分条件。

例如，进程 P、资源类集 R 及边集 E 定义如下：

P={P1,P2,P3}。

R={R1(1),R2(2),R3(1),R4(3)}。

E={(R1,P2),(R2,P2),(R2,P1),(R3,P3),(P1,R1),(P2,R3),(R4,P3)}。

其中，资源类 Rj 后面括号中的数字表示资源实例的个数。对应的资源分配图如图 4-26 所示。此时，进程 P1 占有资源类 R2 中的一个实例，等待资源类 R1 中的一个实例；进程 P2 占有 R1 和 R2 各一个资源类实例，等待 R3 的一实例；进程 P3 占有 R3 和 R4 中各一个实例。由于资源分配图没有环路，因而不存在死锁。

对于图 4-26，如果进程 P3 申请资源类 R2 中的一个实例。由于没有空闲的资源，将增加一条申请边(P3,R2)，形成图 4-27。此时，出现 2 条环路：P1→R1→P2→R3→P3→R2→P1 和 P2→R3→P3→R2→P2。进一步分析可以验证，此时系统已经发生死锁，且进程 P1、P2 和 P3 都参与了死锁。

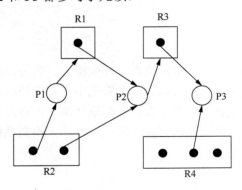

图 4-26　无环路的资源分配

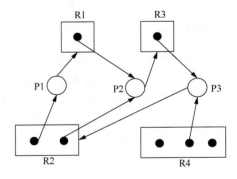

图 4-27　有环路且有死锁的资源分配

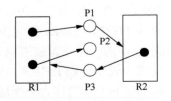

图 4-28　有环路但无死锁的资源分配

在有些资源分配图中，有环路但无死锁，如图 4-28 所示。

图 4-28 也有一个环路：P1→R2→P3→R1→P1，然而并不存在死锁。进程 P2 可能会释放资源类 R1 中的一个实例，该资源实例可以分配给进程 P3，从而使环路断开。

综上所述，如果资源分配图中不存在环路，则系统中不存在死锁。反之，则系统中可能存在死锁，也可能不存在死锁。

2. 死锁定理

可以通过对资源分配图的简化来判断系统状态 S 是否处于死锁状态。资源分配图简化方法如下。

1）寻找一个非孤立且没有阻塞的进程 Pi。这里非孤立是指进程 Pi 有边相连，没有阻塞是指进程 Pi 对某个资源请求边的条数（即申请该资源的数量）≤该资源现有空闲资源个数。

2）将一个空闲资源分配给进程 Pi，使 Pi 的请求边变成分配边。

3）如果 Pi 的所有请求边都变成分配边，则 Pi 获得了所需的全部资源，它能继续运行直到完成，然后释放其占用的所有资源。在资源分配图中去除 Pi 的所有分配边，使 Pi 变成一个孤立节点。

重复前面 3 步的简化过程后，若能消去图中所有的边，使所有进程都成为孤立节点，则称该资源分配图是可以完全简化的，否则该图是不可完全简化的。相关文献已经证明：①不同的简化顺序将得到相同的不可完全简化图；②系统状态 S 处于死锁状态的充分必要条件是，当且仅当 S 状态的资源分配图是不可完全简化的。这一结论称为死锁定理。

例如，图 4-26 和图 4-28 所示的资源分配图是可以完全约简的，因而系统未发生死锁；而图 4-27 所示的资源分配图是不可完全简化的，因而系统已经发生死锁。

3. 死锁检测算法

下面介绍的死锁检测算法用到一些数据结构，与银行家算法用到的结构相似。

（1）死锁检测算法中的数据结构

① Available：长度为 m 的向量，记录当前各个资源类中空闲资源实例的个数。

② Allocation：$m \times n$ 的矩阵，记录当前每个进程占有各个资源类中资源实例的个数。

③ Request：$m \times n$ 的矩阵，记录当前每个进程申请各个资源类中资源实例的个数。若 Request[i, j]=k，则表示进程 Pi 申请资源类 Rj 中 k 个资源实例。

为了简洁表达两个向量间的关系和赋值操作，将矩阵 Allocation 和 Request 的行看作向量，并且分别表示为 Allocation[i] 和 Request[i]。

（2）检测算法步骤

1）令 Work 和 Finish 分别是长度为 m 和 n 的向量，初始值设置如下。

① Work=Available。

② 对于所有 i=1，2，…，n，如果 Allocation[i]≠0，则 Finish[i]=false，否则 Finish[i]=true。

2）寻找满足下述条件的下标 i：

① Finish[i]=false。

② Request[i]≤Work。

如果不存在满足上述条件的 i，则转步骤 4）执行。

3）若 Work=Work+Allocation[i]，Finish[i]=true；转步骤 2）执行。

4）如果存在 i，1≤i≤n，Finish[i]=false，则系统处于死锁状态，且进程 Pi 参与了死锁。

例如，系统中有 3 个资源类{A，B，C}，资源类 A 有 7 个资源实例，B 有 3 个，C 有 7 个。同时系统中有 5 个进程{P0，P1，P2，P3，P4}。假定在 T0 时刻，资源分配与申请情况如表 4-17 所示。

表 4-17   死锁检测算法的示例资源分配情况

进程	资源								
	Allocation			Request			Available		
	A	B	C	A	B	C	A	B	C
P0	0	1	0	0	0	0	0	1	1
P1	2	0	0	2	0	2			
P2	3	0	3	0	0	0			
P3	2	1	1	1	0	0			
P4	0	0	2	0	0	2			

此时，系统不处于死锁状态，因为运行上述死锁检测算法可以得到一个进程序列 {P0, P2，P3，P1，P4}，它将使 Finish[i]=true，对于所有 $0 \leqslant i \leqslant 4$ 都成立。

假定现在进程 P2 发出请求 Request$_2$(0,0,1)，即申请资源类 C 中的一个资源实例，则资源分配情况如表 4-18 所示。

表 4-18   进程 P2 申请一个单位的 C 资源后资源分配情况

进程	资源								
	Allocation			Request			Available		
	A	B	C	A	B	C	A	B	C
P0	0	1	0	0	0	0	0	1	0
P1	2	0	0	2	0	2			
P2	3	0	4	0	0	0			
P3	2	1	1	1	0	0			
P4	0	0	2	0	0	2			

由于对所有的 i，Allocation[i]$\neq$0，所以 Finish[i]=false。进程 P0 的 Request$\leqslant$Work，标记 Finish[0]=true，回收其资源，Work=(0,2,0)，此时可用资源不能满足其余进程中任何一个的需要，因而 Finish[i]=false，$1 \leqslant i \leqslant 4$，故出现死锁。

从上面的分析可以看出，死锁检测需要进行很多操作，因而产生何时调用检测算法的问题。

4. 死锁检测的时刻

何时进行死锁检测，主要取决于两个因素：一是死锁发生的频率，二是死锁所涉及的进程数。如果死锁发生的频率较高，则死锁检测的频率也应较高，否则会影响系统资源的利用率，也可能使更多的进程被卷入死锁，对死锁进程所对应的事件也会带来某种影响。死锁检测也会增加系统开销，影响系统执行效率。通常可以在如下时刻进行死锁检测。

（1）进程等待时检测

因为仅当进程发出资源申请命令，且此申请不能立即满足时才有可能发生死锁，所以每当进程等待时，便进行死锁检测，那么在死锁形成时就能够被发现。

（2）定时检测

为了减少死锁检测所带来的系统开销，可以采取每隔一段时间进行一次死锁检测的策略，如每隔 2h 检测一次。此时，一次检测可能会发现多个死锁。

（3）资源利用率降低时检测

由于死锁的发生会使系统中可运行的进程数量降低，使处理机的利用率下降，因此可以在 CPU 的利用率降低到某一界限时开始死锁检测。

4.5.5 死锁的解除

当死锁已经发生并且被检测到时，应当将其消除以使系统从死锁状态中恢复过来。通常可以采取以下策略消除死锁。

1. 系统重启

系统重新启动是最简单、最常用的死锁解除方法。不过它的代价却是很大的，因为在此之前所有进程已经完成的计算工作都将付之东流，不仅包括参与死锁的所有进程，也包括未参与死锁的全部进程。

2. 剥夺资源

剥夺资源即剥夺死锁进程所占有的全部或部分资源。在实现时往往分两种情况。一种情况是逐步剥夺，即一次剥夺死锁进程所占有的一个或一组资源。如果死锁尚未解除，再继续剥夺，直至死锁解除。另一种情况是一次剥夺，即一次性地剥夺死锁进程所占有的全部资源。剥夺资源在很多情况下，需要人工干预，特别是在大型主机上的批处理系统，往往由管理员强行把某些资源从占有者进程那里取过来，分给其他进程。

3. 撤销进程

通过撤销参与死锁的进程，并回收它们所占用的资源，死锁也能得到解除。这里有两种处理策略。一种策略是一次性地撤销所有参与死锁的进程，这种处理方法简单，但是代价很高。例如，有些进程可能已经计算了很长一段时间，把它们都终止了，必定丢失了先前所做的很多工作，以后还需要从头开始。另一种策略是逐一撤销参与死锁的进程，即按照一定的算法选择一个死锁进程，将其撤销并回收其占有的全部资源，然后判断是否还存在死锁。如果是，则选择并淘汰下一个将被淘汰的进程。如此反复，直至死锁被解除。

4. 进程回退

所谓进程回退就是让参与死锁的进程回退到以前没有发生死锁的某个节点上，并由此点开始继续执行，希望进程在交叉执行时不再发生死锁。进程在回退过程中释放部分资源，由系统分配给其他死锁进程。进程回退需要的系统开销是巨大的，它需要进程建立保存检查点、回退及重启机制等措施，这需要花费大量的时间和空间。另外，一个进程回退，应当处理好它在回退点到死锁点之间所造成的影响，如修改某一文件，给其他进程发消息等。这些在实现时往往难以做到。

4.5.6 饥饿与活锁

1. 饥饿

在一个动态系统中，资源请求与释放是经常发生的进程行为。对于每类系统资源，操作系统需要确定一种分配策略。当多个进程同时申请某类资源时，由分配策略来决定资源的分配次序。资源分配策略可能是公平的，能够保证请求者在有限的时间内获得所需资源；资源分配策略也可能是不公平的，即保证不了进程等待时间的最大上限。在这种情况下，即使系统没有发生死锁，进程也可能会无限期延迟。

当等待时间给进程推进和响应带来明显影响时，称发生了进程饥饿。当饥饿到一定程度的进程所赋予的任务即使完成也不再具有实际意义时，称该进程被饿死。饥饿没有其产生的必要条件，随机性很强，并且饥饿可以被消除。

死锁与饿死有一定相同点：二者都是由于竞争资源而引起的。但它们又有明显的差别，主要表现在以下几个方面。

1）从进程状态考虑，死锁进程都处于等待状态，忙则等待（处于运行或就绪状态）的进程并非处于等待状态，但却可能被饿死。

2）死锁进程等待永远不会被释放的资源，饿死进程等待会被释放但却不会分配给自己的资源，表现为等待时限没有上界（排队等待或忙则等待）。

3）死锁一定发生了循环等待，而饿死则不然。这也表明通过资源分配图可以检测死锁存在与否，但却不能检测是否有进程饿死。

4）死锁一定涉及多个进程，而饥饿或被饿死的进程可能只有一个。

5）在饥饿的情形下，系统中有至少一个进程能正常运行，只是饥饿进程得不到执行机会。而死锁则可能会最终使整个系统陷入死锁并崩溃。

由于饥饿和饿死与资源分配策略有关，因而解决饥饿与饿死问题可从资源分配策略的公平性考虑，确保所有进程不被忽视。例如，时间片轮转算法，它将 CPU 的处理时间分成一个个时间片，就绪队列中的诸进程轮流运行一个时间片，当时间片结束时，就强迫运行程序让出 CPU，该进程进入就绪队列，等待下一次调度。同时，进程调度又去选择就绪队列中的一个新进程，分配给它一个时间片，以投入运行。如此方式轮流调度。这样就可以在不考虑其他系统开销的情况下解决饥饿的问题。

2. 活锁

在忙则等待条件下发生的饥饿，称为活锁。它是指进程虽然没有被阻塞，但是由于某种条件不满足，一直尝试重试，却总是失败。例如，系统从就绪队列中找出一个进程，让其执行某一个任务。如果任务执行失败，那么将该进程重新加入就绪队列，继续等待执行。假如任务总是执行失败，或者某种依赖的条件总是不满足，那么进程一直在繁忙，却没有任何结果。

程序中错误的循环引用和判断有可能导致活锁。当某些条件总是不能满足的时候，可能陷入死循环的境地。进程间的协同操作也有可能导致活锁。例如，如果两个进程发生了某些条件的碰撞后重新执行，那么如果再次尝试后依然发生了碰撞，长此下去就有可能发生活锁。解决活锁的一种方案是对重试机制引入一些随机性。如果检测到冲突，那么就暂停随机的一段时间，然后进行重试，这就大大减少了碰撞的可能性。

4.5.7 死锁的综合处理

死锁的预防、避免和检测 3 种基本方法，在处理死锁方面有着不同的策略，但是每一种方法都有局限性，没有哪一种方法能够对操作系统遇到过的所有资源分配问题都能做到合适的处理。1973 年，有计算机专家提出把前面所讲的基本方法组合起来，使系统中各级资源都以最优化的方式加以利用。其思想是，把系统中的全部资源分成几大类，整体上采用资源顺序分配法，再对每类资源根据其特点选择最合适的方法。

例如，将系统资源分成以下 4 类。

① 内部资源，指系统所用的资源，如 PCB 表、I/O 通道等。

② 主存、处理机。

③ 作业资源，如行式打印机、磁带驱动器、文件等。

④ 外存。

可以将①、②、③、④类资源编号设置为 1、2、3、4，按编号递增次序申请资源。对于第 1、4 两类资源采用预分配法；对于第 2 类资源采用剥夺法；对于第 3 类资源采用死锁避免法。而对那些哪种方法也不适合的资源，可用死锁检测程序定期对系统进行检测，发现死锁后再排除死锁。

除此之外，还可以采取"鸵鸟政策"，即完全置之不理。如果一个系统采用这种方法，它既不能保证死锁从不发生，又不提供死锁检测和解除的机制，当死锁真正发生且影响系统的正常运行时，只有进行手工干预——重新启动。这是目前实际系统采用最多的一种策略。

4.6　典型例题讲解

一、单选题

【例 4.1】（　　）是作业存在的唯一标志。

A．作业名　　　　B．进程控制块　　C．作业控制块　　D．程序名

解析：作业控制块是作业存在的唯一标志。故本题答案是 C。

【例 4.2】设 4 个作业同时到达，每个作业的执行时间均为 2h，它们在一台处理机上按单道方式运行，则平均周转时间为（　　）h。

A．1　　　　　　B．5　　　　　　C．2.5　　　　　D．8

解析：由于 4 个作业同时到达且按单道方式运行，则平均周转时间为[2+(2+2)+(2+2+2)+(2+2+2+2)]/4 =5。故本题答案是 B。

【例 4.3】既考虑作业等待时间，又考虑执行时间的调度算法是（　　）。

A．响应比高者优先　　　　　　B．短作业优先

C．优先级调度　　　　　　　　D．先来先服务

解析：响应比高者优先调度算法既考虑作业的等待时间，又考虑作业的执行时间。故本题答案是 A。

【例 4.4】某一作业 8:00 到达系统，估计运行时间为 1h。若 10:00 开始执行该作业，其响应比是（　　）。

A．2　　　　　　B．1　　　　　　C．3　　　　　　D．0.5

解析：该作业的响应比为 1+(10-8)/1=3。故本题答案是 C。

【例 4.5】下列进程调度算法中，（　　）可能会出现进程长期得不到调度的情况。

A．静态优先权算法　　　　　　B．抢占式调度中采用的动态优先权算法

C．分时处理中时间片轮转算法　　D．非抢占式调度中采用 FIFO 算法

解析：抢占式动态优先权算法中，优先权可以随着时间的延长而不断增加，因此一个低优先级的进程最终也能获得一个较高的优先级。时间片轮转算法中，每个进程依次按时间片轮流进行，每个进程都会得到调度。先来先服务中不存在一个进程长期得不到调度的情况。静态优先权算法中，由于优先权是在创建进程时确定的，且在整个运行期间保持不变，这样一来，低优先权进程将会受到后来进入系统的一些高优先权进程的"排挤"，以致长期得不到运行。故本题答案是 A。

【例 4.6】下列对多级队列调度和多级反馈队列调度不同点的叙述中，错误的是（　　）。

A．多级队列调度用到优先权，而多级反馈队列调度中没有用到优先权

B．多级反馈队列调度中就绪队列的设置不是像多级队列调度一样按作业性质划分，而是按时间片的大小划分

C．多级队列调度中的进程固定在某一个队列中，而多级反馈队列调度中的进程不固定

D．多级队列调度中每个队列按作业性质不同而采用不同的调度算法，而多级反馈队列调度中除个别队列外，均采用相同的调度算法

解析：由于多级队列调度和多级反馈队列调度都用到了优先权，所以选项 A 不正确。其他几个选项是对多级队列调度和多级反馈队列调度不同点的总结。故本题答案是 A。

【例 4.7】为多道程序提供的可共享资源不足时，可能出现死锁。但是，不适当的（　　）也可能产生死锁。

A．进程优先权　　　　　　　　　　B．资源的线性分配

C．进程推进顺序　　　　　　　　　　D．分配队列优先权

解析：产生死锁的原因是系统资源不足及进程推进顺序非法。故本题正确答案是 C。

【例 4.8】资源的按序分配策略可以破坏（　　）条件。

A．互斥使用资源　　　　　　　　　　B．占有且等待资源

C．非剥夺资源　　　　　　　　　　D．循环等待资源

解析：采用有序资源分配法，可以保证系统中诸进程对资源的请求不能形成环路。故本题答案是 D。

【例 4.9】银行家算法在解决死锁问题中是用于（　　）的。

A．预防死锁　　　　B．避免死锁　　　　C．检测死锁　　　　D．解除死锁

解析：银行家算法用于避免死锁。故本题答案是 B。

【例 4.10】某系统中有 3 个并发进程，都需要同类资源 4 个，试问该系统不会发生死锁的最少资源数是（　　）。

A．9　　　　　　　B．10　　　　　　　C．11　　　　　　　D．12

解析：因系统中存在 3 个进程，每个都需要同类资源 4 个，当系统中资源数等于 10 时，无论怎样分配资源，其中至少有一个进程可以获得 4 个资源，该进程可以顺利运行完毕，从而可将资源回收，再分配给其他进程。如果资源数目是 9 且每个进程都已获得 3 个资源时，此时系统已无空闲资源，当其中一个进程再次申请资源时，则进入等待状态，其他进程的情况类似，此时出现死锁。故本题答案是 B。

二、填空题

【例 4.11】_____调度是处理机的高级调度，_____调度是处理机的低级调度。

解析：作业调度是处理机的高级调度，进程调度是处理机的低级调度。故本题答案为作业和进程。

【例 4.12】一个作业可以分成若干顺序处理的加工步骤，每个加工步骤称为一个_____。

解析：一个作业可以分成若干顺序处理的加工步骤，每个加工步骤称为一个作业步。故本题答案是作业步。

【例 4.13】确定作业调度算法时应注意系统资源的均衡使用，使_____型作业和_____型作业搭配运行。

解析：为了有利于系统资源的均衡使用，应使 I/O 繁忙型作业和 CPU 繁忙型作业搭配

运行。故本题答案是 I/O 繁忙和 CPU 繁忙。

【例 4.14】进程调度方式有两种，一种是_____，另一种是_____。

解析：进程调度有非抢占方式和抢占方式两种类型。故本题答案是非抢占方式和抢占方式。

【例 4.15】若使当前运行进程总是优先级最高的进程，应选择_____进程调度算法。

解析：抢占式优先权调度算法总是把处理机分配给具有最高优先权的进程。故本题答案是抢占式优先权。

【例 4.16】在有 m 个进程的系统中出现死锁，死锁进程的个数 k 应该满足的条件是_____。

解析：当多个进程竞争资源时，才有可能引起死锁，且死锁进程的个数不可能大于系统中的进程总数。故本题答案是 $2 \leqslant k \leqslant m$。

【例 4.17】进程调度算法采用时间片轮转法时，如果时间片过大，就会使轮转法转化为_____调度算法。

解析：当时间片过大，大到每个进程都能在一个时间片内完成，就会使轮转法转化为先来先服务算法。故本题答案是先来先服务。

【例 4.18】在进程抢占调度方式中，抢占的原则主要有时间片原则、_____和优先权原则。

解析：进程抢占调度方式是基于一定原则的，如优先权原则、短进程优先原则和时间片原则等。故本题答案是短进程优先原则。

【例 4.19】在 RMS 实时调度算法中，有 4 个周期性实时任务，它们的请求周期时间分别都是 40ms，运行时间为 5ms，则系统中 CPU 的利用率是_____，处理器的利用率上确界是_____。

解析：在 RMS 实时系统中，对于 4 个任务，系统 CPU 的利用率为 $U=4\times(5/40)=50\%$。处理器的利用率上确界为 $4\times(2^{1/4}-1)\approx0.757$。故本题答案是 50%，0.757。

三、综合题

【例 4.20】关于处理机调度，试问：1）什么是处理机的三级调度？2）处理机的三级调度分别在什么情况下发生？3）各级调度分别完成什么工作？

解析：1）处理机的三级调度是指高级调度（作业调度）、中级调度（中程调度）和低级调度（进程调度）。

2）高级调度在需要从后备作业队列中选择作业进入内存运行时发生；低级调度在需要选择一个就绪进程投入运行时发生；中级调度在内存紧张不能满足进程运行需要时发生。

3）高级调度决定把外存中处于后备队列的哪些作业调入内存，并为它们创建进程和分配必要的资源，然后将新创建的进程放入就绪队列准备执行。低级调度则决定把就绪队列中的哪个进程将获得处理机，并将处理机分配给该进程使用。中级调度是在内存资源紧张的情况下将暂时不运行的进程（或进程的一部分）调至外存，待内存空闲时再将外存上具备运行条件的就绪进程（或进程的一部分）重新调入内存。

【例 4.21】若后备作业队列中等待运行的同时有 3 个作业 J1、J2、J3，已知它们各自的运行时间为 a、b、c，且满足 $a<b<c$，试证明采用 SJF 算法调度能获得最小平均作业周转时间。

解析：采用 SJF 算法调度时，3 个作业的总周转时间为

$$T1=a+(a+b)+(a+b+c)=3a+2b+c \qquad ①$$

若不按 SJF 算法调度，不失一般性，设调度次序为 J2、J1、J3，则 3 个作业的总周转时间为

$$T2=b+(b+a)+(b+a+c)=3b+2a+c \qquad ②$$

令②-①式得到：

$$T2-T1=b-a>0$$

可见，采用 SJF 算法调度才能获得最小平均作业周转时间。

【例 4.22】假定要在一台单处理机上执行如表 4-19 所示的作业，且假定这些作业在时刻 0 以 1、2、3、4、5 的顺序到达。1）说明分别使用 FCFS、RR（时间片 $q=1$）、SJF 及非抢占式高优先权优先调度算法时，这些作业的执行次序（注意优先权高的数值小）。2）针对上述每种调度算法，给出作业的平均周转时间和平均带权周转时间。

表 4-19 作业状况

作业号	执行时间/ms	优先级
1	10	3
2	1	1
3	2	3
4	1	4
5	5	2

解析：1）FCFS 调度算法。采用 FCFS 调度算法，作业的执行次序为 1、2、3、4、5，作业运行情况如表 4-20 所示。

表 4-20 FCFS 调度算法中各个作业的执行情况和周转时间

作业执行次序	执行时间/ms	到达时间	开始时间	完成时间	周转时间/ms	带权周转时间
1	10	0	0	10	10	1
2	1	0	10	11	11	11
3	2	0	11	13	13	6.5
4	1	0	13	14	14	14
5	5	0	14	19	19	3.8
作业平均周转时间		$\overline{T} = (10+11+13+14+19)/5=13.4$ms				
作业平均带权周转时间		$\overline{w} = (1+11+6.5+14+3.8)/5=7.26$				

2）RR 调度算法。采用 RR 调度算法时，系统以作业号代替进程号，若令时间片大小 $q=1$，5 个进程在系统中的执行轨迹如表 4-21 所示。各进程的执行次序为 1、2、3、4、5、1、3、5、1、5、1、5、1、5、1、1、1、1、1。

表 4-21 RR 调度算法中各个进程的执行次序

时间片	0	1	2	3	4	5	6	7	8	9
进程号	1	2	3	4	5	1	3	5	1	5
时间片	10	11	12	13	14	15	16	17	18	
进程号	1	5	1	5	1	1	1	1	1	

进程运行情况如表 4-22 所示。

表 4-22　RR 调度算法中各个进程的运行情况

进程号	执行时间/ms	到达时间	完成时间	周转时间/ms	带权周转时间
1	10	0	19	19	1.9
2	1	0	2	2	2
3	2	0	7	7	3.5
4	1	0	4	4	4
5	5	0	14	14	2.8
进程平均周转时间			$\overline{T} = (19+2+7+4+14)/5 = 9.2\text{ms}$		
进程平均带权周转时间			$\overline{w} = (1.9+2+3.5+4+2.8)/5 = 2.84$		

3）SJF 调度算法。采用 SJF 调度算法，作业的执行次序有两种情况，分别是①2、4、3、5、1；②4、2、3、5、1。但是本例中说明，假定这些作业在时刻 0 以 1、2、3、4、5 的顺序到达，也就是它们之间有一个顺序，作业 2 在作业 4 的前面，所以采用①的执行次序，则作业运行情况如表 4-23 所示。

表 4-23　SJF 调度算法中各个作业的运行情况

作业执行次序	执行时间/ms	到达时间	开始时间	完成时间	周转时间/ms	带权周转时间
2	1	0	0	1	1	1
4	1	0	1	2	2	2
3	2	0	2	4	4	2
5	5	0	4	9	9	1.8
1	10	0	9	19	19	1.9
作业平均周转时间			$\overline{T} = (1+2+9+4+19)/5 = 7.0\text{ms}$			
作业平均带权周转时间			$\overline{w} = (1+2+2+1.8+1.9)/5 = 1.74$			

4）非抢占式高优先权优先调度算法。系统采用非抢占式高优先权优先调度算法时，也有两种运行次序，分别是①2、5、3、1、4；②2、5、1、3、4。根据题意，虽然作业 1 和作业 3 优先级相同，但是作业 1 在作业 3 之前，故本例中采用②的执行次序，则作业运行情况如表 4-24 所示。

表 4-24　非抢占式高优先权优先调度算法中作业的运行情况

作业执行次序	优先级	执行时间/ms	到达时间	开始时间	结束时间	周转时间/ms	带权周转时间
2	1	1	0	0	1	1	1
5	2	5	0	1	6	6	1.2
1	3	10	0	6	16	16	1.6
3	3	2	0	16	18	18	9
4	4	1	0	18	19	19	19
作业平均周转时间				$\overline{T} = (1+6+16+18+19)/5 = 12\text{ms}$			
作业平均带权周转时间				$\overline{w} = (1+1.2+1.6+9+19)/5 = 6.36$			

【例 4.23】某系统有 R1、R2 和 R3 共 3 种资源，在 $T0$ 时刻 P1、P2、P3 和 P4 这 4 个进程对资源的占有和需求情况如表 4-25 所示，此时系统的可用资源向量为(2,1,2)。试问：

1）将系统中各种资源总数和此刻各进程对各资源的需求数目用向量或矩阵表示出来。

2）如果此时进程 P1 和 P2 均发出资源请求向量 Request(1,0,1)，为了保证系统的安全性，应该如何分配资源给这两个进程？

3）如果在第 2）问完成后，系统此时是否处于死锁状态？

表 4-25 T0 时刻的资源分配

进程	资源					
	Max			Allocation		
	R1	R2	R3	R1	R2	R3
P1	3	2	2	1	0	0
P2	6	1	3	4	1	1
P3	3	1	4	2	1	1
P4	4	2	2	0	0	2

解析：1）系统中资源总量为某时刻系统中可用资源量与各进程已分配资源量之和，即 $(2,1,2)+(1,0,0)+(4,1,1)+(2,1,1)+(0,0,2)=(9,3,6)$。

各进程对资源的需求量为各进程对资源的最大需求量与进程已分配资源量之差，即

$$\begin{bmatrix} 3 & 2 & 2 \\ 6 & 1 & 3 \\ 3 & 1 & 4 \\ 4 & 2 & 2 \end{bmatrix} - \begin{bmatrix} 1 & 0 & 0 \\ 4 & 1 & 1 \\ 2 & 1 & 1 \\ 0 & 0 & 2 \end{bmatrix} = \begin{bmatrix} 2 & 2 & 2 \\ 2 & 0 & 2 \\ 1 & 0 & 3 \\ 4 & 2 & 0 \end{bmatrix}$$

2）若此时进程 P1 发出资源请求 $Request_1(1,0,1)$，按银行家算法进行检查：$Request_1(1,0,1) \leqslant Need(2,2,2)$，$Request_1(1,0,1) \leqslant Available(2,1,2)$。

采用预分配并修改相应的数据结构，由此形成的资源分配情况如表 4-26 所示。

表 4-26 进程 P1 请求资源后的资源分配

进程	资源								
	Allocation			Need			Available		
	R1	R2	R3	R1	R2	R3	R1	R2	R3
P1	2	0	1	1	2	1	1	1	1
P2	4	1	1	2	0	2			
P3	2	1	1	1	0	3			
P4	0	0	2	4	2	0			

再利用安全性算法检查是否安全，可用资源 Available(1,1,1)已不能满足任何进程，系统进入不安全状态，此时系统不能将资源分配给进程 P1。

3）此时进程 P2 发出资源请求 $Request_2(1,0,1)$，按银行家算法进行检查：$Request_2(1,0,1) \leqslant Need(2,0,2)$，$Request_2(1,0,1) \leqslant Available(2,1,2)$。

采用预分配并修改相应的数据结构，由此形成的资源分配情况如表 4-27 所示。

表 4-27 进程 P2 请求资源后的资源分配

进程	资源								
	Allocation			Need			Available		
	R1	R2	R3	R1	R2	R3	R1	R2	R3
P1	1	0	0	2	2	2	1	1	1
P2	5	1	2	1	0	1			
P3	2	1	1	1	0	3			
P4	0	0	2	4	2	0			

再利用安全性算法检查是否安全，可得到如表 4-28 所示的安全检测情况。从表 4-28 中可以看出，此时存在一个安全序列{P2，P3，P4，P1}，故该状态是安全的，可以立即将进程 P2 所申请的资源分配给它。

表 4-28　进程 P2 请求资源后的安全性检查

进程	资源												Finish
	Work			Need			Allocation			Work+Allocation			
P2	1	1	1	1	0	1	5	1	2	6	2	3	True
P3	6	2	3	1	0	3	2	1	1	8	3	4	True
P4	8	3	4	4	2	0	0	0	2	8	3	6	True
P1	8	3	6	2	2	2	1	0	0	9	3	6	True

4）在前面的操作完成后，进程 P1 不进行分配，进程 P2 可以分配资源，此刻系统并没有立即进入死锁状态，因为这时所有进程没有提出新的资源请求，全部进程均没有因资源请求没有得到满足而进入阻塞状态。只有当进程提出资源请求且全部进程都进入阻塞状态时，系统才处于死锁状态。

【例 4.24】n 个进程共享 m 个资源，每个进程一次只能申请或释放一个资源，每个进程最多需要 m 个资源，所有进程总共的资源需求少于 $m+n$ 个，证明该系统此时不会产生死锁。

解析：设 $max(i)$ 表示第 i 个进程的最大资源需求量，$need(i)$ 表示第 i 个进程还需要的资源量，$alloc(i)$ 表示第 i 个进程已分配的资源量。由题中所给条件可知

$$max(1)+\cdots+max(n) = (need(1)+\cdots+need(n))+((alloc(1)+\cdots+alloc(n)) <(m+n) \qquad ①$$

如果在这个系统中发生了死锁，那么一方面 m 个资源应该全部分配出去，而

$$alloc(1)+\cdots+alloc(n) = m \qquad ②$$

另一方面，所有进程将陷入无限等待状态。可以推出

$$need(1)+\cdots+need(n) < n \qquad ③$$

式③表示死锁发生后，n 个进程还需要的资源量之和小于 n，这意味着此刻至少存在一个进程 i，使 $need(i)=0$，即它已获得了所需要的全部资源。既然该进程已获得了它所需要的全部资源，那么它就能执行完成并释放它占有的资源，这与前面的假设矛盾，从而证明在这个系统中不可能发生死锁。

例如，某类资源 R 共有 16 个，进程 P1 需要 5 个，进程 P2 需要 6 个，进程 P3 需要 4 个，进程 P4 需要 4 个。所有进程的资源需求总量为 $\sum$=5+6+4+4=19，$m+n$=16+4=20，$\sum<m+n$，因而没有死锁。但是假设进程 P4 需要 5 个，其余不变，则 $\sum$= $m+n$，则有死锁的可能性。

【例 4.25】假设某一道程序运行时需要访问临界资源 R，该程序可以供多个用户同时运行，如果系统拥有资源 R 的数量为 k 个，而程序申请使用资源 R 的数量为 x（假定程序每次只申请一个，先后分 x 次申请），有 n 个用户同时运行该程序。那么 k、x 和 n 满足什么条件下，可以保证用户运行时不会产生死锁？在表 4-29 中出现的不同 k、x 和 n 的取值，是否会发生死锁？

表 4-29　m、n 和 k 的取值 1

序号	k	n	x	是否会死锁	说明
1	6	3	3		
2	9	3	3		
3	13	6	3		

解析：该程序被运行 n 次，将创建 n 个进程。如果每个进程都得到$(x-1)$个资源 R 后，资源 R 还剩余 1 个资源，那么这 n 个进程就不会发生死锁，因此 k、x 和 n 满足：

$$k-n(x-1)\geqslant 1 \tag{4.10}$$

变换形式后得

$$k\geqslant n(x-1)+1 \tag{4.11}$$

即当资源数量 $R=n(x-1)+1$ 时，系统不会发生死锁。

根据公式（4.11）可以判断是否会发生死锁。

1）序号为 1 的情况：$k=6$，$n=3$，$x=3$，公式 $k\geqslant n(x-1)+1$ 不成立，故会发生死锁。

2）序号为 2 的情况：$k=9$，$n=3$，$x=3$，公式 $k\geqslant n(x-1)+1$ 成立，故不会发生死锁。

3）序号为 3 的情况：$k=13$，$n=6$，$x=3$，公式 $k\geqslant n(x-1)+1$ 成立，故不会发生死锁。具体情况如表 4-30 所示。

表4-30　m、n 和 k 的取值 2

序号	k	n	x	是否会死锁	说明
1	6	3	3	可能发生死锁	6<3(3-1)+1
2	9	3	3	不会发生	9>3(3-1)+1
3	13	6	3	不会发生	13=3(6-1)+1

【例 4.26】 系统拥有 R1～R6 等 6 个资源，数量分别为 2、1、1、1、1 和 2，当前进程有 5 个进程 A～E，已知当前进程和资源的申请、分配关系如表 4-31 所示。请画出当前系统的资源分配图，并给出简化过程。

表4-31　系统当前的进程和资源分配申请、分配情况

进程	分配得到的资源	申请的资源
A	2 个单位的 R1	1 个单位的 R3
B	1 个单位的 R5	1 个单位的 R1
C	1 个单位的 R2	1 个单位的 R4
D	1 个单位的 R3 1 个单位的 R6	1 个单位的 R5
E	1 个单位的 R4	1 个单位的 R6

解析：1）当前系统的资源分配图，如图 4-29（a）所示。

2）简化过程如下，首先找到进程节点 E，它满足消除条件，即 E 当前不是孤立点，且可以得到申请 R6 的一个资源，消除它节点相关的边，得到图 4-29（b）。接着找到节点 C，它也满足消除条件，消除它节点相关的边。

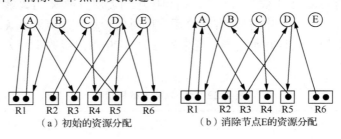

（a）初始的资源分配　　　（b）消除节点E的资源分配

图 4-29　资源分配图的简化过程

现在没有可满足消除条件的进程节点，得到简化的资源分配图，如图 4-30 所示。可以

发现有一组进程 A、B 和 D 当前处于死锁状态。

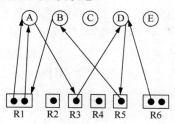

图 4-30　简化后的资源分配图

【例 4.27】假定某多道程序系统供用户使用的主存空间为 100KB，磁带机 2 台，打印机 1 台，使用可变分区分配方式管理主存，采用静态分配方式分配磁带机与打印机，忽略用户作业 I/O 时间。现有如表 4-32 所示的作业序列，作业调度策略采用 FCFS 调度算法。优先分配主存的低地址区域且不准移动已在主存中的作业，在主存中的各作业平分 CPU 时间。请回答下面的问题：

1）作业调度选中各作业的次序是什么？

2）全部作业运行结束的时间是多少？

3）如果把一个作业从输入井到运行结束的时间定义为周转时间，在忽略系统开销时间条件下，最长的作业周转时间是多少？

4）平均周转时间是多少？

表 4-32　作业运行序列表

作业号	进入输入井时间	运行时间/min	主存需求量/KB	磁带机需求/台	打印机需求/台
1	8:00	25	15	1	1
2	8:20	10	30	0	1
3	8:20	20	60	1	0
4	8:30	20	20	1	0
5	8:35	15	10	1	1

解析：这是一个较为复杂的系统综合调度问题，涉及作业调度、进程调度、主存分配和 I/O 设备分配。作业在收容阶段，存放到磁盘的输入井中，处于后备状态。首先进行作业调度，操作系统根据 FCFS 调度算法，按照时间顺序把作业依次送到主存，但是作业能否进入主存还要看是否分配了所需的全部资源，包括主存、磁带机和打印机。操作系统优先分配主存的低地址区域给作业，且不准移动已在主存中的作业。当作业运行结束后，主存空间、磁带机和打印机都被系统收回。然后进行进程调度，如果多个作业在主存，系统采用 RR 调度算法分配处理机。I/O 设备分配采用静态分配方法，磁带机和打印机分配出去之后，都是不可抢占的 I/O 设备，除非作业（进程）主动释放这些设备。

在 8:00 时，只有作业 1 处于后备状态，直接进入主存，分配 15KB 的空间，分配 1 台磁带机和 1 台打印机，同时分配处理机，开始运行。在 8:20 时，作业 2 和作业 3 同时到达，但由于打印机正被作业 1 使用，故作业 2 因得不到打印机而只能等待。作业 3 进入主存，分配 60KB 主存空间，分配 1 台磁带机，与作业 1 采用 RR 调度算法轮流执行（在 8:20 时，作业 1 还剩余 5min，作业 3 才进入主存，运行需要 20min。作业 1 和作业 3 以时间片 $q=1$min 为单位交替执行）。

在 8:30 时，作业 1 运行结束，释放了打印机和磁带机，但此时作业 2 却因无一个空闲区满足 30KB 要求而继续等待。作业 4 此时进入主存，分配 20KB 空间，分配 1 台磁带机，与作业 3 采用 RR 调度算法开始执行。在 8:35 时，作业 5 到达，这时已没有空闲磁带机而作业 5 只好等待。在 9:00 时，作业 3 运行结束后释放其所占用的主存空间和磁带机，此时作业 2 所需资源已得到满足而投入运行，而作业 5 因到达时间晚而只好继续等待。在 9:10 时作业 4 运行结束，但此时因作业 2 占用打印机而使作业 5 继续等待。在 9:15 时作业 2 运行结束而使作业 5 投入运行。9:30，作业 5 运行结束。主存分配情况如图 4-31 所示。由上面分析可知：

1）作业调度选中的作业次序是 1→3→4→2→5。

2）全部作业运行结束的时刻是 9:30。

3）作业 1 的周转时间是 8:00～8:30，30min。

作业 2 的周转时间是 8:20～9:15，55min。

作业 3 的周转时间是 8:20～9:00，40min。

作业 4 的周转时间是 8:30～9:10，40min。

作业 5 的周转时间是 8:35～9:30，55min。

因此，最大的作业周转时间是作业 2 和作业 5 的 55min。

4）作业平均周转时间是 $\overline{T}$=(30+55+40+40+55)/5=44（min）。

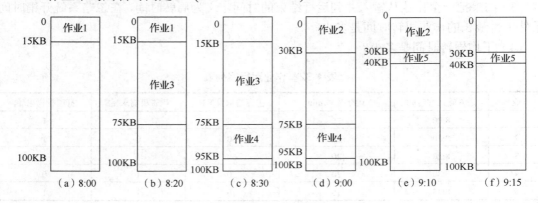

图 4-31 主存分配图

本 章 小 结

在本章中，首先讲述了对称多处理机、多核计算机和集群的概念，然后介绍了处理机调度的 3 个层次。在三级调度中重点讨论了高级调度和低级调度。高级调度也称为作业调度，它决定把外存中处于后备队列的那些作业调入主存，并为它们创建进程和分配必要的资源，然后将新创建的进程放入就绪队列准备执行。低级调度则决定就绪队列中的哪个进程获得处理机，并将处理机分配给该进程使用。由于处理机调度都涉及作业或进程的队列，所以本章又讨论了 3 种类型的调度队列模型。

然后本章又讨论了影响作业调度的因素，以及选择调度方式和算法的准则。这些准则有的是面向用户的，有的是面向系统的。面向用户的准则包括周转时间短、响应时间快、截止时间的保证和优先权准则等。面向系统的准则有吞吐量高、资源利用率好和各类资源平衡利用。

本章重点讨论了 FCFS、SJF、HRRF、HPF、RR 和 MLFQ 调度算法的运行原理、适用范围及优缺点等。同时也简要说明了实现实时调度的基本条件、算法的分类，介绍了两种实时调度算法，分别是最早截止时间优先算法和速率单调调度算法。

最后介绍了一个重要的操作系统概念——死锁。首先讲述了死锁产生的原因和必要条件。产生死锁的原因主要有两点：一是资源竞争，二是推进顺序不当。必要条件包括互斥条件、请求和保持条件、不剥夺条件和环路等待条件。根据这 4 个必要条件，讨论了死锁预防的基本方法。死锁的预防是一种静态策略，这种方式降低了资源的利用率和系统的吞吐量。而死锁的避免是一种动态策略，它不限制进程有关申请资源的命令，而是对进程发出的每个申请资源命令加以检查，根据检查结果决定是否进行资源分配。在死锁避免中着重讲述了银行家算法。然后又论述了死锁的检测，可以采用化简资源分配图的方法来检测系统中有无进程处于死锁状态。如果检测到死锁，有 4 种方法可以解除死锁。接着介绍了与死锁有关的两个概念，一个是饥饿，一个是活锁。最后介绍了死锁综合处理的方法。

习　题

一、单选题

1. 现有 3 个同时到达的作业 J1、J2 和 J3，它们的执行时间分别为 $T1$、$T2$ 和 $T3$，且 $T1<T2<T3$。系统按单道方式运行且采取短作业优先调度算法，则平均周转时间是（　　）。

  A．$T1+T2+T3$　　　　　　　　B．$(T1+T2+T3)/3$

  C．$(3T1+2T2+T3)/3$　　　　　D．$(T1+2T2+3T3)/3$

2. 作业调度程序从处于（　　）状态的队列中选取适当的作业投入运行。

  A．运行　　　　　B．提交　　　　　C．完成　　　　　D．后备

3. 3 种主要类型的操作系统中都必须配置的调度是（　　）。

  A．作业调度　　　B．中级调度　　　C．低级调度　　　D．I/O 调度

4. 当作业进入完成状态，操作系统（　　）。

  A．将删除该作业并收回其所占资源，同时输出结果

  B．将该作业的控制块从当前作业队列中删除，收回其所占资源，并输出结果

  C．将收回该作业所占资源并输出结果

  D．将输出结果并删除内存中的作业

5. （　　）是指从作业提交给系统到作业完成的时间间隔。

  A．周转时间　　　B．响应时间　　　C．等待时间　　　D．运行时间

6. 发生死锁的必要条件有 4 个，要防止死锁的发生，可以通过破坏这 4 个必要条件之一来实现，但破坏（　　）条件是不太实际的。

  A．互斥　　　　　B．不可抢占　　　C．部分分配　　　D．循环等待

7. 采用资源剥夺法可以解除死锁，还可以采用（　　）方法解除死锁。

  A．执行并行操作　　　　　　　　B．撤销进程

  C．拒绝分配新资源　　　　　　　D．修改信号量

8. 在（　　）的情况下，系统出现死锁。

  A．计算机系统发生了重大故障

  B．有多个封锁的进程同时存在

  C．若干进程因竞争资源而无休止地相互等待他方释放已占有的资源

D. 资源数远远小于进程数或进程同时申请的资源数远远超过资源总数

9.（　　）优先权是在创建进程时确定的，确定之后在整个进程运行期间不再改变。

A. 先来先服务　　B. 静态　　　　C. 动态　　　　D. 最短作业

10. 下列有关安全状态和非安全状态的论述中，正确的是（　　）。

A. 安全状态是没有死锁的状态，非安全状态是有死锁的状态

B. 安全状态是可能有死锁的状态，非安全状态也是可能有死锁的状态

C. 安全状态是可能没有死锁的状态，非安全状态是有死锁的状态

D. 安全状态是没有死锁的状态，非安全状态是可能有死锁的状态

11. 系统中有 3 个不同的临界资源 R1、R2 和 R3，被 4 个进程 P1、P2、P3 和 P4 共享。各进程对资源的需求为进程 P1 申请 R1 和 R2，进程 P2 申请 R2 和 R3，进程 P3 申请 R1 和 R3，进程 P4 申请 R2。若系统出现死锁，则处于死锁状态的进程数至少是（　　）。

A. 1　　　　　B. 2　　　　　C. 3　　　　　D. 4

12. 某时刻进程的资源使用情况如表 4-33 所示，此时的安全序列是（　　）。

A. P1，P2，P3，P4　　　　　　B. P1，P3，P2，P4

C. P1，P4，P3，P2　　　　　　D. 不存在

表 4-33　资源使用情况

进程	已分配资源			仍需要资源			可用资源		
	R1	R2	R3	R1	R2	R3	R1	R2	R3
P1	2	0	0	0	0	1	0	2	1
P2	1	2	0	1	3	2			
P3	0	1	1	1	3	1			
P4	0	0	1	2	0	0			

13. 某进程正在执行 3 个进程 P1、P2 和 P3，各进程的计算（CPU）时间和 I/O 时间的比例如表 4-34 所示。

表 4-34　进程执行时间

进程	计算时间	I/O 时间
P1	90%	10%
P2	50%	50%
P3	15%	85%

为提高系统资源利用率，合理的进程优先级设置为（　　）。

A. P1>P2>P3　　B. P3>P2>P1　　C. P2>P1=P3　　D. P1>P2=P3

14. 有 5 个批处理作业 A、B、C、D、E 几乎同时到达，其预计运行时间分别为 10、6、2、4、8，其优先级（由外部设定）分别为 3、5、2、1、4（其中 5 为最高优先级）。在以下各种调度算法中，平均周转时间为 14 的是（　　）调度算法。

A. 时间片轮转（时间片为 1）

B. 优先级调度

C. 先来先服务（按照顺序 10、6、2、4、8）

D. 最短作业优先

15. 下面是一个并发进程的程序代码，正确的是（　　）。

```
semaphore  x1=x2=y=1;
int c1=c2=0;
P1()                              P2()
{                                 {
    While(1){                         While(1){
    P(x1);                           P(x2);
    If(++c1==1)P(y);                 If(++c2==1)P(y);
    V(x1);                           V(x2);
    computer(A);                     computer(B);
    P(x1);                           P(x2);
    If(--c1==0)V(y);                 If(--c2==0)V(y);
    V(x1);                           V(x2);
    }                                }
}                                 }
```

A．进程不会死锁，也不会饥饿　　　B．进程不会死锁，但是会饥饿

C．进程会死锁，但是不会饥饿　　　D．进程会死锁，也会饥饿

二、填空题

1．在一个具有分时兼批处理的计算机操作系统中，如果有终端型作业和批处理作业混合运行，_____作业应优先占用处理机。

2．系统中有 n 个进程并发，共同竞争资源 X，且每个进程都需要 m 个 X 资源。为使该系统不会发生死锁，资源 X 最少要有_____个。

3．进程调度机制由 3 个逻辑功能模块组成，分别是队列管理程序、_____和分派程序。

4．在三级调度方式中，中级调度实际上就是存储器管理中的_____。

5．在面向用户的准则中，利用_____可以衡量不同调度算法对相同作业流的调度性能，这个值越小越好。

6．_____调度算法结合了先来先服务调度算法与最短作业优先算法两种方法的特点，兼顾了运行时间短和等候时间长的作业，公平且吞吐量大。

7．在含有硬实时任务的实时系统中，广泛采用_____调度机制。

8．死锁定理是指，系统处于死锁状态的充分必要条件是_____。

9．当等待时间给进程推进和响应带来明显影响时，称发生了进程_____。

三、综合题

1．三级调度分别完成什么工作？

2．作业调度的影响因素有哪些？

3．在处理机调度中，面向用户的准则和面向系统的准则都有哪些标准？

4．在批处理系统、分时系统和实时系统中，各采用哪几种进程（作业）调度算法？

5．什么是死锁？引起死锁的原因有哪些？

6．死锁产生的必要条件是什么？如何处理死锁，有哪几种方法？

7．解除死锁有哪些方法可以使用？

8．设周期性实时任务集合如表 4-35 所示，用最早截止时间优先算法和速率单调调度算法是否可以调度？画出 2 个任务 C 周期的调度图。

表 4-35　周期性实时任务集合

任务	发生周期 T_i/ms	处理时间 C_i/ms
A	30	10
B	40	15
C	50	5

9．在一个具有两个作业的批处理系统中，作业调度采用短作业优先的调度算法，进程调度采用以优先数为基础的抢占式调度算法，有如表 4-36 所示的作业序列（表中所列作业优先数即为进程优先数，数值越小优先级越高）。要求：1）列出所有作业进入内存的时间及结束时间；2）计算平均周转时间。

表 4-36　作业情况表

作业	到达时间	估计运行时间/min	优先数
A	10:00	40	5
B	10:20	30	3
C	10:30	50	4
D	10:50	20	6

10．在单 CPU 和两台 I/O 设备（I1、I2）的多道程序设计环境下，同时投入 3 个作业运行。其执行轨迹如下：

Job1：I2（30ms），CPU（10ms），I1（30ms），CPU（10ms）。

Job2：I1（20ms），CPU（20ms），I2（40ms）。

Job3：CPU（30ms），I1（20ms）。

如果 CPU、I1 和 I2 都能并行工作，优先级从高到低依次为 Job1、Job2 和 Job3，优先级高的作业可以抢占优先级低的作业的 CPU，但不可抢占 I1 和 I2。试求：1）每个作业从投入到完成分别所需的时间。2）每个作业从投入到完成 CPU 的利用率。3）I/O 设备的利用率。

11．假设一个系统中有 5 个进程，它们的到达时间和服务时间如表 4-37 所示，忽略 I/O 及其他开销时间，若分别按先来先服务（FCFS）、非抢占最短作业优先（SJF）、抢占的最短作业优先（SRTF）、高响应比优先（HRRN）、时间片轮转（RR，时间片 $q=1$）、多级反馈队列（MLFQ，第 i 级队列的时间片 $q=2^{i-1}$）调度算法，以及立即抢占的多级反馈队列（MLFQ，第 i 级队列的时间片 $q=2^{i-1}$）调度算法进行 CPU 调度，请给出各进程的完成时间、周转时间、带权周转时间、平均周转时间和平均带权周转时间。

表 4-37　进程情况说明

进程	到达时间	服务时间
A	0	3
B	2	6
C	4	4
D	6	5
E	8	2

12．在银行家算法中，若系统中出现如表 4-38 所示的资源分配情况，试求：1）Need 矩阵；2）系统是否处于安全状态，若安全，请给出一个安全序列；3）如果从进程 P1 发出

一个资源申请（0，4，2，0），这个申请系统能否立即满足；如果安全，请给出一个安全序列。

表 4-38　系统资源状态

进程	资源情况											
	Allocation				Max				Available			
	A	B	C	D	A	B	C	D	A	B	C	D
P0	0	0	1	2	0	0	1	2	1	5	2	0
P1	1	0	0	0	1	7	5	0				
P2	1	3	5	4	2	3	5	6				
P3	0	0	1	4	0	6	5	6				

13．有一多道程序系统，采用可变分区分配方式管理主存，且不能够移动已在主存中的作业。若供用户使用的主存空间为 200KB，系统配备 5 台磁带机，有一批作业如表 4-39 所示，该系统对磁带机采用静态分配方式，忽略外设工作所花费的时间。请写出：

1）先来先服务调度算法选中作业执行的次序及平均周转时间。

2）最短作业优先调度算法选中作业执行的次序及平均周转时间。

表 4-39　作业序列说明

作业	进输入井时间	要求计算时间/min	需要主存空间/KB	申请磁带机个数/台
A	8:30	40	30	3
B	8:50	25	120	1
C	9:00	35	100	2
D	9:05	20	20	3
E	9:10	10	60	1

14．假定计算机系统有 R1 设备 3 台、R2 设备 4 台，它们被 P1、P2、P3 和 P4 这 4 个进程所共享，且已知这 4 个进程均以申请 R1→申请 R2→申请 R1→释放 R1→释放 R2→释放 R1 的顺序使用现有设备。

1）说明系统运行过程中是否有产生死锁的可能，为什么？

2）如果有可能的话，请举出一例，并画出表示该死锁状态的进程资源图。

15．化简如图 4-32 所示的资源分配图，并说明有无进程处于死锁状态。

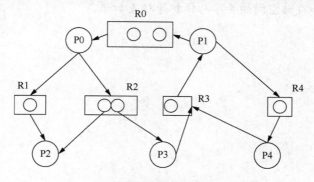

图 4-32　进程资源分配图

第 5 章　存储器管理

内容提要：

本章主要包括以下内容：①指令操作数的寻址方式；②存储器管理的一些基本概念；③程序的链接过程与装入过程；④连续分配存储管理方式；⑤覆盖与对换技术；⑥基本分页存储管理方式；⑦基本分段存储管理方式；⑧段页式存储管理方式等内容。

学习目标：

了解指令操作数的寻址方式、Cache 和内存保护等一些基本概念，了解程序的生成过程；理解逻辑地址与物理地址的概念、存储管理的功能、程序的链接及装入过程、覆盖和对换技术；掌握多道程序系统中内存连续分配的基本思想和算法；理解并掌握基本分页存储管理方式、基本分段存储管理方式和段页式存储管理方式的一些基本概念、地址变换、主存的分配与回收和存储空间的共享与保护等相关知识。

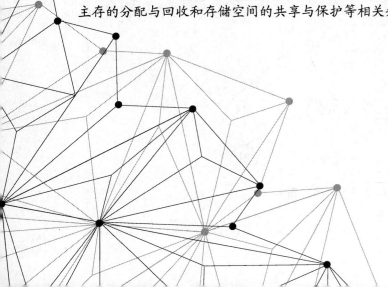

存储器是计算机系统的重要组成部分，程序都必须进入内存方可运行。存储器的管理，不仅涉及存储空间的分配与回收及存储器资源利用率的提高，还影响着程序的链接、装入和运行过程，因此，存储器管理是操作系统内核的重要组成部分。

5.1　计算机系统数据的寻址

存储器既可用来存放数据，又可用来存放指令。因此，当某个操作数或某条指令存放在某个存储单元时，其存储单元的编号，就是该操作数或指令在存储器中的地址。在存储器中，操作数或指令字写入或读出的方式包括地址指定方式、相联存储方式和堆栈存取方式。大多数的计算机，在内存中采用地址指定方式。当采用地址指定方式时，形成操作数或指令地址的方式，称为寻址方式。寻址方式分为两类，即指令寻址方式和数据寻址方式，前者比较简单，后者比较复杂。值得注意的是，在冯·诺依曼型结构的计算机中，内存中指令的寻址与数据的寻址是交替进行的。下面重点介绍操作数的寻址方式。

5.1.1　操作数的寻址方式

形成操作数有效地址的方法，称为操作数的寻址方式。操作数寻址方式种类繁多，在指令格式中必须设置一些字段来说明属于哪一种寻址方式。指令的地址码字段通常都不代表操作数的真实地址，把它称为形式地址，记为 A。操作数的真实地址称为有效地址，记为 EA。例如，一种单地址指令的结构如图 5-1 所示，其中用 X、I、A 各字段组成该指令的操作数地址。由于指令中操作数字段的地址码是由形式地址和寻址方式特征位等组合形成的，因此一般来说，指令中所给出的地址码并不是操作数的有效地址。形式地址 A 也称偏移量，它是指令字结构中给定的地址量。寻址方式特征位，此处由间址位和变址位组成，如果这条指令无间址和变址的要求，那么形式地址就是操作数地址；如果指令中指明要变址或间址变换，那么形式地址就不是操作数的有效地址，而要经过指定方式的变换，才能形成有效地址。因此，寻址过程就是把操作数的形式地址，变换为操作数的有效地址的过程。

操作码OP	变址X	间址I	形式地址A

图 5-1　单地址指令结构

由于大型机、微型机和单片机结构不同，从而形成了各种不同的操作数寻址方式。表 5-1 列出了比较典型而常用的寻址方式。

表 5-1　典型而常用的寻址方式

方式	算法	主要优点	主要缺点
隐含寻址	操作数在专用寄存器中	无存储器访问	数据范围有限
立即寻址	操作数=A	无存储器访问	操作数幅值有限
直接寻址	EA=A	简单	地址范围有限
间接寻址	EA=(A)	大的地址范围	多重存储器访问
寄存器寻址	EA=R	无存储器访问	地址范围有限
寄存器间接寻址	EA=(R)	大的地址范围	额外存储器访问
偏移寻址	EA=A+ (R)	灵活	复杂
段寻址	EA=A+ (R)	灵活	复杂
堆栈寻址	EA=栈顶	无存储器访问	应用有限

1. 隐含寻址

这种类型的指令，不是明显地给出操作数的地址，而是在指令中隐含着操作数的地址。例如，单地址的指令格式，就不是明显地在地址字段中指出第二操作数的地址，而是规定累加寄存器 AC 作为第二操作数地址。指令格式明显指出的仅是第一操作数的地址。因此，累加寄存器 AC 对单地址指令格式来说是隐含地址。

2. 立即寻址

指令的地址字段指出的不是操作数的地址，而是操作数本身，这种寻址方式称为立即寻址。立即寻址方式的特点是指令中包含的操作数立即可用，节省了访问内存的时间。

3. 直接寻址

直接寻址是一种基本的寻址方法，其特点是，在指令格式的地址字段中直接指出操作数在内存的地址 A。由于操作数的地址直接给出而不需要经过某种变换，所以称这种寻址方式为直接寻址方式。采用直接寻址方式时，指令字中的形式地址 A 就是操作数的有效地址 EA。因此通常把形式地址 A 又称为直接地址。此时，由寻址模式给予指示，如变址标志 $X_1=0$。如果用 D 表示操作数，那么直接寻址的表达式为 D=(A)。

4. 间接寻址

间接寻址是相对于直接寻址而言的，在间接寻址的情况下，指令地址字段中的形式地址 A 不是操作数 D 的真正地址，而是操作数地址的指示器。通常，在间接寻址情况下，由寻址特征位给予指示，如果把直接寻址和间接寻址结合起来，指令有如下形式，如图 5-2 所示。

操作码	I	A

图 5-2　间接寻址指令结构

若寻址特征位 I=0，表示直接寻址，这时有效地址 EA=A；若 I=1，则表示间接寻址，这时有效地址 EA=(A)。间接寻址方式是早期计算机中经常采用的方式，但由于两次访问内存，影响指令执行速度，现在较少使用。

5. 寄存器寻址

当操作数不在内存中，而是放在 CPU 的通用寄存器中时，可采用寄存器寻址方式。显然，此时指令中给出的操作数地址不是内存的地址单元号，而是通用寄存器的编号，EA=R。指令结构中的 RR 型指令，就是采用寄存器寻址方式的例子。

6. 寄存器间接寻址

寄存器间接寻址与寄存器寻址的区别在于，指令格式中的寄存器内容不是操作数，而是操作数的地址，该地址指明的操作数在内存中。此时 EA=(R)。

7. 偏移寻址

这是一种强有力的寻址方式，它是直接寻址和寄存器间接寻址方式的结合，它有几种形式，称为偏移寻址。有效地址计算公式为 EA=A+(R)。它要求指令中有两个地址字段，至少其中一个是显示的。容纳在一个地址字段中的形式地址 A 直接被使用；另一个地址字段，或者基于操作码的一个隐含引用，指的是某个专用寄存器。此寄存器的内容加上形式地址 A 就产生有效地址 EA。常用的 3 种偏移寻址是相对寻址、基址寻址和变址寻址。

（1）相对寻址

相对寻址中隐含引用的专用寄存器是程序计数器 PC，即 EA=A+(PC)，它是当前 PC 的内容加上指令地址字段 A 的值。一般来说，地址字段的值在这种操作下被看成 2 的补码的值。因此有效地址是对当前指令地址的一个上下范围的偏移，它基于程序的局部性原理。使用相对寻址可节省指令中的地址位数，也便于程序在内存中成块移动。

（2）基址寻址

被引用的专用寄存器称为基址寄存器 BR（base register），它含有一个存储器地址，地址字段含有一个相对于该地址的偏移量 A（通常是无符号整数）。操作数的有效地址等于指令中的形式地址与基址寄存器中的内容相加而成，即 EA=A+(BR)。寄存器的引用可以是显示的，也可以是隐示的。基址寻址也是利用了存储器访问的局部性原理。后面要讲的段寻址方式中，就采用了段基址寄存器，它提供了一个范围很大的存储空间。基址寻址可以扩大操作数的寻址范围，因为基址寄存器的位数可以大于形式地址 A 的位数。当主存容量较大时，若采用直接寻址，因受 A 的位数限制，无法对主存所有单元进行访问。但采用基址寻址便可实现对主存空间的更大范围内寻访。

基址寻址在多道程序中极为有用。用户可不必考虑自己的程序存于主存的哪一个空间区域，完全可由操作系统或管理程序根据主存的使用状况，赋予基址寄存器内一个初始值（即基地址），便可将用户程序的逻辑地址转化为主存的物理地址（实际地址），把用户程序安置于主存的某一空间区域。例如，对于一个具有多个寄存器的机器来说，用户只需指出哪一个寄存器作为基址寄存器即可，至于这个基址寄存器应赋予何值，完全由操作系统或管理程序根据主存空间状况来确定。在程序执行过程中，用户不知道自己的程序在主存的哪个空间，用户也不可修改基址寄存器的内容，以确保系统安全可靠地运行。

（3）变址寻址

变址寻址中地址域引用一个主存地址，被引用的专用寄存器称为变址寄存器 IR（index register），它含有对那个主存地址的正偏移量。操作数的有效地址等于指令中的主存地址（形式地址）与变址寄存器 IR 中的内容之和，即 EA=A+(IR)。这意味着主存地址位数大于变址寄存器中的偏移量位数，与基址寻址刚好相反。但是二者有效地址的计算方法是相同的。变址的用途是为重复操作的完成提供一种高效机制。例如，主存位置 A 处开始放一数值列表，打算为表的每个元素加 1。我们需要取每个数位，对它加 1，然后存回，故需要的有效地址序列是 A、A+1、A+2、…直到最后一个位置。此时值 A 存入指令地址字段，再用一个变址寄存器（初始化为 0）。每次操作之后，变址寄存器内容加 1。此时，EA=A+(R)，R←(R+1)。

基址寻址主要用于为程序或数据分配存储空间，故基址寄存器的内容通常由操作系统或管理程序确定，在程序的执行过程中其值是不可变的，而指令字中的 A 是可变的。在变址寻址中，变址寄存器的内容是由用户设定的，在程序执行过程中其值可变，而指令字中的 A 是不可变的。变址寻址主要用于处理数组问题，在数组处理过程中，可设定 A 为数组的首地址，不断改变变址寄存器的内容，便可很容易形成数组中任一数据的地址，特别适合编制循环程序。

8．段寻址

微型计算机中采用了段寻址方式，这种寻址方式的实质还是基址寻址。将主存空间分成若干段，每段首地址存于基址寄存器 BR 中，段内的位移量由指令字中形式地址 A 指出，这样操作数的有效地址就等于基址寄存器内容与段内位移量之和，只要对基址寄存器的内容进行修改，便可访问主存的任一单元。

例如，微型计算机系统可以给定一个 20 位的地址，从而有 2^{20}=1MB 存储空间的直接寻址能力。为此将整个 1MB 空间存储器以 64KB 为单位划分成若干段。在寻址一个内存具体单元时，由一个基地址再加上某些寄存器提供的 16 位偏移量来形成实际的 20 位物理地址。这个基地址就是 CPU 中的段寄存器。在形成 20 位物理地址时，段寄存器中的 16 位数会自动左移 4 位，然后与 16 位偏移量相加，即可形成所需的内存地址。

9. 堆栈寻址

堆栈有寄存器堆栈和存储器堆栈两种形式，它们都以先进后出的原理存储数据，不论是寄存器堆栈，还是存储器堆栈，数据的存取都与栈顶地址打交道，为此需要一个隐式或显示的堆栈指示器（寄存器）。数据进栈时使用 PUSH 指令，将数据压入栈顶地址，堆栈指示器减 1；数据退栈时，使用 POP 指令，数据从栈顶地址弹出，堆栈指示器加 1。从而保证了堆栈中数据先进后出的存取顺序。

5.1.2 寻址方式举例

下面讲述 Intel Pentium 系列 CPU 的寻址方式。Pentium 的外部地址总线宽度是 36 位，但它也支持 32 位物理地址空间。CPU 可以运行在实地址模式和保护模式两种形式下。

1. 实地址模式下操作数寻址

实地址模式是与 8086/8088 兼容的存储管理模式，在 80286 之前都采用这种地址寻址模式。当 CPU 加电或复位后，就进入实地址工作模式。物理地址形成是将段寄存器内容左移 4 位与有效偏移地址相加而得到，寻址空间为 1MB。例如，在 8086 中虽然有 20 位地址总线，但 CPU 中的 ALU 的宽度却只有 16 位。于是为了解决寻址问题，采用了"分段"的方法。在 8086 CPU 中设置了 4 个段寄存器 CS、DS、SS、ES，每个段寄存器都是 16 位的，对应于地址总线的高 16 位。每条指令中的逻辑地址也是 16 位的，所以地址要被送上地址总线之前，其高 12 位要与对应的段寄存器相加，而低 4 位不变，即实际地址=(段寄存器的值<< 4)+逻辑地址。

实地址模式也称为实模式，在实模式中没有相应的地址空间保护机制，通过段寄存器可以访问从此开始的 64KB 连续地址空间。而且更改段寄存器的指令没有特权要求，所以一个进程可以访问任何一个内存单元。

2. 保护模式下操作数寻址

保护模式是为了解决实地址模式中的安全问题而设计的一种寻址机制。从 80286 开始实现了部分保护模式，80386 开始完全实现了保护模式与实模式的转化。80386 是 32 位 CPU，为了与之前的系列保持一致，保留了 16 位的段寄存器，增加了两个段寄存器 FS、GS。为了实现保护模式，设计使段寄存器从单纯的基地址变成指向一个数据结构（段描述表）的指针。在 80386 中增设两个寄存器：全局性段描述表寄存器 GDTR（global descriptor table register）和局部性段描述表寄存器 LDTR（local descriptor table register）。其用来指向一个存储在内存的段描述结构数组（段描述表），而且访问这两个寄存器的指令是特权指令，这样做是为了防止没有权限的进程修改段寄存器或段描述结构等非法访问操作。保护模式与实模式相比，主要是两个差别：一是提供了段间的保护机制，防止程序间胡乱访问地址带来的问题；二是访问的内存空间变大。

保护模式下 32 位段基地址加上段内偏移得到 32 位线性地址 LA（linear address，是逻辑地址到物理地址变换之间的中间层），由存储管理部件将其转换为 32 位的物理地址。这个转换过程对指令系统和程序员是透明的。有 6 个用户可见的段寄存器，每个保存相应段的起始地址、段长和访问权限。

3. Pentium 机寻址方式

无论是实地址模式还是保护模式，段基地址的获取方式已是固定的方式。因此这里介绍的寻址方式主要是指有效地址的获取方式，用字母 EA 表示。表 5-2 列出了 Pentium 机的 9 种寻址方式。

表 5-2 Pentium 机的寻址方式

序号	寻址方式	有效地址 EA 算法	说明
1	立即寻址	操作数=A	操作数在指令中
2	寄存器寻址	EA=R	操作数在某寄存器内，指令给出寄存器号
3	偏移量寻址（直接寻址）	EA=A	偏移量 A 在指令中，可以是 8 位、16 位、32 位
4	基址寻址	EA=(B)	B 为基址寄存器，(B) 为该寄存器的内容
5	基址+偏移量	EA=(B)+A	由寻址方式 3 和 4 组成
6	比例变址+偏移量	EA=(I)×S+A	I 为变址寄存器，S 为比例因子 (1,2,4,8)
7	基址+变址+偏移量	EA=(B)+(I)+A	由寻址方式 4 和 6 组成
8	基址+比例变址+偏移量	EA=(B)+(I)×S+A	由寻址方式 5 和 6 组成
9	相对寻址	EA=(PC)+A	PC 为程序计数器或当前指令指针寄存器

例如，某 Pentium 机配有基址寄存器和变址寄存器，采用一地址格式的指令系统，允许直接和间接寻址，且指令字长、机器字长和存储字长均为 16 位。若采用单字长指令，共能完成 117 种操作，则指令可直接寻址的范围是多少？一次间址寻址的寻址范围是多少？

在单字长指令中，能够完成 117 种操作，由于 $2^6=64<117<128=2^7$，故操作码有 7 位；系统允许基址和变址，可用 1 位二进制位表示，允许直接和间接寻址，也用 1 位二进制位表示；形式地址 A 的位数为 16-7-1-1=7 位，指令格式如图 5-3 所示。

7位	1位	1位	7位
操作码OP	X	I	形式地址A

图 5-3 Pentium 机单地址指令结构

其中，操作码 OP 可完成 117 种操作；X 为变址/基址特征位，可令 X=1 为基址寻址，X=0 为变址寻址；I 为直接/间接特征位，可令 I=1 为直接寻址，I=0 为间接寻址；X 与 I 组合在一起，可形成 4 种寻址方式；A 为形式地址。这种格式可直接寻址 $2^7=128$，一次间接寻址的寻址范围是 $2^{16}=65536$。

5.2 存储器管理概述

5.2.1 存储器概述

存储器是计算机系统的重要组成部分，通常包括外存、主（内）存、Cache、寄存器等

4 个级别的设备，体系结构如图 5-4 所示。外存的存储容量最大，通常有几百 GB 到几 TB，可以永久地保存程序和数据，但存取速度相对较慢，常见设备如磁盘。主存用于存储运行中的程序及数据，容量相对较小，通常有 8～64GB，存储空间采用一维地址编码，按照从低到高的顺序编排，掉电后其中的信息会全部丢失。寄存器位于 CPU 芯片内部，通常包含的个数不是太多。例如，Intel 8086 微处理器包含 14 个 16 位寄存器，用于存放 CPU 当前执行指令相关的数据。Cache 介于主存和寄存器之间，通过硬件以块为单位缓存内存中的数据，此过程对程序员来说是透明的。例如，Intel 酷睿 i9-9980XE 微处理器包含三级 Cache，容量为 43.875MB。本章所讲的存储器管理主要指的是内存管理。

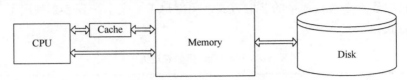

图 5-4　存储系统层次结构

5.2.2　Cache

1. Cache 的功能基本原理及命中率

（1）Cache 的功能

Cache 是一种高速缓冲存储器，是为了解决 CPU 与主存之间速度不匹配而采用的一项重要技术。Cache 的工作原理基于程序运行中具有的空间局部性和时间局部性。如图 5-5 所示，Cache 是介于 CPU 和主存 M2 之间的小容量存储器。但是存取速度比主存快。与主存相比，Cache 容量较小，它能高速地向 CPU 提供指令和数据，从而加快程序的执行速度。从功能上看，它是主存的缓冲存储器，由高速的 SRAM 组成。为了追求高速，包括管理在内的全部功能由硬件实现，因而对程序员是透明的。当前随着半导体器件集成度的进一步提高，Cache 已经放入 CPU 中，其工作速度接近于 CPU 的速度，从而能组成两级以上的Cache 系统。

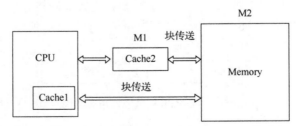

图 5-5　CPU 与存储器的关系

（2）Cache 的基本原理

Cache 除包含 SRAM 外，还要有控制逻辑。若 Cache 在 CPU 芯片外，它的控制逻辑一般与主存控制逻辑合成在一起，称为主存/Chace 控制器；若 Cache 在 CPU 内，则由 CPU 提供它的控制逻辑。CPU 与 Cache 之间的数据交换以字为单位，而 Cache 与主存之间的数据交换以块为单位。一个块由若干字组成，是定长的。当 CPU 读取内存中一个字时，便发出此字的内存地址到 Cache 和主存。此时 Cache 控制逻辑依据地址判断此字当前是否在Cache 中。若是，此字立即传送给 CPU，若非，则用主存读周期把此字从主存读出送到 CPU，与此同时，把含有这个字的整个数据块从主存读出送到 Cache 中。

（3）Cache 的命中率

从 CPU 来看，增加一个 Cache 的目的，就是在性能上使主存的平均读出时间尽可能接近 Cache 的读出时间。为了达到这个目的，在所有的存储器访问中由 Cache 满足 CPU 需要的部分应占很高的比例，即 Cache 的命中率应接近于 1。由于程序访问的局部性，实现这个目标是可能的。在一个程序执行期间，设 N_c 表示 Cache 完成存取的总次数，N_m 表示主存完成存取的总次数，h 定义为命中率，则有

$$h = \frac{N_c}{N_c + N_m} \tag{5.1}$$

若 t_c 表示命中时的 Cache 访问时间，t_m 表示未命中时的主存访问时间，$1-h$ 表示未命中率，则 Cache/主存系统的平均访问时间 t_a 为

$$t_a = ht_c + (1-h)t_m \tag{5.2}$$

我们追求的目标是，以较小的硬件代价使 Cache/主存系统的平均访问时间 t_a 越接近 t_c 越好。设 $r = t_m/t_c$ 表示主存慢于 Cache 的倍率，e 表示访问效率，则有

$$e = \frac{t_c}{t_a} = \frac{t_c}{ht_c + (1-h)t_m} = \frac{1}{h + (1-h)r} = \frac{1}{r + (1-r)h} \tag{5.3}$$

由公式（5.3）可以看出，为提高访问效率，命中率 h 越接近 1 越好，r 值以 5～10 为宜，不宜太大。命中率 h 与程序的行为、Cache 的容量、组织方式、块的大小有关。

例如，CPU 执行一段程序时，Cache 完成存取的次数为 1900 次，主存完成存取的次数为 100 次，已知 Cache 存取周期为 50ns，主存存取周期为 250ns，求 Cache/主存系统的效率和平均访问时间。由公式（5.1）得，h=(1900)/(1900+100)=0.95，$r=t_m/t_c$=250/50=5；由公式（5.3）得，e=1/(5+(1-5)×0.95)=83.3%；由公式（5.3）得，$t_a=t_c/e$=50ns/0.833=60ns。

2. 主存与 Cache 的地址映射

与主存容量相比，Cache 容量很小，它保存的内容只是主存内容的一个子集，且 Cache 与主存的数据交换以块为单位。为了把主存块放到 Cache 中，必须应用某种方法把主存地址定位到 Cache 中，称为地址映射。"映射"一词的物理含义是确定位置的对应关系，并用硬件来实现。当 CPU 访问存储器时，它所给出的一个字的内存地址会自动变换成 Cache 地址。由于采用硬件，这个地址变换过程很快，软件人员丝毫感觉不到 Cache 的存在。这种特性称为 Cache 的透明性。地址映射方式有全相联方式、直接方式和组相联方式。

3. Cache 的写操作

由于 Cache 的内容只是主存部分内容的复制，它应当与主存内容保持一致。而 CPU 对 Cache 的写入更改了 Cache 的内容，可选用写回法、全写法和写一次法 3 种写操作策略使 Cache 的内容与主存内容保持一致。

5.2.3　存储器管理的主要功能

存储器管理是操作系统内核的重要组成部分，就多任务系统而言，其目标在于为多个任务分配内存空间，使程序编译时地址独立，多道程序共享内存，互不干扰，充分提高内存的利用率。存储器管理的功能主要包括内存分配、地址映射、内存扩充和内存保护等。

1. 内存分配

在多任务系统环境中，进程创建需要向操作系统提出内存空间分配申请，用于存储程

序指令和数据。作为操作系统，必须实时记录内存的使用情况，包含空闲空间和占用空间使用情况。内存分配就是操作系统从主存空闲空间中划分出适当的空间给进程的过程，该过程决定了多道程序如何共享内存。当进程运行完毕，释放主存空间资源，由操作系统进行回收。根据程序占用内存空间是否连续，可以将内存分配分为连续内存分配（给程序分配一块连续的内存空间以存储程序的所有指令和数据）和离散内存分配（以页或段为单位给程序分配内存空间，页或段不必是连续的）。

2. 地址映射

内存由顺序编址的存储单元（通常为字或字节）组成，每个存储单元都有一个与之对应的地址编号，通常将该地址称为内存物理地址，或者物理地址。内存物理地址与计算机体系结构密切相关，由处理器地址引脚与存储器地址信号线的连接方式决定，对于 32 位计算机操作系统来说由 32 位无符号整数表示。高级语言源程序或汇编语言源程序经过编译，转变为 CPU 可以识别的指令或数据，这些指令或数据参照于一个假想的地址空间，程序中的数据传送和转移等指令均使用这个假想的地址，通常将该假想地址称为程序逻辑地址或逻辑地址。内存物理地址和程序逻辑地址是两个不同的概念，若要程序在具体的计算机上运行，必须将程序逻辑地址转换为内存物理地址，CPU 才可以依次正确执行程序中的指令。

3. 内存扩充

尽管现代计算机内存空间已经有了很大发展，以 GB 为单位，但相对于更加庞大复杂的系统和应用程序而言，内存仍显得非常珍贵。当有一个比内存容量还要大的程序要运行时，或者同时在内存要运行更多的程序时，就需要利用抽象技术和虚拟技术，使操作系统利用外存对内存容量进行伪扩充，将内存中暂时不用的程序或数据临时转移到外存上，利用软件技术使外存作为内存的后备存储空间。这个过程与硬件上扩充内存容量不同，对用户来说，应该是透明的。

4. 内存保护

在多任务系统环境中，多个进程共享内存，为了避免进程间侵犯领地，尤其是为了防止用户进程侵犯系统进程占用的内存空间，必须采用内存保护措施。内存保护功能一般由硬件和软件配合实现。例如，Intel 80×86 微处理器，当 CPU 的当前特权级为 0 时，即在内核态才可以访问段描述符特权级为 0 的段；同样，当 CPU 处于内核态时，才能对 User/Supervisor 标志为 0 的页面或页表进行访问。当要访问内存某一单元时，首先由硬件检查是否允许访问，若允许则执行；否则，产生中断，转由操作系统进行相应的处理。

5.2.4 逻辑地址与物理地址

1. 内存的物理组织

（1）物理地址

物理地址是指把内存分成若干个大小相等的存储单元（字节），每个存储单元都有一个编号，称为内存地址（或物理地址、绝对地址、实地址）。

（2）物理地址空间

物理地址空间指物理地址的集合（也称主存空间），它是一维的线性空间。

注意：在实际应用中，物理地址是 CPU 地址总线传来的地址，由硬件电路控制其具体含义。物理地址中很大一部分是留给内存条中的内存的，但也常被映射到其他存储器上（如显存、BIOS 等）。在程序指令中的虚地址经过段映射或页面映射后，就生成了物理地址，这个物理地址被放到 CPU 的地址线上。

物理地址空间，操作系统把一部分给物理 RAM（内存）用，一部分给总线用，这是由硬件设计来决定的。因此在 32 位地址线的 86×86 处理器中，物理地址空间是 2 的 32 次方，即 2^{32}=4GB，但物理 RAM 一般不能达到 4GB，因为还有一部分要给总线用（总线上还挂着别的许多设备）。在个人计算机中，一般是把低端物理地址给 RAM 用，高端物理地址给总线用。外设都是通过读写设备上的寄存器来进行数据传送的，外设寄存器也称为 I/O 端口，而 I/O 端口有两种编址方式：独立编址和统一编址。

2. 程序的逻辑组织

（1）逻辑地址

逻辑地址是指用户程序经过编译形成二进制指令代码时，每一条代码都对应一个唯一的编号，这些编号称为逻辑地址，或称为程序地址、虚地址。逻辑地址的基本单位可与内存的基本单位相同，也可不同。每一道程序的逻辑地址都是从 0 开始的，依次连续地进行编号。第一条指令代码的逻辑地址都为 0，其他指令的地址都是相对于程序首指令逻辑地址的距离，故有时也称逻辑地址为相对地址。

（2）逻辑地址空间

逻辑地址空间则指用户程序的地址集合，也称程序地址空间、虚地址空间或用户地址空间，可以是一维线性空间，也可以是多维空间。因为程序代码是有限的，所以逻辑地址空间也是有限集合，集合中元素的个数称为逻辑地址空间的大小。

注意：现代操作系统普遍采用虚拟内存管理机制，这需要 MMU 的支持。MMU 通常是 CPU 的一部分，如果处理器没有 MMU，或者有 MMU 但没有启用，CPU 执行单元发出的内存地址将直接传到芯片引脚上，被内存芯片（物理内存）接收，这就是物理地址。如果处理器启用了 MMU，CPU 执行单元发出的内存地址将被 MMU 截获，从 CPU 传到 MMU 的地址称为虚地址，而 MMU 将这个地址翻译成另一个地址发到 CPU 芯片的外部地址引脚上，这个过程是将虚地址映射成物理地址，最后被内存芯片所接收。

3. 重定位

重定位是指将可执行文件中逻辑地址变换成主存中物理地址的过程，称为地址重定位或地址映射。这一过程由操作系统的装入程序 loader 来完成。在内存管理中，为何要进行重定位呢？主要是因为在程序装入内存时，操作系统要为其分配合适的内存空间。程序使用逻辑地址，而 CPU 执行指令时是按物理地址进行的。程序的逻辑地址与分配到的内存物理地址不一定一致，所以要进行地址转换。重定位又分为静态重定位和动态重定位两种方式。

（1）静态重定位

静态重定位是指在程序装入时，把所有的逻辑地址（虚拟地址）全部一次性转换为物理地址，在创建进程后，进程运行过程中不再需要地址转换，则这种重定位方式成为静态重定位。静态重定位是在虚拟空间中，程序执行之前由装配程序完成的地址映射工作。对于虚拟空间内的指令或数据来说，静态地址重定位只完成一个首地址不同的连续地址变换。它要求所有待执行的程序必须在执行之前完成它们之间的链接，否则将无法得到正确的内存地址和内存空间。静态重定位的优点是不需要硬件支持。静态重定位方法将程序一旦装入内存之后就不能再移动，并且必须在程序执行之前将有关部分全部装入。静态重定位的另一个缺点是必须占用连续的内存空间，这就难以做到程序和数据的共享。

（2）动态重定位

动态重定位是指程序装入时没有进程地址变换，而是在运行过程中，对将要访问的指令或数据的逻辑地址转换为物理地址，也就是 CPU 需要访问时才进行转换。动态重定位依靠硬件地址变换机构完成。地址重定位机构需要一个（或多个）基址寄存器 BR 和一个（或多个）程序虚拟地址寄存器 VR。在 CPU 中，MMU 有两个寄存器，一个是基址寄存器 BR，存放当前进程占用分区的起始地址；另一个是界限寄存器，存放当前进程占用分区的长度。这两个寄存器的内容属于 CPU 的现场信息，在进程调度时需要进行恢复和保护。另外，MMU 还有一个寄存器存放 CPU 当前将要访问的数据或指令的虚拟地址，称为虚拟地址寄存器 VR。MMU 在重定位时，首先判断虚拟地址寄存器的值是否小于界限寄存器的值，如果虚拟地址寄存器的值小于界限寄存器的值，则将虚拟地址寄存器 VR 的值加上基址寄存器 BR 的值，得到对应的物理地址，供 CPU 访问；否则，MMU 产生一个地址越界中断，当前进程结束。指令或数据的内存地址 MA 与虚拟地址的关系为

$$MA=(BR)+(VR) \tag{5.4}$$

这里，(BR)与(VR)分别表示寄存器 BR 与 VR 中的内容，动态重定位的过程如图 5-6 所示。

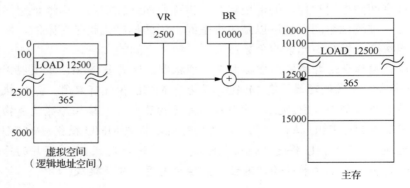

图 5-6　动态重定位的过程

1）动态重定位执行的具体过程如下。

① 设置基址寄存器 BR 和虚拟地址寄存器 VR。

② 将程序段装入内存，且将其占用的内存区首地址送入 BR 中。例如，在图 5-9 中，(BR)=10000。

③ 在程序执行过程中，将所要访问的虚拟地址送入 VR 中。例如，在图 5-9 中，执行 LOAD 12500 语句时，将所要访问的虚拟地址 2500 放入 VR 中。

④ 地址变换机构把 VR 和 BR 的内容相加，得到实际访问的物理地址。

2）动态重定位的主要优点如下。

① 可以对内存进行非连续分配。显然，对于同一进程的各分散程序段，只要把各程序段在内存中的首地址统一存放在不同的 BR 中，就可以由地址变换机构变换得到正确的内存地址。

② 动态重定位提供了实现虚拟存储器的基础。因为动态重定位不要求在作业执行前为

所有程序分配内存，也就是说，可以部分地、动态地分配内存。从而，可以在动态重定位的基础上，在执行期间采用请求方式为那些不在内存中的程序段分配内存，以达到扩充内存的目的。

③ 有利于程序段的共享。

5.2.5　内存保护

内存保护的目的是防止一个作业有意或无意破坏操作系统或其他作业。常用的内存保护方法有界限寄存器法和存储保护键法。

1. 界限寄存器法

采用界限寄存器法实现内存保护有上下界寄存器和基址寄存器/界限寄存器两种方法。

（1）上下界寄存器法

上下界寄存器法是一种常用的硬件保护法。上下界存储保护技术要求为每个进程设置一对上下界寄存器，其中装有被保护程序和数据段的起始地址和终止地址。在程序执行过程中，在对内存进行访问操作时首先进行访址合法性检查，即检查经过重定位后的内存地址是否在上下界寄存器所规定的范围之内。若在规定的范围之内，则访问是合法的；否则是非法的，并产生访址越界中断。上下界寄存器法的保护原理如图 5-7 所示。例如，有一程序装入内存的首地址是 1500KB，末地址是 2000KB，若访问内存的逻辑地址是 100KB、345KB、800KB，它们是否合法？我们知道，物理地址等于逻辑地址与程序装入内存的首地址之和。逻辑地址是 100KB 的物理地址为 100KB+1500KB=1600KB<2000KB，它在上下界范围之内，故地址是合法的。而逻辑地址是 800KB 的物理地址为 1500KB+800KB=2300KB>2000KB，超出了下界寄存器的范围，故逻辑地址不合法。

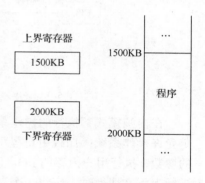

图 5-7　上下界寄存器法的保护原理

（2）基址寄存器/界限寄存器法

首先需要确保每个进程都有一个单独的内存空间。单独的进程内存空间可以保护进程而不互相影响，这对于将多个进程加到内存以便并发执行来说至关重要。为了分开内存空间，我们需要能够确定一个进程可以访问的合法地址的范围，并且确保该进程只能访问这些合法地址。系统通过两个寄存器，通常称为基址寄存器和界限寄存器，如图 5-8 所示，来提供这种保护。基址寄存器含有最小的合法的物理内存地址，而界限寄存器（又称限长寄存器）指定了范围的大小。例如，如果进程基址寄存器为 300040，而界限寄存器为 120900，那么程序可以合法访问从 300040 到 420939（含）的所有地址。内存空间保护的实现是通过 CPU 硬件对在用户模式下产生的地址与寄存器的地址进行比较来完成的。当在用户模式下执行的程序试图访问操作系统内存或其他用户内存时，会陷入操作系统，而操作系统则将它作为致命错误来处理，如图 5-9 所示。这种方案可以防止用户程序无意或故意修改操作系统或其他用户的代码或数据结构。

只有操作系统可以通过特殊的特权指令，才能加载基址寄存器和界限寄存器。由于特权指令只能在内核模式下运行，而只有操作系统才能在内核模式下执行，因此只有操作系统可以加载基址寄存器和界限寄存器。这种方案允许操作系统修改这两个寄存器的值，而不允许用户程序修改它们。

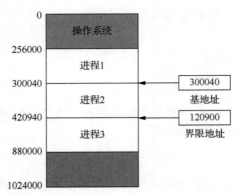

图 5-8   基地址寄存器和界限地址寄存器定义的逻辑空间

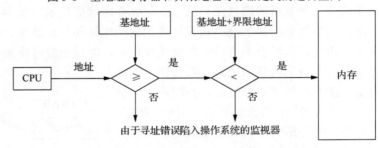

图 5-9   采用基地址寄存器和界限地址寄存器的硬件地址保护

在内核模式下执行的操作系统可以无限制地访问操作系统及用户的内存空间。这项规定允许操作系统：加载用户程序到用户内存，转储出现错误的程序，访问和修改系统调用的参数，执行用户内存的 I/O，以及提供许多其他服务等。例如，多任务系统的操作系统在进行上下文切换时，应将一个进程的寄存器的状态存到内存，再从内存中调入下一个进程的上下文信息到寄存器。

两种存储保护技术的区别有两点：①寄存器的设置不同；②判别式中用的判别条件不同。上下界寄存器保护法用的是物理地址；基址寄存器/界限寄存器保护法用的是程序的逻辑地址。对于合法的访问地址，这两者的效率是相同的，对不合法的访问地址来说，上下界寄存器存储保护浪费的 CPU 时间相对来说要多些。

2. 存储保护键法

将存储空间分成一些存储区，每个存储区设置可以访问操作的键值。所谓键值，是指操作代码，如 01 表示允许读操作，10 表示允许写操作，11 表示既可以读操作又可以写操作，00 表示禁止访问，等等。CPU 的程序状态字寄存器设置相应的状态位，表示当前可访问的存储区的键值，这样，只有在程序状态字寄存器中的键值、当前进程拥有的键值，以及当前访问的操作匹配时，才能执行相应的访问操作，否则为非法访问，进程终止。共享存储区通常采用保护键法。如图 5-10 所示中的保护键 11 就是对 2～4KB 的存储区进行读写同时保护，而保护键 10 则只对 4～6KB 的存储区进行写保护。如果程序状态字寄存器

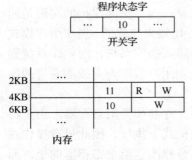

图 5-10   保护键保护法

的开关字与保护键匹配或存储区未受到保护，则访问该存储区是允许的，否则将产生访问出错中断。

例如，有两条指令，LOAD 表示读，STORE 表示写。则 LOAD 15000 表示从 5000 地址单元读取数据放到寄存器 1 中。由于 4～6KB 只是写保护，因此这条读指令是非保护读数据，是正确的访问。STORE 25200 表示将寄存器 2 中的数据写入地址单元 5200 中去。由于当前程序状态字寄存器的开关字是 10，与保护键匹配，该指令也是正确的。而 LOAD 12500，表示将 2500 单元处的数据读到寄存器 1 中，由于保护键是 11，既保护读也保护写，程序状态字寄存器的开关字是 10，指令执行出错，保护键与开关字不匹配。

5.2.6　程序的链接

用户源程序从编辑到在内存中执行需要经历编译、链接和装入 3 个过程，如图 5-11 所示。编译就是将高级语言书写的源程序转换成目标计算机所能识别的指令，即生成目标模块。目标模块常常由于不完整而不可以独立运行。链接是将目标模块及所需要的库函数组装在一起，形成一个装入模块，通常指可执行程序。装入是将存储于外存的装入模块写入内存，准备执行。现代操作系统中，程序的生成和运行大多是在集成开发环境中完成的，如 Visual C++ 6.0，用户可以使用它完成程序源代码的编辑、编译、链接和运行。而装入过程包含在用户运行可执行程序的操作中，用户对此过程感受并不是很明显。

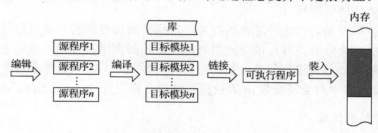

图 5-11　用户程序处理过程

用户源程序经过编译，将得到一个或多个目标模块。由于编译程序无法知道目标模块驻留在内存的实际位置（即物理地址），因此一般总是从 0 号单元开始编址，并顺序分配所有地址单元，这些都不是真实的内存地址，因此称为相对地址或逻辑地址。一个完整的程序可由多个模块构成，这些模块都从 0 号单元开始编址。当链接程序将多个模块链接为装入模块时，链接程序会按照各个模块的相对地址将其地址构成统一的从 0 号单元地址开始编址的相对地址。

有些目标模块并不依赖于任何其他目标模块，独自构成完整的程序，可以直接装入内存运行；有些目标模块依赖于其他目标模块，这些目标模块合在一起构成一个完整程序；有些模块除依赖于其他目标模块外，还依赖于函数库，这些目标模块和函数库合在一起才能构成一个完整程序。目标模块的组合过程称为链接过程。根据目标模块的链接时机，可以把链接分成静态链接、装入时动态链接和运行时动态链接 3 种形式。

1. 静态链接

程序运行之前，多个目标模块及所需的库函数链接成一个完整的装入模块存储于外存，以后不再拆分，这种链接方式被称为静态链接。很多集成开发环境都支持这种链接方式。例如，使用 VC++ 6.0 创建 MFC AppWizard[exe]工程时，若要静态链接 MFC 库，可以在"工程设置"对话框的"常规"选项卡中的"Microsoft 基础类"下拉列表中选择"使用 MFC

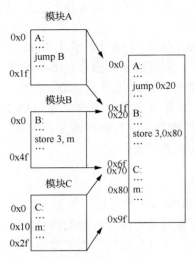

图 5-12　模块链接示意图

作为静态链接库"选项。使用 MFC 作为静态链接库生成的可执行文件容量较大，但可以在任何 Windows 操作系统上运行，即使系统不包含 MFC 共享 DLL 库。

实现静态链接时，需要解决一些问题。如图 5-12 所示，源程序经过编译得到 3 个目标模块 A、B、C，它们的长度分别为 0x20、0x50 和 0x30。假设 3 号寄存器存放一个无符号整数 12，目标模块 A 和目标模块 B 中分别定义了函数 A( ) 和函数 B( )，目标模块 C 中定义了一个全局变量 m。函数 A( )调用函数 B( )通过跳转指令"jump B"实现，函数 B( ) 通过"store 3,m"指令向全局变量 m 中存放了一个数值 12。

目标模块 A、B、C 链接时，由于函数名 B 及变量 m 都是外部调用符号，编译时地址处于待定，链接时必须解决以下两个问题。

（1）修改目标模块的相对地址

编译程序所产生的目标模块都有一个起始地址，一般为 0，目标模块中的指令和数据地址都参照这个起始地址计算。链接目标模块 A、B、C 时，目标模块 B、C 的起始地址不再是 0，而分别是 0x20 和 0x70。

（2）变换外部调用符号

函数名及全局变量名均为外部调用符号，目标模块指令中的外部调用符号地址均处于待定状态。链接时待修改完目标模块的相对地址，外部调用符号地址确定下来后，需要对程序指令中的所有外部调用符号地址修正，即将目标模块 A 中的转移指令修正为"jump 0x20"，目标模块 B 中对全局变量 m 的数据存储指令修正为"store 3,0x80"。

2. 装入时动态链接

目标模块在装入内存时，边装入边链接，即在装入一个目标模块时，如果发生其他模块调用，将引起装入程序查找相应的目标模块，并将此目标模块装入内存并进行链接。装入时动态链接方式有以下两个优点。

（1）便于目标模块的修改和更新

由于目标模块是独立存放的，单个目标模块的修改和更新不会引起其他目标模块的改动，程序装入内存时仅需链接新的目标模块即可。而静态链接方式，单个目标模块的修改和更新会影响装入模块，需要目标模块重新链接生成新的装入模块。

（2）有利于实现目标模块的共享

静态链接方式生成的装入模块各自独立，自成一体，不存在目标模块共享。而对于装入时动态链接方式，装入模块可以在装入时共享相同的目标模块，实现多个程序对目标模块的共享。

3. 运行时动态链接

运行时动态链接是在程序执行中，当发现某个被调用目标模块尚未链接时，立即由操作系统去找到该目标模块并将其装入内存，再把它链接到调用者模块上。运行时动态链接是对装入时动态链接的进一步改进，因为程序运行过程中，无法预期目标模块的执行情况，在运行前就将所有的目标模块进行链接并装入内存，这样做显然是低效的。有些目标模块在本次运行中根本不会被用到，如错误处理模块，还有就是程序中的大量分支结构注定有些目标模块是运行不到的。

综合考虑这 3 种链接方式，静态链接在程序运行前将其所依赖的所有目标模块组装在一起，在外存上存放时会占用较多的存储空间，但是静态链接的程序相对独立，运行时不受约束。装入时动态链接只是将链接过程推迟到程序装入内存时刻，因此，程序在外存上存放时，会占用较少的外存空间。运行时动态链接是当前最流行的链接方式，进一步推迟链接时机，在该种方式下凡未被用到的目标模块，都不会被调入内存和被链接到装入模块上，除可以节省外存空间外，还可以减少不必要的链接工作，同时节省大量的内存空间。

5.2.7　程序的装入

程序的装入是由装入程序将程序从外存装入内存，等待运行。当装入程序将可执行代码装入内存时，程序的逻辑地址与程序在内存的实际地址（物理地址）通常不同，这就需要通过地址转换将逻辑地址转换为物理地址，这个过程称为重定位。程序的装入分为绝对装入方式、可重定位装入方式和动态运行时装入方式。

1.　绝对装入方式

绝对装入方式根据程序在内存中将要驻留的起始地址，选择该地址作为目标模块的链接起始地址，产生与驻留内存物理地址一致的装入模块，即程序逻辑地址与内存物理地址完全相同。程序每次装入内存，需要装入内存固定位置，运行时不再需要对逻辑地址进行转换。绝对地址装入方式对程序员有较高的要求，需要程序员熟悉计算机内存的使用情况。若将图 5-12 链接生成的程序装入到内存起始地址为 0x30008000 的一片连续内存空间，则在链接目标模块时起始地址即参考 0x30008000，程序中转移指令、数据传送指令中的地址也参考此起始地址，程序在外存和内存中的视图如图 5-13（a）所示。

2.　可重定位装入方式

绝对装入方式必须将程序装入内存的固定位置，因此，绝对装入方式只适用于单任务操作系统。而在多任务系统环境，程序链接时均参考统一的逻辑起始地址，如 0x0。若链接产生的装入模块不加修正，随机装入内存指定位置，则会发生程序逻辑地址与内存物理地址不一致的问题。例如，图 5-12 链接生成的程序不加修正装入内存起始地址为 0x30008000 的一片连续内存空间，"jump 0x20" 指令会跳转到程序所占内存空间以外的地址，导致程序执行异常。可重定位装入方式就是在装入程序时，根据操作系统为其分配的内存空间起始地址，将程序指令中的逻辑地址转换为与之对应的内存物理地址，图 5-12 链接生成的程序装入到内存起始地址为 0x30008000 的一片连续内存空间后，"jump 0x20" 指令会被修正为 "jump 0x30008020"，如图 5-13（a）所示。通常把装入程序时对程序指令中的地址修正过程称为重定位。又因为可重定装入方式是在程序装入时一次完成，以后不再改变，故又称为静态重定位。

3.　动态运行时装入方式

可重定位装入方式可以将程序装入到内存的任何位置，但不允许在内存中移动位置。因为，程序若在内存中移动，意味着程序在内存的起始物理地址发生了改动，必须再次修正程序指令中的逻辑地址。然而，多任务环境往往出于某种原因，需要程序在内存中移动位置，此时就应该采用动态运行时装入方式。

动态运行时装入方式在把装入模块装入内存时，并不立即把装入模块中的逻辑地址转换为绝对地址，而是把这种地址转换推迟到程序真正运行时才进行。图 5-12 链接生成的程序采用动态运行时装入方式装入内存后，指令中的逻辑地址不做修正，如图 5-13（b）所示。

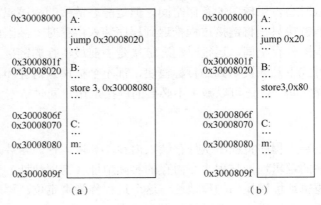

图 5-13　模块装入示意图

采用动态运行时装入方式，程序运行时逻辑地址到内存物理地址的转换靠硬件地址转换机构来实现，硬件系统中通常是设置一个重定位寄存器（基址寄存器），加载操作系统为程序分配的内存空间起始物理地址。程序在执行时，真正访问的内存物理地址是程序逻辑地址与重定位寄存器相加的和，如图 5-14 所示。由于地址变换是在程序执行期间，随着对每条指令或数据的访问自动进行的，故称为动态重定位。程序若要在内存中移动，程序本身并不需要做任何改动，仅需要修改重定位寄存器中的内容即可。

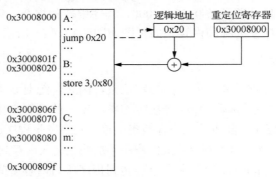

图 5-14　动态重定位

5.3　连续分配管理方式

所谓连续分配管理方式就是给每一个程序分配一片连续的存储空间，其容量为程序运行时所需的最大空间。连续分配管理方式包含单一连续分配、固定分区分配、可变分区分配及动态重定位分区分配 4 种方式，其中固定分区分配、可变分区分配及动态重定位分区分配都属于分区分配方式，即多任务系统环境下的内存分配策略。

5.3.1　单一连续分配管理方式

单一连续分配管理方式是将内存分为系统区和用户区两个区域，如图 5-15 所示。系统区提供给操作系统使用，用户区提供给用户程序使用，一次只能装入一个程序运行。单一　图 5-15　单一连续分配管理方式

连续分配管理方式是最简单的一种存储器管理方式，适用于单任务操作系统，如 MS-DOS 操作系统。

　　单一连续分配存储管理采用静态重定位，使用上下界寄存器方式实现存储保护。这种方式的优点是管理简单、无外部碎片，可以采用覆盖技术，不需要额外的技术支持；缺点是只能用于单用户单任务的操作系统，有内部碎片（用户区内部不可使用的存储空间），存储器利用率极低。

5.3.2　固定分区分配管理方式

　　固定分区分配管理方式是将内存划分成固定数目的区域，每一个这样的区域称为一个分区。操作系统在运行时，每一个分区容纳一个程序，内存中可以同时驻留多个程序运行。按照内存分区的划分策略，可以将固定分区分配管理方式分为等分和差分两种方式，如图 5-16 所示。等分方式就是每一个内存分区大小相等，这种方式简单，但是未考虑程序本身的尺寸，程序太小则浪费空间，程序太大则无法运行。差分方式就将内存划分成大小不同的分区，程序装入时，根据程序的大小给其分配最适当的分区。

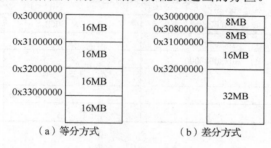

图 5-16　固定分区分配方式

　　为了能管理内存分区，实现分区的分配和回收，需要在内存中建立一个固定分区分配表，如表 5-3 所示。固定分区分配表中记录分区号、长度、起始地址和状态等信息，状态记录分区的使用情况，若分区已经分配，则记录为"已分配"，若分区处于空闲，则记录为"未分配"。程序装入时，遍历固定分区分配表，从中找出"未分配"且长度满足用户需求的分区。

表 5-3　固定分区分配表

分区号	长度/MB	起始地址	状态
1	8	0x30000000	未分配
2	8	0x30800000	未分配
3	16	0x31000000	未分配
4	32	0x32000000	未分配

　　固定分区分配管理方式简单，但是由于分区大小固定，并不能很好地适应每个程序，分区内部会有小部分存储空间被浪费掉。我们将分区内部浪费掉的空间称为内碎片。固定分区存储管理方式适用于一些专用场合的计算机系统，如工业控制系统，计算机每次运行时总是运行固定数目的程序。

　　固定分区分配存储管理采用静态重定位，使用上下界寄存器、基址寄存器/界限寄存器方式实现存储保护。它的优点是可用于多道程序系统最简单的存储分配；缺点是不能实现多进程共享一个主存区，利用率较低，会产生内碎片。

5.3.3 可变分区分配管理方式

为了更好地适应程序对内存的需求，操作系统并不预设固定数目的分区，而是按照程序的内存需求为其划分存储空间，内存中的分区数目动态变化，我们将这种存储器管理方式称为可变分区分配管理方式，也称为动态分区分配管理方式。

1. 可变分区中的数据结构

为了实现可变分区分配管理，即内存空间的分配和回收，操作系统必须建立适当的数据结构，记录内存的使用情况，常用的数据结构有空闲分区表和空闲分区链。

（1）空闲分区表

空闲分区表就是在操作系统中定义一个表，记录所有的空闲分区；每一个表项描述一个空闲分区，包含分区号、分区始址、分区大小、状态等字段。状态字段表示该表项是"未用表项"，还是"已用表项"。空闲分区表实现时可以使用数组定义，如表 5-4 所示。

表 5-4 空闲分区表

分区号	分区始址	分区大小/KB	状态
1	0x30002000	16	已用表项
2	0x30008000	8	已用表项
3	—	—	未用表项
4	—	—	未用表项
⋮	⋮	⋮	⋮

（2）空闲分区链

空闲分区链就在每个空闲分区的首部和尾部设置一些管理分区分配的信息，如分区大小和分区链接指针，如图 5-17 所示。前向指针指向上一个空闲分区，后向指针指向下一个空闲分区，从而将所有的空闲分区链接成一个双向链表。

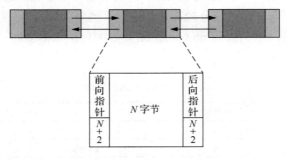

图 5-17 空闲分区链

2. 可变分区分配算法

把一个程序装入内存时，在空闲分区表或空闲分区链中可能存在多个空闲分区满足需求（凡是分区大小不小于程序需求即可），若要从中选取一个，操作系统常常有 4 种策略，即首次适应算法、循环首次适应算法、最佳适应算法和最差适应算法。

（1）首次适应算法

首次适应算法要求空闲分区以地址递增的次序排列。以空闲分区链为例，每次从链首开始顺序查找，直到找到第一个大小能满足需求的空闲分区为止；然后按照程序的大小，从该分区中划分出一块内存空间给请求者，余下的空闲部分仍留在空闲分区链中。若从空闲分区链中找不到合适的空闲分区，则分配失败。该分配算法每次都从低地址空间开始查找，内存空间使用不均衡，低地址空间的频繁使用会留下许多难以利用的小空闲分区，造成查找开销的增加；但是，高地址空间的较低使用会留下部分大的空闲分区，为大程序内存分配创造了机会。

（2）循环首次适应算法

循环首次适应算法是对首次适应算法的改进，要求所有的空闲分区组织成一个环，每次查找从上次找到空闲分区的下一个空闲分区开始查找，不再都从链首开始查找。为了实现该算法，应设置一个当前查找指针，指向下次查找的起始空闲分区。该算法能较好地均衡内存空间的使用，但是会造成内存大空闲分区缺乏。

（3）最佳适应算法

最佳适应算法是按照最佳匹配原则，将能满足要求、又是最小的空闲分区分配给程序，避免"大材小用"。为了加速查找，该算法要求将所有的空闲分区按大小顺序排列。从每个程序孤立地看，最佳适应算法似乎是最佳的，但是每次分配切割下来的剩余部分总是最小的，系统中会留下许多难以利用的小空闲分区。

（4）最差适应算法

最差适应算法则与最佳适应算法相反，每次从空闲分区中选择最大的空闲分区分配给程序，以便切割剩余的空闲分区空间不太小。该算法可导致系统缺乏大的空闲分区，但是优点是产生碎片的可能性最小，对中、小作业有利。同时最差适应算法查找效率很高，因为它要求所有的空闲分区，按其容量从大到小的顺序形成一个空闲分区链，查找时只要看第一个分区能否满足作业要求即可。

不管采用何种算法，分配时总不能找到与所需容量一样的空闲分区，切割操作会留下或大或小的空闲分区，如图 5-18 所示。我们将这些永远不会被分配的小空闲分区称为外碎片。为了减少外碎片，节省系统开销，若切割后剩余空闲空间较小则把找到的空闲分区整体分配，不再切割。

在这几种算法中，首次适应算法不仅是最简单的，而且通常也是最好和最快的。不过它会使内存的低地址部分出现很多小的空闲区，而每次分配查找时，都要经过这些分区，因此也增加了查找的开销。最佳适应算法虽然称为"最佳"，但是性能通常很差，它会产生最多的不能被利用的外部碎片。最坏适应算法看起来最不容易产生碎片，但是却把最大的连续内存划分开，会很快导致没有可用的大的内存块，因此性能也非常差。

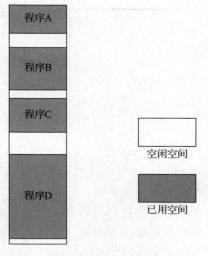

图 5-18　外碎片示意图

3．可变分区分配管理操作

在可变分区分配管理方式中，主要的操作是分配内存和回收内存。

（1）分配内存

分配内存是指按照某种分配算法，从空闲分区表（链）中找到所需的分区。设请求的分区大小为 u.size，空闲分区表（链）中每个分区的大小为 m.size，若 m.size-u.size≤size

（size 是事先约定的不再切割的剩余空闲空间大小），则剩余部分太小，不再切割，将该空闲分区直接分配给请求者；否则，从该空闲分区中划分出一部分空间给请求者，余下的部分作为一个新的空闲分区留到空闲分区表（链）中。最后，将分配分区的首地址返回给申请者。

（2）回收内存

当程序运行结束退出内存时，需要回收程序占用的内存分区。将回收分区插入空闲分区表（链）时，可能出现以下 4 种情况。

1）回收分区与插入点前一个空闲分区相邻。如图 5-19（a）所示，此时应将回收分区与插入点前一个空闲分区合并，不必为回收分区创建新表项，只需修改前一个空闲分区的大小即可。

2）回收分区与插入点后一个空闲分区相邻。如图 5-19（b）所示，此时应将回收分区与插入点后一个空闲分区合并，合并后的空闲分区首地址为回收分区的起始地址，大小为两者之和。

3）回收分区与插入点前、后两个空闲分区相邻。如图 5-19（c）所示，此时需将 3 个分区合并，合并后的空闲分区首地址为插入点前一个空闲分区的起始地址，大小为 3 者之和，释放插入点后一个空闲分区表（链）项。

4）回收分区与插入点前、后两个空闲分区均不相邻。对于空闲分区表数据结构，首先要分配一个空闲分区表项，然后将空闲分区表项插入空闲分区表中；对于空闲分区链数据结构，修改回收分区的首部和尾部、插入点前一个空闲分区的后向指针、插入点后一个空闲分区的前向指针，使回收分区链接到空闲分区链中。

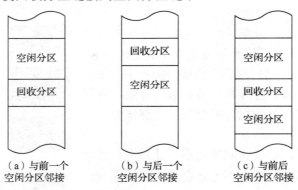

图 5-19　回收内存

可变分区存储管理采用动态重定位方式，使用上下界寄存器、基址寄存器/界限寄存器方式实现存储保护。它的优点是实现了多道程序共用主存（共用是指多个进程同时存在于主存中的不同位置），管理方式相对简单，不需要更多的开销，存储保护手段比较简单；缺点是主存利用不够充分，存在外部碎片，无法实现多进程共享存储信息（共享是指多个进程都使用同一个主存段），无法实现主存的扩充，进程地址空间受实际存储空间的限制。

5.3.4　动态重定位分区分配管理方式

1. 紧凑

可变分区分配管理方式可能会产生大量的内存外碎片，就单个外碎片而言，无法满足程序的需求，但如果把所有外碎片集中起来，或许能满足程序的需求。为了实现这种想法，就需要移动内存中已装入的程序，把原来分散的多个小空闲分区拼接成一个大分区，如图 5-20 所示，我们把这种技术称为紧凑或拼接。紧凑的过程实际上类似于 Windows 操作系统中的磁盘整理程序，只不过后者是对外存空间的紧凑。

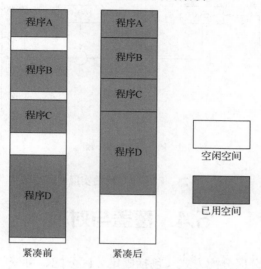

图 5-20　紧凑示意图

　　紧凑后的用户程序在内存中的位置发生了变化，若不对程序指令和数据中的地址加以修正，则程序必然无法执行。为此，移动了的程序必须对程序逻辑地址进行重定位。以动态运行时装入方式为例，由于程序在装入内存时所有的地址仍然采用逻辑地址，因此重定位的实现仅需要修改重定位寄存器的值，即将程序在内存中新的起始物理地址加载到重定位寄存器中即可。

　　2.　动态重定位

　　在动态运行时装入的方式中，作业装入内存后的所有地址都仍然是相对地址，将相对地址转换为物理地址的工作，被推迟到程序指令要真正执行时进行。为使地址的转换不会影响到指令的执行速度，必须有硬件地址变换机构的支持，即须在系统中增设一个重定位寄存器，用它来存放程序在内存中的起始地址。程序在执行时，真正访问的内存地址是相对地址与重定位寄存器中的地址相加而形成的。

　　在 CPU 中，设置一个专门的机构——MMU 实现动态重定位。如图 5-21 所示为动态重定位的实现原理。地址变换过程是在程序执行期间，随着对每条指令或数据的访问自动进行的。当系统对内存进行了紧凑而使若干程序从内存的某处移至另一处时，不需要对程序做任何修改，只要用该程序在内存的新起始地址，去置换原来的起始地址即可。

　　3.　动态重定位分区分配

　　动态重定位分区分配管理方式与可变分区分配管理方式基本相同，差别在于这种方式增加了紧凑功能，允许程序在内存中移动，当找不到足够大的空闲分区来满足用户需求且所有空闲分区和不小于用户需求时，程序可以在内存中移动，从而拼接出一个大的可用空闲分区。

　　动态重定位分区分配的优点是可以消除碎片，能够分配更多的分区，有助于多道程序设计，提高内存利用率。它的缺点是为了消除碎片，紧凑花费大量的 CPU 时间，从而降低了处理机的效率；当进程大于整个空闲区时，仍要浪费一定的内存；进程的存储区内可能放有从未使用过的信息；进程之间无法对信息共享。

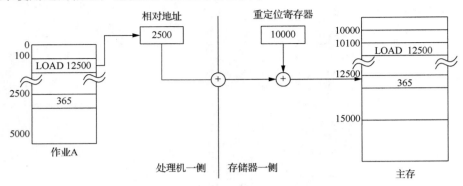

图 5-21　动态重定位的实现原理

5.4　覆盖与对换

在多任务系统中，分区分配方式（包括固定分区分配、可变分区分配和动态重定位分区分配）还有一些不足，程序运行时需要将程序的全部信息一次装入内存，程序所需空间大于内存空闲分区之和时则无法运行，这些不足限制了在计算机系统上开发较大程序的可能性，阻碍了程序在计算机系统上执行并发性和并行性的提高。覆盖与交换就是为了解决这些不足，为程序运行提供更多的可用空闲空间，换言之，就是对内存进行逻辑扩充。

5.4.1　覆盖

覆盖技术主要用于早期的操作系统中，因为在早期的单用户系统中内存的容量一般比较小，可用的存储空间受到限制，某些大作业不能一次全部装入内存中，这就产生了大作业与小内存的矛盾，为此引入了覆盖技术。

所谓的覆盖技术就是把一个大的程序划分为一系列覆盖，每个覆盖是一个相对独立的程序单位。把程序执行时并不要求同时装入内存的程序覆盖组成一组，称为覆盖段。将这个覆盖段分配到同一个存储区域，这个存储区域称为覆盖区，它与覆盖段一一对应。显然，为了使一个覆盖区能被相应覆盖段中的每个覆盖在不同时刻共享，其大小应由覆盖段中的最大覆盖来确定。

程序通常由若干个功能相互独立的功能模块组成，每个功能模块对应于一个程序段。程序的一次执行只会用到其中的若干段，不会涉及所有的程序段，故而可以让那些不会同时执行的程序段共用一个内存区。我们把没有任何依赖关系的程序段重复使用同一个内存区称为覆盖技术。如图 5-22 所示，主程序分为子程序 1 和子程序 2 两个功能模块，子程序 1 又具体细化为子程序 11 功能模块，子程序 2 具体细化为子程序 21 和子程序 22 功能模块。运行时程序从主程序模块进入，主程序必须单独占用一个内存区。子程序 1 和子程序 2 之间由于不存在任何依赖关系，可以共用一个内存区；同理，子程序 11、子程序 21、子程序 22 之间也可以共用一个内存区。我们把共用一个内存区，可以相互覆盖的单个程序段称为覆盖，而把共用的内存区称为覆盖区。所有共用一个内存区的覆盖合在一起称为覆盖段，覆盖段与覆盖区一一对应。在图 5-22 中，子程序 1 和子程序 2 为一个覆盖段，子程序 11、子程序 21 和子程序 22 为另一个覆盖段。为了使覆盖段中的所有覆盖能够装入覆盖区，则覆盖区的大小应为每个覆盖段中的最大覆盖。

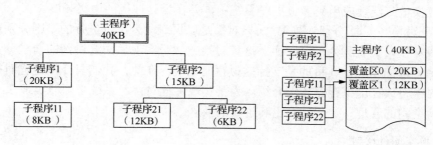

图 5-22　覆盖

覆盖管理通过系统覆盖管理控制程序实现，由其根据程序覆盖结构决定程序的装入，程序调用当前未装入覆盖区的覆盖时，同样由其将所需的覆盖调入覆盖区。覆盖技术的核心是覆盖结构，它需要程序员事先给出，但对于一个规模较大或比较复杂的程序来说分析和建立覆盖结构比较困难。覆盖技术的主要特点是打破了程序必须完整装入内存才可以运行的限制，在一定程度上解决了内存紧张的问题。但当同时执行程序的代码量超过主存容量时，程序仍然不能运行。

5.4.2　对换

对换技术也称为交换技术，最早用于麻省理工学院的单用户分时系统——兼容分时系统中。由于当时计算机的内存都非常小，为了使该系统能分时运行多个用户程序而引入了对换技术。系统把所有的用户作业存放在磁盘上，每次只能调入一个作业进入内存，当该作业的一个时间片用完时，将它调至外存的后备队列上等待，再从后备队列上将另一个作业调入内存。这就是最早出现的分时系统中所用的对换技术，现在已经很少使用。要实现内、外存之间的对换，系统中必须有一台 I/O 速度较高的外存，而且其容量也必须足够大，能容纳正在分时运行的所有用户作业，目前最常使用的是大容量磁盘存储器。下面主要介绍目前在多道程序环境中广泛使用的对换技术。

1. 多道程序环境中的对换技术

（1）对换的引入

所谓对换就是系统根据需要把内存中暂时不能运行的进程或暂时不用的程序和数据，部分或全部换出到外存，以便腾出足够的内存空间，再把外存中已具备运行条件的进程或进程所需的程序和数据换入相应的内存区，并将控制权转交给它，让其在系统中运行的一种内存扩充技术。利用这种反复的程序换入、换出技术，可以实现小容量内存运行多个用户程序，但是对换技术获得的好处是以牺牲 CPU 时间为代价的。该技术出现于 20 世纪 60 年代，曾广泛应用于早期的小型分时系统存储器管理中。第 4 章中处理机三级调度中的中级调度，就是采用对换技术。

对换是改善内存利用率的有效措施，它可以直接提高处理机的利用率和系统的吞吐量。在对换中，需要在系统中设置一个对换进程，由它将内存中暂时不运行的进程调出到磁盘的对换区；同样也由该进程将磁盘上已具备运行条件的进程调入内存。

（2）对换的类型

根据每次对换时所对换的数量，可将对换分为如下两类。

1）整体对换。如果对换是以整个进程为单位的，便称为整体对换或进程对换。这种对换被广泛地应用于分时系统中，其目的是解决内存紧张问题，并可进一步提高内存的利用率。这种对换被广泛地应用到多道程序系统中，并作为处理机的中级调度。

2）部分对换（页面/分段对换）。如果对换是以页或段为单位进行的，则分别称为页面对换或分段对换，又统称为部分对换。这种对换方法是实现后面要讲到的请求分页和请求分段式存储管理的基础，其目的是支持虚拟存储系统。在此，我们只介绍进程对换，而分页或分段对换将放在虚拟存储器中介绍。为了实现进程对换，系统必须能实现 3 个方面的功能：对换空间的管理、进程的换出和进程的换入。

2. 对换空间的管理

在具有对换功能的操作系统中，通常把磁盘空间分为文件区和对换区。前者用于存放文件，后者用于存放从内存换出的进程。

（1）对文件区的管理

由于通常的文件都是较长久地驻留在外存上，故对文件区管理的主要目标是，提高文件存储空间的利用率，然后才是提高对文件的访问速度。因此，对文件区空间管理采取离散分配方式。

（2）对对换区的管理

进程在对换区中驻留的时间是短暂的，对换操作又较频繁，故对对换空间管理的主要目标是，提高进程换入和换出的速度。为此，采取的是连续分配方式，较少考虑外存中的碎片问题。

（3）对换区空闲盘块管理中的数据结构

为了能对对换区中的空闲盘块进行管理，在系统中应配置相应的数据结构，用于记录外存对换区中的空闲盘块的使用情况。其数据结构的形式与内存在动态分区分配方式中所用数据结构相似，即同样可以用空闲分区表或空闲分区链表来管理。在空闲分区表中的每个表目中应包含两项，即对换区的首地址及其大小，分别用盘块号和盘块数来表示。

（4）对换空间的分配与回收

由于对换分区的分配采用的是连续分配方式，因此对换空间的分配与回收与动态分区方式的内存分配与回收方法雷同。其分配算法可以是首次适应算法、循环首次适应算法或最佳适应算法等。

3. 进程的换出与换入

当操作系统内核因执行某操作而发现内存不足，但又无足够的内存空间等情况发生时，便调用（或唤醒）对换进程，它的主要任务是实现进程的换出和换入。

（1）进程的换出

对换进程在实现进程换出时，是将内存中的某些进程调出至对换区，以便腾出内存空间。换出过程可分为以下两步。

1）选择被换出的进程。对换进程在选择被换出的进程时，将检查所有驻留在内存中的进程，首先选择处于阻塞状态或睡眠状态的进程，当有多个这样的进程时，应当选择优先级最低的进程作为换出进程。在有的系统中，为了防止低优先级进程在被调入内存后很快又被换出，还需要考虑进程在内存的驻留时间。如果系统中已无阻塞进程，而现在的内存空间仍不足以满足需要，便选择优先级最低的就绪进程换出。

2）进程换出过程。应当注意，在选择换出进程后，在对进程换出时，只能换出非共享的程序和数据段，而对于那些共享的程序和数据段，只要还有进程需要它，就不能被换出。在进行换出时，应先申请对换空间，若申请成功，就启动磁盘，将该进程的程序和数据传送到磁盘的对换区上。若传送过程未出现错误，便可回收该进程所占用的内存空间，并对该进程的进程控制块和内存分配表等数据结构进行相应的修改。若此时内存中还有可换出的进程，则继续执行换出过程，直到内存中再无阻塞进程为止。

（2）进程的换入

对换进程将定时执行换入操作，它首先查看 PCB 集合中所有进程的状态，从中找出就绪状态但已换出的进程。当有许多这样的进程时，它将选择其中已换出到磁盘上时间最久的进程作为换入进程，为它申请内存。如果申请成功，可直接将进程从外存调入内存；如果失败，则需先将内存中的某些进程换出，腾出足够的内存空间后，再将进程调入。在对换进程成功地换入一个进程后，若还有可换入的进程，则再继续执行换入、换出过程，将其余处于就绪且换出状态的进程陆续换入，直到外存中再无就绪且换出状态的进程为止，或者已无足够的内存来换入进程，此时对换进程才停止换入。

由于交换一个进程需要很多的时间，因此，对于提高处理机的利用率而言，对换技术是一个非常有效的解决方法。目前用得较多的对换方案是，在处理机正常运行时，并不启动对换程序。但如果发现有许多进程在运行时经常发生缺页且显现出内存紧张的情况，才启动对换程序，将一部分进程调至外存。如果发现所有进程的缺页率都已明显减少，系统的吞吐量已下降时，则可暂停运行对换程序。

4. 注意事项

对换时需要注意以下几点。

1）对换需要备份存储，通常是使用快速磁盘。它必须足够大，并且提供对这些内存映像的直接访问。

2）为了有效使用 CPU，需要每个进程的执行时间比交换时间长，而影响对换时间的因素主要是转移时间。

3）如果换出进程，必须确保该进程完全空闲。

4）对换空间通常作为磁盘的一整块，且独立于文件系统。

5）对换通常在有许多进程运行且内存空间紧张时开始启动，而在系统负荷减轻时暂停。

6）普通的对换使用不多，但对换技术的某些变种在许多操作系统中（如 UNIX 操作系统）仍发挥着作用。

5. 对换与覆盖的对比

与覆盖技术相比，对换技术不要求程序员给出程序段之间的覆盖结构，且对换主要是在进程或作业之间进行，而覆盖则主要在同一个作业或进程中进行。另外，覆盖技术只能覆盖与覆盖程序段无关的程序段。对换进程由换出和换入两个过程组成。由于覆盖技术要求给出程序段之间的覆盖结构，它对用户不透明，因此有主存无法存放用户程序的矛盾，现代操作系统是通过虚拟内存技术解决这一矛盾的。覆盖技术已经成为历史，而交换技术在现代操作系统中仍然有较强的生命力。覆盖技术和对换技术都是采取以时间换空间的方式逻辑上扩充主存。

交换技术的特点是打破了一个程序一旦进入主存便一直运行到结束的限制，利用外存空间存放主存中暂时不运行的进程，临时解决内存紧张问题，同样是对内存的逻辑扩充，但运行的进程大小仍然受实际主存的限制。

5.5 基本分页存储管理方式

连续分配方式要求程序装入一片连续的内存区域，如果内存中不存在这样的区域，则需要通过紧凑，拼接出这样的区域，耗费系统很大的开销。如果允许将程序分散地装入不邻接的分区中，则无须进行紧凑，由此产生了离散存储管理方式。如果离散分配的基本单位是页，则称为分页存储管理方式；如果离散分配的基本单位是段，则称为分段存储管理方式。

在分页存储管理方式中，如果不具备页面对换功能，则称为基本分页存储管理方式或纯分页存储管理方式，其要求把程序以页为单位全部装入内存后方能运行。

5.5.1 分页存储管理的基本概念

1. 页面

分页存储管理是将程序的逻辑地址空间划分成大小相等的区域，称为页（或页面）。每页都有一个编号，称为页号，页号从 0 开始依次编排，如第 0 页、第 1 页等。同样，将内存的物理地址空间也划分成与页面大小相等的区域，称为块（或页框），每块也有一个编号，称为块号（或页框号），块号从 0 开始依次编排，如第 0 块、第 1 块、第 2 块等。页面与页框等大小，程序进入内存时，被装入若干个可以不邻接的页框中。

页面和页框大小是由计算机硬件系统确定的，它一般为 2 的若干次幂。例如，Intel 80386 的页面大小是 4KB（即 2^{12}B），HP 的 Alpha 微处理器定义页面大小为 8KB。页面的大小应选取适中，通常为 512B～8KB。不同的机器页面大小是有区别的。一般程序大小常常不会是页面的整数倍，因此，最后一个页面装入页框后会形成不可利用的碎片，称为页内碎片。

2. 地址结构

处理器启用分页功能后，程序逻辑地址被划分为两部分，前一部分为页号，后一部分为页内位移。以 32 位的逻辑地址为例，若页面大小为 4KB，即 4KB=2^{12}B，页内位移用 0～11 位表示，则页号用 12～31 位表示，如图 5-23 所示。就程序大小而言，最多有 2^{20}=1MB 个页面。

图 5-23　分页逻辑地址结构

若给定一个逻辑地址空间中的地址为 A，页面的大小为 L，则页号 P 和页内位移 d 可按下式求得：

$$P =(\text{int})(A/L) \tag{5.5}$$
$$d= A \% L \tag{5.6}$$

式中，(int)是强制类型转换为整型；/为取商操作；%是取余操作。例如，某系统的页面大小为 1KB，设 A =2578B，则由公式（5.5）和公式（5.6）可以求得 P = 2、d = 530。

在分页存储管理中，每一页放入内存的某一块，由于页面与块是大小相等的，程序在装入内存之前要找到一个逻辑地址对应的物理地址。物理地址由块号和块内位移两部分组成，以上述 32 位地址为例，地址结构如图 5-24 所示。由于每一页大小等于每一块，因此某一页的页内位移，在该页装入某一块时，没有发生变化，即可得出页内位移等于块内位移。在求一个逻辑地址的物理地址时，只要找到页号对应的块号，然后把块号和页内位移进行拼接，即可得到该逻辑地址的物理地址。要找到页号对应的块号，就可以通过页表进行转换。

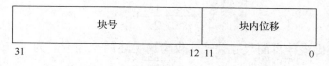

块号	块内位移
31　　　　　　　　　　　　　　12	11　　　　　　　　　　　　　0

图 5-24　分页物理地址结构

3. 页表

在分页系统中，允许将进程的各个页离散地存储在内存不同的物理块中，但系统应能保证进程的正确运行，即能在内存中找到每个页面所对应的物理块。为此，系统又为每个进程建立了一个页面映射表，简称页表。页表中的每一行称为页表项，记录了相应页在内存中对应的物理块号，有的页表还有存取控制字段，实现对存储块中内容的保护。页表长度为页表中页号的最大序号值。在配置了页表后，进程执行时，通过查找该表，即可找到每页在内存中的物理块号。可见，页表的作用是实现从页号到物理块号的地址映射。如图 5-25 所示，该页表有 4 个页表项，页表长度为 3，0 号页面对应于 2 号页框，1 号页面对应于 4 号页框，等等。

每一个进程都有一个页表，页表的起始地址和长度存放在进程的 PCB 中。当进程被调度时，两数据被装入页表寄存器中。页表项表示某一页对应的物理块，进程有多少个页面，在页表中就有多少个页表项。如果一个进程有 4MB 个页面，每个页表项占用 2B，则它的页表占用 4MB×2=8MB 大小的内存空间。

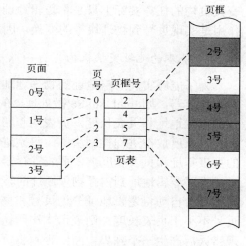

图 5-25　页表

5.5.2　页面尺寸

页面尺寸经常是操作系统选择的一个参数。即使硬件设计只支持每页 512B，操作系统也可以很容易地把两个连续的页（如 0 页和 1 页，2 页和 3 页，等等）看成 1KB 的页，为它们分配两个连续的 512B 的内存块。

选择最佳页面尺寸需要在几个互相矛盾的因素之间进行折中，没有绝对最佳方案。在分页系统中，每个进程平均有半个内存块被浪费，这就是内部碎片。从这个意义上讲，似乎页面尺寸越小越好。然而页面越小，同一程序需要的页面数就越多，就需要用更大的页表，同时，页表寄存器的装入时间就越长。页面小，意味着程序需要的页面多，页面传送的次数就多，而每次传送一个大页面的时间与传送小页面的时间几乎相同，从而增加了总体传送时间。

设进程的平均大小为 sB，页面尺寸为 pB，每个页表项占 eB。那么每个进程需要的页数大约为 s/p，占用 $(s×e)/p$B 的页表空间。每个进程的内部碎片平均为 $p/2$。因此由页表和

内部碎片带来的总开销是

$$总开销 = \frac{se}{p} + \frac{p}{2}$$

当页面较小时，第一项（页表尺寸）大；在页面尺寸较大时，第二项（内部碎片）大，最佳值应在中间某个位置。对 p 求导，令其等于 0，得到方程

$$\frac{-se}{p^2} + \frac{1}{2} = 0$$

从这个方程可以得出最佳页面尺寸公式（仅考虑上述两个因素）为

$$p = \sqrt{2se} \qquad (5.7)$$

如果 $s=1\text{MB}$、$e=8\text{B}$，则最佳页面尺寸是 4KB。商用计算机使用的页面尺寸范围是 512B～64KB。典型值是 1KB，目前更倾向于 4～8KB。

5.5.3 地址变换机构

为了能将用户地址空间中程序的逻辑地址变换成内存空间中的物理地址，系统中必须设置地址变换机构。该机构的任务是实现逻辑地址到物理地址的动态重定位，即页式存储管理中采用动态重定位方式装入作业。由于页内地址和物理地址是一一对应的，因此地址变换机构的任务实际上只是将逻辑地址中的页号转换为内存中的物理块号。又因为页表的作用是实现页号到物理块号的变换，因此，地址变换任务是借助于页表来完成的。

1. 基本的地址变换机构

为了能够实现逻辑地址到物理地址的转换，处理器必须设置相应的硬件机构，一般为页表寄存器，如 Intel 80×86 微处理器的 cr3 控制寄存器。页表寄存器用于存放页表在内存中的起始地址和页表长度，页表的起始地址也就是页表基址。进程没有执行时，页表基址和页表长度放在进程控制块中。每次进程从就绪状态变为执行状态，需要将进程控制块中的页表基址和页表长度装入页表寄存器。

程序逻辑地址到内存物理地址的转换过程如图 5-26 所示。当要访问某个逻辑地址时，处理器会自动将逻辑地址分为页号和页内位移两部分，先将页号与页表长度进行比较，若页号不小于页表长度，则表示本次所访问的逻辑地址超出了进程的地址空间，于是系统发现错误后产生一个越界中断；否则将页号与页表寄存器中的页表基址相加，得到该页号所对应的页表项在内存中的物理地址，进而得到页面所对应的页框号，随即将页框号装入物理地址寄存器中。最后将页内位移地址直接送入物理地址寄存器中的块内位移地址字段中。这样，便完成了逻辑地址到物理地址的转换。

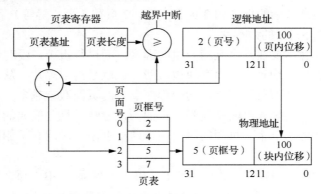

图 5-26　基本分页存储管理的地址变换机构

在图 5-26 中，逻辑地址中的页号 2，与页表寄存器中的页表长度 3 进行比较，2<3，地址合法不越界，则页号与页表寄存器中的页表基址相加，得到第 2 页在页表中所对应的页表项的地址。通过页表项可以知道，第 2 页对应的页框号是 5，将 5 放入物理地址中的块号位置，将逻辑地址中的页内位移 100 移入物理地址中的块内位移中来，拼接形成物理地址，完成了地址转换。

2. 具有快表的地址变换机构

由于页表存放于内存中，因此从给出逻辑地址开始到实现对真实内存单元的访问，需要经历两次内存访问。第一次是访问内存中的页表，从中找到指定页的物理块号，再将块号与页内位移量进行拼接，形成物理地址。第二次访问内存时，才是从第一次所得地址中获得所需数据（或向此地址中写入数据）。因此，采用这种方式将使计算机的处理速度降低近 1/2。为了改善这种状况，在硬件上增加了一个具有并行查寻能力的特殊 Cache，称为快表或联想存储器。在 IBM 系统中快表取名为 TLB（translation look aside buffer，变换旁查缓冲器），用以存放当前访问过的页表项。快表由页号和页框号两部分组成，如图 5-27 所示。地址变换过程是，在 CPU 给出有效地址后，由地址变换机构自动地将页号 P 送入快表中，将页号 P 和快表中的所有页号进行比较，若其中有与此匹配的页号，便直接从快表中读出该页所对应的页框号，并送到物理地址寄存器中；若在快表中未能找到匹配的页号，则还要再访问内存中的页表，找到后把页面所对应的页框号送到物理地址寄存器中，同时，还要将此页表项存入快表中。

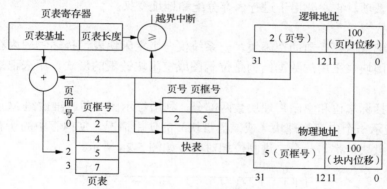

图 5-27 具有快表的基本分页存储管理的地址变换机构

在图 5-27 中，首先将页号 2 在快表中查找，如果找到该页对应的页表项，则将页号 2 对应的页框号 5 存入物理地址中的页框内，同时将逻辑地址中的页内位移存入物理地址中的块内位移，拼接形成物理地址。如果快表中没有此页表项，则在内存的页表中查找第 2 页对应的页表项，找到后一方面形成物理地址，同时把该页表项存入快表中。

基于成本考虑，快表不可能做得很大，通常只存放 16~512 个页表项，这对中、小型程序来说，已有可能把全部页表项放入快表中，但对于大型程序，只能将其一部分页表项放入快表中。由于程序指令执行和数据访问都有局限性，因此，快表的命中率还是比较高的，统计结果显示可达 90%以上，降低了因地址变换而造成的程序执行速度下降。

假设访问一次内存的时间为 t，在基本分页存储管理方式中，有效访问时间（effective access time，EAT）为第一次访问内存时间（查找页表形成物理地址所耗费的时间 t）与第二次访问内存时间（即根据形成的物理地址读取数据或写入数据所耗费的时间 t）之和：

$$EAT = t + t = 2t \tag{5.8}$$

在引入快表的分页存储管理方式中，如果 λ 表示查找快表所需要的时间，t 是访问一次内存的时间，α 是快表命中率（指使用快表并在其中成功查找到所需页面的表项的比率），则有

$$EAT=\alpha(\lambda+t)+(1-\alpha)(\lambda+2t) \tag{5.9}$$

可化简为

$$EAT=\alpha\lambda+(t+\lambda)(1-\alpha)+t=2t+\lambda-t\alpha \tag{5.10}$$

例如，检索快表时间为 20ns，访问内存时间为 100ns。若能在快表中检索到 CPU 给出的页号，则 CPU 存取一个数据共需 120ns。否则，共需 220ns 的时间。再假定访问快表时的命中率为 80%，其有效访问时间 EAT=80%×120+(1-80%)×220=140（ns）。

正是由于引入了快表，CPU 访问数据所耗费的时间明显减少。

5.5.4 分页存储管理中主存空间的分配与回收

1. 采用的数据结构

为了实现页式存储管理方式，系统设置了主存分配表、空闲块表和页表，记录主存空间的使用情况和每个作业的分配情况。

（1）主存分配表

主存分配表也称为虚空间表或进程请求表。它记录主存中各进程的进程号、页表始址和页表长度，页表长度为页表中页号的最大序号值。整个系统设置一个主存分配表，一个进程占用一个表项。它主要用于进行内存分配和地址变换。

（2）空闲块表

空闲块表记录内存当前的空闲块，全系统仅一个空闲块表，描述物理内存空间的分配使用状况。空闲块表采用的数据结构是位示图或空闲块链表的形式，用来记录内存中每个块的使用情况。

位示图包括标志位和空闲物理块数两部分，利用位示图（即二维数组 Map[m,n]）的一位（0/1）来表示一个内存物理块（或磁盘盘块）的使用情况，使内存中的所有物理块（或磁盘上的所有盘块）都与一个二进制位相对应，如图 5-28 所示。

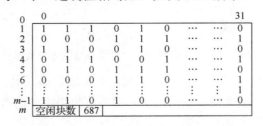

图 5-28　位示图表示物理内存空间分配

假定在位示图中一个元素 A[i,j]，i 称为字号，表示第 i 行即第 i 个字；j 称为位号，表示第 i 个字中的第 j 位，规定从低位开始计算，每行有 L 个二进制位，则 A[i,j] 所对应的块号 b 可以这样得到：

$$b=Li+j \tag{5.11}$$

相反地，如果已知块号为 b，这个块在位示图中的位置 A[i,j]，则有

$$i=(int)b/L,\ j=b\%L \tag{5.12}$$

空闲块链表也可以表示内存块的使用情况。链表的首指针存放第一个空闲块的块号，

之后每一个空闲块的第一个存储单元存放下一个空闲块的块号，这样就可以把系统中的所有空闲块连接起来，链表中的最后一个空闲块，它的第一个存储单元存放 0 或空值，表示链表结束。

（3）页表

系统为每个作业建立一个页表，它指出逻辑地址中的页号与主存块号的对应关系。

内存分配采用的数据结构如图 5-29 所示。

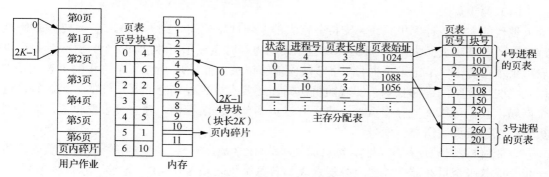

图 5-29　内存分配采用的数据结构

2. 主存空间的分配

以位示图为例讲述主存空间的分配情况，主存空间的分配过程如下。

1）系统要初始化位示图，即把位示图中的标志位全部置为 0，空闲块数置为主存的块数。

2）在进行主存分配时，从作业队列中取出队首作业，计算该作业的页数，然后与位示图中的空闲块数比较，判定内存块是否满足作业要求。

3）若内存块不能满足作业要求，则作业不能装入，显示主存不足的信息，把该作业放到队尾或删除该作业。

4）若能满足作业的空间要求，则为该作业建立页表，并根据位示图中主存块的状态标志，找出标志为 0 的位，置上占用标志 1，根据该位在位示图中的字号和位号，如 A[i, j]，利用公式（5.11），可以计算出该页所对应的块号。

5）把作业的页面装入对应的主存块，并在页表中填入对应的块号，直到作业页面全部装入。

6）最后，修改位示图中的空闲块数，即原有空闲块数减去本次占用的块数（页数），并在主存分配表中增加一条记录，登记该作业的作业名、页表始址和页表的长度。

3. 主存空间的回收

当一个作业执行结束，则应收回该作业所占用的主存块。根据主存分配表中的记录，取出该作业的页表。从该作业的页表中取出每一个归还的块号，计算出该块在位示图中的位置，如公式（5.12）所示，将占用标志位清为 0；最后，把归还的块数加入空闲块数中，删除该作业的页表，并把主存分配表中该作业的记录删除。

5.5.5　两级和多级页表

1. 大页表问题

在多道程序环境下，主存中有很多进程，每个进程都有一个页表。页表记录了每一页对应的物理块号，如果进程很大，分成了很多页，页表也就比较长，要占用大量连续的主存空间，造成浪费，称为大页表问题。为了解决这个问题，有两种可行方案。方案 1 是页表本身采用离散分配方式，页表进行分页，在主存中不连续存放；方案 2 是只将当前需要的部分页表项调入主存，减少空间占用。

2. 页表离散分配

（1）两级页表

现代的大多数计算机系统，支持非常大的逻辑地址空间（$2^{32} \sim 2^{64}$）。对于 32 位逻辑地址程序，若规定页面大小为 4KB，则程序装入内存时页表项可达 1MB 个。又因为每个页表项要占用若干字节记录页框号（字节数应能够记录页框号），所以每个进程的页表就要占用几兆的内存空间；并且为了实现随机访问，还要求页表存储空间是连续的。为了解决这个问题，我们可以离散存储页表，将页表以页为单位分隔存储，建立页表的页表，即外层页表，以记录页表所在页框号。

以 32 位逻辑地址程序为例，按页面大小为 4KB 离散存储，把产生的 1MB 个页表项进一步分成若干个页存储，并建立外层页表。若每个页表项占用 4B（足够表示页框号），则一个页框会容纳 1KB 个页表项。对于 1MB 个页表项来说，可以分割成 1KB 个页，每页有 1KB 个页表项。每个页占用一个页框。再为这 1KB 个页建立外层页表，用一个页框正好可以容纳下 1KB 个外层页表项，如图 5-30 所示。

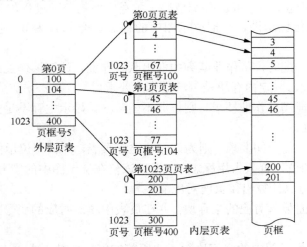

图 5-30　两级页表

在图 5-30 所示的两级页表结构中，内层页表中的每个页表项存放的是进程某一页在内存中的物理块号，外层页表中的每个页表项存放的是某个分页表在内存中的物理块号。在图 5-30 中，内层页表第 1 页页表中，页号为 1 的物理块是 46。在外层页表中页表项 1023 存放的是第 1023 页页表在内存的物理块号 400。

按照两级页表，32 位逻辑地址可以分为外层页号、外层页内地址（内层页号）和页内位移 3 部分。由于外层页表和内层页表（指页表再分页形成的分页表）各自容纳 1KB 个页表项，则外层页号用 32 位逻辑地址的 22～31 位，外层页内地址用 32 位逻辑地址的 12～21 位，页内位移用余下的 0～11 位，如图 5-31 所示。

第 5 章 存储器管理 237

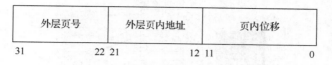

图 5-31 两级页表逻辑地址结构

为了实现地址变换，系统需要增加一个外层页表寄存器，用于存放外层页表的基址，如图 5-32 所示。当进程从就绪状态转到执行状态时，需要将外层页表的起始物理地址，即外层页表基址，装入外层页表寄存器中。对于任意一个逻辑地址，利用其外层页号 P_1 作为外层页表的索引，从外层页表中获取内层页表在内存中的页框号；再利用外层页内地址 P_2 作为内层页表的索引，从页表中获取所要访问的页面在内存中的页框号 b；最后，将页框号 b 与页内位移 d 拼接即可构成要访问的内存物理地址。

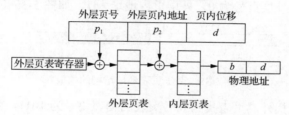

图 5-32 具有两级页表的地址变换机构

图 5-33 显示了两级页表地址变换过程。外层页表寄存器中存放的是外层页表的物理块号，即 5 号页框。以外层页号 1 作为索引，查找外层页表，找出第 1 页对应的物理块号是 104。块号 104 存放的是内层页表，再以内层页号 1（外层页内地址）作为索引，查找内层页表，找到第 1 页对应的物理块号 46，把物理块号 46 与页内位移 400 进行拼接，形成物理地址。

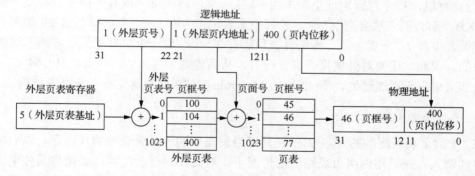

图 5-33 两级页表地址变换过程

采用两级页表，对逻辑地址所对应的物理地址访问需要经过 3 次内存访问，第一次是对外层页表的访问，第二次是对内层页表的访问，第三次是对相应内存单元的访问。

例如，一个具有 32 位逻辑地址空间的分页系统，页面大小为 4KB，每个页表项占 4B，其外层页表和内层页表如图 5-34 所示。问逻辑地址 4098 对应的物理地址应是多少。

由图 5-34 可知，外层页表有 1024 个页表项，所以占用 10 位二进制位。每个内层页表也有 1024 个页表项，占用 10 位二进制位。页内位移的位数为 32−10−10=12 位。逻辑地址 4098 对应的逻辑页号 P 和页内地址 d 是，P =(int)4098/4KB=1、d = 4098 % 4KB = 2，如图 5-35（a）所示。

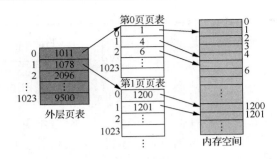

图 5-34　两级页表地址结构

即逻辑地址 4098 对应于第 1 页，页内地址是 2。由于采用两级页表地址结构，对页表再分页，这时内层页面大小是 1KB，可以得到外层页号 P_1 和外层页内地址 P_2。$P_1=(int)1/1024=0$，$P_2=1\%1024=1$；即外层页号为 0，外层页内地址为 1，如图 5-35（b）所示。

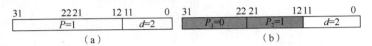

图 5-35　两级页表地址结构的构成

在图 5-35 中，查找外层页表找到 0 号页表的物理块号为 1011，然后查找 1011 号物理块，从中找出内层页表中 1 号页表项内容为 4，即 4 号物理块。最终物理地址为 4×4KB+2=16386。

两级页表突破了页表需要大量连续内存空间存储的限制，但是并未解决用较少的内存空间去存放大页表的问题，同时访问内存次数增加，运行效率大幅降低。

（2）多级页表

对于 32 位计算机，程序逻辑地址空间采用 32 位表示，两级页表结构是合适的。但对于 64 位计算机，程序逻辑地址空间采用 64 位，采用两级页表就有些问题。如果页面仍然采用 4KB，那么页表项会有 2^{52} 个。若每个页表项占 4B，则一个页框存储 2^{10} 个页表项，即内层页表中有 2^{10} 个页表项，外层页表项还有 2^{42} 个，用一个页框是无法容纳下这些外层页表项的。因此，还要对外层页表进行分页，从而建立多级页表。例如，HP 64 位 Alpha 微处理器采用三级页表结构，而 32 位的 Motorola 68030 处理器支持 4 级页表结构。

3．调入部分页表

在"1.大页表问题"的方案 2 中，是把当前需要的一批页表项调入内存，以后再根据需要陆续调入。在采用两级页表结构的情况下，对正在运行的进程，必须将其外层页表调入内存，而对内层页表则只需调入一页或几页。这就需要在外层页表项中增设一个状态位 S，用于表示该页表是否调入内存。若 S=0，则表示该页表尚未调入内存；若 S=1，则表示该页已经调入内存。程序运行时，根据逻辑地址去索引外层页表，若外层页表项 S 位为 0，则产生一中断信号，请求操作系统将该页表调入内存。这部分内容将在第 6 章虚拟存储器中具体介绍。

4．反置页表

由于计算机逻辑空间越来越大，页表占用的内存空间也越来越多，页表尺寸与虚地址空间成正比增长。为了减少内存空间的开销，不得不使用多级页表，但也有许多机器和操作系统如 IBM AS/400、Mac OS 等，采用了称为反置页表（inverted page table，IPT）的方法，IPT 维护了一个页表的反置页表，它为内存中的每一个物理块建立一个页表并按照块号排序，该表的每个表项包含正在访问该页框的进程标识、页号和页内地址，用来完成内存页框到访问进程的页号，即物理地址到逻辑地址的转换。图 5-36 是反置页表地址转换，其地址转换过程如下。

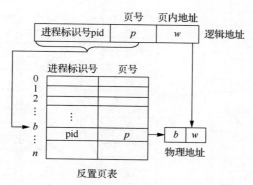

图 5-36　简化的反置页表地址转换

处理器给出逻辑地址，由于 MMU 的任务是把逻辑地址转换成物理地址，IPT 不能完成这样的转换。因此，系统采用哈希表技术完成虚地址转换，MMU 通过哈希表把进程标识和虚页号转换成一个哈希值，该值指向 IPT 的一个表目，然后，遍历 IPT 找到所需进程的虚页号，而该项的索引就是页框号，通过拼接位移便可生成物理地址。若整个反置页表中未能找到匹配的页表项，说明该页不在内存，产生缺页中断，请求操作系统调入。

虽然 IPT 能减少页表占用内存，如一个 128MB 的内存空间，若页面大小为 1KB，则 IPT 只需 128KB。然而，IPT 仅包含了调入内存的页面，不包含未调入内存的页面，所以，仍需要为进程建立传统的页表，不过这种页表不再放在内存中，而存在磁盘上。当发生缺页中断时，把所需页面调入内存要多访问一次磁盘，这时的速度是较慢的。

5.5.6　分页共享和保护

1. 分页共享

在多道程序系统中，数据共享很重要。尤其在一个大型的分时系统中，往往有若干用户同时运行相同的程序（如编辑程序、编译程序）。显然，更有效的办法是共享页面，避免同时在内存中有同一页面的两个副本。共享方法是使用这些相关进程的逻辑地址空间中的页指向相同的内存块（该块中放有共享的程序或数据）。所以在分页存储管理方式中，为了实现代码共享，需要为所有的进程建立相同的页表项。例如，有 40 个用户共享文本编辑程序，文本编辑程序有 160KB 的代码和 40KB 的数据区。在分页存储管理系统中，假设页面大小是 4KB，则文本编辑程序需要 40 个页面（code0～code39），数据区需要 10 个页面（data0～data9），需要为每个用户建立 40 项相同的程序页表项和 10 项独立的数据页表项，其中进程 1 和进程 2 的页表如图 5-37 所示。

可以看到，该编辑程序只有一个副本保存在物理内存中，每个用户的页表映射到编辑程序的同一物理副本上，而各自的数据页面却映射到不同的内存块上。通过页面共享可以有效地节省内存。

其他大量使用的程序，如编译程序、窗口系统、运行库、数据库系统等也可以共享。要求可共享的代码必须是可再入代码（又称为纯代码，即在其执行过程中本身不做任何修改的代码，通常由指令和常数组成）。进程间共享内存，类似于线程间共享进程的地址空间。另外，共享内存作为进程间通信的一种方式，在某些操作系统中用共享页面来实现。

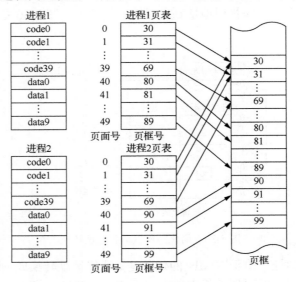

图 5-37　分页代码共享

分页技术并不有利于代码共享。当系统将进程的逻辑地址空间划分为大小相同的页面时，被共享的程序文本部分不一定恰恰分在一个或几个完整的页面中。这样就会出现这种情况，在一个页面中既有共享的程序，又有不能共享的私有数据。如果共享该页，则不利于对私有数据保密；如果不共享该页，则可共享的程序就会在各进程占用的内存块中多次出现，造成浪费。

2. 分页保护

在分页存储系统中有多个进程的映像存放在内存中，并且不同进程所用的内存块会交错分布。为了防止不同进程间的非法访问，以及本进程对自己地址空间中数据的错误操作，必须提供相应的保护措施。分页系统提供 3 种存储保护方式。

（1）利用页表进行保护

每个进程有自己的页表，页表的基址信息放到该进程的 PCB 中。访问内存需要利用页表进行地址变换。这样，使各进程在自己的存储空间内活动。为了防止进程越界访问，系统提供了页表寄存器，它装载了进程页表的起始地址和长度。一个逻辑地址在进行地址变换时，由硬件自动将有效地址分成页号和页内地址。检索页表之前，系统先将页号与页表长度进行比较，如果页号大于或等于页表长度，则向操作系统发出一个地址越界中断，表明此次访问的地址超出进程的合法地址空间。

（2）设置存取控制位

通常，在页表的每个页表项中设置存取控制字段，用于指明对内存块的内容允许执行何种操作，从而禁止非法访问。一般设定为只读（R）、读写（RW）、读和执行（RX）等权限。如果一个进程试图写一个只允许读的内存块时，则会引起操作系统的一次中断，非法访问性中断，操作系统会拒绝该进程的这种尝试，从而保护该块的内容不被破坏。

（3）设置合法标志

一般在页表的页表项中还设置合法/非法标志位。当该位设置为合法时，表示相应的页在该进程的逻辑地址空间中是合法的；如果设置为非法，则表示该页不在该进程的逻辑地址空间内。利用这一标志位可以捕获非法地址。操作系统为每个页面设置这一位，从而规定允许或禁止对该页的访问。

5.5.7　分页存储管理的优缺点

分页存储管理中，具有如下的优缺点。

1. 优点

1）没有外碎片，每个页内碎片不超过页大小，内存利用率较高。

2）一个程序不必连续存放，实现了离散分配。

3）便于改变程序占用空间的大小，即随着程序运行而动态生成的数据增多，地址空间可相应增长。

2. 缺点

1）程序全部装入内存，作业/进程的大小仍受内存可用物理块数的限制。

2）管理页表，需要硬件支持，尤其是快表，增大系统开销。

3）内存访问的效率下降。

4）不能实现真正的共享，不支持动态链接。

5.6　基本分段存储管理方式

程序逻辑地址空间与内存存储单元组织结构相同，是一维的线性空间，也称为线性地址空间。这种地址空间不能反映程序代码内在的逻辑性。另外，程序所有的数据都在一个地址空间中分配，不同的数据占用不同部分的逻辑地址空间，当一个数据发生增长时，就会冲撞到相邻的数据区而造成无法增长。为了解决该问题，引入了分段管理技术，让程序使用多个地址空间。

5.6.1　分段存储管理的引入

促使存储管理方式从固定分区到动态分区，从分区方式到分页方式发展的主要原因是提高主存空间利用率。那么，分段存储管理的引入，主要是满足用户（程序员）编程和使用上的要求，这些要求其他各种存储管理技术难以满足。

程序可以有一种分段结构，现代高级语言常常采用模块化程序设计。如图 5-38 所示，一个程序由若干程序段（模块）组成。例如，程序由一个主程序段、若干子程序段、数组段和工作区段组成，每个段都从 0 开始编址，每个段都有模块名，且具有完整的逻辑意义。段与段之间的地址不一定连续，而段内地址是连续的。用户程序中可用符号形式（指出段名和入口）调用某段的功能，程序在编译或汇编时给每个段再定义一个段号。可见这是一个二维地址结构，分段方式的程序被装入物理地址空间后，仍应保持二维地址结构，这样才能满足用户模块化程序设计的需要。这种二维地址结构需要编译程序的支持，但对程序员来说通常是透明的。

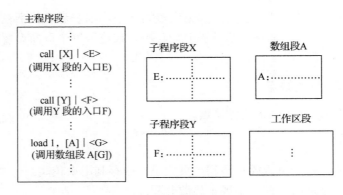

图 5-38　程序的分段

引入分段存储管理方式，主要是为了满足用户和程序员的下述一系列需要。

1. 方便编程

通常，用户把自己的作业按照逻辑关系划分为若干个段，每个段都是从 0 开始编址的，并有自己的名称和长度。因此，希望要访问的逻辑地址是由段名（段号）和段内偏移量（段内位移）决定的。例如，下述的两条指令便是使用段名和段内地址：

```
LOAD 1,[M]|<N>;        /*将分段 M 中 N 单元内的值读入寄存器 1 中*/
STORE 1,[X]|<Y>;       /*将寄存器 1 的内容存入 X 分段的 Y 单元中*/
```

2. 信息共享

在实现对程序和数据的共享时，是以信息的逻辑单位为基础的。例如，共享某个过程、函数或文件。分页系统中的"页"只是存放信息的物理单位（块），并无完整的意义，不便于实现共享；然而段却是信息的逻辑单位。由此可知，为了实现段的共享，希望存储管理能与用户程序分段的组织方式相适应。

3. 信息保护

信息保护同样是对信息的逻辑单位进行保护，而且经常是以一个过程、函数或文件为基本单位进行保护的。因此，分段管理方式能更有效和方便地实现信息保护功能。

4. 动态增长

在实际应用中，往往有些段，特别是数据段，在使用过程中会不断地增长，而事先又无法确切地知道数据段会增长到多大。前述的其他几种存储管理方式，都难以应对这种动态增长的情况，而分段存储管理方式却能较好地解决这一问题。

5. 动态链接

动态链接是指在作业运行之前，并不把几个目标程序段链接起来。要运行时，先将主程序所对应的目标程序装入内存并启动运行，当运行过程中又需要调用某段时，才将该段（目标程序）调入内存并进行链接。可见，动态链接也要求以段作为管理的单位。

5.6.2　分段存储管理的基本概念

1. 分段

在分段存储管理中，作业的地址空间被划分为若干个段，每个段定义了一组逻辑信息。

例如，在图 5-38 中有主程序段、子程序段 X、数组段 A 等。程序代码和数据的运行权限不同，程序代码可以被执行，而数据只能被读和写，因此，程序代码和数据一般分成两个段存放。通常，用户程序编译时，编译程序会自动将代码归类到若干个段中，如 GCC 编译器编译 C 语言程序时会自动创建代码段、初始化数据段、未初始化数据段和栈段。代码段用于存放程序指令，初始化数据段用于存放全局初始化数据，未初始化数据段用于存放全局未初始化数据，栈段用于存放函数调用断点、局部变量。分段管理就是将一个程序按照逻辑单元分成多个程序段，每一个段使用自己单独的地址空间。这样，一个段占用一个地址空间，就不会发生单地址空间动态内存增长引起的地址冲突问题。

2. 程序地址结构

程序采用分段结构后，整个程序由若干个段组成，每个段都有段名，在程序内部用段号表示。段内指令和数据都从 0 开始编址，并采用一段连续的地址空间。段的长度由相应的逻辑信息的长度决定，因而各段长度不等。整个作业的地址空间由于是分成多个段的，因此程序的逻辑地址是二维的，由段号和段内位移组成，如图 5-39 所示。在该地址结构中，一个程序最多允许有 64KB 个段，每个段最大段长为 64KB。分段方式已得到许多编译程序的支持，编译程序能自动地根据源程序的情况而产生若干个段。

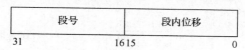

图 5-39　分段逻辑地址结构

3. 段表

分段存储管理方式中，系统需要为每个段分配一个连续的内存空间，程序的所有段离散地进入内存中的不同分区。分段存储管理方式中，内存分配可以采用可变分区分配管理方式。为了实现逻辑地址到物理地址的转换，同分页存储管理方式一样，需要在系统中为每个运行的程序建立一个段表。段表记录了段与分区的映射关系，每个段表项记录了段号、段长、段在内存中的起始地址（又称为基址）等信息，如图 5-40 所示。段表位于内存中，但是为了提高地址转换速度，段表项可以存放在一组寄存器中。例如，Intel 的 80×86 处理器提供一种附加的非编程寄存器（不能被程序员所设置的寄存器），自动加载段寄存器中值所指定的段描述符。

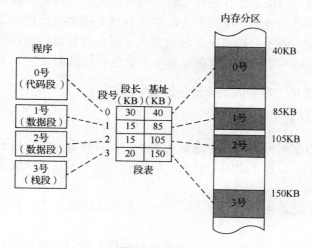

图 5-40　段表

在配置了段表后，执行中的进程可以通过查找段表找到每个段所对应的内存区。如果进程没有被执行，则其段表中的起始地址（基址地址）和长度存入了进程的 PCB 中。

5.6.3　地址变换机构

1. 基本地址变换机构

分段存储管理方式地址变换机构在硬件上需要增加段表寄存器，加载段表在内存中的起始地址和长度。在进行地址变换时，系统先将逻辑地址中的段号与段表长度进行比较，若段号不小于段表长度，则访问越界，产生越界中断信号；否则，根据段号与段表基址信息，获得该段在内存中存放的基址和段长。然后检查段内地址是否超过了段长，若超过了段长，则同样产生越界中断信号；否则，将段内地址与基址相加，即可得到要访问的内存单元物理地址。如图 5-41 所示为基本分段存储管理方式地址变换过程。

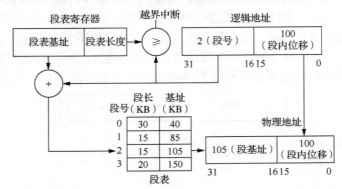

图 5-41　基本分段存储管理方式地址变换机构

首先段号 2 与段表寄存器中的段表长度 3 相比，2<3 成立，段号合法；然后查找段表，找到第 2 段的段表项，可以看出第 2 段基址为 105KB，段长是 15KB。逻辑地址中的段内位移为 100，100<15KB，故段内位移地址合法，则逻辑地址对应的物理地址为 105KB+100=107620。

2. 具有快表的地址变换机构

同分页系统一样，当段表放在内存中时，每要访问一个数据，都须访问两次内存，从而极大地降低了计算机的效率。解决的方法也和分页系统类似，再增设一个快表，用于保存最近常用的段表项。由于一般情况是段比页大，因此段表项的数目比页表项的数目少，其所需的快表也相对较小，便可以显著地减少存取数据的时间。

5.6.4　分段存储管理中主存空间的分配与回收

1. 采用的数据结构

为了记录主存中空闲分区的起始地址和大小，以及作业中每个段分配主存的情况，在分段存储管理方式下，设置了空闲分区表、段表和主存分配表 3 种数据结构。

（1）空闲分区表

空闲分区表用于记录主存中空闲区的序号、起始地址和大小，整个主存设置一个表。

（2）段表

系统为每个作业建立一个段表，用于记录每个作业的每个段在主存中所占分区的起始地址和大小。

（3）主存分配表

整个系统设置一个主存分配表，用于记录主存中各作业的作业名、段表起始地址和段表长度，段表长度为段表中段号的最大序号值。

2. 主存空间的分配

1）作业分配时，用作业的长度与空闲分区表的所有记录的长度之和进行比较，若大于则不能装入；否则，可以装入，为该作业创建一个段表。

2）根据作业段的大小在空闲分区表中查找满足其大小的空闲块，将该段装入，该块剩余部分仍作为空闲分区登记在空闲分区表中，并在段表中填入该段的段长和段的起始地址，直至所有段分配完毕。

3）若找不到足够大的空闲分区，可以采用移动技术，合并分散的空闲区后，再装入该作业段。

4）最后，在主存分配表中，登记该作业段表的起始地址和段表的长度。

3. 主存空间的回收

1）当作业运行结束时，根据该作业段表的每一条记录，去修改空闲分区表。修改的方式与可变分区回收主存空间相同，根据回收区是否与空闲区相邻，分 4 种情况处理。

2）删除该作业的段表。

3）删除主存分配表中该作业的记录。

5.6.5　分段共享与保护

1. 分段共享

（1）分页共享与分段共享的比较

分段系统的一个突出优点，是易于实现段的共享，即允许若干个进程共享一个或多个分段，且对段的保护也十分简单易行。在分页系统中，虽然也能实现程序和数据的共享，但远不如分段系统来得方便。例如，有一个多用户系统，可同时接纳 40 个用户，他们都执行一个文本编辑程序。如果文本编辑程序有 160KB 的代码和另外 40KB 的数据区，则总共需有 8MB 的内存空间来支持 40 个用户。如果 160KB 的代码是可重入的，则无论是在分页系统中还是在分段系统中，该代码都能被共享，在内存中只需保留一份文本编辑程序的副本，此时所需的内存空间仅为 1760KB（40×40+160），而不是 8000KB。假定每个页面的大小为 4KB，那么，160KB 的代码将占用 40 个页面，数据区占 10 个页面。为实现代码的共享，应在每个进程的页表中都建立 40 个页表项，还须为自己的数据区建立 10 个页表项，即每个进程的页表共有 50 个页表项。在分段系统中，实现共享则容易得多，只需在每个进程的段表中为文本编辑程序设置一个段表项。所有用户的程序段基址相同，数据段基址指向各自独立的内存空间，如图 5-42 所示。由于段是信息的逻辑单位，因此，分段存储管理方式实现信息的共享要比分页存储管理方式容易得多。可重入代码又称为纯代码，是一种允许多个进程同时访问的代码。为使各个进程所执行的代码完全相同，绝对不允许可重入代码在执行中有任何改变。因此，可重入代码是一种不允许任何进程对它进行修改的代码。但事实上，大多数代码在执行时都可能有些改变，如用于控制程序执行次数的变量及指针、信号量及数组等。为此，在每个进程中，都必须配以局部数据区，把在执行中可能改变的部分复制到该数据区，这样，程序在执行时，只需对该数据区（属于该进程私有）中的内容进行修改，并不去改变共享的代码，这时的可共享代码即成为可重入代码。

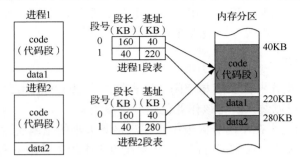

图 5-42   分段代码共享

（2）共享段表

为了更好地实现段的共享，在系统中设置一个段表，各共享段都在段表中占有一表项，表项中可包括段号、段长、内存始址、存在位、外存地址及共享该段的进程数等信息，并记录共享此段的进程情况，如进程名、进程号、该段在某个进程中的段号，以及进程对该段的存取控制权限，如图 5-43 所示。

图 5-43   共享段表项

1）共享进程计数 count。共享进程计数 count 用于记录有多少个进程共享该段。对于非共享段，它仅为某个进程所有，当进程不再需要该段时，可立即释放其占有的内存空间，并由系统回收该段占有的内存空间。而共享段是为多个进程所需要的，当某个进程不再需要而释放它时，系统并不能回收其占有的内存空间。只有当所有共享该段的进程都不再需要它时，才由系统回收该段所占有的内存空间。为了记录有多少个进程共享该段，特设置一整型变量 count。

2）存取控制。对于一个共享段，不同的进程可以有不同的存取控制权限。例如，若共享段是数据段，对于建立该数据段的进程允许其读和写，对于其他进程可只允许读。

3）段号。对于同一共享段，不同的进程可以使用不同的段号去共享该段。

（3）共享段的分配与回收

由于共享段是供多个进程所共享的，因此对共享段的内存分配方法与非共享段有所不同。在分配共享段内存时，当第一个进程请求使用该共享段时，由系统为该共享段分配一内存区域，并把共享段调入其中，同时将该段的起始地址填入该进程段表的相应项中，并在共享段表中增加一表项，填写有关数据，把共享进程计数 count 置为 1。之后，当其他进程调用该共享段时，由于该段已被调入内存，故无须再为该段分配内存，只需在调用进程的段表中增加一表项，填入该共享段的内存地址；在共享段表中填入调用进程名、进程号、段号和存取控制，执行共享进程计数加 1 操作（count=count+1）。

当共享此段的进程不再需要它时，执行共享进程计数减 1 操作（count=count-1），若减

1 后结果为 0，则需由系统回收该共享段的物理内存，以取消该段在共享段表中对应的表项，表明此时已没有进程使用该段；否则（减 1 后，count 值不为 0）只是取消调用进程在共享段表中的有关记录。

2. 段的保护

段式存储管理系统另一个突出的优点是便于对段的保护，因为段是有意义的逻辑信息单位，即使在进程执行过程中也是这样。因此段的内容可以被多个进程以相同的方式使用，如某个程序段中只含指令，指令在执行过程中是不能被修改的，对指令段的存取方式可以定义为只读和可执行。另一段只含数据，数据段则可读可写，但不能执行。在进程执行过程中，地址变换机构对段表中的存取保护位的信息进行检验，防止对段内的信息进行非法存取。段的保护措施有以下 3 种。

（1）存取控制

在段表中增加存取保护位，用于记录对本段的存取方式，如可读、可写或可执行等。

（2）段表保护

每个进程都有自己的段表，段表本身对段可起到保护作用。由于段表中记录段的长度，在进行地址变换时，如果段内地址超过段长，便发出越界中断，这样就限制了各段的活动范围。另外，段表寄存器中有段表长度信息，如果进程逻辑地址中的段号超过段表长度，系统同样产生中断，从而进程也被限制在自己的地址空间中活动，不会发生一个进程访问另外一个进程的地址空间的现象。

（3）环保护

环保护的基本思想是系统把所有信息按照其作用和相互调用关系分成不同的层次（环），低编号的环具有较高的权限，编号越高，其权限越低，如图 5-44 所示。它支持 4 个保护级别，0 级的权限最高，3 级的权限最低。

图 5-44　环保护机制

1）0 级是操作系统内核，它处理 I/O、存储管理和其他关键的操作。

2）1 级是系统调用处理程序，用户程序可以调用系统提供的系统调用，但只有一些特定的和受保护的系统调用才提供给用户。

3）2 级是库函数，它可能是由很多正在运行的进程共享的，用户程序可以调用这些过程，读取它们的数据，但不能修改它们。

4）用户程序运行在 3 级上，受到的保护最少。

在环保护机制下，程序的访问和调用遵循一个环内的段可以访问同环内或环号更大的环中的数据，一个环内的段可以调用同环内或环号更小的环中的服务的规则。

在任何时刻，运行程序都处于由程序状态字寄存器中的两位所指出的某个保护级别上，只要程序只使用与它同级的段，一切都会正常，对更高级别数据的存取是允许的，而对更低级别数据的存取是非法的，并会引起保护中断。调用更低级别的过程是允许的，但要通过严格的控制。为了执行越级调用，调用指令必须包含一个选择符，该选择符指向一个称为调用门的描述符，由它给出被调用过程的地址。因此，要跳转到任何一个级别代码段的中间都是不可能的，只有正式指定的入口点可以使用。

5.6.6　分段存储管理的优缺点

分段存储管理具有如下的优缺点。

1.　优点

1）便于程序模块化处理和处理变换的数据结构。
2）便于动态链接和共享。
3）无内部碎片。
4）便于动态申请内存资源。
5）通常段比页大，因而段表比页表短，可以缩短查找时间，提高访问速度。

2.　缺点

1）与分页类似，需要硬件支持。
2）为满足分段的动态增长和减少外部碎片，要采用拼接技术。
3）分段的最大尺寸受到主存可用空间的限制。
4）有外部碎片。

5.6.7　分页和分段的区别

分页存储管理方式和分段存储管理方式存在着较多的相似之处，两者都采用离散的内存分配，程序运行时需要在内存中分别建立页表或段表，计算机硬件上需要增加页表寄存器或段表寄存器，都要经过逻辑地址到物理地址的转换。但两者还有一些区别，主要表现在以下几个方面。

1.　信息单位不同

页是信息的物理单位，是为了提高内存的利用率，消减内存的外碎片，根据系统需要而设定的物理划分单位；而段则是信息的逻辑单位，是为了用户组织程序代码而设定的逻辑划分单位，它包含一组意义相对完整的信息。

2.　大小不同

页的大小固定，由系统硬件把逻辑地址划分为页号和页内位移两部分，因而在整个系统内只有一种大小的页面；而段的大小不固定，由用户在编译链接时对段的定义决定。

3.　维数不同

分页存储管理方式的程序逻辑地址空间是一维的，即线性地址空间；而分段存储管理方式的程序逻辑地址空间是二维的，由段号和段内位移标识。

5.7　段页式存储管理方式

分页存储管理方式和分段存储管理方式各有其优点，分页存储管理方式能够有效地提高内存利用率，而分段存储管理方式能够很好地按照用户逻辑组织程序。如果能够将两种方式有机地结合在一起，既可以解决内存外碎片的问题，又可以满足用户的需求，具有易于代码共享、保护、可动态链接等优点，这是一种较好的策略。段页式存储管理方式正是基于该种思想发展而成的。

5.7.1　基本原理

段页式存储管理方式是分段式存储管理和分页式存储管理的结合。

1．内存分块

采用分页管理中的内存分块思想，把内存看成是由一系列固定长度的块组成的，每个块对应一个块号，块号从 0 开始编址。这与分页式存储管理中的内存分块一样。

2．程序分段

采用分段管理中的程序分段思想，程序由若干个在逻辑上具有完整独立意义的单位组成，每个单位称为段，系统在链接程序时，为各个段的信息建立独立的虚拟地址空间。每个段对应一个段号，一个段的虚拟地址空间从 0 开始连续编号。

3．段分页

段分页类似于分页管理中的进程分页思想。但在这里，分页是针对程序中的段进行的，在装入程序的一个段时，把该段的虚拟地址空间按块的长度分成页，并按虚拟地址的顺序依次为每个页编号，页号为 0、1、2、…，由于段的长度不一定是块长度的整数倍，每个段在分页后，最后一页可能不足一个块的长度，但也按一个页处理。

4．非连续的分配

以页为单位分配内存块，同一个段的几个相邻的页在内存中不要求占用相邻的内存块，也就是说，同一个页的程序信息在内存中是连续存放的，但不同页之间，内存中的程序信息可以是不连续的。

5．逻辑地址

在段页式存储管理中，先将程序分成若干个段，再把每个段分成若个页。一个逻辑地址表示由 3 部分组成：段号 s、段内页号 p 和页内位移 w，记作 $v=(s,p,w)$，图 5-45 显示了程序的逻辑地址结构。

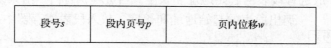

段号 s	段内页号 p	页内位移 w

图 5-45　段页式逻辑地址结构

5.7.2　段页式存储管理中的数据结构

管理内存块使用状况的数据结构，可以采用分页式存储管理中的位示图或空闲块链表。每个进程由多个段组成，每个段又分为若干个页，把用于管理进程的段信息的数据结构称为段表；用于管理一个段的页信息的数据结构称为段页表，也简称页表。

1．段表

每个进程对应一个段表，段表的结构由段号、段长、中断位 P、段页表基址及其他的存取控制信息等组成。其中，中断位 P 表示段页表是否建立，P=0 表示未建立，P=1 表示已经建立，段长表示段的虚拟地址空间大小，可以用页数或段页表长度来表示。

2. 段页表

进程的每一个段都对应一个段页表，主要由页号、块号、中断位 P、访问位 A、修改位 M、外存地址等组成。一个进程的段表和段页表的关系如图 5-46 所示，它们的建立和初始化过程如下。

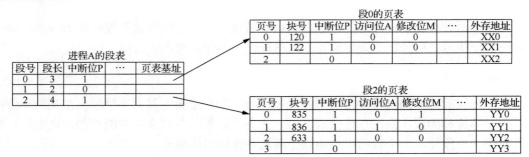

图 5-46　进程的段表和段页表的关系

在程序装入时，根据程序的段数目，建立一个段表，依次填入段号、段长（页数），中断位 P 置为 0；在为一个段装入一个页时，如果段表中该段的中断位 P=0，则根据该段的页数，建立一个页表，并将页表的起始地址填入段表中对应的页表基址上，置 P=1；如果段表中该段的中断位 P=1，则从段表中对应的页表基址中得到该段的页表；为装入的页分配一个空闲块，并设置页表中的相应信息。

3. 总页表

总页表即位示图，用于记录并管理内存页面。

5.7.3　地址变换

1. 地址变换机构所需的寄存器

为了方便进行段页式存储的地址变换，硬件需要提供以下几个寄存器。

（1）段表寄存器

段表寄存器存放进程段表的起始地址和长度。当进程执行时，由系统从进程的 PCB 中调出段表的起始地址和长度，放入段表寄存器中。

段号	段内页号	块号
⋮	⋮	⋮
s	p	p'
⋮	⋮	⋮

图 5-47　快表

（2）快表

一组快表用于保存正在运行进程的段表和段页表中的部分表项。本应有快段表和快页表这两个快表，但是在实现时通常将其合并在一起，如图 5-47 所示。

2. 地址变换过程

段页式存储管理方式，从宏观上来说仍然采用的是分段式存储管理，只是在局部上再细化为分页式存储管理，因此，段页式存储管理同分段存储管理中的地址变换一样，需要在硬件上增加段表寄存器。

进程从就绪状态转换为执行状态时，需要将进程的段表基址和长度加载到段表寄存器中。地址转换时，首先将段号与段表长度进行比较，判断是否越界，如果越界则产生越界中断；其次，将段号与段表基址相加，获得段号在段表中的段表项，查看该段的中断位，若该段不在内存，则产生缺段中断，并将所缺段调入内存。如果内存没有空间，则需要进行置换。然后通过段表项找到页表在内存中存放的基址和长度；再次，将逻辑地址中的段内页号与段长（段页表长度）进行比较。如果段内页号大于段页表长度，则产生一个越界中断；否则，将段内页号与段页表中的页表基址相加，找到段内页号对应的页表项，查看该页的中断位，如果该页不在内存，则产生一个缺页中断，将该页调入内存。如果内存没有空间，则需要进行置换。通过页表项获得页框号（块号）后，利用页框号和页内位移构成要访问逻辑地址对应的内存单元地址。地址变换过程如图 5-48 所示。

在图 5-48 中，给出一个段页式存储管理的逻辑地址(2,1,100)。首先系统把段号 2 与段表寄存器中的段表长度 3 相比较，2<3 成立，段号合法；然后把段表寄存器中的段表基址与段号相加，找到内存中段表的第 2 段的段表项，得到第 2 段中页表基址和页表长度；之后比较段内页号 1 和段长（段页表长度）2，1<2，段内页号合法，系统查找段页表，在段页表中找到第 1 页所在的页表项，找到第 1 页对应的页框号 31；最后由页框号 31 和页内位移 100 拼接形成物理地址。

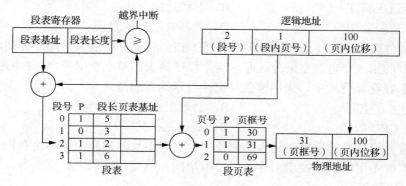

图 5-48　段页式存储管理的地址变换

段页式存储管理方式访问一条指令或数据，需要经过 3 次内存访问，第一次是访问内存中的段表，从中得到段页表起始地址。第二次是访问内存中的段页表，从中取得该页所对应的页框号，并将页框号与页内位移一起形成指令或数据的物理地址。第三次是用得到的物理地址访问相应的内存单元，真正访问指令或数据。显然，这使内存访问次数增加了两次，降低了指令执行速度。为了解决这个问题，需要在系统中增加快表，暂存部分段表项和段页表项。进行地址变换时，系统首先查找快表，找到相应的段表和段页表，然后进行地址变换；如果在快表中没有找到所需的段和页，仍需要查找段表和段页表，还需要 3 次访问内存。

5.7.4　段页式存储的共享与保护

段页式存储管理方式中段的共享与保护，其实现思想同分段式存储管理方式相似，这里不再赘述，留给读者自己思考。

段页式存储管理结合了分段式存储管理和分页式存储管理的优点，而且克服了分段式存储管理的外部碎片问题，但是段页式存储管理的内部碎片并没有做到和分页式存储管理一样少。分页式存储管理方式下平均一个程序有半页碎片，而段页式存储管理方式下平均一段就有半页碎片，而一个程序往往有很多段，所以平均下来段页式存储管理方式的内部碎片比分页式存储管理方式还要多。

5.8　典型例题讲解

一、单选题

【例 5.1】在存储器管理中，地址变换机构将逻辑地址变换为物理地址，形成逻辑地址的阶段是（　　）。

A．编辑 　　　　B．编译 　　　　C．链接 　　　　D．装载

解析：编译过后的程序需要经过链接才能装载，而链接后形成的目标程序中的地址就是逻辑地址。链接阶段主要完成了重定位，形成整个程序的完整逻辑地址空间。故本题答案是 C。

【例 5.2】可变分区分配管理方式中，（　　）总是能找到满足程序要求的最小空闲分区分配。

A．最佳适应算法 　　　　　　B．首次适应算法

C．最坏适应算法 　　　　　　D．循环首次适应算法

解析：最佳适应算法要求空闲分区表（链）按照空闲分区的大小降序排列，每次从表（链）首查找到的第一个适合空闲分区即为满足程序要求的最小空闲分区。故本题答案是 A。

【例 5.3】在存储管理中，采用覆盖与交换技术的目的是（　　）。

A．节省主存空间 　　　　　　B．物理上扩充主存容量

C．提高 CPU 效率 　　　　　　D．实现主存共享

解析：覆盖和交换的提出就是为了解决主存空间不足的问题，但不是在物理上扩充主存，只是将暂时不用的部分换出主存，以节省空间，从而在逻辑上扩充主存。故本题答案是 A。

【例 5.4】某基于可变分区分配管理方式的计算机，其主存容量为 55MB（初始空间），采用最佳适应算法，分配和释放空闲分区的顺序为分配 15MB、分配 30MB、释放 15MB、分配 8MB、分配 6MB，此时主存中最大空闲分区的大小是（　　）。

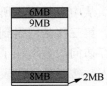

A．7MB 　　　　　　　　　B．9MB

C．10MB 　　　　　　　　　D．15MB

图 5-49　空闲分区布局

解析：按照空闲分区分配和释放的顺序，操作结束后，内存空闲分区布局如图 5-49 所示。故本题答案是 B。

【例 5.5】动态重定位分区分配管理方式宜采用（　　）。

A．绝对地址装入方式 　　　　B．可重定位装入方式

C．动态运行时装入方式 　　　D．其他装入方式

解析：动态重定位分区分配管理方式要解决的问题是程序在内存中动态移动，因此，程序装入内存后，不宜将程序的逻辑地址修改为物理地址。故本题答案是 C。

【例 5.6】如图 5-50 所示，程序装入内存时，如果采用可重定位装入方式，则 ? 处的地址是（　　）。

A．2500 　　　　B．12500 　　　　C．不确定 　　　　D．13000

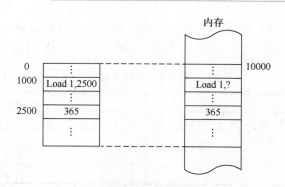

图 5-50　程序装入内存示意图

注：Load 1,2500 代表将地址为 2500 的内存单元数据加载到 1 号寄存器中。

解析：采用可重定位装入方式，程序在外存上存储时采用逻辑地址空间，而在装入内存时需要将逻辑地址转换为物理地址，装入内存的起始物理地址为 10000，则？处的物理地址是逻辑地址与起始物理地址之和，即 12500。故本题答案是 B。

【例 5.7】分区分配内存管理方式的主要保护措施是（　　）。

A．界地址保护　　B．程序代码保护　C．数据保护　　　D．栈保护

解析：每个进程都拥有自己独立的进程空间，如果一个进程在运行时所产生的地址在其地址范围空间之外，则发生地址越界，因此需要进行界地址保护。故本题答案是 A。

【例 5.8】某计算机采用二级页表分页存储管理方式，按字节编制，页面大小为 2^{10}B，页表项大小为 2B，逻辑地址结构如图 5-51 所示。

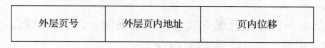

外层页号	外层页内地址	页内位移

图 5-51　逻辑地址结构

程序逻辑地址空间大小为 2^{16} 页，则表示整个逻辑地址空间的外层页表中包含的表项个数至少是（　　）。

A．64　　　　　　B．128　　　　　　C．256　　　　　　D．512

解析：程序逻辑地址空间为 2^{16}，则共有 2^{16} 个页表项；每个页面大小为 2^{10}，则每个页框可以容纳 2^9 个页表项；将所有的页表项除以 2^9，则外层页表中需要有 2^7 个页表项。故本题答案是 B。

【例 5.9】分段存储管理方式中的程序逻辑地址格式是（　　）地址。

A．线性　　　　　B．一维　　　　　C．二维　　　　　D．三维

解析：分段存储管理方式中，程序逻辑地址由段号和段内位移组成，因此，是二维地址。故本题答案是 C。

【例 5.10】不会产生内部碎片的存储管理是（　　）。

A．分页式存储管理　　　　　　　　B．分段式存储管理

C．固定分区式存储管理　　　　　　D．段页式存储管理

解析：分页式存储管理中最后一页有内部碎片，固定分区中有内碎片，段页式存储管理中每个段的最后一页装不满，会有内部碎片，而分段式存储管理有外部碎片。故本题答案为 B。

【例 5.11】在某分页式存储管理系统中，页表如表 5-5 所示。若页的大小为 4KB，则地

址转换机构将逻辑地址 0 转换成的物理地址为（块号从 0 开始计算）（   ）。

    A．8192   B．4096   C．2048   D．1024

表 5-5　页表内容

页号	块号
0	2
1	1
2	3
3	7

    解析： 逻辑地址为 0，则在第 0 页，页内位移量为 0；由页表可知，第 0 页对应第 2 块，页面大小为 4KB，所以物理地址为 2×4KB+0=8192。故本题答案是 A。

    【例 5.12】 考虑一个分页存储管理系统，其页表常驻内存。①如果内存访问时间是 200ns，那么访问内存中的数据需要多长时间？②如果引入快表，而且 75%的页面可以从快表中找到，那么此时的平均访问时间是（   ）。（假设快表的访问时间可以忽略不计）

    A．200ns，150ns   B．400ns，150ns

    C．400ns，250ns   D．600ns，250ns

    解析： 在①中，访问数据需要两次访问内存，第一次访问内存中的页表，第二次访问内存中的数据。故需要 200ns×2=400ns。在②中，平均访问时间为(1-75%)×(200ns+200ns)+75%×200ns=250ns。故本题答案是 C。

二、填空题

    【例 5.13】 在基本分页存储管理方式中，如果采用一级页表机制，当要按照给定的逻辑地址进行读/写时，需要_____次访问内存。

    解析： 采用一级页表机制的基本分页存储管理方式，实现对给定逻辑地址所对应的内存单元进行访问，需要进行两次内存访问，一次是页表访问，另一次是对应内存单元访问。故本题答案是 2。

    【例 5.14】 设有 8 页的逻辑空间，每页有 1024B，它们被映射到 32 块的物理存储区中，那么逻辑地址的有效位是_____位，物理地址至少_____位。

    解析： 逻辑地址由页号和页内位移两部分组成，有 8 页的逻辑空间，页号占 3 位。每页 1024B，页内地址占 10 位，逻辑地址的有效位为 3+10=13 位；物理空间有 32 块，块号占 5 位，每块等于每页，块内地址占 10 位，物理地址有 5+10=15 位。故本题答案是 13，15。

    【例 5.15】 内存保护是为了防止一个作业有意或无意破坏操作系统或其他作业，常用的内存保护方法有_____方法和_____方法。

    解析： 常用的内存保护方法有界限寄存器法和存储保护键法。界限寄存器法实现内存保护，又分为上下界寄存器和基址寄存器/界限寄存器两种方法。故本题答案是界限寄存器，存储保护键。

三、综合题

    【例 5.16】 某系统采用分页存储管理方式，页面大小 2KB，程序逻辑空间 32 页，内存物理空间 1MB。

    1）写出逻辑地址的格式。

    2）若不考虑访问权限等，进程的页表有多少项？每项至少有多少位？

3）如果物理空间减少一半，页表结构应相应进行怎样的改变？

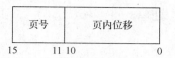

页号	页内位移

15　　11 10　　　　　　　0

图 5-52　逻辑地址格式

解析：1）程序逻辑空间不大，按照一级页表构造，程序的逻辑地址格式如图 5-52 所示。

2）由于程序逻辑空间有 32 页，所以，进程的页面有 32 项。页表中存放页面所对应的页框号，内存有 1MB，每个页框 2KB，最多有 2^9 个页框，表示页框号最少要有 9 位，故每项至少有 9 位。

3）如果物理空间减少一半，则最多有 2^8 个页框，表示页框号最少要 8 位，故每项至少有 8 位。

【例 5.17】表 5-6 给出了某系统的空闲分区表，系统采用可变分区分配管理方式。现有以下作业序列：96KB、20KB、200KB。若用首次适应算法和最佳适应算法来处理这些作业序列，则哪一种算法可以满足该作业序列的请求？为什么？

表 5-6　空闲分区表 1　　　　　　　　　　　单位：KB

分区号	大小	起始地址
1	32	100
2	10	150
3	5	200
4	218	220
5	96	530

解析：采用首次适应算法时，96KB 大小的作业进入 4 号空闲分区，20KB 大小的作业进入 1 号空闲分区，这时空闲分区如表 5-7 所示。此时再无空闲分区可以满足 200KB 大小的作业，所以该作业序列请求无法满足。采用最佳适应算法时，作业序列分别进入 5 号、1 号和 4 号空闲分区，可以满足其请求。分配处理之后的空闲分区表如表 5-8 所示。

表 5-7　空闲分区表 2　　　　　　　　　　　单位：KB

分区号	大小	起始地址
1	12	120
2	10	150
3	5	200
4	122	316
5	96	530

表 5-8　空闲分区表 3　　　　　　　　　　　单位：KB

分区号	大小	起始地址
1	12	120
2	10	150
3	5	200
4	18	420

【例 5.18】在分页式存储管理中，允许用户编程空间为 32 个页面（每页 1KB），主存为 16KB，如有一用户程序有 10 页长，且某时刻该用户程序页表如表 5-9 所示。如果分别遇有 3 个逻辑基址：0AC5H、1AC5H、3AC5H 处的操作，试计算并说明存储管理系统如何

处理。

表 5-9 用户程序页表

逻辑页号	物理块号
0	8
1	7
2	4
3	10

解析：页面大小为 1KB，所以低 10 位为页内位移；用户编程空间为 32 个页面，即逻辑地址高 5 位为页号；主存 16 个页面，即物理地址高 4 位为物理块号。

1）逻辑地址 0AC5 转换为二进制为 **000 10**10 1100 0101B，页号为 2（00010B），映射到物理块号 4，故系统访问物理地址：12C5H（**01 00**10 1100 0101B）。

2）逻辑地址 1AC5 转换为二进制为 **001 10**10 1100 0101B，页号为 6（00110B），不在页面映射表中，会产生缺页中断，系统进行缺页中断处理。

3）逻辑地址 3AC5 转换为二进制为 **011 10**10 1100 0101B，页号为 14（01110B），而该用户程序只有 10 页，故系统产生越界中断。

【例 5.19】在一个分段式存储管理系统中，其段表如表 5-10 所示。试求表 5-11 中的逻辑地址所对应的物理地址。

表 5-10 段表

段号	内存起始地址	段长
0	210	500
1	2350	20
2	100	90
3	1350	590
4	1938	95

表 5-11 逻辑地址

段号	段内位移
0	430
1	10
2	500
3	400
4	112
5	32

解析：1）由段表可知，第 0 段内存起始地址为 210，段长为 500，故逻辑地址(0,430)是合法地址，对应的物理地址为 210+430=640。

2）由段表可知，第 1 段内存起始地址为 2350，段长为 20，故逻辑地址(1,10)是合法地址，对应的物理地址为 2350+10=2360。

3）由段表可知，第 2 段内存起始地址为 100，段长为 90，逻辑地址(2,500)的段内位移 500 已经超过了段长，故为非法地址。

4）由段表可知，第 3 段内存起始地址为 1350，段长为 590，故逻辑地址(3,400)是合法地址，对应的物理地址为 1350+400=1750。

5）由段表可知，第 4 段内存起始地址为 1938，段长为 95，逻辑地址(4,112)的段内位移 112 已经超过了段长，故为非法地址。

6）由段表可知，不存在第 5 段，故逻辑地址(5,32)为非法地址。

【例5.20】某计算机主存按字节进行编址，逻辑地址和物理地址都是 32 位，页表项大小为 4B。

1）若使用一级页表的分页存储管理方式，逻辑地址结构如图 5-53 所示，则页的大小是多少字节？页表最大占用多少字节？

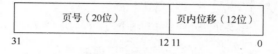

图 5-53　逻辑地址结构 1

2）若使用二级页表的分页存储管理方式，逻辑地址结构如图 5-54 所示，设逻辑地址为 LA，请分别给出其对应的页目录号和页表索引的表达式。

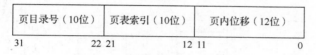

图 5-54　逻辑地址结构 2

3）采用 1）中的分页式存储管理方式，一个代码段起始逻辑地址为 00008000H，其长度为 8KB，被装载到从物理地址 00900000H 开始的连续主存空间中。页表从主存 00200000H 开始的物理地址处连续存放，如图 5-55 所示（地址大小自下向上递增）。请计算出该代码段对应的两个页表项的物理地址，这两个页表项中的页框号及代码页面 2 的起始物理地址。

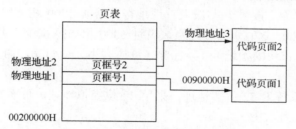

图 5-55　主存分配

解析：1）采用一级页表，因为页内位移是 12 位，按字节编址，所以页大小为 $2^{12}=4\text{KB}$，页表项数为 $2^{32}/4\text{K}=2^{20}$，又页表项大小为 4B，因此一级页表最大为 $2^{20}\times4\text{B}=4\text{MB}$。

2）页目录号可表示为((unsigned int)(LA))>>22)&0x3FF。页表索引可表示为((unsigned int)(LA))>>12)&0x3FF。

"&0x3FF" 操作的作用是取后 10 位，页目录号可以不用，因为其右移 22 位后，前面已都为零。页目录号也可以写成((unsigned int)(LA))>>22；但页表索引不可以，如果两个表达式没有对 LA 进行类型转换，也是可以的。

3）代码页面 1 的逻辑地址为 00008000H，写成二进制位为 **0000 0000 0000 0000 1000** 0000 0000，前 20 位为页号（对应十六进制的前 5 位，页框号也是如此），即表明其位于第 8 个页处，对应页表中的第 8 个页表项，所以第 8 个页表项的物理地址=页表起始地址+8×页表项的字节数=0020 0000H+8×4=0020 0020H。由此可得图 5-56 所示的答案，即两个页表项的物理地址分别为 00200020H 和 00200024H。这两个页表项中的页框号分别为 00900 和

00901H。代码页面 2 的起始物理地址为 00901000H。

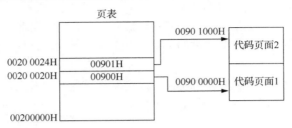

图 5-56　分页存储管理下的物理地址存放

【例 5.21】如图 5-57 所示是一种段页式存储管理配置方案，一页大小为 1KB。要求：
1）根据给出的虚地址写出物理地址。2）描述地址变换过程。

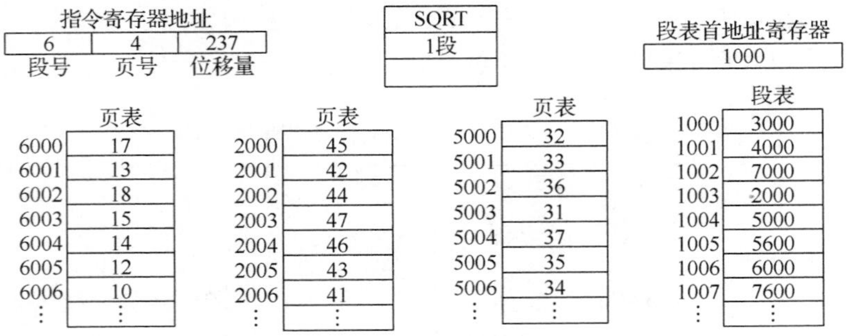

图 5-57　段页式管理配置方案

解析：1）物理地址为 14573。

2）地址变换过程为，段号 6 与段表首地址寄存器值 1000 相加得 1006，在段表 1006 项查得页表首址为 6000。这时页号 4 与页表首址 6000 相加得 6004，进而查页表项 6004 内容为 14，即块号 14，该块的始址为 14×1024（每块大小）=14336，加上位移量 237 即得物理地址为 14573。

【例 5.22】已知系统为 32 位实地址，采用 48 位虚拟地址，页面大小为 4KB，页表项大小为 8B；每段最大为 4GB。

1）假设系统使用纯页式存储，则要采用多少级页表？页内偏移多少位？

2）假设系统采用一级页表，TLB 命中率为 98%，TLB 访问时间为 10ns，内存访问时间为 100ns，并假设当 TLB 访问失败后才访问内存，问平均页面访问时间是多少？

3）如果是二级页表，页面平均访问时间是多少？

4）题 3）中，如果要满足访问时间<=120ns，那么命中率需要至少多少？

5）若系统采用段页式存储，则每用户最多可以有多少段？段内采用几级页表？

解析：1）首先，页面大小为 4KB，故页内位移需要 12 位来表示。其次，系统虚拟地址一共 48 位，所以剩下的 48-12=36 位可以用来表示虚页号。每一个页面可以容纳的页表项为 $4KB/8B=2^9$（也就是可以最多表示到 9 位长的页号），而虚页号的长度为 36 位，所以需要的页表级数为 36/9=4 级。

2）当进行页面访问时，首先应该先读取页面对应的页表项，98% 的情况可以在 TLB 中直接得到页表项，直接将逻辑地址转化为物理地址，访问内存中的页面。如果 TLB 未命中，则要通过一次内存访问来读取页表项，所以页面平均访问时间是 98%×(10+100)ns+2%×(10+100+100)ns=112ns。

3）二级页表的情况下：如果 TLB 命中，则和 2）的情况一样；如果 TLB 没有命中，采用二级页表需要访问 3 次内存，所以页面平均访问时间是 98%×(10+100)ns+2%×(10+100+100+100)ns=114ns。

4）假设快表的命中率为 p，应该满足以下式子：p×(10+100)ns+(1-p)×(10+100+100+100)ns≤120ns。

可以解得：p≥95%，所以如果要满足访问时间≤120ns，那么命中率至少为 95%。

5）48 位虚拟地址，可以表示 2^{48}B=2^{18}GB 大的空间，每段是 4GB，故一个用户程序最多有 2^{18}GB/4GB=2^{16} 个段，所以段号占 16 位。每段是 4GB，每页是 4KB，故需要有 4GB/4KB=2^{20} 个页，每页可以存放 2^9 个页表项，故需要 20/9≈3 级页表。

注意：在多级页表的情况下，如果 TLB 没有命中，则需要从虚拟地址的高位起，每 N 位（其中 N 就是类似于问题 1）中的数字 9）逐级访问各级页表，以第 1）问为例，如果快表未命中，则需要访问 5 次内存才能得到所需页面。

本 章 小 结

本章首先介绍了计算机指令操作数的寻址方式，特别介绍了 Cache、存储器的物理地址与逻辑地址的概念，以及存储器的保护等内容。然后介绍了程序的生成过程，重点介绍了程序的链接和装入过程。程序的链接是将编译生成的目标模块进行组装生成可执行程序，链接过程需要修改目标模块的相对地址和变换外部调用符号，从而将程序中出现的所有符号有机地联系在一起。按照链接发生的时机，可以将链接分为静态链接、装入时动态链接和运行时动态链接。静态链接发生在程序编译之后，装入时动态链接发生在程序装入内存时刻，而运行时动态链接发生在程序运行时刻。程序的装入是将可执行程序从外存装入内存，准备执行。程序的装入分为绝对装入方式、可重定位装入方式和动态运行时装入方式 3 种。绝对装入方式是指程序编译链接时参考的地址空间即为程序将来运行时要装入的内存空间，程序未运行前已经考虑了程序将要运行的环境。可重定位装入方式和动态运行时装入方式在程序编译链接时使用逻辑地址空间，区别在于前者在程序装入时修改程序逻辑地址为物理地址，且为永久性改变，后者在程序运行时借助硬件电路将逻辑地址转换为物理地址，程序本身不做任何修改。

其次，按照程序进入内存是否占用一块连续的内存空间，介绍了连续分配方式和离散存储管理方式。连续分配方式包括单一连续分配管理方式、固定分区分配管理方式、可变分区分配管理方式和动态重定位分区分配管理方式，重点论述了它们的实现数据结构和算法。然后介绍了覆盖和交换技术，它们是使小内存运行大程序的实践尝试。离散存储管理方式根据程序划分的单位，分为分页存储管理方式和分段存储管理方式，分页式存储管理方式以页为单位将程序装入内存若干不连续的页框中，分段存储管理方式以段为单位将程序装入内存若干不连续的分区中。分页存储管理方式为了实现地址转换，需要设置页表和页表寄存器；分段存储管理方式为了实现地址转换，类似需要设置段表和段表寄存器。分页式存储管理方式可以提高内存的利用率，分段存储管理方式有利于代码共享，段页式存储管理方式将两者的优点集于一身，宏观上采用分段管理，微观上在段内采用分页管理。

习 题

一、单选题

1. 分区分配方式要求给每一个程序都分配（　　）的内存空间。

    A. 一个地址连续
                B. 若干地址不连续

    C. 若干连续的页
                D. 若干不连续的帧

2. 可变分区分配管理方式中，程序终止后要回收其内存空间，该空间可能与相邻空闲分区邻接，修改空闲分区表使空闲分区始址改变但空闲分区个数不变的是（　　）情况。

    A. 有上邻空闲分区也有下邻空闲分区
    B. 有上邻空闲分区但无下邻空闲分区

    C. 无上邻空闲分区但有下邻空闲区
    D. 无上邻空闲区也无下邻空闲

3. 可变分区分配管理方式中，若采用最佳适应算法，空闲分区表中的空闲分区按（　　）顺序排列。

    A. 长度递增
    B. 长度递减
    C. 地址递增
    D. 地址递减

4. 分页式存储管理方式的主要特点是（　　）。

    A. 要求处理缺页中断
                B. 要求扩充内存容量

    C. 不要求作业装入内存的连续区域
    D. 不要求作业全部同时装入内存

5. 基本分页存储管理方式不具备（　　）功能。

    A. 页表
    B. 地址变换
    C. 快表
    D. 请求调页和页面置换

6. 在分段式存储管理方式中，（　　）。

    A. 以段为单位，每段是一个连续存储区

    B. 段与段之间必定不连续

    C. 段与段之间必定连续

    D. 每段是等长的

7. 以下存储管理方式中，会产生内部碎片的是（　　）。

①分段式存储管理方式　②分页式存储管理方式　③段页式存储管理方式　④固定分区存储管理方式

    A. ①、②、③
    B. ③、④
    C. ②
    D. ②、③、④

8. 操作系统实现（　　）存储管理的代价最小。

    A. 分区
    B. 分页式
    C. 分段式
    D. 段页式

9. 程序如图 5-58（a）所示，程序装入内存后的视图如图 5-58（b）所示。若采用可重定位装入方式，则 jump 指令的跳转地址在装入内存后，应为（　　）。

    A. 0x8020
    B. 0x20
    C. 0x800a
    D. 不确定

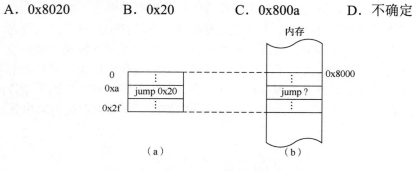

图 5-58　程序可重定位装入示意图

10. 可变分区分配管理方式中，优先使用低地址部分空闲分区的算法是（　　）。

　　A. 最佳适应算法　　　　　　　　　　B. 首次适应算法

　　C. 最坏适应算法　　　　　　　　　　D. 循环首次适应算法

11. 对外存对换区的管理以（　　）为主要目标。

　　A. 提高系统吞吐量　　　　　　　　　B. 提高存储空间利用率

　　C. 降低存储费用　　　　　　　　　　D. 提高换入、换出速度

12. 段页式存储管理汲取了分页式存储管理和分段式存储管理的优点，其实现原理结合了分页式存储管理和分段式存储管理的基本思想，即（　　）。

　　A. 用分段方法来分配和管理物理存储空间，用分页方法来管理用户地址空间

　　B. 用分段方法来分配和管理用户地址空间，用分页方法来管理物理存储空间

　　C. 用分段方法来分配和管理主存空间，用分页方法来管理外存空间

　　D. 用分段方法来分配和管理外存空间，用分页方法来管理主存空间

13. 内存保护需要由（　　）完成，以保证进程空间不被非法访问。

　　A. 操作系统　　　　　　　　　　　　B. 硬件机构

　　C. 操作系统和硬件机构合作　　　　　D. 操作系统或硬件机构独立完成

14. 动态重定位是在作业的（　　）中进行的。

　　A. 编译过程　　　　B. 装入过程　　　　C. 链接过程　　　　D. 执行过程

15. 某段表的内容如表 5-12 所示，一逻辑地址为（2,154），它对应的物理地址为（　　）。

　　A. 120KB+2　　　B. 480KB+154　　　C. 30KB+154　　　D. 480KB+2

表 5-12　段表 1　　　　　　　　　　　　　　　　　　　　　　　单位：KB

段号	段首址	段长
0	120	40
1	760	30
2	480	20
3	370	20

二、填空题

1. 离散存储管理方式中，页是信息的_____单位，段是信息的_____单位。

2. 为了解决外碎片问题，可采用一种方法，将内存中的所有程序进行移动，使原来分散的多个小分区拼接成一个大分区，这种方法称为_____。

3. 页表的作用是_____。

4. CPU 与 Cache 之间的数据交换以_____为单位，而 Cache 与主存之间的数据交换以_____为单位。

5. 如果一个程序为多个进程所共享，那么该程序的代码在执行过程中不能被修改，即代码应该是_____。

6. 程序链接的方式有_____、装入时动态链接方式和_____方式。

7. 采用交换技术获得的好处是以牺牲_____为代价的。

8. 分页系统的内存保护通常有利用页表进行保护、_____和设置合法标志 3 种措施。

9. 设一段表如表 5-13 所示，则逻辑地址（2,88）对应的物理地址是_____，逻辑地

址（4,100）对应的物理地址是_____。

表 5-13　段表 2

段号	内存起始地址	段长
0	219	600
1	2300	14
2	90	100
3	1327	580
4	1952	96

10．在分段系统中常用的存储保护措施有_____、_____、_____3 种方式。

三、综合题

1．由于大型机、微型机和单片机结构不同，从而形成了各种不同的操作数寻址方式。比较典型常用的寻址方式有哪些？

2．CPU 执行一段程序后，Cache 完成存取次数为 2420 次，主存完成存取次数为 80 次，已知 Cache 存取周期为 40ns，主存存取周期为 240ns，求 Cache/主存系统的效率和平均访问时间。

3．存储器管理的主要功能是什么？

4．什么是逻辑地址？什么是物理地址？

5．什么是静态链接？什么是装入时动态链接和运行时的动态链接？在程序链接时，应完成哪些工作？

6．可采用哪几种方式将程序装入内存？它们分别适用于什么场合？

7．为什么要引入动态重定位？如何实现？

8．可变分区分配中常用哪些分配算法？请比较它们的优缺点。

9．在系统中引入对换技术后可带来哪些好处？为实现对换，系统应具备哪几方面的功能？

10．在具有快表的分页式存储管理方式中，如何实现地址变换？

11．某操作系统采用可变分区分配管理方式，用户存储区容量为 512KB，采用空闲分区表管理，分配时采用从低地址部分开始，并假设初始状态存储区全为空。对于下述申请和释放操作：req(300KB)、req(100KB)、release(300KB)、req(150KB)、req(30KB)、req(40KB)、req(60KB)，请问（需要写出主要过程）：

1）若采用首次适应算法，完成申请和释放操作后都有哪些空闲分区？并指明空闲分区的大小和起始地址。

2）若采用最佳适应算法呢？

3）若申请序列后再加上 req(90KB)，那么使用 1）、2）两种不同算法得到的结果又将如何？

12．分页式存储管理方式中，逻辑地址的长度为 16 位，页面大小为 4096B，现有一逻辑地址为 2F6AH，且第 0、1、2 页依次存放在 5、10、11 页框中，假设内存从 0x0 开始编址，该逻辑地址对应的物理地址是多少？

13．假定某操作系统存储器采用分页式存储管理，一进程在快表中的页表如表 5-14 所示，内存中的页表如表 5-15 所示。假定该进程代码长度为 320B，每页 32B。现有逻辑地址（八进制）为 101、204、576，若上述逻辑地址能转换成物理地址，请说明转换过程，并给出具体物理地址；若不能进行地址转换，请说明原因。

表 5-14　快表中的页表

页号	页帧号
0	f1
1	f2
2	f3
3	f4

表 5-15　内存中的页表

页号	页帧号
4	f5
5	f6
6	f7
7	f8
8	f9
9	f10

14．对于一个将页表存放在内存中的分页系统，1）如果访问内存需要 0.2μs，则有效访问时间是多少？2）如果加一个快表，且假定在快表中找到页表项的概率高达 90%，那么有效访问时间又是多少？（假设查询快表所需的时间为 0）

15．在某分页式存储管理系统中，现有 P1、P2 和 P3 共 3 个进程同驻内存，其中，P2 有 4 个页面被分别装入主存的第 3、4、6、8 块中。假定页面和存储块的大小均为 1024B，主存容量为 10KB。

1）写出 P2 的页表。

2）当 P2 在 CPU 上运行时，执行到其地址空间第 500 号处遇到一条传送指令：MOV 2100,3100；请计算 MOV 指令中两个操作数的物理地址。

16．假定一个程序的段表如表 5-16 所示，其中存在位如果是 1，则表示该段在内存；存取控制字段中 W 表示写，R 表示读，E 表示可执行。对下面的指令，在执行时会产生什么样的结果？（STORE 指令表示写，LOAD 表示读）

1）STORE R1,[0,70]。

2）STORE R1,[1,20]。

3）LOAD R1,[3,20]。

4）LOAD R1,[3,100]。

5）JMP [2,100]。

表 5-16　程序段表

段号	存在位	内存起始地址	段长	存取控制
0	0	500	100	W
1	1	1000	30	R
2	1	3000	200	E
3	1	8000	80	R
4	0	5000	40	R

17．在一个分页式存储管理系统中，地址空间分页，每页大小为 1KB。物理空间分块，

设主存总容量是 256KB，描述主存分配情况的位示图如图 5-59 所示（0 表示未分配，1 表示已分配），此时作业调度程序选中一个长为 5.2KB 的作业投入内存。

1）为该作业分配内存后（分配内存时，首先分配低地址的内存空间），请填写该作业的页表内容。

2）分页式存储管理有无零头存在？若有，会存在什么零头？为该作业分配内存后，会产生零头吗？如果产生，大小为多少？（提示：这里的零头指的是一页中未被使用的部分）

3）假设一个 64MB 内存容量的计算机，其操作系统采用分页式存储管理（页面大小为 4KB），内存分配采用位示图方式管理，位示图将占用多大的内存空间？

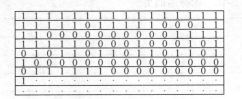

图 5-59 主存分配情况

18. 一个 32 位操作系统内存实现了段页技术，其最多可分成 1024 段，页表最长为 1024，在某一时刻某进程的段表和页表如图 5-60 所示。如图 5-61 所示为进程运行到此时刻物理内存的情况，其中方框的左侧表示内存地址，方框内的内容表示在该地址中的内存数据（整数）。若该进程编译后，编译程序为 b 确定的地址单元为 00802014（十六进制），为 a 确定的地址单元为 00401010（十六进制），进程运行到此时刻 a 和 b 的值是多少？为什么？当进程在执行 "*b=a" 语句后，内存会有什么变化？（除有特殊标注外，其余为十进制。）

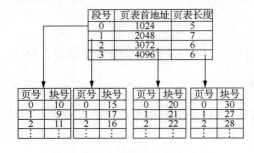

图 5-60 段表与页表

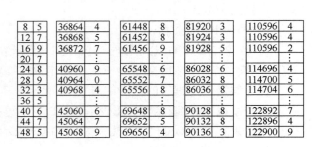

图 5-61 内存空间

19. 在某分页式管理系统中，假设主存为 64KB，分成 16 块，块号为 0、1、2、…、15。设某进程有 4 页，其页号为 0、1、2、3，被分别装入主存的第 9、0、1、14 块。

1）该进程的总长度是多大？

2）写出该进程每一页在主存中的起始地址。

3）若给出逻辑地址(0,0)、(1,72)、(2,1023)、(3,99)，请计算出相应的内存地址（括号内的第一个数为十进制页号，第二个数为十进制页内地址）。

第 6 章　虚拟存储器管理

内容提要:

本章主要包括以下内容: ①虚拟存储器的概念和实现原理; ②请求分页存储管理方式, 包括实现原理、硬件支持、内存分配策略、调页策略; ③各种页面置换算法, 包括最佳置换算法、FIFO 置换算法、LRU 置换算法、Clock 置换算法、最少使用置换算法和页面缓冲算法等; ④抖动与工作集的概念; ⑤请求分段存储管理方式, 包括实现原理、硬件支持等内容。

学习目标:

理解虚拟存储器引入的原因和局部性原理; 掌握虚拟存储器的定义、特征及其实现方法; 掌握请求分页存储管理和请求分段存储管理的工作原理; 掌握各种页面置换算法; 理解抖动出现的原因及工作集的相关概念。

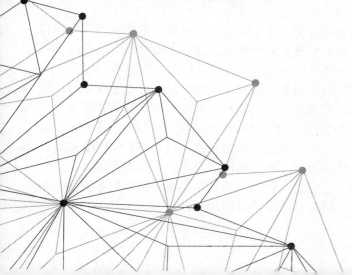

虚拟存储器是基于程序局部性原理上的一种假想的而不是物理存在的存储器，允许用户程序以逻辑地址来寻址，而不必考虑物理上可获得的主存大小，这种将物理空间和逻辑空间分开编址但又统一管理和使用的技术为用户编程提供了极大的方便。此时，用户作业空间称为虚拟地址空间，其中的地址称为虚地址。为了要实现虚拟存储器，必须解决好以下有关问题：主存外存统一管理问题、逻辑地址到物理地址的转换问题、部分装入和部分对换问题。

6.1 虚拟存储器的概念

在多任务环境下，内存容量相对于程序需求来说总是紧张的，为了扩展内存，一方面可以通过增加内存条来实现，但这需要较大的经济投入；另一方面可以通过虚拟存储器技术来实现。

6.1.1 传统存储管理方式的特征

我们把前面所介绍的各种存储器管理方式统称为传统存储管理方式，它们全部都有一个共同的特点，即它们都要求将一个作业全部装入内存后方能运行，具有如下两个特征。

（1）一次性

在传统存储管理方式中，都要求将作业全部装入内存后方能运行，即作业在运行前需要一次性地全部装入内存，而正是这一特征导致了大作业无法在小内存中运行，以及无法进一步提高系统的多道程序并发度，直接限制了处理机的利用率和系统吞吐量的提高。实际上，有许多作业在每次运行时，并非其全部程序和数据都要用到。如果一次性地装入其全部程序，也是一种对内存空间的浪费。

（2）驻留性

作业装入内存后，便一直驻留在内存中，直至作业运行结束。尽管运行中的进程会因I/O原因而处于长期等待状态，或有的程序模块在运行过一次后就不再需要运行了，但它们都仍将继续占用宝贵的内存资源。

由此可以看出，上述的一次性及驻留性，使许多程序在运行中不用或暂不用的程序（或数据）占据了大量的内存空间，使一些需要运行的作业无法装入运行，严重降低了内存利用率，减少系统吞吐量。现在要研究的问题是，一次性及驻留性在程序运行时是否是必需的和不可改变的呢？计算机科学家从物理扩充和逻辑扩充两个方面进行了探讨。

第一种方法是增加硬件投入，扩充内存容量。由于受机器自身和成本的限制，内存容量不可能无限扩大。根据帕金森定律，内存容量扩充速度永远赶不上或远远落后于用户程序空间容量的爆炸性增长。这种从物理硬件上对内存容量进行扩充的方法是不可行的。

第二种方法是在逻辑上进行扩充。计算机科学家进行了多次尝试，首先发现了对换技术，将暂时不用的信息从主存调到外存，需要时再调过来。对换技术解决了"驻留性"问题。其次发现了覆盖技术，对用户程序进行逻辑分析，根据功能模块不同形成不同的覆盖，在装入时可以分别装入，这就解决了"一次性"问题。对换技术和覆盖技术中的信息单位一般是进程，如果再进行细化，在不影响编程时程序结构的情况下，采取部分装入、部分对换技术，可以完全解决"一次性"和"驻留性"问题，这就是虚拟存储器技术。虚拟存储器技术是根据程序运行时存在的局部性现象而研发的一种计算机技术。

6.1.2　局部性原理

　　早在 1968 年，美国 MIT 的 P Denning 就研究了程序执行时的局部性原理，它指程序在执行过程中的一个较短时期所执行的指令地址和指令的操作数地址，分别局限于一定的区域。对程序局部性原理进行研究的还有 Knuth（分析一组学生的 FORTRAN 程序）、Tanenbaum（分析操作系统的过程）、Huck（分析通用科学计算的程序）等。他们发现程序和数据的访问都有聚集成群的倾向，在一个时间段内，仅使用其中一小部分（称空间局部性），或者最近访问过的程序代码和数据，很快又被访问的可能性很大（称时间局部性）。通过对程序的执行进行分析就可以发现以下一些情况。

　　1）程序中只有少量分支和过程调用，大部分是顺序执行的，即要取的下一条指令紧跟在当前执行指令之后。该论点也在后来的许多学者对高级程序设计语言（如 FORTRAN 语言、PASCAL 语言）及 C 语言规律的研究中被证实。

　　2）程序往往包含若干个循环，这些是由相对较少的几个指令重复若干次组成的，在循环过程中，计算被限制在程序中一个很小的相邻部分中（如计数循环）。

　　3）很少会出现连续不断的过程调用序列，相反，程序中过程调用的深度限制在一个小的范围内，因而，一段时间内，指令引用被局限在很少几个过程中。

　　4）对于连续访问数组之类的数据结构，往往是对存储区域中的数据或相邻位置的数据（如动态数组）的操作。

　　5）程序中有些部分是彼此互斥的，不是每次运行时都用到的。例如，出错处理程序，仅当在数据和计算中出现错误时才会用到，正常情况下，出错处理程序不放在主存，不影响整个程序的运行。

　　上述种种情况充分说明，作业执行时没有必要把全部信息同时存放在主存中，而仅仅只需装入一部分的假设是合理的。在装入部分信息的情况下，只要调度得好，不仅可以正确运行，而且可以在主存中放置更多进程，有利于充分利用处理器和提高存储空间的利用率。

　　局部性原理表现在下述两个方面。

　　（1）时间局部性

　　如果程序中的某条指令一旦执行，则不久以后该指令可能再次被执行；如果某数据被访问过，则不久以后该数据可能再次被访问。产生时间局限性的典型原因是在程序中存在着大量的循环操作。

　　（2）空间局部性

　　一旦程序访问了某个存储单元，在不久之后，其附近的存储单元也将被访问，即程序在一段时间内所访问的地址，可能集中在一定的范围之内，其典型情况便是程序的顺序执行。

　　局部性原理既适用于程序结构，也适用于数据结构。时间局部性是通过将近来使用的指令和数据保存到高速缓存存储器中，并使用高速缓存的层次结构实现。空间局部性通常是使用较大的高速缓存，并将预取机制集成到高速缓存控制逻辑中实现。虚拟内存技术实际上就是建立了"内存—外存"的两级存储器的结构，利用局部性原理实现高速缓存。

6.1.3　虚拟存储器的定义与特征

　　基于局部性原理，应用程序在运行之前，没有必要全部装入内存，仅须将当前要运行的少数页面或段先装入内存便可运行，其余部分暂留在磁盘上。程序在运行时，如果它所要访问的页（段）已调入内存，便可继续执行下去；但如果程序所要访问的页（段）尚未调入内存（称为缺页或缺段），此时程序应利用操作系统所提供的请求调页（段）功能，将它们调入内存，以使进程能继续执行下去。如果此时内存已满，无法再装入新的页（段），则还须再利用页（段）的置换功能，将内存中暂时不用的页（段）调至磁盘上，腾出足够的内存空间后，再将要访问的页（段）调入内存，使程序继续执行下去。这样，便可使一个大的用户程序能在较小的内存空间中运行；也可在内存中同时装入更多的进程使它们并发执行。从用户角度看，该系统所具有的内存容量，将比实际内存容量大得多。但须说明，用户所看到的大容量只是一种感觉，是虚的，故人们把这样的存储器称为虚拟存储器。

1. 虚拟存储器的定义

所谓虚拟存储器是指具有部分装入、请求调入功能和置换功能，能从逻辑上对内存容量加以扩充的一种存储器。虚拟存储器的实际物理容量由内存容量和外存容量之和决定，其运行速度接近于内存速度，而每位的成本又接近外存。它的逻辑容量由计算机系统中地址结构中的字长来决定。虚拟存储器使程序的逻辑地址空间真正独立于内存物理地址空间，为程序提供一个比真实内存空间大得多的地址空间。程序在执行时，首先将其最小程序集装入内存。运行中如果所访问的内容已在内存，则继续操作；否则，执行请求调入功能。执行请求调入功能时，如果内存已满，则还要执行置换功能。

2. 虚拟存储器的特征

（1）离散性

离散性指进程不连续地装入内存多个不同的区域中。离散性是实现虚拟存储器的基础。如果采用连续分配方式，需将进程装入一个连续的内存区域，必须事先为进程一次性地分配内存空间，此时进程分多次调入内存没有什么意义。因为即使不调入内存也要为它留出存储空间，否则调入时就无法使进程连续存放。另外，也无法实现在一个小的内存空间内运行一个大程序，所以只有采用离散分配方式，进程仅在需要调入某部分程序和数据时才为它分配存储空间，这才有可能实现虚拟存储器。

（2）多次性

多次性是指一个进程分多次调入内存，即一个进程在运行时，只将当前要运行的部分程序和数据调入内存，以后在进程运行过程中调入需要的其他部分。

（3）对换性

内存中暂时不被使用的程序和数据可以随时被换出到外存，在需要时，又可以被重新调入内存。

（4）虚拟性

虚拟存储器不是扩大物理内存空间，而是让程序的逻辑地址空间真正独立于内存的物理地址空间，为程序提供一个比真实内存空间大得多的地址空间，用户编程时不需要考虑内存的大小。这里的虚拟性是以多次性和对换性为基础的，而多次性和对换性必须建立在离散性的基础之上。

实际上虚拟存储器是为扩大主存而采用的一种设计技巧，虚拟存储器的容量与主存大小无直接关系，而受限于计算机的地址结构及可用的外存的容量。如果地址线是 20 位，那么，程序可寻址范围是 1MB，Intel Pentium 的地址线是 32 位，则程序可寻址范围是 4GB，Windows 2000/XP 便为应用程序提供了一个 4GB 的逻辑主存。如图 6-1 所示为虚拟存储器的概念图。

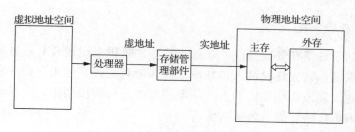

图 6-1　虚拟存储器的概念

虚拟存储器的思想早在 20 世纪 60 年代初期就已在英国的 Atlas 计算机上出现，到 20 世纪 60 年代中期，较完整的虚拟存储器在分时系统 MULTICS 和 IBM 系列操作系统中得到实现。20 世纪 70 年代初期开始推广应用，逐步为广大计算机研制者和用户接受。现代操作系统大多数采用了虚拟存储器技术，如 Windows 操作系统。并且，虚拟存储器都毫无例外地建立在离散存储分配管理方式的基础上，因此，虚拟存储器又分为分页虚拟存储器和分段虚拟存储器，也可以将二者结合起来，构成段页式虚拟存储器。

6.1.4　虚拟存储器的实现方法

虚拟存储器的实现是以离散分配为基础的，需要一定的硬件和软件支持，一般包括下面几个方面。

1）一定容量的内存和外存。

2）页表机制（或段表机制）作为主要的数据结构。

3）中断机构，当用户程序要访问的部分尚未调入内存，则产生中断。

4）地址变换机构，逻辑地址到物理地址的变换。

根据程序划分时的基本单位不同，虚拟存储器可分为请求分页存储管理、请求分段存储管理两种方式。

1. 请求分页存储管理

请求分页存储管理是在基本分页系统的基础上，增加了请求调页功能和页面置换功能所形成的页式虚拟存储系统。它允许只装入少数页面的程序（或数据），便启动运行。以后，再通过调页功能及页面置换功能，陆续地把即将要运行的页面调入内存，同时把暂不运行的页面换出到外存上。置换时以页面为单位。为了能实现请求调页和置换功能，系统必须提供必要的硬件支持和相应的软件。

（1）硬件支持

1）请求分页的页表机制，它是在基本分页的页表机制上增加若干项而形成的，作为请求分页的数据结构。

2）缺页中断机构，即每当用户程序要访问的页面尚未调入内存时，便产生一缺页中断，以请求操作系统将所缺的页调入内存。

3）地址变换机构，它同样是在基本分页地址变换机构的基础上发展形成的。

（2）实现请求分页的软件

实现请求分页的软件包括用于实现请求调页的软件和实现页面置换的软件。它们在硬件的支持下，将程序正在运行时所需的页面（尚未在内存中的）调入内存，再将内存中暂时不用的页面从内存置换到磁盘上。

2. 请求分段存储管理

请求分段存储管理是在分段系统的基础上，增加了请求调段及分段置换功能后所形成的段式虚拟存储系统。它允许只装入少数段（而非所有的段）的用户程序和数据，即可启动运行。以后再通过调段功能和段的置换功能将暂不运行的段调出，同时调入即将运行的段。置换是以段为单位进行的。为了实现请求分段，系统同样需要必要的硬件支持。

（1）硬件支持

1）请求分段的段表机制。这是在基本分段的段表机制基础上增加若干项而形成的。

2）缺段中断机构。每当用户程序所要访问的段尚未调入内存时，产生一个缺段中断，请求操作系统将所缺的段调入内存。

3）地址变换机构。它是在基本分段地址变换机构的基础上发展形成的。

（2）实现请求分段的软件

实现请求分段的软件包括用于实现请求调段的软件和实现段置换的软件。它们在硬件的支持下，先将程序正在运行时所需的段（尚未在内存中的）调入内存，再将内存中暂时不用的段从内存置换到磁盘上。虚拟存储器在实现分段系统上具有一定的难度。因为请求分段系统换进换出的基本单位是段，其长度是可变的，它在内存的分配和回收上都比较复杂。

目前，有不少虚拟存储器是建立在段页式系统基础上的，通过增加请求调页和页面置换功能形成了段页式虚拟存储器系统，而且把实现虚拟存储器所需支持的硬件集成在处理器芯片上。

6.2 请求分页存储管理方式

请求分页存储管理系统是建立在基本分页基础上的，为了能支持虚拟存储器功能，而增加了部分页装入、请求调页功能和页面置换功能。相应地，每次调入和换出的基本单位都是长度固定的页面，这使请求分页系统在实现上要比请求分段系统简单（后者在换进和换出时是可变长度的段）。因此，请求分页便成为目前最常用的一种实现虚拟存储器的方式。

6.2.1 实现原理

请求分页存储管理方式在作业地址空间的分页、存储空间的分块等概念上和基本分页存储管理完全一样。它是在基本分页存储管理系统的基础上，通过增加请求调页功能、页面置换功能所形成的一种虚拟存储系统。在请求分页存储管理中，作业运行之前，只要将当前需要的一部分页面装入主存，便可以启动作业运行。在作业运行过程中，若所要访问的页面不在主存中，则通过调页功能将其调入，同时还可以通过置换功能将暂时不用的页面置换到外存上，以便腾出内存空间。可以说，请求分页=基本分页+部分页装入+请求调页功能+页面置换功能。

6.2.2 请求分页中的硬件支持

为了实现请求分页，系统必须提供一定的硬件支持。计算机系统除要求一定容量的内存和外存外，还需要有请求页表机制、缺页中断机构及地址变换机构。

1. 页表

与基本分页存储管理方式相同，请求分页存储管理方式中逻辑地址到物理地址的转换也离不开页表，其中同样记录页面所对应的页框号。另外，为了支持虚拟存储器技术，实现程序的部分装入和对换，还需要增加若干个字段，包括状态位（P）、访问位（A）、修改位（M）和外存始址，如图 6-2 所示。状态位 P（或存在位）用于记录页面是否已经调入内存，供程序访问时参考。访问位 A 用于记录页面在一段时间内被访问的次数，或者记录本页最近未被访问的时间，以供置换算法在选择置换页面时参考。修改位 M 记录页面在调入内存后是否被修改过，由于内存中的每页都在外存上保留一份副本，因此，若未被修改，在置换该页时就不需再将该页写回到外存上，以减少系统的开销和启动磁盘的次数；若已被修改，则必须将该页重写到外存上，以保证外存中所保留的始终是最新副本。简言之，M 位供换出页面时参考。外存地址记录页面在外存上的存放地址，通常是物理块号，供调入该页时参考。其中，访问位和修改位用于页面置换算法的实现。

页号	页框号	状态位P	访问位A	修改位M	外存地址

图 6-2　请求分页页表项

2. 缺页中断

在请求分页存储管理方式中，每当程序所要执行的页面不在内存中时（页表项中的状态位 P=0），处理器便会产生一次缺页中断，请求操作系统将所缺的页调入内存。此时应将缺页的进程阻塞（调页完成时唤醒），如果内存有空闲块，则分配一个块，将要调入的页装入该块，并修改页表中相应的页表项；若此时内存中没有空闲块，则要淘汰某些页（根据页表项中访问位 A 和修改位 M 的值来确定，如果被淘汰的页在内存期间被修改过，则要将其写回外存），再装入需要调入的页。缺页中断作为中断，同样需要经历诸如保护 CPU 环境、分析中断原因、转入缺页中断处理程序进行处理、恢复 CPU 环境等几个步骤。但缺页中断又是一种特殊的中断，它与一般的中断相比，有着明显的区别，主要表现在以下两个方面。

1）在指令执行期间产生和处理中断信号。通常，CPU 都是在一条指令执行完后，才检查是否有中断请求到达。若有，便去响应；否则，继续执行下一条指令。然而，缺页中断是在指令执行期间，发现所要访问的指令或数据不在内存时所产生和处理的。

2）一条指令在执行期间,可能产生多次缺页中断。如图 6-3 所示,在执行一条指令 SWAP A,B 时，可能要产生 6 次缺页中断，其中指令本身跨了两个页面，A 和 B 又分别各是一个数据块，也都跨了两个页面。基于这些特征，系统中的硬件机构应能保存多次中断时的状态，并保证最后能返回到中断前产生缺页中断的指令处继续执行。

3. 地址变换机构

请求分页系统中的地址变换机构，是在基本分页系统地址变换机构的基础上，为实现虚拟存储器而增加了某些功能所形成的，如产生和处理缺页中断，以及从内存中换出一页的功能等。如图 6-4 所示为请求分页系统中的地址变换过程。

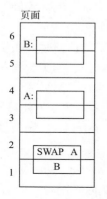

图 6-3　产生 6 次缺页中断的指令

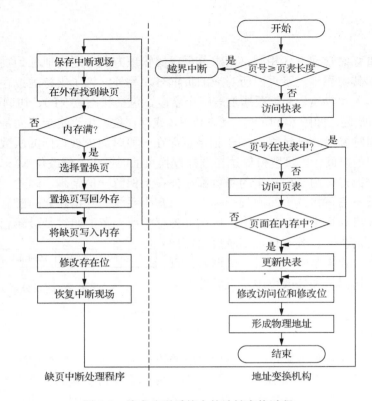

图 6-4　请求分页系统中的地址变换过程

在进行地址变换时，首先去检索快表，试图从中找出所要访问的页。若找到，便修改页表项中的访问位。对于写指令，还需将修改位置成"1"，然后利用页表项中给出的物理块号和页内地址形成物理地址，地址变换过程到此结束。

如果在快表中未找到该页的页表项时，应到内存中去查找页表，再通过找到的页表项中的状态位 P 来了解该页是否已调入内存。若该页已调入内存，这时应更新快表，同时修改访问位和修改位，形成物理地址。若该页尚未调入内存，这时应产生缺页中断，请求操作系统从外存把该页调入内存，执行缺页中断处理程序，完成页面调入功能。如果内存已满，则按照页面置换算法，选择部分页面换出，留出内存空闲物理块，将所缺页面调入内存，实现页面置换功能。

在进行地址变换时，逻辑地址到物理地址的转换由计算机硬件自动实现，而页面调入和页面置换作为中断处理程序的功能由软件实现。但是，这也并非绝对，软件和硬件的关系很紧密，有些系统中用硬件实现上述软件功能，以加快指令执行速度。

在具有快表、内存和外存的虚拟存储器系统中，往往通过计算平均访问时间来衡量指令的执行速度。例如，某计算机由缓存、内存、外存来实现虚拟存储器。如果数据在缓存中，访问它需要 a ns；如果在内存但不在缓存，需要 b ns 将其装入缓存，然后才能访问；如果不在内存而在外存，需要 c ns 将其读入内存，使用 b ns 再读入缓存，然后才能访问（这里 a、b 和 c 是时间数值）。假设缓存命中率为 $(n-1)/n$，内存命中率为 $(m-1)/m$，则数据平均访问时间是多少？

数据在缓存中的比率为 $(n-1)/n$，数据在内存中的比率为 $[1-(n-1)/n] \times (m-1)/m = (m-1)/nm$；数据在外存中的比率为 $[1-(n-1)/n] \times [1-(m-1)/m] = 1/nm$，故数据平均访问时间是

$$[(n-1)/n] \times a + [(1-(n-1)/n) \times (m-1)/m \times (a+b)] + [1-(n-1)/n] \times [1-(m-1)/m)] \times (a+b+c) = a + b/n + c/nm \quad (6.1)$$

6.2.3　内存分配策略

由于请求分页存储管理方式中进程占用的物理块数处于动态变化中，因此，将涉及 3 个问题：①最小物理块数；②物理块分配算法；③物理块分配策略。

1. 最小物理块数

最小物理块数是指保证进程正常运行所需要物理块的最小值。当系统为进程分配的物理块数小于最小物理块数时，进程将无法正常执行，频繁地发生页面的换入与换出。进程应分配的最小物理块数与计算机硬件结构有关，取决于指令的格式、功能和寻址方式。对于精简指令集处理器，若是单地址指令且采用直接寻址方式，则所需的最小物理块数为 2，一块用于存放指令所在页面，另一块用于存放数据所在页面。如果该机器允许间接寻址，则至少需要 3 个物理块，多出来的物理块用于存放数据地址。对于功能较强的计算机，则需要更多数目的最小物理块数。

2. 物理块分配算法

在请求分页存储管理方式中，每个进程占用的物理块数可以采用以下几种算法分配。

（1）平均分配算法

系统将内存所有可供分配的物理块平均分配给各个进程，这种分配算法简单，但是没有考虑到进程自身的大小，同样的物理块数对于较大的进程而言显得不足。

（2）按比例分配算法

根据进程的大小按比例将所有可供分配的物理块分配给各个进程。如果系统中共有 n 个进程，每个进程的页面数为 P_i，则系统中所有进程的页面数总和为

$$S = \sum_{i=1}^{n} P_i \tag{6.2}$$

又假定系统中的可用物理块数为 m，则每个进程所能分配到的物理块数为 B_i，将有

$$B_i = \frac{P_i}{S} \times m \tag{6.3}$$

式中，B_i 应该取整，它必须大于最小物理块数。

（3）优先权算法

为了照顾某些重要、紧迫的作业，使其尽快地完成，应为其分配较多的物理块数。通常是把内存中可供分配的物理块分成两部分，一部分按比例分配给各进程；另一部分则根据进程优先权，适当地增加高优先权进程分配的物理块数。在有的系统中，如重要的实时控制系统，则可能是完全按优先权来为各进程分配其物理块的。

3. 物理块分配策略

在请求分页系统中，可以采用两种内存分配策略，即固定分配和可变分配。所谓固定分配，是指系统给每个进程分配的物理块数在整个进程运行期间是固定不变的；可变分配是指系统给每个进程分配的物理块数在其运行期间是可以变化的，不是固定不变的。在进行置换时，也可以采用两种策略，即全局置换和局部置换。所谓全局置换是指某个进程运行过程中需要调入一个页面，而当前内存没有空闲块，系统要淘汰某一页，淘汰换出的页面可以是内存中的任一进程的，不一定是当前某个进程的，这种置换称为全局置换。而局部置换是指淘汰换出的页面限定于当前执行进程所属的页面。局部置换不会影响其他进程占

用的物理块数，但是不能充分利用系统的整体资源，造成不同进程页面使用不平衡，即有的进程页面有富余，而有的进程却频繁缺页。

操作系统根据两种分配策略和两种置换策略，可组合出以下 3 种适用的物理块分配策略。

（1）固定分配局部置换

固定分配局部置换是指基于进程的类型或根据程序员、程序管理员的建议，为每个进程分配一定数目的物理块，在整个运行期间都不再改变。采用该策略时，如果进程在运行中发现缺页，则只能从该进程在内存的 n 个页面中选出一个换出，然后调入一页，以保证分配给该进程的内存空间不变。实现这种策略的困难在于应为每个进程分配多少个物理块。

（2）可变分配全局置换

可变分配全局置换可能是最易于实现的一种物理块分配和置换策略，已应用于若干个操作系统中。在采用这种策略时，先为系统中的每个进程分配一定数目的物理块，而操作系统自身也保持一个空闲物理块队列。当某进程发现缺页时，由系统从空闲物理块队列中取出一个物理块分配给该进程，并将欲调入的页装入其中。这样，凡产生缺页的进程，都将获得新的物理块。仅仅当空闲物理块队列中的物理块用完时，操作系统才能从内存中选择一页调出，该页可能是系统中任一进程的页，这样，自然又会使那个进程的物理块减少，进而使其缺页率增加。

（3）可变分配局部置换

可变分配局部置换同样是基于进程的类型或根据程序员的要求，为每个进程分配一定数目的物理块，但当某进程发现缺页时，只允许从该进程在内存的页面中选出一页换出，这样就不会影响其他进程的运行。如果进程在运行中频繁地发生缺页中断，则系统须再为该进程分配若干附加的物理块，直至该进程的缺页率减少到适当程度为止；反之，若一个进程在运行过程中的缺页率特别低，则此时可适当减少分配给该进程的物理块数，但不应引起其缺页率的明显增加。

6.2.4　调页策略

调页策略是将进程运行所需的页面调入内存，包含页面调入的时机、页面调入的位置及如何调入所需页面。

1. 页面调入的时机

页面调入的时机可以分为预调页策略和请求调页策略，预调页策略主要用于进程运行前，预调入某些页面。预调页策略很有吸引力，但是成功率偏低。因此，页面调入主要采用请求调页策略。程序运行过程中，发现所需页面不在内存中，便立即发生缺页中断，由操作系统将所需的页面调入内存。

（1）预调页策略

如果进程的许多页是存放在外存的一个连续区域中，则一次调入若干个相邻的页，会比一次调入一页更高效些。但如果调入的一批页面中的大多数未被访问，则又是低效的。可采用一种以预测为基础的预调页策略，将那些预计在不久之后便会被访问的页面预先调入内存。如果预测较准确，那么这种策略显然是很有吸引力的。但遗憾的是，目前预调页的成功率仅约 50%。故这种策略主要用于进程的首次调入时，由程序员指出应该先调入哪些页。

（2）请求调页策略

当进程在运行中需要访问某部分程序和数据时，若发现其所在的页面不在内存，便立即提出请求，由操作系统将其所需页面调入内存。由请求调页策略所确定调入的页，是一定会被访问的，再加之请求调页策略较易于实现，故在目前的虚拟存储器中大多采用此策略。但这种策略每次仅调入一页，所以需要花费较大的系统开销，增加了磁盘 I/O 的启动频率。

2. 页面调入的位置

页面从内存中换出，存放于外存时可以采用两种方案：一种是存放于外存的文件区，另一种是存放于对换区。文件区存放是将换出的页面以文件的形式存放于外存，由于文件在磁盘中是以离散的方式存储的，会消耗较大的磁盘读/写时间；对换区是从外存中划分出一片连续的存储空间，页面在对换区中的存放可以采用连续分配方式。由于页面在外存中连续存储，因此对换区方式可以节省磁盘读/写时间。例如，Linux 操作系统在安装时便会询问用户是否创建 swap 分区，默认情况下是创建 swap 分区。

有了对换分区，系统从何处换入页面便有 3 种情况。①全部从对换区调入页面。系统拥有足够的对换区空间，在进程运行前，需要将与该进程有关的内容从文件区复制到对换区。②凡是不会被修改的文件都直接从文件区调入。由于系统缺少足够的对换区空间，这时凡是不会被修改的文件都直接从文件区调入；而当换出这些页面时，由于它们未被修改，不必再将它们换出，以后再调入时，仍从文件区直接调入。但对于那些可能被修改的部分，在将它们换出时，还需要将其调到对换区，以后需要时，再从对换区调入。③UNIX 方式。由于与进程有关的文件都放在文件区，凡是未运行过的页面，都应从文件区调入。而对于曾经运行过但又被换出的页面，由于是被放在对换区，因此在下次被调入时，应从对换区调入。由于 UNIX 操作系统允许页面共享，因此，某进程所请求的页面有可能已被其他进程调入内存，此时也就无须再从对换区调入。

3. 页面调入的过程

每当程序所要访问的页面未在内存时，便向 CPU 发出一缺页中断，中断处理程序首先保留 CPU 环境，分析中断原因后转入缺页中断处理程序。该程序通过查找页表，得到该页在外存的物理块后，如果此时内存能容纳新页，则启动磁盘 I/O 将所缺的页调入内存，然后修改页表。如果内存已满，则需要先按照某种置换算法从内存中选出一页准备换出；如果该页未被修改过，可不必将该页写回磁盘；但如果此页已被修改，则必须将它写回磁盘，然后把所缺的页调入内存，并修改页表中的相应表项，置其存在位为“1”，并将此页表项写入快表中。在缺页调入内存后，利用修改后的页表，去形成所要访问数据的物理地址，再去访问内存数据。整个页面的调入过程对用户是透明的。

4. 缺页率

假定进程 P 的逻辑地址空间共有 n 页，而系统分配给它的主存块只有 m 块（m 和 n 均为正整数，且 $1 \leqslant m \leqslant n$），即主存中最多只能容纳该进程的 m 页。如果进程 P 在运行中成功访问的次数为 S（即所访问的页在主存中），不成功的访问次数为 F（即缺页中断次数），则总的访问次数 A 为

$$A = S + F \tag{6.4}$$

又定义：

$$f = F/A \tag{6.5}$$

则称 f 为缺页率。影响缺页率 f 的因素有以下几个方面。

1）主存物理块数。进程所分配的主存物理块数越多，则缺页率就越低；反之，缺页率就高。

2）页面大小。如果划分的页面较大，则缺页率就低；否则，缺页率就高。

3）页面置换算法。置换算法的优劣影响缺页中断次数，因此缺页率是衡量页面置换算法的重要指标。

4）程序固有特性。程序编制的方法不同，对缺页中断的次数有很大的影响，程序的局部性越好，程序编制的局部化程度越高，相应执行时的缺页率就越低。

例如，有一个程序要将 128×128 的数组置初值为 "0"。现假定分给这个程序的主存块数只有一块，页面的尺寸为每页 128 个字，数组中的元素每一行存放在一页中，开始时第一页在主存。若程序编制如下：

```
int A[128][128];
    for(j=0;j<128;j++)
        for(i=0;i<128;i++)
A[i][j]=0;
```

则每执行一次 "A[i][j]=0;" 就要产生一次缺页中断，于是总共要产生（128×128-1）次缺页中断。如果重新编制这个程序，如下：

```
int A[128][128];
    for(i=0;i<128;i++)
        for(j=0;j<128;j++)
A[i][j]=0;
```

那么，总共只产生（128-1）次缺页中断。

显然，虚拟存储器的效率与程序的局部性程度密切相关，局部性的程度因程序而异，一般来说，人们总希望编出的程序具有较好的局部性。这样，程序执行时可经常集中在几个页面上进行访问，减少缺页中断次数。

同样存储容量与缺页中断次数的关系也很大。从原理上说，提供虚拟存储器以后，每个作业只要能分到一块主存空间就可以执行，从表面上看，这增加了可同时运行的作业个数，但实际上是低效率的。实验表明，当主存容量增大到一定程度时，缺页中断次数的减少就不明显了。大多数程序有一个特定点，在这个特定点以后再增加主存容量收效就不大了，这个特定点是随程序而变的。实验分析表明，对每个程序来说，要使其有效地工作，它在主存中的页面数应不低于它的总页面数的一半。所以，如果一个作业总共有 n 页，那么，只有当主存至少有 $n/2$ 块页框时才让它进入主存执行，这样可以使系统获得高效率。

6.2.5 请求分页中内存有效访问时间的计算

与基本分页管理方式相比，请求分页存储管理方式中多了缺页中断这种情况，需要耗费额外的时间，因此计算内存的有效访问时间 EAT 时，要将缺页这种情况也考虑进去。设系统中访问快表的时间为 a，访问一次内存的时间为 t，快表命中率为 d，缺页率为 f。首先考虑要访问的页面所在的位置，有如下 3 种情况。

1）访问的页在主存中，且访问页的页表也在快表中，则有效访问时间 EAT 为

$$EAT = 查找快表时间 + 根据物理地址访存时间 = a+t$$

2）访问的页在主存中，但访问页的页表不在快表中，则 EAT 为

$$EAT = 查找快表时间 + 查找页表时间 + 修改快表时间 + 根据物理地址访存时间$$
$$= a+t+a+t = 2(a+t)$$

3）访问的页不在主存中，即发生了缺页中断，设处理缺页中断的时间为 T（包括将该页调入主存，更新页表和快表的时间），则有效访问时间 EAT 为

$$EAT = 查找快表时间 + 查找页表时间 + 处理缺页时间 + 查找快表时间 + 根据物理地址访存时间$$
$$= a+t+T+a+t = T+2(a+t)$$

接下来加入缺页率和快表命中率，将上述 3 种情况组合起来，形成完整的有效访问计算公式。有效访问时间 EAT 为

$$EAT = d×（查找快表时间 + 根据物理地址访存时间） + (1-d-f)×（查找快表时间$$
$$+ 查找页表时间 + 修改快表时间 + 根据物理地址访存时间）$$
$$+ f×（查找快表时间 + 查找页表时间 + 处理缺页时间 + 查找快表时间$$
$$+ 根据物理地址访存时间）$$
$$= d×(a+t)+(1-d-f)×[2×(a+t)]+f×[T+2×(a+t)]=(2-d)×(a+t)+fT \qquad (6.6)$$

注意：

① 快表命中率为 d，缺页率为 f，则内存命中率为 $1-d-f$。这里把有效时间分成 3 部分：第 1 部分为该页不在内存，概率为 f；第 2 部分为该页在内存，而且页表项在快表中，概率为 d；第 3 部分为该页在内存，但页表项不在快表而在页表中，概率为 $1-d-f$。注意缺页率的不同表述，如"如果页表项在快表中，则只要访问一次内存就可以得到数据。假设 80% 的访问其页表项在快表中，剩下的 20% 中，10% 的访问会产生缺页"，在这个描述中，缺页率是多少呢？应该是 20%×10%=2%，即总数的 2% 为缺页率。

② 快表访问和修改时间。有些系统中有快表，有些没有。若没说明，则视为没有快表，将公式（6.6）的命中率和访问时间变为 0 就可以了；有些系统会说明忽略访问和修改快表时间，则将访问时间 a 变为 0。

③ 关于处理缺页中断时间 T 的计算。如果没有说明被置换出的页面是否被修改，则缺页中断时间统一为一个值，即 T。若题目中说明了被置换的页面分为修改和未修改两种不同情况，假设被修改的概率为 n，处理被修改的页面时间为 T_1，处理未被修改的页面的时间为 T_2，则处理时间 T 为

$$T = nT_1 + (1-n)T_2$$

6.2.6 请求分页存储管理的优缺点

请求分页存储管理方式具有如下优缺点。

1. 优点

1）可以离散存储程序，提高了主存利用率。

2）实现虚拟存储器功能，从逻辑上扩充主存容量，实现了小内存运行大程序，有利于多道程序运行。

2. 缺点

1）必须有硬件和软件支持。
2）系统会产生抖动现象。
3）程序最后一页仍然存在内碎片，空间利用不充分。

6.3 页面置换算法

在请求分页存储管理方式中，当内存空闲空间已经用完无法保证程序能够继续正常运行时，就必须把内存中的一个或部分页面换出内存。我们把选择换出页面的算法称为页面置换算法（也称页面淘汰算法）。页面置换算法的好坏将直接影响系统的性能，好的页面置换算法会带来较少的缺页中断次数，以及较少的页面对换次数。从理论上来讲，应该将那些以后不再会被访问的页面换出，或把那些在较长时间内不会再被访问的页面调出。

6.3.1 最佳置换算法和先进先出置换算法

最佳置换算法是一种理想化的算法，它具有很好的性能，但实际上却难以实现。先进先出置换算法是一种最直观的算法，由于它可能是性能最差的算法，故实际应用极少。

1. 最佳置换算法

最佳置换算法（optimal，OPT）是由比莱迪于 1966 年提出的一种理论算法，其方法是选择以后永不使用的，或许是在未来最长时间内不再被访问的页面作为淘汰页面。假定为某进程分配了 3 个物理块，并考虑有以下的页面引用顺序：2、3、2、1、5、2、4、5、3、2、5、2。

进程开始运行时，所分配的 3 个物理块空闲，所以发生 3 次缺页中断，把 2 号、3 号和 1 号页面分别装入相应的物理块中。进程运行过程中，当第一次访问 5 号页面时，由于不在内存，则发生一次缺页中断，同时系统给其分配的 3 个物理块已经全部用完，需要淘汰一个页面而把 5 号页面换入，于是发生一次页面置换。按照最佳置换算法，应该将 1 号页面换出，因为 1 号页面是以后不再使用的页面。当第一次访问 4 号页面时，同样也会发生一次缺页中断和一次页面置换，应该将 2 号页面换出，因为在 2、3、5 这 3 个页面中，2 号页面是最久才被访问的。如图 6-5 所示为采用最佳置换算法页面在内存中的置换过程和缺页中断次数。在 12 次页面访问中，发生了 6 次缺页中断，进行了 3 次页面置换，缺页率为 6/12=50%。

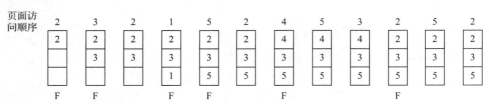

图 6-5 最佳置换算法示意图

由于人们无法预测一个进程在内存的页面中，哪一个页面是未来最长时间内不再被访问的，因此该算法是无法实现的。因此，最佳置换算法是一种理想化的算法。但是，它可以保证最低的缺页中断次数，人们常常可以利用最佳置换算法来衡量其他算法的优劣。

2. 先进先出置换算法

先进先出（first in first out，FIFO）置换算法是最早出现的页面置换算法，它总是淘汰最先进入内存且在内存中驻留时间最久的页面。该算法将所有的页面按照进入内存的先后顺序组织成一个队列，并设置一个指针，称为替换指针，使它总是指向队首元素，因为队首页面始终是最先进入内存的页面。每次淘汰页面时，仅需要将队首页面置换出内存，在腾出的物理块中装入新换入的页面。如图 6-6 所示，进程运行时，发生 3 次缺页中断，依次把 2 号、3 号和 1 号页面装入内存物理块中。当第一次访问 5 号页面时，由于其不在内存，发生一次缺页中断，同时进行页面置换。队首是 2 号页面，置换页面时选择 2 号页面换出，装入 5 号页面，然后队首指向 3 号页面。在 12 次页面访问中，发生了 9 次缺页中断，进行了 6 次页面置换，缺页率为 9/12=75%。

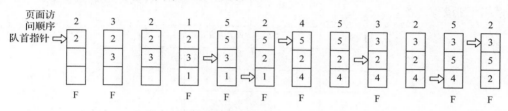

图 6-6　先进先出置换算法

先进先出置换算法较为简单，但是与进程实际页面访问规律不相适应，因此，有些经常被访问的页面往往被淘汰掉了。如图 6-6 所示，第一次访问 5 号页面时，队首 2 号页面是后续经常要访问的页面，而在先进先出置换算法将其淘汰掉了，效率极其低下。

6.3.2　最近最久未使用置换算法

1. 最近最久未使用置换算法的工作原理

为了能够更好地适应页面访问规律，达到最佳置换算法的效果，人们只能利用最近的过去判断最近的将来，认为最近的过去近似于最近的将来，因此，最近最久未使用（least recently used，LRU）置换算法的核心思想就是选择最近最久未使用的页面予以淘汰。该算法赋予每个页面一个访问字段，用来记录一个页面自上次被访问以来所经历的时间 t。当需要淘汰一个页面时，选择现有页面中其 t 值最大的，即最近最久未使用的页面进行淘汰。

如图 6-7 所示，进程运行时，发生 3 次缺页中断，依次把 2 号、3 号和 1 号页面装入物理块中。当第一次访问 5 号页面时，由于其不在内存，发生一次缺页中断，同时进行页面置换。采用 LRU 置换算法时，3 号页面是最近最久未访问的页面，将 3 号页面换出，装入 5 号页面。在 12 次页面访问中，发生了 7 次缺页中断，进行了 4 次页面置换，缺页率为 7/12=58%。

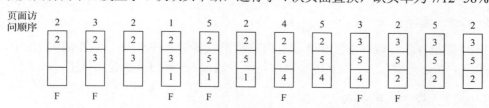

图 6-7　LRU 置换算法

2. LRU 置换算法的硬件支持

LRU 置换算法需要较多的硬件支持，因为要对所有的页根据被访问时间的远近进行排序。为了判断最近进程的哪一个页面最久未被使用，可以采用寄存器或栈两种技术支持。

（1）寄存器

移位寄存器由 n 位组成，定义为 $R_{n-1}R_{n-2}R_{n-3}\cdots R_2R_1R_0$。进程的每一个页面均配备一个这样的寄存器。当进程访问某页面时，将其寄存器的最高位（即 R_{n-1} 位）置 1。另外，系统的定时信号每隔一定的时间将所有页面的寄存器右移一位。页面置换时，具有最小数值的寄存器所对应的页面就是最近最久未使用的。如图 6-8 所示为采用寄存器实现进程在内存中的页面某时刻寄存器值的情况，2 号页面寄存器的值最小，说明在最近一段时间内最久没有被访问过；而 0、1、3 号页面的最高位都为 1，说明它们在过去的一个时钟周期内都被访问过最少一次。

页面号	寄存器（$R_7R_6R_5R_4R_3R_2R_1R_0$）							
0	1	1	1	0	0	0	0	0
1	1	1	0	0	0	0	0	0
2	0	0	1	0	0	0	0	0
3	1	0	1	0	0	0	0	0

图 6-8　LRU 置换算法页面寄存器值

（2）栈

用栈存放位于内存中的所有页面，每访问一个页面，便将该页面从栈中移出，放在栈顶，其他页面在栈中的次序保持不变。这样，栈顶始终放的是最近最常使用的页面，而最近最久未使用的页面位于栈底。页面置换时仅需将位于栈底的页面淘汰，而将新进入内存的页面放在栈顶。如图 6-9 所示为使用栈结构的最近最久未使用页面置换过程，当第二次访问 2 号页面时，需要将 2 号页面从栈底挪出，放到栈顶；当第一次访问 5 号页面时，淘汰 3 号页面，将 5 号页面放入栈顶。

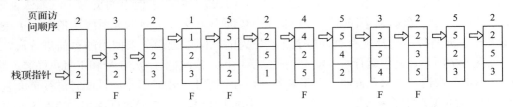

图 6-9　LRU 置换算法（栈结构）

6.3.3　Clock 置换算法

LRU 置换算法是较好的置换算法，但它要求较多的硬件支持，故在实际应用中，大多采用的是它的近似算法。Clock 置换算法是用得较多的一种 LRU 近似算法。

1. 简单 Clock 置换算法

简单 Clock 置换算法只为内存中的页面设置一个访问位，当页面被访问时，便将访问位置 1。内存中的所有页面组织在一个循环链表中，并设置一个指针 pointer，用于指示页面查找的起始位置，如图 6-10 所示。需要置换页面时，从指针位置开始，查看指针所指页面的访问位是否为 1，如果是 1，则将该页面的访问位修改为 0，否则，挑选该页面换出内存，并将新的页面换入内存，置新页面访问位为 1；最后让指针指向下一个页面。第 1 圈扫描结束后，若没有找到淘汰的页面，则进行第 2 圈扫描，此时，必定能够找到淘汰的页面。

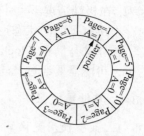

图 6-10　简单 Clock 置换算法

由于该算法是循环扫描内存中的所有页面，所以称为 Clock 算法。简单 Clock 置换算法仅用一位描述页面最近的使用情况，0 和 1 只能反映页面过去一段时间内是使用了还是未使用，故又把该算法称为最近未用算法（not recently used，NRU）。

2．改进型 Clock 置换算法

选择页面置换时，如果该页面已经被修改，便需要将该页面写回磁盘；但如果该页面未被修改过，则可以不将其写回磁盘，省略了磁盘 I/O 操作。因此，在简单 Clock 置换算法的基础上，稍微做了一下改动，增加了一个修改位，用于记录页面是否被修改过，1 表示修改，0 表示未修改。此时，内存中所有页面的状态由访问位和修改位决定，因此，页面可以分为 4 种，如表 6-1 所示。

表 6-1　页面状态

类别	访问位	修改位	描述
1 类	0	0	最近既未被访问，又未被修改
2 类	0	1	最近未被访问，但是被修改过
3 类	1	0	最近被访问，但是未被修改
4 类	1	1	最近既被访问，又被修改

2 类页面怎么会出现呢？一个页面被修改却没有被访问，难道修改不是被访问吗？2 类页面的出现是由于访问位定期清零产生的。访问位如果不定期清零，则一段时间后所有的页面都是被访问的，这样，访问位就没有任何意义了；而修改位是标识页面是否需要写回磁盘，清零则会产生错误。在这 4 类页面中，3、4 类页面的访问位都是 1，1、2 类页面的访问位都是 0，这说明 3、4 类页面最近被访问过，而 1、2 类页面最近没有被访问过，所以应该优先淘汰 1、2 类页面，其次是 3、4 类页面。进一步为了避免写回磁盘操作，1、2 类页面中优先置换 1 类页面，3、4 类页面中优先置换 3 类页面，由此，形成了 1、2、3、4 类页面的淘汰顺序。

图 6-11　改进型 Clock 置换算法

如图 6-11 所示，改进型 Clock 置换算法描述如下。

1）从 pointer 开始遍历寻找 1 类页面，若找到，则将其置换出内存，调入新页面，并使 pointer 指向下一个页面，退出；否则，继续第 2）步。

2）从 pointer 开始遍历寻找 2 类页面，若找到，则将其置换出内存，调入新页面，并使 pointer 指向下一个页面，退出；否则，继续第 3）步。该步遍历时，需要将扫描过的页面的访问位置 0。

3）重复 1）和 2）。

改进型 Clock 置换算法通过对第 1）步和第 2）步执行两遍，一定可以找到淘汰的页面。

因为，在极端情况下（所有页面是 4 类页面），第一遍执行完后，即使没有找到淘汰的页面，内存中所有页面的状态也都在第 2）步变成了 1 类或 2 类页面。

该算法与简单 Clock 算法比较，可减少磁盘的 I/O 操作次数。但为了找到一个可置换的页，可能需要经过几轮扫描。换言之，实现该算法本身的开销将有所增加。

6.3.4　其他置换算法

1．最少使用置换算法

最少使用（least frequently used，LFU）置换算法是在最近时期内选择使用次数最少的页面作为淘汰页，其实现可采用 LRU 中的寄存器实现机制，为在内存中的每个页面设置一个移位寄存器，用来记录该页面被访问的频率。每次访问某页面时，便将该移位寄存器的最高位置 1，再每隔一定时间右移一次，这样，最近一段时间使用最少次数的页面便是 $\sum R_i$ 值最小的页面。

LFU 置换算法的页面访问图与 LRU 置换算法的访问图完全相同；或者说，利用这样一套硬件既可实现 LRU 算法，又可实现 LFU 算法。由于内存具有较高的访问速度，如 100ns，在 1ms 时间内可能对某页连续访问成千上万次，因此，不能直接利用软件计数来记录某页被访问的次数。LFU 采用寄存器机制并不能准确地反映页面最近一段时间使用的次数，因为在一个时间间隔内只用一位记录页面的使用次数，则访问一次页面同访问 10000 次是等效的。

2．页面缓冲算法

虽然 LRU 和 Clock 置换算法都比 FIFO 算法好，但它们都需要一定的硬件支持，并需要付出较大的开销，而且置换一个已修改的页比置换未修改页的开销要大。而页面缓冲算法（page buffering algorithm，PBA）既可以改善分页系统的性能，又可以采用一种较简单的置换策略。VAX/VMS 操作系统便是使用页面缓冲算法。它采用了前述的可变分配和局部置换方式，置换算法采用的是 FIFO。该算法规定将一个被淘汰的页放入两个链表中的一个，即如果页面未被修改，就将它直接放入空闲链表中；否则，便放入已修改页面的链表中。需要注意的是，这时页面在内存中并不做物理上的移动，而只是将页表中的页表项移到上述两个链表之一中。

空闲页面链表，实际上是一个空闲物理块链表，其中的每个物理块都是空闲的，因此，可在其中装入程序或数据。当需要读入一个页面时，便可利用空闲物理块链表中的第一个物理块来装入该页。当有一个未被修改的页要换出时，实际上并不将它换出内存，而是把该未被修改的页所在的物理块挂在自由页链表的末尾。类似地，在置换一个已修改的页面时，也将其所在的物理块挂在修改页面链表的末尾。利用这种方式可使已被修改的页面和未被修改的页面都仍然保留在内存中。当该进程以后再次访问这些页面时，只需花费较小的开销，使这些页面又返回到该进程的驻留集中。当被修改的页面数目达到一定值时，再将它们一起写回磁盘上，从而显著地减少了磁盘 I/O 的操作次数。

6.4　抖动与工作集

请求分页式虚拟存储器性能很好，但是如果内存中运行的进程太多，进程可能会频繁地发生缺页，这对系统性能影响很大，需要进行技术改进。

6.4.1　内存抖动

在页面置换过程中可能会出现刚被淘汰的页面很快又被访问的情况。第一次访问时，如果页面不在内存，则置换出旧的页面，换入新的页面；但下一次访问的对象刚好是才被置换出去的旧页面，于是重新把换出的旧页面再换进来。这样每一次进程访问恰好是对一个不在内存中的页面进行访问，这样，每次内存访问都会发生一次缺页中断，系统运行时间大部分用于页面的调进调出，造成 CPU 利用率急剧下降，这种现象称为内存抖动或内存颠簸。

发生内存抖动时，系统的效率大幅下降，与停滞差不多，几乎看不到进程有任何进展迹象。内存抖动的发生原因比较复杂。首先，页面置换算法失误，可能造成较多次缺页中断；其次，一个进程需求的物理块数太多，系统为其分配的物理块数满足不了其需要的最小物理块数，也会造成其缺页中断次数的增加；然后，系统内同时运行的进程太多，每个程序无法保证其频繁使用的页面都在内存，造成内存紧张，系统缺页中断次数提高。最后，程序结构的不合理也会导致抖动发生，如在程序中滥用的转移指令、分散的全局变量都会破坏程序的局部性，从而增大页面故障率，甚至引起进程颠簸。

6.4.2　比莱迪异常

内存抖动产生最直观的原因是系统运行的进程数太多了，每个进程分配的物理块数太少了。然而，给每个进程分配更多的物理块数，缺页中断次数一定会减小吗？例如，一个进程的页面访问顺序为 4、3、2、1、4、3、5、4、3、2、1、5。假定分配给进程的初始物理块数为 3，则按照 FIFO 置换算法，页面更新和缺页中断次数如图 6-12 所示，发生了 9 次缺页中断，页面置换 6 次，缺页率为 9/12=75%。

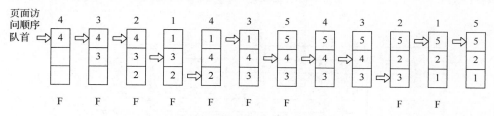

图 6-12　FIFO 页面置换（物理块数为 3）

如果给进程分配 4 个物理块，则页面更新和缺页中断次数如图 6-13 所示。12 次页面访问，发生了 10 次缺页中断，页面置换 6 次，缺页率为 10/12=83%。

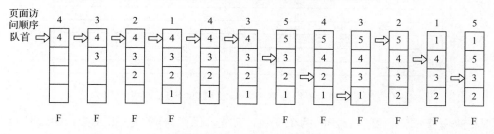

图 6-13　FIFO 页面置换（物理块数为 4）

从计算结果可以看出，为进程分配的物理块数从 3 变为 4，增加了 1 块，但是进程缺页中断的次数并没有减少，从 9 次增加到 10 次。这种增加物理块数而导致缺页次数增加的现象称为比莱迪异常。比莱迪异常并不是一个常见现象，只不过提醒我们为进程增加物理块数时能够注意到比莱迪异常，发现物理块数增加而缺页中断次数并没有降低时，可以继续为进程分配物理块，直到异常现象消失。

6.4.3　工作集

从充分共享系统资源这一角度出发，当然希望主存中的作业数越多越好，但是，从保证作业顺利执行、使 CPU 能够有效地得到利用的角度出发，就应该限制主存中的作业数，以避免频繁地进行页面调进调出，导致系统抖动。为此，P J Denning 认为，应该将处理机调度和主存管理结合起来进行考虑，并在 1968 年提出了工作集（working set，WS）模型，它对于虚拟存储器的设计有很大影响。Denning 当时提出的工作集概念是："为确保每个进程每一时刻能够执行下去，在物理存储器中必须有最少的页面数"。但也有的文献所用工作集概念稍有不同："在未来的时间间隔内，一个进程运行时所需访问的页面集"。如果在一段时间内，作业占用的主存块数目小于工作集时，运行过程中就会不断出现缺页中断，导致系统的抖动。所以，为了保证作业的有效运行，在相应时间段内就应该根据工作集的大小分配给它主存块，以保证工作集中所需要的页面能够进入主存。推而广之，为了避免系统发生抖动，就应该限制系统内的作业数，使它们的工作集总尺寸不超过主存块总数。

一个进程运行在时间间隔（$t-\Delta,t$）内所访问的页面的集合称为该进程在时刻 t 的工作集（驻留集），用 $W(t,\Delta)$ 表示。变量 Δ 称为工作集窗口尺寸，可以通过窗口来观察进程的行为。通常还把工作集中所包含的页面数目称为工作集尺寸，记为 $|W(t,\Delta)|$。如果系统能随 $|W(t,\Delta)|$ 的大小来分配主存块的话，就既能有效地利用主存，又可以使缺页中断尽量少地发生，或者说程序要有效运行，其工作集必须在主存中。如图 6-14 所示为某进程访问页面序列和当窗口大小分别为 2、3、4、5 时的工作集。从图中可以看出，工作集窗口尺寸越大，工作集就越大，产生缺页中断的频率就越低。

| | 窗口大小 | | | |
访问序列	2	3	4	5
24	24	24	24	24
15	24 15	24 15	24 15	24 15
18	15 18	24 15 18	24 15 18	24 15 18
23	18 23	15 18 23	24 15 18 23	24 15 18 23
24	23 24	18 23 24	·	·
17	24 17	23 24 17	18 23 24 17	15 18 23 24 17
18	17 18	24 17 18	·	·
24	18 24	·	·	·
18	·	·		
17	18 17			
17	·			
15	17 15	18 17 15	24 18 17 15	
24	15 24	17 15 24	·	
17	24 17	·	·	
24	·	·		
18	24 18	17 24 18	·	

图 6-14　窗口为 2、3、4、5 时进程的工作集

现在来考查二元函数 $W(t,\Delta)$ 的两个变量，首先，工作集 W 是 t 的函数，即随时间不同，工作集也不同：①不同时间的工作集所包含的页面数可能不同（工作集尺寸不同）；②不同时间的工作集所包含的页面可能不同（不同内容的页面）。其次，工作集 W 又是工作集窗口尺寸 Δ 的函数，而且工作集尺寸 $|W(t,\Delta)|$ 是工作集窗口尺寸 Δ 的非递减函数，即 $W(t,\Delta) \subseteq W(t,\Delta+1)$。实验表明，任何程序在局部性放入时，都有一个临界值要求。当内存分配小于这个临界值时，缺页率会急剧增高；反之，当内存分配大于这个临界值时，再如何增加内

存分配也不能显著减少交换次数。这个内存要求的临界值就是理想的工作集。

　　由于无法预知一个进程在最近的将来会访问哪些页面，所以，只好用最近的过去在 Δ 时间间隔内访问过的页面作为实际工作集的近似。正确选择工作集窗口尺寸的大小对系统性能有很大的影响，如果 Δ 过大，甚至把作业地址空间全包括在内，就成了实存管理；如果 Δ 过小，则会引起频繁缺页，降低了系统的效率。根据实验测试，最佳的 Δ 约为 10000 次访问内存的时间。

　　采用工作集模型，操作系统可以动态记录各个进程的工作集，并为其提供与工作集大小相当的内存页框数。当内存中有足够的剩余页框时，操作系统启动一个新的进程；当运行进程工作集增大时，如果内存中没有足够的页面，操作系统选择一个进程将其暂时挂起，被挂起进程的页面被移至外存，所占内存页框将被全部释放，待以后内存中有足够的剩余页框时再将其调入内存并解挂执行。

　　实现时在页表和快表中增加一个引用位，每个 Δ 周期开始时将所有引用位清零，其后被访问到的页面的标记置 1；Δ 周期结束时，标记为 1 的页面的个数就是工作集的大小。令 W_n 表示第 n 个 Δ 周期的实际工作集大小，τ_n 为第 n 个 Δ 周期的估计工作集大小，a 为 0~1 之间的数，则第 $n+1$ 个 Δ 周期的估计工作集大小 τ_{n+1} 定义如下：

$$\tau_{n+1} = aW_n + (1-a)\tau_n \qquad (6.7)$$

式中，τ_{n+1} 可以逐级展开，它反映了工作集大小的历史情况；系数 a 通常取 0.5，以相同的权重考虑历史工作集和当前工作集。

6.5　请求分段存储管理方式

　　请求分段存储管理方式是在基本分段存储管理方式的基础上，增加了部分段装入、请求调段和分段置换功能，来支持虚拟存储器技术。像请求分页系统一样，为实现请求分段存储管理方式，同样需要一定的硬件支持和相应的软件。

6.5.1　实现原理

　　在分段基础上所建立的请求分段虚拟存储器系统，则是以分段为单位进行换入、换出的。它们在实现原理及所需要的硬件支持上都是十分相似的。在请求分段系统中，程序运行之前，只需先调入少数几个分段便可启动运行。当所访问的段不在内存中时，可请求操作系统将所缺的段调入内存。当内存已满时，通过置换技术，将不需要的一些段换出，换入所需要的段，继续执行。可以说，请求分段=基本分段+部分段装入+请求调段功能+分段置换功能。

6.5.2　请求分段中的硬件支持

　　在请求分段系统中所需要的硬件支持有段表机制、缺段中断机构及地址变换机构。

1. 段表机制

　　在基本分段存储管理方式中，段表仅能实现逻辑地址到物理地址的转换。为了支持虚拟存储器技术，段表中还需要增加若干项，以供程序对换使用。如图 6-15 所示为一个请求分段存储管理方式的段表项，除段名、段长、段的基址外，其他各字段的含义如下。

（1）存取方式

存取方式用于标识分段的存取属性，如执行、只读、读/写等。

（2）访问位

访问位（A）用于记录该分段被访问的频繁程度，如多久未访问、访问次数等，供置换算法选择换出段时参考。

（3）修改位

修改位（M）用于标记该分段进入内存后是否被修改过，供分段置换时使用。

（4）存在位

存在位（P）用于指示本段是否已经调入内存，供程序访问时参考。

（5）增补位

增补位是请求分段存储管理方式中特有的字段，用于表示分段在运行过程中，是否做过动态增长。

（6）外存始址

外存始址用于记录分段在外存中的起始地址，即起始盘块号。

段名	段长	段的基址	存取方式	A	M	P	增补位	外存始址

图 6-15　请求分段存储管理的段表项

2. 缺段中断机构

在请求分段存储管理方式中，当所访问的段不在内存中时，便由缺段中断机构产生一个缺段中断信号。缺段中断与缺页中断类似，产生于指令的执行期间。处理器接收到缺段中断信号后，便转入缺段中断处理程序，按段的需求，在内存中找一块足够大的分区，用于存放段。如果内存中找不到这样的空闲分区，则判断空闲分区容量之和是否可以满足需求，如果可以满足，则进行紧凑技术以形成一个合适的空闲分区；否则，置换内存中的一个或几个分段以形成一个合适的空闲分区。最后，从空闲分区中划分空间装入所需要的段。缺段中断处理程序的执行流程如图 6-16 所示。

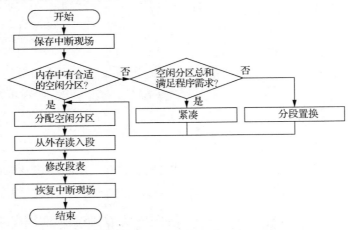

图 6-16　请求分段系统的缺段中断处理过程

3. 地址变换机构

请求分段存储管理方式的地址变换与基本分段存储管理方式的地址变换类似，只是在地址转换前需要判断段是否在内存中，若不在内存中，则引发缺段中断，将所需的分段调入内存，并修改段表，然后才能利用段表进行地址变换。为此，在地址变换机构中又增加了某些功能，如缺段中断请求及处理等。如图 6-17 所示为请求分段系统的地址变换过程。

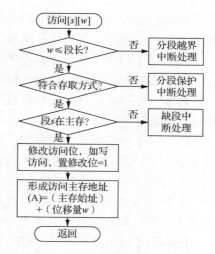

图 6-17　请求分段系统的地址变换过程

4. 请求分段系统的内存管理

在请求分段管理系统中，对于物理内存的分配可以采取与可变分区管理相似的方案，如采用首次适应算法、循环首次适应算法、最佳适应算法和最坏适应算法选择空闲内存分区分配给某段；不同的是分配的单位不是一个程序或进程，而是一个程序段或数据段。同样，当某一程序段运行完毕或数据段使用完毕后，系统负责回收该段占用的内存空间，回收时要考虑分区的合并问题。

6.6　典型例题讲解

一、单选题

【例 6.1】下列关于虚拟存储器的叙述中，正确的是（　　）。
A．虚拟存储器只能基于连续分配技术
B．虚拟存储器只能基于非连续分配技术
C．虚拟存储容量只受外存容量的限制
D．虚拟存储容量只受内存容量的限制
解析：虚拟存储的实现只能建立在离散分配的内存管理基础上。虚拟存储器容量既不受外存容量的限制，也不受内存容量的限制，而是由 CPU 的寻址范围决定的。故本题答案是 B。

【例 6.2】请求分页存储管理中，若把页面尺寸增大 1 倍而且可容纳的最大页数不变，则在程序顺序执行时缺页中断次数会（　　）。
A．增加　　　　　　B．减少　　　　　　C．不变　　　　　　D．可能增加也可能减少
解析：在请求分页存储器中，由于页面尺寸增大，存放程序需要的页数就会减少，因此缺页中断的次数也会减少。故本题答案是 B。

【例 6.3】进程在执行中发生了缺页中断，经操作系统处理后，应让其执行（　　）指令。
A．被中断的前一条　　　　　　B．被中断的那一条
C．被中断的后一条　　　　　　D．启动时的第一条
解析：缺页中断是访存指令引起的，说明所要访问的页面不在内存中，在进行缺页中断处理后，调入所要访问的页后，访存指令显然应该重新执行。故本题答案是 B。

【例 6.4】在缺页处理过程中，操作系统执行的操作可能是（　　）。
①修改页表　　　　　②磁盘 I/O　　　　　③分配页框
A．仅①、②　　　　B．仅②、③　　　　C．仅①、③　　　　D．①、②、③

解析：缺页中断调入新页面，肯定要修改页表项和分配页框，所以①③可能发生，同时内存没有页面，需要从外存读入，会发生磁盘 I/O。故本题答案是 D。

【例 6.5】以下不属于虚拟存储器特征的是（　　）。

A．一次性　　　　B．多次性　　　　C．对换性　　　　D．离散性

解析：多次性、对换性和离散性是虚拟存储器的特征，一次性则是传统存储系统的特征。故本题答案是 A。

【例 6.6】考虑页面置换算法，系统有 m 个物理块供调度，初始时全空，页面引用串长度为 p，包含了 n 个不同的页号，无论用什么算法，缺页次数不会少于（　　）。

A．m　　　　　B．p　　　　　C．n　　　　　D．$\min(m,n)$

解析：无论采用什么页面置换算法，每种页面第一次访问时可能不在内存中，必然发生缺页，所以缺页次数大于等于 n。故本题答案是 C。

【例 6.7】设主存容量是 1MB，外存容量为 400MB，计算机系统的地址寄存器有 32 位，那么虚拟存储器的最大容量是（　　）。

A．1MB　　　　B．401MB　　　　C．1MB+2^{32}MB　　　D．2^{32}B

解析：虚拟存储器的最大容量是由计算机的地址结构决定的，与主存容量和外存容量没有必然的联系，其虚拟地址空间为 2^{32}B。故本题答案是 D。

【例 6.8】LRU 置换算法淘汰（　　）的页。

A．最近最少使用　　　　　　　B．最近最久未使用

C．最先进入内存　　　　　　　D．将来最久使用

解析：根据定义，LRU 置换算法是淘汰最近最久未用的页面，衡量的是最近一段时间内哪个页面最长时间未用；LFU 置换算法是淘汰最近最少使用的页面，衡量的是最近一段时间内哪个页面使用的次数最少。故本题答案是 B。

【例 6.9】页面置换算法中，（　　）不是基于程序执行的局部性理论。

A．FIFO 置换算法　　　　　　B．LRU 置换算法

C．Clock 置换算法　　　　　　D．LFU 置换算法

解析：FIFO 置换算法是按照页面进入内存的时间顺序选择淘汰页面，未考虑页面的使用状况；而 LRU 置换算法、Clock 置换算法、LFU 置换算法是以最近一段时间内页面的使用状况选择淘汰页面，因而是基于程序执行的局部性理论淘汰页面的。故本题答案是 A。

【例 6.10】在虚拟分页存储管理系统中，若进程访问的页面不在内存，且主存中没有可用的空闲帧时，系统正确的处理顺序为（　　）。

A．决定淘汰页→页面调出→缺页中断→页面调入

B．决定淘汰页→页面调入→缺页中断→页面调出

C．缺页中断→决定淘汰页→页面调出→页面调入

D．缺页中断→决定淘汰页→页面调入→页面调出

解析：根据缺页中断的处理流程，产生缺页中断后，首先去内存寻找空闲物理块，若内存没有空闲物理块，使用相应的页面置换算法决定淘汰页面，然后调出该淘汰页面，最后调入该进程需要访问的页面。故本题答案是 C。

二、填空题

【例 6.11】在请求分页存储管理系统中，地址变换过程可能会因为_____、_____和_____等原因而产生中断。

解析：在请求分页存储管理中，如果给出的逻辑地址中页号大于页表长度，则产生越界中断；在地址变换过程中，如果该页没有在内存，则产生缺页中断；最后根据转换后的物理地址读写数据时，如果访问权限不对，则会产生保护性中断。故本题答案是逻辑地址越界、缺页和访问权限错误。

【例 6.12】所谓虚拟存储器是指具有＿＿＿＿＿、＿＿＿＿＿和＿＿＿＿＿功能，能从＿＿＿＿＿上对内存容量进行扩充的一种存储系统。

解析：虚拟存储器是以离散性为基础的，具有部分装入的特性。请求调入功能和置换功能是虚拟存储器的核心功能，容量的扩充仅仅是逻辑上的扩充，只是通过技术手段借助外存空间可以运行比真实内存空间大的程序，而不是对内存的物理扩充。故本题答案是部分装入、请求调入、置换、逻辑。

【例 6.13】虚拟存储器的基本特征是＿＿＿＿＿和＿＿＿＿＿，因而决定了实现虚拟存储器的关键技术是请求调页（段）和页（段）置换。

解析：虚拟存储器具有离散性、多次性、对换性和虚拟性，其中多次性和对换性是其基本特征。故本题答案是多次性、对换性。

【例 6.14】实现请求分页虚拟存储器，除需要有一定容量的内存和相当容量的外存外，还需要有＿＿＿＿＿、＿＿＿＿＿和＿＿＿＿＿的硬件支持。

解析：请求分页存储管理方式中需要页表机制、地址变换机构和缺页中断机构等硬件的支持。故本题答案是页表机制、地址变换机构、缺页中断机构。

【例 6.15】在请求调页系统中要采用多种置换算法，其中 OPT 是＿＿＿＿＿置换算法，LRU 是＿＿＿＿＿置换算法，NUR 是＿＿＿＿＿置换算法，而 LFU 则是＿＿＿＿＿置换算法，PBA 是＿＿＿＿＿算法。

解析：这是考查几种常见置换算法的英文缩写。故本题答案分别是最佳、最近最久未使用、最近未用、最少使用、页面缓冲。

【例 6.16】分段系统的越界检查是通过段表寄存器中存放的＿＿＿＿＿和逻辑地址中的＿＿＿＿＿相比较，以及段表项中的＿＿＿＿＿和逻辑地址中的＿＿＿＿＿的比较来实现的。

解析：分段系统的越界检查是通过段表寄存器中存放的段表长度和逻辑地址中的段号比较，如果段号大于等于段表长度，则发生越界中断；然后把段表项中的段长与逻辑地址中的段内位移进行比较，如果段内位移大于等于段长，则发生越界中断。故本题答案分别是段表长度、段号、段长、段内位移。

三、综合题

【例 6.17】某计算机由 Cache、内存、外存来实现虚拟存储器。如果数据在 Cache 中，访问它需要 20ns；如果在内存但不在 Cache 中，需要 60ns 将其装入缓存，然后才能访问；如果不在内存而在外存中，需要 12μs 将其读入内存，然后，用 60ns 再读入 Cache，然后才能访问。假设 Cache 命中率为 0.9，内存命中率为 0.6，则数据平均访问时间是多少（ns）？

解析：数据在缓存 Cache 中的命中率是 0.9，则在缓存中的比率是 0.9；数据在内存中的命中率为 0.6，则在内存的比率为 $(1-0.9)×0.6=0.06$；数据在外存的比率为 $(1-0.9)×(1-0.6)=0.04$。故数据的平均访问时间 T 为

$T=0.9×20ns+0.06×(60+20)ns+0.04×(12000+60+20)ns=(18+4.8+483.2)ns=506ns$

该题的计算思想是，在一个有 Cache、内存和外存的三级虚拟存储系统中，数据在 Cache 的命中率为 0.9，读 Cache 中的数据需要 20ns；数据如果没有命中 Cache，则在内存中的可

能性为(1-0.9)，但是数据在内存中的命中率为 0.6，则数据在内存的比率为(1-0.9)×0.6，访问时间为(60+20)；数据在外存的比率为(1-0.9)×(1-0.6)，访问时间为(12000+60+20)。所以数据的平均访问时间计算如上述算式所示。

【例 6.18】某存储器管理系统采用请求分页存储管理方式，接收了一个共 7 个页面的程序，程序执行时的页面访问顺序为 1、2、3、4、2、1、5、6、2、1、2、3、7、6、3。若采用 LRU 置换算法，程序在得到 4 个页框和 2 个页框时各会产生多少次缺页中断？如果采用 FIFO 置换算法又会有怎样的结果呢？

解析： 对于 LRU 置换算法，采用栈结构实现，总是淘汰栈底的页面，过程如图 6-18 所示。页框数为 4 时，15 次页面访问，发生 9 次缺页中断，进行 5 次页面置换；页框数为 2 时，发生 14 次缺页中断，进行 12 次页面置换。由此可以看出，如果一个进程的页框数过少，则系统会极度频繁地发生缺页中断。在 FIFO 置换算法中，如果采用循环队列实现，总是淘汰队首的页面，过程如图 6-19 所示。

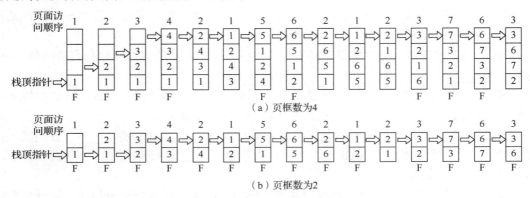

图 6-18　LRU 置换算法

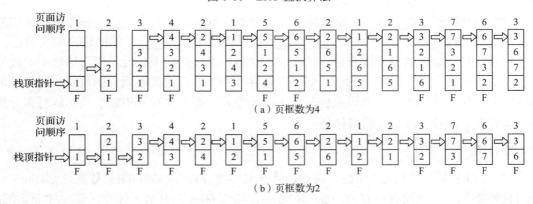

图 6-19　FIFO 置换算法

当页框数为 4 时，15 次页面访问，发生 11 次缺页中断，进行 7 次页面置换；页框数为 2 时，发生 14 次缺页中断，进行 12 次页面置换。可见，不论何种页面置换算法，如果分配一个进程的页框数过少，则颠簸程度会很高。

【例 6.19】设某计算机的逻辑地址空间和物理地址空间均为 64KB，按字节编址。若某进程最多需要 6 个页面存储空间，页面的大小为 1KB，操作系统采用固定分配局部置换策略为此进程分配 4 个页框，某个时刻页面装入内存的状况如表 6-2 所示。

表 6-2　页面装入内存的状况

页号	页框号	装入时刻	访问位
0	7	130	1
1	4	230	1
2	2	200	1
3	9	160	1

当该进程执行到时刻 260 时，要访问逻辑地址为 17CAH 的数据。请回答下列问题：

1）该逻辑地址对应的页号是多少？

2）若采用 FIFO 置换算法，该逻辑地址对应的物理地址是多少？

3）若采用 Clock 置换算法，该逻辑地址对应的物理地址是多少（设搜索下一页的指针沿顺时针方向移动，且当前指向 2 号页框，如图 6-20 所示）？

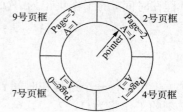

图 6-20　Clock 置换算法

解析： 17CAH=(0001 0111 1100 1010)$_2$。

1）页大小为 1KB，所以页内偏移地址为低 10 位，前 6 位是页号，所以页号为(0001 01)$_2$，即 5。

2）采用 FIFO 置换算法，被置换出的页面为 0 号页面，5 号页面装入 0 号页面所占用的页框号为 7，所以对应的物理地址为(0001 1111 1100 1010)$_2$=1FCAH。

3）采用 Clock 置换算法，被置换出的页面为 2 号页面，5 号页面装入 2 号页面所占用的页框号为 2，所以对应的物理地址为(0000 1011 1100 1010)$_2$=0BCAH。

【例 6.20】 有一矩阵 int A[100,100]，元素以行优先进行存储。在一虚存系统中，采用 LRU 淘汰算法，一个进程有 3 页内存空间，每页可以存放 200 个整数。其中，第 1 页存放程序，且假定程序已在内存。分别就程序 1 和程序 2 的执行过程计算缺页次数。

程序 1：

```
for(i=0;i<100;i++)
    for(j=0;j<100;j++)
        A[i,j]=0;
```

程序 2：

```
for(j=0;j<100;j++)
    for(i=0;i<100;i++)
        A[i,j]=0;
```

解析： 题中 100×100=10000 个数据，每页可以存放 200 个整数，故一共存放在 50 个页面中。程序 1 是按行优先的顺序访问数组元素，与数组在内存中存放的顺序一致，每个内存页面可存放 200 个数组元素。这样，程序 1 每访问两行数组元素产生一次缺页中断，所以程序 1 的执行过程会发生 50 次缺页中断。对于程序 2，是按列优先的顺序访问数组元素。由于每个内存页面存放两行数组元素，故程序 2 每访问两个数组元素就会产生一次缺页中断，整个执行过程会产生 5000 次缺页中断。

【例 6.21】 在虚拟页式存储管理中，为解决抖动问题，可采用工作集模型以决定分给进程的物理块数，有如下页面访问序列：

··· 2 5 1 6 3 3 7 8 9 1 6 2 3 4 3 4 3 4 3 4 4 4 3 4 4 3 ···
↑
t_1
↑
t_2

窗口尺寸 $\Delta=9$，试求 t_1、t_2 时刻的工作集。

解析：所谓工作集就是指在某段时间间隔 Δ 里，进程实际要访问的页面集合。虽然程序只需少量几个页面在内存中即可运行，但要使程序有效地运行且产生缺页较少，就必须使程序的工作集全部在内存。由于无法预知程序在不同时刻将访问哪些页面，因此只能像 LRU 置换算法那样，根据程序过去的某段时间内的行为来表示其在将来一段的行为。某进程在时间 t 的工作集记为 $W(t,\Delta)$，把变量 Δ 称为工作集的窗口尺寸。本题的 Δ 示意如下：

··· 2 5 1 6 3 3 7 8 9 1 6 2 3 4 3 4 3 4 3 4 4 4 3 4 4 3 ···
|← Δ →| |← Δ →|
t_1 t_2

所以，一个进程在时间 t 的工作集为 $W(t,\Delta)=\{$在时间 $t-\Delta\sim t$ 之间的页面集合$\}$。故 t_1 时刻的工作集为 $\{1，2，3，6，7，8，9\}$；t_2 时刻的工作集为 $\{3，4\}$。

【例 6.22】一个页式虚拟存储系统，其并发进程数固定为 4 个。最近测试了它的 CPU 利用率和用页面交换的磁盘的利用率，得到的结果就是下列 3 组数据中的一组。针对每一组数据，说明系统发生了什么事情。增加并发进程数能提升 CPU 的利用率吗？为什么？

1）CPU 利用率为 13%，磁盘利用率为 97%。

2）CPU 利用率为 87%，磁盘利用率为 3%。

3）CPU 利用率为 13%，磁盘利用率为 3%。

解析：1）这种情况表示系统在进行频繁的置换，以致绝大部分时间被花在页面置换上，此时，增加多道程序的数目会进一步增加缺页率，使系统性能进一步恶化，所以，不能用增加多道程序的数目来增加 CPU 的利用率，反而应减少内存中的作业道数。

2）在这种情况下，CPU 的利用率已相当高，但对换盘的利用率却相当低，这表示运行进程的缺页率很低，可以适当增加多道程序的数目来增加 CPU 的利用率。

3）在这种情况下，CPU 的利用率相当低，而且对换盘的利用率也非常低，表示内存中可运行的程序数不足，此时，应该增加多道程序的数目来增加 CPU 的利用率。

【例 6.23】请求分页管理系统中，假设某进程的页表内容如表 6-3 所示。页面大小为 4KB，一次内存的访问时间是 100ns，一次快表（TLB）的访问时间是 10ns，处理一次缺页的平均时间为 10^8ns（已含更新 TLB 和页表的时间），进程的驻留集大小固定为 2，采用 LRU 置换算法和局部淘汰策略。假设：①TLB 初始为空；②地址转换时先访问 TLB，若 TLB 未命中，再访问页表（忽略访问页表之后的 TLB 更新时间）；③有效位为 0 表示页面不在内存，产生缺页中断，缺页中断处理后，返回到产生缺页中断的指令处重新执行。设有虚地址访问序列 2362H、1565H、25A5H，请问：

1）依次访问上述 3 个虚拟地址，各需多少时间？给出计算过程。

2）基于上述访问序列，虚地址 1565H 的物理地址是多少？请说明理由。

表 6-3 请求页表

页号	页框号（Page Frame）	有效位（存在位）
0	101H	1
1	—	0
2	254H	1

　　解析：1）由题意知，页面大小为 4KB，即 2^{12}B，则得到页内位移占虚拟地址的低 12 位，页号占剩余高位。设 3 位虚拟地址的页号为 P，则地址计算过程如下：

　　① 逻辑地址 2362H，P=2，访问 TLB 时间为 10ns，因为初始快表为空，访问页表 100ns，得到页框号 254H，合成物理地址后访问主存 100ns，共计（10+100+100）ns=210ns。

　　② 逻辑地址 1565H，P=1，访问 TLB 时间为 10ns，落空，访问页表 100ns，落空，进行缺页中断处理 10^8ns，合成物理地址后访问主存 100ns，共计（10+100+10^8+10+100）ns=100000220ns。

　　③ 逻辑地址 25A5H，P=2，访问 TLB，因第一次访问已将该页号放入快表，因此花费 10ns 便可形成物理地址，访问主存 100ns，共计（10+100）ns=110ns。

　　2）当访问虚拟地址 1565H 时，产生缺页中断，合法驻留集为 2，必须从页表中淘汰一个页面，采取 LRU 置换算法，应淘汰 0 页面，因此 1565H 对应的页框号为 101H。由此可得物理地址为 101565H。

　　【例 6.24】 在页式虚拟存储管理系统中，假定驻留集为 m 个页帧，在长为 P 的引用串中具有 n 个不同的页号（$n>m$），对于 FIFO 和 LRU 这两种页面置换算法，试给出故障数的上限和下限。说明理由，并举例说明。

　　解析：发生页故障的原因是当前访问的页不在主存，需要将该页调入主存。此时不管主存中是否已满，都要发生一次页故障。即无论怎样安排，n 个不同的页号在首次进入主存时必须要发生一次页故障，总共发生 n 次。这就是页故障的下限。虽然不同的页号数为 n，小于或等于总长度 P（访问串可能会有一些页重复出现），但驻留集 $m<n$，所以可能会有某些页进入主存后又被调出主存，当再次访问时又发生一次页故障的现象，即有些页可能会出现多次页故障。极端情况是每访问一个页号时，该页都不在主存，这样共发生 P 次故障。所以，对于 FIFO 算法和 LRU 算法，页故障数的上限为 P，下限为 n。例如，当 $m=3$，$p=12$，$n=4$ 时，有如下访问的串：

　　　　　　1　1　1　2　2　3　3　3　4　4　4　4

则页故障数为 4，这恰好是页故障数的下限 n 值。又如，访问串为

　　　　　　2　3　4　1　2　3　4　1　2　3　4

则故障数为 12，这恰好为页故障的上限 P 值。

　　【例 6.25】 某页式虚拟存储管理系统中，页面大小为 1KB，某进程分配到的内存块数为 3，并按下列地址顺序引用内存单元：3875，3632，1140，3584，2892，3640，0007，2148，1974，2145，3209，0000，1102，1100。如果上述数字均为十进制数，而内存中尚未装入任何页。

　　1）给出页面访问序列。

　　2）给出使用 LRU 算法和 FIFO 算法的缺页次数，并进行比较。

　　解析：页面大小为 1024B，每个内存单元地址除以页面大小，即可得到该页所在的块号。

　　1）页面的访问次序为 3，3，1，3，2，3，0，2，1，2，3，0，1，1。

　　2）采用 LRU 算法，缺页次数为 8 次，如图 6-21 所示。采用 FIFO 算法，缺页次数为 6 次，如图 6-22 所示。

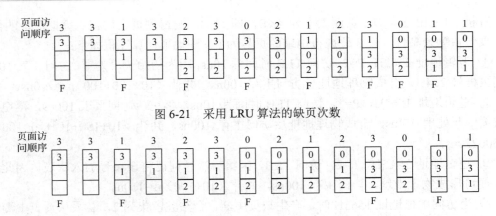

图 6-21　采用 LRU 算法的缺页次数

图 6-22　采用 FIFO 算法的缺页次数

LRU 算法用最近的过去作为预测最近的将来的依据，因为程序执行的局部性规律，一般有较好的性能，但实现时，要记录最近在内存的每个页面的使用情况，比 FIFO 算法困难，其开销也大。有时，因页面的过去和未来的走向之间并无必然的联系，如上面，LRU 算法的性能没有想象中那么好。

【例 6.26】在请求分页存储管理系统中，存取一次内存的时间是 8ns，查询一次快表的时间是 1ns，缺页中断的时间是 20ns。假设页表的查询与快表的查询同时进行，当查询页表时，如果该页在内存但快表中没有，系统将自动把该页页表项送入快表。一个作业最多可保留 3 个页面在内存。现在开始执行一个作业，系统连续对作业的 2、4、5、2、7、6、4、8 页面的数据进行一次存取，如分别采用 FIFO 算法和 OPT 置换算法，求每种算法上存取这些数据需要的总时间。

解析：1）在 FIFO 算法中，访问页面 2，先查看快表和页表，需要 8ns，由于不在内存，发生缺页中断，需要 20ns，再次从页表中读取页表项，需要 8ns，再从内存中读取数据需要 8ms，故总共时间为(8+20+8+8)ns=(20+8×3)ns。

访问页面 4，需要时间：(20+8×3)ns。

访问页面 5，需要时间：(20+8×3)ns。

访问页面 2，需要时间：(1+8)ns；第 2 页已经在内存，故只需访问快表，然后读取数据。

访问页面 7，需要时间：(20+8×3)ns。

访问页面 6，需要时间：(20+8×3)ns。

访问页面 4，需要时间：(20+8×3)ns。

访问页面 8，需要时间：(20+8×3)ns。

因此在 FIFO 算法中，总时间是[(20+8×3)×7+(8+1)]ns=317ns。

2）在 OPT 算法中，访问 2、4、5 页面分别需要：(20+8×3)ns；访问页面 2，需要(1+8)ns。

访问页面 7，需要时间：(20+8×3)ns。

访问页面 6，需要时间：(20+8×3)ns。

访问页面 4，需要时间：(1+8)ns。

访问页面 8，需要时间：(20+8×3)ns。

因此在 OPT 算法中，总时间是[(20+8×3)×6+(8+1)×2]ns=282ns。

本 章 小 结

本章首先介绍了传统存储管理方式的特征和局部性原理，引入了虚拟存储器的概念。传统存储管理方式都要求将一个作业全部装入内存后方能运行，具有一次性和驻留性两个特征。局部性原理是指程序在执行过程中的一个较短时期，所执行的指令地址和指令的操作数地址，分别局限于一定区域，主要表现在时间局部性和空间局部性两个方面。虚拟存储器是指具有部分装入、请求调入功能和置换功能，能从逻辑上对内存容量加以扩充的一种存储器。虚拟存储器具有离散性、多次性、对换性和虚拟性 4 个基本特征。虚拟存储器的实现是以离散分配为基础的，需要一定的硬件和软件支持。

虚拟存储器是基于离散存储管理方式实现的，以页为单位称为请求分页存储管理方式，以段为单位称为请求分段存储管理方式。请求分页存储管理系统是建立在基本分页基础上的，为了能支持虚拟存储器功能，而增加了部分页装入、请求调页功能和页面置换功能。为了实现请求分页，系统必须提供一定的硬件支持。除要求一定容量的内存和外存外，还需要有请求页表机制、缺页中断机构及地址变换机构。由于请求分页存储管理方式中进程占用的物理块数处于动态变化中，对最小物理块数、物理块分配算法和物理块分配策略进行了讨论。其次重点论述了页面置换算法，包括 OPT 算法、FIFO 置换算法、LRU 置换算法和 Clock 置换算法等。然后对抖动与工作集进行了讨论。页面置换过程中可能会出现刚被淘汰的页面很快又被访问，下一次访问又是访问刚被置换出去的页面，造成 CPU 利用率急剧下降，这种现象称为内存抖动。内存抖动发生的原因比较复杂，可能是页面置换算法失误，也可能是一个进程需求的物理块数太多等原因。为了避免抖动的发生，提出了工作集的概念。

请求分段存储管理方式是在基本分段存储管理方式的基础上，增加了部分段装入、请求调段功能和分段置换功能，来支持虚拟存储器技术。为实现请求分段存储管理方式，同样需要一定的硬件支持和相应的软件。在请求分段管理系统中，对于物理内存的分配可以采取与可变分区管理相似的方案，如采用首次适应算法或循环首次适应算法选择空闲内存分区分配给某段。

习 题

一、单选题

1. 若用户进程访问内存时产生缺页，则下列选项中，操作系统可能执行的操作是（ ）。

①处理越界错 ②置换页 ③分配内存

　　A. 仅①、② 　　B. 仅②、③ 　　C. 仅①、③ 　　D. ①、②、③

2. 某虚拟存储器采用页式内存管理，使用 LRU 页面置换算法，考虑下面的页面访问地址序列：1、8、1、7、8、2、7、2、1、8、3、8、2、1、3、1、7、1、3、7，假定内存容量为 4 个页面，开始时是空的，则页面失效次数是（ ）。

　　A. 4 　　　　　　B. 5 　　　　　　C. 6 　　　　　　D. 7

3. 在页面置换策略中，（　　）策略可能引起抖动。

    A．FIFO　　　　　　B．LRU　　　　　　C．没有一种　　　D．所有

4. 引起 LRU 算法的实现耗费高的原因是（　　）。

    A．需要硬件的特殊支持　　　　　　　B．需要特殊的中断处理程序

    C．需要在页表中标明特殊的页类型　D．需要对所有的页进行排序

5. 在请求分页存储管理的页表中增加了若干项信息，其中修改位和访问位供（　　）参考。

    A．分配页面　　　B．调入页面　　　C．置换算法　　　D．程序访问

6. 虚拟存储器技术是（　　）。

    A．扩充内存物理空间技术　　　　　　B．扩充内存逻辑地址空间技术

    C．扩充外存空间技术　　　　　　　　D．扩充输入/输出缓冲区技术

7. 虚拟存储器实现的理论基础是程序的（　　）理论。

    A．全局性　　　　B．虚拟性　　　　C．局部性　　　　D．动态性

8. 下列说法正确的是（　　）。

① FIFO 置换算法会产生比莱迪现象

② LRU 置换算法会产生比莱迪现象

③ 在进程运行时，如果它的工作集页面都在虚拟存储器内，能够使该进程有效地运行，否则会出现频繁的页面调入/调出现象

④ 在进程运行时，如果它的工作集页面都在主存内，能够使该进程有效地运行，否则会出现频繁的页面调入/调出现象

    A．①、③　　　　　B．①、④　　　　　C．②、③　　　　D．②、④

9. 测得某个采用按需调页策略的计算机系统部分状态数据为，CPU 利用率 20%，用于交换空间的磁盘利用率为 97.7%，其他设备的利用率为 5%。由此判断系统出现异常，这种情况下（　　）能提高系统性能。

    A．安装一个更快的硬盘　　　　　　　B．通过扩大硬盘容量增加交换空间

    C．增加运行进程数　　　　　　　　　D．通过加内存条来增加物理空间容量

10. 下列措施中，能加快虚实地址转换的是（　　）。

①增大快表容量　　②让页表常驻内存　　③增加交换区

    A．仅①　　　　　　B．仅②　　　　　　C．仅①、②　　　D．仅②、③

11. 请求分页存储管理方式中，若采用 FIFO 置换算法，当分配的页框数增加时，缺页中断的次数_____。

    A．减少　　　　　　B．增加　　　　　　C．无影响　　　　D．可能增加也可能减少

12. 某系统采用改进型 Clock 置换算法，页表项中字段 A 为访问位，M 为修改位。A=0 表示页最近没有被访问，A=1 表示页最近被访问过。M=0 表示页没有被修改过，M=1 表示页被修改过。按(A，M)所有可能的取值，将页分为 4 类：(0，0)、(1，0)、(0，1)和(1，1)，则该算法淘汰页的次序为（　　）。

    A．(0，0)，(0，1)，(1，0)，(1，1)　　B．(0，0)，(1，0)，(0，1)，(1，1)

    C．(0，0)，(0，1)，(1，1)，(1，0)　　D．(0，0)，(1，1)，(0，1)，(1，0)

13. 在请求分页系统中，页面分配策略与页面置换策略不能组合使用的是（　　）。

    A．可变分配，全局置换　　　　　　　B．可变分配，局部置换

    C．固定分配，全局置换　　　　　　　D．固定分配，局部置换

14. 某进程访问页面的序列如下所示。若工作集的窗口大小为 6，则在 t 时刻的工作集

为（　　）。

$$\cdots, 1,\ 3,\ 4,\ 5,\ 6,\ 0,\ 3,\ 2,\ 3,\ 2,\ \big|\ 0,\ 4,\ 0,\ 3,\ 2,\ 9,\ 2,\ 1,\ \cdots$$

　　　　　　　　　　　　　　　　　　　 t　　　　　　　　　　　　　　时间

  A．{6，0，3，2}   B．{2，3，0，4}

  C．{0，4，3，2，9}   D．{4，5，6，0，3，2}

 15．产生抖动的主要原因是（　　）。

  A．内存空间太小   B．CPU 运行速度太慢

  C．CPU 调度算法不合理   D．页面置换算法不合理

二、填空题

 1．为实现请求分页管理，应在基本分页系统的页表基础上增加_____、_____、_____和_____等数据项。

 2．在请求调页系统中，调页的策略有_____和_____两种方式。

 3．在请求调页系统中，反复进行页面换进和换出的现象称为_____，它产生的主要原因是_____。

 4．请求分页存储器管理方式中，常采用以下页面置换算法，其中_____，淘汰不再使用或最远的将来才使用的页；_____，选择淘汰在内存驻留时间最长的页；_____，选择淘汰距当前时刻最近一段时间内最久不使用的页。

 5．在请求分段系统中所需要的硬件支持有_____、_____、_____3 种。

三、综合题

 1．什么是虚拟存储器？有哪些特征？

 2．实现虚拟存储器需要哪些硬件支持？

 3．试说明请求分页存储系统中的地址变换过程。

 4．请求分页存储管理方式中，假定系统为某进程分配了 4 个页框，页面的引用顺序为 7、1、2、0、3、0、4、2、3、0、3、2、7、0、1，采用 FIFO 置换算法、LRU 置换算法和 OPT 置换算法时分别产生多少次缺页中断？

 5．在请求分页存储管理方式中，采用 LRU 置换算法时，若一个程序的页面引用顺序为 4、3、2、1、4、3、5、4、3、2、1、5，当分配给该程序的页框数分别为 3 和 4 时，试计算在访问过程中发生的缺页次数。

 6．一个有快表的请求分页虚存系统，设内存访问周期为 1μs，内外存传送一个页面的平均时间为 5ms。如果快表命中率为 75%，缺页中断率为 10%。忽略快表访问时间，试求内存的有效存取时间是多少。

 7．请求分页式存储管理中，进程访问地址序列为 10、11、104、170、73、305、180、240、244、445、467、366。试问：

 1）如果页面大小为 100，给出页面访问序列。

 2）进程若分得 3 个页框，采用 FIFO 和 LRU 替换算法，求缺页中断率是多少。

 8．在请求分页存储管理中，页长为 4KB，没有快表。访问内存的时间是 10ns，缺页处理时间为 1000ns，现开始执行一进程，进程的 3 号和 7 号逻辑页面依次已经在内存，连续访问 5E5F、3E5F、8F11、3EA4、7E41、6B41、431A、3E40、7D88 逻辑地址上的数据。假设一个进程最多可保留 4 个页面在内存，如分别采用 FIFO、LFU 和 OPT 页面置换算法，试问：

1）页内地址有几位？

2）这个进程依次访问了哪些逻辑页面？

3）每种算法访问哪些地址发生了缺页中断？共发生几次？

4）每种算法下，每个地址的数据需要的时间是多少（需列式子）？

9. 某分页式虚拟存储系统，用于页面交换的磁盘的平均访问及传输时间是 20ms，页表保存在主存，访问时间为 1μs，即每引用一次指令或数据，需要访问两次内存。为了改善性能，可以增设一个快表，如果页表项在快表内，则只要访问一次内存就可以。假设 80% 的访问其页表项在快表中，剩下的 20% 中，10% 的访问（即总数的 2%）会产生缺页，请计算有效访问时间。

第7章 文件管理

内容提要：

本章主要讲述以下内容：①文件的基本概念；②文件的逻辑结构和存取方式；③文件目录；④文件的共享与保护；⑤文件系统的结构和功能；⑥文件系统的实现。

学习目标：

了解文件的基本概念，文件的共享和保护，磁盘管理；理解文件的逻辑结构，文件系统结构和功能，文件存储介质，磁盘分区，磁盘数据的存放；掌握目录管理方式，文件外存分配方式和存储空间的管理方式，磁盘调度算法。

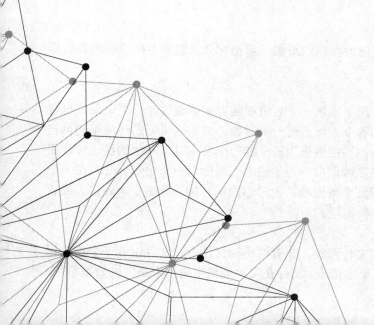

在现代计算机系统中，要用到大量的程序和数据，因内存容量有限，且不能长期保存，故而平时总是把它们以文件的形式存放在外存中，需要时再随时将它们调入内存。如果由用户直接管理外存上的文件，不仅要求用户熟悉外存特性，了解各种文件的属性，以及它们在外存上的位置，而且在多用户环境下，还必须能保持数据的安全性和一致性。显然，这是用户所不能胜任、也不愿意承担的工作。于是，取而代之的便是在操作系统中又增加了文件管理功能，即构成一个文件系统，负责管理外存上的文件，并把对文件的存取、共享和保护等手段提供给用户。这不仅方便了用户，保证了文件的安全性，还可有效地提高系统资源的利用率。

7.1 文 件 概 述

早期的计算机没有大容量存储设备，程序和数据需要手动输入计算机。后来程序和数据可以保存到纸带或卡片上，然后用纸带机或卡片机输入计算机中。在这个阶段，这些人工干预的控制和保存信息资源的方法不仅速度非常慢，而且错误百出，极大地限制了计算机处理能力的发挥。直到大容量直接存取的磁盘存储器及顺序存取的磁带存储器的出现，程序和数据等信息资源才开始真正被计算机所管理，此时把信息以文件的形式存储在磁盘或其他外部存储介质上，促成了文件系统的出现。

在文件系统中，文件是通过操作系统来管理的。操作系统为系统管理者和用户提供了对文件的透明存取。所谓透明存取，是指不必了解文件存放的物理机制和查找方法，只需要给出程序或数据的文件名称，文件系统就会自动地完成对相应文件的有关操作。

7.1.1 文件的基本概念

1. 文件的定义

文件是指具有文件名的一组相关元素的集合。在文件系统中它是一个最大的数据单位，它描述了一个对象集，每个文件都有一个文件名，用户通过文件名来访问文件。

2. 文件的组成结构

（1）数据项

在文件系统中，数据项是最低级的数据组织形式，可把它分成基本数据项和组合数据项两种类型。

（2）记录

记录是一组相关数据项的集合，用于描述一个对象在某方面的属性。一个记录应包含哪些数据项，取决于需要描述对象的哪个方面。而一个对象，由于它所处的环境不同可把它作为不同的对象。例如，一个学生，当把他作为班上的一个学生时，对他的描述应使用学号、姓名、年龄及所在学院、年级等数据项。为了能唯一地标识一个记录，必须在一个记录的各个数据项中，确定出一个或几个数据项，把它们的集合称为关键字（key）。或者说，关键字是唯一能标识一个记录的数据项。

（3）文件

文件可分为有结构文件和无结构文件两种。在有结构的文件中，文件由若干个相关记录组成；而无结构文件则被看成是一个字符流。文件在文件系统中是一个最大的数据单位，它描述了一个对象集。

3.　文件名

文件名是用户在创建文件时确定的，并在以后访问文件时使用。文件的具体命名规则在各个系统中是不同的。不过，所有操作系统都至少允许用 1～8 个字母作为合法的文件名，如 zknu、student、process、document 等都是合法的文件名。通常，文件名中允许有数字和一些特殊字符，如 user1、wyr_14 等。有些文件系统区分大小写，有些则不区分。例如，UNIX 和 Linux 操作系统就区分大小写，而 MS-DOS 则不区分。很多操作系统支持扩展名，如 process.c、 mytext.txt 及 win.dl，点（.）后面的字母表示的是文件的扩展名。文件的扩展名表示文件的一些信息，如.c 表示的是 C 语言源程序，.txt 表示文本文件，.dll 表示动态链接库文件。

7.1.2　文件的类型

为了便于管理和控制文件而将文件分成若干类型。由于不同系统对文件的管理方式不尽相同，因此它们对文件的分类方法也有很大差异。为了方便系统和用户了解文件的类型，在许多操作系统中把文件类型作为扩展名写在文件名的后面，在文件名和扩展名之间用"."号隔开。下面是常用的几种文件分类方法。

1.　按照文件的物理组织结构分类

文件在外存中是以块为单位存储的。根据应用需要，一个文件可以存储到若干个连续的存储块中，也可以存储到若干个非连续的存储块中。因此，可以将文件分为连续文件和非连续文件两种。其中，非连续文件又因其非连续存储块的组织方式不同，分为链接文件和索引文件两类。

1）连续文件：把文件中的信息顺序、连续地存储到若干个相邻的存储块中。这样，将文件存储到一片连续的存储空间中，只要知道文件的第一个数据块的物理地址，就能很快地找到文件的全部信息。

2）链接文件：文件中逻辑上连续的信息可以存储在离散的存储块中，各存储块通过其内的链接指针相连，一个文件的所有存储块形成一个链表。

3）索引文件：文件中逻辑上连续的信息可以存储到离散的存储块中，系统为每个文件建立一个索引表，一个索引表项记录一个存储块或一组连续存储块的起始地址。

2.　按照文件的存取控制属性分类

按文件的存取控制属性，文件可分为以下几类。

1）只读文件：仅允许文件拥有者及授权用户对其进行读操作的文件。例如，各类应用程序的帮助文件仅供用户读，不能修改。

2）只执行文件：只允许授权用户执行，不允许读/写的文件，如动态链接库文件。

3）读/写文件：允许授权用户进行读或写，未授权用户不能非法读/写的文件。

3.　按照文件的用途分类

按文件的用途，文件可分为以下几类。

1）系统文件：指操作系统或其他系统软件构成的文件。大多数系统文件只允许用户调用执行，而不允许用户去读或修改。

2）用户文件：由用户的程序或数据组成的文件。例如，用户的源程序、目标程序、数据集合、中间处理结果或最后处理结果等组成的文件。

3）库文件：由系统提供给用户调用的各种标准过程、函数等。这类文件允许用户调用，但不允许用户修改。例如，Windows 的应用程序接口、C 语言的标准 I/O 库函数及通信库函数等。库文件一般分为动态链接库和静态链接库。

4. 按照文件中数据的形式分类

按文件中数据的形式，文件可分为以下几类。

1）源文件：用程序设计语言编写的源程序和数据集合所构成的文件。计算机不能直接执行源文件，它们必须首先被编译程序或解释程序转换成机器指令级代码。

2）目标文件：由编译程序编译处理相应源程序而得到的目标代码文件。目标文件是纯二进制的机器指令级代码文件。由于目标文件常包含对其他目标模块的引用，因此一般是不完备的，不能直接执行。通常目标文件使用扩展名.obj。

3）可执行文件：由链接装配程序链接装配以后所生成的装入模块。它是能被装入并可执行的机器指令级代码文件。可执行文件使用扩展名.exe。

5. 按照文件的组织形式和处理方式分类

按文件的组织形式和系统对其处理方式，文件可分为以下几类。

1）普通文件：由 ASCII 码或二进制码组成的字符文件。一般用户建立的源程序文件、数据文件、目标代码文件及操作系统自身代码文件、库文件、实用程序文件等都是普通文件，它们通常存储在外存设备上。

2）目录文件：由文件目录组成的，用来管理和实现文件系统功能的系统文件，通过目录文件可以对其他文件的信息进行检索。由于目录文件也是由字符序列构成的，因此对其可进行与普通文件一样的各种文件操作。

3）特殊文件：特指系统中的各类 I/O 设备。为了便于统一管理，系统将所有的 I/O 设备都视为文件，按文件方式提供给用户使用，如目录的检索、权限的验证等都与普通文件相似，只是对这些文件的操作是和设备驱动程序紧密相连的，系统将这些操作转为对具体设备的操作。根据设备数据交换单位的不同，又可将特殊文件分为块设备文件和字符设备文件。前者用于磁盘、光盘或磁带等块设备的 I/O 操作，后者用于终端、打印机等字符设备的 I/O 操作。

6. 按信息流向分类

按信息流向，文件可分为以下 3 类。

1）输入文件：如对于读卡机或键盘上的文件，只能进行读入，所以这类文件为输入文件。

2）输出文件：如对于打印机上的文件，只能进行写出，因此这类文件为输出文件。

3）输入输出文件：如对于磁盘、磁带上的文件，既可以读又可以写，所以这类文件是输入输出文件。

7.1.3 文件的属性

文件包含两部分的内容：一是文件所包含的数据，二是关于文件自身的说明信息或属性。文件的属性主要描述文件的基本信息，这些信息主要被文件系统用来管理文件。常用的一些文件属性包括文件名、文件的物理位置、文件的拥有者、文件的存取控制、文件类型、文件长度和建立的时间等。

7.1.4 文件的操作

为了方便用户使用文件，文件系统通常向用户提供各种调用接口，用户通过这些接口对文件进行各种操作。最基本的文件操作包括创建、删除、读、写和设置文件的读/写位置等。实际上，一般的操作系统提供了更多对文件的操作，如打开和关闭一个文件及改变文件名等操作，还有一些对文件记录的操作。

1. 最基本的文件操作

最基本的文件操作包含下述内容。

1）创建文件。在创建一个新文件时，要为新文件分配必要的外存空间，并在文件目录中为之建立一个目录项；目录项中应记录新文件的文件名及其在外存的地址等属性。

2）删除文件。在删除时，应先从目录中找到要删除文件的目录项，使之成为空项，然后回收该文件所占用的存储空间。

3）读文件。在读文件时，根据用户给出的文件名去查找目录，从中得到被读文件在外存中的位置；在目录项中，还有一个指针用于对文件的读/写。

4）写文件。在写文件时，根据文件名查找目录，找到指定文件的目录项，再利用目录中的写指针进行写操作。

5）设置文件的读/写位置。前面所述的文件读/写操作，都只提供了对文件顺序存取的手段，即每次都是从文件的始端进行读或写；设置文件读/写位置的操作，通过设置文件读/写指针的位置，以便读/写文件时不再每次都从其始端，而是从所设置的位置开始操作，因此可以改顺序存取为随机存取。

6）截断文件。如果一个文件的内容已经没用而需要全面更新时，虽然可以先删除文件再建立一个新文件，但如果文件名及其属性并没有发生变化，也可截断文件，即将文件的长度设为 0，或者放弃原有的文件内容。

2. 文件的打开和关闭操作

当前操作系统所提供的大多数对文件的操作，其过程大致都是这样两步：第一步是通过检索文件目录来找到指定文件的属性及其在外存上的位置；第二步是对文件实施相应的操作，如读文件或写文件等。当用户要求对一个文件实施多次读/写或其他操作时，每次都要从检索目录开始。为了避免多次重复地检索目录，在大多数操作系统中引入了打开（open）这一文件系统调用，当用户第一次请求对某文件进行操作时，先利用 open 系统调用将该文件打开。

所谓打开，是指系统将指名文件的属性，从外存复制到内存打开文件表的一个表目中，并将该表目的编号（或称为索引号）返回给用户。以后，当用户再要求对该文件进行相应的操作时，便可利用系统所返回的索引号向系统提出操作请求。系统这时便可直接利用该索引号到打开文件表中去查找，从而避免了对该文件的再次检索。这样不仅节省了大量的检索开销，也显著地提高了对文件的操作速度。如果用户已不再需要对该文件实施相应的操作时，可利用关闭（close）系统调用来关闭此文件，操作系统将会把该文件从打开文件表中的表目上删除。

3. 其他文件操作

为了方便用户使用文件，通常，操作系统都提供了数条有关文件操作的系统调用，可将这些调用分成若干类。最常用的一类是有关对文件属性进行操作的，即允许用户直接设置和获得文件的属性，如改变已存文件的文件名、改变文件的拥有者、改变对文件的访问权，以及查询文件的状态（包括文件类型、大小和拥有者及对文件的访问权等）；另一类是有关目录的，如创建一个目录，删除一个目录，改变当前目录和工作目录等；此外，还有用于实现文件共享的系统调用和用于对文件系统进行操作的系统调用等。

7.1.5 文件的访问方式

用户通过对文件的访问来完成对文件的各种操作。文件的访问方式是由文件的性质和用户使用文件的方式共同确定的。常用的访问方式有顺序访问、随机访问等。

1. 顺序访问

文件最简单的访问方式是顺序访问。顺序访问就是按从前到后的次序依次访问文件的各个信息项。这种访问方式最常用。对文件大量的操作是读/写。当读文件时，按文件指针指示的位置读取文件的内容，并且文件指针自动向前推进。写文件操作是把信息附加到文件末尾，且把文件指针移动到文件的尾部。

如果用 Rp 表示文件指针，Rp 指向当前要读取的文件位置，当一个记录读出后，Rp 做相应的修改。例如，对于定长记录式文件，是按照定长记录的排列顺序来存取的，$Rp_{i+1}=Rp_i+L$，其中 L 为定长记录的长度。对于变长记录式文件，由于每个记录的长度都不一样，所以当一个记录读出后，Rp 做修改 $Rp_{i+1}=Rp_i+L_i$，其中 L_i 为第 i 个记录的长度，如图 7-1 所示。

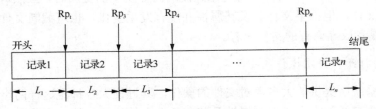

图 7-1　顺序访问变长记录

2. 随机访问

随机访问又称直接存取，它是磁盘文件的访问模式。一般每次存取的单位是固定的块。块的大小可以是 512B、1024B 或更大。随机存取方式允许用户以任意顺序读取文件的某一个信息。如当前访问文件的第 58 块，接着访问第 34 块、第 26 块等。随机访问方式主要用于大批量信息的立即访问。当接到访问请求时，系统计算出信息在文件中的位置，然后直接读取其中的信息。进行随机访问时，先要设文件的读/写指针位置，然后使用系统提供的专门操作命令从该位置进行读/写文件。

UNIX 类型的操作系统和 MS-DOS 操作系统的文件系统均采用了顺序访问和随机访问两种类型的访问方式。

7.2 文件的逻辑结构

通常，文件是由一系列的记录组成的。文件系统设计的关键要素，是指将这些记录构成一个文件的方法，以及将一个文件存储到外存上的方法。事实上，对于任何一个文件，都存在着以下两种形式的结构。

1）文件的逻辑结构。这是从用户观点出发所观察到的文件组织形式，是用户可以直接处理的数据及其结构，它独立于文件的物理特性，又称为文件组织。

2）文件的物理结构。它又称为文件的存储结构，是指文件在外存上的存储组织形式。这不仅与存储介质的存储性能有关，而且与所采用的外存分配方式有关。

无论是文件的逻辑结构，还是其物理结构，都会影响对文件的检索速度。本节只介绍文件的逻辑结构。对文件逻辑结构所提出的基本要求，第一是能提高检索速度，即在将大批记录组成文件时，应有利于提高检索记录的速度和效率；第二是便于修改，即便于在文件中增加、删除和修改一个或多个记录；第三是降低文件的存储费用，即减少文件占用的存储空间，不要求大片连续的存储空间。第四是维护简单，便于用户对文件进行维护。

7.2.1 文件逻辑结构的类型

文件逻辑结构是一种经过抽象的结构，所描述的是信息在文件中的组织形式。文件中的这些信息在物理存储介质上是如何被组织存储的，与用户没有直接关系。

文件的逻辑结构可分为 3 类：第一类是无结构文件，这是指由字符流构成的文件，故又称为流式文件；第二类是有结构文件，这是指由一个以上的记录构成的文件，故又把它称为记录式文件；第三类是树形文件，它是有结构文件的一种特殊形式。

1. 无结构文件

无结构文件也称流式文件，是最简单的一种文件组织形式。文件中的数据按其到达时间顺序被采集，文件由一串数据组成。使用流式文件的目的仅仅是积累大量的数据并保存这些数据。流式文件没有记录，也没有结构。由于流式文件没有结构，因此对数据的访问是通过穷举搜索的方式进行的。也就是说，如果想找到某一特定数据项，需要查找流式文件中的所有的数据，直到找到所需要的数据项，或者搜索完整个文件为止。对于流式文件，一般直接按字节计算其长度，大量的源程序、可执行程序、库函数等都采用流式文件的形式。

把文件看成字符流，为操作系统带来了灵活性，用户可以根据需要在自己的文件中加入任何内容，不用操作系统提供任何额外的帮助。UNIX 类操作系统采用的是流式文件结构。

2. 有结构文件

有结构文件又称记录式文件，它在逻辑上可以看成一组连续记录的集合，即文件由若干个相关记录组成，且每个记录都有一个编号，依次为记录 1、记录 2、…、记录 n。记录是一个具有特定意义的信息单位，它由该记录在文件中的逻辑地址（相对位置）与记录名所对应的一组关键字、属性及属性值组成，可以按关键字进行查找。每个记录用于描述对象某个方面的属性，如学号、姓名、性别、年龄等。记录式文件按记录的长度是否相同又可分为定长记录和不定长记录。

（1）定长记录

定长记录是指文件中所有记录的长度都是相同的，所有记录中的各数据项都处在记录中相同的位置，具有相同的顺序和长度。文件的长度用记录数目表示。对定长记录的处理方便、开销小，所以这是目前较常用的一种记录格式，被广泛用于数据处理中。

（2）变长记录

变长记录是指文件中各记录的长度不相同。产生变长记录的原因，可能是由于一个记录中所包含的数据项数目并不相同；也可能是数据项本身的长度不定。不论是哪一种，在处理前，每个记录的长度是可知的。

根据用户和系统管理上的需要，可采用多种方式来组织这些记录，形成下述的几种文件。

1）顺序文件。顺序文件是由一系列记录按某种顺序排列所形成的文件。其中的记录通常是定长记录，因而能用较快的速度查找文件中的记录。

2）索引文件。当记录为可变长度时，通常为其建立一个索引表，并为每个记录设置一个表项，以加快对记录检索的速度。

3）索引顺序文件。索引顺序文件是上述两种文件构成方式的结合。它为文件建立一个索引表，为每一组记录中的第一个记录设置一个表项。

3. 树形文件

树形文件是另一种有结构文件形式，如图 7-2 所示，这种结构的文件由一棵记录树构成，各个记录的长度可以不同。在记录的固定位置上有一个关键字字段，这棵树按该字段进行排序，从而可以对特定关键字进行快速查找。对文件中"下一个"记录的存取其实是获得具有特定关键字的记录。用户不必关心记录在文件中的具体位置。另外，可把新记录添加到文件中。可见，这种文件结构与 UNIX 和 Windows 操作系统中采用的无结构文件有明显差别，它被广泛用于某些商业数据处理的大型计算机中。

图 7-2　树形文件

7.2.2　有结构文件的组织

有结构文件的组织形式可以分为顺序文件、索引文件和索引顺序文件 3 种类型。

1. 顺序文件

顺序文件是最常用的一种文件组织形式。在这种文件中，每个记录都使用一种固定的格式，所有的记录都具有相同的或不同的长度，并且由相同数目的数据项组成。由于每个数据项的长度和位置是已知的，因此只需要保存各个数据项的值，每个数据项的名称和长度是该文件结构的属性。

（1）逻辑记录的排序

文件是记录的集合。文件中的记录可以是任意顺序的，因此，它可以按照各种不同的顺序进行排列。一般地，可归纳为以下两种情况：

第一种情况是串结构，各记录之间的顺序与关键字无关。通常的办法是由时间来决定，即按存入时间的先后排列，最先存入的记录作为第一个记录，其次存入的为第二个记录……以此类推。

第二种情况是顺序结构，指文件中的所有记录按关键字排列。可以按关键字的长短从小到大排序，也可以从大到小排序，或按其英文字母顺序排序。

对顺序结构文件可有更高的检索效率，因为在检索串结构文件时，每次都必须从头开始，逐个记录地查找，直至找到指定的记录，或查完所有的记录为止。而对顺序结构文件，则可利用某种有效的查找算法，如折半查找法、插值查找法、跳步查找法等方法来提高检索效率。

（2）对顺序文件的读/写操作

顺序文件中的记录可以是定长的，也可以是变长的。对于定长记录的顺序文件，如果已知当前记录的逻辑地址，便很容易确定下一个记录的逻辑地址。在读一个文件时，可设置一个读指针 Rp，令它指向下一个记录的首地址，每当读完一个记录时，便执行 Rp=Rp+L 操作，使之指向下一个记录的首地址，其中 L 为记录长度。类似地，在写一个文件时，也应设置一个写指针 Wp，使之指向要写的记录的首地址。同样，在每写完一个记录时，又需要执行以下操作：Wp=Wp+L。

对于变长记录的顺序文件，顺序读或写时的情况相似，但应分别为它们设置读或写指针，在每次读完或写完一个记录后，需要将读或写指针加上 L_i。L_i 是刚读完或刚写完的记录的长度。

如图 7-3 所示为定长和变长记录文件。

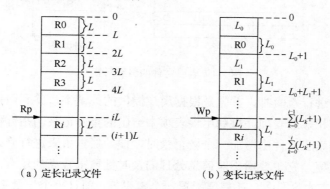

图 7-3　定长和变长记录文件

（3）顺序文件的优缺点

顺序文件的最佳应用场合是在对诸记录进行批量存取时，即每次要读或写一大批记录时。此时，对顺序文件的存取效率是所有逻辑文件中最高的；此外，也只有顺序文件才能存储在磁带上，并能有效地工作。

在交互应用的场合，如果用户（程序）要求查找或修改单个记录时，为此系统便要去逐个地查找诸记录。这时，顺序文件所表现出来的性能就可能很差，尤其是当文件较大时，情况更为严重。如果是可变长记录的顺序文件，则为查找一个记录所需付出的开销将更大，这就限制了顺序文件的长度。

顺序文件的另一个缺点是，如果想增加或删除一个记录都比较困难。为了解决这一问题，可以为顺序文件配置一个运行记录文件，或称为事务文件，把试图增加、删除或修改的信息记录于其中，规定每隔一定时间，将运行记录文件与原来的主文件加以合并，产生一个按关键字排序的新文件。

2. 索引文件

对于定长记录，除可以方便地实现顺序存取外，还可以较方便地实现直接存取。然而，对于变长记录就较难实现直接存取了，因为用直接存取方法来访问变长记录文件中的一个记录是十分低效的，其检索时间也很难令人接受。例如，对于可变长度记录的文件，要查找其第 i 个记录时，必须首先计算出该记录的首地址。为此，需要顺序地查找每个记录，从中获得相应记录的长度 L_i，然后才能按下式计算出第 i 个记录的首址。假定在每个记录前用一个字节指明该记录的长度，则第 i 个记录的首地址 A_i 为

$$A_i = \sum_{i=0}^{i-1} L_i + i \tag{7.1}$$

为了解决这一问题，可为变长记录文件建立一个索引表，对主文件中的每个记录，在索引表中设有一个相应的表项，用于记录该记录的长度 L 及指向该记录的指针（指向该记录在逻辑地址空间的首址）。由于索引表是按记录键排序的，因此，索引表本身是一个定长记录的顺序文件，从而也就可以方便地实现直接存取。如图 7-4 所示为索引文件的组织形式。

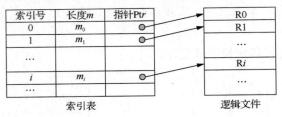

图 7-4　索引文件的组织形式

在对索引文件进行检索时，首先是根据用户提供的关键字，并利用折半查找法去检索索引表，从中找到相应的表项；再利用该表项中给出的指向记录的指针值，去访问所需的记录。而每当要向索引文件中增加一个新记录时，便须对索引表进行修改。由于索引文件可有较快的检索速度，它主要用于对信息处理的及时性要求较高的场合。使用索引文件的主要问题是，它除有主文件外，还需要配置一个索引表，而且每个记录都要有一个索引项，因此提高了存储费用。

3. 索引顺序文件

索引顺序文件可能是最常见的一种逻辑文件形式。它有效地克服了变长记录文件不便于直接存取的缺点，而且所付出的代价也不算太大。它是顺序文件和索引文件相结合的产物。它将顺序文件中的所有记录分为若干个组；为顺序文件建立一个索引表，在索引表中为每组中的第一个记录建立一个索引项，其中含有该记录的键值和指向该记录的指针。索引顺序文件如图 7-5 所示。

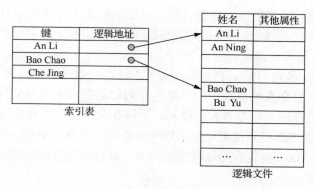

键	逻辑地址
An Li	●
Bao Chao	●
Che Jing	

索引表

姓名	其他属性
An Li	
An Ning	
Bao Chao	
Bu Yu	
...	...

逻辑文件

图 7-5　索引顺序文件

在对索引顺序文件进行检索时，首先也是利用用户（或程序）所提供的关键字及某种查找算法去检索索引表，找到该记录所在记录组中第一个记录的表项，从中得到该记录组第一个记录在主文件中的位置；然后利用顺序查找法去查找主文件，从中找到所要求的记录。如果在一个顺序文件中所含有的记录数为 N，则为检索到具有指定关键字的记录，平均需查找 $N/2$ 个记录；但对于索引顺序文件，则为能检索到具有指定关键字的记录，平均只要查找 $\sqrt{N}$ 个记录数，因而其检索效率 S 比顺序文件约提高 $\sqrt{N}/2$ 倍。例如，有一个顺序文件含有 10000 个记录，平均需查找的记录数为 5000 个。但对于索引顺序文件，则平均只需查找 100 个记录。可见，它的检索效率是顺序文件的 50 倍。

对于一个非常大的文件，为找到一个记录而需查找的记录数目仍然很多。为了进一步提高检索效率，可以为顺序文件建立多级索引，即为索引文件再建立一个索引表，从而形成两级索引表。

7.2.3　直接文件和哈希文件

1. 直接文件

采用前述几种文件结构对记录进行存取时，都需要利用给定的记录键值，先对线性表或链表进行检索，以找到指定记录的物理地址。然而对于直接文件，则可根据给定的记录键值，直接获得指定记录的物理地址。换言之，记录键值本身就决定了记录的物理地址。这种由记录键值到记录物理地址的转换被称为键值转换。组织直接文件的关键在于，用什么方法进行从记录键值到物理地址的转换。

2. 哈希文件

哈希文件是目前应用最为广泛的一种直接文件。它利用 Hash 函数（或称散列函数），将记录键值转换为相应记录的地址。但为了能实现文件存储空间的动态分配，通常由 Hash 函数所求得的并非相应记录的地址，而是指向一目录表相应表目的指针，该表目的内容指向相应记录所在的物理块，如图 7-6 所示。例如，若令 k 为记录键值，用 A 作为通过 Hash 函数 H 的转换所形成的该记录在目录表中对应表目的位置，则有关系 A=H(k)。通常，把 Hash 函数作为标准函数存于系统中，供存取文件时调用。

Hash 函数是一个非常重要的概念。在记录的存储位置和它的关键字之间建立一个确定的对应关系 H，使每个关键字和结

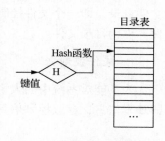

图 7-6　哈希文件的逻辑结构

构中一个唯一的存储位置相对应。在查找时，只要根据这个对应关系 H 找到给定值 k 的映像 H(k)，若结构中存在关键字和 k 相等的记录，则必定在 H(k) 的存储位置上直接查到，这个关系 H 称为 Hash 函数，按此建立的表为哈希表。

根据设定的 Hash 函数 H(key) 和处理冲突的方法将一组关键字映象到一个有限的、连续的地址集上，并以关键字在地址集中的"象"作为记录在表中的存储位置，这种表便称为哈希表，这一映象过程称为哈希造表或散列，所得存储位置称哈希地址或散列地址。

Hash 函数的构造方法有直接定址法、数字分析法、平方取中法、折叠法、除留余数法和随机数法等方法。Hash 函数容易造成地址冲突，处理冲突常用的方法是开放定址法、再哈希法和链地址法等。

7.3 文 件 目 录

在现代计算机系统中，通常都要存储大量的文件。为了能有效地管理这些文件，必须对它们加以妥善地组织，以做到用户只需向系统提供所需访问文件的名称，便能快捷、准确地找到指定文件。这主要通过文件目录来实现，也就是说通过文件目录可以将文件名转换为该文件在外存上的物理位置。

7.3.1 文件目录的功能

文件的组织可以通过目录来实现，文件说明的集合称为文件目录。目录最基本的功能就是通过文件名存取文件。一般来说，文件目录应具有如下几个功能。

1）实现按名存取，即用户只需提供文件名，就可以对文件进行存取。这是目录管理中最基本的功能，也是文件系统向用户提供的基本服务。

2）提高对目录的检索速度。合理地组织目录结构，可以提高对目录的检索速度，从而提高对文件的存取速度。这是设计一个大、中型文件系统必须追求的主要目标之一。

3）文件共享。在多用户系统中，应允许多个用户共享一个文件。这样就需要在外存中只保留一份该文件的副本，供不同用户使用，以节省大量的存储空间，并方便用户和提高文件利用率。

4）允许文件重名。系统应允许不同用户对不同文件采用相同的名称，以便用户按照自己的习惯命名和使用文件。

7.3.2 文件控制块和索引节点

为了能对一个文件进行正确的存取，必须为文件设置用于描述和控制文件的数据结构，称为文件控制块（file control block，FCB）。文件管理程序可借助于文件控制块中的信息，对文件施以各种操作。文件与文件控制块一一对应，而人们把文件控制块的有序集合称为文件目录，即一个文件控制块就是一个文件目录项。通常，一个文件目录也被看作一个文件，称为目录文件。

1. 文件控制块

为了能对系统中的大量文件施以有效的管理，在文件控制块中，通常应含有 3 类信息，即基本信息、存取控制信息及使用信息。

（1）基本信息类

基本信息类包括文件名、文件物理位置、文件逻辑结构、文件物理结构等内容。

（2）存取控制信息类

存取控制信息类包括文件主的存取权限、核准用户的存取权限及一般用户的存取权限。

（3）使用信息类

使用信息类包括文件的建立日期和时间、文件上一次修改的日期和时间及当前使用信息。这些信息包括当前已打开该文件的进程数、是否被其他进程锁住、文件在内存中是否已被修改但尚未复制到盘上等。

如图 7-7 所示为 MS-DOS 中的文件控制块，其中含有文件名、文件所在的第一个盘块号、文件属性、文件建立日期和时间及文件长度等内容，其文件控制块的长度为 32B。

文件名	扩展名	属性	备用	时间	日期	第一块号	盘块数

图 7-7　MS-DOS 中的文件控制块

2. 索引节点

（1）索引节点的引入

文件目录通常是存放在磁盘上的，当文件很多时，文件目录可能要占用大量的盘块。在查找目录的过程中，先将存放目录文件的第一个盘块中的目录调入内存，然后把用户所给定的文件名与目录项中的文件名逐一比较。若未找到指定文件，便再将下一个盘块中的目录项调入内存。设目录文件所占用的盘块数为 N，按此方法查找，则查找一个目录项平均需要调入盘块 $(N+1)/2$ 次。假如一个文件控制块为 64B，盘块大小为 1KB，则每个盘块中只能存放 16 个文件控制块；若一个文件目录中共有 640 个文件控制块，需占用 40 个盘块，故平均查找一个文件需启动磁盘 20 次。

稍加分析可以发现，在检索目录文件的过程中，只用到了文件名，仅当找到一个目录项（即其中的文件名与指定要查找的文件名相匹配）时，才需从该目录项中读出该文件的物理地址。而其他一些对该文件进行描述的信息，在检索目录时一概不用。显然，这些信息在检索目录时不需要调入内存。为此，在有的系统中，如 UNIX 操作系统，便采用了把文件名与文件描述信息分开的办法，即使文件描述信息单独形成一个称为索引节点的数据结构，简称为 i 节点。在文件目录中的每个目录项仅由文件名和指向该文件所对应的 i 节点的指针所构成。在 UNIX 操作系统中一个目录项仅占 16B，其中 14B 是文件名，2B 为 i 节点指针。在 1KB 的盘块中可有 64 个目录项，这样，为找到一个文件，可使平均启动磁盘次数减少到原来的 1/4，大大节省了系统开销。如图 7-8 所示为 UNIX 操作系统的文件目录。

文件名	索引节点编号
文件名1	
文件名2	
⋮	⋮

0　　　　　　　 13　14　　　　　　　　　15

图 7-8　UNIX 操作系统的文件目录

（2）磁盘索引节点

磁盘索引节点是存放在磁盘上的索引节点。每个文件有唯一的一个磁盘索引节点，主要包括文件主标识符、文件类型、文件存取权限、文件物理地址、文件长度、文件连接计数和文件存取时间等内容。

（3）内存索引节点

内存索引节点是存放在内存中的索引节点。当文件被打开时，要将磁盘索引节点复制到内存的索引节点中，便于以后使用。在内存索引节点中又增加了索引节点编号、状态、访问计数、链接指针等相关内容。当文件打开时，由磁盘索引节点生成内存索引节点，当用户访问一个已打开的文件时，只需访问内存索引节点，因此提高了访问速度。

7.3.3　简单目录结构

目录结构的组织（即目录文件的结构形式）不仅关系到文件系统的存取速度，还关系到文件的共享性和安全性。因此，组织好文件的目录，是设计好文件系统的重要环节。目前常用的简单目录结构形式有单级目录和两级目录。

1.　单级目录结构

单级目录结构是最简单的目录结构。在操作系统中整个文件系统只建立一个目录表，每个文件占一个目录项，目录项中包含文件名、文件扩展名、文件长度、文件类型和文件物理地址等信息。此外，为了表明每个目录项是否空闲，又设置一个状态位，如表 7-1 所示。单用户微型计算机操作系统 CP/M 的软盘文件目录便采用这一结构。每个磁盘上设置一个单级文件目录表，不同磁盘驱动器上的文件目录互不相关。

表 7-1　单级文件目录

文件名	扩展名	文件长度	物理地址	文件类型	文件说明	状态位
文件名 1						
文件名 2						
文件名 3						

每当要建立一个新文件时，必须先检索所有的目录项，以保证新文件名在目录中是唯一的。然后从目录表中找出一个空白目录项，填入新文件的文件名及其他说明信息，并置状态位为 1。删除文件时，先从目录中找到该文件的目录项，回收该文件所占用的存储空间，然后清除该目录项。

单级目录结构实现容易，管理简单。它通过管理目录文件，实现了对文件信息的管理，通过物理地址指针，在文件名与物理存储空间之间建立对应关系，实现按文件名存取，但是单级目录还存在着查找速度慢、不允许文件重名和难以实现文件共享等缺点。为了解决这些问题，操作系统往往采用两级或多级目录结构，使每个用户有各自独立的文件目录。

2.　两级目录结构

为了克服单级目录所存在的缺点，可以为每一个用户建立一个单独的用户文件目录（user file directory，UFD）。这些文件目录具有相似的结构，它由用户所有文件的文件控制块组成。此外，在系统中再建立一个主文件目录（master file directory，MFD）；在主文件目录中，每个用户目录文件都占有一个目录项，其目录项中包括用户名和指向该用户目录文件的指针，如图 7-9 所示。每个用户只允许查看自己的文件目录。

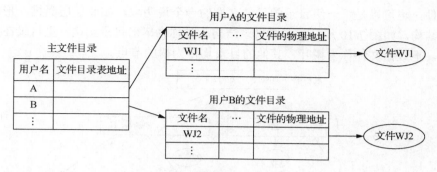

图 7-9 两级目录结构

在两级目录结构中，如果用户希望有自己的用户文件目录，可以请求系统为自己建立一个用户文件目录；如果自己不再需要用户文件目录，也可以请求系统管理员将它撤销。在有了用户文件目录后，用户可以根据自己的需要创建新文件。每当此时，操作系统只需检查该用户的用户文件目录，判定在该用户文件目录中是否已有同名的另一个文件。若有，则用户必须为新文件重新命名；若无，则在用户文件目录中建立一个新目录项，将新文件名及其有关属性填入目录项中，并置其状态位为 1。当用户要删除一个文件时，操作系统也只需查找该用户的用户文件目录，从中找出指定文件的目录项，在回收该文件所占用的存储空间后，将该目录项删除。

当用户需要访问某个文件时，系统根据用户名从主文件目录中找出该用户的文件目录的物理位置，其余的工作与单级文件目录类似。采用两级目录管理文件时，因为任何文件的存取都通过主文件目录，因此可以通过检查访问文件者的存取权限，避免一个用户未经授权就存取另一个用户的文件，实现了对文件的保护。特别是不同用户具有同名文件时，由于各自有不同的用户文件目录而不会导致混乱。对于文件的共享，原则上只要把对应目录项中文件的物理地址指向同一物理位置即可。

两级目录结构基本上克服了单级目录的缺点，并具有以下优点。

1）提高了检索目录的速度。如果在主目录中有 n 个子目录，每个用户目录最多为 m 个目录项，则为查找一指定的目录项，最多只需检索 $n+m$ 个目录项。但如果是采用单级目录结构，则最多需检索 $n×m$ 个目录项。假定 $n=m$，可以看出，采用两级目录可使检索效率提高 $n/2$ 倍。

2）在不同的用户目录中，可以使用相同的文件名。只要在用户自己的用户文件目录中，每一个文件名都是唯一的。例如，用户 A 可以用 Test 来命名自己的一个测试文件；而用户 B 则可用 Test 来命名自己的一个并不同于 A 的 Test 的测试文件。

3）不同用户还可使用不同的文件名来访问系统中的同一个共享文件。

采用两级目录结构也存在一些问题。该结构虽然能有效地将多个用户隔开，在各用户之间完全无关时，这种隔离是一个优点；但当多个用户之间要相互合作去完成一个大任务，且一用户又需去访问其他用户的文件时，这种隔离便成为一个缺点，因为这种隔离会使诸用户之间不便于共享文件。

7.3.4 树形目录结构

1. 目录结构

对于大型文件系统，通常采用三级或三级以上的目录结构，以提高对目录的检索速度和文件系统的性能。在多级目录结构中，主文件目录演变为根目录。根目录既可以表示一个普通文件，也可以是下一级目录的目录文件的一个说明项。如此层层类推，形成了一个树形层次结构，如图 7-10 所示。多级目录结构此时称为树形目录结构，主目录在这里被称为根目录，把数据文件称为树叶，其他的目录均作为树的节点。

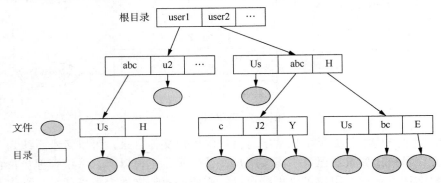

图 7-10　树形目录结构

图 7-10 中，用方框代表目录文件，圆圈代表数据文件。在该树形目录结构中，主（根）目录中有 user1、user2、…，等多个总目录项。在 user2 项所指出的 user2 用户的总目录 user2 中，又包括 3 个分目录 Us、abc 和 H，其中每个分目录中又包含多个文件。例如，user2 目录中的 abc 分目录中，包含 c、J2 和 Y 这 3 个文件。为了提高文件系统的灵活性，应允许在一个目录文件中的目录项既是作为目录文件的 FCB，又是数据文件的 FCB，这一信息可用目录项中的一位来指示。例如，在图 7-10 中，用户 user1 的目录项 H 是数据文件的 FCB，而用户 user2 的目录项 H 是目录文件的 FCB。

2. 路径名

在树形目录结构中，从根目录到任何数据文件，都只有一条唯一的通路。在该路径上从树的根（即主目录）开始，把全部目录文件名与数据文件名依次地用"/"连接起来（在 Windows 操作系统中，各文件分量名之间的分隔符是"\"），即构成该数据文件的路径名。系统中的每一个文件都有唯一的路径名。例如，在图 7-10 中用户 user2 为访问文件 c，应使用其路径名/user2/abc/c 来访问。

3. 当前目录

当一个文件系统含有许多级目录时，每访问一个文件，都要使用从树根开始，直到树叶为止的、包括各中间节点（目录）名的全路径名。这是相当麻烦的事，同时由于一个进程运行时所访问的文件大多仅局限于某个范围，因而非常不便。基于这一点，可为每个进程设置一个当前目录，又称为工作目录。进程对各文件的访问都相对于当前目录而进行。此时各文件所使用的路径名，只需从当前目录开始，逐级经过中间的目录文件，最后到达要访问的数据文件。把这一路径上的全部目录文件名与数据文件名用"/"连接形成路径名，如用户 user1 的当前目录是 abc，则此时文件 H 的相对路径名仅是 H 本身。这样，把从当前目录开始直到数据文件为止所构成的路径名，称为相对路径名；而把从树根开始的路径名称为绝对路径名。

就多级目录较两级目录而言，其查询速度更快，同时层次结构更加清晰，能够更加有效地进行文件的管理和保护。多级目录解决了重名问题，有利于文件的分类，便于实现文件的存取访问控制，以此增加文件系统的安全性。但是在树形目录中查找一个文件，需要按路径名逐级访问中间节点,这就增加了磁盘访问次数,无疑将影响查询速度。目前,大多数操作系统如 UNIX、Linux 和 Windows 等采用了树形目录结构。

7.3.5 无环图目录结构

树形目录结构便于实现文件分类,但是不便于实现文件共享,为此,在树形目录结构的基础上增加了一些指向同节点的有向边,使整个目录成为一个有向无环图。这就是图形目录结构,引入这种结构的目的是实现文件共享,如图 7-11 所示。在 MULTICS 和 UNIX 操作系统中,这种结构方式称为链接(link)。从图 7-11 可以看出,文件共享通过两种链接方式来实现:①允许目录项链接到任一表示文件目录的节点上;②只允许链接到表示普通文件的叶节点上。

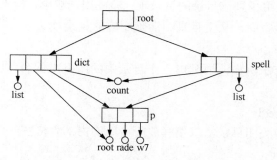

图 7-11 图形目录结构

第①种方式表示可共享被链接的目录及其各子目录所包含的全部文件。例如,dict 链接 spell 的子目录 p,这样 p 目录中所包含的 3 个文件(root、rade 和 w7)都为 dict 所共享,即可以通过两条不同的路径访问上述 3 个文件。在这种结构中,可把所有共享的文件放在一个目录中,所有共享这些文件的用户可以建立自己的子目录,并且链接共享目录。这样做的优点是便于共享,但问题是限制太少,对控制和维护造成困难,甚至因为使用不当而造成环路链接,产生目录管理混乱。

UNIX 操作系统基本采用第②种链接方式,即只允许对单个普通文件链接。从而通过几条路径来访问同一文件,即一个文件可以有几个别名,如/spell/count 和/dict/count 表示同一文件的两个路径名。这种方式虽然限制了共享范围,但更可靠,且易于管理。

当某用户要求删除一个共享节点时,系统不能将其简单地删除,否则会导致其他用户访问时找不到节点。为此,可以为每个共享节点设置一个共享计数器,每当增加对该节点的共享链时,计数器加 1;每当有用户提出删除该节点时,计数器减 1。仅当共享计数器为 0 时,才真正删除该节点,否则仅删除提出删除请求用户的共享链。

共享文件(或目录)不同于文件复制(副本)。如果有两个文件副本,每个程序员看到的是副本而不是原件;但如果一个文件被修改,那么另一个程序员的副本不会有改变。对于共享文件,只存在一个真正文件,任何改变都会为其他用户所见。

图形目录结构方便实现文件的共享,但使系统的管理变得复杂。一般常说 UNIX 文件系统是树形结构,严格地说,是带链接的树形结构,也就是无环图目录结构,而不是纯树形结构。

7.3.6 目录操作

与文件操作相似,系统中也有一组系统调用来管理目录。不同操作系统中的这组系统调用差别很大，下面给出的示例展示目录操作的系统调用如何工作（主要取自 UNIX 操作系统）。

（1）创建目录 mkdir

被创建的新目录中除目录项"."（表示该目录本身）和".."（表示父目录）外，其内容为空。目录项"."和".."是系统自动放在该目录中的。系统首先根据调用者提供的路径名进行目录检索，如果存在同名目录文件，则返回出错信息；否则，为新目录文件分配磁盘空间和控制结构，进行初始化；将新目录文件对应的目录项添加到父目录中。

（2）删除目录 rmdir

只有空目录才可以删除。空目录是其中只含目录项"."和".."的目录。系统首先进行目录检索，在父目录中找到该目录的目录项；验证用户权限，检查该目录是否为空目录，释放该目录所占的磁盘空间，从父目录中清除相应的目录项。

（3）打开目录 opendir

可以读目录的内容。例如，要列出一个目录中的所有文件名，则在读取目录之前，也要打开它。

（4）关闭目录 closedir

在读取目录后，应关闭目录，以便释放所占用的内部表格空间。

（5）读目录 readdir

这个调用返回打开目录的下一个目录项。以前利用读文件的系统调用 read 来读目录。

（6）重新命名目录 rename

目录在很多方面和文件相似，同样可以重新命名。

（7）链接文件 link

链接技术允许一个文件同时出现在多个目录中。这样，可以通过多条不同的路径存取同一个文件，从而实现对文件的共享。

（8）解除链接 unlink

当进程不再需要对某个文件链接共享时，可以解除链接。文件的解除链接与文件的删除往往使用同一个程序。

7.4 文件的共享与保护

在多用户环境下，不同用户之间存在着对文件共享的需求。若操作系统不提供文件共享功能，则系统只能为各个用户保留一份需要共享文件的副本，这样会造成存储空间的浪费；若提供了共享功能，则可以提高文件的利用率，避免存储空间的浪费，并能实现用户用自己的文件名去访问共享文件。

文件系统中有对用户而言十分重要的信息，设法防止这些信息被未授权使用和被破坏是所有文件系统的一个重要内容。下面讨论文件的共享与保护等相关问题。

7.4.1 文件共享

早在 20 世纪 60～70 年代，已经出现了不少实现文件共享的方法，如绕弯路法、连访法，以及利用基本文件实现文件共享的方法。现代的一些文件共享方法，也是在早期这些方法的基础上发展起来的。下面仅介绍当前常用的两种文件共享方法，分别是基于索引节点的共享和利用符号链实现文件共享，它们是在树形结构目录的基础上经适当修改形成的。

1. 基于索引节点的共享（硬链接）

在树形结构的目录中，当有两个（或多个）用户要共享一个子目录或文件时，必须将共享文件或目录链接到两个（或多个）用户的目录中，以便能方便地找到该文件。如图7-12所示，此时该文件系统的目录结构已不再是树形结构，而是一个有向无循环图。

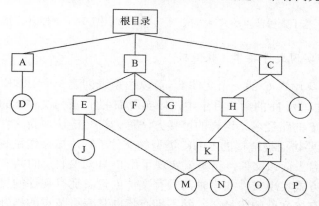

图 7-12　包含共享文件的文件系统

在图7-12中如何建立目录B与共享文件M之间的链接呢？如果在文件目录K中包含了文件的物理地址，即文件M所在盘块的盘块号，则在链接时，必须将文件的物理地址复制到目录B下的一个子目录E中。但如果以后用户通过目录B下的E目录还要继续向该文件M中添加新内容，也必然要相应地再添加新的盘块。而这些新增加的盘块，也只会出现在执行了该操作的目录E中。可见，这种变化对其他用户而言，是不可见的，因而新增加的这部分内容已不能被共享。

为了解决这个问题，可以引用索引节点，如图7-13所示。诸如文件的物理地址及其他的文件属性等信息，不再是放入目录项中，而是放在索引节点中。在文件目录中只设置文件名及指向相应索引节点的指针。此时，由任何用户对文件进行追加操作或修改，所引起的相应索引节点内容的改变，如增加了新的盘块号和文件长度，都是其他用户可见的，从而也就能提供给其他用户来共享。

在索引节点中还应有一个链接计数 count，用于表示链接到本索引节点（文件）上的用户目录项的数目。当 count=3 时，表示有 3 个用户目录项链接到本文件上，或者说有 3 个用户共享此文件。

当用户 C 创建一个新文件时，他是该文件的拥有者，此时将 count 置 1。当有用户 B 要共享此文件时，在用户 B 的用户目录中增加一目录项，并设置一指针指向该文件的索引节点，此时，文件创建者依然是 C，count=2。如果用户 C 不再需要此文件，是否能将文件删除呢？回答是否定的。因为删除了文件也必然删除了该文件的索引节点。这样，使 B 的指针悬空了，而 B 则可能正在此文件上执行写操作，此时将因此半途而废。但如果 C 不删除此文件，等待 B 继续使用，由于文件创建者是 C，如果系统要记账收费，则 C 必须继续为 B 使用该共享文件而付账，直至 B 不再需要。如图 7-14 所示的是 B 链接到文件前、后的情况。

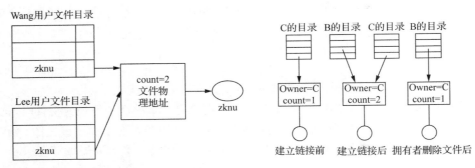

图 7-13 基于索引节点的共享方式   图 7-14 进程 B 链接前后的情况

2. 利用符号链实现文件共享（软链接）

用户 H 为了共享用户 C 的一个文件 f，可以由系统创建一个 LINK 类型的新文件，取名也为 f。将新文件写入 H 的用户目录中，以实现 H 的目录与文件 f 的链接。在新文件中只包含被链接文件 f 的路径名，这样的链接方法称为符号链法。新文件中的路径名则被看作是符号链。当 H 要访问被链接的 LINK 类型的文件 f 时，被操作系统截获，操作系统根据新文件中的路径名去读该文件，于是就实现了用户 H 对文件 f 的共享。

在利用符号链方式实现文件共享时，只有文件创建者拥有文件的目录项；而共享该文件的其他用户，只有该文件的路径名，并不拥有指向其索引节点的指针。这样，也就不会发生在文件删除共享文件 f 后留下一个悬空指针的情况。当文件创建者把共享文件删除后，其他用户试图通过符号链去访问一个被删除的共享文件时，会因系统找不到该文件而使访问失败。于是将符号链删除掉，此时不会产生任何影响。

符号链共享方式也会存在问题，在其他用户去读共享文件时，系统是根据给定的文件路径名，逐个分级地去查找目录，直至找到该文件的索引节点。因此，在每次访问共享文件时就可能要多次读盘。这使每次访问文件的开销很大，且增加了启动磁盘的频率。此外，要为每个共享用户建立一条符号链，由于该链实际上是一个文件，所以尽管该文件非常简单，却仍然要为其配置一个索引节点，也要消耗一定的磁盘空间。

7.4.2 文件保护

文件系统往往包含用户非常宝贵的信息。因此，如何保护这些信息的安全性是所有文件系统的一个主要功能。影响文件系统安全性的主要因素有以下几个。

1）人为因素。由于人们有意或无意的行为，而使文件系统中的数据遭到破坏、丢失或窃取。

2）系统因素。由于系统出现异常情况而造成对数据的破坏或丢失，特别是作为数据存储介质的磁盘在出现故障或损坏时，会对文件系统的安全性造成极大影响。

3）自然因素。存放在磁盘上的数据，随着时间的推移而逐渐消失等。

为了确保文件系统的安全性，可针对上述原因而采取以下 3 个方面的措施。

1）通过存取控制机制，防止由人为因素所造成的文件不安全性。

2）采取系统容错技术，防止系统部分的故障所造成的文件不安全性。

3）建立后备系统，防止由自然因素所造成的不安全性。

本节主要介绍第一方面的措施，即通过存取控制机制来进行文件保护。

1. 防止人为因素造成的文件不安全性

文件保护是指防止文件被破坏，而文件保护是指不经文件所有者授权，任何其他用户不得使用文件。文件的安全性既包括文件的保护，也包括文件的保密，这两项都涉及用户对文件的使用权限。因此，一个文件系统必须具有良好的保护机制，并保证文件的安全性，才能获得用户的信任。特别是大型文件系统，严格的保密措施是不可缺少的。文件系统一般对任何用户在调用文件时，要对其使用权限进行审核。较好的文件系统还能够防止一个用户冒充另一个用户存取文件。目前，常用的安全措施有隐藏文件和目录、口令和文件加密 3 种方式。

2. 访问权和保护域

在现代操作系统中，大多数操作系统配置了用于对系统中资源进行保护的保护机制，并引入了保护域和访问权的概念。规定每一个进程仅能在保护域内执行操作，而且只允许进程访问它们具有访问权的对象。

（1）访问权

为了对系统中的对象加以保护，应由系统来控制进程对对象的访问。对象可以是硬件对象，如磁盘驱动器、打印机；也可以是软件对象，如文件、程序等。对对象所施加的操作也有所不同，如对文件可以是读，也可以是写或执行操作。我们把一个进程能对某对象执行操作的权力，称为访问权。每个访问权可以用一个有序对（对象名,权集）来表示，如某进程有对文件 S1 执行读和写操作的权力，则可将该进程的访问权表示为（S1,{R/W}）。

（2）保护域

为了对系统中的资源进行保护而引入了保护域的概念，保护域简称为域。域是进程对一组对象访问权的集合，进程只能在指定域内执行操作。这样，域也就规定了进程所能访问的对象和能执行的操作。在图 7-15 中有 3 个保护域。在域 D1 中有两个对象，即文件 F1 和 F2，只允许进程对 F1 读，而允许对 F2 读和写；而对象 Printer1 同时出现在域 D2 和域 D3 中，这表示在这两个域中运行的进程都能使用打印机。

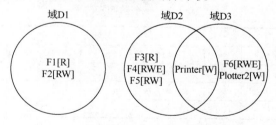

图 7-15　3 个保护域

（3）进程和域间的静态联系方式

在进程和域之间可以一一对应，即一个进程只联系着一个域。这意味着，在进程的整个生命期中，其可用资源是固定的，我们把这种域称为静态域。在这种情况下，进程运行的全过程都受限于同一个域，这将会使赋予进程的访问权超过了实际需要。例如，某进程在运行开始时需要磁带机输入数据，而在进程快结束时，又需要用打印机打印数据。在一个进程只联系着一个域的情况下，则需要在该域中同时设置磁带机和打印机这两个对象，这将超过进程运行的实际需要。

（4）进程和域间的动态联系方式

在进程和域之间，也可以是一对多的关系，即一个进程可以联系着多个域。在这种情况下，可将进程的运行分为若干个阶段，其每个阶段联系着一个域，这样便可根据运行的实际需要来规定在进程运行的每个阶段中所能访问的对象。用图 7-15 所示的例子，我们可以把进程的运行分成 3 个阶段：进程在开始运行的阶段联系着域 D1，其中包括用磁带机输入；在运行快结束的第三阶段联系着域 D3，其中是用打印机输出；中间运行阶段联系着域 D2，其中既不含磁带机，也不含打印机。我们把这种一对多的联系方式称为动态联系方式，在采用这种方式的系统中，应增设保护域切换功能，以使进程能在不同的运行阶段从一个保护域切换到另一个保护域。

3. 访问矩阵

（1）基本的访问矩阵

我们可以利用一个矩阵来描述系统的访问控制，并把该矩阵称为访问矩阵。访问矩阵中的行代表域，列代表对象，矩阵中的每一项是由一组访问权组成的。因为对象已由列显式地定义，故可以只写出访问权而不必写出是对哪个对象的访问权，每一项访问权 access(i,j) 定义了在域 Di 中执行的进程能对对象 Q 所施加的操作集。

访问矩阵中的访问权通常是由资源的拥有者或管理者所决定的。当用户创建一个新文件时，创建者便是拥有者，系统在访问矩阵中为新文件增加一列，由用户决定在该列的某个项中应具有哪些访问权，而在另一项中又具有哪些访问权。当用户删除此文件时，系统也要相应地在访问矩阵中将该文件对应的列撤销。

图 7-15 的访问矩阵如表 7-2 所示。它是由 3 个域和 8 个对象组成的。当进程在域 D1 中运行时，它能读文件 F1、读和写文件 F2。进程在域 D2 中运行时，它能读文件 F3、F4 和 F5，以及写文件 F4、F5 和执行文件 F4，此外还可以使用打印机 1。只有当进程在域 D3 中运行时，才可使用绘图仪 2。

表 7-2 一个访问矩阵

域	对象							
	F1	F2	F3	F4	F5	F6	Printer1	Plotter2
D1	R	R, W						
D2			R	R, W, E	R, W		W	
D3						R, W, E	W	W

（2）具有域切换权的访问矩阵

为了实现在进程和域之间的动态联系，应能够将进程从一个保护域切换到另一个保护域。为了能对进程进行控制，同样应将切换作为一种权力，仅当进程有切换权时，才能进行这种切换。为此，在访问矩阵中又增加了几个对象，分别把它们作为访问矩阵中的几个域；当且仅当 Switch∈access(i,j) 时，才允许进程从域 i 切换到域 j。例如，在表 7-3 中，由于域 D1 和对象 D2 所对应的项中有一个 S 即 Switch，故而允许在域 D1 中的进程切换到域 D2 中。类似地，在域 D2 和对象 D3 所对应的项中，也有 Switch，这表示在域 D2 中运行的进程可以切换到域 D3 中，但不允许该进程再从域 D3 返回到域 D1。

表 7-3 具有切换权的访问控制矩阵

域	对象										
	F1	F2	F3	F4	F5	F6	Printer1	Plotter2	域 D1	域 D2	域 D3
D1	R	R, W								S	
D2			R	R, W, E	R, W		W				S
D3						R, W, E	W	W			

4. 访问矩阵的修改

在系统中建立访问矩阵后，随着系统的发展及用户的增加和改变，必然要经常对访问矩阵进行修改。因此，应当允许可控性地修改访问矩阵中的内容，这可以通过在访问权中增加复制权、所有权及控制权的方法来实现有控制的修改。

（1）复制权

我们可利用复制权将在某个域中所拥有的访问权(access(i,j))扩展到同一列的其他域中，即为进程在其他的域中也赋予对同一对象的访问权(access(k,j))，如图 7-16 所示。

域	对象		
	F1	F2	F3
D1	E		W*
D2	E	R*	E
D3	E		

（a）

域	对象		
	F1	F2	F3
D1	E		W*
D2	E	R*	E
D3	E	R	W

（b）

图 7-16 具有复制权的访问控制矩阵

在图 7-16 中，凡是在访问权(access(i,j))上加星号(*)的，都表示在 i 域中运行的进程能将其对对象 j 的访问权复制为在任何域中对同一对象的访问权。例如，图 7-16 中在域 D2 中对文件 F2 的读访权上加有*号时，表示运行在 D2 域中的进程可以将其对文件 F2 的读访问权扩展到域 D3 中去。又如，在域 D1 中对文件 F3 的写访问权上加有*号时，使运行在域 D1 中的进程可以将其对文件 F3 的写访问权扩展到域 D3 中去，使在域 D3 中运行的进程也具有对文件 F3 的写访问权。

应当注意的是，把带有*号的复制权如 R*，由 access(i,j)复制为 access(k,j)后，其所建立的访问权只是 R 而不是 R*，这使在域 Dk 上运行的进程不能再将其复制权进行扩散，从而限制了访问权的进一步扩散。这种复制方式被称为限制复制。

（2）所有权

人们不仅要求能将已有的访问权进行有控制的扩散，而且同样需要能增加某种访问权，或者能删除某种访问权。此时，可利用所有权（O）来实现这些操作。如图 7-17 所示，如果在 access(i,j)中包含所有权，则在域 Di 上运行的进程可以增加或删除其在 j 列上任何项中的访问权。换言之，进程可以增加或删除在任何其他域中运行的进程对对象 j 的访问权。例如，在图 7-17（a）中，在域 D1 中运行的进程（用户）是文件 F1 的所有者，它能增加或删除在其他域中的运行进程对文件 F1 的访问权；类似地，在域 D2 中运行的进程（用户）是文件 F2 和文件 F3 的拥有者，该进程可以增加或删除在其他域中运行的进程对这两个文件的访问权。在图 7-17（b）中，在域 D1 中运行的进程删除了在域 D3 中运行的进程对文件 F1 的执行权；在域 D2 中运行的进程增加了在域 D3 中运行的进程对文件 F2 和 F3 的写访问权。

域	对象		
	F1	F2	F3
D1	O,E		W*
D2		R*,O	R*,O,W
D3	E		

（a）

域	对象		
	F1	F2	F3
D1	O,E		W*
D2		O,R*,W*	R*,O,W
D3		W	W

（b）

图 7-17　具有所有权的访问控制矩阵

（3）控制权

复制权和所有权都是用于改变矩阵内同一列的各项访问权，或者说，是用于改变在不同域中运行的进程对同一对象的访问权。控制权则可用于改变矩阵内同一行中（域中）的各项访问权，即用于改变在某个域中运行的进程对不同对象的访问权。如果在 access(i,j)中包含了控制权，则在域 Di 中运行的进程可以删除在域 Dj 中运行的进程对各对象的任何访问权。例如，在表 7-4 中，在 access(D2,D3)中包括了控制权，则一个在域 D2 中运行的进程能够改变对域 D3 内各项的访问权。比较表 7-3 和表 7-4 可以看出，在域 D3 中已无对文件 F6 和 Plotter2 的写访问权。

表 7-4　具有控制权的访问控制矩阵

域	对象										
	F1	F2	F3	F4	F5	F6	Printer1	Plotter2	域 D1	域 D2	域 D3
D1	R	R, W									
D2			R	R, W, E	R, W			W			Control
D3						R, E		W			

5. 访问矩阵的实现

虽然访问矩阵在概念上是简单的，因而极易理解，但在具体实现上有一定的困难，这是因为，在稍具规模的系统中，域的数量和对象的数量都可能很大。例如，在系统中有 1000 个域，10^5 个对象，此时在访问矩阵中便会有 10^8 个表项，即使每个表项只占 1B，此时也需占用 100MB 的存储空间来保存这个访问矩阵。而要对这个矩阵进行访问，则必然是十分费时的。简言之，访问该矩阵所花费的时空开销是令人难以接受的。

事实上，每个用户（进程）所需访问的对象通常都很有限，如只有几十个，因而在这个访问矩阵中的绝大多数项会是空项。或者说，这是一个非常稀疏的矩阵。目前的实现方法是将访问矩阵按列划分或按行划分，以分别形成访问控制表或访问权限表。

（1）访问控制表

访问控制表是指对访问矩阵按列（对象）划分，为每一列建立一个访问控制表。在该表中，已把矩阵中属于该列的所有空项删除，此时的访问控制表是由一有序对（域，权集）所组成的。由于在大多数情况下，矩阵中的空项远多于非空项，因此使用访问控制表可以显著地减少所占用的存储空间，并能提高查找速度。在不少系统中，当对象是文件时，便把访问控制表存放在该文件的文件控制表中，或放在文件的索引节点中，作为该文件的存取控制信息。

域是一个抽象的概念，可用各种方式实现。最常见的一种情况是每一个用户是一个域，而对象则是文件。此时，用户能够访问的文件集和访问权限取决于用户的身份，通常在一个用户退出而另一个用户进入时，即用户发生改变时，要进行域的切换；另一种情况是，每个进程是一个域，此时，能够访问的对象集中的各访问权取决于进程的身份。

访问控制表也可用于定义默认的访问权集，即在该表中列出了各个域对某对象的默认访问权集。在系统中配置了这种表后，当某用户（进程）要访问某资源时，通常是首先由系统到默认的访问控制表中，去查找该用户（进程）是否具有对指定资源进行访问的权力。如果找不到，再到相应对象的访问控制表中去查找。

（2）访问权限表

如果把访问矩阵按行（即域）划分，便可由每一行构成一个访问权限表。换言之，这是由一个域对每一个对象可以执行的一组操作所构成的表。表中的每一项即为该域对某对象的访问权限。当域为用户（进程）、对象为文件时，访问权限表便可用来描述一个用户（进程）对每一个文件所能执行的一组操作。如表 7-5 所示为对应于表 7-3 中域 D2 的访问权限表。

表 7-5 访问权限表

序号	类型	权限	对象
0	文件	R--	指向文件 3 的指针
1	文件	RWE	指向文件 4 的指针
2	文件	RW-	指向文件 5 的指针
3	打印机	-W-	指向打印机 1 的指针

在表 7-5 中共有 3 个字段。其中，类型字段用于说明对象的类型；权限字段是指域 D2 对该对象所拥有的访问权限；对象字段是一个指向相应对象的指针，对 UNIX 操作系统来说，它就是索引节点的编号。由该表可以看出，域 D2 可以访问的对象有 4 个，即文件 3、4、5 和打印机，对文件 3 的访问权限是只读；对文件 4 的访问权限是读、写和执行等。

应当指出，仅当访问权限表安全时，由它所保护的对象才可能是安全的。因此，访问权限表不能允许直接被用户（进程）所访问。通常，将访问权限表存储到系统区内的一个专用区中，只有通过访问合法性检查的程序才能对该表进行访问，以实现对访问控制表的保护。

目前，大多数系统同时采用访问控制表和访问权限表，在系统中为每个对象配置一个访问控制表。当一个进程第一次试图去访问一个对象时，必须先检查访问控制表，检查进程是否具有对该对象的访问权。如果无权访问，便由系统来拒绝进程的访问，并构成一例外（异常）事件；否则有权访问，便允许进程对该对象进行访问，并为该进程建立一访问权限，将其连接到该进程。以后，该进程便可直接利用这一返回的权限去访问该对象，这样，便可快速地验证其访问的合法性。当进程不再需要对该对象进行访问时，便可撤销该访问权限。

7.5 文件系统的结构和功能

研究文件系统有两种不同的观点：一种是用户的观点，另一种是操作系统的观点。从用户的观点看文件系统，主要关心文件由什么组成，如何命名，如何保护文件，可以进行何种操作等。从操作系统的观点看文件系统，主要关心文件目录是怎样实现的，怎样管理存储空间，文件的存储位置，磁盘的实际运作方式等问题。

7.5.1 文件系统的定义及层次结构

1. 文件系统的定义

文件系统是指操作系统中与文件管理有关的软件和数据的集合。从系统角度看，它管理文件的存储、检索、更新，提供安全可靠的共享和保护手段，并为用户提供方便操作的接口。从用户角度看，文件系统负责为用户建立文件、读写文件、修改文件、复制文件和删除文件。文件系统还负责完成对文件的按名存取和对文件进行存取控制。

2. 文件系统的层次结构

如图 7-18 所示为文件系统的一种比较合理的层次结构。该结构可将文件系统分为用户接口、文件目录系统、存取控制验证模块、逻辑文件系统与文件信息缓冲区和物理文件系统等 5 个层次。

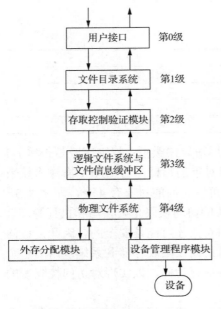

图 7-18 文件系统的层次结构

（1）用户接口

文件系统为用户提供与文件及目录有关的调用，如新建、打开、关闭、读写、删除文件，建立、删除目录等。此层由若干程序模块组成，每个模块对应一条系统调用，用户发出系统调用时，控制即转入相应的模块。除此之外，还有一些图形桌面接口（如 Windows）和命令窗口接口（如 Linux 和 Mac）等。

（2）文件目录系统

文件目录系统的主要功能是管理文件目录，其任务有管理活跃文件目录表、读写状态信息表和打开的文件表，以及管理和组织在存储设备上的文件目录结构，调用下一级存取控制模块等。

（3）存取控制验证模块

通过存取控制验证保证文件的安全性，实现文件保护。它把用户的访问要求与 FCB 中指示的访问控制权限进行对比，以确认访问的合法性。

（4）逻辑文件系统与文件信息缓冲区

根据文件的逻辑结构将用户要读写的逻辑记录转换为文件逻辑结构内的相应块号。

（5）物理文件系统

物理文件系统的主要功能是把逻辑记录所在的相对块号转换为实际的物理地址。

（6）外存分配模块

分配模块的主要功能是管理外存空间，即负责分配外存空闲空间和回收外存空间。

（7）设备管理程序模块

设备管理程序模块的主要功能是分配设备、分配设备读写缓冲区、磁盘调度、启动设备、处理设备中断、释放设备读写缓冲区、释放设备等。

例如，用户要查看文件 F 中的内容，对操作系统发出命令，于是就经过了第一层的用户调用接口；操作系统得到命令后，需要查找目录以查找文件 F 的索引信息，这可能是文件的 FCB，也可能是索引节点，经过了第二层文件目录系统；通过目录找到文件 FCB 后，需要查看文件 FCB 上的信息，看看用户有没有访问该文件的权限，于是经过了第三层存取控制验证模块；用户通过验证后，就真正开始寻址了；操作系统的寻址往往要先得到逻辑地址，再得到物理地址，于是，在开始寻址的时候，操作系统从第四层逻辑文件系统与文件信息缓冲区中得到了相应文件的逻辑地址；然后把逻辑地址转换为物理地址，是在第五层物理文件系统中完成的；至此，寻址就完成了。寻址完成以后，找到的这块空间应该如何管理呢？如果要释放这块空间，那么任务就交给外存分配模块，如果要把这块空间分配给设备用于输入、输出，那么就把任务交给设备管理程序模块来完成。

7.5.2　文件系统的功能

一般文件系统应具备以下 5 种功能。

1．文件存储空间管理

文件存储空间管理的基本任务是在建立文件时进行文件存储空间的分配、在删除文件时进行文件存储空间的回收，其追求目标是提高存储空间的利用率，实现对文件进行高效率的访问。

2．实现文件名到物理地址的映射

这种映射对用户是透明的，用户不必了解文件存放的物理位置和查找方法等，只需指出文件名就可以找到相应的文件。这一映射是通过在文件说明部分中文件的物理地址来实现的。

3．文件和目录管理

文件的建立、读、写和目录管理等基本操作是文件系统管理的基本功能。文件系统管理负责根据各种文件操作要求，完成所规定的任务。目录管理是为每个文件建立其目录项，并对众多的目录项加以有效的组织，形成目录文件，以便实现文件的按名存取。目录管理还应能实现文件的共享，提高对文件的检索速度。

4．文件共享和保护

文件共享是指多个用户可以使用同一个文件。为了防止用户对文件的非授权或越权访问，文件系统应该提供可靠的文件保密和保护措施，如采用口令、加密、存取权限等方法实现对文件的安全操作。

5．提供方便的接口

为用户提供统一、方便的接口，主要是有关文件操作的系统调用，供用户编程时使用。用户通过接口向系统发出请求或提供数据，计算机将处理后的数据又通过接口返回给用户，以此实现用户和系统之间的数据交互传送。

7.5.3　常见的文件系统

文件系统是设计操作系统的一个重要组成部分，下面是一些已经实现的比较著名的文件系统。

（1）FAT 文件系统

FAT 文件系统诞生于 1977 年，它最初是为软盘设计的文件系统，但是后来随着微软推出 DOS 和 Windows 9×系统，FAT 文件系统经过改进被逐渐用到了硬盘上，并在那之后 20

年中，一直是主流的文件系统。FAT 经过各种操作系统的不断改进，有 FAT12、FAT16 和 FAT32 共 3 个类型。

（2）NTFS 文件系统

它是一种比 FAT32 功能更加强大的文件系统，从 Windows 2000 之后的 Windows 操作系统的默认文件系统都是 NTFS，而且这些 Windows 操作系统只能够安装在 NTFS 格式的磁盘上。

（3）exFAT 文件系统

exFAT 称为扩展 FAT，也称为 FAT64，是微软开发的文件系统。它是专门为闪存设计的文件系统，单个文件突破了 4GB 的限制，而且分区的最大容量可达 64ZB（1ZB=2^{70}B= 2^{30}TB），建议为 512TB。

（4）Ext2 / Ext3 / Ext4

Ext 是 GNU/Linux 操作系统中标准的文件系统，其特点是存取文件的性能极好，对于中小型的文件更显示出优势。

（5）ReiserFS 文件系统

Reiserfs 是 Linux 环境下稳定的日志文件系统之一，使用快速的平衡二叉树算法来查找磁盘上的自由空间和已有的文件，其搜索速度高于 Ext2。

（6）CDFS

CDFS 是大部分光盘的文件系统，只有小部分光盘使用其他文件系统。这些文件系统只能在 CD-R 或 CD-RW 上读取。

（7）HFS+

HFS+文件系统是目前 Apple 计算机中默认的最常见的文件系统。HFS+是一个 HFS 的改进版本，支持更大的文件，并用 Unicode 来命名文件或文件夹。

（8）NFS

NFS 称为网络文件系统，主要功能是通过局域网络让不同的主机系统之间可以共享文件或目录。NFS 从 1984 年问世以来持续演变，并已成为分布式文件系统的基础。

7.6 文件系统的实现

上面介绍了从用户观点看待文件系统的情况，用户所关注的往往是文件如何命名、允许对文件进行什么操作，目录树是什么样的，以及用户界面的情况；而文件系统的设计者所关注的是如何存放文件和目录，磁盘空间如何管理，如何使文件系统做得高效又可靠。下面介绍有关文件系统实现方面的内容。

7.6.1 文件存储介质

文件内容是保存在外存上的，外存的存储介质种类很多，如磁盘、磁带、U 盘和光盘等。下面以磁盘和磁带为例，介绍这两种存储介质的存取特点。

1. 磁盘

在现代计算机系统中，磁盘是最主要的外存设备。磁盘又分为硬盘、固态硬盘、软盘、U 盘等。硬盘和软盘两者结构相似，但硬盘的存储容量要大得多，随着 U 盘的推出，现在都不再使用软盘了。因此，磁盘主要指硬盘。

磁盘是一种随机存取的存储设备，自 20 世纪 50 年代中期出现以来至今，在存储容量、速度、稳定性等方面都有大幅度提升。如图 7-19 所示为传统的磁盘结构。

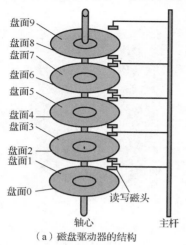

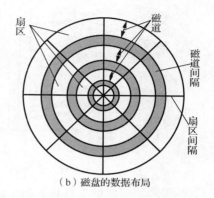

图 7-19　磁盘的结构和布局

（1）数据的组织和格式

磁盘设备可包括一个或多个物理盘片，盘片的直径为 1.8～3.5 英寸（1 英寸=2.54 厘米），盘片的两面都涂有磁质材料。这些盘片固定在一个轴上，在主轴电机的控制下，这组盘片同时沿着一个固定的方向高速旋转。每个磁盘片分为一个或两个存储面 [图 7-19（a）]，每个磁盘面被组织成若干个同心环，这种环称为磁道，各磁道之间留有必要的间隙，以避免相隔太近在读/写操作时产生的磁性相互干扰。为使处理简单起见，在每条磁道上可存储相同数目的二进制位。这样，磁盘密度即为每英寸中所存储的二进制位数，显然是内层磁道的密度比外层磁道的密度高。每条磁道又被逻辑上划分为若干个扇区，软盘大约为 8～32 个扇区，硬盘则可多达数百个，图 7-19（b）为一个磁道分为 8 个扇区。一个扇区称为一个盘块（或物理块），常常叫作磁盘扇区。各扇区之间也保留一定的间隙。同一磁盘的各个扇区存储数据的最大数量相等，这个最大数量称为扇区的长度，扇区长度一般以字节为计算单位。

一个磁盘片的每个表面对应一个读写磁头，磁头是磁盘中最昂贵、最重要的部件。传统的磁头是读写合一的电磁感应式磁头，这种磁头的设计必须同时兼顾到读写两种特性，从而造成了硬盘设计上的局限性。而现代磁盘则采用分离式的磁头结构，即所谓的感应写、磁阻读，在写入数据时采用传统的磁感应磁头，在读数据时采用 MR 磁头（magnetoresistive heads，磁阻磁头），通过磁阻阻值的变换感应信号幅度，因而对信号的变化更加敏感，读取数据的准确性也相应提高。

一个磁盘的各个盘片上的读写磁头以相同规格固定在一个移动臂上，移动臂在寻道电机控制下，带动所有读写磁头作为一个整体，沿着一个固定的半径轨迹来回移动，如图 7-19（a）所示。为了减少读写磁头的移动次数，把盘片之间具有相同半径的磁道称为柱面，数据按柱面存储，即在写操作时，在同一柱面上的空闲扇区分配完成后，再从其他柱面查找空闲扇区。

新出厂的磁盘要先格式化后才能使用，在磁盘格式化后，每一个扇区都有一个物理地址参数（CHS），即柱面号 C、磁头号 H 和扇区号 S。在读或写一个扇区中的数据时，需要给出这 3 个物理地址参数，如图 7-20 所示。操作系统可以按这 3 个参数，给每个扇区一个逻辑地址（logical block address，LBA），也称为块号，块号按 1、2、3 等编号（注意，块号从 1 开始连续编号。在表示一个扇区地址的参数中，磁头号和柱面号都是从 0 开始连续编号，而扇区号则是从 1 开始的）。

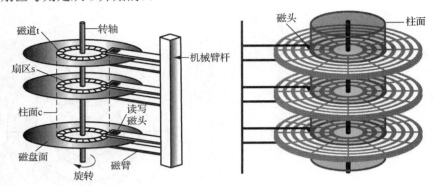

图 7-20   磁盘的结构和布局

一个扇区的物理地址参数与它的逻辑地址（块号）的计算关系是，假定一个磁盘的磁头数为 heads（也就是一个柱面的磁道数），每个磁道的扇区数为 sectors。如果第一个扇区的物理地址为柱面号 dc、磁头号 dh、扇区号 ds，对应的块号为 block0，那么，某一个扇区（柱面号 c、磁头号 h、扇区号 s）所对应的逻辑地址 block 为

$$block = heads×sectors×(c-dc) + sectors×(h-dh) + (s-ds) + block0 \qquad (7.2)$$

反之，由扇区的块号 bock，计算它的物理地址为

$$s = (block-block0)\% \ sectors + ds$$
$$h = [(block-block0)/ \ sectors] \% \ heads + dh$$
$$c = [(block-block0) / \ sectors] / \ heads + dc \qquad (7.3)$$

一个扇区的长度为 512B，这是早期的工业标准，随着平均文件长度的扩大和磁盘容量的大幅度提高，512B 的物理块长度已不能适应大容量的磁盘管理。但是为了能够兼容早期的磁盘管理方法，又要保持扇区的结构，在这种情况下，在管理大容量的磁盘时，系统通常把几个连续的扇区合并在一起作为一个物理块，称为簇，每个簇对应一个簇号，簇号从 1 开始连续编号。一个簇由 2^k 个连续的扇区组成（k=1，2，3，…），由簇号容易计算得到它的首个扇区号，从而得到该簇对应的各个扇区。通常，把扇区或簇统称为物理块。物理块是磁盘 I/O 操作的基本单位。

磁盘是随机存取的存储设备。因为每个扇区的地址参数唯一，且盘片能够快速旋转，因此，可以单独地对一个扇区进行存、取的访问操作。磁盘是现代计算机系统正常工作不可缺少的存储设备。

（2）磁盘的格式化

为了在磁盘上存储数据，必须先将磁盘格式化。如图 7-21 所示为一种温盘（温切斯特盘）中一条磁道格式化的情况。其中，每条磁道包括 30 个固定大小的扇区，每个扇区容量为 600B，其中 512B 存放数据，其余的用于存放控制信息。每个扇区包括以下两个字段。

① 标识符字段，其中 1B 的 SYNCH 具有特定的位图像，作为该字段的定界符，利用柱面号（也称磁道号）、磁头号及扇区号三者来标识一个扇区；CRC 字段用于标识符字段的校验。

② 数据字段，其中可存放 512B 的数据。在磁盘一个盘面的不同磁道、每个磁道的不同扇区，以及每个扇区的不同字段之间，为了简化和方便磁头的辨识，都设置了一个到若

干个字节不同长度的间距（Gap，也称为间隙）。

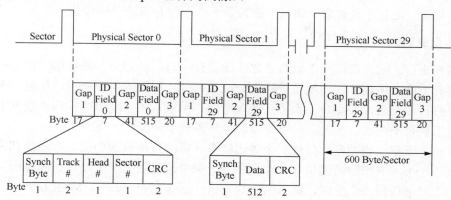

图 7-21　磁盘的格式化

磁盘的格式化分为两个层次，上面所述的格式化称为低级格式化，其任务是按照规定的格式为每个扇区填充格式控制信息。磁盘格式化完成后，一般要对磁盘分区。在逻辑上，每个分区就是一个独立的逻辑磁盘。每个分区的起始扇区和大小都记录在磁盘 1 扇区的主引导记录分区表所包含的分区表中。在这个分区表中必须有一个分区被标记成活动分区，以保证能够从硬盘引导系统。低级格式化一般由厂商在出厂之前完成。另一个层次是高级格式化，其任务是在磁盘上建立文件系统。高级格式化由用户利用操作系统提供的工具来完成，主要包括设置一个引导块、空闲存储管理、根目录和一个空文件系统，同时在分区表中标记该分区所使用的文件系统。

（3）磁盘的类型

对磁盘，可以从不同的角度进行分类，最常见的有硬盘和软盘、单片盘和多片盘、固定头磁盘和活动头（移动头）磁盘等。下面仅对固定头磁盘和移动头磁盘进行介绍。

1）固定头磁盘。这种磁盘在每条磁道上都有一读/写磁头，所有的磁头都被装在一刚性磁臂中。通过这些磁头可访问所有磁道，进行并行读/写，有效地提高了磁盘的 I/O 速度。这种结构的磁盘主要用于大容量磁盘上。

2）移动头磁盘。每一个盘面仅配有一个磁头，也被装入磁臂中。为能访问该盘面上的所有磁道，该磁头必须能移动以进行寻道。可见，移动磁头仅能以串行方式读/写，致使其 I/O 速度较慢；但由于其结构简单，仍广泛应用于中小型磁盘设备中。在微型计算机上配置的温盘和软盘都采用移动磁头结构。

2. 磁带

磁带是另一类存储设备，通常用于备份数据，它是一种顺序存取的存储设备。用户在需要时，将磁带装上计算机系统，再把磁盘的数据复制一份到磁带上，在完成备份后，再卸下磁带。将来用户在需要时，再把磁带中的数据复制到磁盘上。

磁带的存储结构比较简单，在写一个文件时，从磁头当前位置开始，依次写入文件的各个记录，在相邻的两个记录之间，设置有一个小的存储区，称为间隙，间隙把两个记录的存储空间区别开来，间隙实际上是一组特殊的控制字符。

由此可见，磁带上存储的文件信息，各个记录的存储位置没有一个绝对地址参数，而是通过统计从当前位置开始，磁头前进时跨越的间隙数，来确定一个记录的位置。对于磁带上的一个文件，系统在读一个记录时，不能单独读取它，而要依赖于先读取它之前一个记录的结果，以此类推，需要把它之前的所有记录都读出来后，磁头才定位到所要读取记录的存储位置，之后才能读取。所以，磁带是一个顺序存取的存储设备。

7.6.2 磁盘分区

磁盘在出厂之前，都做过低级格式化，即进行了扇区的划分。低级格式化之后的硬盘一般先进行分区。所谓分区，就是把硬盘分成几部分，以便于用户使用。如果一个计算机系统中只有一块硬盘，而用户又希望安装多个操作系统，为了使多个操作系统互不干扰，必须将它组装在不同的分区上。一个磁盘最少要有一个分区。

分区相当于把一块硬盘划分成多个逻辑硬盘，每个逻辑硬盘的第一个扇区都为引导记录，分别用于不同操作系统的引导，即多引导。整个硬盘的第一个扇区超脱了所有的分区之外，它不属于任何一个分区，称为主引导记录（main boot record，MBR）。

1. 主引导记录

BIOS 对磁盘分区管理方法采用主引导记录。主引导记录存放该硬盘的分区信息，称为分区表。主引导记录不直接引导操作系统，而是从分区表中选择一个"活跃"的引导记录，从而引导一个操作系统。

MBR 结构的数据共 512B，刚好等于磁盘一个扇区的长度，并储存在磁盘的首个扇区（0 柱面、0 磁头、1 扇区）中，该扇区也称为主引导扇区。

在系统的 POST 检查成功后，BIOS 的基本启动程序逐个检查启动设备，当检查发现一个启动磁盘时，读取其主引导扇区的 MBR 数据到内存的[0000:7C00h]开始的区域中，并运行其中的主引导程序。主引导程序的主要功能是依次检查各分区表，是否安装有效的操作系统启动装载程序，如果在分区的首个扇区发现有效的操作系统启动装载程序，则将其读入内存，并进入操作系统的启动过程。BIOS 在检查启动设备的过程中，如果没有找到有效的操作系统启动装载程序，则报告启动失败，提示如"没有找到操作系统，请插入系统盘!"之类的信息。

2. 文件系统

硬盘被分区之后，可以分别对每个分区进行高级格式化，即在该分区上创建文件系统，如 FAT32、NTFS 等，文件系统也称为卷。

分区表记录了硬盘分区的情况及每个分区的类型，分区类型指定了该分区被格式化为哪种文件系统。每个被格式化为某种文件系统的分区都有一个引导记录用来存储该分区文件系统的结构信息及操作系统引导程序。对于每个创建了文件系统的分区而言，除都以引导记录开头外，其他信息的存储格式依据其上的文件系统有很大差别。但一般来说，一个分区有引导记录、文件系统管理信息、空闲空间管理信息、目录信息和文件。

7.6.3 目录的实现

为了实现用户对文件的按名存取，系统按如下步骤寻找其所需的文件。

1）利用用户提供的文件名，对文件目录进行查询，找出该文件的 FCB 或索引节点。

2）根据找到的 FCB 或索引节点中记录的文件物理地址（盘块号）算出文件在磁盘上的物理位置。

3）启动磁盘驱动程序，将所需的文件读入内存。

对目录的查询有多种算法，如线性检索算法、哈希检索算法及其他算法等。

1.　线性检索算法

目录查询的最简单的算法是线性检索算法，又称为顺序检索算法。以 UNIX 的树形目录结构为例，用户提供的文件名包含由多个分量组成的路径名，此时需要对多级目录进行查找。假定用户给定的文件路径名为 usr\ast\books，如图 7-22 所示，查找过程如下。

图 7-22　查找\usr\ast\books 的过程

1）首先读入文件路径名的第一个目录名 usr，用它与根目录中的各目录项顺序地进行比较，从中找到匹配者，并得到匹配项的索引节点号 6，再从索引节点中得知 usr 目录文件存放在第 132 号盘块中，将它读入内存。

2）系统读入路径名的第二个目录名 ast，用它与 132 号盘块中的第二级目录文件中的各目录项顺序地进行比较，从中找到匹配者，并得知 ast 的目录文件放在索引节点 26 中，再从索引节点中得知 usr\ast 目录文件存放在第 406 号盘块中，将它读入内存。

3）系统读入路径名的第三个分量 books，用它与第三级目录文件 usr/ast 中的各目录项顺序地进行比较，从而得到 usr\ast\books 的索引节点号为 92，即 92 号索引节点中存放了指定的文件的物理地址，目录查找到此结束。

相对路径的查找过程也类似，不同的是，相对路径从当前目录开始，而不是从根目录开始查找。每个目录在创建时都自动包含一个“.”项和一个“..”项。“.”项给出了当前目录的索引节点号；“..”项给出父节点的索引节点号。所以，如果查找“..\dick\prog.c”，则要在当前目录中查找“..”项，找到父目录的索引节点后，再从父目录中查找 dick 目录。

2.　哈希检索算法

采用哈希检索算法时，目录项信息存放在一个哈希表中。进行目录检索时，首先根据目录名来计算一个哈希值，然后得到一个指向哈希表目录项的指针。这样，该算法就可以大幅度地减少目录检索的时间。插入和删除目录时，要考虑两个目录项的冲突问题，就是两个目录项的哈希值是相同的。哈希检索算法的难点在于选择合适的哈希表长度和哈希函数的构造。

3.　其他算法

除上述两种算法外，还可以考虑其他算法，如 B+树。Windows 2000 就采用 B+树来存储大目录的索引信息，B+树是一个平衡树，对于存储在磁盘上的数据来说，平衡树是一种理想的分类组织方式，这是因为它可以使查找一个数据项所需的磁盘访问次数减小到最少。

7.6.4　文件的实现

文件的实现主要是指文件在存储器上的实现，即文件物理结构的实现。由于磁盘具有可直接访问的特性，故当利用磁盘来存放文件时，具有很大的灵活性。文件的实现包括外存分配方式与文件存储空间管理。外存分配方式是指对磁盘非空闲块的管理，而文件存储空间管理主要是指对磁盘空闲块的管理。

1. 外存分配方式

文件物理结构是指一个文件在外存上的存储组织形式，与外存分配方式密切相关。外存分配对应于文件的物理结构，具体是指如何为文件分配磁盘块。采用不同的外存分配方式，将形成不同的文件物理结构。外存分配采用连续分配方式时，形成的文件物理结构是连续文件结构；链接分配方式形成链接文件结构；而索引分配方式则将形成索引文件结构。

一般来说，外存的分配采用两种方式：静态分配和动态分配。静态分配是在文件建立时一次性分配所需的全部空间；而动态分配则是根据动态增长的文件长度进行分配，甚至可以一次分配一个物理块。在分配区域大小上也可以采用不同的方法，可以为文件分配一个完整的区域以装下整个文件，这就是文件的连续分配。但文件存储空间的分配通常以块或簇为单位。常用的外存分配方式有连续分配、链接分配和索引分配 3 种方式。有的操作系统对 3 种外存分配方式都支持，但更普遍的是一个系统只提供一种方式的支持。

（1）连续分配方式

连续分配是最简单的一种存储分配方案，它要求为每个文件分配一组连续的磁盘块。例如，如果磁盘块的大小为 512B，一个 100KB 的文件需要分配 200 个连续的磁盘块，通常它们位于一条磁道上，因此在进行读/写时，不必移动磁头的位置（进行寻道），仅当访问到一条磁道的最后一个盘块时，才需要移到下一个磁道，于是又可以连续地读/写多个盘块。

采用连续分配方式时，可以把逻辑文件中的记录顺序地存储到邻接的各个物理盘块中，这样形成的物理文件称为连续文件。这种分配方式保证了逻辑文件的记录顺序与物理存储器中文件占用的盘块顺序的一致性。

如图 7-23 所示，对于连续分配方式，目录通常包括文件名、文件块的起始地址和文件长度，图中有 5 个文件 zk、nu、nce、why 和 lhx，文件 zk 占用了 3 个连续的盘块，分别是盘块 0、盘块 1 和盘块 2；文件 why 占用了 4 个连续的盘块，分别是盘块 27、盘块 28、盘块 29 和盘块 30。

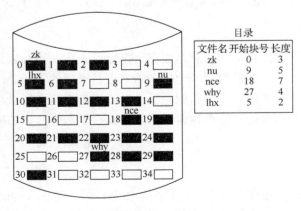

图 7-23　连续分配

如同内存的分配一样，随着文件的建立和删除，磁盘存储空间被分配和回收，使磁盘存储空间被分割成许多小块，这些较小的连续区已难以用来存储文件，即形成了外存的碎片，与内存的管理方法一样，也可以采用紧凑的方法将盘上的所有文件移动到一起，使所有碎片拼接成一大片连续的区域。

连续分配的优点体现在以下两方面。

1）便于顺序访问。只要目录中找到文件所在的第一个盘块号，就可以从此开始，逐个地往下进行访问，连续分配也支持直接存取。例如，要访问从 b 开始存放的文件中的第 i 个盘块的内容，就可直接访问 $b+i$ 号盘块。

2）顺序访问速度快。因为连续分配所装入的文件所占用的盘块可以位于一条或几条相邻的磁道上，不需要寻道或磁头的移动距离比较小，所以，访问文件的速度快。采用连续分配顺序访问，其速度是几种物理分配方式中速度最快的一种。

连续分配的主要缺点有以下两点。

1）要求有连续的存储空间。若要为文件分配一段连续的存储空间，便会出现许多外部碎片，严重降低了外存空间的利用率。定期使用紧凑的方法来消除碎片，又需要花费大量的时间。

2）不便于文件的动态增长。因为一个文件的末尾处的空闲空间可能已分配给其他的文件，一旦文件需要增加其长度，就需要进行大量的移动。

（2）链接分配方式

连续分配存在的问题是必须为一个文件分配连续的磁盘存储空间，而实际上一个逻辑文件存储到外存上，并不需要为整个文件分配一块连续的空间，而是将文件装入多个离散的磁盘块中。在采用链接分配方式时，可通过在每个盘块上的链接指针，将同属于一个文件的多个离散的盘块链接成一个链表，把这样形成的物理文件称为链接文件。

由于链接分配采取离散分配方式，消除了外部碎片，因此显著地提高了外存空间的利用率；又因为是根据文件的当前需要，为它分配必需的盘块，当文件动态增长时，可动态地再为它分配盘块，故而无须事先知道文件的大小。此外，对文件的增、删、改也十分方便。

链接方式又可分为隐式链接和显式链接两种形式。

1）隐式链接。在采用隐式链接分配方式时，在文件目录的每个目录项中，都须含有指向链接文件第一个盘块和最后一个盘块的指针。如图 7-24 所示为一个占用 5 个盘块的链接式文件，在相应的目录项中，指示了其第一个盘块号是 15，最后一个盘块号是 31。而在每个盘块中都含有一个指向下一个盘块的指针，如在第一个盘块 15 中设置了第二个盘块的盘块号是 2；在 2 号盘块中又设置了第三个盘块的盘块号 9。如果指针占用 4B，对于盘块大小为 512B 的磁盘，则每个盘块中只有 508B 可供用户使用。

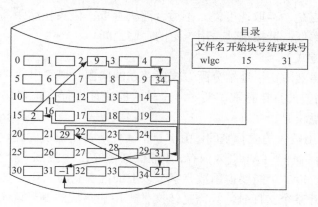

图 7-24　隐式链接分配

隐式链接分配方式的主要问题在于：它只适合于顺序访问，对随机访问是极其低效的。如果要访问文件所在的第 i 个盘块，则必须先读出文件的第一个盘块、第二个盘块、…，就这样顺序查找直至第 i 块。当 $i=200$ 时，需要启动 200 次磁盘去实现读盘块的操作，平均每次都要花费几十毫秒。可见，随机访问的速度相当低。此外，只通过链接指针来将一大批离散的盘块链接起来，其可靠性较差，因为只要其中的任何一个指针出现问题，都会导致整个链的断开。

为了提高检索速度和减少指针所占的存储空间，可以将几个盘块组成一个簇。在进行盘块分配时，是以簇为单位进行的。在链接文件中的每个元素也是以簇为单位的。这样将会成倍地减少查找指定块的时间，而且也减少了指针所占用的存储空间，但是却增大了内部碎片，而且这种改进也是非常有限的。

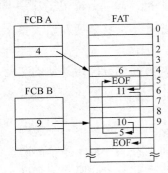

图 7-25   显式链接分配

2）显式链接。这是指把用于链接文件各物理块的指针，显式存在内存的一个链接表中。该表在整个磁盘仅设置一个，如图 7-25 所示。表的序号是物理盘块号，从 0 开始，直至 N-1；N 为盘块总数。在每个表项中存放链接指针，即下一个盘块号。在该表中，凡是属于某文件的第一个盘块号，或者说是每一条链的链首指针所对应的盘块号，均作为文件地址被填入相应文件的 FCB 的物理地址字段中。由于查找记录的过程是在内存中进行的，因此不仅显著地提高了检索速度，而且大大减少了访问磁盘的次数。由于分配给文件的所有盘块号都放在该表中，因此把该表称为文件分配表（file allocation table，FAT）。

在微软公司早期的操作系统中，使用的是 12 位的 FAT12 文件系统，后来又发展为 16 位的 FAT16 和 32 位的 FAT32 文件系统。在 FAT12 文件系统中，每个 FAT 表项为 12 位（1.5B），因此在 FAT 表中最多允许 2^{12} 个表项。如果采用以盘块作为基本分配单位，每个盘块为 512B，则磁盘分区的最大容量为 2MB（$2^{12} \times 512B$），同时一个物理磁盘支持 4 个逻辑分区，所以相应的磁盘最大容量仅为 8MB。为了适应磁盘容量不断增大的需求，在进行盘块分配时，以簇为基本单位。簇是一组连续的扇区，在 FAT 中它作为一个虚拟扇区，簇的大小一般是 2^n 个盘块。簇的容量可以是一个扇区、两个扇区、4 个扇区和 8 个扇区等。以簇作为基本的分配单位所带来的优点是能适应磁盘容量不断增大的需求，减少 FAT 表中表项的个数，减少占用的存储空间和访问存取开销，提高了文件系统的效率；不足之处在于造成了更大的簇内零头。

链接分配的缺点是，存取速度慢，不适合随机存取；磁头移动距离长，寻道次数和寻道时间多，存取效率低；链接指针占用一定的存储空间。

（3）索引分配方式

链接分配方式虽然解决了连续分配方式所存在的问题，但又出现了新的问题：

1）不能支持高效的直接存取。要对一个较大的文件进行直接存取，需要首先在 FAT 中顺序地查找许多盘块号。

2）FAT 需要占用较大的内存空间。由于一个文件所占用盘块的盘块号是随机地分布在 FAT 中的，因而只有将整个 FAT 调入内存，才能保证在 FAT 中找到一个文件的所有盘块号。当磁盘容量较大时，FAT 可能要占用数兆字节以上的内存空间。

事实上，在打开某个文件时，只需把该文件占用的盘块的编号调入内存即可，完全没有必要将整个 FAT 调入内存。为此，应将每个文件所对应的盘块号集中地放在一起。索引分配方式就是基于这种想法所形成的一种分配方法。它为每个文件分配一个索引表，再把分配给该文件的所有盘块号都记录在该索引表中，因而该索引表就是一个含有许多盘块号的数组，这样形成的物理文件称为索引文件。在建立一个文件时，只需在为其建立的目录项中填上指向该索引表的指针即可。如图 7-26 所示为磁盘空间的索引分配图。

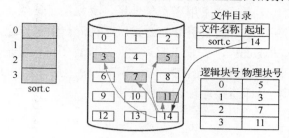

图 7-26 索引分配

索引分配方式不仅支持直接访问，而且不会产生外部碎片，文件长度受限制的问题也得到了解决。其缺点是由于索引块的分配，增加了系统存储空间的开销。对于索引分配方式，索引表的大小选择是一个很重要的问题。为了节约磁盘空间，希望索引表越小越好，但索引表太小则无法支持大文件，所以要采用一些技术来解决这个问题。另外，存取文件需要两次访问外存：首先读取索引表的内容，其次访问具体的磁盘块，因而降低了文件的存取速度。

为了更有效地使用索引表，避免访问索引文件时两次访问外存，可以在访问文件时先将索引表调入内存中，这样，文件的存取就只需要访问一次外存了。当文件很大时，文件的索引表会很大。如果索引表的大小超过了一个物理块，可以将索引表本身作为一个文件，再为其建立一个索引表，这个索引表作为文件索引的索引从而构成了二级索引。第一级索引表的表目指向第二级索引，第二级索引表的表目指向文件信息所在的物理块号。依次类推，可逐级建立索引，进而构成多级索引。

索引分配支持直接访问，而且没有外部碎片，但是索引块本身会占用空间。

1）单级索引分配。单级索引分配方式是将每个文件所对应的盘块号集中放在一起，为每个文件分配一个索引表，再把分配给该文件的所有盘块号都记录在该索引表中，因此该索引表就是一个包含多个盘块号的数组。

2）两级索引分配。当文件较大，一个索引表放不下文件的块序列时，可以对索引表再建立索引，这样构成二级索引，如图 7-27 所示。磁盘块的大小为 1KB，每个索引表项占 3B，则这个块中可以存放 341 个索引项，所表示的文件大小为 341KB。如果一个大型文件，存储空间分成 341×341 个盘块，则需要对 341 个索引块再建立一个二级索引，所表示的文件大小为 341×341×1KB=113.56MB。可见采用二级索引能够大大提高文件的长度。如果文件非常大，可以采用三级及以上的索引分配方式。

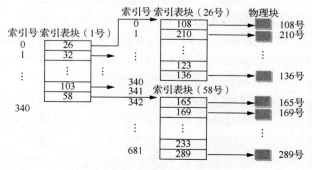

图 7-27 二级索引分配

3）混合索引分配方式。所谓混合索引分配方式，是指将多种索引分配方式相结合而形成的一种分配方式。例如，系统既采用了直接地址，又采用了一级索引分配方式，或两级索引分配方式，甚至还采用了三级索引分配方式。这种混合索引分配方式已在 UNIX 操作系统中采用。在 UNIX System V 的索引节点中，共设置了 13 个地址项，即 i.addr(0)～i.addr(12)，如图 7-28 所示。在 BSD UNIX 的索引节点中，共设置了 13 个地址项，它们都把所有的地址项分成两类，即直接地址和间接地址。

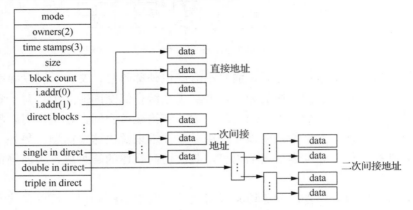

图 7-28　混合索引分配

假设每个盘块大小为 4KB，描述盘块的盘块号需要 4B。

① 直接地址。为了提高文件的检索速度，在索引节点中可设置 10 个直接地址项，即用 i.addr(0)～i.addr(9)来存放直接地址。这里每项中存放的是该文件所在盘块的盘块号，当文件不大于 40KB 时，便可以直接从索引节点中读出该文件的全部盘块号（10×4KB=40KB）。

② 一次间接地址。对于较大的文件，索引节点提供了一次间接地址，即一级索引分配方式，利用索引节点中的地址项 i.addr(10)来提供一次间接地址。在一次间接地址中可以存放 1KB 个盘块号，因此允许文件长度为 4MB（1K×4KB=4MB）。若既采用直接地址，又采用一次间接地址，则允许文件的最大长度为 4MB+40KB。

③ 二次间接地址。当文件很大时，系统采用二级间接地址分配。用地址项 i.addr(11)提供二次间接地址，即采用两级索引分配方式，此时系统是在二次间接地址块中记入了所有一次间接地址块的盘块号。在采用二级间接地址方式时，文件的最大长度可达到 4GB（1KB×1KB×4KB=4GB）。如果同时采用直接地址、一次间接地址和二次间接地址，则允许文件的最大长度为 4GB+4MB+40KB。

④ 三次间接地址。系统用地址项 i.addr(12)提供三次间接地址，即采用三级索引分配方式。其所允许的文件最大长度为 4TB（1KB×1KB×1KB×4KB=4TB）。如果同时采用直接地址、一次间接地址、二次间接地址和三次间接地址，则允许文件的最大长度为 4TB+4GB+4MB+40KB。在使用三次间接索引表访问文件时，需要 3 次读 I/O 操作得到一个三级索引表，这个三级索引表含有要访问的文件内容所在的物理块。

在系统中，小的文件占大多数，这些文件的存取速度快；大的文件数较少，但系统也能够实现对大文件的管理，只是在存取速度上相对较慢。因此 UNIX 的多级索引结构可以很好地满足不同用户的需求。

索引分配的优点是，索引文件既适合于顺序存取，又适合于随机存取；它满足文件动态增长的要求，也满足于文件的快速插入、删除、修改等需要；索引文件能够充分利用外存空间，提高磁盘利用率。

索引文件的缺点是，存取数据需要较多的寻道次数和寻道时间；索引表占用一定的存储空间。

2．文件存储空间管理

为了实现存储空间的管理，系统必须记住空闲存储空间的使用情况，以便随时分配给新的文件和目录，实施磁盘物理块的分配和回收。下面分别介绍几种常用的文件存储空间的管理方法。

（1）位示图法

位示图法的基本思想是利用一串二进制位（bit）的值来反映磁盘空间的分配使用情况。每一个磁盘物理块对应一个二进制位，如果物理块为空闲，则相应的二进制位为 0；如果物理块已分配，则相应的二进制位为 1，如图 7-29 所示。

	1	2	3	4	5	6	7	8	9	A	B	C	D	E	F
1	0	1	0	0	0	0	0	0	0	0	0	0	0	0	0
2	0	0	0	0	0	0	0	1	0	0	0	0	0	0	0
3	1	1	1	1	1	1	1	0	1	1	0	0	0	0	0
4	0	1	0	0	0	0	0	1	1	1	0	0	0	0	0
5	0	1	1	1	1	1	1	1	1	1	0	0	0	0	0
6	0	1	1	1	0	1	1	1	1	0	0	0	0	0	1
7	0	1	0	0	0	0	0	0	0	0	0	0	0	1	0
8	0	1	0	0	0	0	0	0	0	0	0	0	0	0	1

图 7-29　位示图

申请磁盘物理块时，可在位示图中从头查找为 0 的字位，将其改为 1，返回对应的物理块号；归还物理块时，在位示图中将该块所对应的字位改为 0。

位示图描述能力强，一个二进制位就描述一个物理块的状态，所示位示图较小，可以复制到内存，使查找既方便又快速。位示图适用于各种物理结构的文件系统。本书如无特别提示，所使用的位示图法，行和列都从 1 开始编号。

位示图的主要优点是能够简单有效地在盘上找到 n 个连续的空闲块。很多计算机提供了位操作指令，使位示图查找能够高效进行。Linux 的文件系统 Ext2 就是采用位示图来描述数据块和索引节点的使用情况的。

1）盘块的分配。位示图可以描述为一个二维数组 Bitmap[m,n]。根据位示图进行盘块分配时，可分为以下 3 步进行。

① 顺序扫描位示图，从中找出一个或一组其值为 0 的二进制位。

② 将所找到的一个或一组二进制位转换为与之相应的盘块号。假定找到的其值为 0 的二进制位位于位示图的第 i 行、第 j 列，则其相应的盘块号应按下式计算：

$$b = n(i-1)+j \tag{7.4}$$

式中，n 代表每行的位数。

③ 修改位示图，令 Bitmap[i,j]=1。

2）盘块的回收。盘块的回收分为以下两步。

① 将回收盘块的盘块号转换为位示图中的行号和列号。转换公式为

$$\left.\begin{aligned} i &= (b-1)\text{DIV}n+1 \\ j &= (b-1)\text{MOD}n+1 \end{aligned}\right\} \tag{7.5}$$

② 修改位示图。令 Bitmap[i,j] =0。

这种方法的主要优点是，从位示图中很容易找到一个或一组相邻接的空闲盘块。位示图常用于微型计算机和小型机中，如 CP/M、Apple-DOS 等操作系统中。

（2）空闲表法

1）空闲表。空闲表法属于连续分配方式，它与内存的动态分配方式相似，它为每个文件分配一块连续的存储空间，即系统也为外存上的所有空闲区建立一个空闲表，每个空闲区对应于一个空闲表项，其中包括表项序号、该空闲区的第一个盘块号、该区的空闲盘块数等信息。再将所有空闲区按其起始盘块号递增的次序排列，如图 7-30 所示。空闲表法特别适合于文件物理结构为连续结构的文件系统。

序号	首空闲盘块号	空闲盘块数
0	10a8	12
1	9002	98
2	a6003	4096
⋮	⋮	⋮
n	899a08	2568
⋮	⋮	⋮

图 7-30　空闲盘块表

2）存储空间的分配与回收。空闲盘区的分配与内存的动态分配类似，同样是采用首次适应算法、循环首次适应算法等。例如，在系统为某新创建的文件分配空闲盘块时，先顺序地检索空闲表的各表项，直至找到第一个其大小能满足要求的空闲区，再将该盘区分配给用户进程，同时修改空闲表。系统在对用户所释放的存储空间进行回收时，也采取类似于内存回收的方法，即要考虑回收区是否与空闲表中插入点的前区和后区相邻接，对相邻接者应予以合并。

应该说明，在内存分配上，虽然很少采用连续分配方式，然而在外存的管理中，由于这种分配方式具有较高的分配速度，可减少访问磁盘的 I/O 频率，它在诸多分配方式中仍占有一席之地。例如，在前面所介绍的对换方式中，对对换空间一般采用连续分配方式。对于文件系统，当文件较小，如 1～4 个盘块时，仍采用连续分配方式，为文件分配相邻接的几个盘块；当文件较大时，便采用离散分配方式。

（3）空闲链表法

空闲链表法是将所有空闲盘区拉成一条空闲链。根据构成链所用基本元素的不同，可把链表分成两种形式：空闲盘块链和空闲盘区链。

1）空闲盘块链。这是将磁盘上的所有空闲空间，以盘块为单位拉成一条链。当用户因创建文件而请求分配存储空间时，系统从链首开始，依次摘下适当数目的空闲盘块分配给用户。当用户因删除文件而释放存储空间时，系统将回收的盘块依次插入空闲盘块链的末尾。这种方法的优点是用于分配和回收一个盘块的过程非常简单，但在为一个文件分配盘块时，可能要重复操作多次。如图 7-31 所示，系统将所有的空闲物理块连成一个链，用一个空闲块首指针指向第一个空闲块，然后每个空闲块含有指向下一个空闲块的指针，最后一块的指针为空，表示链尾。在图 7-31 中，空闲块首指针维护一个指向盘块 12 的指针，该块是第一个空闲盘块。盘块 12 包含一个指向盘块 13 的指针，盘块 13 指向盘块 14，等等。这种模式效率低，要遍历整个表，必须读每一块，需要大量 I/O 时间。

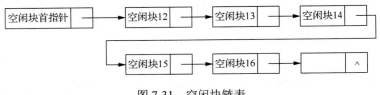

图 7-31　空闲块链表

2）空闲盘区链。这是将磁盘上的所有空闲盘区（每个盘区可包含若干个盘块）拉成一条链。在每个盘区上除含有用于指示下一个空闲盘区的指针外，还应有能指明本盘区大小（盘块数）的信息。分配盘区的方法与内存的动态分区分配类似，通常采用首次适应算法。在回收盘区时，同样也要将回收区与相邻接的空闲盘区相合并。在采用首次适应算法时，为了提高对空闲盘区的检索速度，可以采用显式链接方法，即在内存中为空闲盘区建立一个链表。

（4）成组链接法

空闲表法和空闲链表法都不适用于大型文件系统，因为这会使空闲表或空闲链表太长。在 UNIX 操作系统中采用的是成组链接法，它是将上述两种方法相结合而形成的一种空闲盘块管理方法，它兼备了上述两种方法的优点而克服了两种方法均有的表太长的缺点。成组链接法的空闲盘块的组织如图 7-32 所示。

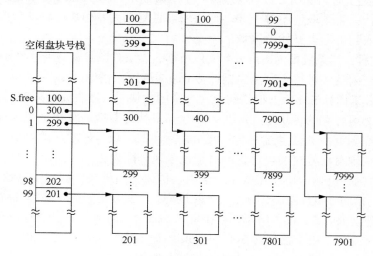

图 7-32　成组链接法

1）工作原理。

① 空闲盘块号栈用来存放当前可用的一组空闲盘块的盘块号（最多含 100 个号），以及栈中尚有的空闲盘块号数 N。顺便指出，N 还兼作栈顶指针使用。例如，当 $N=100$ 时，它指向 S.free(99)。由于栈是临界资源，每次只允许一个进程去访问，故系统为栈设置了一把锁。图 7-32 左侧部分为空闲盘块号栈的结构。其中，S.free(0)是栈底，栈满时的栈顶为 S.free(99)。

② 将磁盘文件区中的所有的空闲盘块分成若干组，如将 100 个盘块作为一组。假定盘上共有 10000 个盘块，每块大小为 1KB，可以分成 100 组。其中，第 201～7999 号盘块用于存放文件，即作为文件区，这样，该区的最末一组盘块号应为 7901～7999，次末组为 7801～7900，…；第二组的盘块号为 301～400；第一组的盘块号为 201～300，如图 7-32 右侧部分所示。

③ 将每组含有的盘块总数 N 和该组所有的盘块号记入其前一组的第一个盘块的安空闲盘块数 N 单元和 S.free(0)～S.free(99)中。这样，由各组的第一个盘块可链成一条链。

④ 将第一组的盘块总数和所有的盘块号记入空闲盘块号栈中，作为当前可供分配的空闲盘块号。

⑤ 最末一组只有 99 个盘块，其盘块号分别记入其前一组的 S.free(1)～S.free(99)中，而在 S.free(0)中则存放"0"，作为空闲盘块链的结束标志（注意：最后一组的盘块数应为

99，不应是 100，因为这是指可供使用的空闲盘块，其编号应为 1～99，0 号中放空闲盘块链的结尾标志）。

为了提高文件空闲空间的分配速度，可将空闲盘块号栈放在内存中，S.free(99)为空闲盘块号栈中指向第一个空闲盘块的指针。下面给出成组链接法中空闲盘块的分配与回收。

2）空闲盘块的分配。

① 分配算法。假设初始化时系统已把空闲盘块号栈所在的专用块读入内存 L 单元开始的区域中，分配一空闲块的算法如下。

查 L 单元内容（空闲块数）：当空闲块数>1 时，$i = L$+空闲块数（i 为主存地址单元）；从 i 单元得到一空闲块号；把该块分配给申请者；空闲块数减 1。

当空闲块数=1 时，取出 L+1 单元内容（一组的第一块块号或 0）；取值等于 0，无空闲块，申请者等待；否则取值不等于 0，把该块内容复制到专用块；该块分配给申请者；把专用块内容读取到内存 L 开始的区域。

② 分配过程。当系统要为用户分配文件所需的盘块时，需要调用盘块分配过程来完成。该过程首先从空闲盘块号栈中取出由指针 S.free 指向的一空闲盘块号，将其对应的盘块分配给用户；然后将指针 S.free 下移指向下一个空闲盘块号，盘块数 n 减 1。如果该盘块号已是栈中最后一个可分配的盘块号（$n=1$），由于该盘块号对应的盘块中记录有下一组可用的盘块号，因此需要调用读磁盘过程，将栈指针指向的盘块号所对应的盘块中的内容读入栈中，作为新的空闲盘块号栈的内容，同时把该盘块分配出去。

③ 分配举例。例如，用户需要 4 个盘块，假如空闲盘块号栈初始内容如图 7-33（a）所示，S.free(1)指向 299，盘块数 $n=2$。分配过程：首先将盘块号为 299 的盘块分配出去，分配之后的情况如图 7-33（b）所示，栈指针 S.free(0)指向下一个盘块号 300，盘块数 $n=1$；然后分配盘块号 300。由于盘块号 300 中记录有下一组的可用盘块号 301～399。因此，需要调用读磁盘过程，将盘块号 300 中的内容读入空闲盘块号栈中，作为新的空闲盘块号栈的内容，然后将盘块号 300 分配出去。分配之后的情况如图 7-33（c）所示，栈指针 S.free(98)指向下一个盘块号 301，盘块数 $n=99$；此后，可为用户分配另外两个空闲盘块号 301 和 302，分配之后的情况如图 7-33（d）所示，栈指针 S.free(96)指向下一个盘块号 303，盘块数 $n=97$。

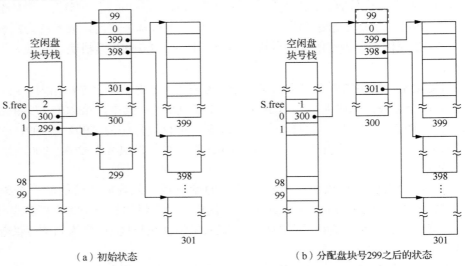

（a）初始状态　　　　　　　　　　（b）分配盘块号299之后的状态

图 7-33　成组链接法盘块分配过程

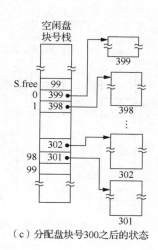

（c）分配盘块号300之后的状态

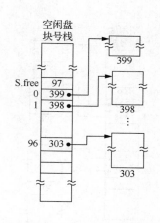

（d）分配盘块号301、302之后的状态

图 7-33（续）

3）空闲盘块的回收。

① 回收算法。回收一空闲块的分配算法如下。

查找 L 单元的空闲块数：当空闲块数<100 时，空闲块数加 1；$j = L$+空闲块数（j 为主存地址单元）；归还盘块号填入 j 单元。

当空闲块数=100 时，把内存中登记的信息写入归还块中；把归还块号填入 L+1 单元；将 L 单元中空闲块数置成 1。

② 回收过程。空闲盘块回收时，需要调用盘块回收过程。回收时，将回收块的盘块号记入空闲盘块号栈，并将栈指针 S.free 上移，盘块数 n 加 1。如果空闲盘块号栈中的盘块数 n=100，表示栈已满，将现有栈中的 100 个盘块号记入新回收的盘块中，空闲盘块号栈清空，再将新回收盘块号作为新的栈元素存储在空闲盘块号栈中，将其盘块号作为新栈底。

③ 应用举例。例如，某一用户文件被删除，系统将要回收它占用的 3 个盘块号 784、901 和 958。假如空闲盘块号栈初始内容如图 7-34（a）所示，S.free(98)指向盘块号 301，盘块数 n=99；这时回收空闲盘块号 784，因为在成组链接法中，将每组含有的盘块总数 N 和该组所有的盘块号记入其前一组的第一个盘块的盘块数和 S.free(0)～S.free(99)中，而最末一组只有 99 个盘块，其盘块号分别记入其前一组的 S.free(1)～S.free(99)中，而在 S.free(0)中则存放 "0"，作为空闲盘块链的结束标志。所以，回收时将空闲盘块号栈中的信息复制到盘块号 784 中，将 S.free(0)指向盘块号 784，盘块数 n 修改为 1，如图 7-34（b）所示。回收盘块号 901 时，将 S.free(1)指向盘块号 901，同时修改盘块数 n=2，回收之后的情况如图 7-34（c）所示；回收盘块号 958 时，栈指针 S.free(2)指向下一个盘块号 958，盘块数 n=3；回收之后的情况如图 7-34（d）所示。

采用成组链接后，分配、回收空闲块时均在内存中查找和修改，只有在一组空闲块分配完或空闲的磁盘块构成一组时才需要启动磁盘读写。因此，成组链接的管理方式比普通的链接方式效率高。

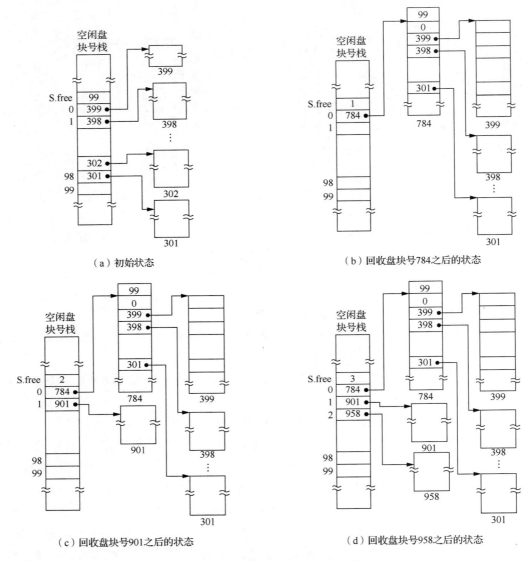

（a）初始状态
（b）回收盘块号784之后的状态
（c）回收盘块号901之后的状态
（d）回收盘块号958之后的状态

图 7-34　成组链接法盘块回收过程

7.7　磁盘数据处理

磁盘存储器不仅容量大，存取速度快，而且可以实现随机存取，是当前存放大量程序和数据的理想设备，故在现代计算机系统中，都配置了磁盘存储器，并以它为主来存放文件。这样，对文件的操作，都将涉及对磁盘的访问。磁盘 I/O 速度的高低和磁盘系统的可靠性，都将直接影响系统性能。因此，设法改善磁盘系统的性能，已成为现代操作系统的重要任务之一。

7.7.1　磁盘数据的读取

磁盘是典型的直接存取设备，这种设备允许文件系统直接存取磁盘上的任意物理块。磁盘机一般由若干磁盘片组成，可沿一个固定方向高速旋转。每个盘面对应一个磁头，磁臂可以沿着半径方向移动。磁盘上的一系列同心圆称为磁道，磁道沿半径方向又分为大小相等的多个扇区，盘片上与盘片中心有一定距离的所有磁道组成了一个柱面。因此，磁盘上的每个物理块可以用柱面号、磁头号和扇区号表示。

当使用磁盘时，驱动器电动机高速旋转磁盘。大多数驱动器每秒旋转 60～250 次，按每分钟转数（单位为 r/min）来计。普通驱动器的转速为 5400r/min、7200r/min、10000r/min 和 15000r/min。磁盘速度可从两方面来体现，一个是传输速率，另一个是定位时间。传输速率是指在驱动器和计算机之间的数据流的速率。定位时间（或随机访问时间）是指将磁头定位到需要访问的物理块的时间，它又包括两部分：寻道时间和旋转延迟时间。典型的磁盘可以按每秒数兆字节的速率来传输数据，寻道时间和旋转延迟时间都为毫秒级。因为磁头飞行在极薄的空气垫上（以微米计），所以磁头有与磁盘表面接触的危险。虽然盘片涂有薄薄的保护层，但是磁头有时可能损坏磁盘表面。这个事故称为磁头碰撞。磁头碰撞通常无法修复，必须替换整个磁盘。

磁盘驱动器通过 I/O 总线的一组电缆连到计算机，有多种可用总线，包括硬盘接口技术（advanced technology attachment，ATA）、串行 ATA（serial ATA，SATA）、外部串行 ATA（external serial ATA，eSATA）、通用串口总线（universal serial bus，USB）、光纤通道（fiber channel，FC）。数据传输总线由称为控制器的专门电子处理器来进行管理。主机控制器为总线的计算机端的控制器。磁盘控制器是磁盘驱动器内置的。为了执行磁盘 I/O 操作，计算机通过内存映射 I/O 端口，发送一个命令到主机控制器。接着，主机控制器通过消息将该命令送给磁盘控制器，并由磁盘控制器操作磁盘驱动器硬件，以执行命令。磁盘控制器通常具有内置缓存。磁盘驱动器的数据传输，在缓存和磁盘表面之间进行；而到主机的数据传输，则以更快的速度在缓存和主机控制器之间进行。

磁盘输入和输出的实际操作细节取决于计算机系统、操作系统及 I/O 通道和磁盘控制硬件的特性。磁盘在没有 I/O 操作请求而处于空闲状态时，磁头停放在靠近盘片最内圈的接触启/停区，也称着陆区，着陆区不存储任何数据。当磁盘驱动器工作时，磁盘以一种稳定的速度旋转。为了进行读/写，磁头必须定位于所期望的磁道和该磁道所期望的某一扇区上。磁头定位磁道所需要的时间称为寻道时间。一旦选择好磁道，磁盘控制器就开始等待，直到适当的扇区旋转到磁头处，扇区到达磁头的时间称为旋转延迟时间。之后就可以进行读/写操作，即进行数据的传递。所以磁盘的访问时间 T_a 可由寻道时间、旋转延迟时间和传输时间 3 部分组成。

（1）寻道时间 T_s

磁盘接收到读/写指令后，把磁臂（磁头）从当前位置移动到指定磁道上所经历的时间，称为寻道时间 T_s。因为磁头通过寻道电动机机械式地驱动移动臂实现移动，因此寻道时间 T_s 与磁头的启动时间 s 和磁头移动跨越的磁道数 n 有关，即寻道时间 T_s 为

$$T_s = s + mn \qquad (7.6)$$

式中，m 为磁头在两个相邻磁道间移动的平均时间，它为一常数，与磁盘驱动器的速度有关。对于一般磁盘，$m=0.2$；对于高速磁盘，$m \leqslant 0.1$，磁臂的启动时间约为 2ms。这样，对于一般的温盘其寻道时间将随寻道距离的增加而增大，一般为 5～20ms。

（2）旋转延迟时间 T_r

旋转延迟时间是将指定扇区移动到磁头下面所经历的时间。不同类型的磁盘，其旋转速度至少相差一个数量级，如软盘为 300r/min，硬盘一般为 7200～15000r/min，甚至更高。因为主轴电动机只绕一个方向匀速旋转，记 f 为旋转一周的时间，则旋转延迟时间 T_r 不会

超过 f，且平均旋转延迟时间为

$$T_r = \frac{f}{2} \tag{7.7}$$

即平均旋转延迟时间是磁头旋转半周的时间。

若磁盘的旋转速度为 r（即每秒旋转多少周），则 r 与 f 互为倒数，即 $f=1/r$，旋转延迟时间 T_r 用 r 表示为

$$T_r = \frac{1}{2r} \tag{7.8}$$

硬盘的旋转速度为 15000r/min，每秒旋转 250 周，则平均旋转延迟时间为，T_r=1s/(2×250)=2ms；而软盘的旋转速度为 300r/min 或 600r/min，这样，平均旋转延迟时间 T_r 为 50～100ms。

（3）传输时间 T_t

传输时间是指把数据从磁盘读出或向磁盘写入数据所经历的时间。由于物理块大小相等，且磁盘 I/O 操作以物理块为基本单位，因此，在每个 I/O 操作请求都只访问一个物理块时，各 I/O 操作请求的传输时间 T_t 相等。T_t 的大小与每次所读/写的字节数 b 和旋转速度有关：

$$T_t = \frac{b}{rN} \tag{7.9}$$

式中，r 为磁盘旋转速度（即磁盘每秒的旋转周数）；N 为一条磁道上的字节数；当一次读/写的字节数相当于半条磁道上的字节数时，T_t 与 T_r 相同。因此，可将访问时间 T_a 表示为

$$T_a = T_s + T_r + T_t = s + mn + \frac{1}{2r} + \frac{b}{rN} \tag{7.10}$$

访问磁盘通常是以扇区（块）为单位的，令 u 为一个磁道上扇区的个数，则一个扇区的访问是时间为

$$T_a = T_s + T_r + T_t = s + mn + \frac{1}{2r} + \frac{1}{ru} \tag{7.11}$$

如果访问是以磁道为单位的，则一个磁道的访问时间为

$$T_a = T_s + T_r + T_t = s + mn + \frac{1}{2r} + \frac{1}{r} \tag{7.12}$$

由公式（7.12）可以看出，在访问时间中，寻道时间和旋转延迟时间基本上都与所读/写数据的多少无关，而且它通常占据了访问时间中的大头。例如，我们假定寻道时间和旋转延迟时间的和平均为 20ms，而磁盘的传输速率为 10Mb/s，如果要传输 10KB 的数据，此时总的访问时间为 21ms，可见传输时间所占比例是非常小的。当传输 100KB 数据时，其访问时间也只是 30ms，即当传输的数据量增大 10 倍时，访问时间只增加约 50%。目前磁盘的传输速率已达 80Mb/s 以上，数据传输时间所占的比例更低。可见，适当地集中数据（不要太零散）传输，将有利于提高传输效率。

7.7.2 磁盘数据的存放

磁盘是一种直接存取存储设备，它的每个物理记录有确定的位置和唯一的地址，存取任何一个物理块所需的时间几乎不依赖于此信息的位置。文件的信息通常不是记录在同一个盘面的各个磁道上，而是记录在同一柱面的不同磁道上，这样可以减少移动臂的移动次数，缩短存取信息的时间。为了访问磁盘上的一个物理记录，必须给出 3 个参数：柱面号、

磁头号、扇区号（块号）。磁盘机根据柱面号控制移动臂做机械的横向移动，带动读写磁头到达指定柱面，这个动作较慢，一般称为寻道时间，平均需 20ms 左右。下一步从磁头号可以确定数据所在的盘面，然后，等待被访问的信息块旋转到读写磁头下时，按扇区号（块号）进行存取，这段等待时间称为旋转延迟时间，平均需要 10ms。实现磁盘机操作的命令有查找、搜索、转移和读写等。

1. 循环排序

在磁盘这样的旋转型存储设备上，不同物理块的存取时间有明显的差别。所以，为了减少延迟时间，I/O 请求的某种排序具有实际意义。考虑某磁道上保存 4 个物理块的旋转型设备，按顺时针旋转，旋转一周耗时 20ms，如图 7-35 所示。假定收到如表 7-6 所示的 4 个 I/O 请求。

图 7-35 磁道保存 4 个物理块的旋转型设备

表 7-6 4 个 I/O 请求

请求次序	物理块
1	读物理块 4
2	读物理块 3
3	读物理块 2
4	读物理块 1

对这些 I/O 请求有多种排序方法。

方法 1：如果按照 I/O 请求次序读出物理块 4、3、2、1，假定平均要花费 1/2 周旋转来进行定位，再加上 1/4 周旋转读出物理块。由于当读出物理块 4 后需转过 2/4 周才能定位到物理块 3，物理块 3 读出需要 1/4 周，故读取物理块 3 总共需要旋转 2/4+1/4=3/4 周。所以，总的处理时间等于 1/2+1/4+3×3/4=3 周，即 60ms。

方法 2：如果按照 I/O 请求读入次序读出物理块 1、2、3、4。那么，定位物理块 1，需要旋转 1/2 周，读出则需要旋转 1/4 周。当读出物理块 1 后，随后就是物理块 2，所以不需要定位，只需要旋转 1/4 周进行读取。所以，总的处理时间等于 1/2+1/4+3×1/4=1.5 周，即 30ms。

方法 3：如果知道当前读位置是物理块 3，采用的请求次序为读物理块 4、1、2、3 则效果会更好。物理块 4 不需要定位，读取需要旋转 1/4 周，同样物理块 1、2、3 也不需要定位，所以，总的处理时间等于 1/4+1/4+1/4+1/4=1 周，即 20ms。

为了实现方法 3，驱动调度算法必须知道旋转型设备的当前位置，能够实现这种功能的硬件设备称为旋转位置测定。如果没有这种硬件装置，那么，因无法测定当前记录而可能会平均多花费半圈左右的时间。

2. 优化分布

信息在存储空间的排列方式也会影响存取等待时间。如果排列方式得当，则会大大减少存取等待时间。考虑 10 个逻辑记录 A、B、…、J 被存放于某一旋转型设备上，该设备每一磁道分成 10 个物理块，存放这 10 个记录，如图 7-36（a）所示。

假定要经常顺序处理这些记录，而设备旋转速度为 20ms/周，处理程序读出每个记录后花 4ms 进行处理。由于设备旋转一周是 20ms，总共 10 个记录，则每个记录读出需要 20/10=2ms。读出并处理记录 A 之后将磁头转到记录 D 的开始。所以，为了读出 B，必须再转一周。于是，处理 10 个记录的总时间为 10ms（旋转到记录 A 的平均时间）+2ms（读记录 A）+4ms（处理记录 A）+9×[16ms（访问下一记录）+2ms（读记录）+4ms（处理记录）] = 214ms。

物理块	逻辑记录
1	A
2	B
3	C
4	D
5	E
6	F
7	G
8	H
9	I
10	J

（a）优化前

物理块	逻辑记录
1	A
2	H
3	E
4	B
5	I
6	F
7	C
8	J
9	G
10	D

（b）优化后

图 7-36　优化分布示意图

如果按照图 7-36（b）所示的方式对信息优化分布：当读出记录 A 并处理结束后，恰巧转至记录 B 的位置，立即就可读出并处理。按照这一方案，处理 10 个记录的总时间为，10ms（移动到记录 A 的平均时间）+10×[2ms（读记录）×4ms（处理记录）]=70ms。此时系统所花费的时间是原方案的 1/3，如果有更多的记录需要处理，则所节省的时间就更加可观了。

7.7.3　磁盘调度算法

对于磁盘设备，访问时间除旋转延迟时间和传输时间外，还有寻道时间。外部 I/O 请求需要磁盘 3 个参数：柱面号、磁头号和扇区号（块号）。例如，某磁盘的转速为 3000r/min，每个磁道有 100 个扇区，磁头臂的移动速度为 0.3ms/道，假设当前磁头位于 1 号柱面 1 号扇区开始位置，对磁盘依次有以下 5 个访问请求，如表 7-7 所示。

表 7-7　磁盘访问请求

请求	柱面号	磁头号	扇区号
1	7	2	8
2	7	2	15
3	7	1	2
4	29	5	53
5	3	6	6

如果采用 FCFS 调度算法，若按上述次序访问磁盘，移动臂将从 1 号柱面移至 7 号柱面，再移至 29 号柱面，然后回到 3 号柱面，显然，磁盘这样移臂很不合理。如果将访问请求按照柱面号 3、7、7、7、29 的次序处理，这将会节省很多移臂时间。进一步考查 7 号柱面的 3 个访问，按上述次序，那么，必须使磁盘旋转近 2 圈才能访问完毕。若再次访问请求排序，按照 2、8、15 的次序执行，对 7 号柱面的 3 次访问大约只需旋转一周或更少就可以完成。可见，对于磁盘这样一类设备，在启动之前按驱动调度策略对访问的请求优化排序是十分必要的。除使旋转圈数最少的调度策略外，还应考虑使磁盘移臂时间最短的调度策略。

1. 常见的磁盘调度算法

由于在访问磁盘的时间中，主要是寻道时间，因此，磁盘调度的目标是使磁盘的平均寻道时间最少。目前常用的磁盘调度算法有 FCFS 调度算法、最短寻道时间优先（shortest seek time first，SSTF）调度算法及扫描算法等。

（1）FCFS 调度算法

FCFS 调度算法是一种最简单的磁盘调度算法，它根据进程请求访问磁盘的先后次序进行调度。此算法的优点是公平、简单，且每个进程的请求都能依次地得到处理，不会出现某一进程的请求长期得不到满足的情况。但此算法由于未对寻道进行优化，致使平均寻道时间可能较长。如图 7-37 所示为有 9 个进程先后提出磁盘 I/O 请求时，按 FCFS 调度算法进行调度的情况。这里将进程号（请求者）按它们发出请求的先后次序排队。这样，平均寻道距离为 55.3 条磁道，与后面即将讲到的几种调度算法相比，其平均寻道距离较大，故 FCFS 调度算法仅适用于请求磁盘 I/O 的进程数目较少的场合。

（2）SSTF 调度算法

SSTF 调度算法选择这样的进程：其要求访问的磁道与当前磁头所在的磁道距离最近，以使每次的寻道时间最短。但这种算法不能保证平均寻道时间最短。如图 7-38 所示为按 SSTF 调度算法进行调度时，各进程被调度的次序、每次磁头移动的距离，以及 9 次调度磁头平均移动的距离。比较图 7-37 和图 7-38 可以看出，SSTF 调度算法的平均每次磁头移动距离明显低于 FCFS 调度算法的距离，因而 SSTF 调度算法较之 FCFS 调度算法有更好的寻道性能。

从100号磁道开始		
访问请求次序	被访问的下一个磁道号	移动距离（磁道数）
1	55	45
2	58	3
3	39	19
4	18	21
5	90	72
6	160	70
7	150	10
8	38	112
9	184	146
平均寻道长度55.3		

图 7-37 FCFS 调度算法

从100号磁道开始			
访问请求次序	访问的磁道号	被访问的下一个磁道号	移动距离（磁道数）
1	55	90	10
2	58	58	32
3	39	55	3
4	18	39	16
5	90	38	1
6	160	18	20
7	150	150	132
8	38	160	10
9	184	184	24
平均寻道长度27.6			

图 7-38 SSTF 调度算法

（3）扫描算法

SSTF 算法虽然能获得较好的寻道性能，但是却可能导致某个进程发生饥饿现象。因为只要不断有新进程的请求到达，且其所要访问的磁道与磁头当前所在磁道的距离较近，这种新进程的 I/O 请求必然优先满足。对 SSTF 算法略加修改后所形成的 SCAN 算法，即可防止老进程出现饥饿现象。

SCAN 算法不仅考虑欲访问的磁道与当前磁道间的距离，更优先考虑的是磁头当前的移动方向。例如，当磁头正在自里向外移动时，SCAN 算法所考虑的下一个访问对象，应是其欲访问的磁道既在当前磁道之外，又是距离最近的。这样自里向外地访问，直至再无更外的磁道需要访问时，才将磁臂换向为自外向里移动。这时，同样也是每次选择这样的进程来调度，即要访问的磁道在当前磁道之内且距离最近者，这样，磁头又逐步地从外向里移动，直至再无更里面的磁道要访问，从而避免了出现饥饿现象。由于在这种算法中磁头移动的规律颇似电梯的运行，因而又常称为电梯调度算法。如图 7-39 所示为按 SCAN 算法对 9 个进程进行调度及磁头移动的情况。

（4）循环扫描算法

SCAN 算法既能获得较好的寻道性能，又能防止饥饿现象，故被广泛用于大、中、小型机器和网络中的磁盘调度。但 SCAN 算法也存在以下问题：当磁头刚从里向外移动而越过了某一磁道时，恰好又有一进程请求访问该磁道，这时，该进程必须等待，待磁头继续从里向外，然后从外向里扫描完所有要访问的磁道后，才处理该进程的请求，致使该进程的请求被严重地推迟。为了减少这种延迟，循环扫描（circular SCAN，CSCAN）算法规定磁头单向移动。例如，只是自里向外移动，当磁头移到最外的磁道并访问后，磁头立即返回到最里的欲访问的磁道，即将最小磁道号紧接着最大磁道号构成循环，进行循环扫描。采用循环扫描方式后，上述请求进程的请求延迟将从原来的 $2T$ 减为 $T+Smax$，其中 T 为由里向外或由外向里单向扫描完要访问的磁道所需的寻道时间，而 Smax 是将磁头从最外面被访问的磁道直接移到最里面欲访问的磁道(或相反)的寻道时间。如图 7-40 所示为 CSCAN 调度算法对 9 个进程调度的次序及每次磁头移动的距离。

从100号磁道开始，向磁道号增加的方向访问			
访问请求次序	访问的磁道号	被访问的下一个磁道号	移动距离（磁道数）
1	55	150	50
2	58	160	10
3	39	184	24
4	18	90	94
5	90	58	32
6	160	55	3
7	150	39	16
8	38	38	1
9	184	18	20
平均寻道长度27.8			

图 7-39 SCAN 调度算法

从100号磁道开始，向磁道号增加的方向访问			
访问请求次序	访问的磁道号	被访问的下一个磁道号	移动距离（磁道数）
1	55	150	50
2	58	160	10
3	39	184	24
4	18	18	166
5	90	38	20
6	160	39	1
7	150	55	16
8	38	58	3
9	184	90	32
平均寻道长度35.8			

图 7-40 CSCAN 调度算法

（5）寻查调度算法（LOOK）

采用 SCAN 和 CSCAN 调度算法时，磁头总是严格地遵循从盘面的一端到另一端。SCAN 调度算法使磁头移动到当前所指方向的最极端，然后返回到另一方向的最远端 I/O 请求；CSCAN 调度算法则使磁头在两个最极端之间往返移动。实际上算法在运行中并不是这样的，而是磁头移动只需要到达最远端的一个请求即可返回，不需要到达磁盘端点。对应于 SCAN 和 CSCAN 的这种调度算法分别称为 LOOK 和 CLOOK 调度算法，它们在朝一个给定的方向移动前会查看是否有请求。本书若无特别说明，也可以默认 SCAN 和 SCAN 调度算法为 LOOK 和 CLOOK 调度算法。

（6）N-Step-SCAN 调度算法

在 SSTF、SCAN 及 CSCAN 几种调度算法中，都可能会出现磁臂停留在某处不动的情况。例如，有一个或几个进程对某一磁道有较高的访问频率，即这些进程反复请求对某一磁道的 I/O 操作，从而垄断了整个磁盘设备，把这一现象称为磁臂黏着。在高密度磁盘上容易出现这种情况。N-Step-SCAN 调度算法是将磁盘请求队列分成若干个长度为 N 的子队列，磁盘调度将按 FCFS 调度算法依次处理这些子队列。而每处理一个队列时又是按 SCAN 调度算法，对一个队列处理完后，再处理其他队列。当正在处理某子队列时，如果又出现新的磁盘 I/O 请求，便将新请求进程放入其他队列，这样就可避免出现黏着现象。当 N 值取得很大时，会使 N-Step-SCAN 调度算法的性能接近于 SCAN 调度算法的性能；当 N=1 时，N-Step-SCAN 调度算法便退化为 FCFS 调度算法。

（7）FSCAN 调度算法

FSCAN 调度算法实质上是 N-Step-SCAN 调度算法的简化，即 FSCAN 调度算法只将磁盘请求队列分成两个子队列。一个是由当前所有请求磁盘 I/O 的进程形成的队列，由磁盘调度按 SCAN 调度算法进行处理；另一个是新请求磁盘 I/O 的等待进程队列。在扫描期间，将新出现的所有请求磁盘 I/O 的进程，放入另一个等待处理的请求队列。这样，所有的新请求都将被推迟到下一次扫描时处理。

2．磁盘调度算法的比较

对比以上几种磁盘调度算法，FCFS 调度算法太过简单，性能较差；SSTF 调度算法较为通用和自然；SCAN 调度算法和 CSCAN 调度算法在磁盘负载较大时比较占优势。它们之间的比较如表 7-8 所示。

表 7-8　磁盘调度算法的比较

调度算法	为解决什么问题引入	优点	缺点
FCFS	—	简单、公平	未对寻道进行优化，所以平均寻道时间较长，仅适合磁盘请求较少的场合
SSTF	为了解决 FCFS 调度算法平均寻道时间长的问题	比 FCFS 调度算法减少了平均寻道时间，有更好的寻道性能	并非最优，而且会导致饥饿现象
SCAN	为了解决 SSTF 调度算法的饥饿现象	兼顾较好的寻道性能和防止出现饥饿现象，被广泛应用在大中小型机器和网络中	存在一个请求刚好被错过而需要等待很久的情形
CSCAN	为了解决 SCAN 调度算法的一个请求可能等待时间过长的问题	兼顾较好的寻道性能和防止出现饥饿现象，同时解决了一个请求等待时间过长的问题	可能出现磁盘长期停留在某处不动的情况（磁臂黏着）

3．磁盘调度算法的选择

磁盘的调度算法很多，如何从中选出一个最佳方案，这与以下多种因素有关。

（1）任何调度算法的性能都依赖 I/O 请求的数量和类型

例如，若磁盘 I/O 请求队列中通常只有一个等待服务的请求，那么所有的算法实际上都是等效的，采用 FCFS 调度算法即可。如果系统中磁盘负荷很重，则采用 SCAN 和 CSCAN 调度算法更合适。一般情况下，采用 SSTF 算法较普遍，它能有效地提高磁盘 I/O 性能。

（2）文件的物理存放方式对磁盘请求有很大影响

如果一个程序读取连续文件，那么所读文件占用的盘块是邻接在一起的，磁盘 I/O 请求是连续的，磁头移动很少。对于链接文件和索引文件来说，所包含的盘块可能散布在磁盘各处，执行 I/O 操作时磁头移动的距离会较大。

（3）目录和索引块的位置对 I/O 请求队列有重要影响

由于读/写文件之前必须先打开文件，这就需要检索目录结构，导致频繁地存取目录。如果文件数据和它的目录项在磁盘上的位置相距很远，如数据在第一磁道，目录项在最后一磁道。此时，磁头要移动整个磁盘的宽度。如果目录项在中间任一磁道，那么磁头至多移动一半的宽度。如果把目录和索引块放在缓存中，可明显减少磁头的移动，尤其对读请求更是如此。

（4）旋转延迟时间的影响

以上仅考虑寻道距离对选择调度算法的影响。对于现代磁盘，旋转延迟时间几乎接近平均寻道时间。然而，操作系统很难通过调度来改善旋转延迟时间，因为逻辑块的物理位置对外并未公布。减少旋转延迟时间可以通过对盘面扇区进行交替编号，对磁盘片组中的不同盘面错位命名来实现。

7.8 典型例题讲解

一、单选题

【例 7.1】 在文件系统中，文件访问控制信息储存的合理位置是（　　）。

A．文件控制块　　B．文件分配表　　C．用户口令表　　D．系统注册表

解析：在文件控制块中，通常含有以下 3 类信息，即文件基本信息、存取控制信息和使用信息。故本题答案是 A。

【例 7.2】 从用户的观点看，操作系统中引入文件系统的目的是（　　）。

A．保护用户数据　　　　　　　　B．实现对文件的按名存取

C．实现虚拟存储　　　　　　　　D．保存用户和系统文档及数据

解析：从系统角度看，文件系统负责对文件的存储空间进行组织、分配、负责文件的存储并对存入的文件进行保护、检索。从用户角度看，文件系统根据一定的格式将用户文件存放到文件存储器中适当的地方，当用户需要使用文件时，系统根据用户提供的文件名从文件存储器中找到所需文件。故本题答案是 B。

【例 7.3】 下列文件中属于逻辑结构的文件是（　　）。

A．连续文件　　B．系统文件　　C．链接文件　　D．流式文件

解析：逻辑文件有两种，即无结构文件（流式文件）和有结构文件。连续文件和链接文件都属于文件的物理结构，而系统文件是按文件用途分类的。故本题答案是 D。

【例 7.4】 目录文件存放的信息是（　　）。

A．某一文件存放的数据信息　　　B．某一文件的文件目录

C．该目录中所有数据文件目录　　D．该目录中所有子目录文件和数据文件的目录

解析：目录文件是 FCB 的有序集合，一个目录中既可能有子目录也可能有数据文件，因此目录文件中存放的是子目录和数据文件的信息。故本题答案是 D。

【例 7.5】 下列关于索引表的叙述中，正确的是（　　）。

A．索引表中每个记录的索引项可以有多个

B．对索引文件存取时，必须先查索引表

C．索引表中含有索引文件的数据及其物理地址

D．建立索引的目的之一是减少存储空间

解析：索引文件由逻辑文件和索引表组成，对索引文件存取时，必须先查找索引表。索引项只包含每个记录的长度和在逻辑文件中的起始位置。因为每个记录都要有一个索引项，因此提高了存储代价。故本题答案是 B。

【例 7.6】 有一个顺序文件含有 10000 个记录，平均查找的记录数为 5000 个，采用索引顺序文件结构，则最好情况下平均只需查找（　　）次记录。

A．1000　　　　B．10000　　　　C．100　　　　D．500

解析：最好的情况下有 $\sqrt{10000}=100$ 组，每组有 100 个记录，这样顺序查找时平均查找记录的个数=50+50=100。故本题答案是 C。

【例 7.7】 若一个用户进程通过 read 系统调用读取一个磁盘文件中的数据，则下列关于此过程的叙述中，正确的是（　　）。

① 若该文件的数据不在内存，则该进程进入睡眠等待状态

② 请求 read 系统调用会导致 CPU 从用户态切换到核心态

③ read 系统调用的参数应包含文件的名称

A. 仅①、②　　　B. 仅①、③　　　C. 仅②、③　　　D. ①、②和③

解析：对于①，当所读文件的数据不在内存时，产生中断（缺页中断），原进程进入阻塞状态，直到所需数据从外存调入内存后，才将该进程唤醒。对于②，read 系统调用通过陷入将 CPU 从用户态切换到核心态，从而获取操作系统提供的服务。对于③，要读一个文件首先要用 open 系统调用打开该文件。open 中的参数包含文件的路径名与文件名，而 read 只需要使用 open 返回的文件描述符，并不使用文件名作为参数。read 要求用户提供 3 个输入参数：①文件描述符 fd；②buf 缓冲区首址；③传送的字节数 n。read 的功能是试图从 fd 所指示的文件中读入 nB 的数据，并将它们送至由指针 buf 所指示的缓冲区中。故本题答案是 A。

【例 7.8】 FAT32 的文件目录项不包括（　　）。

A. 文件名　　　　　　　　　　B. 文件访问权限说明

C. 文件控制块的物理位置　　　D. 文件所在的物理位置

解析：文件目录项即 FCB，通常由文件基本信息、存取控制信息和使用信息组成。基本信息包括文件的物理位置。文件目录项显然不包括 FCB 的物理位置信息。故本题答案是 C。

【例 7.9】 设文件 F1 的当前引用计数值为 1，先建立文件 F1 的符号链接（软链接）文件 F2，再建立文件 F1 的硬链接文件 F3，然后删除文件 F1。此时，文件 F2 和文件 F3 的引用计数值分别是（　　）。

A. 0、1　　　B. 1、1　　　C. 1、2　　　D. 2、1

解析：建立符号链接时，引用计数值直接复制；建立硬链接时，引用计数值加 1，删除文件时，删除操作对于符号链接是不可见的，这并不影响文件系统，当以后再通过符号链接访问时，发现文件不存在，直接删除符号链接；但对于硬链接则不可以直接删除，引用计数值减 1，若值不为 0，则不能删除此文件，因为还有其他硬链接指向此文件。当建立 F2 时，F1 和 F2 的引用计数值都为 1。当再建立 F3 时，F1 和 F3 的引用计数值就都变成了 2。当后来删除 F1 时，F3 的引用计数值为 2-1=1，F2 的引用计数值不变。故本题答案是 B。

【例 7.10】 某文件系统中，针对每个文件，用户类别分为 4 类，即安全管理员、文件主、文件主的伙伴、其他用户；访问权限分为 5 种，即完全控制、执行、修改、读取、写入。若文件控制块中用二进制位串表示文件权限，为表示不同类别用户对一个文件的访问权限，则描述文件权限的位数至少应为（　　）。

A. 5　　　B. 9　　　C. 12　　　D. 20

解析：可以把用户访问权限抽象为一个矩阵，行代表用户，列代表访问权限。这个矩阵有 4 行 5 列，1 代表 TRUE，0 代表 FALSE，所以需要 20 位。故本题答案是 D。

【例 7.11】 下列文件物理结构中，适合随机访问且易于文件扩展的是（　　）。

A. 连续结构　　　　　　　　　B. 索引结构

C. 链式结构且磁盘块定长　　　D. 链式结构且磁盘块变长

解析：文件的物理结构包括连续、链式和索引 3 种，其中链式结构不能实现随机访问，连续结构的文件不易扩展。随机访问且易于扩展是索引结构的特性。故本题答案是 B。

【例 7.12】 设文件索引节点中有 7 个地址项，其中 4 个地址项是直接地址索引，2 个地址项是一级间接地址索引，1 个地址项是二级间接地址索引，每个地址项大小为 4B，若磁盘索引块和磁盘数据块大小均为 256B，则可表示的单个文件最大长度是（　　）。

A. 33KB　　　　B. 519KB　　　　C. 1057KB　　　　D. 16516KB

解析：每个磁盘索引块和磁盘数据块大小均为 256B，每个磁盘索引块有 256/4=64 个地址项。因此 4 个直接地址索引指向的数据块大小为 4×256B；2 个一级间接索引包含的直接地址索引数为 2×(256/4)，即其指向的数据块大小为 2×(256/4)×256B。1 个二级间接索引所包含的直接地址索引数为(256/4)×(256/4)，即其所指向的数据块大小为(256/4)×(256/4)×256B。7 个地址项所指向的数据块总大小为 4×256+2×(256/4)×256+(256/4)×(256/4)×256=1082368B=1057KB。故本题答案是 C。

【例 7.13】 有些操作系统中将文件描述符信息从目录项中分离出来，这样做的优点是（　　）。

　　A. 减少读文件时的 I/O 信息量　　　　B. 减少写文件时的 I/O 信息量

　　C. 减少查找文件时的 I/O 信息量　　　　D. 减少复制文件时的 I/O 信息量

解析：将文件描述信息从目录项中分离，即应用了索引节点的方法，磁盘的盘块中可以存放更多的目录项，查找文件时可以大大减少其 I/O 信息量。故本题答案是 C。

【例 7.14】 位示图可用于（　　）。

　　A. 文件目录的查找　　　　　　　B. 磁盘空间的管理

　　C. 主存空间的管理　　　　　　　D. 文件的保密

解析：位示图方法是空闲块管理方法，用于管理磁盘空间。故本题答案是 B。

【例 7.15】 在一个文件系统中，其 FCB 占 64B，一个盘块大小为 1KB，采用一级目录。假定文件目录中有 3200 个目录项，则查找一个文件平均需要（　　）次访问磁盘。

　　A. 50　　　　B. 54　　　　C. 100　　　　D. 200

解析：3200 个目录项占用的盘块数=3200×64B/1KB=200 个。因为一级目录平均访盘次数为 1/2 盘块数（顺序查找目录表中的所有目录项，每个目录项为一个 FCB），所以平均的访问磁盘次数为 200/2=100 次。故本题答案是 C。

【例 7.16】 下面关于目录检索的论述中，论述正确的是（　　）。

　　A. 由于 Hash 法具有较快的检索速度，现代操作系统中都用它来替代传统的顺序检索方法

　　B. 在利用顺序检索法时，对树形目录应采用文件的路径名，且应从根目录开始逐级检索

　　C. 在利用顺序检索法时，只要路径名的一个分量名未找到，便应停止查找

　　D. 利用顺序检索法查找完成后，即可得到文件的物理地址

解析：Hash 法不利于对文件的顺序检索，也不利于文件枚举，系统中一般采用线性检索法；为了加快文件查找速度，可以设立当前目录，于是文件路径名可以从当前目录进行查找；在顺序检索法查找完成后，得到的是文件的逻辑地址。故本题答案是 C。

【例 7.17】 磁盘上的文件以（　　）为单位读/写。

　　A. 块　　　　B. 记录　　　　C. 柱面　　　　D. 磁道

解析：文件以块为单位存放于磁盘，文件的读写也是以块为单位的。故本题答案是 A。

【例 7.18】 以下算法中，（　　）可能出现"饥饿"现象。

　　A. 电梯调度　　　　　　　　　B. 先来先服务

　　C. 最短寻道时间优先　　　　　D. 循环扫描算法

解析：在最短寻道时间优先算法中，当新的距离磁头比较近的磁盘访问请求，不断被满足，可能会导致比较远的磁盘访问请求被无限延迟，从而导致"饥饿"现象。故本题答

案是 C。

【例 7.19】 已知某磁盘的平均转速为 r 秒/转，平均寻道时间为 T 秒，每个磁道可以存储的字节数为 N，现向该磁盘读写 bB 的数据，采用随机寻道的方法，每道的所有扇区组成一个簇，其平均访问时间是（　　　）。

A．$(r+T)b/N$　　　B．b/NT　　　C．$(b/N+T)r$　　　D．$bT/N+r$

解析： 将每道的所有扇区组成一个簇，意味着可以将一个磁道的所有存储空间组织成一个数据块组，这样有利于提高存储速度。读写磁盘时，磁头首先找到磁道，称为寻道，然后才可以将信息从磁道中读出来或写进去。读写完一个磁道以后磁头会继续寻找下一个磁道，完成剩余的工作，所以，在随机寻道的情况下，读写一个磁道的时间要包括寻道时间和读写磁道时间，即 $T+r$ 秒。由于总的数据量是 bB，它要占用的磁道数为 b/N 个，所以总的平均读写时间为 $(T+r)b/N$ 秒。故本题答案是 A。

【例 7.20】 下列选项中，磁盘逻辑格式化程序所做的工作是（　　　）。

① 对磁盘进行分区

② 建立文件系统的根目录

③ 确定磁盘扇区校验码所占位数

④ 对保存空闲磁盘块信息的数据结构进行初始化

A．仅②　　　B．仅②、④　　　C．仅③、④　　　D．仅①、②、④

解析： 一个新的磁盘是一个空白盘，必须分成扇区以便磁盘控制器能读和写，这个过程称为低级格式化（或物理格式化）。低级格式化为磁盘的每个扇区采用特别的数据结构，包括校验码，故③错误。为了使用磁盘存储文件，操作系统还需要将自己的数据结构记录在磁盘上，这分为两步，第一步是将磁盘分为由一个或多个柱面组成的分区，每个分区可以作为一个独立的磁盘，所以①错误。在分区之后，第二步是逻辑格式化（创建文件系统）。在这一步，操作系统将初始的文件系统数据结构存储到磁盘上。这些数据结构包括空闲和已分配的空间和一个初始为空的目录。故本题答案是 B。

二、填空题

【例 7.21】 文件系统具有_____、实现文件名到物理地址的映射、_____、_____和提供方便的接口等 5 项功能。

解析： 本题考查文件系统的主要功能。文件系统具有文件存储空间管理、实现文件名到物理地址的映射、文件和目录管理、文件共享和保护及提供方便的接口等 5 项功能。故本题答案是文件存储空间管理、文件和目录管理、文件共享和保护。

【例 7.22】 文件按逻辑结构可分为_____、_____和_____ 3 种类型，现代操作系统普遍采用的是其中的_____。

解析： 本题考查文件的逻辑结构。文件的逻辑结构可分为 3 类：第一类是无结构文件，这是指由字符流构成的文件，故又称为流式文件；第二类是有结构文件，这是指由一个以上的记录构成的文件，故又把它称为记录式文件；第三类是树形文件，它是有结构文件的一种特殊形式。现代操作系统普遍采用的是其中的无结构文件。故本题答案是无结构文件、有结构文件、树形文件、无结构文件。

【例 7.23】 采用直接存取法来读写磁盘上的物理记录时，效率最高的是_____。

解析： 本题考查文件存取方式和文件物理结构的关系。采用直接存取法（即随机存取法），对于连续分配的文件，只要知道文件在存储设备上的起始地址（首块号）和文件长度

（总块数），就能很快地进行存取。故本题答案是连续分配的文件。

【例 7.24】从文件管理的角度来看，文件由_____和文件体两部分组成；而在具体实现时，前者的信息通常以_____或_____的方式存放在文件存储器上。

解析： 本题考查文件目录的基本概念。文件由文件控制块（FCB）和文件体两部分组成，文件控制块在具体实现时，通常以目录项或磁盘索引节点的方式存在。故本题答案是文件控制块（或 FCB）、目录项、磁盘索引节点。

【例 7.25】文件目录的最主要功能是实现_____，故目录项的内容至少应包含文件名和文件的物理地址。

解析： 本题考查文件目录的功能。文件目录具有按名存取、提高对目录的检索速度、文件共享和允许文件重名 4 项功能。其主要功能是实现文件名到物理地址的转换，即按名存取。故本题答案是按名存取。

【例 7.26】在利用空闲链表来管理外存空间时，可有两种方式，一种是以_____为单位拉成一条链；另一种是以_____为单位拉成一条链。

解析： 本题考查文件存储空间的管理。在利用空闲链表来管理外存空间时，以空闲盘块为单位形成空闲盘块链，以空闲盘区为单位则形成空闲盘区链。故本题答案是空闲盘块、空闲盘区。

【例 7.27】文件在使用前必须先执行_____操作，其主要功能是把文件的_____从外存复制到内存中，并在用户和指定文件之间建立一条通路，再返回给用户一个_____。

解析： 本题考查文件的打开功能。文件在使用前必须先执行打开操作，其主要功能是把文件的 FCB（或索引节点）从外存复制到内存中，并在用户和指定文件之间建立一条通路，再返回给用户一个文件描述符。故本题答案是打开、FCB/索引节点、文件描述符。

【例 7.28】磁盘的访问时间由_____、_____和_____3 部分组成，其中占比重比较大的是_____，故磁盘调度的目标为_____。

解析： 本题考查磁盘的访问时间。在对磁盘数据访问时，访问时间由寻道时间、旋转延迟时间和数据传输时间 3 部分组成，其中寻道时间所占比重比较大，所以磁盘调度的目标是使磁盘的平均寻道时间最短。故本题答案是寻道时间、旋转延迟时间、数据传输时间、使磁盘的平均寻道时间最短。

三、综合题

【例 7.29】在某个文件系统中，每个盘块为 512B，文件控制块占 64B，其中文件名占 8B。如果索引节点编号占 2B，对一个存放在磁盘上的包含 256 个目录项的目录，试比较引入索引节点前后，为找到其中一个文件的 FCB，平均启动磁盘的次数。

解析： 在引入索引节点前，每个目录项中存放的是对应文件的 FCB，故 256 个目录项的目录总共需要占用 256×64/512=32 个盘块。因此，在该目录中检索到一个文件，平均启动磁盘的次数为(1+32)/2=16.5 次。

在引入索引节点之后，每个目录项目中只需存放文件名和索引节点的编号，因此 256 个目录项的目录总共需要占用 256×(8+2)/512=5 个盘块。因此，找到匹配的目录项平均需要启动(1+5)/2=3，即 3 次磁盘；而得到索引节点编号后，还需启动磁盘将对应文件的索引节点读入内存，故平均需要启动磁盘 4 次。可见，引入索引节点后，可大大减少启动磁盘的次数，从而有效地提高检索文件的速度。

【例 7.30】目前广泛采用的目录结构是什么？它有什么优点？

解析：目前广泛采用的目录结构是多级树形目录结构，它具有以下优点。

1）能有效地提高对目录的检索速度。假定文件系统中有 N 个文件，在单级目录中，最多要检索 N 个目录项；但对有 i 级的树形目录，在目录中每检索一个指定的文件，最多可能要检索到近 $i\sqrt[i]{N}$ 项。

2）允许文件重名。在树形结构的文件系统中，不仅允许每个用户在自己的分目录中使用与其他用户文件相同的名称；而且，同一个用户的不同分目录中的文件也允许重名。

3）便于实现文件共享。在树形目录中，用户可通过路径名来共享他人的文件；也可以将共享文件链接到自己的目录下，从而使文件的共享变得更为方便，其实现方式也非常简单，系统只需在用户的目录文件中增设一目录项，填上用户赋予该共享文件的新文件名，以及该共享文件的唯一标识符（或索引节点编号）即可。

4）能更有效地进行文件的管理和保护。在多级目录中，用户可按文件的不同性质，将它们存放到不同的目录子树中，还可以给不同的目录赋予不同的存取权限，因此，能更有效地对文件进行管理和保护。

【例 7.31】试说明在树形目录结构中线性检索法的检索过程，并画出相应的流程图。

解析：在树形目录结构中，用户提供的是从根目录（或当前目录）开始的、由多个文件分量名组成的文件路径名。系统在检索一个文件时，先读入给定文件路径名中的第一个分量名，用它与根目录文件（或当前目录文件）中的各目录项中的文件名顺序地进行比较，若找到相匹配的目录项，便可获得它的 FCB 或索引节点编号，从而找到该分量名所对应的文件。然后，系统读入第二个文件分量名，用它与刚检索到的目录文件中的各目录项的文件名顺序加以比较，若找到匹配者，则重复上述过程，如此逐级地检索指定文件分量名，最后将会得到指定文件名的 FCB 或索引节点。检索过程的流程如图 7-41 所示。

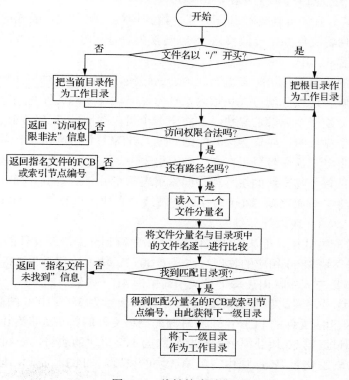

图 7-41　线性检索过程

【例 7.32】在树形目录结构中，利用链接方式共享文件有什么优点？

解析：利用链接方式共享文件主要有以下几方面的优点。

1）方便用户。这种共享方式，允许用户按自己的方式将共享文件组织到某个子目录下，并赋予它新的文件名，从而使用户更方便地管理和使用共享文件。

2）防止共享文件被删除。每次链接时，系统将对索引节点中的链接计数字段 count 进行加 1 操作，而删除时，必须先对它进行减 1 操作，只有当 count 的值为 0 时，共享文件才被真正删除，因此可避免用户要共享文件被删除的现象。

3）加快检索速度。为了加快检索文件的速度，一般系统引入了当前目录的概念。用户在设置了工作目录后，若共享文件已被链接到该工作目录下，则系统无须再去逐级检索树形目录，从而可加快检索速度。

【例 7.33】假定磁盘块的大小为 1KB，对于 540MB 的硬盘，其文件分配表 FAT 需要占用多少存储空间？当硬盘容量为 1.2GB 时，FAT 需要占用多少空间？

解析：1）硬盘总盘块数为 540MB/1KB=540KB 个；因为 512KB<540KB<1024KB，即 2^{19}<540KB<2^{20}，说明硬盘总盘块数需要 20 位的二进制数来表示，也表示文件分配表 FAT 的每个表目最少需要 20 位二进制数。20 位=20/8B=2.5B，则文件分配表 FAT 占用的存储空间为

2.5B×540KB=1350KB（总盘块数目×每个盘块占用的字节数）

若根据计算机实际情况，每个表目占用字节数由 2.5B 变为 3B，则 FAT 占用空间为 1620KB。

2）硬盘总盘块数为 1.2GB/1KB=1.2MB 个；因为 1MB<1.2MB<2MB，即 2^{20}<1.2MB<2^{21}，文件分配表的每个表目至少需要 21 位二进制数表示。为了运算方便，在计算机系统中数据的取值一般为半字节的整数倍，所以 FAT 的每个表目需要 24 位二进制，24 位=24/8B= 3B。则 FAT 占用的存储空间为 3B×1.2MB=3.6MB。

【例 7.34】请分别解释在连续分配方式、隐式链接分配方式、显式链接分配方式和索引分配方式中如何将文件的字节偏移量 3800 转换为物理块号和块内位移量，假设盘块大小为 1KB，盘块号需占 4B。

解析：文件的字节偏移量到磁盘物理地址的转换，关键在于对文件物理组织（或磁盘分配方式）的理解。连续分配方式是指为文件分配一段连续的文件存储空间；隐式链接分配则是指为文件分配多个离散的盘块，并将下一个盘块的地址与文件的内容一起登记在文件分配到的前一个盘块中；显式链接分配则通过 FAT 来登记分配给文件的多个盘块号；而索引分配方式则将多个盘块号登记在文件的索引表中。同时，在文件 FCB 的物理地址字段中，还登记有文件首个物理块的块号或指向索引表的指针（对索引分配方式）。

答：首先，将字节偏移量 3800 转换成逻辑块号和块内位移量：3800/1024=3，余数为 728，即逻辑块号为 3，块内位移量为 728。

1）在连续分配方式中，可从相应文件的 FCB 中得到分配给该文件的起始物理盘块号，如 a0，故字节偏移量 3800 相应的物理盘块号为 a0+3，块内位移量为 728。

2）在隐式链接方式中，由于每个盘块中需留出 4B（如最后的 4B）来存放分配给文件的下一个盘块的块号，因此字节偏移量 3800 的逻辑块号为 3800/1020 的商 3，而块内位移量为余数 740。从相应文件的 FCB 中可获得分配给该文件的首个（即第 0 个）盘块的块号，如 b0；然后可通过读第 b0 块获得分配给文件的第 1 个盘块的块号，如 b1；再从 b1 块中得到第 2 块的块号，如 b2；从 b2 块中得到第 3 块的块号，如 b3。如此，便可得到字节偏移量 3800 对应的物理块号 b3，而块内位移量则为 740。

3）在显式链接方式中，可从文件的 FCB 中得到分配给文件的首个盘块的块号，如 c0；然后可在 FAT 的第 c0 项中得到分配给文件的第 1 个盘块的块号，如 cl；再在 FAT 的第 cl 项中得到文件的第 2 个盘块的块号，如 c2；在 FAT 的第 c2 项中得到文件的第 3 个盘块的块号，如 c3。如此，便可获得字节偏移量 3800 对应的物理块号 c3，而块内位移量则为 728。

4）在索引分配方式中，可从文件的 FCB 中得到索引表的地址。从索引表的第 3 项（距离索引表首字节 12B 的位置）可获得字节偏移量 3800 对应的物理块号，而块内位移量为 728。

【例 7.35】存放在某个磁盘上的文件系统，采用混合索引分配方式，其 FCB 中共有 13 个地址项，第 0～9 个地址项为直接地址，第 10 个地址项为一次间接地址，第 11 个地址项为二次间接地址，第 12 个地址项为三次间接地址。如果每个盘块的大小为 512B，若盘块号需要用 3B 来描述，而每个盘块最多存放 170 个盘块地址。

1）该文件系统允许文件的最大长度是多少？

2）将文件的字节偏移量 5000、15000、150000 转换为物理块号和块内偏移量。

3）假设某个文件的 FCB 已在内存，但其他信息均在外存，为了访问该文件中某个位置的内容，最少需要几次访问磁盘？最多需要几次访问磁盘？

解析：在混合索引分配方式中，文件 FCB 的直接地址中登记有分配给文件的前 n 块（第 0 块到 $n-1$ 块）的物理块号（n 的大小由直接地址项数决定，本题中为 10）；一次间接地址中登记有一个一次间接地址块的块号，而在一次间接地址块中则登记有分配给文件的第 n 块到第 $n+k-1$ 块的块号（k 的大小由盘块大小和盘块号的长度决定，本题中为 170）；二次间接地址中登记有一个二次间接地址块的块号，其中可给出 k 个一次间接地址块的块号，而这些一次间接地址块被用来登记分配给文件的第 $n+k$ 块到第 $n+k+k^2-1$ 块的块号；三次间接地址中则登记有一个三次间接地址块的块号，其中可给出 k 个二次间接地址块的块号，这些二次间接地址块又可给出 k^2 个一次间接地址块的块号，而这些一次间接地址块则被用来登记分配给文件的第 $n+k+k^2$ 块到 $n+k+k^2+k^3-1$ 块的物理块号。

1）该文件系统中一个文件的最大长度可达：$10+170+170\times170+170\times170\times170=4942080$ 块=$4942080\times512B=2471040KB$。

2）字节偏移量 5000，每个盘块为 512B，5000/512=9，余数为 392，即字节偏移量 5000 对应的逻辑块号为 9，块内偏移量为 392。由于 9<10，故可直接从该文件的 FCB 的第 9 个地址项处得到物理盘块号，块内偏移量为 392。

字节偏移量 15000，每个盘块为 512B，15000/512=29，余数为 152，即字节偏移量 15000 对应的逻辑块号为 29，块内偏移量为 152。由于 10≤29<10+170，而 29-10=19，故可从 FCB 的第 10 个地址项，即一次间接地址项中得到一次间接地址块的地址；读入该一次间接地址块并从它的第 19 项（即该块的第 57～59 这 3B）中获得对应的物理盘块号，块内偏移量为 152。

字节偏移量 150000，每个盘块为 512B，150000/512=292，余数为 496，即字节偏移量 150000 对应的逻辑块号为 292，块内偏移量为 496。由于 10+170≤292<10+170+170×170，而 292-(10+170)=112，112/170=0，余数为 112，故可从 FCB 的第 11 个地址项，即二次间接地址项中得到二次间接地址块的地址，读入二次间接地址块并从它的第 0 项中获得一个一次间接地址块的地址，再读入该一次间接地址块并从它的第 112 项中获得对应的物理盘块号，块内偏移量为 496。

3）由于文件的 FCB 已在内存，为了访问文件中某个位置的内容，最少需要 1 次访问磁盘（即可通过直接地址直接读文件盘块），最多需要 4 次访问磁盘。第 1 次是读三次间接地址块，第 2 次是读二次间接地址块，第 3 次是读一次间接地址块，第 4 次是读文件盘块。

【例 7.36】如果一个文件存放在 100 个数据块中，文件控制块、FAT、索引块或索引信息等都驻留在内存。下面各种情况下，需要做几次磁盘 I/O 操作？

1）连续分配，将最后一个数据块搬到文件头部。

2）单级索引分配，将最后一个数据块搬到文件头部。

3）显式链接分配，将最后一个数据块搬到文件头部。

4）采用隐式链接，将首个数据块插入文件尾部。

解析：1）连续分配时，若文件分配到的首个盘块的前面一块不是空闲的，那么将最后一块搬到文件头部就意味着整个文件必须搬家，因此要读每个块，然后重新写每个块，所以要 200 次磁盘操作。

2）单级索引文件时，只需要修改索引表的内容，而不需要对文件数据块进行读写，所以要 0 次磁盘操作。

3）显式链接时，只需要修改 FAT 中的指针，所以要 0 次磁盘操作。

4）隐式链接时，首先要读第 0 块得到原来的第 1 块的块号，将原来第 1 块的块号记录到 FCB 中的首块号字段中；然后依次读入第 1 块到第 98 块的内容，以得到原来最后一块，即第 99 个数据块的块号，然后读入第 99 块的内容，修改其中的链接指针使其指向原来的首个块，重新将该块写盘；并把原来的首块（现在的最后一块）中链接指针的内容修改为 EOF，然后将该块重新写盘。因此要 102 次磁盘操作。

【例 7.37】有一个文件系统，如图 7-42 所示。方框表示目录文件，圆圈表示普通文件，根目录常驻内存。目录文件按链接结构组织，它指出下级文件名、文件类型及磁盘地址（共占 10B）。若下级文件是目录文件，则指示其第一个磁盘块地址；若下级文件是普通文件，则指示其文件控制块的磁盘地址，每个目录文件磁盘块最后的 12B 供链指针使用，并规定一个目录下最多放 180 个下级文件。下级文件在上级目录文件中的次序在图中为自左向右。每个磁盘块为 512B，请回答下面 3 个问题。

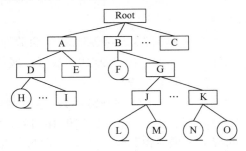

图 7-42 文件系统

1）若普通文件按顺序结构组织，要读文件 O 的第 15 块，最少启动磁盘多少次？最多启动磁盘多少次？

2）若普通文件按链接结构组织，要读文件 L 的第 15 块，最少启动磁盘多数次？最多要启动磁盘多少次？

3）若要加快文件目录的检索，可采取什么解决方法？

解析：已知每个磁盘块为 512B，而每个目录文件磁盘块的最后 12B 供链接指针使用，所以，每块用于存放文件目录的空间为 500B。此外，每个目录项占 10B，且一个目录下最多存放 180 个下级文件，即 180×10=1800B，所占用的磁盘块为 1800÷500=4（块）。由于目录文件按链接结构组织，如果访问的文件目录在第一个磁盘块，则需要启动磁盘 1 次；如果访问的文件目录在第四个磁盘块则需要启动磁盘 4 次。

1）若普通文件按顺序结构组织，则要读文件 O 的第 15 块最少启动磁盘次数如下：从内存根目录找到目录 B 的目录文件将第一块读入内存（第一次访盘）并查到目录 G，然后将目录 G 的目录文件第一块读入内存（第二次访盘）并查到目录 K，然后将目录 K 的目录文件第一块读入内存（第三次访盘）并查到文件 O 的 FCB 的磁盘地址，最后将文件 O 的第 15 块读入内存（第四次访盘）；所以最少启动磁盘 4 次。读入文件 O 第 15 块最多启动磁盘次数则是读入每一个目录时，都需要在目录文件的第 4 块查找到下一级目录或文件；这样，除将文件 O 的第 15 块读入内存需要 1 次访盘外，由目录 B 查找目录 G，由目录 G 查目录 K，以及由目录 K 查文件 O 都各需要 4 次访盘，即最多启动磁盘 4×3+1=13 次。

2）若普通文件按链接结构组织，则查找过程与 1）相同，在找到文件 O 时要读文件 O 的第 15 块还需访盘 15 次（每次读出一块来获得后继的地址），而不是 1）中的 1 次。这样，最少启动磁盘次数为 3+15=18 次；最多启动磁盘次数为 4×3+15=27 次。

3）利用文件控制块分解法可以加快目录的检索速度。假设目录文件在磁盘上，每个盘块 512B，文件控制块占 64B，其中文件名占 8B。通常将文件控制块分解为两部分，第一部分占 10B（包括文件名和文件内部号），第二部分占 56B（包括文件内部号和文件其他描述信息），其原理是减少因查找文件内部号而产生的访问磁盘次数。因为在进行查找文件内部号的过程中，不再需要把文件控制块的所有内容读入。这样，在查找过程中所需读入的存储块减少（即减少了访问磁盘的次数）。但是，采用这种方法访问文件在找到匹配的文件控制块后，还需要进行一次磁盘访问，才能读出全部的文件控制块信息。

【例 7.38】某个系统采用成组链接法来管理磁盘的空闲空间，目前磁盘的状态如图 7-43 所示，问：

1）该磁盘中目前还有多少个空闲盘块？

2）请简述磁盘块的分配过程。

3）在为某个文件分配 3 个盘块后，系统要删除另一文件，并回收它所占的 5 个盘块：700、711、703、788、701，写出回收后，空闲盘块号栈的情况。

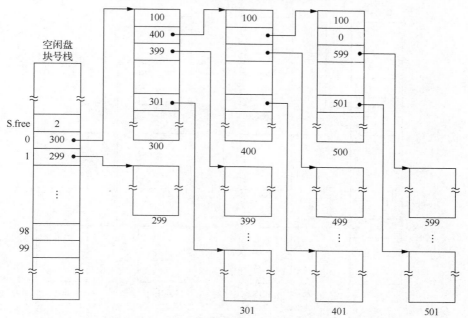

图 7-43 当前空闲块的状态

解析：1）从图中可以看出，目前系统共有 4 组空闲盘块，第一组为 2 块，第二、三组分别为 100 块，第四组标记为 99 块，故空闲盘块总数为 2+100+100+99=301 块。

2）磁盘块的分配过程如下：首先检查超级块空闲盘块号栈是否已上锁，若已上锁，则进程睡眠等待；否则，操作系统内核在给超级块的空闲盘块号栈上锁后，将 n 值减 1，若 n 仍大于 0，即第一组中不止一个空闲盘块，则将在 s.free(n) 中登记（即空闲盘块号栈的栈顶）的空闲盘块分配出去；若 n 为 0，即当前空闲盘块号栈中只剩最后一个空闲盘块，由于该盘块中登记有下一组空闲盘块的盘块号和盘块数，因此先必须将该盘块的内容读入超级块的空闲盘块号栈中，然后将该盘块分配出去。若 n 为 0，而且栈底登记的盘块号为 0，则表示系统已无空闲盘块可分配。分配操作结束时，还需将空闲盘块号栈解锁，并唤醒所有等待其解锁的进程。

3）为某个文件分配 3 个磁盘块，首先将 S.free(1) 所指向的磁盘块号 299 分配出去。然后将 S.free(0) 所指向的磁盘块号 300 中的所有信息复制到空闲盘块号栈中，再将磁盘块号 300 分配出去，如图 7-44 所示。最后将空闲磁盘块号 301 分配出去，分配后的成组链磁盘的空闲空间如图 7-45 所示。

当回收另一文件所占用的 5 个盘块 700、711、703、788、701 时，首先回收磁盘块号 700，用 S.free(99) 指针指向它，同时修改栈顶指针 n 的值为 100，如图 7-46 所示。当再回收盘块号 711 时，空闲盘块号栈已满，则把当前空闲盘块号栈的所有信息都复制到盘块号 711 中，然后让 S.free(0) 指向盘块号 711，同时修改栈顶指针 n 的值为 1，如图 7-47 所示。然后依次回收 703、788 和 701，用 S.free(1)、S.free(2) 和 S.free(3) 分别指向盘块号 703、788、701，如图 7-48 所示，同时修改栈顶指针 n 的值为 4。

进行上述的回收操作后，空闲盘块号栈的栈顶指针 n 的值为 4，而空闲盘块号栈中依次登记着盘块号 711、703、788、701，其中 701 登记在栈顶。

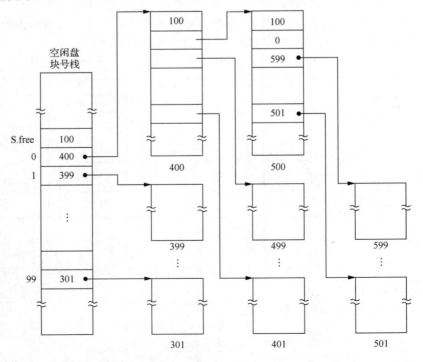

图 7-44　分配磁盘块号 300 后组链磁盘的当前空闲块的状态

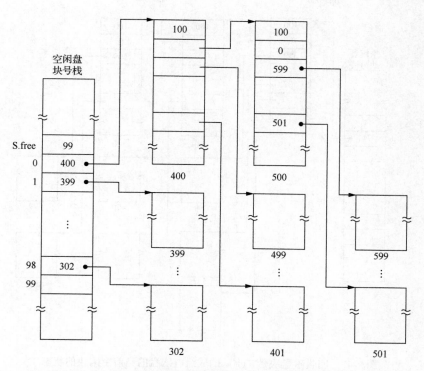

图 7-45　分配 3 个磁盘块后的成组链磁盘的当前空闲块的状态

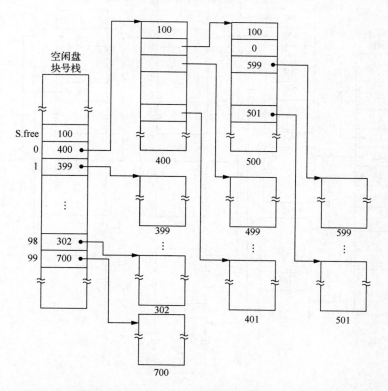

图 7-46　回收磁盘块号 700 后的成组链磁盘的当前空闲块的状态

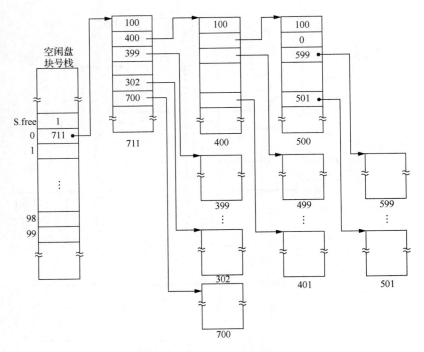

图 7-47　回收磁盘块号 711 后的成组链磁盘的当前空闲块的状态

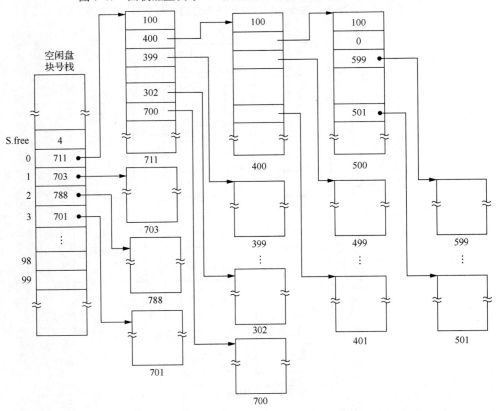

图 7-48　回收磁盘块号 703、788、701 后的成组链磁盘的当前空闲块的状态

【例 7.39】磁盘的寻道时间为 8ms，旋转速度为 18000r/min，即每分钟 18000 转。每个

磁道有 300 个扇区,每个扇区 512B,假设读取一个包含 2400 个扇区的文件,文件的大小是 1.2MB,则磁盘的访问时间是多少?

解析: 磁盘的访问时间由寻道时间、旋转延迟时间和传输时间 3 个部分组成,即

$$T_a = T_s + \frac{1}{2r} + \frac{b}{rN}$$

现在已知 T_s=8ms,磁盘旋转速度 r =18000r/min=300(r/s)。下面分两种情况讨论磁盘的访问时间。

(1)文件采用连续分配方式

文件采用连续分配方式,尽可能紧密地保存在磁盘上,占据相邻磁道中的所有扇区。由题意知,文件占用 2400/300=8 个磁道。

1)读第一个磁道的时间。平均寻道时间 T_s 为 8ms;旋转延迟时间为 1/2r=1/[2×300]=1.7(ms);读取数据时间为 b/(rN)=(300×512)/[300*(300×512)]=3.3(ms);读第一个磁道的时间为 T_a=平均寻道时间+旋转延迟时间+读取数据时间=8+1.7+3.3=13(ms)。

2)读取整个文件的磁盘访问时间。在读其余的磁道时不需要寻道时间(因为是连续分配),那么后面的每个磁道的读取时间是 1.7+3.3=5(ms),则读取整个文件的时间为总时间=13+7×5=48(ms)=0.048(s)。

(2)文件采用离散分配方式

文件采用离散分配方式,即文件的每个扇区随机分布在磁盘的不同柱面和磁道上,具体实现时可以采用链接分配方式或索引分配方式,随机访问分布在磁盘上的扇区。

1)每个扇区的访问时间。平均寻道时间为 8ms;旋转延迟时间为 1/2r=1/[2×300]=1.7(ms);读取数据时间为 b/(rN)= 512/[300×(300×512)]=1/(300×300)=0.011(ms);读一个扇区的时间为 T_a=平均寻道时间+旋转延迟时间+读取数据时间=8+1.7+0.011=9.711(ms)。

2)读取整个文件的磁盘访问时间。总时间=扇区数×每个扇区的访问时间=2400×9.711ms=23.31s。

通过对比发现,文件如果采用连续分配方式进行存储,读取时则大大减少磁盘的访问时间,提高了系统效率。

【例 7.40】 磁盘的访问时间分为 3 部分:寻道时间、旋转延迟时间和数据传输时间。而优化磁盘磁道上的信息分布能减少 I/O 服务的总时间。例如,有一个文件有 10 个记录 A、B、C、…、J 存放在磁盘的某一磁道上,假定该磁盘共有 10 个扇区,每个扇区存放一个记录,安排如表 7-9 所示。现在要从这个磁道上顺序地将 A~J 这 10 个记录读出,如果磁盘的旋转速度为 20ms 转一周,处理程序每读出一个记录要花 4ms 进行处理。试问:1)处理完 10 个记录的总时间为多少?2)为了优化分布缩短处理时间,如何安排这些记录?并计算处理的总时间。

表 7-9   文件记录的存放

扇区号	1	2	3	4	5	6	7	8	9	10
记录号	A	B	C	D	E	F	G	H	I	J

解析: 由题意可知,磁盘的旋转速度为 20ms 转一周,每个磁道有 10 个记录,因此读出 1 个记录的时间为 20ms/10=2ms。

1)对于表中记录的初始分布,假设磁头从 A 的起点开始,读出并处理记录 A 需要 2ms+4ms=6ms(如果没有假设从 A 开始,则磁头移动到 A 的平均旋转时间是旋转半周的时

间，即 10ms）。6ms 后磁盘读写磁头已经转到了记录 D 处，为了读出记录 B 必须再转 8 个扇区，即需要 8×2ms=16ms，记录 B 的读取时间为 2ms，处理时间为 4ms，故处理记录 B 共花时间为 16ms+2ms+4ms=22ms。后续 8 个记录的读取时间与记录 B 相同。所以处理 10 记录的总时间是 9×22ms+6ms=204ms。

2）优化文件记录存放。由于处理时间为 4ms，是读出记录时间 2ms 的 2 倍，故可以将记录每隔 2 个存放，这样当一个记录处理完后，磁头正好移动到下一个要访问的记录上面去。优化的记录如表 7-10 所示。

表 7-10　优化后的文件记录

扇区号	1	2	3	4	5	6	7	8	9	10
记录号	A	H	E	B	I	F	C	J	G	D

经优化处理后，读出并处理记录 A 后，读写磁头刚好转到记录 B 的开始出，因此立即可读取并处理记录 B，后续记录的读取与处理情况相同。处理 10 个记录的总时间为 10×(2ms+4ms)=60ms。

【例 7.41】在一个磁盘上，有 1000 个柱面，编号为 0～999，假设上次最后服务的 I/O 请求是在磁道 345 上，并且读写磁头正在朝磁道 0 移动。在按照 FIFO 顺序排列的队列中包含了如下磁道上的请求：123、874、692、475、105、376。用下面的 6 个算法计算为满足磁盘队列中的所有请求，磁臂必须移过的磁道数目总和。

1）FCFS　2）SSTF　3）SCAN　4）LOOK　5）CSCAN　6）CLOOK

解析：1）FCFS：移动磁道的顺序为 345、123、874、692、475、105、376。磁臂必须移过的磁道的数目为 222+751+182+217+370+271=2013。

2）SSTF：移动磁道的顺序为 345、376、475、692、874、123、105。磁臂必须移过的磁道的数目为 31+99+217+182+751+18=1298。

注意：磁臂从 345 到 874 是一路递增的，接着从 874 到 105 是一路递减的，所以仅需计算：(874-345)+(874-105)=1298。

3）SCAN：移动磁道的顺序为 345、123、105、0、376、475、692、874。磁臂必须移过的磁道的数目为 222+18+105+376+99+217+182=1219。

注意：磁臂从 345 到 0 是一路递减的，接着从 0 到 874 是一路递增的，所以仅需计算：(345-0)+(874-0)=1219。

4）LOOK：移动磁道的顺序为 345、123、105、376、475、692、874。磁臂必须移过的磁道的数目为 222+18+271+99+217+182=1009。

5）CSCAN：移动磁道的顺序为 345、123、105、0、999、874、692、475、376。磁臂必须移过的磁道的数目为 222+18+105+999+125+182+217+99=1967。

6）CLOOK：移动磁道的顺序为 345、123、105、874、692、475、376。磁臂必须移过的磁道的数目为 222+18+769+182+217+99=1507。

【例 7.42】某磁盘的转速为 3000r/min，每个磁道有 100 个扇区，磁头臂的移动速度为 0.3ms/道，假设当前磁头位于 1 号柱面 1 号扇区开始位置，对磁盘依次有以下 5 个访问请求，如表 7-11 所示。试分析对这 5 个访问请求如何调度，可使总的花费时间最少。完成这 5 个请求的最少时间是多少？

表 7-11　进程对磁盘的 I/O 访问请求

请求	柱面号	磁头号	扇区号
1	7	2	8
2	7	2	15
3	7	1	2
4	29	5	53
5	3	6	6

　　解析：本题主要考查旋转型设备调度的内容，包括磁头臂移动调度和扇区旋转调度。由于移臂时间在磁盘的整个访问时间中占主要地位，因此先考虑移头臂移动调度，再考虑扇区旋转调度。磁头号代表不同的磁盘面，在移动头磁盘中，每个盘面都有一个磁头，所有盘面的磁头被固定在机械臂中，同时在一个柱面进行读写操作，所以本题中无须考虑它们的顺序。

　　（1）磁头臂移动调度

　　首先考虑 FCFS 磁盘调度算法和 SSTF 调度算法，对比它们的寻道时间，找出花费最少的一个。

　　1）FCFS 算法。当前磁头位于 1 号柱面，按照 FCFS 算法，则访问的顺序是 1、7、29、3。磁臂移过的磁道的数目为 6+22+26=54。

　　2）SSTF 算法。由于当前磁头位于 1 号柱面，所以 SSTF 算法与 SCAN 算法是一样的，访问的顺序为 1、3、7、29。磁臂移过的磁道的数目为 2+4+22=28。

　　通过对比发现，SSTF 算法（或 SCAN 算法）的移动磁道数最少。移臂花费的时间为 28 道×0.3ms/道=8.4ms。

　　（2）扇区旋转调度

　　1）3 号柱面。当前磁头位于 1 号柱面的 1 号扇区，通过 SSTF 算法，磁头臂首先移动到 3 号柱面的 1 号扇区，再通过扇区旋转，磁头从 1 号扇区移动 6 号扇区，总共移动了 6-1=5 个扇区。

　　2）7 号柱面。当前磁头位于 3 号柱面的 6 号扇区，通过 SSTF 算法，磁头臂移动到 7 号柱面的 6 号扇区。7 号柱面要访问 8、15、2 等 3 个扇区。如果按照 6、8、15、100、1、2 递增的顺序访问，如图 7-49（a）所示，总共移动了 96 个扇区；如果按照 6、2、1、100、99、15、8 递减的顺序访问，如图 7-49（b）所示，则总共移动了 98 个扇区；通过对比选择移动 96 个扇区。

　　3）29 号柱面。当前磁头位于 7 号柱面的 2 号扇区，通过 SSTF 算法，磁头臂移动到 29 号柱面的 2 号扇区，下面要访问 53 号扇区，则磁头从 2 号扇区移动到 53 号扇区，如果按照递增的顺序访问总共移动了 53-2=51 个扇区；如果按照递减的顺序访问 2、1、100、99、53，则移动了 49 个扇区。按照最优化，选择 49 个扇区。

　　扇区旋转调度最优调度移动：5+96+49=150 个扇区。

　　磁盘的转速为 3000r/min，则旋转一周需要 60s/3000=20ms，每个磁道有 100 个扇区，则磁盘旋转经过一个扇区需要：20ms/100=0.2ms。

　　则扇区旋转调度的时间为 150×0.2ms=30ms。

　　对这 5 个访问请求，按照 5、1、2、3、4 的顺序访问，可使总的花费时间最少。最少时间为 8.4ms+30ms=38.4ms。

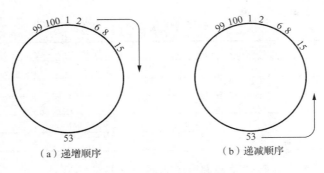

图 7-49　扇区旋转调度

本 章 小 结

　　在本章中，首先对文件进行概括性描述，介绍了文件的基本概念、文件类型和属性、对文件的操作和访问等内容。文件是指具有文件名的一组相关元素的集合，用户通过文件名来访问文件。为了便于管理和控制文件而将文件分成若干类型，在许多操作系统中都把文件类型作为扩展名而缀在文件名的后面。文件系统通常向用户提供各种调用接口，用户通过这些接口对文件进行各种操作，最基本的操作包括创建、删除、读、写等。文件的访问方式是由文件的性质和用户使用文件的方式共同确定的，常用的存取方式有顺序访问、随机访问等。

　　其次介绍了文件的逻辑结构和文件目录。文件的逻辑结构分为无结构文件、有结构文件和树形文件 3 种，有结构文件的组织形式又分为顺序文件、索引文件和索引顺序文件 3 种类型，另外还有直接文件和哈希文件两种特殊的逻辑结构形式。文件目录讲解了文件目录的功能、文件控制块和索引节点、目录结构的组织和目录操作等内容。文件目录具有实现"按名存取"、提高对目录的检索速度、文件共享和允许文件重名等功能。文件管理程序借助于文件控制块对文件施以各种操作。为了提高目录文件检索速度，系统把文件名与文件描述信息分开，使文件描述信息成为索引节点。文件目录结构分为单级目录、两级目录、树形目录和无环图目录等形式。对目录的操作包括建立目录、删除目录、打开和关闭目录等。

　　本章介绍了文件的共享与保护。文件的共享包括基于索引节点的共享和利用符号链实现文件共享两种形式。文件的保护除讲解防止人为因素造成的文件破坏性外，还介绍了保护域、访问权和访问矩阵等内容。然后介绍了文件系统的定义、层次结构和主要功能。文件系统是指操作系统中与文件管理有关的软件和数据的集合。文件系统的层次结构分为用户接口、文件目录系统、存取控制验证模块、逻辑文件系统与文件信息缓冲区和物理文件系统等 5 个层次。文件系统具有文件存储空间管理、实现文件名到物理地址的映射、文件和目录管理、文件共享和保护及提供方便的接口等 5 项功能。

　　本章重点讲解了文件系统的实现，介绍了文件存储介质、磁盘分区与文件系统、目录的实现和文件的实现。磁盘是最主要的外存设备，介绍了磁盘的组织和格式、磁盘分区等内容。文件目录的实现是通过线性检索算法、哈希检索算法等及其他算法来完成的。在文件的实现中，常用的外存分配方式有连续分配、链接分配和索引分配 3 种方式，而文件存储空间管理包括位示图法、空闲表法、空闲链表法和成组链接法 4 种方法。

　　最后讲解了磁盘的组织和管理，重点是磁盘的访问时间和磁盘调度算法。磁盘的访问时间由寻道时间、旋转延迟时间和传输时间 3 部分组成，其中寻道时间和旋转延迟时间占据了访问时间中的大头。常用的磁盘调度算法有先来先服务调度算法、最短寻道时间优先调度算法、扫描算法和循环扫描算法等，磁盘调度的目标是使磁盘的平均寻道时间最少。

习　　题

一、单选题

1. 如果文件系统中有两个文件重名，不应采用（　　）。

    A. 一级目录结构   B. 树形目录结构

    C. 二级目录结构   D. A 和 C

2. 树形目录结构的第一级目录称为目录树的（　　）。

    A. 分支节点   B. 根节点   C. 叶节点   D. 终节点

3. 文件系统在创建一个文件时，要为它建立一个（　　）。

    A. 文件控制块   B. 目录文件   C. 逻辑结构   D. 逻辑空间

4. 数据库文件的逻辑结构形式是（　　）。

    A. 字符流式文件   B. 档案文件   C. 记录式文件   D. 只读文件

5. 设置当前工作目录的主要目的是（　　）。

    A. 节省外存空间   B. 节省内存空间

    C. 加快文件的检索速度   D. 加快文件的读/写速度

6. 文件系统最基本的目标是按名存取，它主要是通过目录管理功能来实现的，文件系统所追求的最重要目标是（　　）。

    A. 文件共享   B. 文件保护

    C. 提高对文件的存取速度   D. 提高存储空间的利用率

7. 操作系统为保证未经文件拥有者授权，任何其他用户不能使用该文件，所提供的解决方法是（　　）。

    A. 文件保护   B. 文件保密   C. 文件转储   D. 文件共享

8. 若文件 f1 的硬链接为 f2，两个进程分别打开 f1 和 f2，获得对应的文件描述符为 fdl 和 fd2，则下列叙述中，正确的是（　　）。

① f1 和 f2 的读写指针位置保持相同

② f1 和 f2 共享同一个内存索引节点

③ fd1 和 fd2 分别指向各自的用户打开文件表中的一项

    A. 仅③   B. 仅②、③   C. 仅①、②   D. ①、②和③

9. 以下不适合直接存取的外存分配方式是（　　）。

    A. 连续分配   B. 链接分配   C. 索引分配   D. 以上答案都合适

10. 文件系统采用两级索引分配方式。如果每个盘块的大小为 1KB，每个盘块号占 4B，则该系统中，单个文件的最大长度是（　　）。

    A. 64MB   B. 128MB   C. 32MB   D. 以上答案都不对

11. 若用 8 个字（字长 32 位）组成的位示图管理内存，假定用户归还一个块号为 100 的内存块时，它对应的位示图的位置为（　　）。

    A. 字号为 3，位号为 5   B. 字号为 4，位号为 4

C. 字号为 3，位号为 4 　　　　　　D. 字号为 4，位号为 5

12. 设有一个记录文件，采用链接分配方式，逻辑记录的固定长度为 100B，在磁盘上存储时采用记录成组分解技术，盘块长度为 512B。如果该文件的目录项已经读入内存，则对第 22 个逻辑记录完成修改后，共启动了磁盘（　　　）次。

A. 3 　　　　　B. 4 　　　　　C. 5 　　　　　D. 6

13. 物理文件的组织方式是由（　　　）确定的。

A. 应用程序 　　B. 主存容量 　　C. 外存容量 　　D. 操作系统

14. 在文件的索引节点中存放直接索引指针 10 个，一级和二级索引指针各 1 个。磁盘块大小为 1KB，每个索引指针占 4B。若某文件的索引节点已在内存中，则把该文件偏移量（按字节进行编址）为 1234 和 307400 处所在的磁盘块读入内存，需要访问的磁盘次数分别是（　　　）。

A. 1，2 　　　　B. 1，3 　　　　C. 2，3 　　　　D. 2，4

15. 文件系统用位示图法表示磁盘空间的分配情况，位示图存放在磁盘 32～127 号块中，每个盘块占 1024B，盘块和块内字节均从 0 开始编号。假设要释放的盘块号为 409612，则位示图中要修改的位所在的盘块号和块内字节号分别是（　　　）。

A. 81，1 　　　　B. 81，2 　　　　C. 82，1 　　　　D. 82，2

16. 既可随机访问，又可顺序访问的是（　　　）。

①光盘　②磁带　③U 盘　④磁盘

A. ②、③、④ 　　B. ①、③、④ 　　C. ③、④ 　　　D. 只有④

17. 在下列有关旋转延迟的叙述中，不正确的是（　　　）。

A. 旋转延迟的大小与磁盘调度算法无关

B. 旋转延迟的大小取决于磁盘空闲空间的分配程序

C. 旋转延迟的大小与文件的物理结构有关

D. 扇区数据的处理时间对旋转延迟的影响较大

18. 假设磁头当前位于第 105 道，正在向磁道序号增加的方向移动。现有一个磁道访问请求序列为 35、45、12、68、110、180、170、195，采用 SCAN 调度算法得到的磁道访问序列是（　　　）。

A. 110，170，180，195，68，45，35，12

B. 110，68，45，35，12，170，180，195

C. 110，170，180，195，12，35，45，68

D. 12，35，45，68，110，170，180，195

19. 设一个磁道访问请求序列为 55、58、39、18、90、160、150、38、184，磁头起始位置为 100，若采用 SSTF 算法，则磁头移动（　　　）个磁道。

A. 55 　　　　　B. 184 　　　　　C. 200 　　　　　D. 248

20. 假定磁带记录密度为每英寸 400 个字符，每一逻辑记录为 80 个字符，块间隙为 0.4 英寸，现有 3000 个逻辑记录需要存储，存储这些记录需要（　　　）的磁带，磁带的利用率是（　　　）。

A. 1500 英寸，33.3%　　　　　　B. 1500 英寸，43.5%

C. 1800 英寸，33.3%　　　　　　D. 1800 英寸，43.5%

二、填空题

1. 按照文件的存取控制属性分类，可将文件分为_____、读/写文件、_____3 类。
2. 在文件系统中，数据的组织形式分为_____、_____和_____3 级。
3. 对文件的访问有_____和_____两种方式。
4. 对索引文件的存取首先查找_____，然后根据_____的地址存取相应的物理块。
5. 常用的文件物理结构有连续结构、_____和_____。
6. _____是指避免文件拥有者或其他用户有意或无意的错误使文件受到破坏。
7. 新出厂的磁盘要先格式化后才能使用，在磁盘格式化后，每一个扇区都有一个物理地址参数，分别是_____、_____和扇区号。
8. 在成组链接法中，将每一组的_____和该组的_____记入前一组的第一个盘块中；再将第一组的上述信息记入_____中，从而将各组盘块链接起来。

三、综合题

1. 什么是文件的逻辑结构？它有哪几种组织方式？系统对它的要求是什么？
2. 什么是文件的物理结构？它有哪几种组织方式？它主要的优缺点是什么？
3. 文件目录应具有什么功能？
4. 什么是文件系统？它具有怎样的层次结构？文件系统的功能是什么？
5. 为了快速访问，又易于更新，当数据为以下形式时，应选用何种文件组织方式？
1）不经常更新，经常随机访问；
2）经常更新，经常按一定顺序访问；
3）经常更新，经常随机访问。
6. 假定盘块的大小为 1KB，硬盘的大小为 500MB，采用显示链接分配方式时，其 FAT 需要占用多大的存储空间？如果文件 A 占用硬盘的第 10、12、16、14 这 4 个盘块，画出文件 A 中各盘块间的链接情况及 FAT 的情况。
7. 在一个具有树形目录结构的文件系统（图 7-50）中，方框表示目录，圆圈表示文件。
1）是否允许进行下述操作：①在目录 D 中建立新的文件，取名为 A；②把目录 C 重命名为 A。
2）如果 E 和 G 分别是两个用户的目录：①若用户 E 欲共享文件 Q，应具有什么条件？如何操作？②在一段时间内，用户 G 主要使用文件 S 和 T。为简便操作和提高速度，应如何处理？③用户 E 欲对文件 I 加以保护，不许别人使用，能否实现？如何实现？
8. 设某文件为隐式链接文件，由 5 个逻辑记录组成，每个逻辑记录的大小与磁盘块大小相等，均为 512B，并依次存放在 50、121、75、80、63 号磁盘块上。若要存取文件的第 1569 逻辑字节处的信息，要访问哪一个磁盘块？

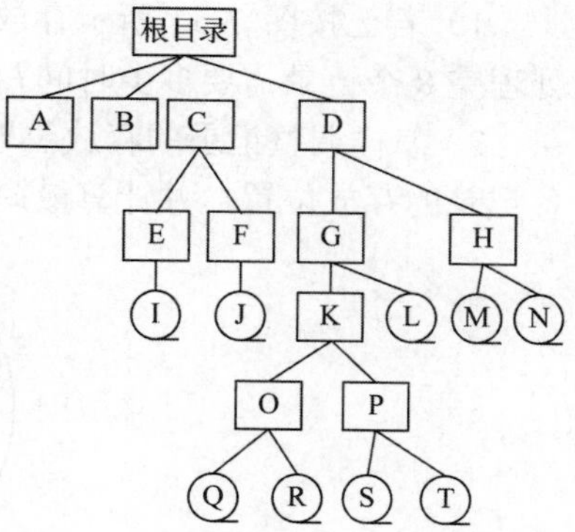

图 7-50 一个树形结构的文件系统

9. 在 UNIX 操作系统中，文件采用混合索引分配方式，共设置了 13 个地址项，即 addr(0)~addr(12)。前 10 项为直接地址；第 11 项为一次间接地址，即一级索引分配方式；第 12 项为二次间接地址，即二级索引分配方式；第 13 项为三次间接地址，即三级索引分配方式。如果一个盘块的大小为 1KB，每个盘块号占 4B，即每块可放 256 个地址。

1）请转换下列文件的字节偏移量为物理地址：①9999；②18000；③420000。

2）若进程欲访问偏移为 263168B 处的数据，需经过几次间接地址？

10．某个文件系统中，外存为硬盘，物理块大小为 512B。有文件 A 包含 589 个记录，每个记录占 255B，每个物理块放 2 个记录。文件 A 所在的目录如图 7-51 所示。文件目录采用多级树形目录结构，有根目录节点、作为目录文件的中间节点和作为信息文件的树叶组成。每个目录项占 127B，每个物理块放 4 个目录项。根目录的第一块常驻内存。

1）若文件的物理结构采用链式存储方式，链指针地址占 2B，那么要将文件 A 读入内存，至少需要存取几次硬盘？

2）若文件为连续文件，那么要读文件 A 的第 487 个记录至少要存取几次硬盘？

3）一般为减少读盘次数，可采用什么措施？此时可减少几次存取操作？

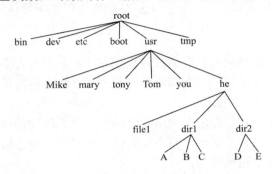

图 7-51　文件 A 所在目录

11．假定磁盘转速为 40ms/转，每个磁道被划分为 8 个扇区，现有一个文件共有 A、B、C、D、E、F、G、H 这 8 个逻辑记录要存放在同一磁道上供处理，假设每个逻辑记录大小与扇区大小相等，处理程序每次从磁盘读出一个记录后要花 10ms 进行处理，然后才读下一个记录，现在磁头已定位在该磁道的起始位置。

1）若已按图 7-52 所示存放好这些记录，则按照 A、B、C、D、E、F、G、H 的顺序处理完 8 个记录需要多少时间？

2）怎样调整记录的存放位置，才能使顺序处理完这 8 个记录所花费的时间最短？画出各记录的存放位置，并计算最短时间。

图 7-52　记录排列位置

12．设一个文件由 100 个物理块组成，对于连续文件、链接文件和索引文件，分别计算执行下列操作时的启动磁盘 I/O 操作的次数（假如头指针和索引表均在内存中）。

1）把一个物理块添加到文件的开头。

2）把一个物理块添加在文件的中间（第 51 块）。

3）把一个物理块添加在文件的末尾。

4）从文件的开头部分删去一个物理块。

5）从文件的中间（第 51 块）删去一个物理块。

6）从文件的末尾删去一个物理块。

13．假设一个磁盘有 200 个柱面，编号为 0～199，当前存取臂的位置是在 143 号柱面上，并刚刚完成了 125 号柱面的服务请求，如果存在下列请求序列：86、147、91、177、94、150、102、175、130，为完成上述请求，采用下列算法时存取的移动顺序是什么？移动总量是多少？

①FCFS　②SSTF　③SCAN　④LOOK　⑤CSCAN　⑥CLOOK

14．若磁头的当前位置为 100 柱面，磁头正向磁道号增加方向移动，移过每个柱面要花 6ms。现有一磁盘读写请求队列，柱面号依次为 23、376、205、132、19、61、190、398、29、4、18、40。若采用先来先服务调度算法、最短寻道时间优先调度算法和扫描算法，试计算出各种算法的查找时间。

第8章 设备管理

内容提要:

本章主要讲述以下内容: ①设备管理概况; ②I/O 硬件; ③I/O 控制方式; ④I/O 软件; ⑤设备分配与 SPOOLing 技术; ⑥缓冲技术。

学习目标:

了解 I/O 系统的发展概况、I/O 系统的组成、I/O 设备与主机的联系方式、I/O 接口和系统总线、I/O 软件的设计目标和原则; 理解设备管理的目标和功能、I/O 控制方式、中断处理程序和设备驱动程序、SPOOLing 技术; 掌握 I/O 硬件、设备独立性软件、设备分配和缓冲技术等内容。

除 CPU 和主存外，计算机系统中其余部分都称为外设或 I/O 设备。对 I/O 设备的管理是操作系统的主要任务之一。I/O 设备在功能与速度方面存在很大的差异，计算机系统要采用多种方法来控制它们。I/O 设备的基本要素如端口、总线及设备控制器均适用于各种各样的设备。为了隐藏不同设备的细节和特点，在操作系统中设计了设备驱动程序模块，它为设备管理系统提供统一的设备访问接口，就像系统调用为应用程序与操作系统之间提供统一的标准接口一样。

设备管理是操作系统的重要组成部分，用于管理诸如鼠标和打印机等人机交互设备、磁盘和磁带等用于存储数据的外存设备，以及如网卡与调制解调器等网络通信设备。由于 I/O 系统包含的设备种类繁多、差异非常大，设备管理成为操作系统中最繁杂且与硬件最紧密相关的部分。

8.1 设备管理概述

设备管理中要考虑的因素非常多，除管理这些直接用于输入、输出和存储信息的设备外，还要考虑相应的设备控制器及高速总线。另外，还要考虑相关的 I/O 软件系统能够控制管理这些设备。本节主要介绍 I/O 系统的发展概况、设备管理的目标和功能、I/O 系统的组成、I/O 设备与主机的联系方式，以及 I/O 设备与主机信息传送的控制方式等内容。

8.1.1 I/O 系统的发展概况

通常把 I/O 设备及其接口线路、控制部件、通道和管理软件称为 I/O 系统，把计算机的主存与设备之间的信息传送操作称为 I/O 操作。I/O 系统的发展大致可以分为 4 个阶段。

1. 早期阶段

早期的 I/O 设备种类较少，I/O 设备与主存交换信息都必须通过 CPU，如图 8-1 所示。

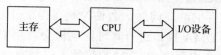

图 8-1 I/O 设备通过 CPU 与主存交换信息

这种交换方式延续了相当长的时间。当时的 I/O 设备具有以下几个特点。

1）每个 I/O 设备都必须配有一套独立的逻辑电路与 CPU 相连，用来实现 I/O 设备与主机之间的信息交换，因此线路十分散乱、庞杂。

2）输入、输出过程是穿插在 CPU 执行程序过程之中进行的，当 I/O 设备与主机交换信息时，CPU 不得不停止各种运算，因此，I/O 设备与 CPU 是按串行方式工作的，极其浪费时间。

3）每个 I/O 设备的逻辑控制电路与 CPU 的控制器紧密构成一个不可分割的整体，它们彼此依赖、相互牵连，因此，欲增添、撤减或更换 I/O 设备是非常困难的。

2. I/O 接口模块和 DMA 阶段

这个阶段的 I/O 设备通过接口模块与主机连接，计算机系统采用了总线结构，如图 8-2 所示。

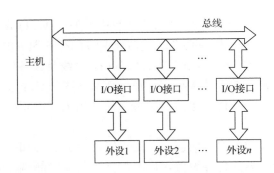

图 8-2　外设通过 I/O 接口与主机交换信息

通常，在 I/O 接口中都设有数据通路和控制通路。数据经过接口既起到缓冲作用，又可完成串-并变换。控制通路用以传送 CPU 向 I/O 设备发出的各种控制命令，或使 CPU 接收来自 I/O 设备的反馈信号。许多接口还能满足中断请求处理的要求，使 I/O 设备与 CPU 可按并行方式工作，大大地提高了 CPU 的工作效率。采用接口技术还可以使多台 I/O 设备分时占用总线，使多台设备互相之间也可以实现并行工作方式，有利于整机工作效率的提高。

为了进一步提高 CPU 的工作效率，又出现了直接存储器存取（direct memory access，DMA）技术，其特点是 I/O 设备与主存之间有一条直接数据通路，I/O 设备可以与主存直接交换信息，使 CPU 在 I/O 设备与主存交换信息时能继续完成自身的工作，故资源利用率得到了进一步提高。

3. 具有通道结构的阶段

在小型和微型计算机中，采用 DMA 方式可实现高速 I/O 设备与主机之间成组数据的交换，但在大中型计算机中，I/O 设备配置繁多，数据传送频繁，若仍采用 DMA 方式会出现一系列问题。

1）如果每台 I/O 设备都配置专用的 DMA 接口，不仅增加了硬件成本，而且为了解决众多 DMA 接口同时访问主存的冲突问题，会使控制变得十分复杂。

2）CPU 需要对众多的 DMA 接口进行管理，同样会占用 CPU 的工作时间，而且因频繁地进入周期挪用阶段，也会直接影响 CPU 的整体工作效率。

因此在大中型计算机系统中，采用 I/O 通道的方式来进行数据交换。如图 8-3 所示为具有通道结构的计算机系统。

图 8-3　I/O 设备通过通道与主机交换信息

通道是用来负责管理 I/O 设备及实现主存与 I/O 设备之间交换信息的部件，可以视为一种具有特殊功能的处理器。通道有专用的通道指令，能独立地执行用通道指令所编写的输入、输出程序，但不是一个完全独立的处理器。它依据 CPU 的 I/O 指令进行启动、停止或改变工作状态，是从属于 CPU 的一个专用处理器。依赖通道管理的 I/O 设备在与主机交换信息时，CPU 不直接参与管理，故提高了 CPU 的资源利用率。

4. 具有 I/O 处理机的阶段

I/O 系统发展到第四阶段，出现了 I/O 处理机。I/O 处理机又称为外围处理机，它基本独立于主机工作，既可完成 I/O 通道要完成的 I/O 控制，又可完成码制变换、格式处理、数据块检错、纠错等操作。具有 I/O 处理机的 I/O 系统与 CPU 工作的并行性更高，这说明 I/O 系统对主机来说具有更大的独立性。

8.1.2 设备管理的目标

由于 I/O 设备种类繁多，而其物理特性和使用方式各不相同。所以，设备管理这一部分在整个操作系统中占很大的比重。设备管理要达到的目标主要有以下几个。

（1）使用方便

系统应向用户提供使用方便的界面，使用户摆脱具体设备的物理特性，按照统一的规则使用设备。即使简单的 I/O 程序也至少需要几百条指令，要使用户从这种繁杂琐碎的事务中解放出来，必须由操作系统负责输入、输出工作。

（2）与设备无关

与设备无关即设备独立性，用户程序应与实际使用的具体设备无关，由操作系统考虑因实际设备不同需要使用不同的设备驱动程序等问题。这样，用户程序的运行就不依赖于特定设备是否完好、是否空闲，而由系统合理地进行分配，不论实际使用同类设备的哪一台，程序都应正确执行。还要保证用户程序可在不同设备类型的计算机系统中运行，不至于因设备型号的变化而影响程序的工作。

（3）效率高

为了提高外设的使用效率，除合理地分配各种外设外，还要尽量提高外设与 CPU 及外设与外设之间的并行性，往往采用通道技术和缓冲技术。另外，设备管理还要均衡系统中各设备的负载，最大限度地发挥所有设备的潜力。

（4）管理统一

在 I/O 系统的设计上，对各种外设尽可能采用统一的管理方法，使设备管理系统简单、可靠且易于维护。

8.1.3 设备管理的功能

为了实现上述目标，操作系统的设备管理要有以下功能。

1. 设备分配

一个计算机系统中存在着多个设备及控制器、通道，在系统运行期间它们完成各自的工作，并处于各种不同的状态。设备管理的功能之一就是记住所有设备、控制器和通道的状态，以便有效地管理、调度和使用它们。

2. 设备处理

通常完成这一部分功能的程序叫作设备驱动程序。系统按照用户的 I/O 请求，调用具体的设备驱动程序，启动相应的设备，进行 I/O 操作，并处理来自设备的中断。在有通道的系统中，应根据用户提出的 I/O 要求，构成相应的通道程序。

3. 缓冲管理

为了使计算机系统中各个部分能充分地并行工作，不至于因等待外设的 I/O 操作而妨碍 CPU 正常的处理工作，以及减少中断次数，大多数 I/O 操作使用缓冲区。因此，系统应对缓冲区进行管理。

4. 设备无关性

为了提高系统易用性，摆脱对设备物理特性的束缚，实现用户程序不依赖具体物理设备而独立运行，设备管理系统应具有无关性功能。设备无关性是通过在 I/O 系统的设备驱动程序上面加一层设备独立性软件来实现的。

8.1.4 I/O 系统的组成

I/O 系统由 I/O 硬件和 I/O 软件两部分组成。

1. I/O 硬件

I/O 硬件的组成包含多个部分，在带有 I/O 接口的系统中，一般包括通道、设备控制器、设备、I/O 接口模块和系统总线。图 8-4 中的 I/O 接口电路实际上包含许多数据传送通路和有关数据，还包含控制信号通路及其相应的逻辑电路。为了提高数据传输速率和减少对 CPU 工作的干预，系统可以采用以存储器为中心的双总线结构，如图 8-4 所示。它是在单总线的基础上开辟出一条 CPU 与主存之间的总线，称为存储总线。这条总线速度高，只供主存与 CPU 之间传输信息。

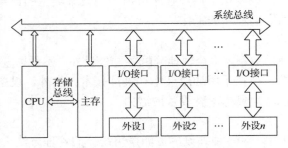

图 8-4　I/O 设备通过总线与主机交换信息

2. I/O 软件

（1）I/O 指令及通道指令

不同结构的 I/O 系统所采用的软件技术差异很大。一般而言，当采用接口模块方式时，应用机器指令系统中的 I/O 指令及系统软件中的管理程序便可使 I/O 设备与主机协调工作。当采用通道管理方式时，除 I/O 指令外，还必须有通道指令及相应的操作系统。

1）I/O 指令。I/O 指令是机器指令的一类，其指令格式与其他指令既有相似之处，又有所不同。I/O 指令可以和其他机器指令的字长相等，但它还应该能反映 CPU 与 I/O 设备交换信息的各种特点，如它必须反映出对多台 I/O 设备的选择，以及在完成信息交换过程中，对不同设备应做哪些具体操作等。如图 8-5 所示为 I/O 指令的一般格式。

操作码	命令码	设备码

图 8-5　I/O 指令的一般格式

图 8-5 中的操作码字段可作为 I/O 指令与其他指令（如访存指令、算逻指令、控制指令等）的判别代码；命令码体现 I/O 设备的具体操作；设备码是多台 I/O 设备的选择码。I/O 指令的设备码相当于设备的地址。只有对繁多的 I/O 设备赋以不同的编号，才能准确地选择某台设备与主机交换信息。

2）通道指令。通道指令是对具有通道的 I/O 系统专门设置的指令，这类指令一般用以指明参与传送（写入或读取）的数据组在主存中的首地址；指明需要传送的字节数或所传送数据组的末地址；指明所选设备的设备码及完成某种操作的命令码。通道指令又称为通道控制字（channel control word，CCW），它是通道用于执行 I/O 操作的指令，可以由管理程序存放在主存的任何地方，由通道从主存中取出并执行。通道程序由通道指令组成，它完成某种外设与主存之间传送信息的操作。

通道指令是通道自身的指令，用来执行 I/O 操作，如读、写、磁带走带及磁盘找道等。而 I/O 指令是 CPU 指令系统的一部分，是 CPU 用来控制 I/O 操作的指令，由 CPU 译码后执行。具有通道指令的计算机，一旦 CPU 执行了启动 I/O 设备的指令，就由通道来代替 CPU 对 I/O 设备的管理。

（2）I/O 软件的层次结构

I/O 软件涉及面很宽，向下与硬件有密切关系，向上又与进程管理系统、内存管理系统、文件系统和用户直接交互，它们都需要 I/O 软件来实现 I/O 操作。为使十分复杂的 I/O 软件能具有清晰的结构、更好的可移植性和易适应性，目前已普遍采用层次式结构的 I/O 软件系统。这是将设备管理模块分为若干个层次，每一层都是利用其下层提供的服务，完成 I/O 功能中的某些子功能，并屏蔽这些功能实现的细节，向高层提供服务。

通常把 I/O 软件组织分为 4 个层次，如图 8-6 所示，各层次及其功能如下，图中的箭头表示 I/O 的控制流。

1）用户层 I/O 软件，实现与用户交互的接口，用户可直接调用该层所提供的，与操作有关的库函数对设备进行操作。

2）设备独立性软件，用于实现用户程序与设备驱动器的统一接口、设备命名、设备的保护及设备的分配与释放等，同时为设备管理和数据传送提供必要的存储空间。

3）设备驱动程序，与硬件直接相关，用于具体实现系统对设备发出的操作指令，驱动 I/O 设备工作的驱动程序。

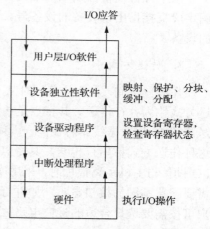

图 8-6　I/O 软件的层次结构

4）中断处理程序，用于保存被中断进程的 CPU 环境，转入相应的中断处理程序进行处理，处理完毕在恢复被中断进程的现场后，返回到被中断的进程。

中断处理程序处于 I/O 软件系统的底层，直接与硬件进行交互；设备驱动程序处于次底层，是进程与设备控制器之间的通信程序。它们构成操作系统的部分内核。

例如，当一个用户进程试图从文件中读取一个数据块时，需要通过系统调用以取得操作系统的服务来完成，设备独立性软件接收到请求后，首先在高速缓存中查找相应的页面，如果没有，则调用设备驱动程序向硬件发出一个请求，并由驱动程序负责从磁盘读取目标数据块。当磁盘操作完成后，由硬件产生一个中断，并转入中断处理程序，检查中断原因，提取设备状态，转入相应的设备驱动程序，唤醒用户进程及结束此次 I/O 请求，继续用户进程的运行。

8.1.5　I/O 设备与主机的联系方式

I/O 设备与主机交换信息和 CPU 与主存交换信息相比，有许多不同点。例如，CPU 如何对 I/O 设备编址；如何寻找 I/O 设备号；信息传送是逐位串行还是多位并行；I/O 设备与主机以什么方式进行联络，使它们彼此都知道对方处于何种状态；I/O 设备与主机是怎么连接的，等等。这一系列问题统称为 I/O 设备与主机的联系方式。

1. I/O 设备编址方式

通常将 I/O 设备码看作地址码，对 I/O 地址码的编址可采用两种方式：统一编址或不统一编址。统一编址就是将 I/O 地址看作是存储器地址的一部分。例如，在 64KB 地址的存储空间中，划出 8KB 地址作为 I/O 设备的地址，凡是在这 8KB 地址范围内的访问，就是对 I/O 设备的访问，所用的指令与访存指令相似。不统一编址就是指 I/O 地址和存储器地址是分开的，所有对 I/O 设备的访问必须有专用的 I/O 指令。显然统一编址占用了存储空间，减少了主存容量，但无须专用的 I/O 指令。不统一编址由于不占用主存空间，不影响主存容量，但需要设置 I/O 专用指令。当设备通过接口与主机相连时，CPU 可以通过接口地址来访问 I/O 设备。

2. 设备寻址

由于每台设备都赋予一个设备号，因此，当要启动某一设备时，可由 I/O 指令的设备码字段直接指出该设备的设备号。通过接口电路中的设备选择电路，便可选中要交换信息的设备。

3. 传送方式

在同一瞬间，n 位信息同时从 CPU 输出至 I/O 设备，或由 I/O 设备输入 CPU，这种传送方式称为并行传送。其特点是传送速度较快，但要求数据线多。例如，16 位信息并行传送需要 16 根数据线。若在同一瞬间只传送一位信息，在不同时刻连续逐位传送一串信息，这种传送方式称串行传送。其特点是传送速度较慢，但它只需一根数据线和一根地线。当 I/O 设备与主机距离很远时，采用串行传送较为合理，如远距离数据通信。不同的传送方式需要配置不同的接口电路，如并行传送接口、串行传送接口或串并联用的传送接口等，用户可按需要选择合适的接口电路。

4. 联络方式

不论是串行传送还是并行传送，I/O 设备与主机之间必须互相了解彼此当时所处的状态，如是否可以传送、传送是否已结束等。这就是 I/O 设备与主机之间的联络问题。按 I/O 设备工作的速度不同，可将联络方式分为 3 种。

（1）立即响应方式

对于一些工作速度十分缓慢的 I/O 设备，如指示灯的亮与灭、开关的通与断、A/D 转换器缓变信号的输入等，当它们与 CPU 发生联系时，通常都已使其处于某种等待状态，因此，只要 CPU 的 I/O 指令一到，它们便立即响应，故这种设备无须特殊联络信号，称为立即响应方式。

（2）异步工作方式

当 I/O 设备与主机工作速度不匹配时，通常采用异步工作方式，异步工作方式采用应答信号联络的形式。这种方式在交换信息前，I/O 设备与 CPU 各自完成自身的任务，一旦出现联络信号，彼此才准备交换信息，如图 8-7 所示为并行传送的异步联络方式。

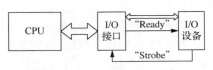

图 8-7 异步并行应答方式

如图 8-7 所示，当 CPU 将数据输出到 I/O 接口后，接口立即向 I/O 设备发出一个"Ready"（准备就绪）信号，告诉 I/O 设备可以从接口内取数据。I/O 设备收到"Ready"信号后，通常便立即从接口中取出数据，接着便向接口回发一个"Strobe"信号，并让接口转告 CPU，接口中的数据已被取走，CPU 还可继续向此接口送数据。同理，若 I/O 设备需要向 CPU 传送数据，则先由 I/O 设备向接口送数据，并向接口发"Strobe"信号，表明数据已送出。接口接到联络信号后便通知 CPU 可以取数，一旦数据被取走，接口便向 I/O 设备发"Ready"信号，通知 I/O 设备，数据已被取走，尚可继续送数据。这种一应一答的联络方式称为异步联络。

（3）同步工作方式

同步工作方式采用同步时标联络的形式，同步工作要求 I/O 设备与 CPU 的工作速度完全同步。例如，在数据采集过程中，若外部数据以 2400b/s 的速率传送至接口，则 CPU 也必须以 2400b/s 的速率接收每一位数。这种联络互相之间还需要配有专用电路，用以产生同步时标来控制同步工作。

5. I/O 设备与主机的连接方式

I/O 设备与主机的连接方式通常有两种：辐射式和总线式。图 8-4 和图 8-8 分别示意了这两种方式。

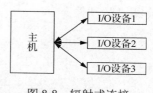

图 8-8　辐射式连接

采用辐射式连接方式时，要求每台 I/O 设备都有一套控制线路和一组信号线，因此所用的器件和连线较多，对 I/O 设备的增删都比较困难。这种连接方式大多出现在计算机发展的初级阶段。

图 8-4 所示的是总线连接方式，通过一组总线将所有 I/O 设备与主机连接。这种连接方式是现代大多数计算机系统所采用的方式。

8.1.6　I/O 设备与主机信息传送的控制方式

I/O 设备与主机交互信息时，共有 5 种控制方式，分别为程序查询方式、程序中断方式、DMA 方式、I/O 通道方式和 I/O 处理机方式。

（1）程序查询方式

程序查询方式是由 CPU 通过程序不断查询 I/O 设备是否已做好准备，从而控制 I/O 设备与主机的交换信息。采用这种方式实现主机和 I/O 设备交换信息，要求 I/O 接口内设置一个能反映 I/O 设备是否准备就绪的状态标记，CPU 通过对此标记的检测，可得知 I/O 设备的准备情况。

（2）程序中断方式

若 CPU 在启动 I/O 设备后，不查询设备是否已准备就绪，继续执行自身程序，只是当 I/O 设备准备就绪并向 CPU 发出中断请求后才予以响应，这将大大提高 CPU 的工作效率。

（3）DMA 方式

在 DMA 方式中，主存与 I/O 设备之间有一条数据通路，主存与 I/O 设备交换信息时，无须调用中断服务程序。若出现 DMA 和 CPU 同时访问主存，CPU 总是将总线占有权让给 DMA，通常把 DMA 的这种占用称为窃取或挪用。窃取的时间一般为一个存取周期，故又把 DMA 占用的存取周期称为窃取周期或挪用周期。而且，在 DMA 窃取周期时，CPU 尚能继续做内部操作。可见，与前两种方式相比，DMA 方式进一步提高了 CPU 的资源利用率。

（4）I/O 通道方式

通道相当于一台小型处理机，它接受主机的委托，独立执行通道程序，对外设的 I/O 操作进行控制，以实现内存和外设之间的成批数据传输。当主机委托的 I/O 任务完成后，通道发出中断信号，请求 CPU 处理。这样，CPU 基本摆脱了 I/O 处理工作，提高了 CPU 与外设工作的并行程度。

（5）I/O 处理机方式

为了使 CPU 充分发挥高速计算的能力，真正摆脱 I/O 事务，在一些大型高速的计算机中，往往利用一个专用的处理机来独自完成全部的 I/O 管理工作，包括设备管理、文件管理、信息传送和转换及故障检测与诊断等。这样，整个计算机系统就由集中控制变为分散控制，使计算机性能有明显的提高。

8.2 I/O 硬件

I/O 系统的硬件一般包括设备、设备控制器、通道、I/O 接口模块和系统总线。现代的 I/O 系统中，这些硬件采用四级连接和三级控制，如图 8-9 和图 8-10 所示。下面分别简单介绍这些硬件。

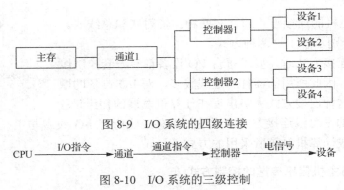

图 8-9 I/O 系统的四级连接

图 8-10 I/O 系统的三级控制

8.2.1 I/O 设备

随着计算机技术的发展，设备在计算机系统中的地位越来越重要。现代的计算机系统 I/O 设备向多元化、智能化方向发展，品种繁多，性能良好。I/O 设备的结构与机、电、磁、光的工作原理有关，如图 8-11 所示。每个设备都有自己相应的存储器、缓冲区和寄存器，它们的容量都非常小。不同设备的物理特性存在很大的差异，主要表现在：数据传输速率差别大，数据表示方式和传输单位不尽相同，错误的性质、报错方法及应对措施都不一样。这些差异使无论从操作系统还是用户的角度都难以获得规范、一致的 I/O 解决方案。

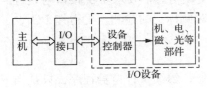

图 8-11 I/O 设备的结构

1. I/O 设备的分类

计算机的 I/O 设备种类很多，结构也较为复杂，管理起来比较困难。为了管理上的方便，通常按不同的观点，从不同的角度对设备进行分类。下面给出几种常见的分类。

（1）按资源分配分类

1）独占设备，指在一段时间内只允许一个用户（进程）访问的设备，即临界资源。对多个并发进程而言，应互斥地访问这类设备。系统一旦把这类设备分配给某个进程后，便由该进程独占，直至用完释放。应当注意，独占设备的分配有可能引起进程死锁。

2）共享设备，指在一段时间内允许多个进程同时访问的设备。对于每一时刻而言，该类设备仍然只允许一个进程访问。共享设备必须是可寻址的和可随机访问的设备。共享设备可获得良好的设备利用率，典型的共享设备是磁盘。

3）虚拟设备，指通过虚拟技术，如 SPOOLing 技术，将一台独占设备变换为共享设备，供若干个用户（进程）同时使用，通常把这种经过虚拟技术处理后的设备称为虚拟设备。

（2）按设备的使用特性分类

1）存储设备（或文件设备），指计算机用来存储信息的设备，如磁盘、磁带等。

2）I/O 设备，包括输入设备和输出设备两大类。输入设备是将信息输送给计算机，如键盘、鼠标、扫描仪等；输出设备是将计算机处理或加工好的信息输出，如打印机、显示器、绘图仪等。

（3）按信息交换方式分类

1）块设备，这类设备用于存储信息。由于信息的存取是以数据块为单位的，故称为块设备。它属于有结构设备，典型的块设备是磁盘。磁盘设备的基本特征是传输速率高、可以寻址，即对它可以随机地读写任意一块。

2）字符设备，用于数据的输入和输出。其基本单位是字符，故称为字符设备，属于无结构设备。字符设备的种类繁多，如交互终端、打印机等。字符设备的基本特征是传输速率较低，且不可寻址，即输入、输出时不能指定数据的输入源地址和输出的目标地址。字符设备在输入、输出时，常采用中断驱动方式。

（4）按传输速率分类

1）低速设备。低速设备的传输速率仅为每秒几字节至数百字节。典型的低速设备有键盘、鼠标、语言 I/O 设备等。

2）中速设备。中速设备的传输速率为每秒数千字节至数十万字节。典型的中速设备有行式打印机、激光打印机等。

3）高速设备。高速设备的传输速率为每秒数十万字节至数千兆字节。典型的高速设备有磁带机、磁盘机、光盘机等。

2. 设备与控制器之间的接口

通常 I/O 设备并不是直接与 CPU 进行通信，而是与设备控制器进行通信。因此，在 I/O 设备中含有与设备控制器间的接口，在该接口中有数据信号线、控制信号线和状态信号线 3 种信号线，传递 3 种不同类型的信号，如图 8-12 所示。

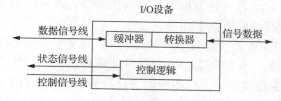

图 8-12 设备与控制器间的接口

（1）数据信号线

这类信号线用于在设备和设备控制器之间传送数据信号。对输入设备而言，由外界输入的信号经转换器转换后所形成的数据，通常先送入缓冲器中，当数据量达到一定的比特（字符）数后，再从缓冲器通过一组数据信号线传送给设备控制器。对输出设备而言，则是将从设备控制器经过数据信号线传送来的一批数据先暂存于缓冲器中，经转换器进行适当转换后，再逐个字符地输出。

（2）控制信号线

这是作为由设备控制器向 I/O 设备发送控制信号时的通路。该信号规定了设备将要执行的操作，如读操作（指由设备向控制器传送数据）或写操作（从控制器接收数据），或执行磁头移动等操作。

（3）状态信号线

这类信号线用于传送指示设备当前状态的信号。设备的当前状态有正在读或写；设备已读或写完成，并准备好新的数据传送。

8.2.2 设备控制器

I/O 设备通常包括一个机械部件和一个电子部件。为了达到设计的模块性和通用性，一般将其分开。电子部件称为设备控制器或适配器，在个人计算机中，它常常是一块可以插入主板扩充槽的印制电路板，而机械部分则是设备本身。控制器上一般有一个接线器，它可以把与设备相连的电缆线接进来。控制器和设备之间的接口越来越多地采用国际标准，如 ANSI、IEEE、ISO 或事实上的工业标准。依据这些标准，各个计算机厂家都可以制造与标准接口相匹配的控制器和设备，如集成设备电子器件（integrated drive electronics，IDE）接口、小型计算机系统接口（small computer system interface，SCSI）的硬盘。本书区分控制器和设备是因为操作系统基本上是与控制器打交道，而非设备本身。

1. 设备控制器的功能

设备控制器的主要功能是控制一个或多个 I/O 设备，以实现 I/O 设备和计算机之间的数据交换。设备控制器是 CPU 和 I/O 设备之间的接口，接收从 CPU 发出的命令，并控制 I/O 设备工作。设备控制器是一个可编址的设备，当它只控制一个设备时，控制器有唯一的一个设备地址；若控制器连接多个设备，则应含有多个设备地址，使每一个设备地址对应一个设备。设备控制器的复杂性因设备而异，相差很大。设备控制器主要完成以下功能。

1）接收和识别命令。接收从 CPU 发来的命令，并识别这些命令。为此，在设备控制器中应具有相应的控制寄存器，用来存放接收到的命令和参数，并对所接收的命令进行译码。

2）数据交换。数据交换是指实现 CPU 与设备控制器之间、控制器与设备之间的数据交换。对于前者，是通过数据总线，由 CPU 并行地把数据写入控制器，或从控制器中并行地读出数据；对于后者，是设备将数据串行输入控制器，或从控制器串行传送给设备。为此，在控制器中须设置相应的数据寄存器。

3）地址识别。系统中每一个设备都有一个地址，设备控制器必须能够识别自身所控制的每个设备的地址。为此，在控制器中应配置地址译码器。

4）标识和报告设备的状态。控制器应记下设备的状态供 CPU 了解。例如，仅当该设备处于发送就绪状态时，CPU 才启动控制器从设备中读出数据。为此，在控制器中应设置一个状态寄存器，存储当前设备的状态。CPU 可以从该寄存器中得到该设备的状态。

5）数据缓冲。由于 I/O 设备的速度较低而 CPU 和内存的速度较高，因此在控制器中必须设置一个缓冲区，以缓和 I/O 设备和 CPU、内存之间的速度矛盾。

6）差错控制。设备控制器还负责对 I/O 设备传来的数据进行差错检测。若发现传送过程出现了差错，便将差错检测码置位，并向 CPU 报告，于是 CPU 将本次传送来的数据作废，并重新进行一次传送，这样可以保证数据传送的正确性。

I/O 控制器发展的一个趋势是不断增强控制器的功能，另外将控制器的一部分功能合并到 I/O 设备上,这样的 I/O 设备称为智能 I/O 设备。

2. I/O 控制器的组成

由于设备控制器位于 CPU 与设备之间,它既要与 CPU 通信,又要与设备通信,还要按照 CPU 发来的命令去控制设备工作,因此,设备控制器由 3 部分组成,如图 8-13 所示。

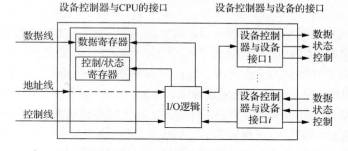

图 8-13　设备控制器的组成

（1）设备控制器与 CPU 的接口

该接口用于实现 CPU 与设备控制器之间的通信,在该接口中共有 3 类信号线:数据线、地址线和控制线。

（2）设备控制器与设备的接口

在一个设备控制器上,可以连接一个或多个设备。相应地,在控制器中便有一个或多个设备接口,一个接口连接一台设备。在每个接口中都存在数据、控制和状态 3 种类型的信号。

（3）I/O 逻辑

设备控制器中的 I/O 逻辑用于实现对设备的控制。它通过一组控制线与处理机交互,处理机利用该逻辑向控制器发送 I/O 命令;I/O 逻辑对收到的命令进行译码。每当 CPU 要启动一个设备时,一方面将启动命令发送给控制器;另一方面又同时通过地址线把地址发送给控制器,由控制器的 I/O 逻辑对收到的地址进行译码,再根据所译出的命令对所选设备进行控制。

3. 设备控制器 I/O 地址

除 I/O 端口外,许多控制器还通过中断通知 CPU 它们已经做好准备,可以对寄存器进行读写。有些控制器制作在计算机主板上,如 IBM PC 的键盘控制器。对于那些单独插在主板插槽上的控制器,有时上面设有一些可以用来设置中断请求的开关和跳线,以便避免中断请求冲突。中断控制器芯片将每个中断请求输入并映像到一个中断向量,通过这个中断向量就可以找到相应的中断服务程序。如表 8-1 所示为 PC 部分设备控制器的 I/O 地址、硬件中断号和中断向量号。操作系统通过向控制寄存器写命令字来执行 I/O 功能。

表 8-1　PC 部分设备控制器 I/O 地址、硬件中断号和中断向量号

I/O 控制器	I/O 地址	硬件中断号	中断向量号
时钟	040-043	0	8
键盘	060-063	1	9
硬盘	320-32F	14	13
软盘	3F0-3F7	6	14

I/O 控制器	I/O 地址	硬件中断号	中断向量号
LPT1	378-37F	7	15
COM1	3F8-3FF	4	12
COM2	28F-2FF	3	11

8.2.3 通道

在计算机系统中，增加设备控制器后，大大减少了 CPU 对 I/O 操作的干预，但当主机所配置的外设很多时，CPU 的负担仍然很重。为此，在 CPU 和设备控制器之间又增设了通道，其主要目的是建立独立的 I/O 操作，这样不仅使数据的传送能独立于 CPU，而且也希望对 I/O 操作的组织、管理及结束也尽量独立，以保证 CPU 有更多的时间去进行数据处理。也就是说，目的是使一些原来由 CPU 处理的 I/O 任务转由通道来承担，从而把 CPU 从繁忙的 I/O 操作中解放出来。在设置通道后，CPU 只需向通道发出一条 I/O 指令，通道收到该指令后，便从内存中取出本次要执行的通道程序，然后执行该通道程序，仅当通道完成了规定的 I/O 任务后，才向 CPU 发出中断信号。

实际上，I/O 通道是一种特殊的处理机，具有执行 I/O 指令的能力，并通过执行通道程序来完成对 I/O 的操作。但 I/O 通道又与一般的处理机不同，主要表现在两个方面：一方面是其指令类型单一，即由于通道硬件比较简单，其所能执行的指令主要局限于与 I/O 操作有关的指令；另一方面是通道没有自己的内存，通道所执行的通道程序是存放在主机内存中的。换言之，通道和 CPU 共享内存。

1. 通道与设备的连接

由于通道的引入，现代计算机 I/O 系统的结构由主存、通道、设备控制器和设备四级组成，如图 8-14 所示。I/O 操作要经过三级控制，第一级由 CPU 执行 I/O 指令，查询通道状态，启动或停止通道运行；第二级是通道接收 CPU 的 I/O 指令后，由通道执行为其准备的通道程序，向设备控制器发送命令；第三级由设备控制器根据通道发出的命令控制设备完成相应的 I/O 操作。

图 8-14　I/O 系统结构的组成

通道和设备控制器都是独立的功能部件，两者可以并行操作。在一个计算机系统中可以配置多个通道，一个通道也可以连接多个设备控制器，一个设备控制器可以连接多台同类型的设备。

2. 瓶颈问题

由于通道价格昂贵，计算机中所设置的通道数量较少，这又往往使其成为 I/O 的瓶颈，进而造成整个系统吞吐量的下降。图 8-14 中，假设设备 1～设备 4 是 4 个磁盘，为了启动磁盘 3，必须使用通道 1 和控制器 2；如果这两者已经被其他设备占用，磁盘 3 就必然无法启动。类似地，若启动磁盘 1 和磁盘 2，还要用到通道 1，如果通道 1 被损坏而无法使用，则磁盘 1 和磁盘 2 也无法启动。这些就是通道不足所造成的瓶颈现象。

解决瓶颈问题最有效的方法是，增加设备到主机之间的通路，而不增加通道，如图 8-15 所示，即系统可以将一台设备连接到几个控制器上，一个控制器也可以连接到几个通道上，以提高设备的利用率和灵活性。图 8-15 中，设备 1～设备 4 都有 4 条通往主存的通路。例如，设备 1 可以通过控制器 1 或控制器 2，然后经过通道 1 或通道 2 访问主存。多通路方式不仅解决了"瓶颈"问题，而且提高了系统的可靠性，因为个别通道或控制器的故障不会使设备和存储器没有通路。

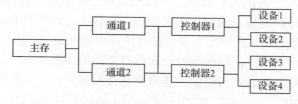

图 8-15　多通路 I/O 系统

3. 通道的类型

根据信息交换的方式，通道可分成 3 种类型：字节多路通道、数组选择通道和数组多路通道。

（1）字节多路通道

这是一种按字节交叉方式工作的通道。它通常都含有许多非分配型子通道（所谓非分配型子通道，是指这些通道不是明确指定分给某一个设备让其长期占有使用，完成数据从设备到内存的传送；而是临时分配给某个设备，让其完成部分数据的传输，然后 I/O 系统收回），其数量可从几十到数百个，每一个子通道连接一台 I/O 设备，并控制该设备的 I/O 操作。这些子通道以分时方式按时间片轮转来共享主通道。当第一个子通道控制其 I/O 设备完成一个字节的交换后，便立即腾出主通道，让给第二个子通道使用；当第二个子通道也完成一个字节的交换后，同样也把主通道让给第三个子通道；以此类推。当所有子通道轮转一周后，又重新返回由第一个子通道去使用字节多路主通道。这样，只要字节多路通道扫描每个子通道的速率足够快，而连接到子通道上的设备的速率不是太高时，便不致丢失信息。字节多路通道适用于连接打印机、终端等低速或中速的 I/O 设备。

如图 8-16 所示为字节多路通道的工作原理。它所含有的多个子通道 A、B、C、D、E、…、N，分别通过控制器各与一台设备相连。假定这些设备的速率相近，且都同时向主机传送数据。设备 A 所传送的数据流为 $A_1A_2A_3\cdots$；设备 B 所传送的数据流为 $B_1B_2B_3\cdots$；把这些数据流合成后（通过主通道）送往主机的数据流为 $A_1B_1C_1D_1\cdots$，$A_2B_2C_2D_2\cdots$，$A_3B_3C_3D_3\cdots$，…。

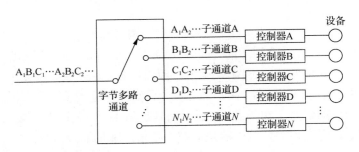

图 8-16　字节多路通道的工作原理

（2）数组选择通道

字节多路通道不适于连接高速设备，这推动了按数组方式进行数据传送的数组选择通道的形成。数组选择通道虽然可以连接多台高速设备，但由于它只含有一个分配型子通道（所谓分配型子通道，是指一个子通道在一段时间内明确分配给某个设备，完成数据传输后由 I/O 系统收回），在一段时间内只能执行一道通道程序，控制一台设备进行数据传送，因此当某台设备占用了该通道后，便一直由它独占，即使是它无数据传送，通道被闲置，也不允许其他设备使用该通道，直至该设备传送完毕释放该通道。当执行完一道通道程序后，通道才执行另外一道通道程序，以实现外设和内存之间的成批数据传送，如图 8-17 所示。可见，这种通道的利用率很低。该通道主要用来连接高速外设，如磁盘、磁鼓等。

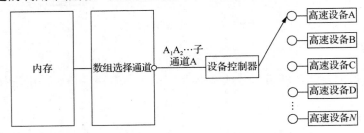

图 8-17　数组选择通道的工作原理

（3）数组多路通道

数组选择通道虽有很高的传输速率，但它却每次只允许一个设备传输数据。数组多路通道是将数组选择通道传输速率高和字节多路通道能使各子通道（设备）分时并行操作的优点相结合而形成的一种新通道，如图 8-18 所示。它含有多个非分配型子通道，所以这种通道既具有很高的数据传输速率，又能获得令人满意的通道利用率。也正因此，才使该通道能被广泛地用于连接多台高、中速的外设，其数据传送是按数组方式进行的。

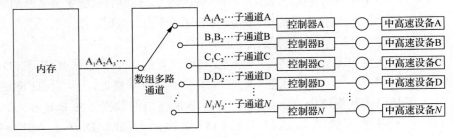

图 8-18　数组多路通道的工作原理

通道通过执行通道程序，与设备控制器共同实现对 I/O 设备的控制。现代大、中型计算机都采用多总线多通道模型，如图 8-19 所示。

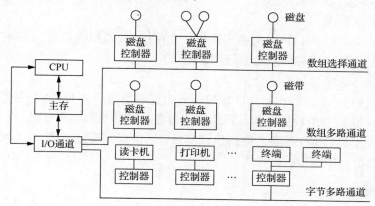

图 8-19　多总线多通道的系统组织

8.2.4　I/O 接口

1．I/O 接口概述

I/O 接口通常是指主机与 I/O 设备之间设置的一个硬件电路及其相应的软件控制。不同的 I/O 设备都有其相应的设备控器，而它们往往都是通过 I/O 接口与主机取得联系的。

值得注意的是，接口和端口是两个不同的概念。端口是指接口电路中的一些寄存器，这些寄存器分别用来存放数据信息、控制信息和状态信息，相应的端口分别称为数据端口、控制端口和状态端口。若干个端口加上相应的控制逻辑电路才能组成接口。CPU 通过输入指令，从端口读入信息，通过输出指令，可将信息写入端口中。

2．接口类型

I/O 接口的分类方式有以下几种方法。

（1）按数据传送方式分类

按数据传送方式分类，I/O 接口可分为并行接口和串行接口两类。并行接口是将一字节（或一个字）的所有位同时传送；串行接口是在设备与接口间一位一位地传送。由于接口与主机之间是按字节或字并行传送的，因此对串行接口而言，其内部还必须设有串-并转换装置。

1）并行 I/O 标准接口 SCSI。SCSI 的设计思想是源于 IBM 大型机系统的 I/O 通道结构，目的是使 CPU 摆脱对各种设备的繁杂控制。它是一个高速智能接口，可以混接各种磁盘、打印机、条码阅读器及通信设备。SCSI 是系统级接口，是处于主适配器和智能设备控制器之间的并行 I/O 接口。

2）串行 I/O 标准接口 IEEE 1394。1993 年，苹果公司公布了一种高速串行接口，希望能取代并行的 SCSI 接口。IEEE 接管了这项工作，在此基础上制定了 IEEE 1394-Fire Wire 标准，它是一个通用的串行接口。与 SCSI 并行接口相比，IEEE 1394 具有 3 个显著特点：一是数据传输速率高，特别适合新型高速硬盘和多媒体数据的传送；二是数据传送的实时性好；三是体积小易安装，连接方便。

（2）按功能选择的灵活性分类

按功能选择的灵活性分类，I/O 接口可分为可编程接口和不可编程接口两种。可编程接口的功能及操作方式可用程序来改变或选择；不可编程接口不能由程序来改变其功能，但可通过硬连线逻辑来实现不同的功能。

（3）按通用性分类

按通用性分类，I/O 接口可分为通用接口和专用接口。通用接口可供多种 I/O 设备使用；专用接口是为某类外设或某种用途专门设计的。

（4）按数据传送的控制方式分类

按数据传送的控制方式分类，I/O 接口可分为程序型接口和 DMA 型接口。程序型接口用于连接速度较慢的 I/O 设备，如显示终端、键盘、打印机等。现代计算机一般可采用程序中断方式实现主机与 I/O 设备之间的信息交换，所以都配有这类接口。DMA 型接口用于连接高速 I/O 设备，如磁带、磁盘等。

8.2.5 系统总线

系统总线用于为系统中的各种设备提供输入、输出通路，在物理上通常为主板上的一些 I/O 扩展槽。第一代系统总线有 XT 总线、ISA 总线、EISA 总线、VESA 总线，这些总线已被淘汰；第二代总线包括 PCI、AGP、PCI-X；第三代是 USB、PCI-Express 等。

8.3 I/O 控制方式

随着计算机技术的发展，I/O 控制方式也在不断地发展。在早期的计算机系统中，采用程序查询方式；当在系统中引入中断机制后，I/O 方式便发展为程序中断方式。此后，随着 DMA 控制器的出现，又使 I/O 方式在传输单位上发生了变化，即从以字节为单位的传输扩大到以数据块为单位进行转输，从而大大地改善了块设备的 I/O 性能；而 I/O 通道的引入，又使对 I/O 操作的组织和数据的传送都能相对独立地进行而无须太多 CPU 干预。通道的进一步发展，除具有较强的处理能力外，还拥有了自己的大存储器，指令集也更加丰富，成为比较独立和通用的处理部件，称为 I/O 处理机。它可以承担外设的所有运算处理和操作控制任务，提高了计算机系统的整体性能。应当指出，在 I/O 控制方式的整个发展过程中，始终贯穿着这样一条宗旨，即尽量减少主机对 I/O 控制的干预，把主机从繁杂的 I/O 控制事务中解脱出来，以便更多地去完成数据处理任务。

8.3.1 程序查询方式

程序查询方式也称为程序 I/O 方式或程序直接控制方式。在这种方式下，数据在 CPU 和外设之间传送完全靠计算机程序控制，是在 CPU 主动控制下完成的。当需要输入或输出时，CPU 暂停执行主程序，转去执行设备输入或输出的服务程序，根据服务程序的 I/O 指令进行数据传送。这是一种最简单、最经济的 I/O 方式，只需很少的硬件。

在早期的计算机系统中，由于无中断机构，处理机对 I/O 设备的控制采取程序查询方式，或称为忙-等待方式。若用户程序需要从某个外设读数据块（如从磁带上读一个记录）至主存，它通过 CPU 向外设的控制器发出一条 I/O 指令启动外设，然后用户程序不断地循环测试（又称为轮询）设备控制器中控制/状态寄存器的忙/闲标志位。外设只有将数据传送的准备工作做好（如从磁带上将 1B 的数据传送到设备控制器的数据寄存器中）之后，才将控制/状态寄存器的忙/闲标志位置为 0（表示准备就绪）。当 CPU 检测到控制/状态寄存器的忙/闲标志位置为 0 时，执行输入服务程序，将数据从设备控制器的数据寄存器送至 CPU，再由 CPU 送至主存，然后将设备控制器控制/状态寄存器的忙/闲标志位置为 1，完成 1B 的传送。这样一字节一字节地传送，直至这个数据块的数据全部传送结束，CPU 又重新回到原先执行的程序，如图 8-20 所示。

由这个查询过程可见，只要一启动 I/O 设备，CPU 便不断查询 I/O 设备的准备情况，从而终止了原程序的执行。另一方面，I/O 设备准备就绪后，CPU 要一个字一个字地从 I/O 设备取出，经 CPU 送至主存，此刻 CPU 也不能执行原程序。在这种方式下，CPU 与 I/O 设备是串行工作的，由于 CPU 的高速性和 I/O 设备的低速性，CPU 的绝大部分时间处于等待 I/O 设备完成数据 I/O 的循环测试中，造成 CPU 的极大浪费。

例如，在程序查询方式的 I/O 系统中，假设不考虑处理时间，每一次查询操作需要 100 个时钟周期，CPU 的时钟频率为 100MHz。现有鼠标和硬盘两个设备，而且 CPU 必须每秒对鼠标进行 50 次查询，硬盘以 32 位字长为单位传输数据，即每 32 位被 CPU 查询一次，传输速率为 2Mb/s。CPU 对这两个设备查询所花费的时间比率是多少？

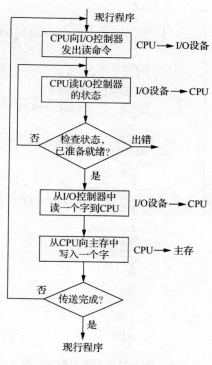

图 8-20　程序查询方式的流程

1）CPU 每秒对鼠标进行 50 次查询，所需的时钟周期数为 100×50=5000。

根据 CPU 的时钟频率为 100MHz，即每秒 100×10^6 个时钟周期，故对鼠标的查询占用 CPU 的时间比率为[5000/(100×10^6)]×100%=0.005%。

可见，对鼠标的查询基本不影响 CPU 的性能。

2）对于硬盘，每 32 位被 CPU 查询一次，故每秒查询 2MB/4B=512K 次，则每秒查询的时钟周期数为 100×512×1024=52.4×10^6，故对磁盘的查询占用 CPU 的时间比率为[(52.4×10^6)/(100×10^6)]×100%=52.4%。

从计算结果看，CPU 将全部时间的一半都用于对硬盘的查询，才能满足磁盘传输的要求，因此 CPU 一般不采用程序查询方式与磁盘交换信息。

8.3.2　程序中断方式

为了减少程序查询方式中 CPU 过多地等待时间，提高系统并行工作的效率，现代计算机系统中广泛采用程序中断方式（也称为中断驱动 I/O 控制方式）。在这种方式下，如果用户程序需要读入数据，则首先通过 CPU 向该设备的控制器发出指令启动外设，同时将该控制器的控制/状态寄存器中的中断位设为"允许"，以便在需要时，中断处理程序可以被调度执行。然后用户程序主动阻塞，CPU 执行其他用户程序。当输入完成后，设备控制器通过中断请求线向 CPU 发出中断信号，CPU 收到信号后，保存当前处理机上下文信息，转向执行中断处理程序，对数据传送进行相应处理。处理完成后，CPU 又返回该用户程序断点处从下一条指令继续执行。如图 8-21 所示为程序中断方式的流程图。

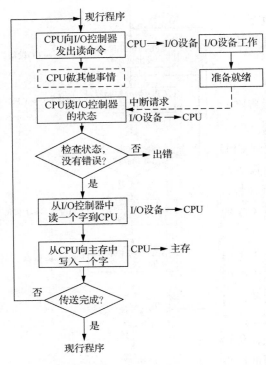

图 8-21　程序中断方式的流程

从图 8-21 可以看到，CPU 向 I/O 设备控制器发出指令后，仍在处理其他事情，当 I/O 设备向 CPU 发出中断请求后，CPU 才从设备控制器的数据寄存器中读入一个字的数据送至主存（通过执行中断处理程序完成）。如果数据没有读完，这时 CPU 再次启动 I/O 设备，命令 I/O 设备做好准备，一旦又接收到 I/O 设备的中断请求，CPU 重复上述中断处理过程，直至一批数据传送完毕。

显然，程序中断方式在 I/O 设备进行准备数据时，CPU 不必时刻查询 I/O 设备的准备情况，从而使 CPU 与设备并行工作，仅当输入完一个数据时，CPU 才花费很短的时间进行中断处理。这样，设备与 CPU 都处于忙碌状态，从而使 CPU 的利用率大大提高，并且支持多道程序和设备的并行工作。

与程序查询方式相比，程序中断方式可以成百倍地提高 CPU 的利用率，但还存在一些问题。

1）设备控制器的数据寄存器通常只能存放 1B 的数据，因此发送中断的次数可能比较多，这将消耗 CPU 大量的时间。

2）如果系统中的所有外设都采用程序中断方式进行数据传送，则会由于中断次数的急剧增加而造成 CPU 无法及时响应中断，出现数据丢失现象。

8.3.3　直接存储器存取方式

1. DMA 方式的引入

程序中断方式是以字（或字节）为单位进行 I/O 的，每当完成一个字（或字节）的 I/O 时，控制器便要向 CPU 请求一次中断。如果将这种方式用于块设备的 I/O，显然是极其低效的。例如，为了从磁盘中读出 1KB 的数据块，需要中断 CPU 1KB 次。为了进一步减少 CPU 对 I/O 的干预而引入了 DMA 方式。DMA 是一种完全由硬件执行的 I/O 交换的工作方式。在这种方式下，DMA 控制器从 CPU 完全接管了对总线的控制，数据交换不经过 CPU，而直接在主存和 I/O 设备之间进行，如图 8-22 所示。值得注意的是，若出现高速 I/O 设备和 CPU 同时访问主存，CPU 必须将总线（如地址线、数据线）占有

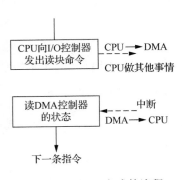

图 8-22　DMA 方式的流程

权让给 DMA 控制器使用，即 DMA 采用周期窃取的方式占用一个存取周期。

DMA 方式具有以下特点。

1）数据是在主存与设备之间直接传送的，传送过程不需要 CPU 干预。

2）数据传输的基本单位是数据块，即每次至少传送一个数据块。

3）仅在传送数据块的开始和结束时，DMA 控制器才需要向 CPU 发出中断请求，要求进行干预。

4）数据的传送控制工作完全由 DMA 控制器完成，速度快，适合于高速设备的数据成组传送。

5）在数据传送过程中，CPU 与外设并行工作，提高了系统效率。

6）DMA 控制器通过周期窃取或挪用的方式取得总线占用权，进而访问主存。

可以看出，DMA 方式与程序中断方式相比，成百倍地减少了 CPU 对 I/O 控制的干预，因为 DMA 传送的基本思想是用硬件机构实现中断服务程序所要完成的功能。DMA 方式进一步地提高了 CPU 与 I/O 设备的并行操作程度。

2．DMA 控制器的功能

DMA 控制器具有如下功能。

1）向 CPU 申请 DMA 传送。

2）在 CPU 允许 DMA 工作时，处理总线控制权的转交，避免因为进入 DMA 工作而影响 CPU 正常活动或引起总线竞争。

3）在 DMA 期间管理系统总线，控制数据传送。

4）确定数据传送的起始地址和数据长度，修正数据传送过程中的数据地址和数据长度。

5）在数据块传送结束后，向 CPU 发出 DMA 操作完成的信号。

3．DMA 控制器的组成

DMA 控制器由 3 部分组成，分别是主机与 DMA 控制器的接口、DMA 控制器与块设备的接口和 I/O 控制逻辑。如图 8-23 所示为 DMA 控制器组成原理图，它由主存地址寄存器（AR）、字计数器（WC）、数据缓存寄存器（BR）、DMA 控制逻辑、中断机构和设备地址寄存器 （DAR）几个逻辑部件组成。

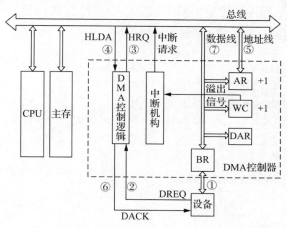

图 8-23　简单 DMA 控制器的组成原理

4．DMA 的工作过程

DMA 的数据传送过程分为预处理、数据传送和后处理 3 个阶段。

（1）预处理

在 DMA 控制器开始工作之前，CPU 必须给它预置如下信息。

1）给 DMA 控制逻辑指明数据传送方向是输入（写主存）还是输出（读主存）。

2）向 DMA 设备地址寄存器送入设备号，并启动设备。

3）向 DMA 主存地址寄存器送入交换数据的主存起始地址。

4）对字计数器赋予交换数据的个数。

上述工作由 CPU 执行几条 I/O 指令完成，即程序的初始化阶段。这些工作完后，CPU 继续执行原来的程序，如图 8-24（a）所示。

当 I/O 设备准备好发送的数据（输入）或上次接收的数据已经处理完毕（输出）时，它便通过 DMA 接口向 CPU 提出占用总线的申请，若有多个 DMA 同时申请，则按轻重缓急由硬件排队判优逻辑决定优先等级。待 I/O 设备获得主存总线的控制权后，数据的传送便由该 DMA 控制器进行管理。

（2）数据传送

DMA 方式是以数据块为单位传送的，以周期挪用的 DMA 方式为例，其数据传送的流程如图 8-24（b）所示。结合图 8-23，以数据输入为例，具体操作如下。

1）当设备准备好一个字时，发出选通信号，将该字读到 DMA 的数据缓冲寄存器（BR）中，表示数据缓冲寄存器"满"（如果 I/O 设备是面向字符的，则一次读入 1B，组装成一个字）。

2）与此同时设备向 DMA 接口发请求（DREQ）。

3）DMA 接口向 CPU 申请总线控制权（HRQ）。

4）CPU 发回 HLDA 信号，表示允许将总线控制权交给 DMA 接口。

5）将 DMA 主存地址寄存器中的主存地址送入地址总线，并命令存储器写。

6）通知设备已被授予一个 DMA 周期（DACK），并为交换下一个字做准备。

7）将 DMA 数据缓冲寄存器的内容送入数据总线。

8）主存将数据总线上的信息写至地址总线指定的存储单元中。

9）修改主存地址和字计数值。

10）判断数据块是否传送结束，若未结束，则继续传送；若已结束，字计数器溢出，则向 CPU 申请程序中断，标志数据块传送结束。

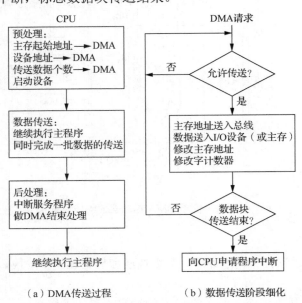

（a）DMA 传送过程　　　　（b）数据传送阶段细化

图 8-24　DMA 传送过程示意图

（3）后处理

当 DMA 的中断请求得到响应后，CPU 停止原程序的执行，转去执行中断服务程序，做一些 DMA 的结束工作,如图 8-24(a)的后处理部分。这包括校验送入主存的数据是否正确;决定是否继续用 DMA 传送其他数据块,若继续传送,则又要对 DMA 接口进行初始化,若不需要传送,则停止外设;测试在传送过程中是否发生错误,若出错,则转错误诊断及处理错误程序。

下面举例说明 DMA 的效率。假设磁盘采用 DMA 方式与主机交换信息,其传输速率为 2Mb/s,而且 DMA 的预处理需 1000 个时钟周期,DMA 完成传送后处理中断需 500 个时钟周期。如果平均传输时的数据长度为 4KB,在硬盘工作时,50MHz 的处理器需用多少时间比率进行 DMA 辅助操作?

DMA 传送过程包括预处理、数据传送和后处理 3 个阶段。传送 4KB 的数据长度需: $(4KB)/(2Mb/s)=0.002s$。

如果磁盘不断进行传输,每秒所需 DMA 辅助操作的时钟周期数为 $(1000+500)/0.002=750000$,故 DMA 辅助操作占用 CPU 的时间比率为 $[750000/(50\times10^6)]\times100\%=1.5\%$。由此可见,DMA 方式占用 CPU 的时间很少,进一步提高了 CPU 的利用率。

5. 程序中断方式与 DMA 方式的对比

与程序中断方式相比,DMA 方式具有如下特点。

1) 从数据传送看,程序中断方式靠程序传送,DMA 方式靠硬件传送。

2) 从 CPU 响应时间看,程序中断方式是在一条指令执行结束时响应,而 DMA 方式可在指令周期内的任一存取周期结束时响应。

3) 程序中断方式有处理异常事件的能力,DMA 方式没有这种能力,主要用于大批数据的传送,如硬盘存取、图像处理等,可提高数据的吞吐量。

4) 程序中断方式需要中断现行程序,故需保护现场;DMA 方式不中断现行程序,无须保护现场。

5) DMA 的优先级比程序中断的优先级高。

6) 在程序中断方式中,I/O 中断频率高,每传输 1B(或字)就发生一次中断。在 DMA 方式中,一次能完成一批连续数据的传输,并在整批数据传送完后才发生一次中断,因此 I/O 中断频率低。

7) 在程序中断方式中,数据传送必须经过 CPU;而在 DMA 方式中,数据传输在 DMA 控制器的控制下直接在内存和 I/O 设备之间进行,CPU 只需将数据传输的磁盘地址、内存地址和字节数传给 DMA 控制器即可。

8.3.4　I/O 通道方式

1. I/O 通道方式的引入

虽然 DMA 方式比起中断方式来已经显著地减少了 CPU 的干预,即已由字(或字节)为单位的干预减少到以数据块为单位的干预,但 CPU 每发出一条 I/O 指令,也只能去读写一个连续的数据块。而当我们需要一次去读多个数据块且将它们分别传送到不同的内存区域,或者相反时,则需要由 CPU 分别发出多条 I/O 指令及进行多次中断处理才能完成。

I/O 通道(I/O processor,IOP)方式是 DMA 方式的发展,它可进一步减少 CPU 的干预,即把对一个数据块的读写为单位的干预减少为对一组数据块的读写及有关的控制和管理为单位的干预。同时,又可实现 CPU、通道和 I/O 设备三者的并行操作,从而更有效地提高整个系统的资源利用率。例如,当 CPU 要完成一组相关的读写操作及有关控制时,只需向 I/O 通道发送一条 I/O 指令,以给出其所要执行的通道程序的首址和要访问的 I/O 设备,通道接到该指令后，通过执行通道程序便可完成 CPU 指定的 I/O 任务。

通道与 DMA 相比，都是以主存为中心，支持块传输；不同之处在于通道是一个独立于 CPU 的专管 I/O 控制的 I/O 处理机，它控制设备与主存直接进行数据交换。它有自己的指令，这些通道指令由 CPU 启动，并在操作结束时向 CPU 发出中断信号。通道与 CPU 分时使用主存，实现了 CPU 内部运算与 I/O 设备的并行工作。IBM 服务器等高性能计算机系统都提供通道 I/O 方式。

2. 通道的功能

通道的基本功能是执行通道指令，组织外设和内存进行数据传输，按 I/O 指令要求启动外设，向 CPU 报告中断等，具体有以下 5 项任务。

1）接收 CPU 的 I/O 指令，按指令要求与指定的外设进行通信。

2）从存储器选取属于该通道程序的通道指令，经译码后向 I/O 控制器模块发送各种命令。

3）组织外设和存储器之间进行数据传送，并根据需要提供数据缓存的空间，以及提供数据存入存储器的地址和传送的数据量。

4）从外设得到设备的状态信息，形成并保存通道本身的状态信息，根据要求将这些状态信息送到存储器的指定单元，供 CPU 使用。

5）将外设的中断请求和通道本身的中断请求，按次序及时报告 CPU。

3. 通道的结构

（1）通道的结构图

如图 8-25 所示为典型的具有通道的计算机系统结构图。它具有两种类型的总线，一种是系统总线，它承担通道与主存、CPU 与主存之间的数据传输任务。另外一种是通道总线，即 I/O 总线，它承担外设与通道之间的数据传送任务。这两类总线可以分别按照各自的时序同时进行工作。通道总线可以接若干个 I/O 接口模块，一个 I/O 接口模块可以接一个或多个设备。因此，从逻辑结构上讲，I/O 系统一般具有 4 级连接：CPU 与主存◄►通道◄►I/O 接口模块◄►外设。为了便于通道对各设备的统一管理，通道与 I/O 模块之间用统一的标准接口，I/O 模块与设备之间则根据设备要求不同而采用专用接口。

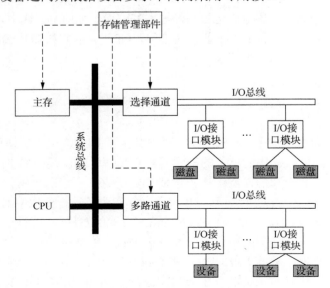

图 8-25 具有通道的计算机系统结构

（2）存储管理部件

存储管理部件是存储器的控制部件，它的主要任务是根据事先确定的优先次序，决定下一周期由哪个部件使用系统总线访问主存。由于大多数 I/O 设备是旋转型的设备，读写信号具有实时性，不及时处理会丢失数据，因此通道与 CPU 同时要求访主存时，通道优先权高于 CPU，所以通道一般采取周期窃取或挪用的方式占用总线，进而访问主存。在多个通道有访存请求时，选择通道的优先权高于多路通道，因为前者一般连接高速设备。

（3）通道运算控制部件

在通道内部，有一些非常重要的寄存器，它们用于存放通道指令、地址或数据，在通道控制数据传输过程中发挥非常重要的作用。这些寄存器称为通道运算控制部件。

1）通道地址字（channel address word，CAW）：记录下一条通道指令存放的地址，其功能类似于 CPU 的指令计数器。

2）通道命令字（channel command word，CCW）：保存正在执行的通道指令，其作用相当于 CPU 的指令寄存器。

3）通道状态字（channel status word，CSW）：记录通道、控制器、设备的状态，包括 I/O 传输完成信息、出错信息、重复执行次数等。

4）通道数据字（channel data word，CDW）：暂存内存与设备之间 I/O 传输的数据。

（4）通道存储区域

通道并没有独立的存储空间，它需要与主机共享一个主存空间。访问主存采用周期挪用的方式。通道使用主存具有以下两种用途。

1）保存通道程序：通道程序是通道指令的有序序列，它由系统中的 I/O 进程根据用户进程的 I/O 要求来确定。通道程序既可能是事先编制好的，也可能是临时动态产生的。

2）保存交换数据：对于输入操作来说，主存地址空间用于保存将由输入设备读入的数据；对于输出操作来说，主存地址空间用于保存将向输出设备输出的数据。

4．通道程序

通道是通过执行通道程序，并与设备控制器共同实现对 I/O 设备控制的。

（1）通道指令和通道程序

通道指令又称为通道命令字，是通道从主存中取出并控制 I/O 设备执行 I/O 操作的命令字。一条通道指令能够实现一种功能。通道指令与一般的机器指令不同，在它的每条指令中都包含操作码、内存地址、计数和特征位等信息。特征位表示通道指令当前的状态，它包括通道程序结束位 P 和记录结束位 R。

通道程序结束位 P 表示通道程序是否结束。P=1 表示本条指令是通道程序的最后一条指令，本条指令执行完毕后，通道程序结束。P=0 表示本条指令不是通道程序的最后一条指令，该指令后面还有通道指令。记录结束位 R 表示指令所处理记录的情况。R=0 表示本通道指令与下一条指令所处理的数据是同属于一个记录；R=1 表示本通道指令是处理某记录的最后一条指令，即该记录的数据在本通道指令执行后全部传输完毕。

对于不同的通道来说，其指令格式各不相同，但是一般的形式如图 8-26 所示。

操作码	特征位	计数	内存地址

图 8-26　通道指令的格式

通道程序是由一系列通道指令构成的，每次启动可以完成复杂的 I/O 操作。如表 8-2

所示为一个由 6 条通道指令所构成的简单的通道程序。该程序的功能是将内存中不同地址的数据写成多个记录。其中，前 3 条指令是分别将 850～949 单元中的 100 个字符和 1134～1273 单元中的 140 个字符及 5830～5889 单元中的 60 个字符写成一个记录；第 4 条指令是单独写一个具有 300 个字符的记录；第 5、6 条指令共写含 500 个字符的记录。

表 8-2　通道 I/O 程序

操作	P	R	计数	内存地址
WRITE	0	0	100	850
	0	0	140	1134
	0	1	60	5830
	0	1	300	2000
	0	0	150	3650
	1	1	350	3920

一条通道指令可以传送一组数据，一个通道程序也可以传送多组数据。多组数据全部传输完毕后才向处理器发一次中断，因而大大地减轻了主机的负担。

（2）通道地址字和通道状态字

通道方式执行 I/O 操作时，要使用主存的两个固定存储单元：通道地址字和通道状态字。编写好的通道程序存放在主存中，为了使通道能获取通道指令并执行，在主存的一个固定单元中存放当前启动并要求设备执行的通道程序的首地址，以后的命令地址可由前一个地址加 8 获得，这个用来存放通道程序的首地址的单元称为通道地址字。通道状态字是通道向操作系统报告情况的一种汇集，通道利用通道状态字可以提供通道和设备执行 I/O 操作的情况。

5. 通道启动和 I/O 操作过程

CPU 是主设备，通道是从设备，CPU 和通道之间是主从关系，需要相互配合协调才能完成 I/O 操作，那么，CPU 如何通知通道做什么？通道又如何被告知 CPU 的状态和工作情况呢？通道方式的 I/O 过程可以分为以下 3 个阶段。

（1）I/O 启动阶段

用户在 I/O 主程序中调用文件操作请求传输信息，文件系统根据用户给予的参数可以确定具体的设备、传输信息的位置、传送字节的个数和信息主存区的地址。然后，文件系统把存取要求通知设备管理，设备管理按规定组织好通道程序并将首地址放入通道地址字中。CPU 向通道发出启动通道指令命令通道工作，通道根据自身状态形成条件码作为回答，若通道可用，I/O 操作开始。这一通信过程发生在操作开始时期，CPU 根据条件码便可决定转移方向。

（2）I/O 操作阶段

启动成功后，通道从主存固定单元访问通道地址字，并获取第一条通道命令字，通道开始执行通道程序，同时将 I/O 地址传送给控制器，向其发出读、写或控制命令，控制外设进行数据传输。控制器接收通道发来的命令之后，检查设备状态。若设备不忙，则告知通道释放 CPU，并开始 I/O 操作，向设备发出动作序列，设备则执行相应的动作。之后，通道独立执行通道程序中各条通道命令字，直到通道程序执行结束。本次 I/O 操作结束之后，通道向 CPU 发出 I/O 操作结束中断，再次请求 CPU 干预。

（3）I/O 结束阶段

通道发现通道状态字中出现通道结束、控制器结束、设备结束或其他能产生中断的信号时，就应向 CPU 申请 I/O 中断。同时，把产生中断的通道号和设备号，以及通道状态字存入主存固定单元。CPU 响应 I/O 中断后，暂停现行程序的执行，调出 I/O 中断处理程序处理 I/O 中断。

8.3.5 I/O 处理机方式

前面所讲的通道，也称为 I/O 处理机，可以和 CPU 并行工作，提供高速的 DMA 处理能力，实现数据的高速传送。但是它不是独立于 CPU 工作的，而是主机的一个部件。通道并不能承担全部的 I/O 工作，仍需 CPU 的干预。

为了使 CPU 充分发挥高速计算的能力，真正摆脱上述 I/O 事务，在一些大型、高速的机器中，往往利用一个专用的处理机来独自完成全部的 I/O 管理工作，包括设备管理、文件管理、信息传送和转换、故障检测与诊断等。这种专用的处理机称为外围处理机，外围处理机基本上是独立于主机工作的，它有自己的指令系统和存储器，可完成算术/逻辑运算、读/写主存、与外设交换信息等。这样，整个计算机系统就由集中控制变成分散控制，使计算机性能有明显的飞跃。有的外围处理机干脆就选用已有的通用机。I/O 处理机方式一般应用于大型高效率的计算机系统中。当然，这种方式增加了系统成本；当 I/O 任务不是很繁重时，I/O 处理机的负载不是很饱满。

随着计算机技术的发展，I/O 控制方式也不断发生变化，那么推动 I/O 控制方式发展的主要推动因素是什么呢？可以从以下几个方面来理解。

1）力图减少 CPU 对 I/O 设备的干预，把 CPU 从繁杂的 I/O 控制中解脱出来，以发挥 CPU 数据处理的能力。

2）缓和 CPU 的高速性和 I/O 设备的低速性之间速度不匹配的矛盾，以提高 CPU 的利用率和系统的吞吐量。

3）提高 CPU 和 I/O 设备操作的并行程度，使 CPU 和 I/O 设备都处于忙碌状态，从而提高整个系统的资源利用率和系统吞吐量。

8.4 I/O 软件

8.4.1 I/O 软件的设计目标和原则

I/O 软件的总体设计目标是高效率和通用性。前者是要确保 I/O 设备与 CPU 的并发性，以提高资源的利用率；后者则是指尽可能地提供简单抽象、统一标准的接口，来管理所有的设备及所需的 I/O 操作。为了达到这一目标，通常将 I/O 软件组织成一种层次结构，低层软件用于实现与硬件相关的操作，并可屏蔽硬件的具体细节，高层软件则主要向用户提供一个简洁、友好和规范的接口。每一层具有一个要执行的定义明确的功能和一个与邻近层次定义明确的接口，各层的功能与接口随系统的不同而不同。

1. I/O 软件的设计目标

（1）与具体设备无关

对于 I/O 系统中许多种类不同的设备，作为程序员，只需要知道如何使用这些资源来完成所需要的操作即可，而无须了解设备的有关具体实现细节。为了提高操作系统的可移植性和易适应性，I/O 软件应负责屏蔽设备的具体细节，向高层软件提供抽象的逻辑设备并完成逻辑设备与具体物理设备的映射。

（2）统一命名

要实现设备无关性，其中一项重要的工作就是如何给 I/O 设备命名。不同的操作系统有不同的命名规则，一般而言，是在系统中对各类设备采取预先设计的、统一的逻辑名称进行命名，所有软件都以逻辑名称访问设备。这种统一命名与具体设备无关。同一个逻辑设备的名称，在不同的情况下可能对应于不同的物理设备。

（3）对错误的处理

错误多数是与设备紧密相关的，因此对于错误的处理，应该尽可能在接近硬件的层面处理，在低层软件能够解决的错误就不让高层软件感知，只有低层软件解决不了的错误才通知高层软件解决。许多情况下，错误恢复可以在低层得到解决，而高层软件不需要知道。

（4）缓冲技术

由于 CPU 与设备之间的速度差异很大，无论是块设备还是字符设备，都需要使用缓冲技术。对于不同类型的设备，其缓冲区的大小是不一样的，块设备的缓冲以数据块为单位，而字符设备的缓冲则以字节为单位。就是同类型的设备，其缓冲区的大小也是存在差异的，如不同的磁盘，其扇区的大小有可能不同。因此，I/O 软件应能屏蔽这种差异，向高层软件提供统一大小的数据块或字符单元，使高层软件能够只与逻辑块大小一致的抽象设备进行交互。

（5）设备的分配和释放

对于系统中的共享设备，如磁盘等，可以同时为多个用户服务。对于这样的设备，应该允许多个进程同时对其提出 I/O 请求。但对于独占设备，如键盘和打印机等，在某一时间只能供一个用户使用，对其分配和释放不当，将引起混乱，甚至死锁。对独占设备和共享设备带来的许多问题，I/O 软件必须能够同时进行妥善的解决。

（6）I/O 控制方式

针对具有不同传输速率的设备，综合系统效率和系统代价等因素，合理选择 I/O 控制方式，如对于打印机等低速设备，应采取程序中断方式，而对于磁盘等高速设备则采用 DMA 方式或 I/O 通道方式，以提高系统的利用率。为了方便用户，I/O 软件也应屏蔽这种差异，向高层软件提供统一的操作接口。

2. I/O 软件的层次

根据 I/O 软件设计的目标和原则，I/O 软件可以划分成如图 8-6 所示的层次结构。最底层是中断处理程序，它直接与硬件进行交互，往上是 I/O 驱动程序，再往上是设备无关性软件，最上层是用户 I/O 软件。用户 I/O 软件运行在用户空间，而剩下的 3 个软件则运行在内核空间。

对于用户程序，所有高级语言在运行时，系统都提供执行 I/O 功能的高级机制，如 C 语言中提供了 printf( )和 scanf( )等这样的标准 I/O 库函数。用户程序总是通过某种 I/O 函数或 I/O 操作请求进行数据的传输。如图 8-27 所示为用户程序调用 printf( )函数，调出内核提供的 system_write 系统调用的过程。

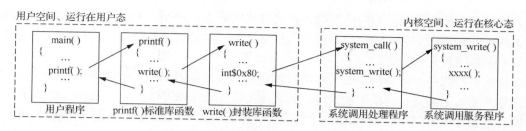

图 8-27　用户程序、库函数和内核之间的关系

如图 8-27 所示，对于一个 C 语言用户程序，若在某过程中调用了 printf( )函数，则在执行到 printf( )的语句时，便会转到 C 语言函数中对应的 I/O 标准库函数 printf( )去执行，而 printf( )最终又会转到调用函数 write( )；在执行到 write( )的语句时，便会通过一系列步骤在内核空间中找到 write 对应的系统调用服务程序 system_call 来执行，从而从用户态转到核心态来执行。在每个程序中，至少有一条中断返回指令，可以实现调用返回，从核心态返回到用户态。所有的 I/O 操作必须在核心态下运行，由操作系统提供的中断处理程序来进行处理。

8.4.2　中断处理程序

中断在操作系统中有着特殊重要的地位，它是多道程序得以实现的基础。没有中断，就不可能实现多道程序，因为进程之间的切换是通过中断来完成的。另一方面，中断也是设备管理的基础，为了提高处理机的利用率和实现 CPU 与 I/O 设备并行执行，必须有中断的支持。中断处理程序是 I/O 系统中最低的一层，它是整个 I/O 系统的基础。

CPU 响应中断后，通过执行中断处理程序（又称为中断服务程序）进行中断处理，服务程序事先存放在主存中，为了转向中断服务程序，关键是获得该服务程序的入口地址。因此我们先讨论如何获得服务程序的入口地址，再说明中断服务程序的执行过程。

1. 中断服务程序入口地址的获取

进程可以通过向量中断方式（硬件方式）或非向量中断方式（软件查询方式）获得服务程序的入口地址。

（1）向量中断方式

首先，我们定义 3 个有关的概念。

1）中断向量，采用向量化的中断响应方式，将中断服务程序的入口地址及其程序状态字存放在特定的存储区中，所有的中断服务程序入口地址和状态字一起，称为中断向量。有些计算机没有完整的程序状态字，则中断向量仅指中断服务程序的入口地址。一个计算机系统，需为若干中断源编制相应的服务程序模块，各有其入口地址。每个入口地址是一个标量（或视为布尔量），而这些入口地址被组织为标量的一维的有序集合，因而可以视为向量，即为中断服务的向量，简称中断向量。

2）中断向量表，即用来存放中断向量的一种表。在实际系统中，常将所有中断服务程序的入口地址（或包括程序状态字）组织成一个一维表格，并存放于一段连续的存储区，此表就是中断向量表。

3）向量地址，访问中断向量表的地址码，即读取中断向量所需的地址（也可称为中断指针）。

向量中断是指这样一种中断响应方式：将各个中断服务程序的入口地址（或包括状态

字）组织成中断向量表；响应中断时，由硬件直接产生对应于中断源的向量地址；按该地址访问中断向量表，从中读取服务程序入口地址，由此转向服务程序。这些工作一般在中断周期中由硬件直接实现。

向量中断的特点是根据中断请求信号快速地直接转向对应的中断服务程序。因此，现代计算机基本上都具有向量中断功能，其具体实现方法可以有多种。在 IBM PC 系统中，中断向量表存放在主存的 0～1023（十进制）单元中，如图 8-28 所示。每个中断源占用 4B，存放其服务程序入口地址，其中 2B 存放其段地址，2B 存放偏移量。因此，整个中断向量表可以驱动 256 个中断源，与中断类型码 0～255 相对应。对于 8086/8088 CPU 系统，中断向量表分为 3 部分：第一部分是专用区域，对应于中断类型码 0～4，为系统定义的一些内部中断源和非屏蔽中断源；第二部分是系统保留区，对应于中断类型码 5～31，为系统的管理调用和留作新功能的开发；第三部分是留给用户使用的区域，对应于中断类型码 32～255。

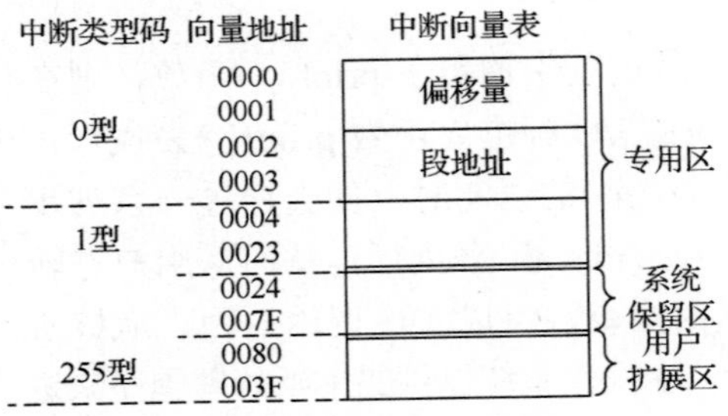

图 8-28 中左侧文字内容：

中断类型码 向量地址　　中断向量表

0型
- 0000
- 0001　偏移量
- 0002
- 0003　段地址　　专用区

1型
- 0004
- 0023

- 0024　　　　　系统
- 007F　　　　保留区
255型
- 0080　　　　用户
- 003F　　　　扩展区

图 8-28　IBM PC 的中断向量表

（2）非向量中断方式

非向量中断是指这样一种中断响应方式：CPU 响应中断时只产生一个固定的地址，由此读取中断查询程序（也称为中断服务总程序）的入口地址，然后转向查询程序并执行；通过软件查询方式，确定被优先批准的中断源，然后获取与之对应的中断服务程序入口地址，分支进入相应的中断服务程序。查询程序是为所有中断请求服务的，因此又称为中断总服务程序。它的任务仅仅是判定优先的、提出请求的中断源，从而转向实质性处理的服务程序，查询程序本身可以存在任何主存区间，但它的入口地址被写入一个固定的单元，如写入 1 号单元，这一点在硬件上是固定的。各个中断服务程序的入口地址则被写入查询程序之中。

查询方式可以是软件轮询（即分设备地逐个查询有关状态标志），也可以先通过硬件取回被批准中断源的设备码，再通过软件判别。而优先排队电路（硬件）则提供优先设备的设备码，供非向量中断使用。可见，非向量中断方式是通过软件方式确定中断源，再分支进入相应的服务程序处理的。这种方式可以简化硬件逻辑，灵活地修改优先顺序，但它的响应速度较慢。现代计算机大多具备向量中断功能，但非向量中断方式可以作为一种补充手段。

2. 中断处理程序

中断处理层的主要工作有，进行进程上下文切换，对处理中断信号源进行测试，读取设备状态和修改进程状态等。由于中断处理与硬件紧密相关，对用户级用户程序而言，应该尽量加以屏蔽，故应该放在操作系统的底层进行中断处理，系统的其余部分尽可能少地与之发生联系。当一个进程请求 I/O 操作时，该进程被挂起，直到 I/O 设备完成 I/O 操作后，设备控制器便向 CPU 发送一中断请求，CPU 响应后便转向中断处理程序，执行相应的处理，处理完后解除相应进程的阻塞状态。对于为每一类设备设置一个 I/O 进程的设备处理方式，其中断处理程序的处理过程分为以下几个步骤。

（1）唤醒被阻塞的驱动（程序）进程

中断处理程序开始执行时，首先去唤醒处于阻塞状态的驱动（程序）进程。如果采用了信号量机制，则可通过执行 signal 操作，将发送一信号给阻塞进程，将处于阻塞状态的驱动（程序）进程唤醒。

（2）保护被中断进程的 CPU 环境

通常由硬件自动将处理机状态字 PSW 和程序计数器 PC 中的内容，保存在中断保留区（栈）中，然后把被中断进程的 CPU 现场信息（即包括所有的 CPU 寄存器，如通用寄存器、段寄存器等内容）都压入中断栈中，因为在中断处理时可能会用到这些寄存器。如图 8-29 所示为一个简单的保护中断现场的示意图。该程序是指令在 N 位置时被中断的，程序计数器中的内容为 $N+1$，所有寄存器的内容都被保留在栈中。

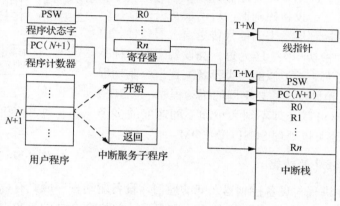

图 8-29　中断现场保护示意图

（3）转入相应的设备处理程序

由处理机对各个中断源进行测试，以确定引起本次中断的 I/O 设备，并发送一应答信号给发出中断请求的进程，使之消除该中断请求信号，然后将相应的设备中断处理程序的入口地址装入程序计数器中，使处理机转向中断处理程序。

（4）中断处理

对于不同的设备，有不同的中断处理程序。该程序首先从设备控制器中读出设备状态，以判别本次中断是正常完成中断，还是异常结束中断。若是前者，中断程序便进行结束处理；若还有命令，可再向控制器发送新的命令，进行新一轮的数据传送。若是异常结束中断，则根据发生异常的原因进行相应的处理。

（5）恢复被中断进程的现场

当中断处理完成以后，便可将保存在中断栈中的被中断进程的现场信息取出，并装入相应的寄存器中，其中包括该程序下一次要执行的指令的地址 $N+1$、处理机状态字，以及各通用寄存器和段寄存器的内容。这样，当处理机再次执行本程序时，便从 $N+1$ 处开始，最终返回到被中断的程序。

I/O 操作完成后，驱动程序必须检查本次 I/O 操作中是否发生了错误，并向上层软件报告，最终向调用者报告本次 I/O 的执行情况。除上述的第 4 步外，其他各步骤对所有 I/O 设备都是相同的，因而对于某种操作系统，如 UNIX 操作系统，是把这些共同的部分集中起来，形成中断总控程序。每当要进行中断处理时，都要首先进入中断总控程序。而对于第 4 步，则对不同设备需要采用不同的设备中断处理程序继续执行。如图 8-30 所示为中断处理流程。

8.4.3 设备驱动程序

设备驱动程序通常又称为设备处理程序，它是控制设备动作（如设备的打开、关闭、读、写等）的核心模块，用来控制设备上数据的传输。设备驱动程序是 I/O 进程与设备控制器之间的通信程序，又由于它常以进程的形式存在，故又称为设备驱动进程。其主要任务是接收上层软件发来的抽象 I/O 要求，如 read 或 write 命令，在把它转换为具体要求后，发送给设备控制器，启动设备去执行；此外，它也将由设备控制器发来的信号传送给上层软件。由于驱动程序与硬件密切相关，应为每一类设备配置一种驱动程序；有时也可为非常类似的两类设备配置一个驱动程序。例如，打印机和显示器需要不同的驱动程序，但 SCSI 磁盘驱动程序通常可以处理不同大小和不同速度的多个 SCSI 磁盘，甚至还可以处理 SCSI CD-ROM。

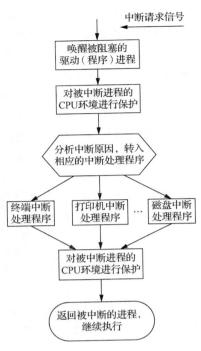

图 8-30　中断处理流程

1. 设备驱动程序的功能

为了实现 I/O 进程与设备控制器之间的通信，设备驱动程序应具有以下功能。

1）接收由设备独立性软件发来的命令和参数，并将命令中的抽象要求转换为具体要求，如将磁盘块号转换为磁盘的柱面号、磁头号和扇区号。

2）检查用户 I/O 请求的合法性，了解 I/O 设备的状态，传递有关参数，设置设备的工作方式。

3）发出 I/O 命令。如果设备空闲，便立即启动 I/O 设备去完成指定的 I/O 操作；如果设备处于忙碌状态，则将请求者的请求块挂在设备队列上等待。

4）及时响应由控制器或通道发来的中断请求，并根据其中断类型调用相应的中断处理程序进行处理。

2. 设备驱动程序的特点

设备驱动程序属于低级的系统例程，它与一般的应用程序及系统程序之间有下述明显差异。

1）驱动程序主要是指在请求 I/O 的进程与设备控制器之间的一个通信和转换程序。它将进程的 I/O 请求经过转换后，传送给控制器；又把控制器中所记录的设备状态和 I/O 操作完成情况及时地反映给请求 I/O 的进程。

2）驱动程序与设备控制器和 I/O 设备的硬件特性紧密相关，因而对不同类型的设备应配置不同的驱动程序。例如，可以为相同的多个终端设置一个终端驱动程序，但有时即使是同一类型的设备，由于其生产厂家不同，它们也可能并不完全兼容，此时也需要为它们配置不同的驱动程序。

3）驱动程序与 I/O 设备所采用的 I/O 控制方式紧密相关。常用的 I/O 控制方式是中断驱动和 DMA 方式，这两种方式的驱动程序明显不同，因为后者应按数组方式启动设备及进行中断处理。

4）由于驱动程序与硬件紧密相关，因而其中的一部分必须用汇编语言书写。目前有很多驱动程序的基本部分，已经固化在 ROM 中。

5）驱动程序应允许可重入。一个正在运行的驱动程序常会在一次调用完成前被再次调用。

6）不允许驱动程序使用系统调用。但是为了满足其与内核其他部分的交互，可以允许对某些内核过程的调用，如通过调用内核过程来分配和释放内存页面作为缓冲区，以及调用其他过程来管理 MMU 定时器、DMA 控制器、中断控制器等。

3. 设备驱动程序的处理过程

不同类型的设备应有不同的设备驱动程序，但大体上它们都可以分成两部分，其中，除要有能够驱动 I/O 设备工作的驱动程序外，还需要设备中断处理程序，以处理 I/O 完成后的工作。设备驱动程序的主要任务是启动指定设备。但在启动之前，还必须完成必要的准备工作，如检测设备状态是否为"忙"等。在完成所有的准备工作后，才最后向设备控制器发送一条启动命令。设备驱动程序的处理过程如下。

（1）将抽象要求转换为具体要求

通常在每个设备控制器中都含有若干个寄存器，分别用于暂存命令、数据和参数等。由于用户及上层软件对设备控制器的具体情况毫无了解，因而只能向它发出抽象的要求（命令），但这些命令无法传送给设备控制器。因此，就需要将这些抽象要求转换为具体要求。例如，将抽象要求中的盘块号转换为磁盘的柱面号、磁头号和扇区号。这一转换工作只能由驱动程序来完成，因为在操作系统中只有驱动程序才同时了解抽象要求和设备控制器的寄存器情况，也只有它才知道命令、数据和参数应分别送往哪个寄存器。

（2）检查 I/O 请求的合法性

对于任何输入设备，都是只能完成一组特定的功能，若该设备不支持这次的 I/O 请求，则认为这次 I/O 请求非法。例如，用户试图请求从打印机输入数据，显然系统应予以拒绝。此外，还有些设备如磁盘和终端，它们虽然都是既可读又可写的，但若在打开这些设备时规定的是读，则用户写的请求必然被拒绝。

（3）读出和检查设备的状态

在启动某个设备进行 I/O 操作时，其前提条件应该是该设备正处于空闲状态。因此在启动设备之前，要从设备控制器的状态寄存器中读出设备的状态。例如，为了向某设备写入数据，此前应该先检查该设备是否处于接收就绪状态，仅当它处于接收就绪状态时，才能启动其设备控制器，否则只能等待。

（4）传送必要的参数

对于许多设备，特别是块设备，除必须向其控制器发出启动命令外，还需传送必要的参数。例如，在启动磁盘进行读/写之前，应先将本次要传送的字节数和数据应到达的主存始址，送入控制器的相应寄存器中。

（5）工作方式的设置

有些设备可具有多种工作方式，典型情况是利用 RS-232 接口之前，应先按通信规程设定参数：波特率、奇偶校验方式、停止位数目及数据字节长度等。

（6）启动 I/O 设备

在完成上述各项准备工作之后，驱动程序可以向控制器中的命令寄存器传送相应的控制命令。对于字符设备，若发出的是写命令，驱动程序将把一个数据传送给控制器；若发出的是读命令，则驱动程序等待接收数据，并通过从控制器中的状态寄存器读入状态字的方法，来确定数据是否到达。

驱动程序发出 I/O 命令后，基本的 I/O 操作是在设备控制器的控制下进行的。通常，I/O 操作所要完成的工作较多，需要一定的时间，如读/写一个盘块中的数据，此时驱动（程序）进程把自己阻塞起来，直到中断到来时才将它唤醒。

8.4.4 设备独立性软件

1. 设备独立性的概念

为了提高操作系统的可适应性和可扩展性，在现代操作系统中都毫无例外地实现了设备独立性，也称为设备无关性。其基本含义是，应用程序独立于具体使用的物理设备。为了实现设备独立性而引入了逻辑设备和物理设备这两个概念。在应用程序中，使用逻辑设备名称来请求使用某类设备；而系统在实际执行时，还必须使用物理设备名称。因此，系统需具有将逻辑设备名称转换为某物理设备名称的功能，这非常类似于存储器管理中所介绍的逻辑地址和物理地址的概念。在实现了设备独立性的功能后，可带来以下两方面的优点。

（1）设备分配时的灵活性

当应用程序（或进程）以物理设备名称来请求使用指定的某台设备时，如果该设备已经分配给其他进程或正在检修，而此时尽管还有几台其他的相同设备正在空闲，该进程却仍阻塞。但若进程能以逻辑设备名称来请求某类设备时，系统可立即将该类设备中的任意一台分配给进程，仅当所有此类设备已全部分配完毕时，进程才会阻塞。

（2）易于实现 I/O 重定向

所谓 I/O 重定向，是指用于 I/O 操作的设备可以更换（即重定向），而不必改变应用程序。例如，我们在调试一个应用程序时，可将程序的所有输出送往屏幕显示；而在程序调试完后，如需将程序的运行结果打印出来，此时便须将 I/O 重定向的数据结构——逻辑设备表中的显示终端改为打印机，而不必修改应用程序。I/O 重定向功能具有很大的实用价值，现已被广泛地引入到各类操作系统中。

2. 设备独立性软件的功能

驱动程序是一个与硬件紧密相关的软件。为了实现设备独立性，必须再在驱动程序之上设置一层软件，称为设备独立性软件。至于设备独立性软件和设备驱动程序之间的界限，根据不同的操作系统和设备有所差异，主要取决于操作系统、设备独立性和设备驱动程序的运行效率等多方面因素的权衡，因为对于一些本应由设备独立性软件实现的功能，可能由于效率等诸多因素，实际上设计在设备驱动程序中。总的来说，设备独立性软件的主要功能可分为以下两个方面。

（1）执行所有设备的公有操作

这些公有操作包括以下几种。

1）对独立设备的分配与回收。

2）将逻辑设备名映射为物理设备名，进一步可以找到相应物理设备的驱动程序。

3）对设备进行保护，禁止用户直接访问设备。

4）缓冲管理，即对字符设备和块设备的缓冲区进行有效的管理，以提高 I/O 的效率。

5）差错控制，由于在 I/O 操作中的绝大多数错误与设备无关，因此主要由设备驱动程序处理，而设备独立性软件只处理那些设备驱动程序无法处理的错误。

6）提供独立于设备的逻辑块，不同类型的设备信息交换单位是不同的，读取和传输速率也各不相同，如字符型设备以单个字符为单位，块设备是以一个数据块为单位。即使同一类型的设备，其信息交换单位大小也是有差异的，如不同磁盘由于扇区大小的不同，可能造成数据块大小的不一致，因此设备独立性软件应负责隐藏这些差异，对逻辑设备使用并向高层软件提供大小统一的逻辑数据块。

（2）向用户层软件提供统一接口

无论何种设备，它们向用户所提供的接口应该是相同的。例如，对各种设备的读操作，在应用程序中都使用 read；而对各种设备的写操作，也都使用 write。

3. 逻辑设备名到物理设备名映射的实现

（1）逻辑设备表

为了实现设备的独立性，系统必须设置一个逻辑设备表（logical unit table，LUT），用于将应用程序中所使用的逻辑设备名映射为物理设备名。在该表的每个表目中包含了 3 项：逻辑设备名、物理设备名和设备驱动程序的入口地址，如图 8-31（a）所示。当进程用逻辑设备名请求分配 I/O 设备时，系统为它分配相应的物理设备，并在 LUT 上建立一个表目，填上应用程序中使用的逻辑设备名和系统分配的物理设备名，以及该设备驱动程序的入口地址。当以后进程再利用该逻辑设备名请求 I/O 操作时，系统通过查找 LUT，便可找到物理设备和驱动程序。

（2）LUT 的设置问题

LUT 的设置可采取以下两种方式。

第一种方式是在整个系统中只设置一个 LUT。由于系统中所有进程的设备分配情况都记录在同一个 LUT 中，因此不允许在 LUT 中具有相同的逻辑设备名，这就要求所有用户都不能使用相同的逻辑设备名。在多用户环境下这通常是难以做到的，因而这种方式主要用于单一用户系统中。第二种方式是为每个用户设置一个 LUT。每当用户登录时，便为该用户建立一个进程，同时也为其建立一个 LUT，并将该表放入进程的 PCB 中。由于通常在多用户系统中都配置了系统设备表，此时的 LUT 可以采用图 8-31（b）所示的格式。

逻辑设备名	物理设备名	驱动程序入口地址
/dev/gry	2	1024
/dev/printfer	5	2560
⋮	⋮	⋮

（a）

逻辑设备名	系统设备表指针
/dev/gry	2
/dev/printfer	5
⋮	⋮

（b）

图 8-31　逻辑设备表

8.4.5　用户层 I/O 软件

1. 库函数

一般而言，大部分的 I/O 软件在操作系统内部，但仍有一小部分在用户层，包括与用户程序链接在一起的库函数，以及完全运行于内核之外的一些程序。用户层软件必须通过一组系统调用来取得操作系统服务。在现代的高级语言中，通常提供了与各系统调用一一对应的库函数，用户程序通过调用对应的库函数使用系统调用。这些库函数与调用程序连接在一起，包含在运行时装入在内存的二进制程序中，如 C 语言中的库函数 write 等，显然这些库函数的集合也是 I/O 系统的组成部分。尽管这些库函数很有用，也非常重要，但它们本身不属于操作系统的内核部分，而且运行在用户态下。一些库函数只是简化了用户与系统调用的接口，而另一些要复杂得多。库函数要获得操作系统的服务，也要通过系统调用。但在许多现代操作系统中，系统调用本身已经采用 C 语言编写，并以函数形式提供，所以在使用 C 语言编写的用户程序中，可以直接使用这些系统调用。

2. SPOOLing 软件

并非所有的用户层 I/O 软件都是由库函数构成的，SPOOLing 就是在内核外运行的系统 I/O 软件。它采用预输入、缓输出和井管理技术，是多道程序设计系统中处理独占型设备的一种方法，通过创建守护进程和特殊目录解决独占型设备的空占问题。

8.5 设 备 分 配

在多道程序环境下，系统中的设备供所有进程共享，为防止进程间的无序竞争，规定系统设备不允许用户自行使用，必须由系统统一分配，每当进程向系统提出 I/O 请求时，只要是可能和安全的，设备分配程序便按照一定的策略，把设备分配给请求用户。

8.5.1 设备分配时应考虑的因素

为了使系统有条不紊地工作，系统在分配设备时，应考虑这样几个因素：设备的固有属性、设备分配算法、设备分配时的安全性。

1. 设备的固有属性

在分配设备时，首先应考虑与设备分配有关的设备属性。设备的固有属性可分为 3 种：第一种是独占性，是指这种设备在一段时间内只允许一个进程独占，即临界资源；第二种是共享性，指这种设备允许多个进程同时共享；第三种是可虚拟设备，指设备本身虽然是独占设备，但经过某种技术处理，可以把它改造为虚拟设备。对上述的独占、共享、可虚拟 3 种设备应采取不同的分配策略。

（1）独占设备

对于独占设备，应采用独享分配策略，即将一个设备分配给某进程后，便由该进程独占，直至该进程完成或释放该设备。然后，系统才能再将该设备分配给其他进程使用。这种分配策略的缺点是，设备得不到充分利用，而且还可能引起死锁。

（2）共享设备

对于共享设备，可同时分配给多个进程使用，此时需注意对这些进程访问该设备的先后次序进行合理的调度。

（3）可虚拟设备

由于可虚拟设备是指一台物理设备在采用虚拟技术后，可变成多台逻辑上的所谓虚拟设备。一台可虚拟设备是可共享的设备，可以将它同时分配给多个进程使用，并对这些访问该（物理）设备的先后次序进行控制。

2. 设备分配算法

对设备进行分配的算法，与进程调度的算法有些相似之处，但前者相对简单，通常只采用以下两种分配算法。

（1）先来先服务算法

当有多个进程对同一设备提出 I/O 请求时，该算法是根据诸进程对某设备提出请求的先后次序，将这些进程排成一个设备请求队列，设备分配程序总是把设备首先分配给队首进程。

（2）优先级高者优先算法

在进程调度中的这种策略，是优先权高的进程优先获得处理机。如果对这种高优先权进程所提出的 I/O 请求也赋予高优先权，显然有助于进程尽快完成。在利用该算法形成设备等待队列时，将优先权高的进程排在设备等待队列队首，而对于优先级相同的 I/O 请求，则按先来先服务原则排队。

3. 设备分配时的安全性

从进程运行的安全性考虑，设备分配有以下两种方式。

（1）安全分配方式

在这种分配方式中，每当进程发出 I/O 请求后，便进入阻塞状态，直到其 I/O 操作完成时才被唤醒。在采用这种分配策略时，一旦进程已经获得某种设备（资源）后便阻塞，使该进程不可能再请求任何资源，而在它运行时又不保持任何资源。因此，这种分配方式已经摒弃了造成死锁的 4 个必要条件之一的"请求和保持"条件，从而使设备分配是安全的。其缺点是进程进展缓慢，即 CPU 与 I/O 设备是串行工作的。

（2）不安全分配方式

在这种分配方式中，进程在发出 I/O 请求后仍继续运行，需要时又发出第二个 I/O 请求、第三个 I/O 请求等。仅当进程所请求的设备已被另一进程占用时，请求进程才进入阻塞状态。这种分配方式的优点是，一个进程可同时操作多个设备，使进程推进迅速。其缺点是分配不安全，因为它可能具备"请求和保持"条件，从而可能造成死锁。因此，在设备分配程序中，还应再增加一个功能，以用于对本次的设备分配是否会发生死锁进行安全性计算，仅当计算结果说明分配是安全的情况下才进行设备分配。

4. 设备分配的方式

设备分配的方式有两种，即静态分配方式和动态分配方式。

（1）静态分配方式

静态分配方式是在用户进程开始执行之前，由系统一次分配该进程所要求的全部设备、控制器和通道。一旦分配之后，这些设备、控制器和通道就一直为该进程所占用，直到该进程被撤销。静态分配方式不会出现死锁，但是设备的利用率低。

（2）动态分配方式

动态分配方式是在用户进程运行过程中，根据执行需要进行设备分配。当进程需要设备时，通过系统调用命令向系统提出设备请求，由系统按照事先规定的策略给进程分配所需要的设备、I/O 控制器和通道，一旦用完之后，便立即释放，动态分配方式有利于提高设备的利用率，但如果分配算法使用不当，则有可能造成进程死锁。

8.5.2　设备分配中的数据结构

在进行设备分配时，为了更好地记录 I/O 系统内的设备情况，以便对它们进行有效的管理，引入了一种数据结构——线性表。这些表记录了设备、控制器和通道的状态，以及对它们进行控制所需要的信息。设备分配所需要的数据结构有设备控制表（device control table，DCT）、控制器控制表（controller control table，COCT）、通道控制表（channel control table，CHCT）和系统设备表（system device table，SDT）等。

1. 设备控制表

设备控制表反映设备的特性、设备和 I/O 控制器的连接情况，其中包括设备识别、使用状态和等待使用该设备的进程队列等。系统中每个设备都必须有一个 DCT。DCT 在系统安装时或在该设备和系统连接时创建，但表中的内容则根据系统的执行情况而修改，如图 8-32（a）所示。DCT 包括设备类型、设备识别符、设备地址或设备号、设备状态、I/O 控制器表指针和设备等待队列指针等内容。

2. 控制器控制表

控制器控制表，也是每个控制器一个，它反映 I/O 控制器的使用状态及和通道的连接情况等，如图 8-32（b）所示。

3. 通道控制表

通道控制表只在通道控制方式的系统中存在，也是每个通道一个控制表。CHCT 包括通道标识符、通道忙/闲标识、与通道连接的控制器表首址、等待获得该通道的进程等待队列的队首指针与队尾指针等，如图 8-32（c）所示。显然，在有通道的系统中，一个进程只有获得了通道、控制器和所需设备三者之后，才具备了进行 I/O 操作的物理条件。

4. 系统设备表

整个系统只会保留一个系统设备表，它记录已被连接到系统中的所有物理设备的情况，并为每个物理设备设一表项。如图 8-32（d）所示，SDT 的每个表项包括的内容有 DCT 指针、进程标识、设备类型和设备标识符及设备驱动程序入口地址等内容。

SDT 的主要意义在于反映系统中设备资源的状态，即系统中有多少设备，有多少是空闲的，而又有多少已经分配给了哪些进程。

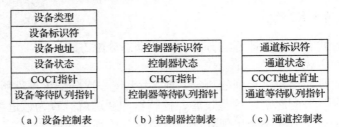

（a）设备控制表　　（b）控制器控制表　　（c）通道控制表

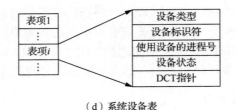

（d）系统设备表

图 8-32　设备分配中的数据结构

8.5.3　设备的分配与去配

所谓设备分配是指将设备资源分配给某个申请进程，设备去配是指将设备资源从某个占有资源的进程处收回。由于设备类型的差异，用户使用不同类型设备的活动是不一样的，资源分配与去配的方式也是不同的。一般可将设备资源的分配与去配分为 3 种情况，即独占型设备的分配与去配、共享型设备的分配与去配和可虚拟设备的分配与去配。下面首先说明设备分配和去配的操作步骤，然后针对 3 种不同的设备，单独讲解分配与去配的方法。

1. 设备分配与去配的步骤

（1）设备分配的步骤

按照某种分配算法，在进程提出 I/O 请求后，设备管理系统按下述步骤进行设备分配。

1）分配设备。在设备申请过程中，根据进程请求的 I/O 设备的逻辑名，就可以去查找逻辑设备和物理设备的映射表——LUT；然后以物理设备名为索引，再查找 SDT，就可以找到第一个该类设备所连接的 DCT；根据 DCT 中的设备状态字段，可知该设备是否忙。若忙，查找第二个该类设备的 DCT，如果设备仍然忙，则以此类推，仅当所有该类设备都忙时，才把进程挂在该类设备的等待队列上；而只要有一个该类设备可用，系统便进一步计算分配该设备的安全性。如果不会导致系统进入不安全状态，便将设备分配给该请求进程；否则，将其 PCB 插入设备等待队列上。

2）分配控制器。在系统把设备分配给请求 I/O 进程后，再通过设备的 DCT 找到与该设备连接的第一个该类控制器的 COCT，从 COCT 的状态字段中可知该控制器是否忙。若忙，查找第二个该类控制器的 COCT，如果此控制器仍然忙，则以此类推，当所有该类控制器都忙时，则表明无控制器可以分配给该设备。只要该设备不是该类设备中的最后一个，便可以退回到第一步，再找下一个空闲设备；否则才把进程的 PCB 挂在该类控制器的等待队列上。而只要有一个该类控制器可用，则将控制器分配给该进程。

3）分配通道。若给进程分配了控制器，在已分配控制器的 COCT 中，可找到与该控制器连接的第一个该类通道的 CHCT，再根据 CHCT 的状态信息，可知该通道是否忙碌。若忙，查找第二个该类通道的 CHCT，如果通道仍然忙，则以此类推，当所有该类通道都忙时，则表示无通道可以分配给该控制器。只要该控制器不是与设备连接的最后一个控制器，便可以退回到第二步，试图再找出一个空闲的控制器；否则才把进程的 PCB 挂在该类通道的等待队列上；而只要有一个该类通道可用，则将通道分配给该进程。

只有在设备、控制器和通道三者都分配成功时，这次分配才算成功，如图 8-33 所示。然后，便可启动该 I/O 设备进行数据传输。

（2）设备去配的步骤

系统在 I/O 设备数据传输完毕后，要进行设备回收。

1）去配通道。设备管理系统根据请求 I/O 进程的标识符，查找 SDT，找到所分配使用设备的 DCT 表项；然后根据 DCT，找出所连接控制器的 COCT；再根据 COCT，找出连接通道的 CHCT。系统修改 CHCT 的内容，把 CHCT 的设备状态设为空闲，把与通道连接的 COCH 地址首址设为 NULL。然后从通道的进程等待队列中取出一个进程，把通道分配给该进程。

2）去配控制器。设备管理程序找到设备所连接控制器的 COCT，修改其内容，将控制器状态设为空闲，把与控制器连接的 CHCT 指针设为 NULL。然后从控制器的进程等待队列中取出一个进程，把控制器分配给该进程。

3）去配设备。设备管理程序找到设备的 DCT，修改其内容，把设备状态设为空闲，把与设备连接的 COCT 指针设为 NULL。然后从设备的进程等待队列中取出一个进程，把设备分配给该进程。

4）修改 SDT。设备管理程序根据设备标识符查找 SDT，修改 SDT 中该设备的表项。如果设备没有被分配，则使设备状态变为空闲，使用设备的进程号设为空。如果设备已分配给某个等待进程，则把设备状态设为忙，使用设备的进程号设为这个进程的标识符。

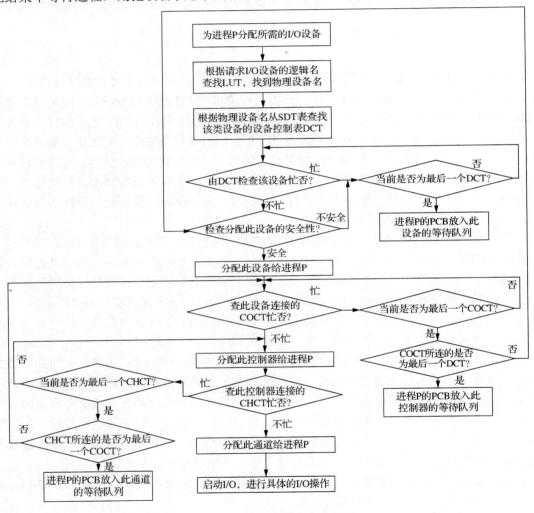

图 8-33 多通路设备的分配流程

2. 不同类型设备的分配与去配

（1）独占型设备的分配与去配

独占型设备包括打印机、磁带机、扫描仪、绘图仪等设备，这类设备在一段时间内只能由一个进程所占有。

1）分配方式。用户使用独占型设备的活动如下：申请，使用，使用，…，使用，释放。

对于申请命令，系统将设备分配给申请者；对于使用命令，系统将转到设备驱动模块完成一次数据传输；对于释放命令，系统将设备从占有者手中收回。在申请命令和释放命令执行期间，用户独占此设备。由于 I/O 传输时需要一个通路，包括控制器和通道，仅有其一无法完成传输，因此控制器和通道两种资源必须同时分配。

2）申请情况。进程申请设备资源时，应当指定所需的设备类别，而不是指定某一具体的设备编号。系统根据当前请求情况及资源分配情况在相应类别的设备中选择一个空闲设备并将其分配给申请者，这称为设备无关性。这种分配方案具有以下两个优点：①提高设备资源利用率。假设申请者指定具体设备，被指定的设备可能正在被占用，因而无法得到，造成资源浪费和进程的不必要等待。②程序与设备无关。假设申请者指定具体的设备，而被指定设备已损坏或不联机，则需要修改程序。

3）分配和去配步骤。

① 申请：分配设备，具体做法如下。

a. 根据申请设备名查找 SDT，找到对应的入口地址。

b. 执行 wait(Sm)；Sm 为所申请同类设备的资源信号量。

c. 查找对应的 DCT，找一空闲设备并分配。

② 使用：进行一次数据传输，具体做法如下。

a. 分配通路（控制器、通道）。若进程需要等待通路，则进入通路等待队列。当对应控制器或通道被释放时，唤醒所有等待通路进程，被唤醒的进程需要重新执行上述程序寻找通路。

b. 进行 I/O 传输。启动设备，经由选定的通路传输一个基本 I/O 单位。

c. 去配通路（控制器、通道）。当通道或控制器发出中断信号时，都需要将对应的等待通路进程全部唤醒。

③ 释放：去配设备，具体做法如下。

a. 根据释放设备名查找 SDT，找到对应的入口地址。

b. 根据设备号查找对应的 DCT，找到所释放设备并去配。

c. 执行 signal(Sm)。

（2）共享型设备的分配与去配

1）分配方式。共享型设备是指磁盘、磁鼓等设备，这类设备可被多个进程共享，但在每个 I/O 传输的单位时间内只能由一个进程所占有。用户使用共享型设备的活动如下：使用，使用，…，使用。

与独占型设备不同，用户在使用共享型设备时并没有显式的设备申请与释放动作。不过，在每一个使用命令之前都隐含有一个申请命令，在每一个使用命令之后都隐含有一个释放命令；在此隐含的申请命令和隐含的释放命令之间，执行一次 I/O 传输。例如，对于磁盘而言，是对一个磁盘块的读写。通常，共享型设备的 I/O 请求来自文件系统、虚拟存储系统或 I/O 并管理程序，其具体设备已经确定，因而设备分配比较简单，即当设备空闲时分配，占用时等待。

2）分配和去配步骤。共享设备分配的具体步骤如下。

① 申请设备及通路。如果设备被占用，进入设备等待队列，否则分配设备；如有可用通路则分配，否则进入通路等待队列。通路的分配算法与独占型设备相同。

② I/O 传输。启动设备，经由选定的通路传输一块数据。

③ 去配设备及通路。当设备发出中断信号时，唤醒一个等待设备的进程；当通道或控制器发出中断信号时，唤醒所有相关的等待通路进程，让其重新申请通路。

由此可以看出，所谓共享型设备是指这样的设备：对于此类设备来说，不同进程的 I/O 传输以块为单位，且可以交叉进行。

（3）可虚拟型设备的分配与去配

虚拟分配技术利用共享设备来实现独占设备的功能，从而使独占设备"感觉上"成为可共享的、快速的 I/O 设备。实现虚拟分配最成功的技术是 SPOOLing（simultaneous peripheral operation on-line，同时外围联机操作）技术，也称为假脱机操作。它把卡片机或打印机等独占设备变成共享设备。例如，SPOOLing 程序预先把一台卡片机上一个作业的全部卡片输入磁盘中。以后，当进程试图读卡时，由 SPOOLing 程序把这个请求转换成从盘上读入。从用户程序来看，它是从"快速"卡片机上读入信息，而实际上却是从磁盘上读入的，因为磁盘容易被多个用户共享，这样，就把一台卡片机变成多台"虚拟"卡片机。各用户作业可一个接一个地放在卡片机上，然后送入磁盘，独占设备也就成为"共享"设备了。

8.5.4 SPOOLing 技术

虚拟性是操作系统的基本特征，虚拟技术主要是系统采用时分复用技术和空分复用技术来解决资源不足的问题。早期的操作系统是单用户单任务系统，只能由一个用户独占，不存在资源竞争的问题。后来，随着多道程序技术的出现，一个 CPU 可为多个程序服务，但 CPU 一次只能被一道程序占用。为满足多个用户共享一台计算机，采用时分复用方式让 CPU 为多个用户服务。但对于独占设备来讲，采用时分方式统一管理设备是有问题的，如进程 A 需要输出中文的文字信息，进程 B 需要输出阿拉伯数字的数字信息。假设这两个进程采用时分技术共享一台打印机，则打印机输出到纸上的结果会显现出中文文字和阿拉伯数字的数据交叉信息，这个结果均不是进程 A 和进程 B 所希望的结果。显然，采用时分复用技术统一管理设备是不行的。一般来说，通过某种虚拟技术也能把独占设备改造为共享设备。SPOOLing 技术就是用于将一台独占设备改造成共享设备的一种行之有效的技术。

1. SPOOLing 的概念

为了缓和 CPU 的高速性与 I/O 设备的低速性之间的矛盾，可以利用专门的外围控制机将低速 I/O 设备上的数据传送到可共享的高速磁盘上；或者相反，将可共享的高速磁盘上的信息在外围控制机的控制下送入低速 I/O 设备上输出。这样，就可以将磁盘作为中间介质，模拟构成多个适于独占的设备，从而使独占设备可为多个进程服务。此时，站在进程和用户的角度来看获得了设备，该设备实际为逻辑设备，又称为虚拟设备。由于外围控制机和主机是分开工作的，把这种 I/O 操作称为脱机 I/O。这种技术多用于早期的批处理系统，虽然它解决了慢速外设与快速主机的匹配问题，但存在需要人工干预、效率低、周转时间慢和无法实现优先级调度等缺点。

在引入处理能力很强的 I/O 通道和多道程序设计技术后，人们可以用常驻内存的进程去模拟一台外围控制机，用一台主机就可完成上述脱机技术中需要用 3 台计算机完成的工作。系统可以利用其中的一个进程，来模拟脱机输入时的外围控制机的功能，把低速 I/O 设备上的数据传送到高速磁盘上；然后，用另一个进程来模拟脱机输出时外围控制机的功能，把数据从磁盘传送到低速输出设备上。这样，便可在主机的直接控制下实现脱机 I/O 功能。此时的外围操作与 CPU 对数据的处理同时进行，我们把这种在联机情况下实现的同时外围操作称为 SPOOLing，或称为假脱机技术。

2. SPOOLing 系统的组成

SPOOLing 系统实质上是对脱机 I/O 系统的模拟，以空间换时间实现对独占设备的共享，如图 8-34 所示。SPOOLing 系统建立在通道技术和多道程序技术的基础上，以高速随机外存（通常采用磁盘）作为后援存储器。SPOOLing 的工作原理如图 8-35 所示。在不同的操作系统中其管理的方法大同小异，下面简述 SPOOLing 技术的主要内容，大致有以下 4 个部分。

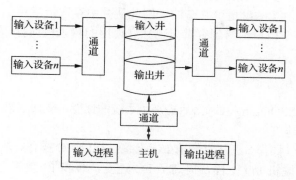

图 8-34   SPOOLing 系统的组成

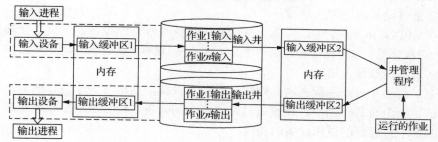

图 8-35   SPOOLing 系统的工作原理

（1）输入井和输出井

这是在磁盘上开辟的两个大存储空间。输入井模拟脱机输入时的磁盘，用于收容 I/O 设备输入的数据；输出井模拟脱机输出时的磁盘，用于收容用户程序的输出数据。井中的数据一般以文件形式存在，被称为井文件。一个文件仅能存放一个进程输入或输出的数据，所有进程的井文件链接成一个输入或输出队列。

（2）输入缓冲区和输出缓冲区

为了缓和 CPU 和磁盘之间速度不匹配的矛盾，在内存中开辟两个缓冲区：输入缓冲区和输出缓冲区。输入缓冲区用于暂存由输入设备送来的数据，以后再传送到输入井。输出缓冲区用于暂存从输出井送来的数据，以后再传送给输出设备。

（3）输入进程和输出进程

输入进程也称为预输入进程，用于模拟脱机输入时的外围控制机，将用户要求的数据从输入设备传送到输入缓冲区，再送到输入井。当 CPU 需要输入数据时，直接从输入井读入内存。输出进程也称为缓输出进程，用于模拟脱机输出时的外围控制机，把用户要求输出的数据先从内存送到输出井，待输出设备空闲时，再将输出井中的数据经过输出缓冲区送到输出设备上。

（4）井管理程序

井管理程序用于控制作业与磁盘井之间的信息交换。井管理程序具有井管理读程序和井管理写程序两个功能。当作业请求从输入机上读文件信息时，就把任务转交给井管理读程序，从输入井读出信息供用户使用。当作业请求从打印机上输出结果时，就把任务转交给井管理写程序，井管理写程序把产生的结果以文件的形式保存到输出井中并进行排队，然后按队列的次序逐一输出到打印机。

对 SPOOLing 系统来说，从井中存取信息可以缩短信息的传输时间，从而加快作业的执行。对用户来说，只要保证信息的正确存取即可，至于信息是从井中存取还是从独占设备上存取无关紧要。由于磁盘是可共享的，因此从井中存取信息可以同时满足多个用户的读/写要求，从而使每个用户都感到有供自己独立使用的输入机或打印机，且速度与磁盘一样快。

3. SPOOLing 系统的特点

在系统中采用了 SPOOLing 技术之后提高了系统的性能，概括起来主要表现出以下特点。
（1）提高了 I/O 速度

对数据进行的 I/O 操作，已从对低速 I/O 设备进行的 I/O 操作，演变为对输入井或输出井数据的存取，如同脱机 I/O 一样，提高了 I/O 速度，缓和了 CPU 与低速 I/O 设备之间速度不匹配的矛盾。
（2）将独占设备改造为共享设备

因为在 SPOOLing 系统中，实际上并没有为任何进程分配设备，而只是在输入井或输出井中，为进程分配一个存储区和建立一个 I/O 请求表。这样，便把独占设备改造为共享设备。
（3）实现了虚拟设备功能

宏观上，虽然是多个进程在同时使用一台独立设备，而对每一个进程而言，它们都认为自己独占了一个设备。当然，该设备只是逻辑上的设备。SPOOLing 系统实现了将独占设备变换为若干台对应的逻辑设备的功能。

4. 假脱机打印机系统

打印机是经常用到的输出设备，属于独占设备。利用假脱机技术可将它改造为一台可供多个用户共享的打印设备，从而提高设备的利用率，也方便了用户。共享打印机技术已被广泛地用于多用户系统和局域网络中。假脱机打印系统主要有以下 3 个部分。
（1）磁盘缓冲区

磁盘缓冲区是在磁盘上开辟的一个存储空间，用于暂存用户程序的输出数据，在该缓冲区中可以设置几个盘块队列，如空盘块队列、满盘块队列等。
（2）打印缓冲区

打印缓冲区用于缓和 CPU 和磁盘之间速度不匹配的矛盾，设置在内存中，暂存从磁盘缓冲区送来的数据，以后再传送给打印设备进行打印。
（3）假脱机管理进程和假脱机打印进程

由假脱机管理进程为每个要求打印的用户数据建立一个假脱机文件，并把它放入假脱机文件队列中，由假脱机打印进程依次对队列中的文件进行打印。如图 8-36 所示为假脱机打印机系统的组成。

每当用户进程发出打印输出请求时，假脱机打印机系统并不是立即把打印机分配给用户进程，而是由假脱机管理进程完成两项工作：①在磁盘缓冲区中为其申请一个空闲盘块，并将要打印的数据送入其中暂存；②为用户进程申请一个空白的用户请求打印表，并将用户的打印要求填入其中，再将该表挂到假脱机文件队列上。在这两项工作完成后，虽然还没有进行任何实际的打印，但对于用户进程而言，其打印请求已经得到满足，打印输出任务已经完成。

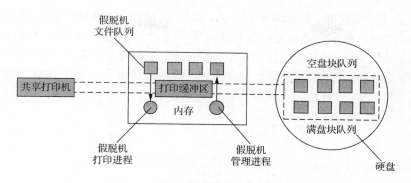

图 8-36 假脱机打印机系统的组成

真正的打印输出是假脱机打印进程负责的，当打印机空闲时，该进程首先从假脱机文件队列的队首摘取一个请求打印表，然后根据表中的要求将要打印的数据由输出井传送到内存缓冲区，再交付打印机进行打印。一个打印任务完成后，假脱机打印进程将再次查看假脱机文件队列，若队列非空，则重复上述的工作，直至队列为空。此后，假脱机打印进程将自己阻塞起来，仅当再次有打印请求时，才被重新唤醒运行。

由此可见，利用假脱机打印机系统向用户提供共享打印机的概念是，对每个用户而言，系统并非即时执行其程序输出数据的真实打印操作，而只是即时将数据输出到缓冲区，这时的数据并未真正被打印，只是让用户感觉系统已为他打印。真正的打印操作，是在打印机空闲且该打印任务在等待队列中已排到队首时进行的，而且，打印操作本身也是利用 CPU 的一个时间片，没有使用专门的外围机。以上过程是对用户屏蔽的，用户是不可见的。

8.6 缓 冲 技 术

为了缓和 CPU 和 I/O 设备速度不匹配的矛盾，提高 CPU 和 I/O 设备的并行性，在现代计算机系统中，大多数的 I/O 设备在与处理机交换数据时使用了缓冲区。缓冲区是一个存储区域，它可以由专门的硬件寄存器组成，也可以利用内存作为缓冲区。缓冲管理的主要功能是组织好这些缓冲区，并提供获得和释放缓冲区的手段。

8.6.1 缓冲技术的引入

虽然通道的建立使 CPU、通道和 I/O 设备可以并行执行，但是因为 CPU 和设备之间的速度相差太大，所以并不能使它们很好地并行执行。例如，有一进程，它时而进行计算，时而把计算后的数据通过打印机输出。若无缓冲，打印输出时，由于打印机的速度跟不上 CPU 的速度，CPU 不得不经常等待，而在计算阶段打印机又被闲置。如果在打印机和 CPU 之间设一个缓冲区，情况便可大有改观：当进程打印输出时，将输出数据暂存在缓冲区中，由打印机取出慢慢打印，CPU 在将数据传送到缓冲区之后便可继续其计算任务，此时 CPU 便可与设备并行操作。

再者，从减少中断的次数来看，也存在着引入缓冲区的必要性。在中断方式时，如果在设备控制器中增加一个 100 个字符的缓冲，则由前面对中断方式的描述可知，设备控制器对 CPU 的中断次数比没有设置缓冲的时候将降低 100 倍，即等到能存放 100 个字符的缓冲区满了以后才向 CPU 发出一次中断，这将大大减少 CPU 的中断时间。

在远程通信系统中，如果从远地终端发来的数据仅用一位缓冲来接收，如图 8-37（a）所示，则必须在每收到一位数据时便中断一次 CPU，这样，对于速率为 9.6kb/s 的数据通信来说，就意味着其中断 CPU 的频率也为 9.6kb/s，即每 100μs 就要中断 CPU 一次，而且 CPU 必须在 100μs 内予以响应，否则缓冲区内的数据将被冲掉。倘若设置一个具有 8 位的缓冲移位寄存器，如图 8-37（b）所示，则可使 CPU 被中断的频率降低为原来的 1/8，即 800μs 中断一次，但是 CPU 响应的时间仍然是 100μs；若再设置一个 8 位寄存器，如图 8-37（c）所示，则又可把 CPU 对中断的响应时间放宽到 800μs。

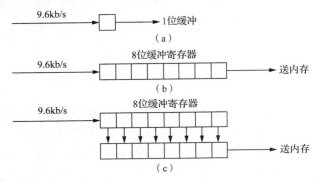

图 8-37   利用缓冲寄存器实现缓冲

事实上，凡是在数据处理速度不匹配的设备之间都可以采用数据缓冲技术，以提高设备的利用率和系统效率。在操作系统中，引入缓冲的主要原因可归结为以下几点。

1）缓和 CPU 与 I/O 设备之间速度不匹配的矛盾。

2）减少对 CPU 的中断频率，放宽对中断响应时间的限制。

3）提高 CPU 和 I/O 设备的并行性。

8.6.2　缓冲的类型

缓冲是一种被广泛采用的技术。在计算机系统中，CPU 与主存速度差别比较大，出现了缓冲寄存器和高速缓存 Cache，它们一般存在于 CPU 内部。主存与外存的速度差别也很大，出现了磁盘高速缓存和虚拟盘，磁盘高速缓存是操作系统在内存中为磁盘盘块设置的一个缓冲区，而虚拟盘是指利用内存空间去仿真磁盘。外存与 I/O 设备、控制器速度差别比较大，在 I/O 设备或控制器内部出现了硬件缓冲区。在分页或分段存储管理系统中，为了加快地址转换速度，增加了快表这个硬件缓冲区。在脱机 I/O 技术和 SPOOLing 系统中，为了缓和 CPU 与磁盘、I/O 设备之间速度不匹配的矛盾，在内存中开辟输入和输出两个缓冲区，在磁盘上开辟输入井和输出井。所以缓冲的内涵非常大，下面就简单介绍一些分类。

1. 按照缓冲区存在的位置

按照缓冲区存在的位置，可以把缓冲分为硬件缓冲和软件缓冲。所谓硬件缓冲是指设备本身配有少量必要的硬件缓冲器，而软件缓冲则是指在内存中划出一个特定区域来充当缓冲区，使用时，由输入指针和输出指针来控制对信息的写入和读取。

2. 按照缓冲区的个数及缓冲区的组织形式

按照缓冲区的个数及缓冲区的组织形式，可以把缓冲分为单缓冲、双缓冲、循环缓冲和缓冲池 4 种类型。

1）单缓冲。单缓冲是在设备和 CPU 之间设置一个缓冲区。设备和 CPU 交换数据时，先把被交换数据写入缓冲区，然后，将需要数据的设备和 CPU 从缓冲区取走数据。由于缓冲区属于临界资源，即不允许多个进程同时对一个缓冲区操作，因此，尽管单缓冲能匹配设备和 CPU 的处理速度，但是，设备和设备之间不能通过单缓冲达到并行操作。

2）双缓冲。为了加快输入和输出的速度，提高并行性和设备的利用率，引入了双缓冲机制，也称为缓冲对换。双缓冲即设置了两个缓冲区。设备输入时，输入设备先将数据送入第一缓冲区，装满后便转向第二缓冲区。此时，操作系统可以从第一缓冲区移出数据，送入用户进程；输出时，CPU 把要输出的数据装满第一缓冲区后，转向第二缓冲区，这时输出设备输出第一缓冲区内的数据。

3）循环缓冲。当输入与输出的速度基本匹配时，采用双缓冲能获得较好的效果，可使输入和输出基本上能并行操作。但若两者的速度相差较远，双缓冲的效果就不够理想，不过可以随着缓冲区数量的增加，使情况有所改善。因此，又引入了多缓冲机制，可将多个缓冲组织成循环缓冲形式。对于用作输入的循环缓冲，通常是提供给输入进程或计算进程使用，输入进程不断向空缓冲区输入数据，而计算进程则从中提取数据进行计算。

4）缓冲池。无论是单缓冲、双缓冲还是循环缓冲都仅适用于某特定的 I/O 进程和计算进程，因而它们属于专用缓冲。当系统较大时，将会有许多这样的缓冲，这不仅要消耗大量的内存空间，而且其利用率也不高。为了提高缓冲区的利用率，目前广泛流行公用缓冲池，在池中设置了多个可供若干个进程共享的缓冲区。

8.6.3 单缓冲和双缓冲

（1）单缓冲

在单缓冲情况下，每当用户进程发出一 I/O 请求时，操作系统便在主存中为其分配一缓冲区，如图 8-38 所示。在块设备输入时，假定从磁盘把一块数据输入缓冲区的时间为 T，操作系统将该缓冲区中的数据传送到用户区的时间为 M，而 CPU 对这一块数据处理的时间为 C。由于 T 和 C 是可以并行的，当 $T>C$ 时，系统对每一块数据的处理时间为 $M+T$，反之则为 $M+C$，因此可把系统对每一块数据的处理时间表示为 $\text{Max}(C,T)+M$。

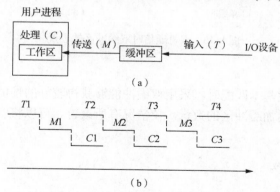

图 8-38 单缓冲的工作示意图

在字符设备输入时，缓冲区用于暂存用户输入的一行数据。在输入时，用户进程被挂起以等待数据输入完毕；在输出时，用户进程将一行数据输入缓冲区后，继续进行处理。当用户进程已有第二行数据时，如果第一行数据尚未被提取完毕，则此时用户进程应阻塞。

（2）双缓冲

双缓冲有时也称为缓冲对换。在设备输入时，先将数据送入第一缓冲区，装满后便转向第二缓冲区。此时操作系统可以从第一缓冲区中移出数据，并送入用户进程，如图 8-39 所示。接着由 CPU 对数据进行计算。在双缓冲时，系统处理一块数据的时间可以粗略地认为是 $\text{Max}(C,T)$。如果 $C<T$，则可使块设备连续输入；如果 $C>T$，则可使 CPU 不必等待设备输入。对于字符设备，若采用行输入方式，则采用双缓冲通常能消除用户的等待时间，即用户在输入完第一行之后，在 CPU 执行第一行中的命令时，用户可继续向第二缓冲区输入下一行数据。

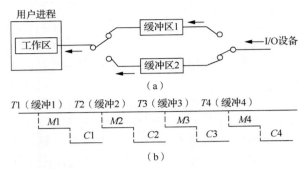

图 8-39　双缓冲工作示意图

　　如果在实现两台机器之间通信，则仅为它们配置单缓冲，如图 8-40（a）所示，那么它们之间在任一时期都只能实现单方向的数据传输。为了实现双向传输数据，必须在两台机器中都设置两个缓冲区，一个用作发送缓冲区，另一个用作接收缓冲区，如图 8-40（b）所示。

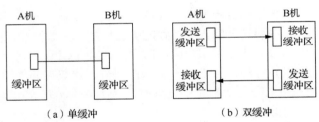

图 8-40　双机通信时双缓冲区的设置

8.6.4　循环缓冲

　　当输入与输出速度基本匹配时，采用双缓冲能够获得较好的性能。但如果两者的速度差别比较大，则可以增加缓冲区的数量，使情况有所改善，可以将多个缓冲区组织成循环缓冲的形式。

　　1. 循环缓冲的组成

　　（1）多个缓冲区

　　在循环缓冲中包括多个缓冲区，其每个缓冲区的大小都相同。作为输入的多缓冲区可分为 3 种类型：用于装输入数据的空缓冲区 R、已装满数据的缓冲区 G，以及计算进程正在使用的现行工作缓冲区 C，如图 8-41 所示。

　　（2）多个指针

　　作为输入的缓冲区可设置 3 个指针：用于指示计算进程下一个可用缓冲区 G 的指针 Nextg、指示输入进程下次可用的空缓冲区 R 的指针 Nexti，以及用于指示计算进程正在使用的缓冲区 C 的指针 Current。

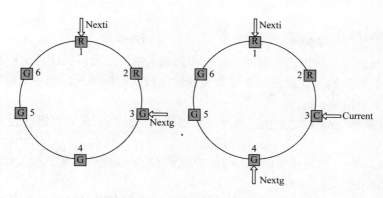

图 8-41 循环缓冲

2. 循环缓冲区的使用

计算进程和输入进程可利用下述两个过程来使用循环缓冲区。

（1）Getbuf 过程

当计算进程要使用缓冲区中的数据时，可调用 Getbuf 过程。该过程将由指针 Nextg 所指示的缓冲区提供给进程使用，相应地，需要把它改为现行工作缓冲区，并令指针 Current 指向该缓冲区的第一个单元，同时将指针 Nextg 移向下一个 G 缓冲区。类似地，每当输入进程要使用空缓冲区来装入数据时，也调用 Getbuf 过程，由该过程将指针 Nexti 所指示的缓冲区提供给输入进程使用，同时将指针 Nexti 移向下一个 R 缓冲区。

（2）Releasebuf 过程

当计算进程把 C 缓冲区中的数据提取完毕时，便调用 Releasebuf 过程，将缓冲区 C 释放。此时，把该缓冲区由当前工作缓冲区 C 改为空缓冲区 R。类似地，当输入进程把缓冲区装满时，也应调用 Releasebuf 过程，将该缓冲区释放，并改为 G 缓冲区。

3. 进程同步

使用输入循环缓冲，可使输入进程和计算进程并行执行。相应地，指针 Nexti 和指针 Nextg 将不断地沿着顺时针方向移动，这样就可能出现下述两种情况。

1）指针 Nexti 追赶上指针 Nextg。这意味着输入进程输入数据的速度大于计算进程处理数据的速度，已把全部可用的空缓冲区装满，再无缓冲区可用。此时，输入进程应阻塞，直到计算进程把某个缓冲区中的数据全部提取完，使其成为空缓冲区 R，并调用 Releasebuf 过程将它释放时，才将输入进程唤醒。这种情况被称为系统受计算限制。

2）指针 Nextg 追赶上指针 Nexti。这意味着输入数据的速度低于计算进程处理数据的速度，使全部装有输入数据的缓冲区都被抽空，再无装有数据的缓冲区供计算进程提取数据。这时，计算进程只能阻塞，直至输入进程又装满某个缓冲区，并调用 Releasebuf 过程将它释放时，才去唤醒计算进程。这种情况被称为系统受 I/O 限制。

8.6.5 缓冲池

上述缓冲区仅适用于某特定的 I/O 进程，因而它们属于专用缓冲。当系统较大时，会有许多这样的循环缓冲，这不仅消耗大量的内存空间，而且其利用率不高。为了提高缓冲区的利用率，目前广泛流行公用缓冲池，在池中设置多个可供若干个进程共享的缓冲区。

1. 缓冲池的组成

因为缓冲池既可以作为输入缓冲又可以作为输出缓冲，所以在缓冲池中存在 3 类缓冲区：空缓冲区、装满输入数据的缓冲区和装满输出数据的缓冲区。把各类缓冲区链接在一起，组成以下 3 个队列。

1）空缓冲队列 emq。这是由空缓冲区所链接成的队列。其队首指针为 F(emq)，队尾指针为 L(emq)。

2）输入队列 inq。这是由装满输入数据的缓冲区所链接成的队列。其队列指针为 F(inq)，队尾指针为 L(inq)。

3）输出队列 outq。这是由装满输出数据的缓冲区所链接成的队列。其队首指针为 F(outq)，队尾指针为 L(outq)。

除上述 3 个缓冲队列外，系统（或用户进程）还可从这 3 个队列中申请和取出一些缓冲区，对这些缓冲区进行存数、取数操作，操作完成后再将这些缓冲区挂到相应的队列中去。这些缓冲区被称为工作缓冲区。在缓冲池中，有以下 4 种工作缓冲区。

1）用于收容设备输入数据的收容输入缓冲区 hin。

2）用于提取设备输入数据的提取输入缓冲区 sin。

3）用于收容 CPU 输出数据的收容输出缓冲区 hout。

4）用于提取 CPU 输出数据的提取输出缓冲区 sout。

缓冲池的工作缓冲区和工作方式如图 8-42 所示。

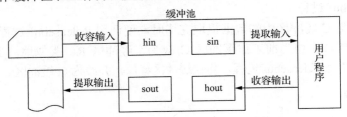

图 8-42　缓冲池的工作缓冲区和工作方式

2. 缓冲池的操作

对缓冲池的操作由以下几个过程组成。

1）从缓冲区队列取出一个缓冲区的过程 Take_buf(type)。

2）把缓冲区插入相应的缓冲区队列的过程 Add_buf(type,number)。

3）供进程申请缓冲区用的过程 Get_buf(type,number)。

4）供进程将缓冲区插入相应缓冲区队列的过程 Put_buf(type,work_buf)。

其中，参数 type 表示缓冲队列的类型；参数 number 为缓冲区号；参数 work_buf 表示工作缓冲区的类型。

因为缓冲池中的队列本身是临界资源，多个进程在访问一个队列时，既应互斥，又须同步。为此，不能直接用 Take_buf 过程和 Add_buf 过程对缓冲池中的队列进行操作，而是使用对这两个过程改造后，形成能用于对缓冲池中的队列进行操作的 Get_buf 和 Put_buf 过程。

为使诸进程能互斥地访问缓冲池队列，可为每一个队列设置一个互斥信号量 MS(type)，初始值为 1。此外，为了保证诸进程同步地使用缓冲区，又为每个缓冲队列设置了一个资源信号量 RS(type)，初始值为 n（n 为 type 队列的长度）。这样，既可实现互斥，又可保证同步的 Get_buf 和 Put_buf 过程描述如下：

```
Void Get_buf(type)
{
    Wait(RS(type));
    Wait(MS(type));
    number=Take_buf(type);
    Signal(MS(type));
}
Void Put_buf(type,number)
{
    Wait(RS(type));
    Add buf(type,number);
    Signal(MS(type));
    Signal(RS(type));
}
```

缓冲池的工作过程描述如下。

1）收容输入。在输入进程需要输入数据时，调用 Get_buf(emq)过程，从空缓冲队列 emq 的队首摘下一个空缓冲，把它作为收容输入工作缓冲区 hin，把数据输入其中，装满后再调用 Put_buf(inq,hin)过程，将该缓冲区挂在输入队列 inq 上。

2）提取输入。当计算进程需要输入数据时，调用 Get_buf(inq)过程，从输入队列 inq 的队首取得一个缓冲区作为提取输入工作缓冲区 sin，计算进程从中提取数据。计算进程用完该数据后，再调用 Put_buf(emq,sin)过程，将该缓冲区挂到空缓冲队列 emq 上。

3）收容输出。当计算进程需要输出时，调用 Get_buf(emq)过程，从空缓冲队列 emq 的队首取得一个空缓冲作为收容输出工作缓冲区 hout。当其中装满输出数据后，又调用 Put_buf(outq,hout)过程，将该缓冲区挂在 outq 末尾。

4）提取输出。由输出调用 Get_uf(outq)过程，从输出队列的队首取得一个装满输出数据的缓冲区作为提取输出工作缓冲区 sout。在数据提取完后，再调用 Put_buf(emq,sout)过程，将该缓冲区挂在空缓冲队列的末尾。

8.7 典型例题讲解

一、单选题

【例 8.1】以下关于设备属性的叙述中，正确的是（　　）。
A．字符设备的基本特征是可寻址到字节，即能指定输入的源地址或输出的目标地址
B．共享设备必须是可寻址和可随机访问的设备
C．共享设备是指同一时间内允许多个进程同时访问的设备
D．在分配共享设备和独占设备时都可能引起死锁

解析： 可寻址是块设备的基本特征，A 选项不正确；共享设备是指一段时间内允许多个进程同时访问的设备，在同一时间内，即对于某一时刻共享设备只能允许一个进程访问，C 选项不正确。分配共享设备是不会引起死锁的，D 选项不正确。故本题答案是 B。

【例 8.2】 虚拟设备是指（   ）。

A．允许用户使用比系统中具有的物理设备更多的设备

B．允许用户以标准化方式使用物理设备

C．把一个物理设备变成多个对应的逻辑设备

D．允许用户程序不必全部装入主存便可使用系统中的设备

解析：虚拟设备并不允许用户使用更多的物理设备，也与用户使用物理设备的标准化方式无关。允许用户程序不必全部装入主存便可使用系统中的设备，这同样不是虚拟设备的内容。故本题答案是 C。

【例 8.3】 磁盘设备的 I/O 控制主要是采取（   ）方式。

A．位　　　　　　B．字节　　　　　　C．帧　　　　　　D．DMA

解析：DMA 方式主要用于块设备，磁盘是典型的块设备。故本题答案是 D。

【例 8.4】 通道又称 I/O 处理机，它用于实现（   ）之间的信息传输。

A．内存与外设　　B．CPU 与外设　　C．内存与外存　　D．CPU 与外存

解析：在设置了通道后，CPU 只需向通道发送一条 I/O 指令。通道在收到该指令后，便从内存中取出本次要执行的通道程序，然后执行该通道程序，仅当通道完成了规定的 I/O 任务后，才向 CPU 发出中断信号。因此通道用于完成内存与外设的信息交换。故本题答案是 A。

【例 8.5】 为了便于上层软件的编制，设备控制器通常需要提供（   ）。

A．控制寄存器、状态寄存器和控制命令

B．I/O 地址寄存器、工作方式状态寄存器和控制命令

C．中断寄存器、控制寄存器和控制命令

D．控制寄存器、编程空间和控制逻辑寄存器

解析：中断寄存器位于计算机主机内；不存在 I/O 地址寄存器；编程空间一般是由体系结构和操作系统共同决定的。控制寄存器和状态寄存器分别用于接收上层发来的命令和存放设备状态信号，是设备控制器与上层的接口；至于控制命令，每一种设备对应的设备控制器都对应一组相应的控制命令，CPU 通过控制命令控制设备控制器。故本题答案是 A。

【例 8.6】 本地用户通过键盘登录系统时，首先获得键盘输入信息的程序是（   ）。

A．命令解释程序　　　　　　　B．中断处理程序

C．系统调用服务程序　　　　　D．用户登录程序

解析：键盘是典型的通过中断 I/O 方式工作的外设，当用户输入信息时，计算机响应中断并通过中断处理程序获得输入信息。故本题答案是 B。

【例 8.7】 将系统调用参数翻译成设备操作命令的工作由（   ）完成。

A．用户层 I/O　　　　　　　　B．设备无关的操作系统软件

C．中断处理　　　　　　　　　D．设备驱动程序

解析：系统调用命令是操作系统提供给用户程序的通用接口，不会因为具体设备的不同而改变。而设备驱动程序负责执行操作系统发出的 I/O 命令，它因设备的不同而不同。故本题答案是 B。

【例 8.8】 一个计算机系统配置了 2 台同型号的绘图仪和 3 台同型号的打印机，为了正确驱动这些设备，系统应该提供（   ）个设备驱动程序。

A．5　　　　　　　B．3　　　　　　　C．2　　　　　　　D．1

解析：因为绘图仪和打印机属于两种不同类型的设备，系统只要按照设备类型配置设

备驱动程序即可，即每类设备只需 1 个设备驱动程序。故本题答案是 C。

【例 8.9】用户程序发出磁盘 I/O 请求后，系统正确的处理流程是（　　　）。

A. 用户程序→系统调用处理程序→中断处理程序→设备驱动程序

B. 用户程序→系统调用处理程序→设备驱动程序→中断处理程序

C. 用户程序→设备驱动程序→系统调用处理程序→中断处理程序

D. 用户程序→设备驱动程序→中断处理程序→系统调用处理程序

解析：I/O 软件一般从上到下分为 4 个层次：用户层、与设备无关的软件层、设备驱动程序及中断处理程序。与设备无关的软件层也就是系统调用的处理程序。当用户使用设备时，首先在用户程序中发起一次系统调用，操作系统的内核接到该调用请求后请求调用处理程序进行处理，再转到相应的设备驱动程序，当设备准备好或所需数据到达后，设备硬件发出中断，将数据按上述调用顺序逆向回传到用户程序中。故本题答案是 B。

【例 8.10】一个典型的文本打印页面有 50 行，每行 80 个字符，假定一台标准的打印机每分钟能够打印 6 页，向打印机的输出寄存器中写一个字符的时间很短，可忽略不计。如果每打印一个字符都需要花费 50μs 的中断处理时间（包括所有服务），使用程序中断方式运行这台打印机，则中断的系统开销占 CPU 的百分比是（　　　）。

A. 2%　　　　　　B. 5%　　　　　　C. 20%　　　　　　D. 50%

解析：这台打印机每分钟打印 50×80×6=24000（个）字符，即每秒打印 400 个字符。每个字符打印中断需要占用 CPU 时间 50μs，所以在每秒用于中断的系统开销为 400×50μs=20ms，如果使用程序中断驱动 I/O，那么 CPU 剩余的 980ms 可用于其他处理，中断的开销占 CPU 的 2%。因此，使用中断驱动 IO 方式运行这台打印机是有意义的。故本题答案是 A。

【例 8.11】程序员利用系统调用打开 I/O 设备时，通常使用的设备标识是（　　　）。

A. 逻辑设备名　　B. 物理设备名　　C. 主设备号　　　D. 从设备号

解析：用户程序对 I/O 设备的请求采用逻辑设备名，而程序实际执行时使用物理设备名，它们之间的转换是由设备无关性软件层实现的。主设备和从设备是总线仲裁中的概念。故本题答案是 A。

【例 8.12】设从磁盘将一块数据传送到缓冲区所用的时间为 80μs，将缓冲区中数据传送到用户区所用的时间为 40μs，CPU 处理一块数据所用的时间为 30μs。如果有多块数据需要处理，并采用单缓冲区传送某磁盘数据，则处理一块数据所用的总时间为（　　　）。

A. 120μs　　　　　B. 110μs　　　　　C. 150μs　　　　　D. 70μs

解析：采用单缓冲区传送数据时，设备与处理机对缓冲区的操作是串行的。当进行第 i 次读磁盘数据送至缓冲区时，系统再同时读出用户区中第 $i-1$ 次数据进行计算，此两项操作可以并行，并与数据从缓冲区传送到用户区的操作串行进行，所以系统处理一块数据所用的总时间为 Max(80μs,30μs)+40μs=120μs。故本题答案是 A。

【例 8.13】某操作系统采用双缓冲区传送磁盘上的数据。设从磁盘将数据传送到缓冲区所用的时间为 $T1$，将缓冲区中数据传送到用户区所用的时间为 $T2$（假设 $T2$ 远小于 $T1$），CPU 处理数据所用的时间为 $T3$，则处理该数据，系统所用的总时间为（　　　）。

A. $T1+T2+T3$　　　　　　　　　B. Max($T2,T3$)+$T1$

C. Max($T1,T3$)+$T2$　　　　　　D. Max($T1,T2+T3$)

解析：若 $T3>T1$，即 CPU 处理数据块比数据传送慢，此时意味着 I/O 设备可连续输入，磁盘将数据传送到缓冲区，再传送到用户区，与 CPU 处理数据可视为并行处理，时间的花费取决于 CPU 最大花费时间，则系统所用的总时间为 $T3$。如果 $T3<T1$，即 CPU 处理数据

比数据传送快，此时 CPU 不必等待 I/O 设备，磁盘将数据传送到缓冲区，与缓冲区中数据传送到用户区及 CPU 数据处理，两者可视为并行执行，则花费时间取决于磁盘将数据传送到缓冲区所用的时间 $T1$。故本题答案是 D。

【例 8.14】 考虑单用户计算机上的下列 I/O 操作，需要使用缓冲技术的是（   ）。

① 在图形用户界面下使用鼠标

② 在多任务操作系统下的磁带驱动器（假设没有设备预分配）

③ 包含用户文件的磁盘驱动器

④ 使用存储器映射 I/O，直接和总线相连的图形卡

A．①、③   B．②、④   C．②、③、④   D．全选

解析： 在鼠标指针移动时，如果有高优先级的操作产生，为了记录鼠标指针活动的情况，必须使用缓冲技术，①正确。由于磁盘驱动器和目标或源 I/O 设备间的吞吐量不同，必须采用缓冲技术，②正确。为了能使数据从用户作业空间传送到磁盘或从磁盘传送到用户作业空间，必须采用缓冲技术，③正确。为了便于多幅图形的存取及提高性能，缓冲技术是可以采用的，特别是在显示当前一幅图形又要得到下一幅图形时，应采用双缓冲技术，④正确。故本题答案是 D。

【例 8.15】（   ）是操作系统中采用以空间换时间的技术。

A．覆盖与交换技术   B．虚拟存储技术

C．SPOOLing 技术   D．通道技术

解析： 覆盖与交换技术是使小内存运行大程序，程序分批装入内存，是以时间换空间。虚拟存储技术采用部分程序装入，也是以时间换空间。通道技术是增加一个专用的 I/O 处理机，专门负责数据从外设到内存，是以时间换空间。SPOOLing 技术需要高速大容量且可随机存取的外存进行支持，通过预输入和缓输出减少 CPU 等待慢速设备的时间，将独占设备改造成共享设备。故本题答案是 C。

二、填空题

【例 8.16】 I/O 端口、总线、设备控制器、设备这 4 种硬件中，用户程序可以访问的有 _____ 和 _____。

解析： 本题考查计算机系统中硬件设备的相关概念。用户程序要使用某个设备，向某个 I/O 控制器发出 I/O 指令，即向指定的 I/O 端口写入指令；I/O 控制器又称设备控制器，因此，对 I/O 端口的访问即是对设备控制器的访问。故本题答案是 I/O 端口、设备控制器。

【例 8.17】 I/O 设备处理进程平时处于 _____ 状态中，当 _____ 和 _____ 出现时，被唤醒。

解析： 本题考查 I/O 设备处理进程负责设备的分配。I/O 设备处理进程平时处于睡眠状态，当用户发送 I/O 请求或 I/O 操作完成时，外设发出中断请求时才被唤醒。故本题答案是睡眠、I/O 请求、I/O 操作完成。

【例 8.18】 LUT 的主要功能是 _____ 和 _____。

解析： 为了实现设备的独立性，系统必须设置一个 LUT。它的主要功能是实现设备独立性，以及实现设备分配的灵活性。故本题答案是实现设备独立性、实现设备分配的灵活性。

【例 8.19】 设备驱动程序是一种低级的系统例程，它通常分为 _____ 和 _____ 两个部分。

解析：不同类型的设备应有不同的设备驱动程序，但大体上它们都可以分成两部分。其中，除要有能够驱动 I/O 设备工作的程序外，还需要设备中断处理程序，以处理 I/O 完成后的工作。故本题答案是驱动 I/O 设备工作的程序、设备中断处理程序。

【例 8.20】中断优先级是由硬件规定的，若要调整中断的响应次序可通过＿＿＿＿＿＿。

解析：中断装置按照预定的顺序来响应，这个按中断请求轻重缓急程度预定的顺序称为中断优先级，中断装置首先响应优先级高的中断事件。主机可以允许或禁止某类中断的响应，称为中断屏蔽。有了中断屏蔽功能，就增加了中断排队的灵活性，采用程序的方法在某段时间中屏蔽一些中断请求，以改变中断响应的顺序。故本题答案为中断屏蔽。

三、综合题

【例 8.21】请说明程序中断方式和 DMA 方式有什么不同。

解析：它们的不同之处主要有以下几个。

1）从数据传送看，程序中断方式靠程序传送，DMA 方式靠硬件传送。

2）从 CPU 响应时间看，程序中断方式是在一条指令执行结束时响应，而 DMA 方式可在指令周期内的任一存取周期结束时响应。

3）程序中断方式有处理异常事件的能力，DMA 方式没有这种能力，主要用于大批数据的传送。

4）程序中断方式需要中断现行程序，故需保护现场；DMA 方式不中断现行程序，无须保护现场。

5）DMA 的优先级比程序中断的优先级高。

6）在程序中断方式中，I/O 中断频率高，每传输 1B（或字）就发生一次中断。在 DMA 方式中，一次能完成一批连续数据的传输，并在整批数据传送完后才发生一次中断，因此 I/O 中断频率低。

7）在程序中断方式中，数据传送必须经过 CPU；而在 DMA 方式中，数据传输在 DMA 控制器的控制下直接在内存和 I/O 设备之间进行，CPU 只需将数据传输的磁盘地址、内存地址和字节数传给 DMA 控制器即可。

【例 8.22】在一个 32 位 100MHz 的单总线计算机系统中，磁盘控制器使用 DMA 以 40Mb/s 的速率从存储器中读出数据或向存储器写入数据。假设计算机在没有被周期挪用的情况下，在每个循环周期中读取并执行一个 32 位的指令。这样做，磁盘控制器使指令的执行速度降低了多少？

解析：单总线的工作频率为 100MHz，则它的一个周期时间为 1/100MHz=10ns。

在没有被周期挪用的情况下，每个循环周期读取一个 32 位的指令，32/8=4B，即每 10ns 读取 4B（一个指令），读取 10 条指令则需要 10×10ns=100ns。

DMA 方式中，速率为 40Mb/s，即 $40×10^6/10^9$=4B/100ns，则每 100ns 传输 4B（一个指令）。

磁盘控制器每读取 10 个指令就挪用 1 个周期传送 1 条指令，因此控制器的执行速度降低了 10%。

【例 8.23】某计算机系统中，时钟中断处理程序每次执行时间为 2ms（包括进程切换开销），若时钟中断频率为 60Hz，CPU 用于时钟中断处理的时间比率为多少？

解析：时钟中断频率为 60Hz，故中断周期为 1/60s，每个时钟周期中用于中断处理时间为 2ms，故比率为 2ms/(1/60s)=12%。

【例 8.24】为什么要引入设备独立性？如何实现设备独立性？

解析: 引入设备独立性,可使应用程序独立于具体的物理设备。此时,用户用逻辑设备名来申请使用某类物理设备,当系统中有多台该类型的设备时,系统可将其中的任意一台分配给请求进程,而不必局限于某一台指定的设备,这样,可显著地改善资源的利用率及可适应性。独立性还可以使用户程序独立于设备的类型,如进行输出时,既可以用显示终端,也可以用打印机,有了这种适应性,就可以很方便地进行 I/O 重定向。

为了实现设备独立性,必须在设备驱动程序之上设置一层设备独立性软件,用来执行所有 I/O 设备的公用操作,并向用户层软件提供统一接口。关键是系统中必须设置一个 LUT 用来进行逻辑设备到物理设备的映射,其中每个表目中包含了逻辑设备名、物理设备名和设备驱动程序入口地址 3 项;当应用程序用逻辑设备名请求分配 I/O 设备时,系统必须为它分配相应的物理设备,并在 LUT 中建立一个表目,以后进程利用该逻辑设备名请求 I/O 操作时,便可从 LUT 中得到物理设备名和驱动程序入口地址。

【例 8.25】 什么是虚拟设备?实现虚拟设备的关键技术是什么?

解析: 虚拟设备是指通过某种虚拟技术,将一台物理设备变换成若干台逻辑设备,从而实现多个用户对该物理设备的同时共享。由于多台逻辑设备实际上并不存在,而只是给用户的一种感觉,因此称为虚拟设备。

虚拟设备技术常通过在可共享的、高速的磁盘上开辟两个大的存储空间(即输入井、输出井),以及预输入、缓输出技术来实现。例如,对一个独占的输入设备,可预先将数据输入磁盘输入井的一个缓冲区中,而在进程要求输入时,可将磁盘输入井中的对应缓冲区分配给它,供它从中读取数据;在用户进程要求输出时,系统可将磁盘输出井中的一个缓冲区分配给它,当将输出数据写入其中之后,用户进程仿佛觉得输出已完成并继续执行下面的程序,而在输出设备空闲时,再由输出设备将井中的数据慢慢输出。由于磁盘是一个共享设备,因此便将独占的物理设备改造成为多个共享的虚拟设备(相当于输入井或输出井中的一个缓冲区)。预输入和缓输出可通过脱机和假脱机技术实现,而假脱机(即 SPOOLing 技术)是目前使用最广泛的虚拟设备技术。

【例 8.26】 SPOOLing 系统由哪几部分组成?以打印机为例说明如何利用 SPOOLing 技术实现多个进程对打印机的共享。

解析: SPOOLing 系统由磁盘上的输入井和输出井,内存中的输入缓冲区和输出缓冲区,输入进程和输出进程,以及井管理程序构成。在用 SPOOLing 技术共享打印机时,对所有提出输出请求的用户进程,系统接收它们的请求时,并不真正把打印机分配给它们,而是由假脱机管理进程为每个进程做以下两件事。

1)在输出井中为它申请一空闲缓冲区,并将要打印的数据送入其中。

2)为用户进程申请一个空白的用户打印请求表,并将用户的打印请求填入表中,再将该表挂到假脱机文件队列上,至此,用户进程觉得它的打印过程已经完成,而不必等待真正的慢速打印过程的完成。当打印机空闲时,假脱机打印进程将从假脱机文件队列队首取出一个打印请求表,根据表中的要求将要打印的数据从输出井传送到内存输出缓冲区,再由打印机进行输出打印,打印完后,再处理假脱机文件队列中的下一个打印请求表,直至队列为空。这样,虽然系统中只有一台打印机,但系统并未将它分配给任何进程,而只是为每个提出打印请求的进程在输出井中分配一个存储区(相当于一个逻辑设备),使每个用户进程都觉得自己在独占一台打印机,从而实现了对打印机的共享。

【例 8.27】 I/O 软件一般分为 4 个层次,即用户层、设备独立性软件、设备驱动程序及中断处理程序。请说明以下各工作是在哪一层完成的。

1)向设备寄存器写命令。

2）检查用户是否有权使用设备。

3）将二进制整数转换成 ASCII 码以便打印。

4）缓冲管理。

解析：I/O 系统的软件层次结构如表 8-3 所示。

表 8-3 软件层次结构

层次	I/O 功能
用户	进行 I/O 调用；格式化 I/O；SPOOLing
设备独立性软件	命名；保护；阻塞；缓冲；分配
设备驱动程序	建立设备寄存器；检查状态
中断处理程序	当 I/O 结束时唤醒驱动程序
硬件	执行 I/O 操作

由表 8-3 可知：

1）向设备寄存器写命令是在设备驱动程序层完成的。

2）检查用户是否有权使用设备属于设备保护，是在设备独立性软件层完成的。

3）将二进制数转换成 ASCII 码以便打印是在用户层完成的。

4）缓冲管理属于 I/O 的公有操作，是在设备独立性软件中完成的。

【**例 8.28**】在某系统中，若采用双缓冲区（每个缓冲区可存放一个数据块）将一个数据块从磁盘传送到缓冲区的时间为 80μs，从缓冲区传送到用户的时间为 20μs，CPU 计算一个数据块的时间为 50μs。总共处理 4 个数据块，每个数据块的平均处理时间是多少？

解析：假定从磁盘把一块数据输入缓冲区的时间为 T，操作系统将该缓冲区中的数据传送到用户区的时间为 M，而 CPU 对这一块数据处理的时间为 C。4 个数据块的处理过程如图 8-43 所示，总耗时为 390μs，每个数据块的平均处理时间为 390μs/4=97.5μs。从图中可以看到，处理 n 个数据块的总耗时=(80n+20+50)μs=(80n+70)μs，每个数据块的平均处理时间=(80n+70)/n μs，当 n 较大时，平均时间近似于 $Max(C,T)$=80μs。

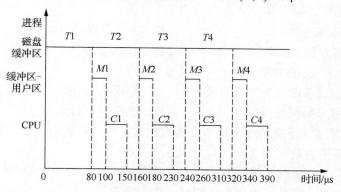

图 8-43 数据处理过程

本 章 小 结

在本章中，首先介绍了 I/O 系统的发展概况、I/O 系统的组成、I/O 设备与主机的联系方式和信息传送的控制方式，重点讲述了设备管理的目标和主要功能。设备管理的功能包括设备分配、设备处理、缓冲管理和设备无关性。然后介绍了 I/O 硬件，包括设备、控制器、通道、I/O 接口和系统总线的相关概念和结构、工作原理和方式。

然后着重介绍了程序查询、程序中断、DMA、I/O 通道和 I/O 处理机等 5 种 I/O 控制方式和它们的工作原理；并介绍了 I/O 软件的设计目标和原则、中断处理程序、设备驱动程序和用户层 I/O 软件，重点讲述了设备独立性软件的功能、组成和实现方法。

最后重点介绍了设备分配。在 I/O 设备分配时，应考虑几个因素，包括设备的固有属性、设备分配算法、设备分配时的安全性和设备分配方式；设备分配时用到的数据结构有设备控制表、系统设备表、控制器控制表和通道控制表；重点讲解了设备分配过程，即如何根据逻辑设备名找到一条 I/O 通路来使用硬件设备；然后介绍了 SPOOLing 技术。SPOOLing 技术主要包括输入井和输出井、输入缓冲区和输出缓冲区、输入进程和输出进程、井管理程序 4 部分；通过 SPOOLing 技术可以把独占设备打印机改造为共享设备。最后介绍了缓冲区。在现代计算机系统中，大多数的 I/O 设备在与处理机交换数据时都用了缓冲区，其目的是缓和 CPU 和 I/O 设备速度不匹配的矛盾，提高 CPU 和 I/O 设备的并行性。缓冲区分为单缓冲、双缓冲、循环缓冲和缓冲池，分别讲述了它们的组成和工作机制。

习　题

一、单选题

1. 为了提高设备分配的灵活性，用户申请设备时应指定（　　）。
    A．设备类号　　　B．设备编号　　　C．设备地址　　　D．设备类地址

2. 对打印机进行 I/O 控制时，通常采用（　　）方式。
    A．程序直接控制　B．中断驱动　　　C．DMA　　　　　D．通道

3. 在操作系统中，（　　）指的是一种硬件机制。
    A．通道技术　　　　　　　　　　B．缓冲池
    C．SPOOLing 技术　　　　　　　D．内存覆盖技术

4. （　　）用作连接大量的低速或中速 I/O 设备。
    A．数组选择通道　　　　　　　　B．字节多路通道
    C．数组多路通道　　　　　　　　D．I/O 处理机

5. 采用 SPOOLing 技术的目的是（　　）。
    A．把独占设备改造为共享设备　　B．提高主机效率
    C．减轻用户编程负担　　　　　　D．提高程序的运行速度

6. 操作系统的 I/O 子系统通常由 4 个层次组成，每一层次定义了与邻近层次的接口，其合理的层次组织排列顺序是（　　）。
    A．用户级 I/O 软件、设备无关软件、设备驱动程序、中断处理程序
    B．用户级 I/O 软件、设备无关软件、中断处理程序、设备驱动程序
    C．用户级 I/O 软件、设备驱动程序、设备无关软件、中断处理程序
    D．用户级 I/O 软件、中断处理程序、设备无关软件、设备驱动程序

7. 用户程序发出磁盘 I/O 请求后，系统的处理流程是，用户程序→系统调用处理程序→设备驱动程序→中断处理程序。其中，计算数据所在磁盘的柱面号、磁头号、扇区号的程序是（　　）。
    A．用户程序　　　　　　　　　　B．系统调用程序

C. 设备驱动程序　　　　　　　　D. 中断处理程序

8. 下列（　　）不是设备的分配方式。

A. 独享分配　　B. 共享分配　　C. 虚拟分配　　D. 分区分配

9. 下列选项中，不能改善磁盘设备 I/O 性能的是（　　）。

A. 重排 I/O 请求次序　　　　　　B. 在一个磁盘上设置多个分区

C. 预读和滞后写　　　　　　　　D. 优化文件物理块的分布

10. 为了使并发进程能有效地进行输入和输出，最好采用（　　）结构的缓冲区。

A. 缓冲池　　B. 循环缓冲　　C. 单缓冲　　D. 双缓冲

11. 如果 I/O 所花费的时间比 CPU 的处理时间短得多，则缓冲区（　　）。

A. 最有效　　B. 几乎无效　　C. 均衡　　D. 以上答案都不对

12. 某文件占 10 个磁盘块，现要把该文件磁盘块逐个读入主存缓冲区，并送用户区进行分析，假设一个缓冲区与一个磁盘块大小相同，把一个磁盘块读入缓冲区的时间为100μs，将缓冲区的数据传送到用户区的时间为 50μs，CPU 对一块数据进行分析的时间为 50μs。在单缓冲区和双缓冲区结构下，读入并分析完该文件的时间分别为（　　）。

A. 1500μs、1000μs　　　　　　　B. 1550s、1100μs

C. 1550ps、1550s　　　　　　　D. 2000μs、2000μs

13. 设系统缓冲区和用户工作区均采用单缓冲，从外设读入 1 个数据块到系统缓冲区的时间为 100μs，从系统缓冲区读入 1 个数据块到用户工作区的时间为 5μs，对用户工作区中的 1 个数据块进行分析的时间为 90μs（图 8-44），进程从外设读入并分析 2 个数据块的最短时间是（　　）。

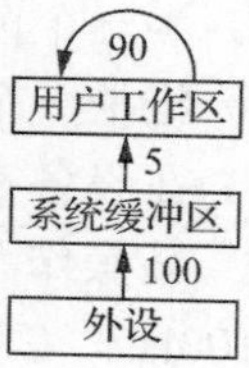

A. 200μs　　　　　　　　　　B. 295μs

C. 300μs　　　　　　　　　　D. 390μs

图 8-44　工作流程

14. 采用假脱机技术，将磁盘的一部分作为公共缓冲区以代替打印机，用户对打印机的操作实际上是对磁盘的存储操作，用以代替打印机的部分由（　　）完成。

A. 独占设备　　B. 共享设备　　C. 虚拟设备　　D. 一般物理设备

15. 在系统内存中设置磁盘缓冲区的主要目的是（　　）。

A. 减少磁盘 I/O 次数　　　　　　B. 减少平均寻道时间

C. 提高磁盘数据可靠性　　　　　D. 实现设备无关性

二、填空题

1. 通常的 I/O 操作通过两种指令实现控制，一种是由操作系统发出的_____，另一种是由通道提供的_____。

2. 按照信息交换方式分类，设备可以分为块设备和_____；而按资源分配方式分类，设备可以分为独占设备、_____和_____。

3. 实现虚拟设备必须有一定的硬件和软件条件为基础，特别是硬件必须配置大容量的_____，要有中断装置和_____，具有中央处理机与通道并行工作的能力。

4. 在通道进行 I/O 操作期间，要访问两个内存固定的单元是_____和_____。

5. 在设备分配的过程中，要考虑安全性问题，防止在多个进程进行设备请求时，因相互等待对方释放所占设备而陷入_____状态。

6. 常见的设备分配算法有_____和_____。

7. 引入_____技术后，有效地改善了系统 CPU 与 I/O 设备之间速度不匹配的状况，也减少了 I/O 设备对 CPU 的中断次数，简化了中断机制，节省了系统开销。

8. 设备分配中采用的数据结构有_____、_____、_____和_____4 种。

三、综合题

1. 设备管理的目标和主要功能是什么？

2. I/O 软件组织成的 4 个层次是什么？实现什么功能？请画出示意图。

3. I/O 控制可用哪几种方式实现？各适用于什么场合？各有什么优缺点？

4. 中断处理程序的执行过程是什么？

5. 设备驱动程序的处理过程是什么？

6. 设备独立性软件具有什么功能？

7. 一个 DMA 接口可采用周期窃取方式把字符传送到存储器，它支持的最大批量为 400B。若存取周期为 100ns，每处理一次中断需 5μs，现有的字符设备的传输速率为 9600b/s。假设字符之间的传输是无间隙的，若忽略预处理时间，采用 DMA 方式每秒因数据传输需占用处理器多少时间？如果完全采用中断方式，又需要占用处理器多少时间？

8. 以下工作分别在 4 个 I/O 软件层的哪一层完成？

1）为一个读操作计算磁道和扇区。

2）维护一个最近使用块的缓存。

3）在设备寄存器中设置命令。

9. 某操作系统中，CPU 用 1ms 来处理中断请求，其他时间用于计算。若时钟中断频率为 100Hz，CPU 的利用率是多少？

10. 考虑 56kb/s 调制解调器的性能，驱动程序输出一个字符后就阻塞，当一个字符打印完毕后，产生一个中断通知阻塞的驱动程序，输出下一个字符，然后阻塞。如果发消息、输出一个字符和阻塞的时间总和为 0.1ms，那么由于处理调制解调器而占用 CPU 时间的比率是多少？假设每个字符有一个开始位和一个结束位，共占 10 位。

第9章 操作系统接口

内容提要:

本章主要讲述以下内容: ①操作系统的服务和用户接口; ②系统调用的概念、类型及其实现; ③脱机用户接口的定义和组成; ④作业的相关概念、控制方式、组织形式、输入与输出和作业管理的相关内容; ⑤联机用户接口和联机命令的分类, 联机作业的管理; ⑥图形化用户界面的历史变迁与组成。

学习目标:

了解操作系统接口的服务,掌握操作系统接口的相关概念; 了解 POSIX (portable operating system interface, 可移植操作系统接口) 标准,掌握系统调用的基本概念、工作原理与分类,理解系统调用的实现过程; 了解脱机用户接口和作业的概念,理解并掌握作业的控制方式、组织和管理、输入与输出; 理解联机用户接口和联机命令的分类; 了解图形化用户界面的历史变迁,了解图形化用户界面的组成结构。

操作系统是用户与计算机硬件系统之间的接口，用户通过操作系统的帮助，可以快速、有效、安全、可靠地操纵计算机系统中的各类资源，以处理自己的程序。为使用户能方便地使用操作系统，操作系统又向用户提供了命令接口和程序接口两种形式。

命令接口由用户向操作系统请求提供服务，而操作系统则把服务的结果返回给用户。程序员在编程时使用程序接口，通过这个接口，可以实现应用程序与计算机操作系统之间的通信。程序接口也是用户程序能取得操作系统服务的唯一途径。大部分操作系统的程序接口通常由各种各样的系统调用组成。

9.1　操作系统接口概述

操作系统作为用户与计算机硬件系统之间的接口是指操作系统处于用户与计算机硬件系统之间，用户通过操作系统来使用计算机系统。从内部看，操作系统对计算机硬件进行了改造和扩充，为应用程序提供强有力的支持；从外部看，操作系统提供友好的人机接口，使用户能够方便、可靠、安全和高效地使用硬件和运行应用程序。这种人机接口称为操作系统接口，或者称为用户界面（user interface，UI），它是操作系统的重要组成部分，负责用户和操作系统之间的交互。

人机界面设计在操作系统及各种软件开发中占有相当大的比重。美国微软公司前董事长比尔·盖茨曾说过，他们开发的 Windows 软件系统中，有 80%以上的代码量涉及与人打交道的界面设计。

9.1.1　操作系统的服务

操作系统提供环境以便执行程序。它为程序及用户提供服务。如图 9-1 所示为操作系统服务及其相互关系。操作系统提供了许多服务，底层的服务通过系统调用来实现，可被用户程序直接使用。高层的服务通过系统程序来实现，用户不必自己编写程序而是借助于命令管理或 Shell 来请求执行完成各种功能的系统程序。

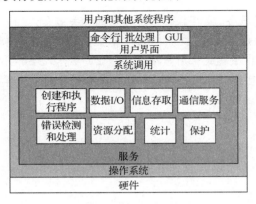

图 9-1　操作系统服务及其相互关系

大多数的操作系统有用户界面，这种界面可有多种形式。一种是命令行界面（command line interface，CLI），它采用文本命令，并用某一种方法输入。另一种是批处理界面（batch interface，BI），命令及控制这些命令的指令可以编成文件以便执行。最为常见的是图形用户界面（graphical user interface，GUI），这种界面是一种视窗系统，它可通过定位设备控制 I/O、通过菜单选择、通过键盘输入文本和选择等。有些系统还提供了两种甚至所有 3 种界面。

9.1.2　用户接口

1. 用户和用户接口

一般来说，计算机系统的用户有两类：一类是使用和管理计算机应用程序的用户，这类用户又可进一步分为普通用户和管理员用户。其中，普通用户只是使用计算机的应用服务，以解决实际的应用问题；管理员用户则负责计算机和操作系统的正常与安全运行。另一类用户是程序开发人员。程序开发人员需要使用操作系统提供的编程功能开发新的应用程序，完成用户所要求的服务。操作系统为普通用户和管理员用户，以及编程人员提供不同的用户界面。

操作系统为普通用户和管理员用户提供的界面由一组以不同形式表示的操作命令组成，称为命令控制界面（如图 9-1 所示的用户界面）。其中，每个命令实现和完成用户所要求的特定功能和服务。不同计算机操作系统为用户提供的用户操作命令和表现形式不同，不同时期的操作系统为用户提供的操作命令和表现形式也不同。例如，Windows、UNIX 和 Linux 操作系统提供给用户的操作命令都是不同的。再者，同一操作系统为普通用户与管理员用户提供的命令集合也是不一样的。

操作系统为编程人员提供的用户界面是系统调用，系统调用是操作系统为编程人员提供的唯一界面。不同的操作系统为编程人员提供的系统调用各不相同。

综上所述，针对不同的用户，操作系统提供不同的用户界面，其中普通用户和管理员用户的界面是一组不同操作命令的集合，称为命令接口，它们分别实现用户所要求的不同功能，为用户提供相应的服务；对编程人员提供的是一组系统调用的集合，称为程序接口，这些系统调用允许编程人员使用操作系统和程序，开发能够满足用户服务需求的新的控制命令。

操作系统提供的系统调用，位于操作系统内核的最高层；而命令接口却是运行在核外的系统程序。核外程序只有通过系统调用接口才能进入操作系统内核。

2. 用户接口的分类

当今，所有的计算机操作系统都向用户提供了接口，允许用户在终端上输入命令，或向操作系统提交作业书，或通过鼠标单击图标，或通过编写程序来获取操作的服务，完成特定的任务和功能。一般地，用户接口分为命令接口和程序接口。

（1）命令接口

命令接口又称为作业控制级用户接口，是指系统为用户提供各种操作命令，用户利用这些命令来组织和控制作业（或程序）的执行或管理计算机系统。它一般又分为联机用户接口、脱机用户接口和图形用户接口。

1）联机用户接口，是指操作系统只为用户提供一组键盘命令或其他方式（如语音控制、鼠标操作、触摸屏触发）的命令，用户使用这些命令和计算机系统进行会话，请求操作系统为其服务，能够交互地控制作业（或程序）的执行和管理计算机系统。联机用户接口提供了一组命令和命令解释程序。

2）脱机用户接口，是专为批处理作业的用户提供的，也称为批处理用户接口。操作系统提供了一个作业控制语言（job control language，JCL），它由一组作业控制语句，或作业控制操作命令组成。用户使用 JCL 将作业的执行顺序和出错处理方法一并以作业控制说明书或作业控制卡的方式提交给系统，由系统按照作业说明书或作业控制卡中所规定的顺序控制作业执行。在执行过程中，用户无法干涉，只能等待作业正常执行结束或出错停止之后查看执行结果或出错信息，以便修改作业内容或控制过程。

3）图形用户接口，采用了图形化的操作界面，使用 WIMP 技术［即窗口（window）、图标（icon）、菜单（menu）和鼠标（pointing device）］，引入形象的各种图标将系统的各项功能、各种应用程序和文件，直观、逼真地表示出来。用户可以通过选择窗口、菜单、对话框和滚动条完成对他们的作业和文件的各种控制和操作。实际上图形用户接口可以看作是联机用户接口的一个特殊形式，所以有的教材将图形用户接口归入为联机用户接口。

（2）程序接口

程序接口又称 API，程序中使用这个接口可以调用操作系统的服务和功能。许多操作系统的程序接口由一组系统调用组成。用户在编写的程序中使用系统调用，就可以获得操作系统的底层服务，使用或访问系统管理的各种软硬件资源。

3．用户接口的发展

早期操作系统对外提供的接口很简陋，功能也单一，包括脱机的作业控制语言（或命令）和联机的键盘操作命令。在批处理系统中往往只提供作业控制语言。用户利用作业控制语言书写作业控制语句，标识一个作业的存在，描述它对操作系统的需求；然后由作业控制卡输入计算机中，控制计算机系统执行相应的动作，所以，用户与计算机之间无法交互作用。在分时系统出现后，人机交互变得更加方便、快捷。特别是 UNIX 和 Linux 操作系统，它们可以运行在各种硬件平台上，从微型机直至巨型机。这类操作系统不仅为程序员提供编程服务的系统调用，而且提供功能强大的命令行接口。用户从键盘上输入命令，就可直接控制计算机的运行。

以上接口都是在一维空间运行的。即便是命令行方式，也由于命令数量多、难记忆，使用者仍感到不够直观。于是图形用户接口（常称为图形界面）就应运而生了，它是二维空间界面。目前，大家都熟悉的 Windows 视窗系统就是成功采用图形界面技术的代表。其实图形界面的真正开创者是美国苹果公司的 Macintosh 系列机。另处，UNIX 操作系统很早就采用 X-Window 操作系统，其功能很强，应用也很方便。随着计算机技术的发展、用户需求的提高和应用领域的扩大，操作系统提供的用户接口不断翻新，越来越方便和人性化，功能越发强大。

9.2 系 统 调 用

程序接口是操作系统为用户程序设置的，也是用户程序取得操作系统服务的唯一途径。程序接口通常由各种类型的系统调用组成，因此可以认为，系统调用提供了用户程序和操作系统之间的接口，应用程序通过系统调用实现其与操作系统的通信，并取得相应的服务。

9.2.1 系统调用概述

系统调用是操作系统内核和用户运行程序之间的接口。系统中的各种资源都是由操作系统管理和控制的。所以在操作系统的外层软件或用户自编程序中，凡是与资源有关的操作（如分配主存、进行 I/O 传输及管理文件等）都必须通过某种方式向操作系统提出服务请求，并由操作系统代为完成。操作系统要方便用户使用计算机，还要提供与进程相关的系统服务。一般来说，操作系统还会为用户提供一些另外的服务（如提供时间、日期、当前系统的某些状态等）。

操作系统内核一般设置了一组用于实现各种系统功能的子程序或过程，并将它们提供给应用程序调用。由于这些程序或过程是操作系统本身程序模块中的一部分，为了保护操作系统程序不被用户程序破坏，通常不允许用户程序访问操作系统的程序和数据，也不允许应用程序采用一般的过程调用方式来直接调用这些过程。因此，操作系统必须提供某种形式的接口，以便让外层软件通过这种接口使用系统提供的各种功能。人们称这种接口为系统调用。

系统调用是通过中断机制实现的，并且一个操作系统的所有系统调用都通过同一个中断入口来实现，如 MS-DOS 提供了 INT21H，应用程序通过该中断获取操作系统的服务。对于拥有保护机制的操作系统来说，中断机制本身也是受保护的，在 IBM PC 上，Intel 芯片提供了多达 255 个中断号，但只有授权给应用程序保护等级的中断号，才是可以被应用程序调用的。对于未被授权的中断号，如果应用程序进行调用，同样会引起保护异常，而导致自己被操作系统停止。例如，Linux 仅仅给应用程序授权了 4 个中断号：3、4、5 及 80H。前 3 个中断号是提供给应用程序调试所使用的，而 80H 正是系统调用的中断号。

系统调用在本质上是应用程序请求操作系统内核完成某种功能时的一种过程调用，但它是一种特殊的过程调用，它与一般的过程调用具有以下几方面的明显差别。

1）调用形式不同。一般的过程调用，转向地址（处理程序入口地址）是固定不变的，包含在跳转语句中。但系统调用中，不包含处理程序入口地址，而仅仅提供功能号，按功能号调用。

2）调用代码位置不同。一般的过程调用是一种静态调用，调用程序和被调用代码在同一程序内，经过链接编译后作为目标代码的一部分。在执行过程中，调用程序和被调用程序都运行在相同的状态，即系统态或用户态。当过程或函数升级或修改后，必须重新编译链接。而系统调用是一种动态调用，系统调用的处理代码在调用程序之外（在操作系统的内核中），调用程序运行在用户态，而被调用程序运行在系统态。这样系统调用的处理代码升级或修改时，与调用程序无关，而且调用程序的长度也大大缩短，减少调用程序占用的存储空间。

3）调用提供方式不同。过程或函数往往由编译系统提供，不同编译系统提供的过程或函数可以不同；而系统调用由操作系统提供，一旦操作系统设计好后，系统调用的功能、种类与数量便固定不变了。

4）调用实现方式不同。一般的过程调用使用跳转指令来实现，是在用户态下运行的，并不涉及系统状态的转换，可直接由调用过程转向被调用过程。而系统调用是通过中断机制实现的，先由用户态转换为系统态，经内核分析后，才能转向相应的系统调用处理子程序。由于调用和被调用过程工作在不同的系统状态，因此不允许由调用过程直接转向被调用过程。

5）返回位置不同。一般的过程调用，在被调用过程执行完后，将返回调用过程继续执行。但是，在采用了抢占式（剥夺）调度方式的系统中，系统调用在被调用过程执行完后，要对系统中所有要求运行的进程做优先权分析。如果调用进程仍然具有最高优先级，则返回调用进程继续执行；否则，将引起重新调度，以便让优先权最高的进程优先执行。此时，系统将把调用进程放入就绪队列。

6）嵌套次数不同。像一般过程一样，系统调用也可以嵌套进行，即在一个被调用过程的执行期间，还可以利用系统调用命令去调用另一个系统调用。当然，每个系统对嵌套调用的深度都有一定的限制，如最大深度为6，但一般的过程对嵌套的深度则没有什么限制。如图9-2所示为没有嵌套及有嵌套的两种系统调用情况。

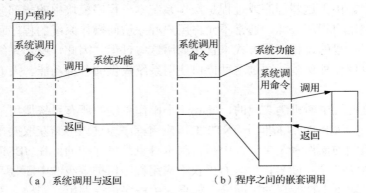

图 9-2　系统功能的调用

9.2.2　系统调用的类型

操作系统提供的系统调用很多，从功能上大致可以分为以下7类。

（1）进程控制类系统调用

进程控制类系统调用包括创建和终止进程，阻塞和唤醒进程，挂起和激活进程，获取和设置进程属性。

（2）文件操作类系统调用

文件操作类系统调用包括创建和删除文件，打开和关闭文件，读写文件，显示文件和目录内容，显示和设置文件属性。

（3）进程通信类系统调用

进程通信类系统调用包括建立和断开通信连接，发送和接收消息，传送状态信息，连接和断开远程设备。

（4）设备管理类系统调用

设备管理类系统调用包括申请设备，释放设备，设备 I/O 操作和重定向，获得和设置设备属性，控制和检查设备状态。

（5）内存管理类系统调用

内存管理类系统调用包括申请和释放内存，增加或减少内存。

（6）信息维护类系统调用

信息维护类系统调用包括获取和设置系统时间和日期，获取和设置系统数据，生成诊断和统计数据。

（7）安全保护类系统调用

安全保护类系统调用包括保护系统资源，获取和设置资源的访问方式。

Windows 操作系统不公开系统调用，仅提供以库函数形式定义的 API，称为 Win32 API。UNIX/Linux 操作系统既支持库函数，又公开系统调用，所以 UNIX 应用程序既可通过宏_syscall$n$( )（n 为传递的参数个数）直接使用系统调用，又可通过库函数间接使用系统调用，以此获得操作系统的服务。

如图 9-3 所示为 UNIX 操作系统中的系统程序、库函数及系统调用的分层关系。

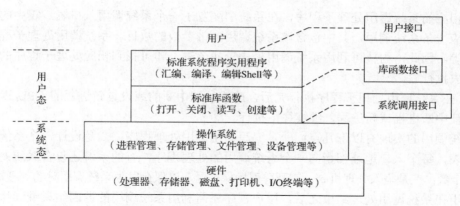

图 9-3 UNIX 操作系统中的系统程序、库函数及系统调用的分层关系

9.2.3 系统调用的实现

（1）系统调用与中断

系统调用的实现与一般过程调用的实现相比，两者有很大的区别。对于系统调用，控制是由原来的用户态转换为系统态，这是借助于中断和陷入机制来完成的，在该机制中包括中断和陷入硬件机构及中断与陷入处理程序两部分。当应用程序使用操作系统的系统调用时，产生一条相应的指令，CPU 在执行这条指令时发生中断，并将有关信号送给中断和陷入硬件机构，该机构收到信号后，启动相关的中断与陷入处理程序进行处理，实现该系统调用所需要的功能。

在操作系统中，实现系统调用功能的机制称为陷入或异常处理机制。由于系统调用而引起的中断属于内中断，因此把由于系统调用而引起中断的机器指令称为访管指令、陷入指令或异常中断指令。在操作系统中，每个系统调用都事先规定了编号，称为功能号，在访管或陷入指令中必须指明对应系统调用的功能号，在大多数情况下，还附带有传递给内部处理程序的参数。

（2）系统调用号和参数的设置

往往在一个系统中设置了许多条系统调用，并赋予每条系统调用一个唯一的系统调用号。在系统调用命令（陷入指令）中把相应的系统调用号传递给中断和陷入机制的方法有很多种。在有的系统中，直接把系统调用号放在系统调用命令中；而在另一些系统中，则将系统调用号装入某指定寄存器或内存单元中，如 MS-DOS 是将系统调用号放在 AH 寄存器中，Linux 则是利用 EAX 寄存器来存放应用程序传递的系统调用号。

（3）系统调用的处理步骤

在设置了系统调用号和参数后，便可执行一条系统调用命令。不同的系统可采用不同的执行方式。在 UNIX 操作系统中，是执行 CHMK 命令；而在 MS-DOS 中则是执行 INT 21 软中断。

系统调用的处理过程可分为以下 3 步。

1）将处理机状态由用户态转为系统态；之后，由硬件和内核程序进行系统调用的一般处理，即首先保护被中断进程的 CPU 环境，将处理机状态字、程序计数器、系统调用号、用户栈指针及通用寄存器内容等，压入堆栈；然后，将用户定义的参数传送到指定的地址保存起来。

2）分析系统调用类型，转入相应的系统调用处理子程序。为使不同的系统调用能方便地转向相应的系统调用处理子程序，在系统中配置了一个系统调用入口表。表中的每个表目都对应一条系统调用，其中包含该系统调用自带参数的数目、系统调用处理子程序的入口地址等。因此，内核可利用系统调用号去查找该表，即可找到相应处理子程序的入口地址而转去执行它。

3）在系统调用处理子程序执行完后，应恢复被中断的或设置新进程的 CPU 现场，然后返回被中断进程或新进程，继续往下执行。

系统调用的实现有以下几点：一是编写系统调用处理程序；二是设计一个系统调用入口地址表，每个入口地址都指向一个系统调用的处理程序，有的系统还包含系统调用自带参数的个数；三是陷入处理机制，需开辟现场保护区，以保存发生系统调用时的处理机现场。

由于在系统调用处理结束之后，用户程序还需利用系统调用的返回结果继续执行，因此，在进入系统调用处理之前，陷入处理机构还需保存处理机现场，并把系统调用命令的功能号放入指定的存储单元中。此外，在系统调用处理结束之后，陷入处理机构还要恢复处理机现场，并把系统调用的返回参数送入指定的存储单元，以供用户程序使用。在操作系统中，处理机的现场一般被保护在特定的内存区或寄存器中。系统调用的处理过程如图 9-4 所示。

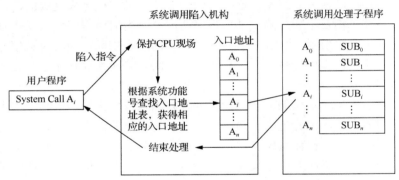

图 9-4　系统调用的处理过程

9.2.4　POSIX 标准

目前，许多操作系统提供了上面所介绍的各种类型的系统调用，实现的功能也相类似，但在实现的细节和形式方面却相差很大，这种差异给实现应用程序与操作系统平台的无关性带来了很大的困难。为解决这一问题，国际标准化组织给出的有关系统调用的国际标准 POSIX，也称为基于 UNIX 的可移植操作系统接口。POSIX 定义了标准应用程序接口，用于保证编制的应用程序可以在源代码一级上在多种操作系统上移植运行。只有符合这一标准的应用程序，才有可能完全兼容多种操作系统，即在多种操作系统下都能够运行。

POSIX 标准定义了一组过程，这组过程是构造系统调用所必需的。通过调用这些过程所提供的服务，确定了一系列系统调用的功能。一般而言，在 POSIX 标准中，大多数的系统调用是一个系统调用直接映射一个过程，但也有一个系统调用对应若干个过程的情形，如一个系统调用所需要的过程是其他系统调用的组合或变形时，则往往会对应多个过程。

需要明确的是，POSIX 标准所定义的一组过程虽然指定了系统调用的功能，但并没有明确规定系统调用是以什么形式实现的，是库函数还是其他形式。例如，早期操作系统的系统调用使用汇编语言编写，这时的系统调用可看成是扩展的机器指令，因而，能在汇编语言编程中直接使用。为了能够在 C 语言程序中使用系统调用，一些操作系统如 UNIX、

Linux、Windows 和 OS/2 等，在标准 C 函数库中为每个系统调用构造一个同名的封装函数，屏蔽其下各层的复杂性，负责把操作系统提供的服务接口封装成应用程序能够直接使用的 API。所以，一个库函数（封装函数）就是一种 API，它介于应用程序和操作系统之间。例如，GNU C（glib）或标准 C（libc）函数库均属于此类，把操作系统的内部编程接口封装成 POSIX 标准接口，为每个系统调用设置一个封装函数，应用程序采用标准 C 调用序列来调用封装函数，封装函数按照系统所要求的形式和方法传递参数，执行访管指令，调用相应的内核函数，提供用户所需的服务。

在 UNIX/Linux 操作系统中，根据 POSIX 1003.1 定义的标准，库函数与系统调用之间大多存在直接对应关系。事实上，POSIX 标准主要仿照 UNIX 界面建立。另一方面，许多现代操作系统，如 Windows，尽管独立于 UNIX，但也提供与 POSIX 兼容的子系统。

9.3 脱机用户接口

脱机用户接口是操作系统为批处理作业的用户提供的，故也称为批处理用户接口。它主要是为了解决主机与外设运行速度不匹配的矛盾，提高系统资源的利用率而设置的。脱机用户接口由一组作业控制语言组成，用户利用系统为脱机用户提供的作业控制语言预先写好作业控制卡或作业说明书，将它和作业的程序与数据一起提交给计算机。当该作业运行时，操作系统将逐条按照用户作业说明书或作业控制卡中的控制语句，自动控制作业的执行。

9.3.1 作业的相关概念

作业是操作系统中一个常见的概念，是指在一次应用业务处理过程中，从输入开始到输出结束，用户要求计算机所做的有关该次业务处理的全部工作。可以从两个方面对作业进行解释，一个是从用户角度来看作业，可以从逻辑上抽象地描述作业的定义，即在一次业务处理过程中，从输入程序和数据到输出结果的全过程。另一个是从系统的角度来看作业，针对作业进行资源分配，可以定义出作业的组织形式，即作业由程序、数据（作业体）和作业说明书（作业控制语言）组成。

一般编制一个应用程序大致要经过如图 9-5 所示的几个步骤，即由实际问题出发，经过功能设计、结构设计及详细设计过程之后编制出源程序；将源程序及所需数据编辑输入计算机系统，并经过多次调试以后，产生正确的源程序；编译、链接和反复调试之后再形成执行代码，并被执行进行计算，然后输出执行结果和建立相应的文档等。

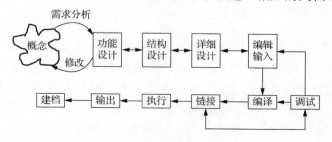

图 9-5 一般编程过程

在图 9-5 中，直到编辑为止的各步骤都可以认为是可由人工独立完成的，但从编辑输入开始的以下各步骤却是在用户的要求控制下由计算机完成的。在一次应用业务处理过程中，从输入开始到输出结束，用户要求计算机所做的有关该次业务处理的全部工作称为一个作业。作业由不同的顺序相连的作业步组成。作业步是在一个作业的处理过程中，计算机所做的相对独立的工作。一般来说，各个作业步既是相对独立的又是相互关联的，每一个作业步产生下一个作业步所需的数据源，并且只有前一个作业步运行成功，才可以继续运行下一个作业步。图 9-5 中编辑输入一个作业步，它产生源程序文件，该文件就是编译这个作业步的输入文件；而编译这个作业步产生目标代码文件，该文件又是链接这个作业步的输入文件。

作业流是指在批处理系统中把一批作业安排在输入设备上（如读卡机、磁带机或磁盘）。然后依次读入系统并进行处理，从而形成了一个作业流。用专门的标志卡或语句将作业流中的各作业分隔开。有些大的计算机系统可同时有几个作业流进入系统。

实际系统中的作业有两种基本类型：一是在批处理系统上运行的作业，称为批处理作业（或批量型作业、或脱机作业）；另一种是在交互式系统（如分时系统）上运行的作业，称为交互式作业（或终端型作业、或联机作业）。

9.3.2　作业的控制方式

作业的控制方式是指用户根据操作系统提供的手段来说明作业加工步骤的方式。作业控制方式有两种，即批处理控制方式和交互式控制方式。

（1）批处理控制方式

采用批处理控制方式控制作业执行时，用户使用操作系统提供的作业控制语言将作业执行的控制意图编写成一份作业控制说明书，连同该作业的源程序和初始数据一同提交给计算机系统，操作系统将按照用户说明的控制意图来控制作业的执行。作业执行过程中用户不必在计算机上进行干预，一切由操作系统按作业控制说明书的要求自动地控制作业执行。因此，该控制方式又称为自动控制方式或脱机控制方式。采用批处理控制方式的作业称为批处理作业，又称为脱机作业。

（2）交互式控制方式

采用交互式控制方式控制作业执行时，用户使用操作系统提供的操作控制命令来表达对作业执行的控制意图。执行时，用户逐条输入命令，操作系统每接到一条命令，就根据命令的要求控制作业的执行；一条命令所要求的工作做完后，操作系统把命令执行情况通知用户并让用户输入下一条命令，以控制作业继续执行，直至作业执行结束。

采用交互式控制方式时，在作业执行过程中操作系统与用户之间需要不断地交互信息，用户必须在联机方式下通过对计算机的直接操作来控制作业的执行，因此，交互式控制方式又称为联机控制方式。采用交互式控制方式的作业称为交互式作业，又称为联机作业，对于来自终端的作业也称为终端作业。

9.3.3　作业的组织

从系统的角度看，作业是一个比程序更广的概念。它由程序、数据和作业说明书组成。系统通过作业说明书控制文件形式的程序和数据，使之执行和操作。而且，在批处理系统中，作业是抢占内存的基本单位。也就是说，批处理系统以作业为单位把程序和数据调入内存以便执行。需要说明的是，作业的概念一般用于早期批处理系统和现在的大型机、巨型机系统中，对于广为流行的微型计算机和工作站系统，人们一般不太使用作业的概念。

1. 作业控制块

一个作业可以包含多个程序和多个数据集，但必须至少包含一个程序，否则将不能称为作业。作业中包含的程序和数据完成用户所需的业务处理工作。作业说明书则体现用户的控制意图。作业说明书在系统中将生成一个称为作业控制块的数据结构，该结构登记该作业的作业名、当前状态、所要求的资源情况、资源使用情况、作业类型和执行优先级等。操作系统通过该结构了解到作业要求，并分配资源和控制作业中程序和数据的编译、链接、装入和执行等。作业的作业控制块就相当于进程的 PCB，是操作系统管理和控制作业的依据。

2．作业控制语言和作业说明书

（1）作业控制语言

作业控制语言是用户用来编制作业控制卡或作业说明书的。对于不同的操作系统，作业控制语言也各不相同。但其所包含的命令大体是相同的，一般有 I/O 命令、编译命令、操作命令及条件命令等。

（2）作业控制卡

作业控制卡用于早期批处理系统中。用户把控制作业运行及出错处理的作业控制命令在卡片上穿孔，插入程序中。程序在执行过程中，读取作业控制卡上的信息，控制作业的运行及出错时的处理。由于作业控制卡使用不方便，且容易出错等，现已基本不再使用。

（3）作业说明书

作业说明书是用户使用作业控制语言编写的控制作业运行的程序，它表达了用户对作业的控制意图。如图 9-6 所示，作业说明书主要包含 3 方面的内容，即作业基本情况描述、作业控制描述和作业资源要求描述。作业基本情况描述包括用户名、作业名、使用的编程语言名、允许的最大处理时间等。而作业控制描述则大致包括作业在执行过程中的控制方式，如是脱机控制还是联机控制，各作业步的操作顺序，以及作业不能正常执行时的处理方法等。作业资源要求描述包括要求处理时间、内存空间、外设类型和数量、处理机优先级、所需处理时间、所需库函数或实用程序等。一般说来，作业说明书主要用在批处理系统中，且各计算机厂家都对自己的系统定义有各自的作业说明书的格式和内容。因此，上述作业说明书的内容因不同的系统而有所不同。不过，无论何种作业说明书，它们都根据系统提供的作业控制命令和有关参数按照一定格式进行编写。不同于作业控制卡方式，作业说明书是集中输入系统的，它在使用上更加灵活，功能更强一些。

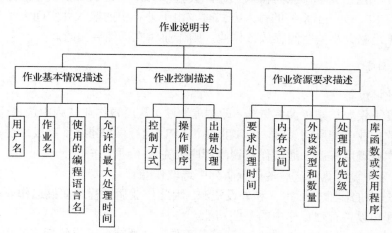

图 9-6　作业说明书的主要内容

9.3.4 作业管理的任务

作业管理的任务包含以下几个方面。①作业建立。建立一个作业必须把作业的全部程序和数据及作业说明书的信息，由输入设备输入磁盘中，由作业注册程序在系统中为每个作业建立一个作业控制块，因此作业建立主要调用两个过程，作业的输入和作业控制块的建立。②作业调度。对于成批进入系统的作业，按一定的策略选取某几个作业为它们分配内存空间，并装入内存，同时还要为其建立相应的进程。作业调度算法与进程调度算法有许多共性和联系。③作业控制。作业是在操作系统的控制下执行的，作业控制包括作业如何输入计算机；当作业被选中后如何控制它的运行；在执行过程中如何进行故障处理，以及怎样控制计算结果的输出等。④作业完成。撤销作业的一组进程，回收作业占用的系统资源，输出计算结果，最后，撤销作业存在的标识——作业控制块。

1. 作业建立

这里主要讲述一下批处理作业的建立。作业建立的前提条件是首先要向系统申请获得一个空的作业表项和足够的输入井空间。建立时，必须将作业所包括的全部程序和数据输入外存中保存起来，并建立该作业对应的作业控制块。因此，作业的建立过程包括两个阶段：建立作业控制块阶段和作业输入阶段。

（1）作业控制块的建立

每个作业都有一个作业控制块，所有作业的作业控制块就构成了一个作业表。建立作业控制块的过程就是申请和填写一个包含空白表项的作业表的过程。由于操作系统所允许的作业表的长度是固定的，即作业表中存放的作业控制块个数是确定的，因此当作业表中无空白表项时，系统将无法为用户建立作业，作业建立将会失败。

（2）作业的输入

批处理作业的输入是将作业的源程序、初始数据和作业控制说明书通过输入设备输入外存并完成初始化的过程。作业输入时，操作系统通过预输入命令启动 SPOOLing 系统中的预输入程序工作，就可以把作业信息存放到输入井中。预输入程序根据作业控制说明书中的作业标识语句区分各个作业，把作业登记到作业表中，并把作业中的各个文件存到输入井中。这样，就完成了作业的输入工作，被输入的作业处于后备状态，并在输入井中等待处理。采用 SPOOLing 系统的输入方式时，由于外存中的输入井空间大小是有限的，因此若输入井无足够大小的空间存放该作业，则作业建立仍然会失败。

2. 作业调度

（1）作业调度程序

作业调度不仅要按某种调度策略（即调度算法）从后备作业队列中选择作业装入主存，还要为选中的作业分配所需资源，为作业进入 CPU 运行做好准备。完成作业调度功能的控制程序称为作业调度程序。通常作业调度程序要完成下述工作。

1）按照某种调度算法从后备作业队列中选取作业。

2）为被选中的作业分配主存和外设资源。因此作业调度程序在挑选作业过程中要调用存储管理程序和设备管理程序中的某些功能。

3）为选中的作业开始运行做好一切准备工作。这种准备工作包括修改作业状态为运行态，为运行作业创建进程，构造和填写作业运行时所需要的有关表格，如作业表等。

4）在作业运行完成或由于某种原因需要撤离系统时，作业调度程序还要完成作业的善后处理工作，包括回收分给它的全部资源、为输出必要信息编制输出文件、撤销该作业的全部进程和作业控制块等，最终将其从现行作业队列中删除。

（2）作业状态

作业从提交给系统，直到它完成任务后退出系统前，在整个活动过程中通常需要经历收容、运行和完成 3 个阶段，同时在每个阶段它会处于不同的状态。作业在每个阶段所处的状态称为作业状态。通常，作业状态分为提交、后备、运行和完成 4 种状态。作业状态的转换是一个在其生命周期中的连续过程，对应的状态转换图如图 9-7 所示。

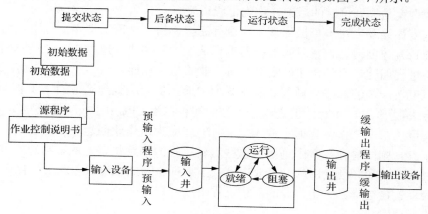

图 9-7　作业状态的转换

（3）作业调度的影响因素

每个用户都希望自己的作业尽快执行，但就计算机系统而言，既要考虑用户的需求又要有利于整个系统效率的提高，因此，作业调度中应该综合考虑多方面的因素。要考虑的因素主要有公平性、均衡使用资源、提高系统吞吐量、平衡系统和用户需求 4 个方面。这些因素可能不能兼顾，应根据系统的设计目标来决定优先考虑的调度因素。

（4）作业调度的性能指标

对于批处理系统而言，作业调度的性能优劣受多项指标影响，主要的性能指标有以下几方面。

1）CPU 利用率：CPU 利用率是 CPU 的有效运行时间与总的运行时间之比。比值越大，其 CPU 利用率越高。

2）吞吐量：吞吐量是指单位时间内完成作业的数量。完成的数量越多，其吞吐能力越强。

3）周转时间：所谓作业的周转时间是指从作业被提交进入输入井开始，到作业执行完成的这段时间间隔。每个作业的周转时间都应包括 4 个部分：作业在输入井后备队列中等待作业调度的时间，进入主存后创建的进程在进程就绪队列中等待进程调度的时间，进程占据 CPU 执行的时间，以及进程等待 I/O 操作完成的时间。很显然，作业的周转时间越短，作业越早被调度并运行。

4）平均周转时间：所谓作业的平均周转时间是指所有作业的周转时间的平均值。对于系统来说，希望进入系统的作业平均周转时间越小越好。

5）平均带权周转时间：由于系统中短作业所占比例更大，为了增加短作业对周转时间值的影响，引入平均带权周转时间的概念。作业的带权周转时间定义为作业的周转时间与作业的运行时间之比。作业平均带权周转时间定义为所有作业带权周转时间的平均值。

批处理系统设计的目标是设法减少作业的平均周转时间及平均带权周转时间，设法提高系统的吞吐量，并兼顾用户的容忍程度，从而使系统运行效率最高。

（5）作业调度与进程调度

在多道程序系统中，一个作业被提交后，必须经过进程调度才能获得 CPU 并运行。对于批处理作业，通常至少要经历作业调度和进程调度两个阶段后才能获得 CPU；而对于交互式作业，则一般只需进行进程调度即可。因此，对于批处理作业的调度，系统必须先进行作业调度，才能进行进程调度。一般地，作业调度是批处理作业运行的前提，称为高级调度；进程调度是作业调度的后续，称为低级调度。

作业调度往往发生在一个批处理作业执行完毕、另一个需要调入主存时，因此作业调度的周期较长且速度慢、花费时间长；而进程调度的频率快、速度快且花费时间短。只有作业调度与进程调度相互配合才能实现多道作业的并发执行。

作业调度按一定的算法从输入井后备队列中选择资源能得到满足的作业装入主存，使作业有机会去占用 CPU 执行。但是，一个作业能否占用 CPU 则由进程调度来决定。

作业调度选中一个作业且把它装入主存时，就应为该作业创建一个进程。若有多个作业被装入主存，则同时存在多个进程。这些新建进程的初始状态为就绪状态。进程调度选择当前可占用 CPU 的就绪进程。进程运行中，当某种原因使进程状态发生变化而让出 CPU 时，进程调度就再选择另一个作业的就绪进程去运行。

（6）作业调度算法

作业调度算法是指依照某种原则或策略从后备作业队列中选取作业的方法。一个作业调度算法的选取是与它的系统设计目标相一致的。理想的作业调度算法既能提高系统效率，又能使进入系统的作业及时得到计算结果。常用的作业调度算法有先来先服务调度算法、短作业优先调度算法、高响应比优先调度算法、高优先权优先调度算法等。

3. 作业控制与作业完成

一个批处理作业被作业调度程序选中后，操作系统将按照作业控制说明书中所规定的控制要求控制作业的执行。

（1）批处理作业的执行

一个批处理作业往往要分几个作业步执行。一般来说，总是按照作业步的顺序控制作业的执行，一个作业步执行结束后，就顺序取下一个作业步继续执行，直到最后一个作业步完成，整个作业就执行结束。这时，系统收回作业所占资源并撤销该作业，作业执行的结果在输出井中等待输出。

当作业被选中转为运行状态时，作业调度程序为其建立一个作业控制进程，由该进程具体控制作业运行。作业控制进程主要负责控制作业的运行，具体解释、执行作业说明书中的每一个作业步，并创建子进程来完成该步骤。

怎样才能完成作业步的执行呢？不同的作业步要完成不同的工作，都要有不同的程序来解释、执行。一般来说，根据作业控制说明书中作业步控制语句中参数指定的程序，把相应的程序装到主存，然后创建一个相应的作业步进程，把它的状态设置为就绪。当被进程调度程序选中运行时，该进程就执行相应的程序，完成该作业步功能。当一个作业步的进程执行结束后，需要向操作系统报告执行结束的信息，然后撤销该进程，再继续取下一个作业步的控制语句，控制作业继续执行。当取到一个表示作业结束的控制语句时，操作系统收回该作业占有的全部主存和外设等资源，然后让作业调度再选取下一个可执行的作业。

如果作业执行到某个作业步时发生错误，则要分析错误的性质。如果是某些用户能估计到的错误，且用户已在作业控制说明书中给出了处理办法，系统就应按用户的说明转向指定的作业步继续顺序执行，直至作业执行结束为止。作业的执行流程如图 9-8 所示。

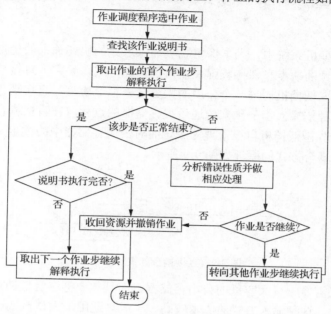

图 9-8　作业的执行流程

（2）批处理作业的终止与撤销

从图 9-8 可以看出，当一个批处理作业顺利执行完作业说明书中的所有作业步时，作业正常终止；若执行中遇到诸如非法指令、运算溢出和主存地址越界等无法继续执行的错误，则作业将异常终止。作业正常终止时会向系统发出正常终止的信息，然后等待被系统撤销；异常终止时也会向系统发出异常终止的信息，然后等待被系统撤销。

每当一个作业运行终止而被撤销后，系统又会再进行下一次作业调度，然后重复上述过程，直至全部作业调度完毕为止。

9.3.5　作业的输入与输出

作业的输入与输出方式可分为 5 种，即联机 I/O 方式、脱机 I/O 方式、直接耦合方式、SPOOLing 系统和网络 I/O 方式。

1. 联机 I/O 方式

联机 I/O 方式大多用在交互式系统中，用户和系统通过交互会话来输入作业，外设直接和主机相连接。一台主机可以连接一台或多台外设。在单台设备和主机相连接进行作业输入时，由于外设的 I/O 速度远远低于 CPU 的处理速度，有可能造成 CPU 资源的浪费。如果使用多台外设同时联机输入的话，则又成为下面将要介绍的 SPOOLing 系统。

2. 脱机 I/O 方式

脱机 I/O 方式又称为预处理方式。对于早期的操作系统，由于主机运行速度相对较快而外设工作速度较慢，脱机输入方式利用低档个人计算机作为外围处理机进行输入处理。

在低档个人计算机上，用户通过联机方式把作业首先输入后援存储器，如磁盘或磁带上；然后，用户把装有输入数据的后援存储器拿到主机的高速外设上和主机连接，从而在较短的时间内完成作业的输入工作。脱机输入解决了快速输入与输出的问题，提高了主机的资源利用率，但是，它是以牺牲低档机为代价的。

3. 直接耦合方式

在大型机或巨型机系统中，为了保留脱机输入方式的快速输入的优点，同时避免脱机输入方式的人工干预的缺点和保持较强灵活性的输入方式，采用了直接耦合方式。直接耦合方式把主机和外围低档机通过一个公用的大容量外存（磁盘）直接耦合起来，从而省去了在脱机输入中那种依靠人工干预来传递后援存储器的过程。在直接耦合方式中，慢速的数据 I/O 过程仍由外围低档机自己管理完成，而对公用存储器中的大量数据的高速读写则由主机完成。直接耦合方式的原理如图 9-9 所示。

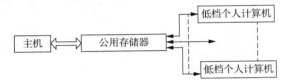

图 9-9　直接耦合方式的原理

直接耦合方式需要一个大容量的公用存储器，而且需要把多台低档机和主机、公用存储器固定连接起来。这种输入方式的成本较高，一般只适用于大型机或巨型机系统。

4. SPOOLing 系统

为了克服脱机 I/O 工作方式的缺点，在通道技术及多道程序设计发展的基础上，人们研制了 SPOOLing 系统。SPOOLing 又可译为外设同时联机操作。在有 SPOOLing 功能的计算机系统中，作业的 I/O 不再单独用外围处理机，而由主机和相应通道来承担这种功能，系统主要包括输入管理模块和输出管理模块。在系统开工之后，为它们分别创建系统进程，和用户进程一样，也受系统调度程序调度控制。所不同的是，它们的优先级比任何用户进程都高。该系统的工作原理如图 9-10 所示。

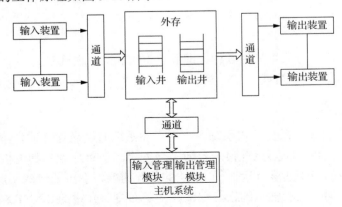

图 9-10　SPOOLing 系统的工作原理

在 SPOOLing 系统中，多台外设通过通道或 DMA 控制器和主机与外存连接起来。作业的 I/O 过程由主机中的操作系统控制。操作系统中的输入程序包含两个独立的过程，一个过程负责从外设把信息读入缓冲区；另一个是写过程，负责把缓冲区的信息送到外存输入井中。这里，外设既可以是各种终端，也可以是其他的输入设备，如纸带输入机或读卡机等。在输入和输出之间增加了输入井和输出井的排队转储环节，以消除用户因外设工作速度慢的"联机"等待时间。

SPOOLing 系统的输入方式既不同于脱机方式，也不同于直接耦合方式，在系统输入模块收到作业输入请求信号后，输入管理模块中的读过程负责将信息从输入装置读入缓冲区；当缓冲区满时，由写过程将信息从缓冲区写到外存输入井中。读过程和写过程反复循环，直到一个作业输入完毕。当读过程读到一个硬件结束标志之后，系统再次驱动写过程把最后一批信息写入外存并调用中断处理程序结束该次输入。然后，系统为作业建立作业控制块，从而使输入井中的作业进入作业等待队列，等待作业调度程序选中后进入内存。

5. 网络 I/O 方式

网络输入方式以上述几种输入方式为基础。在广域网的工作方式中，当用户需要把在计算机网络中某一台主机上输入的信息传送到同一网中另一台主机上进行操作或执行时，就构成了网络输入方式。网络输入方式涉及不同计算机间的通信问题。

9.4　联机用户接口

联机用户接口由一组操作系统命令及命令解释程序组成，是为联机用户提供调用操作系统功能，请求操作系统为其服务的手段，用于交互型作业处理。在分时系统和个人计算机中，操作系统向用户提供了一组联机命令，用户通过终端输入命令取得操作系统的服务，并控制作业运行。

9.4.1　联机用户接口的组成

联机控制方式不要求用户填写作业说明书，系统只为用户提供一组键盘或其他操作方式的命令。用户使用系统提供的操作命令与系统会话，交互地控制程序的执行和管理计算机系统。不同操作系统的联机命令接口有所不同，这不仅指命令的种类、数量及功能方面，也可能体现在命令的形式、用法等方面。不同的用法和形式构成了不同的用户界面，可分为命令行用户界面和图形化用户界面两种形式。

1. 命令行用户界面

命令行用户界面是在图形用户界面得到普及之前使用最为广泛的用户界面，它通常不支持鼠标，用户通过键盘输入指令，计算机接收到指令后，予以执行。

用户在终端键盘上输入的命令被称为命令语言，它是由一组命令动词和参数组成的，以命令行的形式输入并提交给系统。命令语言具有规定的词法、语法、语义和表达形式。该命令语言是以命令为基本单位指示操作系统完成特定的功能。完整的命令集体现了系统提供给用户可使用的全部功能。不同操作系统所提供的命令语言的词法、语法、语义及表达形式是不一样的。命令语言一般又可分为两种方式：命令行方式和批命令方式。

（1）命令行方式

该方式是指以行为单位输入和显示不同的命令。每行长度一般不超过 256 个字符，命令行的结束通常以回车符为标记。命令的执行是串行、间断的，后一个命令的输入一般需要等到前一个命令执行结束，如用户输入的一条命令处理完成后，系统发出新的命令输入提示符，用户才可以继续输入下一条命令。

也有许多操作系统提供了命令的并行执行方式，如一条命令的执行需要耗费较长时间，并且用户也不急需其结果时（即两条命令执行是不相关的），则可以在一个命令的结尾输入特定的标记，将该命令作为后台命令处理，用户接着即可继续输入下一条命令，系统便可对两条命令进行并行处理。

简单命令的一般形式为 Command arg1 arg2 ⋯ arg*n*。

其中，Command 是命令名，又称命令动词，其余为该命令所带的执行参数，有些命令可以没有参数。

（2）批命令方式

在操作命令的实际使用过程中，经常遇到需要对多条命令的连续使用，或若干条命令的重复使用，或对不同命令进行选择性使用的情况。如果用户每次都采用命令行方式，将命令一条条由键盘输入，既浪费时间，又容易出错。因此，操作系统支持一种称为批命令的特别命令方式，允许用户预先把一系列命令组织在一种称为批命令文件的文件中，一次建立，多次执行。使用这种方式可减少用户输入命令的次数，既节省了时间、减少了出错概率，又方便了用户。通常批命令文件都有特殊的文件扩展名，如 MS-DOS 系统的.BAT文件。

同时，操作系统还提供了一套控制子命令，增强对命令文件使用的支持。用户可以使用这些子命令和形式参数书写批命令文件，使这样的批命令文件可以执行不同的命令序列，从而增强了命令接口的处理能力。例如，UNIX 和 Linux 中的 Shell 不仅是一种交互型命令解释程序，也是一种命令级程序设计语言解释系统，它允许用户使用 Shell 简单命令、位置参数和控制流语句编制形成参数的批命令文件，称为 Shell 文件或 Shell 过程，Shell 可以自动解释和执行该文件或过程中的命令。

2. 图形化用户界面

通常认为，命令行界面没有图形化用户界面那么方便用户操作。因为，命令行界面的软件通常需要用户记忆操作命令。但是，由于其本身的特点，命令行界面要较图形用户界面节约计算机系统的资源。在熟记命令的前提下，使用命令行界面往往要较使用图形用户界面的操作速度要快。所以，在现在的图形用户界面的操作系统中，通常都保留着可选的命令行界面。

现在许多计算机系统提供了图形化的操作方式，但是却都没有因此而停止提供文字模式的命令行操作方式，相反，许多系统反而更加强这部分的功能。例如，Windows 就在加强操作命令的功能和数量的同时，也在不断改善 Shell Programming 的方式。而之所以要加强和完善，自然是因为不够好。操作系统的图形化操作方式对单一客户端计算机的操作，已经相当方便，但如果是一群客户端计算机，或者是 24 小时运作的服务器计算机，图形化操作方式有时就会力有未逮，所以需要不断增强命令行接口的脚本语言和宏语言来提供丰富的控制与自动化的系统管理能力，如 Linux 操作系统的 Bash 或是 Windows 操作系统的Windows PowerShell。

9.4.2　联机作业的管理

联机用户在各自的终端上以交互式方式控制作业的执行。一般地，控制联机作业的执行大致分为 4 个阶段，即终端的连接、用户注册与登录、作业控制和用户退出。

（1）终端的连接

任何一个终端用户要使用计算机系统时，必须先使终端设备与计算机系统在线路上接通。当终端与计算机系统在线路上接通后，计算机系统会在终端上显示信息告诉用户。

（2）用户注册与登录

当终端与计算机系统在线路上接通后，用户必须向系统进行注册。用户进入系统，也称为注册。用户事先与系统管理员商定一个唯一的用户名，管理员用该名字在系统文件树上为用户建立一个子目录树的根节点，供该用户以后进入系统时使用，这个过程称为注册。当用户打开自己的终端时，屏幕上会出现提示，这时用户便可输入自己的注册名，并用 Enter 键结束。然后，系统又询问用户口令，用户输入事先约好的口令。在通过这两步检查后，才能进入系统。用户每次打开自己的终端，根据系统的提示，输入自己的用户名和口令的过程称为登录。

用户登录时，系统会询问用户名、作业名、口令和资源需求等，经过识别用户、核对口令且资源能得到满足后，系统会在终端上显示"已登录"和进入系统的时间等信息，这时，系统将接受该终端作业并完成用户的登录过程。若用户名有错或口令不对或资源暂时不能满足，则系统在终端上显示"登录不成功"并给出登录失败的原因。

登录成功的终端用户可以从终端上输入作业的程序和数据，也可以使用系统提供的终端控制命令控制作业执行。用户每输入一条命令后，由系统解释执行且在终端上显示有关信息，由用户决定下一条命令，直到作业完成为止。

用户的登录和注册过程可以看作是对联机作业的作业调度。

（3）作业控制

一个注册成功的终端用户既可以从终端上输入作业的程序和数据，又可以使用系统提供的终端控制命令控制作业执行。

（4）用户退出

当终端用户的作业执行结束且不再需要使用终端时，用户可输入退出命令请求退出系统。系统接收命令后就收回该用户所占的资源让其退出，同时在终端上显示退出时间或使用系统时间，以使用户了解使用系统的时间及应付的费用。

9.5　图形化用户界面

图形化用户界面或 GUI 是指采用图形方式显示的计算机操作环境用户接口。与早期计算机使用的命令行界面相比，图形界面对于用户来说更为简便易用。GUI 的广泛应用是当今计算机发展的重大成就之一，它极大地方便了非专业用户的使用，人们从此不再需要死记硬背大量的命令，取而代之的是通过窗口、菜单、按键等方式来方便地进行操作。而嵌入式 GUI 具有下面几个方面的基本要求：轻型、占用资源少、高性能、高可靠性、便于移植、可配置。

9.5.1　历史变迁

PC 上的第一个图形界面——Xerox Alto（该系统并未商用，主要用于研究和大学使用），其于 1973 年被施乐公司所设计，从此，开启了计算机图形界面的新纪元。Alto 是第一个把计算机所有元素结合到一起的图形界面操作系统。它使用 3 键鼠标、位运算显示器、图形窗口和以太网络连接。

1980 年，Three Rivers 公司推出 Perq 图形工作站。

1981 年，施乐公司推出了 Alto 的继承者 Star，它是 Alto 的商用版本。它的特点是具有双击图标技术、多窗口、对话框概念和 1024×768 像素的分辨率。

1983 年，苹果公司推出 Lisa 系统，主要用于文档处理工作站，特点是具有下拉菜单和菜单条技术。

1984 年，IBM 公司推出第一个图形界面的操作系统 Visi，这个图形界面使用了鼠标，内置了安装程序及帮助文档，但没有使用 Icon。同年苹果公司推出 Macintosh，是第一个划时代的图形界面，因为它其中的很多技术到今天还在使用。例如，基于窗口图标的 UI，窗口可以被鼠标移动，可以使用鼠标拖动文件和目录以完成文件的复制和移动。

1985 年，微软公司推出的 Windows 1.0 是其第一款基于 GUI 的操作系统。它使用了 32×32 像素的图标及彩色图形；窗口不可重叠，但可平铺；窗口不会覆盖屏幕下方的图标区域。

1986 年，首款用于 UNIX 的窗口操作系统 X Window System 发布，它的一个有趣功能是支持矢量图标。

1987 年，苹果公司推出 Macintosh II，它是第一款彩色 Mac 系统，特点是具有 640×480 像素，56 色，24 位显卡。同年微软公司推出 Windows 2.0，在这个版本有重大的改进。例如，窗口可以重叠、可以改变大小、可以最大化和最小化。

1990 年，微软公司发布 Windows 3.0，具有程序管理 Shell，有能力有更好的显示，如 Super VGA 800×600 和 1024×768，统一的图形界面风格。

1992 年，微软公司发布 Windows 3.1，增加了多媒体支持。IBM 发布 OS/2 version 2.0，真正的 32 位操作系统，具有 Workplace Shell、面向对象的用户界面。这是第一个被提交到互联网上接受可用性与可访问性测试的 GUI，整个 GUI 使用了面向对象的方法设计，每个文件和文件夹都是一个对象，可以与其他的文件、文件夹与应用程序关联。它同时支持拖放式操作及模板功能。

1995 年，微软公司发布 Windows 95，其视窗操作系统的外观基本定型。这是 Windows 3.×之后，微软对整个 GUI 进行完全重新设计，这是第一个在每个窗口上加上了"关闭"按钮的 GUI。设计团队让图标有了几个状态（enabled、disabled、selected、checked），这也是最著名的"开始"按钮第一次出现的时候。

1996 年，IBM 公司发布 OS/2 Warp 4，它的交互界面得到显著改善，至今仍有不少 ATM 机运行这样的系统。桌面上可以放置图标，也可以自己创建文件和文件夹，并推出一个类似 Windows 回收站和 Mac 垃圾箱的文件销毁器。

1997 年，KDE 和 GNOME 两大开源桌面项目启动。苹果公司发布 Mac OS 8，这个操作系统具有三维外观并提供了 Spring Loaded Folder 功能。该版本的 GUI 支持默认的 256 色图标。Mac OS 8 最早采用了伪 3D 图标，其灰蓝色彩主题后来成为 Mac OS GUI 的标志，在两周内销售 125 万套，是那个时期销售最好的操作系统。

1998 年，微软公司发布 Windows 98，支持超过了 256 色的图标。第一次出现了 Active

Desktop，桌面和 IE 集成，浏览器取代了 Windows Shell 和帮助系统。

2001 年，微软公司发布 Windows XP，实现桌面功能的整合，它的 GUI 支持皮肤，用户可以改变整个 GUI 的外观与风格，默认图标为 48×48，支持上百万颜色。

2003 年，Sun 公司的 Java 桌面系统为 GNOME 桌面添加了和 Mac 类似的效果。

2012 年秋季，微软公司发布 Windows 8 操作系统，对计算机的系统进行了极大的改进。苹果正式发售了新一代操作系统 OS X Mountain（山狮），版本号为 10.8，通过全新的信息 App，用户可以向使用另一台 Mac、iPhone、iPad 或 iPod touch 的任何人发送文本、照片、视频、通信录、网络链接和文档，甚至可以在一部设备上发起对话，而在另一部设备上继续进行对话。

2019 年，苹果公司推出 Mac OS Catalina，它是用于麦金塔计算机的桌面操作系统 Mac OS 的第 16 个主要版本，也是第一个只支持 64 位应用程序的 Mac OS 版本。此系统拥有语音控制功能、屏幕时间控制、脱机查找设备等多项新功能。

9.5.2　图形化用户界面的组成

1．桌面

桌面在启动时显示，也是界面中的最底层，有时也指代包括窗口、文件浏览器在内的"桌面环境"。在桌面上由于可以重叠显示窗口，因此可以实现多任务化。一般的界面中，桌面上放有各种应用程序和数据的图标，用户可以依此开始工作。桌面与既存的文件夹构成相违背，所以要以特殊位置文件夹的参照形式来定义内容。例如，在微软公司的 Windows XP 操作系统中，各种用户的桌面内容实际保存在系统盘（默认为 C 盘）"C:\Documents and Settings\[用户名]\桌面"的文件夹中。

2．桌面背景

桌面背景可以设置为各种图片和各种附件，成为视觉美观的重要因素之一。

3．视窗

视窗是指应用程序为使用数据而在图形用户界面中设置的基本单元，使应用程序和数据在窗口内实现一体化。用户可以在窗口中操作应用程序，进行数据的管理、生成和编辑。通常在窗口四周设有菜单、图标，数据放在中央。

在窗口中，根据各种数据/应用程序的内容设有标题栏，一般放在窗口的最上方，并在其中设有最大化、最小化（隐藏窗口，并非消除数据）、最前面、缩进（仅显示标题栏）等动作按钮，可以简单地对窗口进行操作。

4．菜单

菜单是指将系统可以执行的命令以阶层的方式显示出来的一个界面，一般置于画面的最上方或最下方，应用程序能使用的大多数命令能放入菜单中。菜单的重要程度一般是从左到右，越往右重要度越低。命令的层次根据应用程序的不同而不同，一般重视文件的操作、编辑功能，因此放在最左边，然后往右有各种设置等操作，最右边往往设有帮助。菜单一般使用鼠标的第一按钮进行操作。

5．即时菜单

即时菜单与应用程序准备好的层次菜单不同，是指在菜单栏以外的地方，通过鼠标的第二按钮调出的菜单。根据调出位置的不同，菜单内容即时变化，列出所指示的对象目前可以进行的操作。

6. 图标

图标是指显示在管理数据的应用程序中的数据，或者显示应用程序本身。数据管理程序是指在文件夹中用户数据的管理。在进行特定数据管理程序的情况下，数据通过图标显示出来。通常情况下显示的是数据的内容或与数据相关联的应用程序的图案。另外，单击数据的图标，一般可以完成启动相关应用程序、显示数据这两个步骤的工作。应用程序的图标只能用于启动应用程序。

7. 按钮

菜单中，使用程度高的命令用图形表示出来，配置在应用程序中，成为按钮。应用程序中的按钮，通常可以代替菜单。一些使用程度高的命令，不必通过菜单一层层地翻动才能调出，极大地提高了工作效率。但是，各种用户使用的命令频率是不一样的，因此这种配置一般是可以由用户自定义编辑。

8. 其他

（1）回收站

为了实现文件删除的"假安全"功能而设置了"回收站"（垃圾桶）功能。在删除文件时，暂时将其移动到系统特定的地方，一旦用户发现删除错误，还可以将其找回，从而实现防止错误删除的目的。在麦金塔系统中，垃圾桶不仅可以删除文件，还可以进行各种各样对象的删除功能，如将可移动硬盘从系统中移出，将光盘从光驱中取出等。

（2）图形用户界面的任务管理

在图形用户界面中，用户操作是以窗口为单位的。除 MDI 和 Mac OS 外，大多数是窗口数量=任务数量。因此在看整体界面的时候，怎样进行任务管理是很重要的。Windows 等操作系统中，最常用的方式是在桌面上设置一个棒状的任务栏，放置各种窗口的图标和标题，确保系统的可操作性和可视性，方便对窗口进行管理。其他的方法包括，在桌面上的菜单中添加各个窗口管理菜单，在桌面上显示任务的图标，用虚拟桌面的方式增加桌面的数量等。在 Mac OS X 系统中使用 Dock 进行任务管理，但是还有 Expose 进行窗口一览显示模式的功能。

（3）指针设备的操作

图形用户界面的基本操作是，用指针设备（一般是鼠标）进行指示操作，然后使用设备上的按钮（通常为 2～3 个）进行动作的激活。因此"位置"和"指示"都非常明了，从而实现可视操作。指示的内容根据位置而不同。在数据管理应用程序中，第一按钮进行指针所在位置数据的选择，而两次连续单击按钮（"双击"）可以调出预制的应用程序开始处理数据。第二按钮通常用来显示即时菜单，第二按钮调出的菜单可以再用第一按钮进行选择操作。第三按钮在 X Window System 中比较常用。

（4）图形用户界面与键盘

和命令用户界面一样，键盘在图形用户界面仍是一个重要的设备。键盘不仅可以输入数据的内容，而且可以通过各种预先设置的快捷键等键盘组合进行命令操作，达到和菜单操作一样的效果，并极大地提高了工作效率。

（5）图形用户界面与各种设备

除上述的设备外，手写板等操作，特别是在图像数据操作中也扮演着重要的角色。

（6）触摸屏图形用户界面

现在还有很多用户界面，直接用手指或特殊的笔端触摸触摸屏上显示的按钮、图标进行各种操作，已经非常普及，如自动取款机、汽车导航、媒体播放器、游戏机等，一般操作简单、直观。

9.6 典型例题讲解

一、单选题

【例 9.1】系统调用的目的是（ ）。

A．请求系统服务   B．终止系统服务

C．申请系统资源   D．释放系统资源

解析：程序接口是操作系统为用户程序设置的，也是用户程序取得操作系统服务的唯一途径。程序接口通常是由各种类型的系统调用组成的，因此可以认为，系统调用提供了用户程序和操作系统之间的接口，应用程序通过系统调用实现其与操作系统的通信，并取得相应的服务。故本题答案是 A。

【例 9.2】特权指令可以在（ ）执行。

A．系统态   B．用户态   C．浏览器中   D．应用程序中

解析：所谓特权指令，就是在系统态时运行的指令，是关系到系统全局的指令。特权指令只允许操作系统使用，不允许应用程序使用，否则会引起系统混乱。非特权指令是在用户态时运行的指令。一般应用程序所使用的都是非特权指令。故本题答案是 A。

【例 9.3】程序接口通常由各种类型的（ ）组成。

A．进程   B．外设

C．作业调度算法   D．系统调用

解析：程序接口是操作系统为用户程序设置的，也是用户程序取得操作系统服务的唯一途径。程序接口通常由各种类型的系统调用组成，因此可以认为，系统调用提供了用户程序和操作系统之间的接口，应用程序通过系统调用实现其与操作系统的通信，并取得相应的服务。故本题答案是 D。

【例 9.4】选择作业调度算法时常考虑的因素之一是使系统有最高的吞吐量，为此应（ ）。

A．不让处理机空闲   B．处理尽可能多的作业

C．使各类用户都满意   D．不使系统过于复杂

解析：系统吞吐量是指单位时间内完成的作业数，要使系统的吞吐量高，则应使系统处理尽可能多的作业。故本题答案是 B。

【例 9.5】在分时操作系统环境下运行的作业通常称为（ ）。

A．后台作业   B．长作业   C．终端型作业   D．批量型作业

解析：在分时操作系统环境下运行的作业为终端型作业。故本题答案是 C。

【例 9.6】假设表 9-1 中的 4 个作业同时到达，当使用高优先权优先调度算法时，作业的平均周转时间为（ ）。

表9-1　作业运行时间及优先数

作业	所需运行时间/h	优先数
1	2	4
2	5	9
3	8	1
4	3	8

A．4.5h　　　　　B．10.5h　　　　　C．4.75h　　　　　D．10.25h

解析：对表9-1中的作业采用高优先权优先调度算法，则作业调度顺序为2→4→1→3。其平均周转时间为[5+(5+3)+(5+3+2)+(5+3+2+8)]/4=10.25。故本题答案是D。

【例9.7】作业生存期共经历了4个状态，它们分别是提交、后备、（　　　）和完成。

A．就绪　　　　　B．运行　　　　　C．等待　　　　　D．开始

解析：作业生存周期共经历了4个状态：提交、后备、运行和完成。故本题答案是B。

【例9.8】下列语言中属于脱机作业控制语言的是（　　　）。

A．作业控制语言　　　　　　　　　B．汇编语言
C．会话式程序设计语言　　　　　　D．解释BASIC语言

解析：作业控制语言是脱机作业控制语言，用户通过它编写作业控制说明书或作业控制卡，提交批处理系统，完成对作业的控制。故本题答案是A。

二、填空题

【例9.9】按命令接口对作业控制方式的不同，可以将命令接口分为_____、_____和图形用户接口。

解析：按命令接口对作业控制方式的不同可将命令接口分为联机用户接口、脱机用户接口和图形用户接口。故本题答案为联机用户接口、脱机用户接口。

【例9.10】一般来说，不同的用法和形式构成了不同的用户界面，联机用户接口通常可分为_____和_____两种。

解析：不同操作系统的联机用户接口有所不同，这不仅指命令的种类、数量及功能方面，也可能体现在命令的形式、用法等方面。不同的用法和形式构成了不同的用户界面，可分成命令行用户界面和图形化用户界面。故本题答案为命令行用户界面、图形化用户界面。

【例9.11】操作系统在_____态运行，而应用程序只能在_____态运行。

解析：计算机系统中一般运行着两类程序：系统程序和应用程序。为了保证系统程序不被应用程序有意或无意地破坏，为计算机设置了两种状态：系统态（也称为核心态、管态）和用户态（也称为目态）。操作系统在系统态运行，而应用程序只能在用户态运行。故本题答案为系统、用户。

【例9.12】在一个具有分时兼批处理的计算机操作系统中，如果有终端型作业和批处理作业混合同时执行，_____应优先占用处理机。

解析：为了保证对终端型作业的及时响应，应让终端型作业优先占用处理机。故本题答案为终端型作业。

三、综合题

【例9.13】系统调用与一般用户函数调用的区别是什么？

解析：系统调用在本质上是应用程序请求操作系统内核完成某种功能时的一种过程调用，但它是一种特殊的过程调用，它与一般的过程调用有下述几方面的明显差别。

1）调用形式不同。一般的过程调用，转向地址（处理程序入口地址）是固定不变的，包含在跳转语句中。但系统调用中，不包含处理程序入口地址，而仅仅提供功能号，按功能号调用。

2）调用代码位置不同。一般的过程调用是一种静态调用，调用程序和被调用代码在同一程序内，经过链接编译后作为目标代码的一部分。在执行过程中，调用程序和被调用程序都运行在相同的状态，即系统态或用户态。当过程或函数升级或修改后，必须重新编译链接。而系统调用是一种动态调用，系统调用的处理代码在调用程序之外（在操作系统的内核中），调用程序是运行在用户态，而被调用程序是运行在系统态。这样系统调用的处理代码在升级或修改时，与调用程序无关，而且调用程序的长度也大大缩短，减少调用程序占用的存储空间。

3）调用提供方式不同。过程或函数往往由编译系统提供，不同编译系统提供的过程或函数可以不同；而系统调用由操作系统提供，一旦操作系统设计好后，系统调用的功能、种类与数量便固定不变了。

4）调用实现方式不同。一般的过程调用使用跳转指令来实现，是在用户态下运行的，并不涉及系统状态的转换，可直接由调用过程转向被调用过程。而系统调用的实现是通过中断机制实现的，先由用户态转换为系统态，经内核分析后，才能转向相应的系统调用处理子程序。由于调用和被调用过程是工作在不同的系统状态，因此不允许由调用过程直接转向被调用过程。

5）返回位置不同。一般的过程调用，在被调用过程执行完后，将返回到调用过程继续执行。但是，在采用了抢占式（剥夺）调度方式的系统中，系统调用在被调用过程执行完后，要对系统中所有要求运行的进程进行优先权分析。如果调用进程仍然具有最高优先级，则返回到调用进程继续进行；否则，将引起重新调度，以便让优先权最高的进程优先执行。此时，系统将把调用进程放入就绪队列。

6）嵌套次数不同。像一般过程一样，系统调用也可以嵌套进行，即在一个被调用过程的执行期间，还可以利用系统调用命令去调用另一个系统调用。当然，每个系统对嵌套调用的深度都有一定的限制，如最大深度为 6。但一般的过程对嵌套的深度则没有什么限制。

【例 9.14】现有两道作业同时执行，一道以计算为主，另一道以 I/O 为主，你将怎样赋予作业进程占有处理器的优先级？为什么？

解析：应使 I/O 为主的作业优先级高于以计算为主的作业。因为 I/O 为主的作业占用处理器的时间较短，采用这样的调度策略可以缩短这两个作业的平均周转时间；同时优先照顾以 I/O 为主的作业，还可以提高外设的利用率，使系统内的资源均衡使用；另外，若以 I/O 为主的作业是终端型作业，则保证了对终端型作业的及时响应。

【例 9.15】作业的输入与输出方式有几种？分别是什么？

解析：作业的输入与输出方式可分为 5 种，分别是联机 I/O 方式、脱机 I/O 方式、直接耦合方式、SPOOLing 系统和网络 I/O 方式。

【例 9.16】有 5 个批处理作业（A、B、C、D、E）几乎同时到达一个计算中心，估计的运行时间分别为 2、4、6、8、10min，它们的优先数分别为 1、2、3、4、5（1 为最低优先级）。对下面的每种调度算法分别计算作业的平均周转时间。

1）高优先级优先。

2）时间片轮转（时间片为 2min）。

3）FIFO（作业到达顺序为 C、D、B、E、A）。

4）短作业优先。

解析：为计算方便起见，假设这批作业的到达时间为 0。

1）使用高优先级优先调度算法时，作业的调度顺序为 E、D、C、B、A，各作业的周转时间如表 9-2 所示。

表 9-2　高优先级优先调度算法的各个作业的周转时间

作业	执行时间/min	优先数	开始时间	完成时间	周转时间/min
A	2	1	28	30	30
B	4	2	24	28	28
C	6	3	18	24	24
D	8	4	10	18	18
E	10	5	0	10	10
平均周转时间：(30+28+24+18+10)/5=22min					

2）使用时间片轮转算法时，作业的调度顺序如下。

① 0min 时：作业 A、B、C、D、E 到达，作业 A 开始运行，作业 B、C、D、E 等待。

② 2min 时：作业 A 运行结束，作业 B 开始运行，作业 C、D、E 等待。

③ 4min 时：作业 C 开始运行，作业 D、E、B 等待。

④ 6min 时：作业 D 开始运行，作业 E、B、C 等待。

⑤ 8min 时：作业 E 开始运行，作业 B、C、D 等待。

⑥ 10min 时：作业 B 开始运行，作业 C、D、E 等待。

⑦ 12min 时：作业 B 运行结束，作业 C 开始运行，作业 D、E 等待。

⑧ 14min 时：作业 D 开始运行，作业 E、C 等待。

⑨ 16min 时：作业 E 开始运行，作业 C、D 等待。

⑩ 18min 时：作业 C 开始运行，作业 D、E 等待。

⑪ 20min 时：作业 C 运行结束，作业 D 开始运行，作业 E 等待。

⑫ 22min 时：作业 E 开始运行，作业 D 等待。

⑬ 24min 时：作业 D 开始运行，作业 E 等待。

⑭ 26min 时：作业 D 运行结束，作业 E 开始运行。

⑮ 30min 时：作业 E 运行结束。

各作业的周转时间如表 9-3 所示。

表 9-3　使用时间片轮转算法时各作业的周转时间

作业	执行时间/min	优先数	开始时间	完成时间	周转时间/min
A	2	1	0	2	2
B	4	2	2	12	12
C	6	3	4	20	20
D	8	4	6	26	26
E	10	5	8	30	30
平均周转时间：(2+12+20+26+30)/5=18min					

3）使用 FIFO（作业到达顺序为 C、D、B、E、A）调度算法时，作业的调度顺序为 C、

D、B、E、A，各作业的周转时间如表 9-4 所示。

表 9-4 使用 FIFO 调度算法时各作业的周转时间

作业	执行时间/min	优先数	开始时间	完成时间	周转时间/min
A	2	1	28	30	30
B	4	2	14	18	18
C	6	3	0	6	6
D	8	4	6	14	14
E	10	5	18	28	28

平均周转时间：(30+18+6+14+28)/5=19.2

4）使用短作业优先调度算法时，作业的调度顺序为 A、B、C、D、E，各作业的周转时间如表 9-5 所示。

表 9-5 使用短作业优先调度算法时各作业的周转时间

作业	执行时间/min	优先数	开始时间	完成时间	周转时间/min
A	2	1	0	2	2
B	4	2	2	6	6
C	6	3	6	12	12
D	8	4	12	20	20
E	10	5	20	30	30

平均周转时间：(2+6+12+20+30)/5=14

【例 9.17】某系统采用不能移动已在主存中作业的可变分区方式管理主存，现有供用户使用的主存空间 100KB，系统配有 4 台磁带机，有一批作业，其运行情况如表 9-6 所示。该系统采用多道程序设计技术，对磁带机采用静态分配，忽略设备工作时间和系统进行调度所花费的时间，请分别写出先来先服务调度算法和计算时间最短者优先调度算法选中作业执行的次序及它们的平均周转时间。

表 9-6 作业运行情况

作业序号	进输入井时间	要求计算时间/min	需要主存空间/KB	申请磁带机个数/台
1	10:00	25	15	2
2	10:20	30	60	1
3	10:30	10	50	3
4	10:35	20	10	2
5	10:40	15	30	2

解析：由于主存采用可变分区分配方式，故只要主存空闲空间大于作业需要，主存就可满足；由于磁带机采用静态分配方式，只有系统剩余的磁带机数大于或等于作业的申请数才能满足。这两个条件是作业调度必须满足的前提条件。

另外，由于该系统采用多道程序设计技术，因此，每次作业调度时若有多个作业同时满足调度条件，则可同时选中多个作业进入主存。由于忽略了设备工作时间和系统进行调度所花费的时间，可认为一个作业获得 CPU 后连续工作，可在给出的作业运行时间内执行完并让出 CPU 给下一个作业执行，这样作业调度可选择下一个批处理作业。

（1）采用先来先服务调度算法的作业执行过程

当一个作业进入系统后就开始调度。首先在 10:00 进行作业调度，此时只有作业 1 进入系统，作业调度程序无其他选择，只能选择作业 1；到了 10:20 时，作业 2 进入系统，系统剩余的主存能够满足该作业的要求，此时作业 2 被调度进入主存，等待作业 1 运行结束；10:25 时，作业 1 运行结束，作业 2 开始执行；10:30 时，作业 3 进入系统，由于内存不够，只能等待；10:35 时，作业 4 进入系统，由于主存和磁带机都满足要求，此时作业 4 被调度进入主存；10:40 时，作业 5 进入系统，由于内存和磁带机不足，只能等待；到了 10:55 时，作业 2 运行结束，作业 4 开始执行，作业 3 由于磁带机数量仍不足，只能等待，作业 5 由于内存和磁带机都能满足，进入主存；到了 11:15 时，作业 4 运行结束，作业 5 运行，由于作业 3 磁带机不够，只能等待；到 11:30 时，作业 5 运行结束，作业 3 进入主存，开始运行。到 11:40 时，作业 3 运行结束。调度次序及平均周转时间如表 9-7 所示。

表 9-7　先来先服务作业运行情况

作业序号	进输入井时间	进入主存时间	开始运行时间	运行结束时间	周转时间/min
1	10:00	10:00	10:00	10:25	25
2	10:20	10:20	10:25	10:55	35
4	10:35	10:35	10:55	11:15	40
5	10:40	10:55	11:15	11:30	50
3	10:30	11:30	11:30	11:40	70

平均周转时间：(25+35+40+50+70)/5=44（min）。

（2）采用计算时间最短者优先调度算法的作业执行过程

首先在 10:00 进行作业调度，此时只有作业 1 进入系统，作业调度程序无其他选择，只能选择作业 1；到了 10:20 时，作业 2 进入系统，系统剩余的主存能够满足该作业的要求，此时作业 2 被调度进入主存，由于作业 1 的执行时间还剩 5min，故优先级高，作业 2 等待作业 1 运行结束；10:25 时，作业 1 运行结束，作业 2 开始执行；10:30 时，作业 3 进入系统，由于内存不够，只能等待；10:35 时，作业 4 进入系统，由于主存和磁带机都满足要求，此时作业 4 被调度进入主存。作业 2 还剩 20min，作业 4 也是 20min，故作业 2 继续执行，作业 4 等待；10:40 时，作业 5 进入系统，由于内存和磁带机不足，只能等待；到了 10:55 时，作业 2 运行结束，作业 3 由于磁带机数量仍不足，只能等待，作业 5 由于内存和磁带机都能满足，进入主存。作业 5 的运行时间比作业 4 少，故作业 5 先执行；到了 11:10 时，作业 5 运行结束，由于作业 3 磁带机不够，只能等待，作业 4 运行；到 11:30 时，作业 4 运行结束，作业 3 进入主存，开始运行。到 11:40 时，作业 3 运行结束。调度次序及平均周转时间如表 9-8 所示。

表 9-8　计算时间最短者优先作业运行情况

作业序号	进输入井时间	进入主存时间	开始运行时间	运行结束时间	周转时间/min
1	10:00	10:00	10:00	10:25	25
2	10:20	10:20	10:25	10:55	35
5	10:40	10:55	10:55	11:10	30
4	10:35	10:35	11:10	11:30	55
3	10:30	11:30	11:30	11:40	70

平均周转时间：(25+35+30+55+70)/5=43（min）。

本 章 小 结

在本章中，首先介绍了操作系统接口的相关概念，它包括操作系统的服务、用户接口的作用、功能和分类。操作系统作为用户与计算机硬件系统之间的接口是指 OS 处于用户与计算机硬件系统之间，用户通过操作系统来使用计算机系统。可以从外部和内部两个方面来看接口，针对不同的用户操作系统提供两类接口，分别是命令接口和程序接口。

其次着重介绍了程序接口。程序接口通常是由各种类型的系统调用所组成的，是用户程序取得操作系统服务的唯一途径。在程序接口中，首先介绍了接口的定义，计算机系统的两种状态，系统调用与一般调用的区别；然后介绍了系统调用的 7 种类型，Windows 和 UNIX 关于调用的有关知识；最后介绍了系统调用的实现和 POSIX 标准。

然后介绍了脱机用户接口的概念。所谓脱机用户接口，就是操作系统为批处理作业用户提供的接口。在脱机用户接口中，叙述了作业的相关概念、作业控制方式和作业管理的知识，讲解了作业的 I/O 方式。用户利用系统为脱机用户提供的作业控制语言预先写好作业控制卡或作业说明书，将它和作业的程序与数据一起提交给计算机，当该作业运行时，操作系统将逐条按照用户作业说明书的控制语句，自动控制作业的执行。

之后介绍了联机用户接口及其分类。联机用户接口由一组操作系统命令组成、用于联机作业的控制。在分时系统和个人计算机中，操作系统向用户提供了一组联机命令，用户通过终端输入命令取得操作系统的服务，并控制自己作业的运行。不同的系统提供的联机用户接口方式不同，可分为命令行用户界面和图形化用户界面两种形式。

最后介绍了图形化用户界面的组成结构与历史变迁。图形用户界面或图形用户接口是指采用图形方式显示的计算机操作环境用户接口。与早期计算机使用的命令行界面相比，图形界面对于用户来说更为简便易用。

习　　题

一、单选题

1．操作系统向用户提供了命令接口和（　　　）两类接口。

    A．软件接口　　　　B．硬件接口　　　　C．通信接口　　　　D．程序接口

2．命令语言一般可分为两种方式，即命令行方式和（　　　）。

    A．图形界面方式　　　　　　　　　　B．程序控制方式

    C．编译方式　　　　　　　　　　　　D．批命令方式

3．下列不是文件操作类系统调用功能的是（　　　）。

    A．发送和接收文件　　　　　　　　　B．创建和删除文件

    C．打开和关闭文件　　　　　　　　　D．读和写文件

4．（　　　）用户接口可以实现用户与计算机的交互。

    A．网络　　　　　B．联机　　　　　C．脱机　　　　　D．批处理

5．在 Intel 处理机上，用户进程 A 通过系统调用 create 创建一个新文件时，是通过（　　　）将控制转向 create 的处理程序的。

    A．call 指令　　　B．trap 指令　　　C．jmp 指令　　　D．int 指令

6．用户进程 B 使用系统调用进行 I/O 操作，系统调用完成后返回，（　　）将得到 CPU。
   A．进程 B 　　　　　　　　　　　B．其他用户进程
   C．进程 Shell 　　　　　　　　　D．进程 B 或其他进程
7．PC 上的第一个图形界面是（　　）公司设计的。
   A．Apple 　　　　B．Microsoft 　　　　C．Xerox 　　　　D．IBM
8．下列选项中，满足短作业优先且不会发生饥饿现象的是（　　）调度算法。
   A．先来先服务 　　　　　　　　　B．高响应比优先
   C．时间片轮转 　　　　　　　　　D．非抢占式短作业优先

二、填空题

1．用户程序必须通过程序接口方能取得操作系统的服务，该接口主要由一组_____组成。

2．在联机命令接口中，实际包含了_____、_____和一组联机命令。

3．MS-DOS 中的 COMMAND.COM 或 UNIX 中的 Shell 通常被称为_____，它们放在操作系统的最高层，其主要功能是解释并执行终端命令。

4．图形用户接口使用 WIMP 技术，将窗口、_____、_____、鼠标和面向对象技术集成在一起，形成了一个视窗操作环境。

三、综合题

1．操作系统中的接口中包括哪几类接口？它们分别适用于什么情况？

2．联机命令接口由哪几部分组成？

3．试说明系统调用的处理步骤。

4．假设一个单 CPU 系统，以单道方式处理一个作业流，作业流中有两道作业，其占用 CPU 计算时间、输入卡片数、打印输出行数如表 9-9 所示。其中，卡片输入机速度为 1000 张/min（平均），打印机速度为 1000 行/min（平均），忽略读、写盘时间。试计算：

1）不采用 SPOOLing 技术，计算这两道作业的总运行时间（从第一个作业输入开始，到最后一个作业输出完毕）。

2）如果采用 SPOOLing 技术，计算这两道作业的总运行时间。

表 9-9　作业执行情况

作业序号	占用 CPU 计算时间/min	输入卡片张数	输出行数
1	3	100	2000
2	2	200	600

5．设某系统采用非移动技术的可变分区方式管理主存，供用户使用的主存空间为 100KB，系统配有 4 台磁带机，一批作业如表 9-10 所示，该系统采用多道程序设计技术，对磁带机采用静态分配，忽略设备工作时间和系统进行调度所花的时间，请分别给出采用下列 3 种调度算法中作业执行的次序及它们的开始执行时间、结束时间、平均周转时间和加权平均周转时间。3 种算法分别如下：

1）先来先服务调度算法。

2）短作业优先调度算法。

3）高响应比优先调度算法。

表 9-10　作业初始状态

作业序号	进输入井时间	要求计算时间/min	需要主存空间/KB	申请磁带机个数/台
Job1	10:00	40	35	3
Job2	10:10	30	70	1
Job3	10:15	20	50	3
Job4	10:35	10	15	2
Job5	10:40	5	10	2

6. 若内存中有 3 道程序 A、B、C，优先级从高到低为 A、B 和 C，它们单独运行时的 CPU 和 I/O 占用时间如表 9-11 所示。如果 3 道程序同时并发执行，调度开销可以忽略不计，但优先级高的程序可以中断优先级低的程序，优先级与 I/O 设备无关。

1）试画出多道程序运行的时间关系图，最早与最迟结束的程序是哪一个？

2）每道程序执行到结束时分别用了多长时间？

3）计算 3 个程序全部运行结束时的 CPU 利用率。

表 9-11　程序执行次序与运行时间　　　　　　　　　　　　单位：ms

程序名称	I/O 操作 1	CPU	I/O 操作 2	注释说明
程序 A	③30　⑤40　⑦20	②20　④10　⑥20	①60	程序 A 按照①、②、③、④、⑤、⑥、⑦的顺序执行，序号后面是执行时间
程序 B	①30	②40　④30	③70　⑤30	程序 B 按照①、②、③、④、⑤的顺序执行，序号后面是执行时间
程序 C	② 60	①40　③30	④70	程序 C 按照①、②、③、④的顺序执行，序号后面是执行时间

7. 假定一个处理器正在执行 3 道作业，第一道以计算为主，第二道以 I/O 为主，第三道为计算与 I/O 均匀相当。应该如何赋予它们占有处理器的优先级，使系统效率更高？

参 考 文 献

白中英，戴志涛，2013．计算机组成原理[M]．5版．北京：科学出版社．

丁善镜，2015．计算机操作系统原理分析[M]．2版．北京：清华大学出版社．

韩其睿，2013．操作系统原理[M]．北京：清华大学出版社．

何绍华，等，2017．Linux操作系统[M]．3版．北京：人民邮电出版社．

黄刚，等，2009．操作系统教程[M]．北京：人民邮电出版社．

柯丽芳，2006．操作系统教程[M]．北京：机械工业出版社．

刘腾红，2008．操作系统[M]．北京：中国铁道出版社．

刘振鹏，等，2010．操作系统[M]．3版．北京：中国铁道出版社．

罗克露，等，2010．计算机组成原理[M]．2版．北京：电子工业出版社．

罗宇，等，2011．操作系统[M]．3版．北京：电子工业出版社．

孟庆昌，牛欣源，2009．操作系统[M]．2版．北京：电子工业出版社．

庞丽萍，阳富民，2014．计算机操作系统[M]．2版．北京：人民邮电出版社．

彭民德，彭浩，2014．计算机操作系统[M]．3版．北京：清华大学出版社．

孙钟秀，2003．操作系统教程[M]．3版．北京：高等教育出版社．

汤小丹，等，2007．计算机操作系统[M]．3版．西安：西安电子科技大学出版社．

唐朔飞，2013．计算机组成原理[M]．2版．北京：高等教育出版社．

屠祁，屠立德，2000．操作系统基础[M]．3版．北京：清华大学出版社．

王诚，郭超峰，2009．计算机组成原理[M]．北京：人民邮电出版社．

王德广，张雪，2015．操作系统原理教程[M]．北京：清华大学出版社．

王逦冉，2013．操作系统原理[M]．北京：科学出版社．

郁红英，等，2014．计算机操作系统[M]．2版．北京：清华大学出版社．

张尧学，等，2000．计算机操作系统教程[M]．3版．北京：清华大学出版社．

赵敬，2012．操作系统[M]．2版．北京：中国铁道出版社．

郑鹏，2012．操作系统[M]．上海：上海交通大学出版社．

邹恒明，2009．操作系统之哲学原理[M]．北京：机械工业出版社．